画法几何及机械制图

吴 卓 王林军 秦小琼 主编

北京理工大学出版社
BEIJING INSTITUTE OF TECHNOLOGY PRESS

内容简介

本书是根据机械工程学科发展的需要，遵照教育部高等学校工程图学教学指导委员会最新制定的《高等学校工程图学教学基本要求》，结合编者多年的教学经验及课程教学改革新成果编写而成。

本书共有11章，并附有附录。内容主要包括：制图的基本知识与技巧；画法几何部分，即点、直线和平面，投影变换，曲线与曲面，基本立体及其表面的交线；轴测投影图；组合体的视图；零件常用的表达方法；标准件及常用件；零件图和装配图的绘制和阅读的有关知识等。

全书采用了最新国家标准，书中配有较多的黑白润饰立体图。编者还另编了《画法几何及机械制图习题集》，以配合本教材使用。

本书可供高等学校机械类及相近专业的师生使用，也可供职工大学、函授大学的师生和工程技术人员参考。

图书在版编目(CIP)数据

画法几何及机械制图/吴卓，王林军，秦小琼主编. —北京：北京理工大学出版社，2010.7（2017.8 重印）
ISBN 978-7-5640-3240-1

Ⅰ. ①画…　Ⅱ. ①吴…②王…③秦…　Ⅲ. ①画法几何－高等学校－教材②机械制图－高等学校－教材　Ⅳ. ①TH126

中国版本图书馆 CIP 数据核字(2010)第105030号

出版发行 / 北京理工大学出版社
社　　址 / 北京市海淀区中关村南大街5号
邮　　编 / 100081
电　　话 / (010)68914775(办公室)　68944990(批销中心)　68911084(读者服务部)
网　　址 / http: // www.bitpress.com.cn
经　　销 / 全国各地新华书店
印　　刷 / 天利华印刷装订有限公司印刷
开　　本 / 787毫米×1092毫米　1/16
印　　张 / 23
字　　数 / 533千字
版　　次 / 2010年7月第1版　2017年8月第8次印刷
定　　价 / 49.80元

责任校对/陈玉梅
责任印制/边心超

前　　言

本书是遵照教育部高等学校工程图学教学指导委员会最新制定的《高等学校工程图学教学基本要求》为依据，根据最新的国家标准，结合编者多年的教学经验及课程教学改革新成果编写而成。

在编写过程中，按照“打好基础，精选内容，加强实践，培养能力，逐步更新，利于教学”的思路，遵循“少而精”的原则，并充分注意内容的系统性、科学性和实践性。对每一章节力求概念清楚，深入浅出，通俗易懂，便于阅读；注意阐明基本理论和基本知识，突出重点；既注重理论联系实际，又符合人们的认识规律。另外，按开发智力、培养能力，调动学生学习的积极性，加强对其绘图技能的指导、便于其自学等想法作了一些安排，以利于培养和提高学生的素质。

全书除绪论外，共 11 章，书中还附有附录供广大读者参考。此外，编者写了《画法几何及机械制图习题集》，配合本教材使用。

本书适用于高等院校机械类各专业，亦可供其他相近专业使用或参考。有些章、节可根据不同专业的需要选用。

本书是由吴卓、王林军、秦小琼主编。参加本书编写的有：吴卓（绪论、第四章、第五章、第九章、第十一章）、王林军（第二章、第六章、第八章、第十章）、秦小琼（第一章、第三章、第七章、附录）。

本书由章阳生教授审稿，并提出了宝贵意见，在此表示感谢。此外还要感谢其他关心和帮助本书出版的人员。

此外，董国耀教授审阅了全书，并提出了很多宝贵的意见，在此表示感谢。

对本书存在的问题，我们热忱希望广大读者提出宝贵意见与建议，以便今后继续改进。谨此表示衷心感谢。

编　者

目　录

绪 论

第一节 工程图学的性质与内容

工程图学是工程和与之相关人才培养的工程基础课,并为后续的工程专业课的学习提供基础。由于本课程是一门技术基础课,在完成学科专业基础知识教学的同时,重点在于对工程素质和综合素质的培养,塑造一批具有丰富空间想象能力和创新、创造能力的现代化工程技术专业人才。

工程图学是研究绘制和阅读工程图样的原理和方法的一门学科,它是一门具有系统理论又有较强实践性的技术基础课,它包括画法几何、制图基础、机械制图和计算机绘图等四部分。

图样与语言、文字一样都是人类表达、交流思想的工具。工程图样是工业生产中的一种重要技术资料,是进行技术交流的不可缺少的工具,是工程界共同的技术语言,每个工程技术人员都必须学会和掌握绘制工程图样与阅读工程图样的技能和方法。

画法几何部分是研究用投影方法图示空间物体,并图解空间几何问题的基本理论方法。

制图基础部分介绍制图的基础知识和基本规定,培养制图的操作技能,学会用投影图表达物体内、外形状和大小的绘图能力,以及根据投影图想象空间物体内、外形状的读图能力。

机械制图部分培养绘制和阅读机械图样的基本能力和查阅有关的国家标准能力。

计算机绘图部分介绍计算机绘图的基本知识,培养使用计算机绘制图样的基本能力。

通过对这四部分的学习,能为工程绘图打下坚实的基础,再经过进一步的专业基础和专业知识的学习和实践,使工程技术人员成为具有较高理论水平和扎实专业功底及较强实践能力的复合型的工程技术人才。

第二节 工程图学的学习目的和方法

一、工程图学的学习目的和任务

本课程是高等工科院校中一门既有理论知识,又有实践内容的重要基础课。课程开设目的是通过学习本课程,培养学生具备绘图、看图和空间想象能力。其主要任务是:

(1) 学会运用投影法进行工程形体的观察、分析;

(2) 学习工程形体的工程及表达方法;

(3) 学习工程图样的基本规范及阅读方法;

(4) 得到绘制、阅读工程图样的基本训练;

(5) 培养形象思维、空间思维能力和开拓、创新精神;

(6) 培养严谨求实、认真负责的工程素养。

二、工程图学的学习方法

(1) 在学习本课程的理论基础部分即画法几何时，要把基本概念和基本原理理解透彻，做到融会贯通，这样才能灵活运用这些概念和方法进行解题。

(2) 为了培养空间形体的图示表达能力，必须对物体进行几何分析和形体分析，并掌握它们在各种相对位置时的图示特点。随着空间形体与平面图形之间关系的认识不断深化，从而逐步提高图示物体的能力。

(3) 为了培养解决空间几何问题的图解能力，必须根据已知条件，进行空间分析，明确解题思路，提出解题方法和步骤，再进行作图。有的解题有多种方法，应选择其中比较简捷的方法进行作图。

(4) 绘图和读图能力的培养主要通过一系列的绘图与读图实践。在实践中逐步掌握绘图与读图方法，以及熟悉制图的国家标准和有关技术标准。

(5) 在培养计算机绘图的初步能力时，要在了解其基本原理的基础上，注意加强上机实践，这样才能逐步掌握软件应用与程序编制方法以及操作技能，不断提高应用计算机绘图的熟练程度。

(6) 要注意培养自学能力。在自学中要循序渐进和抓住重点，把基本概念、基本理论和基本知识掌握好，然后深入理解有关理论内容和扩展知识面。

在学习本课程时，除了注意上述能力的培养外，鉴于图样在工程技术中的重要作用，因此在学习中要养成实事求是的科学态度和严肃认真、耐心细致、一丝不苟的工作作风，要遵守国家标准的一切规定，为做一个有创造性的工程技术人员奠定坚实的基础。

第三节　投影的方法及其分类

一、投影的方法

物体在光线照射下，就会在地面或墙壁上产生影子。人们根据这种自然现象加以抽象研究，总结其中规律，提出投影的方法。工程制图的基础是投影法。如图 0－1 所示，设平面 P 为投影面，S 为投射中心，投射线均由投射中心射出，通过空间点 A 的投射线延长，与投影面相交于一点 a，点 a 称作空间点 A 在投影面 P 上的投影。同样，点 b 是空间点 B 在投影面 P 上的投影。

工程技术中，就是靠投影法确定空间的几何形体在平面上（图纸上）的图像。

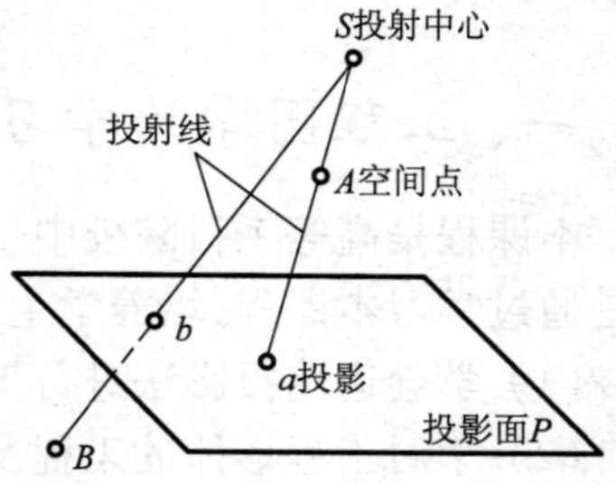

图 0－1　投影方法

二、投影法的分类

投影法一般分为中心投影法和平行投影法两类。

1. 中心投影法

投射线均通过投射中心的投影方法，称为中心投影法，如图 0－2 所示。

2. 平行投影法

如果投射线都互相平行，此时，空间形体在投影面上也同样得到一个投影，这种投影方法称为平行投影法，如图 0－3 所示。

平行投影法又可分为以下两种。

(1) 正投影法：投射线垂直于投影面，如图 0－3 所示。

(2) 斜投影法：投射线倾斜于投影面，如图 0－4 所示。

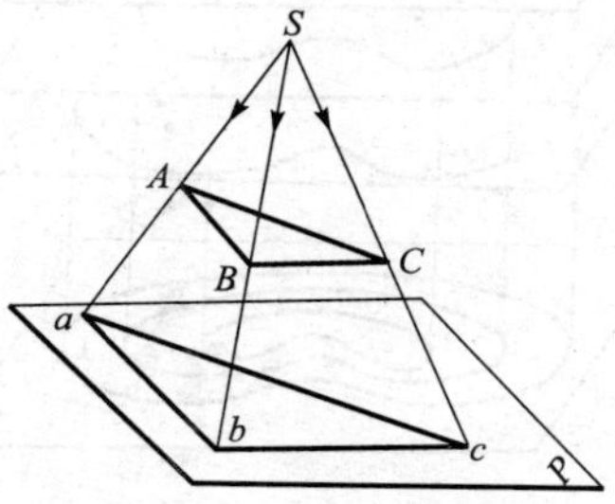

图 0－2　中心投影法

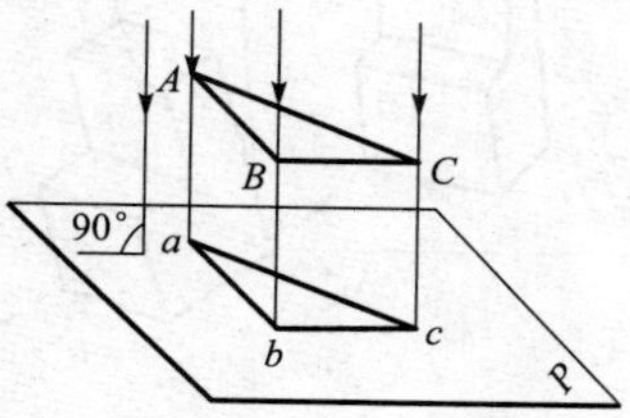

图 0－3　正投影

三、工程上常用的投影

1. 正投影图

正投影图是一种多面投影，它采用相互垂直的两个或两个以上投影面，在每个投影面上分别用直角投影获得几何形体的投影。由这些投影便能完全确定该几何形体的空间位置和形状，如图 0－3 所示。

正投影时常将几何形体的主要平面放成与相应的投影面相互平行。这样画出的投影图能反映出这些平面图形的实形。因此，从图上可以直接量得空间几何形体的实际尺寸。也就是说正投影图有很好的度量性，而且正投影图作图也较简便。虽然正投影图的立体感不足，即直观性较差，但由于前述突出的优点，在机械制造行业和其他工程部门中被广泛采用。

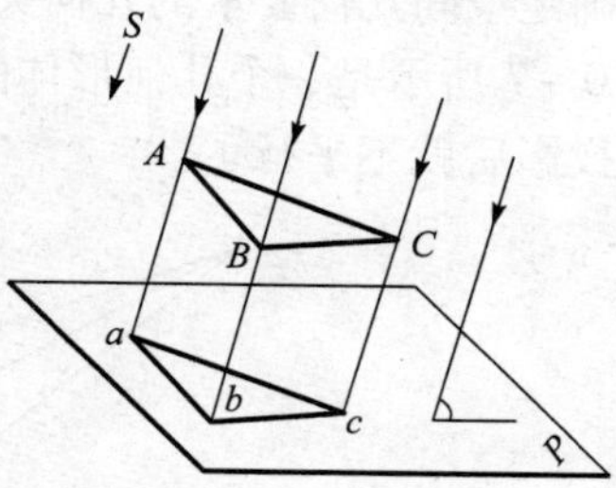

图 0－4　平行投影法

2. 轴测投影

轴测投影是单面投影。先设定空间几何形体所在的直角坐标系，采用平行投影法(直角投影或斜投影)，将三个坐标轴连同空间几何形体一起投影到投影面上。利用坐标轴的投影与空间坐标轴之间的对应关系来确定图像与原形之间的一一对应关系。

图 0－5 所示是几何形体的轴侧投影。由于采用平行投影法，所以空间平行的直线投影后仍平行。

轴测投影是将坐标轴对投影面放成一定的角度，使得投影图上同时反映出几何形体长、宽、高三个方向上的形状，以增强立体感。轴测投影比正投影图作图较繁。但由于它的直观性较好，故有时亦用做产品的样图和书籍中的插图。

3. 标高投影

标高投影是用直角投影法获得空间几何要素的投影之后，再用数字标出空间几何要素对投影面的距离，以在投影图上确定空间几何要素的几何关系。

如图 0－6 所示是曲面的标高投影。

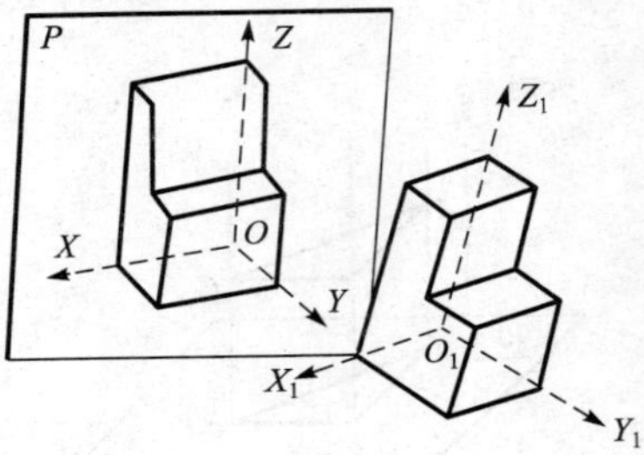

图 0－5　轴测投影

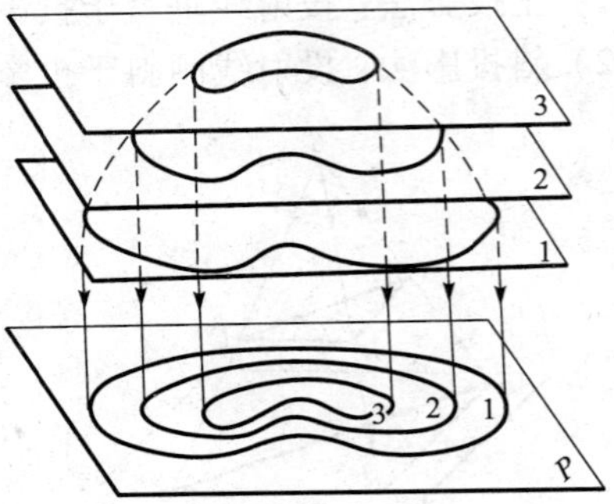

图 0－6　标高投影

标高投影常用来表示不规则曲面，如船舶、飞行器、汽车的曲面及地形等。

4. 透视投影

透视投影采用的是中心投影。它与照相成影的原理相似，图像接近于视觉映像。所以透视投影图富有逼真感，直观性强，但作图复杂、度量性差。按照特定规则画出的透视投影图，完全可以确定空间几何要素的几何关系。

图 0－7 所示是一个几何形体的一种透视投影。由于采用中心投影法，所以有些空间平行的直线投影后就不平行了。

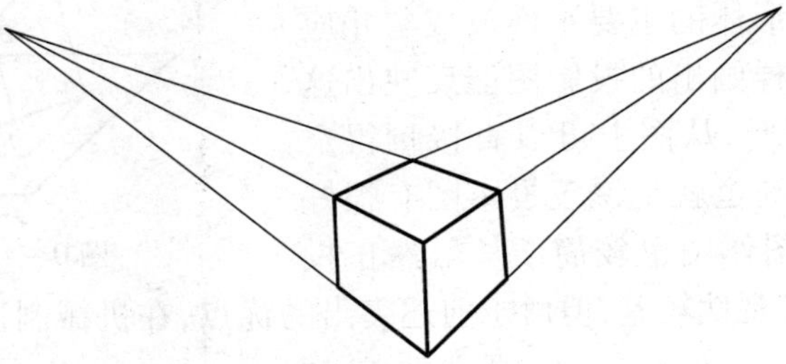

图 0－7　透视投影

透视投影广泛用于工艺美术及宣传广告图样，在工程上只用于建筑工程及大型设备的辅助图样。

第一章 制图的基本知识与技能

图样是现代工业生产中最基本的技术文件。国家标准《机械制图》是一项基础性技术标准。要正确地绘制机械图样，必须树立标准化的观念，严格遵守国家标准的各项规定；必须学会正确地使用绘图工具，掌握合理的绘图方法和步骤。本章从绘图的技能方面着手，具体介绍机械制图国家标准、制图工具及绘图仪器的使用，几何作图及平面图形尺寸分析、绘图方法等。

第一节 国家标准《机械制图》基本内容简介

一、幅面和格式

为了便于进行生产和技术交流，国家标准（简称"国标"，代号为"GB"）对图样中的各项内容均作了统一的规定。本节先简要介绍有关图纸幅面、比例、字体、线型、尺寸注法等几个标准，其余有关内容将在以后各章中分别介绍。

绘制技术图样时，应优先采用表 1－1 所规定的基本幅面尺寸，其格式如图 1－1、图 1－2 所示。

表 1－1 图纸幅面

mm

幅面代号	A0	A1	A2	A3	A4
$B \times L$	841×1 189	594×841	420×594	297×420	210×297
a	25				
c	10			5	
e	20		10		

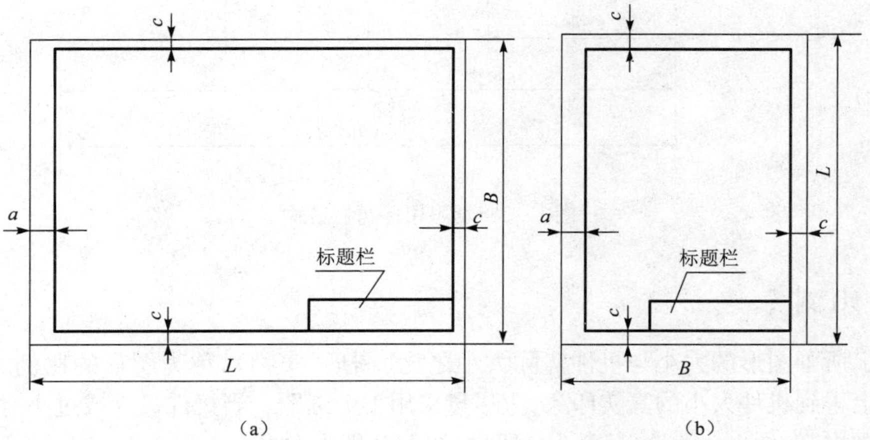

图 1－1 留装订线图纸格式

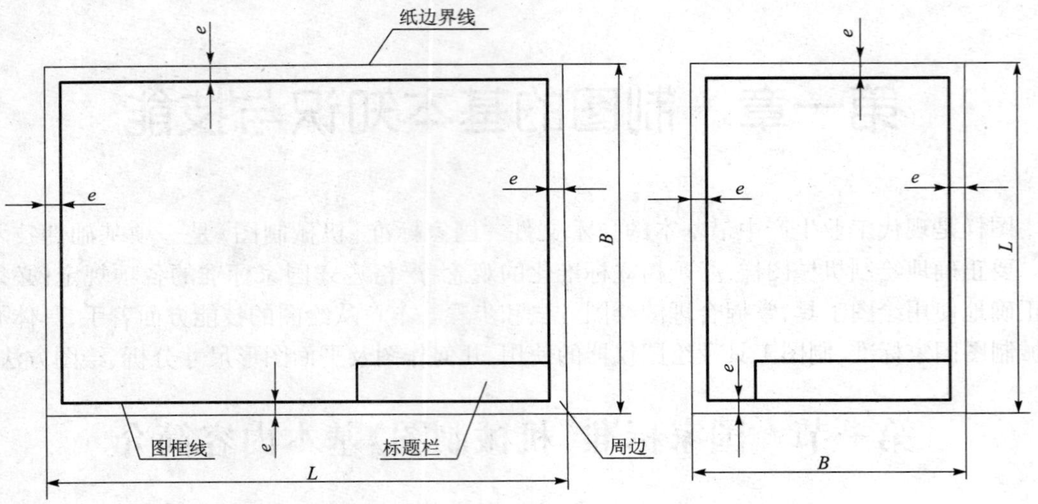

图 1－2　不留装订线图纸格式

必要时，也允许选用所规定的加长幅面。这时幅面的尺寸是由基本幅面的短边成整数倍增加后得出的。在图纸上必须用粗实线画出图框，其格式分为不留装订边和留有装订边两种，如图 1－1、图 1－2 所示。在图框的右下角必须画出标题栏，标题栏中的文字方向一般为看图的方向。国家标准规定的生产上用的标题栏内容较多、较复杂，在制图作业中可以简化，建议采用如图 1－3 所示的简化标题栏。

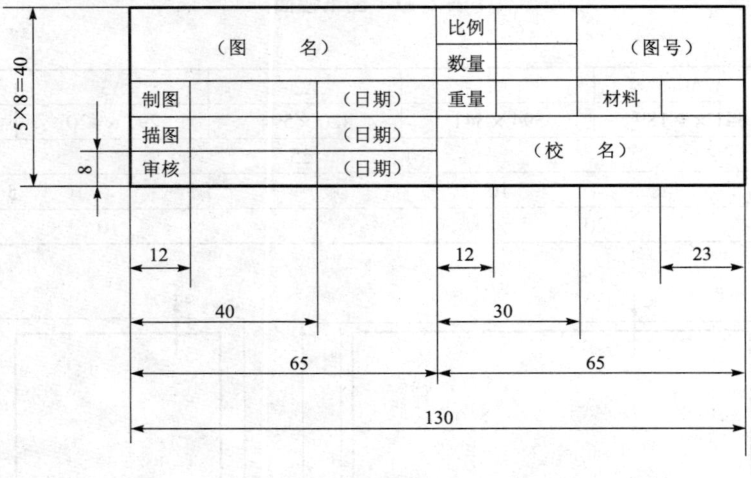

图 1－3　学习用标题栏格式

二、比例

图样上所画图形的大小与机件实际大小之比（图形：实物），称为图形的比例。为了读图时能从图上得到机件大小的真实印象，应尽量采用 1∶1 画图。当机件过大或过小时，可将其缩小或放大画出，如图 1－4（a），（b），（c）所示，比例分别为 1∶1，1∶2 和 2∶1。应采用国标规定的比例，见表 1－2。

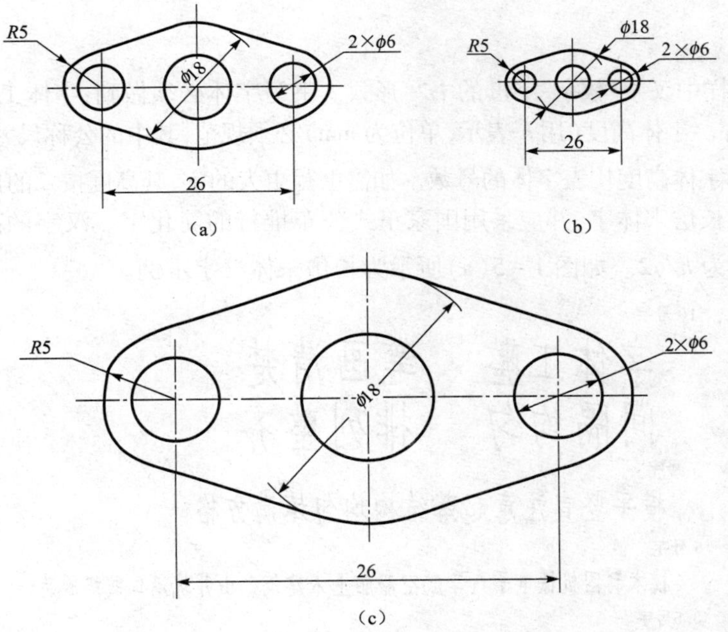

图 1－4　采用不同比例所画的图

表 1－2　比例

种　类	优先选择系列	允许选择系列
原值比例	1:1	—
放大比例	5:1　2:1 $5\times10^n:1$　$2\times10^n:1$　$1\times10^n:1$	4:1　2.5:1 $4\times10^n:1$　$2.5\times10^n:1$
缩小比例	1:2　1:5　1:10 $1:2\times10^n$　$1:5\times10^n$　$1:1\times10^n$	1:1.5　1:2.5　1:3 $1:1.5\times10^n$　$1:2.5\times10^n$　$1:3\times10^n$ 1:4　1:6 $1:4\times10^n$　$1:6\times10^n$
注：n 为正整数。		

图形无论放大或缩小，在标注尺寸时，应按机件的实际尺寸标注。还要注意带圆角的图形，无论放大或是缩小，仍按照原来角度画出，因为平行、垂直以及其他角度等几何关系是不随所用比例而变化的。

同一张图样上，若各图采用的比例相同时，在标题栏的“比例”一格内注明所用的比例即可。

同一张图样上，若个别图形选用的比例与标题栏中所注比例不同时，对这个图形可在视图的上方另行标注所用比例，如$\frac{I}{2:1}$，$\frac{B—B}{5:1}$。

在绘制图形的直径或厚度小于 2 的孔或薄片以及较小的斜度和锥度时，可以将该部分不按比例而夸大画出。

三、字体

字体是指图样中汉字、数字、字母的书写形式。书写字体必须做到:字体工整、笔画清楚、间隔均匀、排列整齐。字体高度(用 h 表示,单位为 mm)必须规范,其中的公称尺寸系列为1.8,2.5,3.5,5,7,14,20。字体高度代表字体的号数。如需书写更大的字,其高度按$\sqrt{2}$的比例递增。

汉字应写成长仿宋体字,并应采用国家正式公布推行的简化字。汉字的高度 h 不应小于3.5,其字宽一般为 $h/\sqrt{2}$。如图 1-5(a)所示为长仿宋体汉字示例。

10 号字

字体工整　笔画清楚

间隔均匀　排列整齐

7 号字

横平竖直注意起落结构均匀填满方格

5 号字

技术制图机械电子汽车航空船舶土木建筑矿山井坑港口纺织服装

3.5号字

螺纹齿轮端子接线飞行指导驾驶舱位挖填施工引水通风闸阀坝棉麻化纤

(a)

(b)

图 1-5　字体应用实例

字母和数字分 A 型和 B 型。A 型字体的笔画宽度 d 为字高 h 的 1/14，B 型字体的笔画宽度 d 为字高 h 的 1/10。在同一图样上，只允许选用一种型式的字体。字母和数字可写成斜体和直体。斜体字的字头向右倾斜，与水平线成 75°，如图 1－5(b) 所示为 B 型字母、数字等的应用示例。

四、图线

1. 图线的型式及应用

表 1－3 为国家标准规定的图线名称、型式、宽度及其一般应用，供绘图时选用。图线的宽度 d 分为粗、中粗、细三种。机械工程图样上采用的粗实线和细实线，其宽度比例关系为 2∶1，粗实线的宽度应按图的大小和复杂程度，在 0.5～2 mm 选择。图线宽度（单位为 mm）的推荐系列为 0.18，0.25，0.35，0.5，0.7，1，1.4，2。制图中一般常用的粗实线宽度为 0.7 mm 和 1 mm。

表 1－3　图线的类型及应用

名称	线　型	代号	图线宽度	主要应用举例
细实线		01.1	$d/2$	.1 过渡线 .2 尺寸线 .3 尺寸界线 .4 指引线和基准线 .5 剖面线 .6 重合断面的轮廓线
波浪线		01.1	$d/2$	.21 断裂处的边界线；视图和剖视图的分界线
双折线		01.1	$d/2$	.22 断裂处的边界线；视图和剖视图的分界线
粗实线		01.2	d	.2 可见轮廓线 .3 相贯线
细虚线		02.1	$d/2$	.2 不可见轮廓线
细点画线		04.1	$d/2$	.1 轴线 .2 对称中心线
粗点画线		04.2	$d/2$	.1 限定范围表示线
细双点画线		05.1	$d/2$	.1 相邻辅助零件的轮廓线 .2 可动零件极限位置的轮廓线 .6 轨迹线 .11 中断线

图线应用示例见图 1－6。

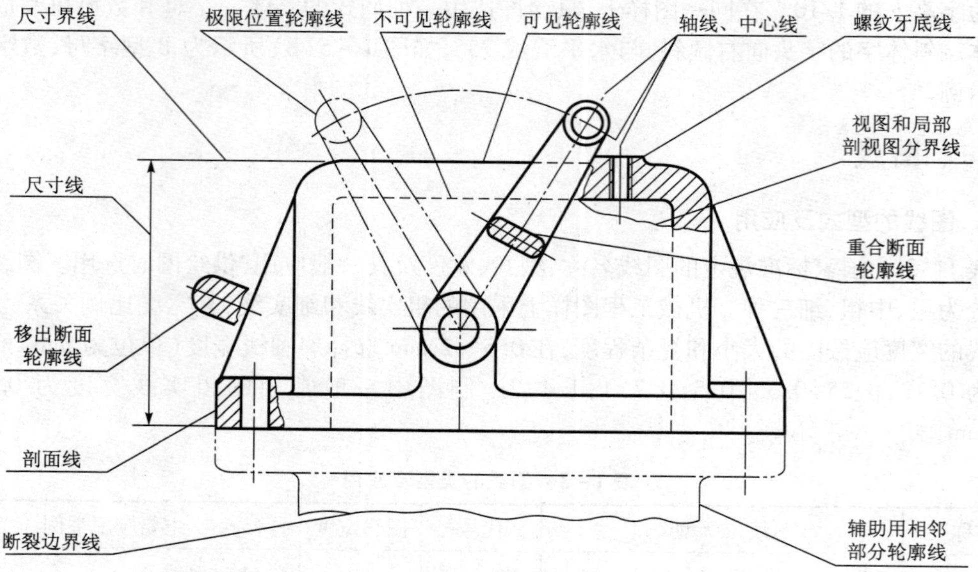

图 1－6　图线及其应用

2. 画图线时应注意的事项

（1）同一图样中，同类图线的宽度应基本一致。细虚线、细点画线及细双点画线的线段长度和间隔应各自大致相等，其长度可根据图形的大小决定。国家标准对细虚线、细点画线的线段长短和间隔并未作规定，但为了学习方便，建议按表 1－3 中所标注的线段长度及间隔进行作图。点画线中的点实际是极短的短画（约 1 mm），短画和线段的距离也为 1 mm 左右。

（2）绘制圆的对称中心线时，圆心应为线段的交点。点画线的首末两端应是线段而不是短画，且应超出图形外 2～5 mm。在较小的图形上绘制点画线或双点画线有困难时，可用细实线代替，如图 1－7 所示。

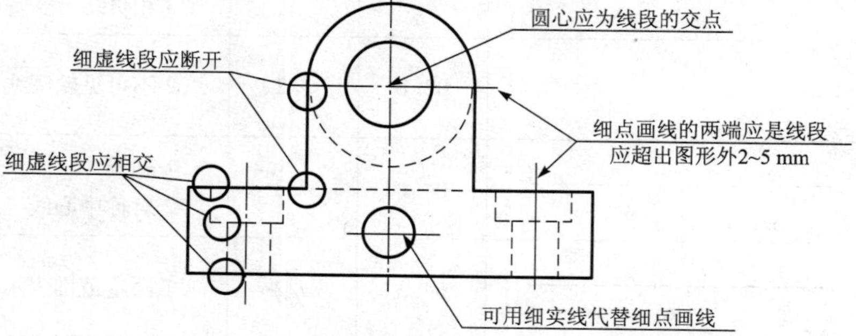

图 1－7　点画线与虚线的画法

（3）细虚线的画法如图 1－7 所示。当细虚线与细虚线、或细虚线与粗实线相交时，应该是线段相交。当细虚线是粗实线的延长线时，在连接处应断开。

（4）图线不得与文字、数字或符号重叠、混淆。不可避免时，应首先将线断开以保证文字、数字或符号清晰。

五、尺寸注法

图样上必须标注尺寸以表达零件的各部分大小，如图 1－8 所示。国家标准规定了标注尺寸的一系列规则和方法，绘图时必须遵守。

1. 标注基本规则

（1）机件的真实大小应以图样上所注的尺寸数值为依据，与图形的大小及绘图的准确度无关。

（2）图样中（包括技术要求和其他说明）的尺寸，以 mm 为单位时，不需标注计量单位的符号或名称，如采用其他单位时，如英寸、角度、弧长则必须注明相应的计量单位的符号或名称。

（3）图样中所标注的尺寸，为该图样所示机件的最后完工尺寸，否则应另加说明。

（4）机件的每一尺寸一般只标注一次，并应标注在反映该结构最清晰的图形上。

2. 尺寸的组成及标注方法

一个完整的尺寸，应包括尺寸线、尺寸界线、尺寸数字和尺寸线终端（箭头或斜线），如图 1－8 所示。

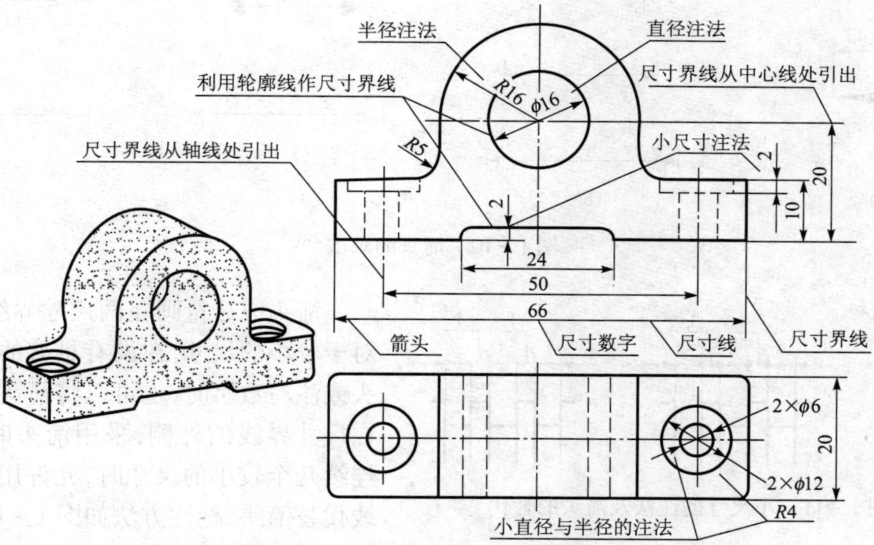

图 1－8　图样上的尺寸标注

（1）尺寸线和尺寸界线：尺寸线和尺寸界线均用细实线绘制。标注线性尺寸时，尺寸线必须与所标注的线段平行。尺寸界线应由图形的轮廓线、轴线或对称中心线处引出，也可利用轮廓线、轴线或对称中心线作尺寸界线，如图 1－8 所示。

① 尺寸线不能用其他图线代替，一般也不得与其他图线重合或画在其延长线上。

② 同一图样中，尺寸线与轮廓线以及尺寸线与尺寸线之间的距离应大致相等，如图 1－8 所示，一般以不小于 5 mm 为宜。

③ 尺寸线一般应与尺寸界线垂直，必要时才允许倾斜，如图 1－9 所示。

④ 在圆弧光滑过渡处标注尺寸时，必须用细实线将轮廓线延长，从它们的交点处引出尺

寸界线,如图1-9所示。

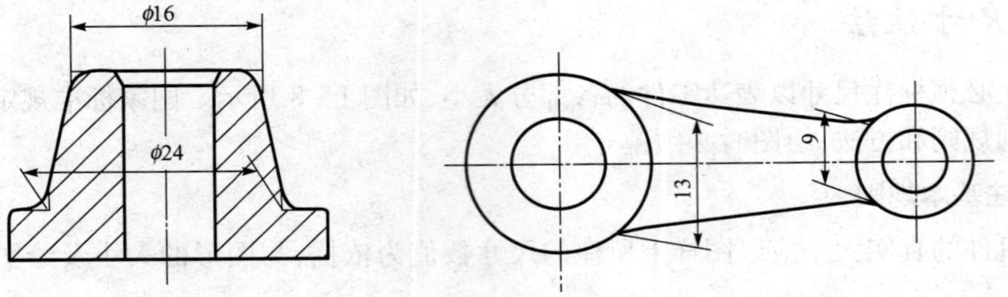

图1-9　圆弧光滑过渡处的尺寸注法

(2) 尺寸线终端:尺寸线的终端可以是箭头或斜线(细实线)两种形式。机械图样上的尺寸线终端一般画成箭头,以表明尺寸的起止点,其尖端应与尺寸界线相接触。如图1-10(a)所示为箭头放大图,以表示箭头的形式及画法。图中尺寸 d 为粗实线的宽度。这时尺寸线与尺寸界线必须相互垂直。在同一张图样中只能采用一种尺寸终端,用箭头表示终端的方法,如图1-10所示,(a)为箭头画法,(b)是箭头的正确画法,(c)是错误画法,(d)是计算机绘制的箭头。

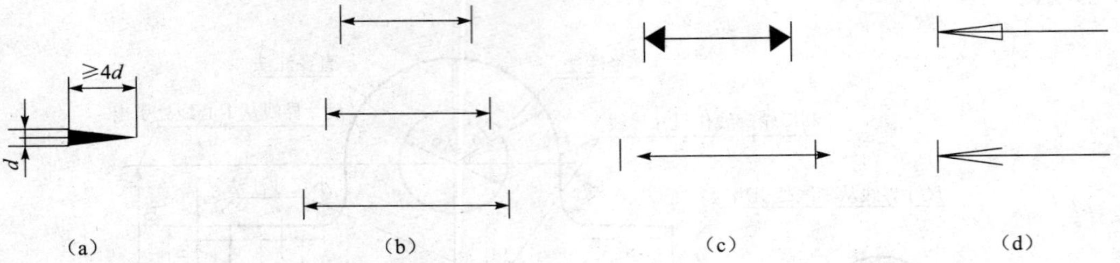

图1-10　箭头的画法

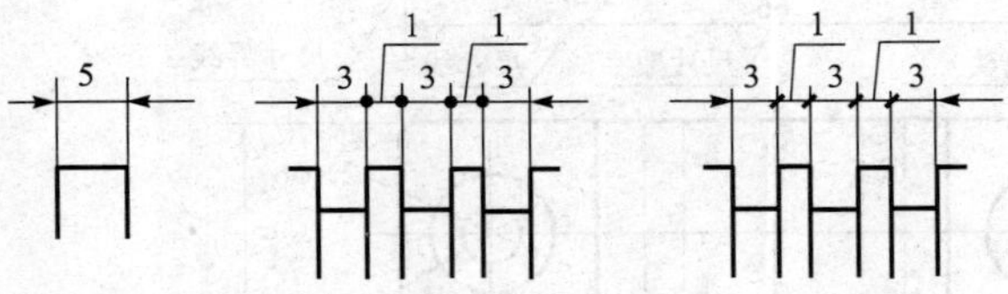

图1-11　小尺寸的注法及箭头的替代

箭头应尽量画在两尺寸界线的内侧。对于较小的尺寸,在没有足够的位置画箭头或注写数字时,也可以将箭头或数字放在尺寸界线的外侧,采用箭头时,当遇到连续几个较小的尺寸时,允许用圆点或斜线代替箭头,标注方法如图1-11所示。

(3) 尺寸数字用以表示所注机件尺寸的实际大小。

① 尺寸数字一般注写在尺寸线的上方或尺寸线的中断处,同一张图样上注写方法应一致。

② 尺寸数字采用斜体阿拉伯数字,同一张图样中数字大小应一致。

③ 书写不同方向的尺寸数字时,应以图纸右下角的标题栏为准。书写水平尺寸时,应使水平字头朝上;书写垂直尺寸时,应使垂直尺寸字头朝左;书写倾斜尺寸的数字时,保持字头仍有朝上或朝左的趋势。假如将倾斜尺寸线按小于90°的方向转到水平位置时,字头仍应朝上。

一般按图1-12(a)所示的方向注写,并尽量避免在图示30°范围内标注尺寸。当无法避免时,可按图1-12(b)所示形式标注。

（4）尺寸数字不得被任何图线穿过，当不能避免时，应将图线断开。

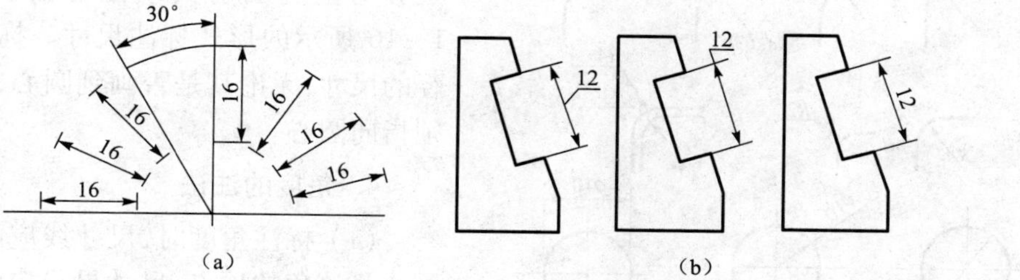

（a）　　（b）

图 1－12　尺寸数字注写方向

3. 圆的直径和圆弧半径的注法

（1）标注圆的直径时，尺寸线应通过圆心，尺寸线的两个终端应画成箭头，如图 1－13（a）所示，在尺寸数字前应加注符号“ϕ”。当图形中的圆弧线超过该圆全部弧线的一半时，尺寸线应略超过圆心，此时仅在尺寸线的一端画出箭头，如图 1－13（b）所示。

（2）标注圆弧的半径时，尺寸线的一端一般应画到圆心，以明确表明其圆心的位置，另一端画成箭头，如图 1－13（c），（d）所示。在尺寸数字前应加注符号“R”，“R”应书写成英文大写斜体。

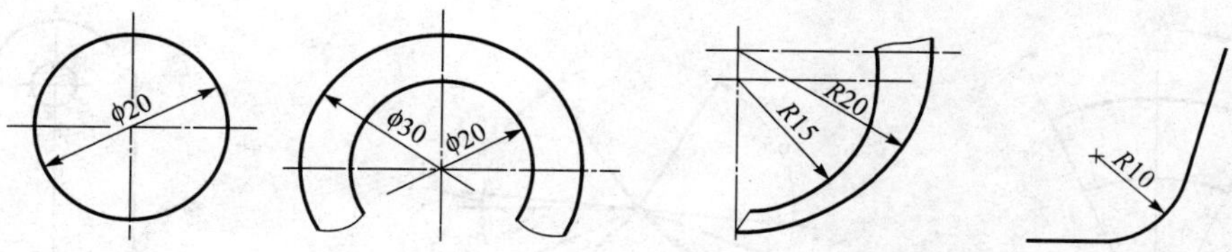

（a）　（b）　（c）　（d）

图 1－13　圆和圆弧的尺寸注法

（3）当圆弧的半径过大时，或在图纸范围内无法标出其圆心位置时，可以将尺寸线画成折线形式（只折一次），如图 1－14（a）所示。若不需要标出其圆心位置时，可按 1－14（b）所示的形式标注。

（4）标注球面的直径或半径时，应在符号“ϕ”或“R”前再加注符号“S”，如图 1－15（a），（b），（c）所示。

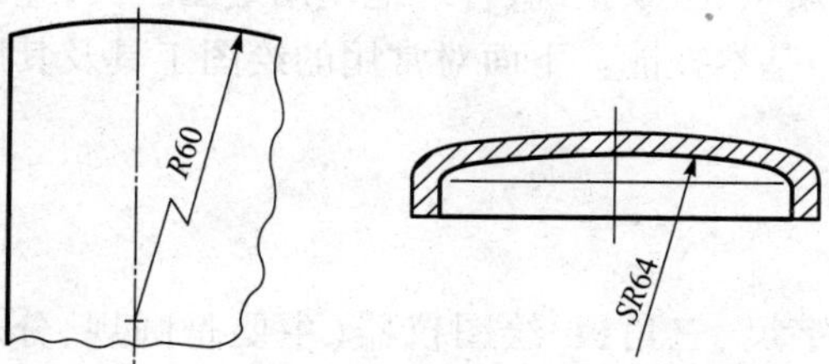

（a）　（b）

图 1－14　大圆弧半径的注法

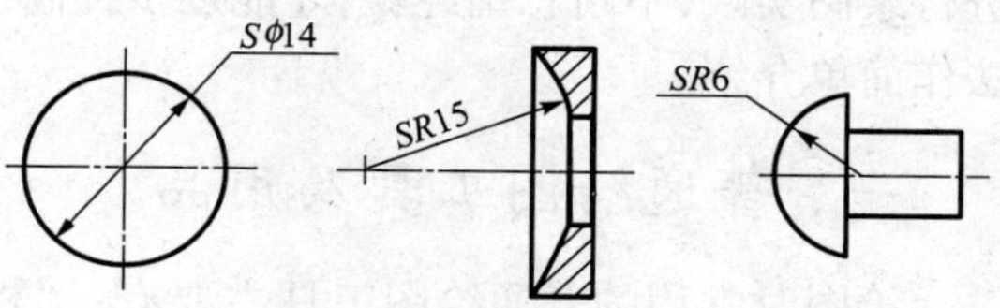

（a）　（b）　（c）

图 1－15　球面直径与半径的注法

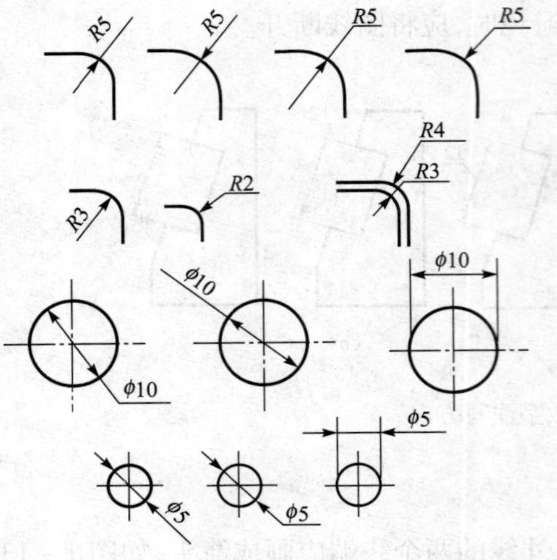

图 1－16　小直径与半径的注法

（5）在图形中，当圆或圆弧较小，在没有足够的位置画箭头或注写数字时，可按图 1－16 所示的形式标注尺寸。标注小圆弧半径的尺寸，无论其是否画到圆心，但其方向必须指向圆心。

4. 角度的注法

（1）标注角度时，尺寸线应画成圆弧，其圆心是该角的顶点，尺寸界线应沿径向引出，如图 1－17 所示。

（2）角度的数字应一律写成水平方向，一般注写在尺寸线的中断处，必要时也可以注写在尺寸线的上方或外面，也可引出标注，如图 1－18 所示。

5. 板状零件厚度的注法

当仅用一个视图表示的板状零件，且厚度全部相同时，其厚度标注可在尺寸数字前加符号“δ”，“δ”应为希文小写斜体，如图 1－19 所示。

图样标注尺寸时，必须符合上述的各项规定。

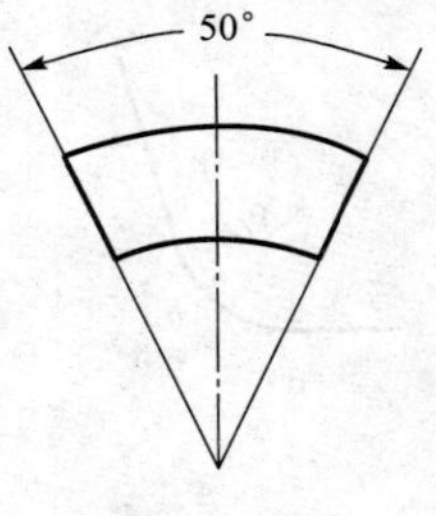

图 1－17　角度的注法

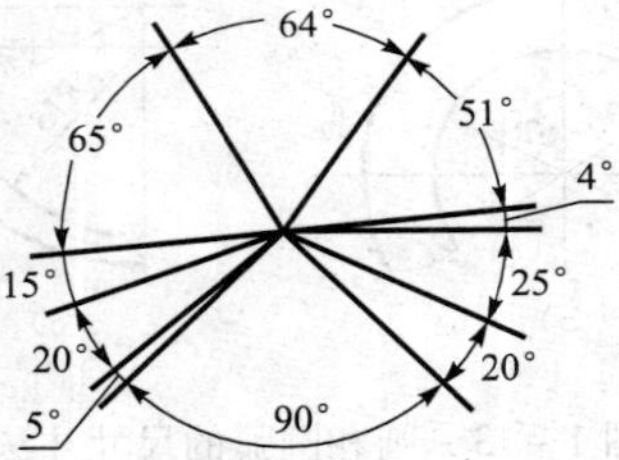

图 1－18　角度数字的注法

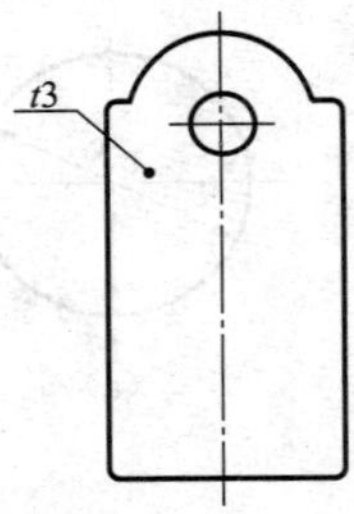

图 1－19　板状零件厚度的注法

第二节　尺规绘图工具及其使用

熟练地使用绘图工具和仪器是工程技术人员必备的基本技能，是学习和巩固图学理论知识不可缺少的手段。为了提高绘图速度，保证图面质量，必须正确、合理地使用绘图工具；经常进行绘图实践，不断总结经验，才能逐步提高绘图的基本技能。下面对常用的绘图工具及其用法作简单介绍。

一、普通绘图工具及用品

绘图时常用的普通绘图工具主要有：图板、丁字尺、三角板、绘图仪器（主要是圆规、分规等）、比例尺、曲线板、量角器等。此外还需要有铅笔、橡皮、胶带纸、削笔刀、擦图片和写字模板等绘图用品。现将几种常用的绘图工具、用品及其使用方法分别介绍如下。

1. 图板

图板是用来固定图纸的。绘图时应首先用胶带纸将图纸固定在图板上,图板的工作表面必须平坦,如图 1－20 所示。图板左右的导边必须平直,以保证与丁字尺尺头的内侧边准确接触。

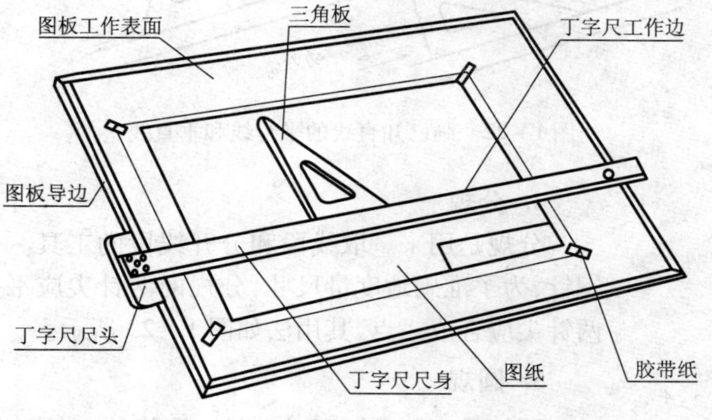

图 1－20　图板、丁字尺、三角板与图纸

2. 丁字尺

丁字尺是用来画图纸上水平线和垂直线的。丁字尺由尺头和尺身组成,如图 1－21(a)所示,尺头与尺身的结合必须牢固。丁字尺尺头的内侧边及尺身的工作边必须保持平直。使用时尺头的内侧边应紧靠在图板的左侧导边上,以保证尺身的工作边始终处在正确的水平位置。切忌在尺身下边画线。

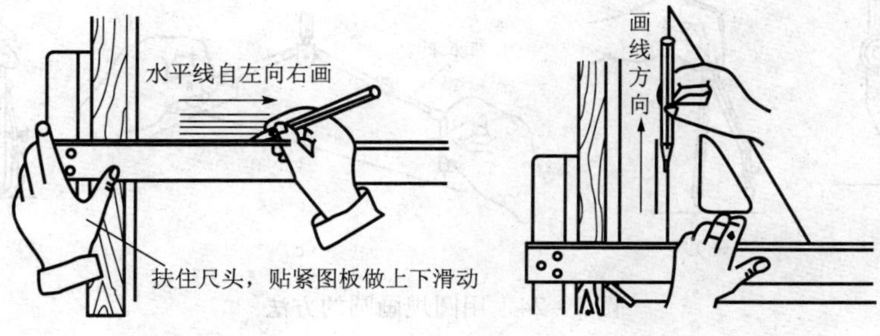

图 1－21　画水平线、垂直线和倾斜线

3. 三角板

绘图时要准备一副三角板(45°角和 30°,60°角各一块),绘图用三角板选用斜边长为 30 cm 左右的较为合适。三角板与丁字尺配合使用,可画出垂直线和 15°角整数倍的倾斜线。

画垂直线时,将三角板的一直角边紧靠在丁字尺尺身的工作边上,铅笔沿三角板的垂直边自下而上画线,如图 1－21(b)所示。用 30°,60°角的三角板与丁字尺配合使用,可画出与水平线成 30°,60°的倾斜线。

两块三角板配合,还可以画任意已知直线的平行线或垂直线,如图 1－22 所示。

图 1 – 22　画已知直线的平行线和垂直线

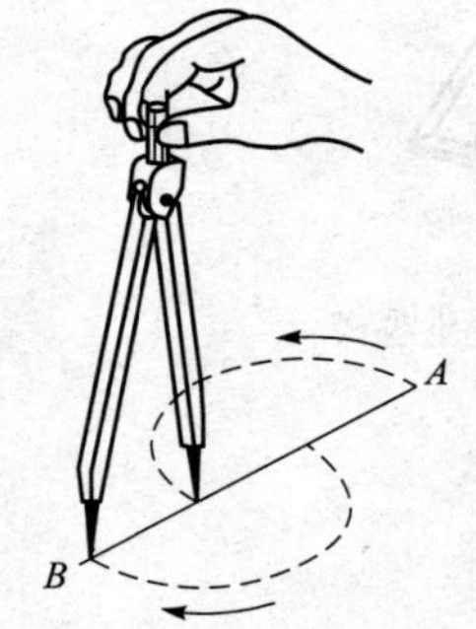

图 1 – 23　分规及使用

4. 分规

分规是用来量取线段和分开线段的工具。分规两腿端部带有钢针，为了准确地度量尺寸，分规的两针尖应平齐，当两腿合拢时，两针尖应合成一点，其用法如图 1 – 23 所示。

5. 圆规

圆规是画圆及圆弧的工具。圆规的一条腿上具有肘形关节，可装铅笔插腿，称为活动腿。铅笔插腿内通过调换软或硬两种铅芯，以适应绘制粗、细两种不同图线的要求。铅芯露出长度为 6 ~ 8 mm，并且要经常磨削。圆规的两腿合拢时，针尖应比铅心的尖端稍长。画大直径的圆，须使用接长杆，如图 1 – 24（c）所示。使用圆规时，尽可能使钢针和铅心垂直于纸面，特别在画大圆时更应如此。用圆规画圆方法如图 1 – 24 所示。

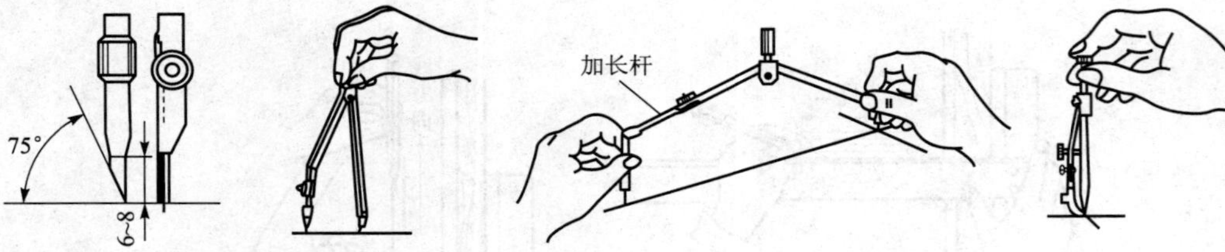

（a）　（b）　（c）　（d）

图 1 – 24　用圆规画圆的方法

6. 比例尺

常见的比例尺形状为三棱柱体，故又名三棱尺。在尺的 3 个棱面上分别刻有 6 种不同比例的刻度尺寸，供度量时选用。有了比例尺，在画不同比例的图样时，从尺上可直接得出某一尺寸应画的大小，省去计算的麻烦，如图 1 – 25 所示。

7. 曲线板

曲线板是用来画非圆曲线的工具，其轮廓线由多段不同曲率半径的曲线组成。作图时，先徒手用铅笔轻轻地把曲线上一系列的点顺次地连接起来，然后选择曲线板上曲率合适的部分与徒手连接的曲线贴合，并将曲线描深。每次连接应至少通过曲线上 3 个点，并注意每画一段线应和前一段的末端有一段相吻合，以保证曲线连接圆滑。曲线板的这种用法要点可归纳为两句话：“找四连三，首尾相叠”，如图 1 – 26 所示。

图 1－25　比例尺的使用

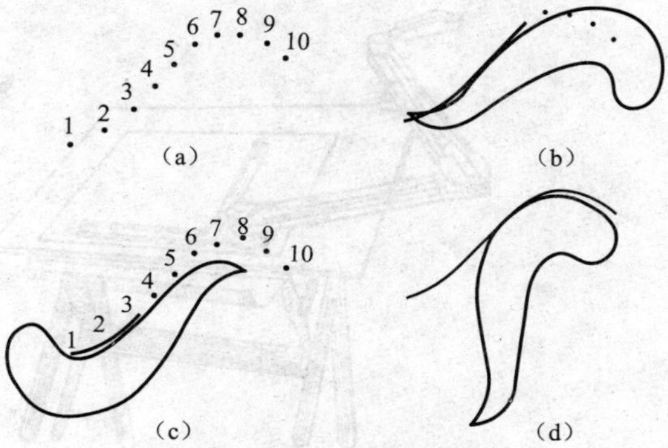

图 1－26　曲线板的使用

8. 铅笔

一般采用的木质绘图铅笔，其末端印有铅笔硬度的标记。绘图时应同时准备 2H、H、HB、B、2B 铅芯的铅笔数支。绘制各种细线及画底稿可用稍硬的铅笔，如 H 或 2H；加深时，则用较软的铅笔，如 B 或 2B；写字时，则选用软硬适中的 HB 铅笔较合适。加深圆及圆弧时，圆规的铅芯应比画直线时的要软一些。画底稿及绘制各种细线的铅芯宜在砂纸上磨尖；绘制粗实线的铅芯，其端部应磨得稍粗些，使所画的图线的粗细能达到符合要求的宽度 b。铅芯长度最好为 6 ~ 8 mm。装在圆规铅笔插腿中的铅芯的磨法也应这样。铅笔应从无字的一端开始使用，以保留铅芯软硬的标志。

二、绘图机

绘图机代替了丁字尺和三角板，利用绘图机上的水平尺和垂直尺的刻度，可以直接在图上进行度量。大大提高了绘图速度。常用的绘图机有：

1. 钢带式绘图机

图 1－27(a) 所示为钢带式绘图机，它可以绘制 A1 幅面范围内的各种图纸。固定在机头上的一对互相垂直的纵横直尺，在移动时可始终保持平行，机头还可以做 360°的转动。

2. 导轨式绘图机

图 1－27(b) 所示为导轨式绘图机，它可以绘制大幅面的图纸，机头结构与钢带式的相似。机头可沿横梁上的导轨上下平移，而横梁又可沿顶端的纵向导轨做左右平移。图板台面可以倾斜并能升降。导轨式绘图机刚性较好，因此所绘图样的精确度较高。

3. 自动绘图机

由电子计算机控制的自动绘图机是新一代的先进绘图机，它的问世时间虽不长，但发展极为迅速，应用也越来越广泛。

（a）　　　　　　　　　　　　　　（b）

图 1－27　绘图机

第三节　几何作图

在绘制图样过程中，常会遇到等分线段和圆周、作正多边形、画斜度和锥度、圆弧连接以及绘制非圆曲线等的几何作图问题。下面介绍一些常见的几何作图方法。

一、等分线段

如图 1－28 所示为将已知直线段 AB 分为 5 等份的一般作图法。过直线段上任一个端点（图中为 A）作一直线 AC，用分规以适当长度为单位在 AC 上量得 1，2，3，4，5 各等分点，如图 1－28（a）所示，然后连接 $5B$，并过各等分点作 $5B$ 的平行线与 AB 相交，即得 AB 上的各等分点 1，2，3，4，如图 1－28（b）所示。

（a）　　　　　　　　　　　　　　（b）

图 1－28　等分线段

二、等分圆周及作正多边形

1. 圆的 6 等分及作正六边形

图样中常遇到的正多边形即为正六边形，在实际制图时，人们习惯于使用 30°，60°三角板与丁字尺配合，根据已知条件直接作出正六边形，具体作法如下。

（1）因为圆的内接正六边形的边长等于其半径，所以 6 等分圆周及作正六边形的方法是，以圆心线同圆周的交点为圆心，以圆的半径为半径画圆弧，交圆上的点即把圆周 6 等分，依次连接各分点，即得正六边形，如图 1－29（b）所示。

（2）也可利用丁字尺和 30°、60°三角板配合作图，如图 1－29（c）所示。

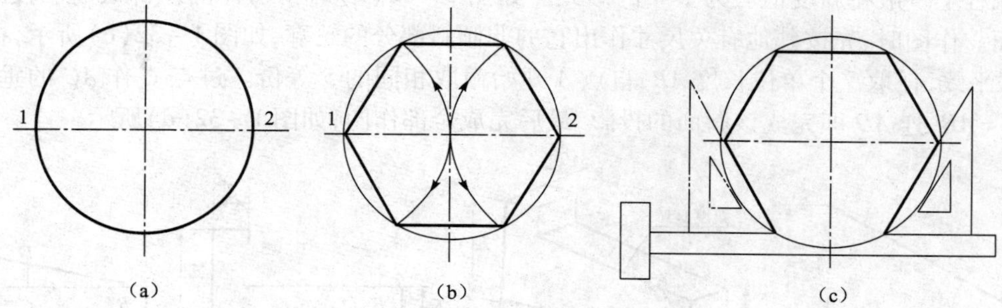

图 1－29　用丁字尺和三角板画正六边形

2. 圆的 5 等分及作正五边形

根据圆的内接正五边形边长与半径的几何关系，可得圆的 5 等分及正五边形的作图方法，如图 1－30（a）、（b）所示。作出半径 ob 的中点 g，以 g 为圆心，gc 为半径（点 c 为铅垂中心线与圆的交点）画圆弧，交水平中心线于点 h，ch 即为圆内接正五边形的边长。以 ch 为大小在圆周上截取各等分点 1，2，3，4，5，即把圆 5 等分，依次连接各点，即得正五边形。

3. 圆的 *n* 等分及作正 *n* 边形

以 7 等分圆及作正七边形为例说明其作图方法，如图 1－31 所示。

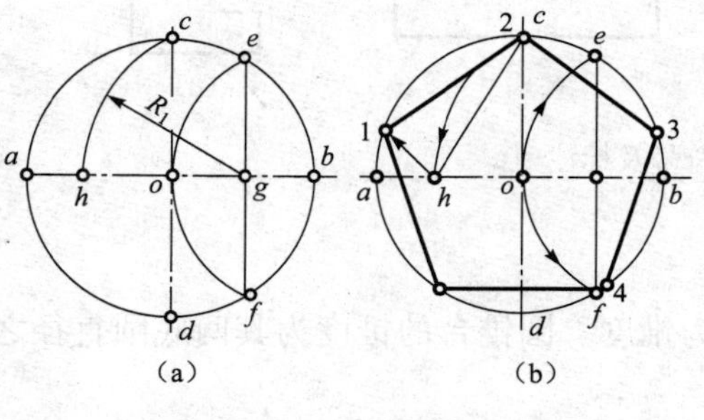

图 1－30　正五边形的画法

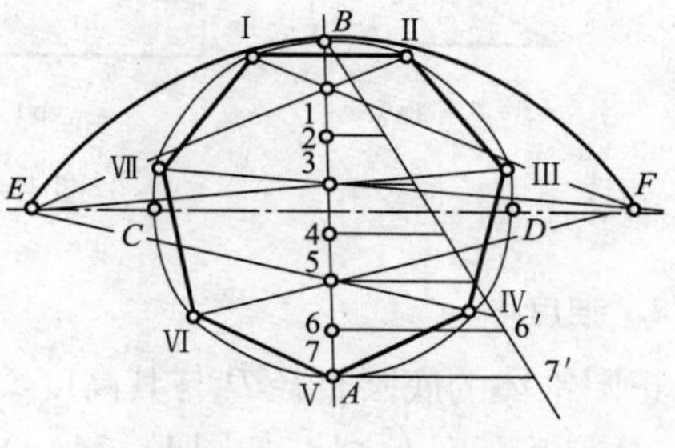

图 1－31　圆的内接正七边形画法

（1）将已知圆的直径 AB 7 等分；

（2）以 A 为圆心，AB 为半径画圆弧，分别交水平中心线两点 E、F，过点 E、F 分别连接 $E1$，$E3$，$E5$ 和 $F1$，$F3$，$F5$ 并延长交圆周于Ⅰ，Ⅱ，Ⅲ，Ⅳ，Ⅴ，Ⅵ，Ⅶ点，即把圆 7 等分；

（3）依次连接各点，即得圆的内接正七边形。

特别说明，分别过两点 E，F 与 2，4，6 点相连，亦可将圆周 7 等分。

三、斜度和锥度

1. 斜度

斜度是指一直线相对于另一直线，或一平面相对另一平面的倾斜程度，其大小用该两直线或两平面间夹角的正切来表示，如图 1－32（a）所示。

$$斜度 = H/L = \tan \alpha$$

工程上一般将斜度值写为1∶n的形式。如图1－32(b)所示物体的左部具有斜度为1∶5的斜面。作图时，先按其他有关尺寸作出它的非倾斜部分的轮廓，如图1－32(c)所示，再过点A作水平线，任取一个单位长度AB，自点A开始截取相同的5等份。过点C作AC的垂线，并取CD＝AB，连AD即完成该斜面的投影，最后完成全部作图，如图1－32(d)所示。

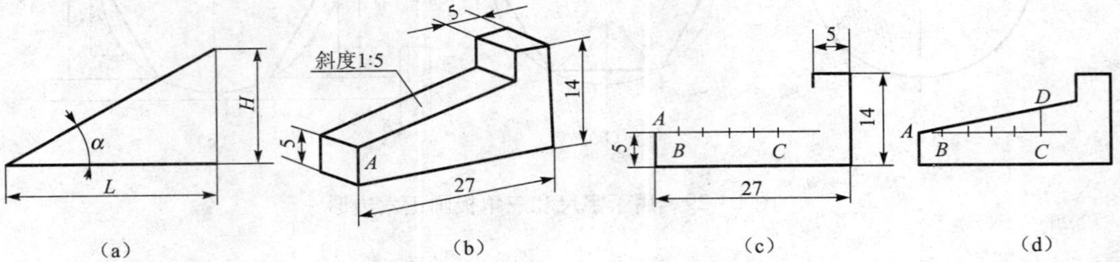

图1－32　斜度的画法

斜度用斜度符号进行标注，斜度的符号如图1－33(a)所示，图中尺寸h为表示斜度的数字的高度，符号的线宽为h/10。标注斜度的方法如图1－33(b)，(c)，(d)所示，应注意斜度符号的方向应与所画斜度的方向一致。

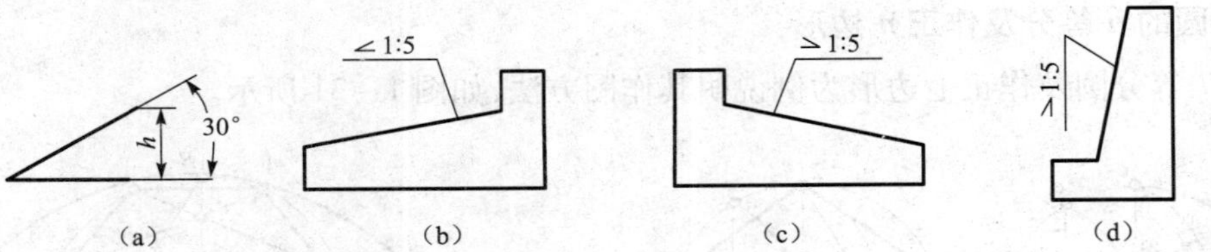

图1－33　斜度符号及标注

2. 锥度

正圆锥体的底圆直径D与其高度L之比，称为锥度。圆锥台的锥度为其两底圆直径之差(D－d)与其高度l之比，如图1－34(a)所示。

$$锥度 = D/L = (D-d)/l = 2\tan \alpha$$

式中　α——角度为锥顶角的1/2。

工程上一般将锥度值写为1∶n的形式。如图1－34(b)所示，圆锥台具有1∶3的锥度。作图时，先根据圆锥台的尺寸25和φ18作出AO和FG线，过点A任取一个单位长度AB，自点A开始在AO上截取相同的3等份。过点C作AC的垂线，并取DE＝AB，连接AD和AE并过点F和点G分别作AD和AE的平行线，即完成该圆锥台的投影，如图1－34(c)，(d)所示。

锥度用锥度符号进行标注，锥度的符号如图1－35(a)所示。标注锥度的方法如图1－35(b)所示。锥度可直接标注在圆锥轴线的上面，也可从圆锥的外形轮廓线处引出进行标注。应注意锥度符号的方向应与所画锥度的方向一致。

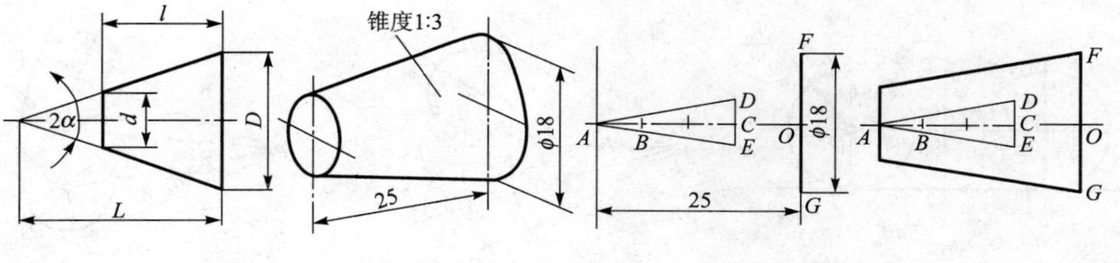

图 1－34　锥度的画法

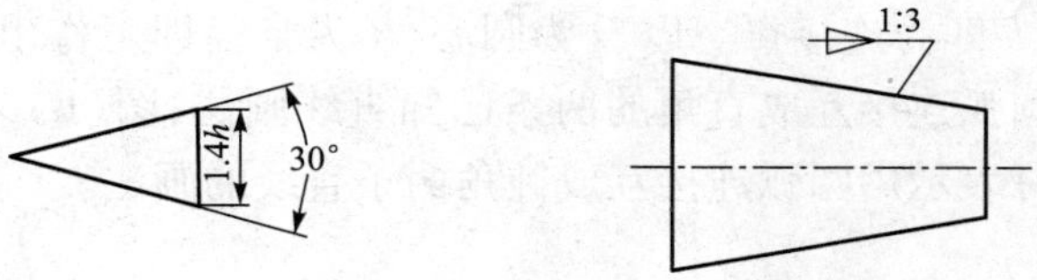

图 1－35　锥度的符号及画法

四、圆弧连接

绘制机器零件轮廓时，常遇到用已知半径的圆弧光滑地过渡到另一线段（直线或圆弧）的情况，称之为圆弧连接。其实质就是使圆弧与直线或圆弧与圆弧相切，如图 1－36 所示。图形上按已给尺寸可以直接作出的线段称为已知线段，起连接作用的圆弧称为连接弧，连接弧与已知线段衔接的点（切点）称为连接点。作图时，必须找出连接弧的圆心和连接点，这才能保证连接的光滑。

1. 圆弧连接的作图原理

（1）如图 1－36（a）所示，半径为 R 的圆弧与已知直线 AB 相切，若将该圆弧沿直线 AB 在同一平面内做平移运动，其圆心 O 的运动轨迹是一条与已知直线 AB 平行的直线 L，距离为 R。如选定以 O 为圆心的圆弧作为连接圆弧，则过点 O 作 AB 的垂线，其垂足 T 即为切点，而点 T 即为直线与圆弧的分界点。

（2）半径为 R 的圆弧与已知圆弧 a（圆心为 O_A，半径为 R_A）相切，若将该圆弧沿圆弧 a 在同一平面内做平移运动，如图 1－36（b），（c）所示，其圆心 O 的运动轨迹为已知圆弧 a 的同心圆弧，其半径 R_l 则要根据相切的情况而定。

① 当两圆外切时，$R_l = R_A + R$，如图 1－36（b）所示，切点 T 为连心线 O_AO 与圆弧 a 的交点。

② 当两圆内切时，$R_l = R_A - R$，如图 1－36（c）所示，切点 T 为连心线 O_AO 的延长线与圆弧 a 的交点。

2. 圆弧连接的作图实例

（1）用已知半径为 R 的圆弧连接两条已知直线 A 和 B。首先要求出连接弧的圆心，为此，分别作距直线 A 和直线 B 垂直距离为 R 的平行线，其交点 O 即为连接弧的圆心。自 O 分别向

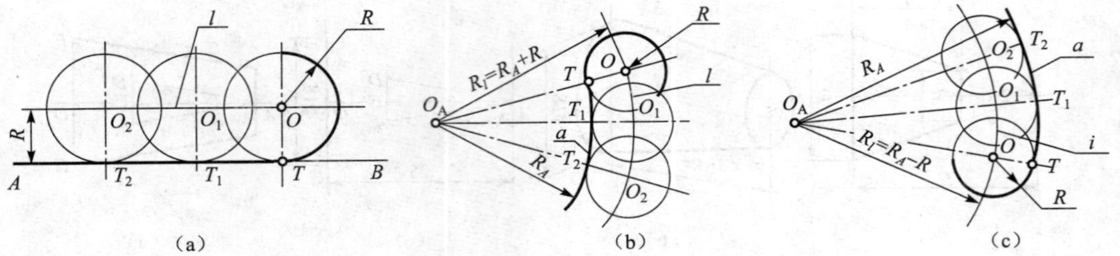

图 1-36　圆弧连接的作图原理

两直线作垂线，垂足 a、b 即为连接点。以 O 为圆心，R 为半径即可作出连接弧，如图 1-37 所示，其中图(a)表示用圆弧连接互成直角的两条已知直线画法；图(b)表示用圆弧连接互成锐角的两直线画法；图(c)表示用圆弧连接互成钝角两条直线的画法。

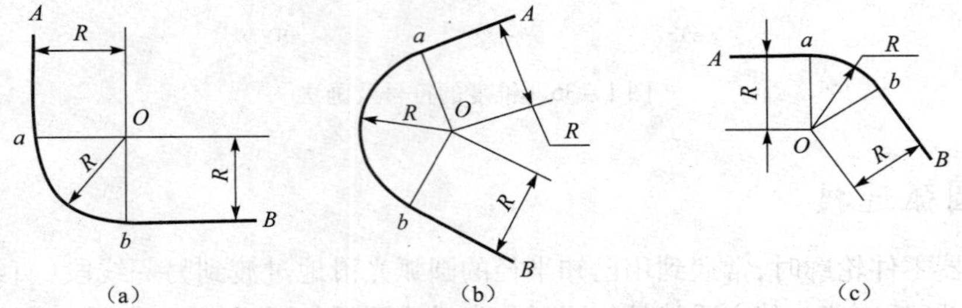

图 1-37　用圆弧连接两已知直线

(2) 用已知半径为 R 的圆弧连接两已知圆弧。这时有三种情况：连接圆弧与两已知圆弧皆外切；连接圆弧与两已知圆弧皆内切；连接圆弧与一已知圆弧外切，与另一已知圆弧内切，即为混合连接。现以混合连接为例说明其作图方法，如图 1-38(c)所示。

两已知圆弧的圆心分别为 O_1、O_2，半径分别为 R_1R_2，现分别以 O_1 和 O_2 为圆心，R_1+R 和 $R-R_2$ 为半径画弧，其交点 O 即为连接圆弧的圆心；连心线 OO_1 和 OO_2 与两已知圆弧的交点 m 和 n 即为连接点。再以 O 为圆心，以 R 为半径画弧即把两已知圆弧连接起来。

外切和内切连接的画法如图 1-38(a)，(b)所示。

五、非圆曲线

机件的轮廓除直线段和圆弧外，有时还会遇到一些非圆的平面曲线。非圆的平面曲线种类很多，下面仅介绍常用的椭圆、渐开线、阿基米德螺线的画法。

1. 椭圆

椭圆的作图方法很多，根据已知条件的不同画法亦随之而异。这里介绍常用的两种画法。

(1) 同心圆法。已知椭圆的长轴 AB 和短轴 CD，用同心圆法可正确地作出该椭圆，如图 1-39(a)所示。分别以 AB 和 CD 为直径作两同心圆，过中心 O 作一系列放射线与两圆相交，过大圆上各交点 Ⅰ，Ⅱ，…引铅垂线，过小圈上各交点 1，2，…作水平线，得相应的交点于 M_1，M_2，…各点，最后，用曲线板光滑连接 M_1，M_2，…各点，即完成椭圆的作图。

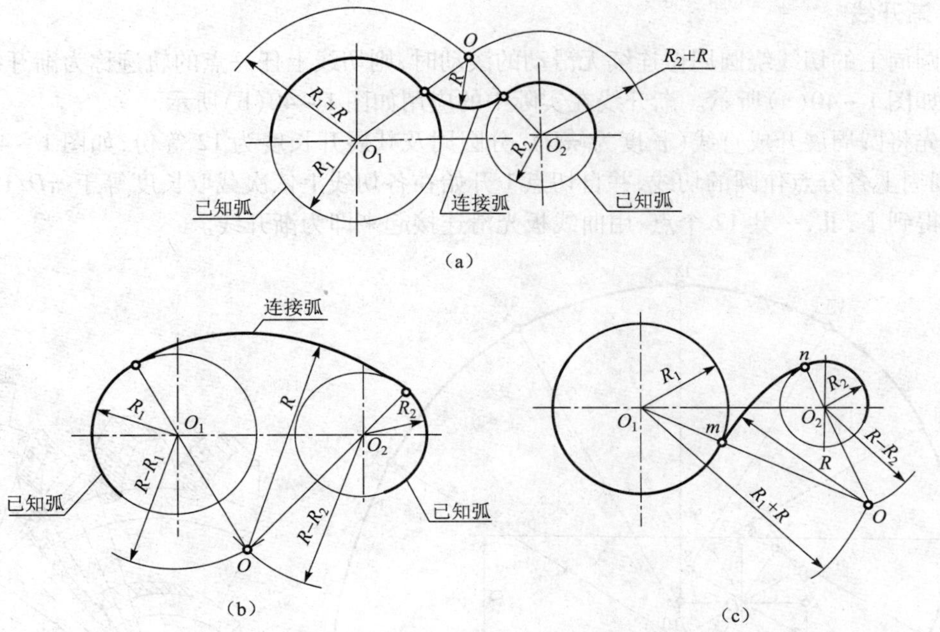

图 1－38　用圆弧连接两已知圆弧

(2) 四心圆近似法。已知椭圆的长轴 AB 和短轴 CD，用四心圆近似法作出该椭圆，如图 1－39(b)所示。

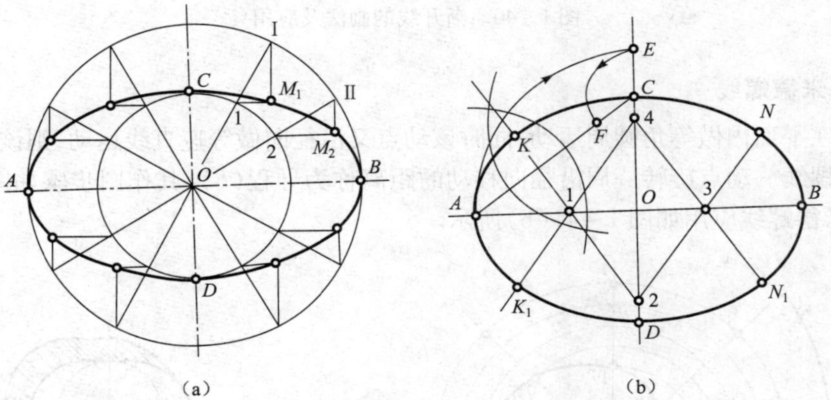

图 1－39　椭圆的画法

① 以 O 为圆心，OA 为半径画弧交 CD 的延长线于点 E；

② 连接 AC，以 C 为圆心，CE 为半径画弧交 AC 于点 F；

③ 作 AF 的中垂线与长、短轴分别交于 1,2 两点，再作出其对称点 3,4；

④ 分别以 2,4 为圆心，$2C$ 和 $4D$ 为半径画两段大圆弧，再分别以 1、3 为圆心，$1A$ 和 $3B$ 为半径画两段小圆弧；

⑤ 四段圆弧相切于点 K,K_1,N,N_1 而构成一近似椭圆。

2. 渐开线

当圆周上的切线绕圆周做连续无滑动的滚动时，则切线上任一点的轨迹称为渐开线，其作图步骤如图 1－40(a)所示。渐开线在实际中的应用如图 1－40(b)所示。

首先将圆周展开成直线(长度为 πD)，分圆周及其展开长度为 12 等份，如图 1－40(a)所示，过圆周上各分点作圆的切线，并自切点 1 开始在各切线上依次截取长度等于 $\pi D/12$，$2\pi D/12$，…，得到Ⅰ，Ⅱ，…共 12 个点，用曲线板光滑连接起来即为渐开线。

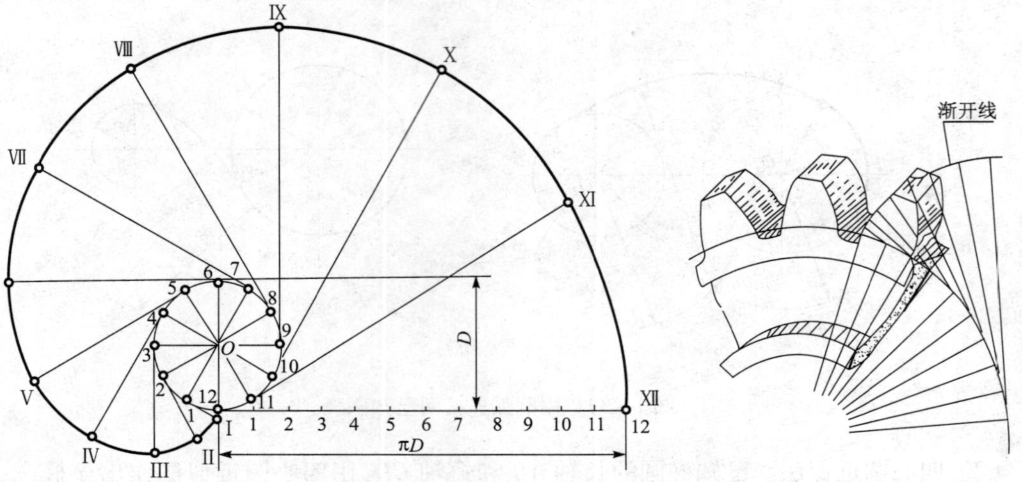

(a)　　(b)

图 1－40　渐开线的画法及应用

3. 阿基米德螺线

一动点在平面内做等角圆周运动，同时该动点又沿径向做等速直线运动，则该动点的轨迹为阿基米德螺线。动点旋转一周沿径向移动的距离称为导程(S)，其作图步骤如图 1－41(a)所示，阿基米德螺线应用如图 1－41(b)所示。

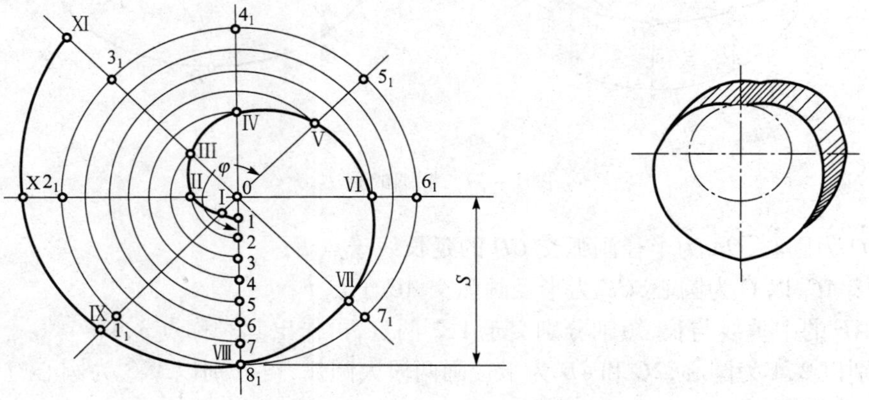

(a)　　(b)

图 1－41　阿基米德螺线画法及应用

首先以导程为半径画圆，将圆周及半径分为相同的等份（图中为 8 等份）；过半径上各分点 1，2，…作同心圆弧，与等分圆周的各相应射线上分别交于点 Ⅰ，Ⅱ，…。自圆心 O 开始将各点依次用曲线板光滑连接起来即为阿基米德螺线。

第四节　平面图形的分析及作图

一、平面图形的分析

画平面图形前先要对图形进行尺寸分析和线段分析，才能正确画出图形和标注尺寸。

1. 尺寸分析

平面图形中的尺寸有两类：

（1）定型尺寸。用于确定平面图形中线段长度、圆的半径、圆的直径、角度的大小等尺寸，称为定型尺寸。如图 1－42 中的尺寸 20，ϕ15，ϕ20，ϕ27，R3，R28，R32，R40 等。

（2）定位尺寸。用于确定圆心、线段等在平面图形中所处的位置的尺寸，称为定位尺寸，如图 1－42 中的尺寸 6，10，60。

定位尺寸应以尺寸基准线作为标注尺寸的起点。一个平面图形应有两个坐标方向的尺寸基准线，通常以图形的对称轴线、圆的中心线以及其他线段作为尺寸基准线。有时一个尺寸既是定型尺寸，也是定位尺寸。

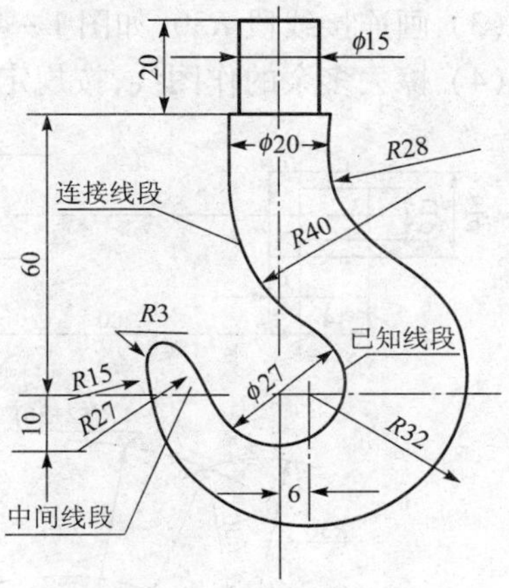

图 1－42　吊钩

2. 线段性质分析

为了画图和对图形进行尺寸标注，需要对平面图形中的线段性质进行分析。平面图形中的线段分为三种：

（1）已知线段根据作图基准线位置和已知尺寸就能直接作出的线段。如图 1－42 中的 ϕ27，R32 以及图 1－43 中的 ϕ19，ϕ11，ϕ26，14，6 以及 80 和 R6。

（2）中间线段只要一端的相邻线段作出后，就可由已知尺寸和几何条件作出的线段称为中间线段。如图 1－42 中的 R27 以及图 1－43 中的 R52。中间圆弧除注有半径尺寸外，一般还注有确定圆心位置的一个定位尺寸。

每个封闭图形中可以有一个或多个中间线段，也可以没有，根据图形中线段的连接情况而定。

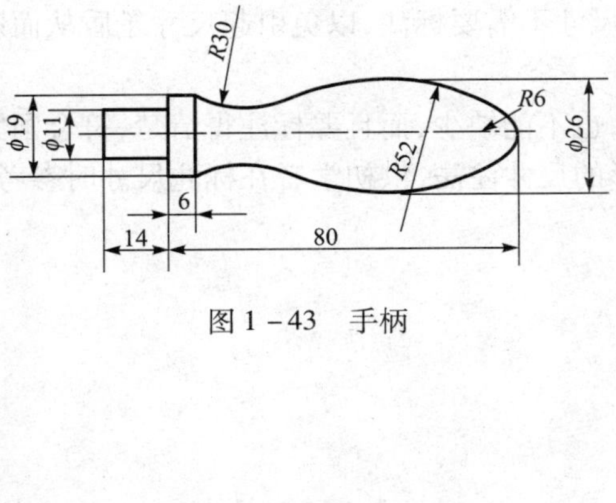

图 1－43　手柄

（3）连接线段需要依赖相邻的线段连接关系，待两端相邻线段先作出后，才能作出本线段者称为连接线段。如图 1－42 中的 R3，R28，R40 以及图 1－43 中的 R30 等都是连接线段。可见连接线段只注有半径尺寸而无定位尺寸。若连接线段为圆弧的切线时，则不注尺寸。每个封闭图形中一般都有连接线段。

在画平面图形时，先要进行线段分析，以便决定画图步骤和选用连接方法。一般先画已知线段，再画中间线段，最后画连接线段。

二、平面图形的作图步骤

在对平面图形进行尺寸分析和线段分析之后，可进行作图。现以图 1－44 所示的手柄为例，说明其具体作图步骤。

（1）定出图形的基准线，画已知线段，如图 1－44（a）所示；

（2）画中间线段 $R52$，如图 1－44（b）所示；

（3）画连接线段 $R30$，如图 1－44（c）所示；

（4）擦去多余的作图线，按规定的线型要求加深图线，完成作图，如图 1－44（d）所示。

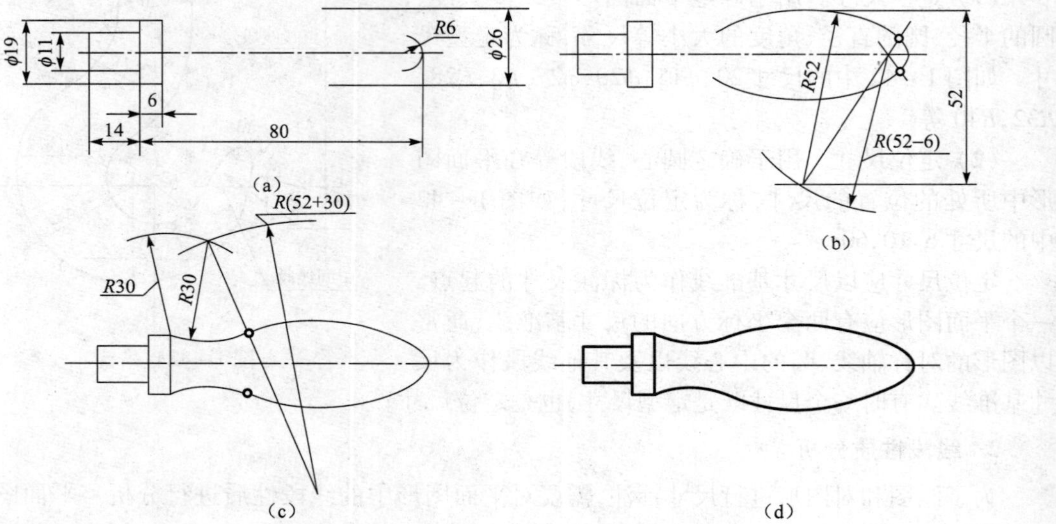

图 1－44　手柄的画图步骤

三、平面图形的尺寸标注

标注平面图形尺寸时，首先要对该图形进行分析，弄清由哪些基本几何图形构成以及各部分之间的相互关系。然后选择合适的基准，再注出各部分的定型尺寸和定位尺寸。例如连接圆弧圆心的两个定位尺寸和中间圆弧的一个定位尺寸都是根据相切的几何条件由作图确定的，不需要标注。平面图形中凡是由作图确定的尺寸不需要标注，以免引起尺寸矛盾从而影响图形正确画出。

标注时注意尺寸要完整，既不能有多余尺寸，也不能缺少，而且要标注得清楚，符合国家标准的有关规定。如图 1－45 所示为部分常见图形的尺寸注法，供初学者在标注尺寸时参考。

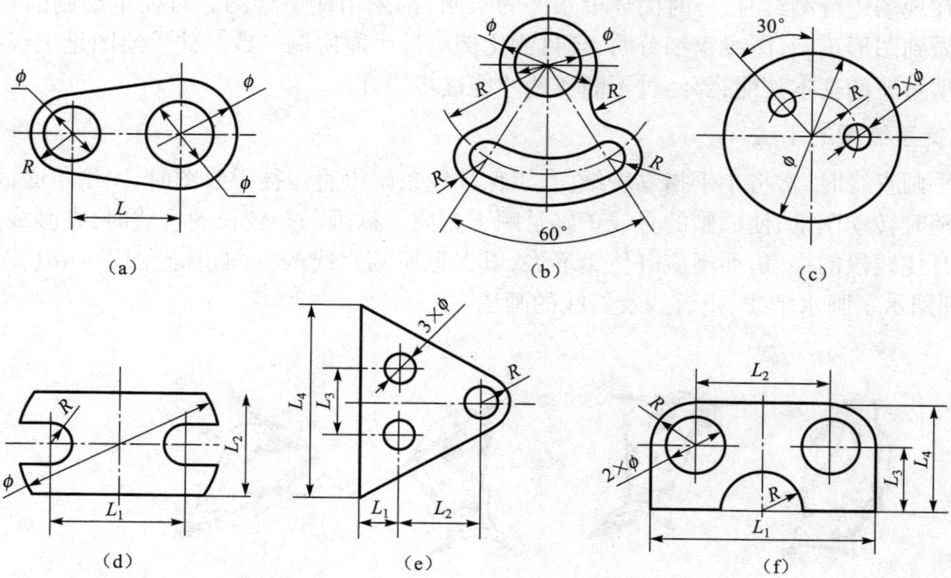

图 1－45　常见平面图形的尺寸标注

第五节　绘图的基本方法与步骤

一、绘图的一般方法与步骤

为了提高画图速度和保证图面质量，除必须熟练掌握有关的制图标准、几何作图方法及正确使用绘图工具外，还应遵循一定的绘图程序。下面介绍在图纸上准确绘图的步骤。

(1) 准备工作。绘图前应准备好必要的绘图工具和用品，整理好工作地点，熟悉和了解所画的图形，将图纸固定在图板的适当位置，使丁字尺和三角板移动比较方便。

(2) 图形布局。图形在图纸上的布局应匀称、美观，并考虑到标题栏及标注尺寸的位置。

(3) 画底稿。用较硬的 H 或 2H 铅笔准确地、很轻地画出底稿。画底稿应从中心线或主要轮廓线开始作图。

(4) 检查描深。底稿画好后应仔细校核，改正所发现的错误并擦去多余的线条。应该做到线型符合规定，粗细分明，连接光滑。描深一般应首先描深所有的圆及圆弧，对同心圆弧应先描小圆弧，再由小到大顺次描其他圆弧。当有几个圆弧连接时，应从第一个开始依次描深，才能保证相切处连接光滑。然后从图的左上方开始，依次向下描深所有的水平粗实线，再顺次向右描深所有垂直的粗实线，最后描深倾斜的粗实线。其次，按描粗实线的顺序，描深所有的虚线、点画线、细实线和尺寸界线等。

(5) 标注尺寸、写注解文字、填写标题栏。

在描图纸上描图的顺序与上述类似。

二、徒手绘图

徒手画图是要求不用绘图仪器和工具，靠目测的比例，徒手画出图样。在绘制设计草图，尤其是在现场进行测绘时,有时因环境条件的限制,都采用徒手绘图。对徒手绘制的草图,仍应基本做到图形正确、图线粗细分明,且目测比例应尽可能协调一致。徒手绘图是工程技术人员的一项重要的基本技能,要经过不断实践才能逐步提高。

1. 徒手绘图的手法

徒手画直线时,常将小手指靠着纸面,以保证线条画得直。徒手绘图时,图纸不必固定,因此可以随时转动图纸,使欲画的直线正好是顺手方向。欲画一条较长的直线时,在画线过程中眼睛应盯住线段的终点,而不应盯住铅笔尖,以保证所画直线的方向正确,图 1-46(a),(b),(c)分别图示了画水平线、垂直线及斜线的画法。

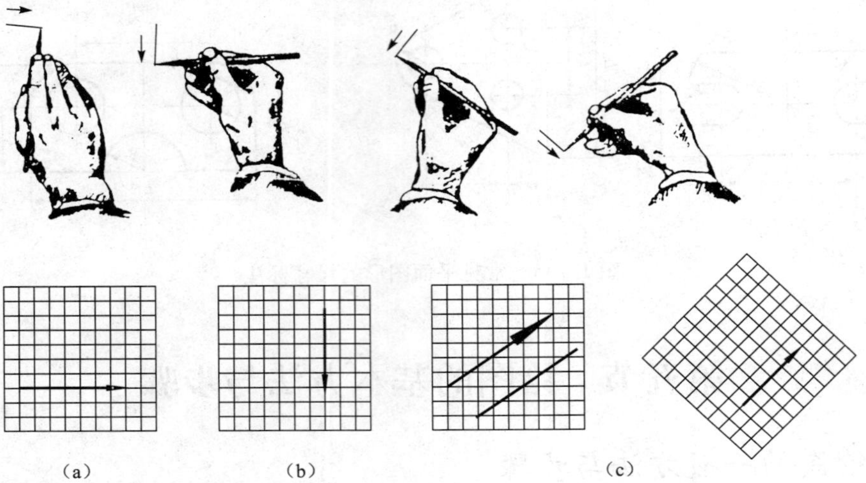

图 1-46　徒手画直线的方法

徒手画圆时,应先作两条互相垂直的中心线,定出圆心,再根据直径大小,用目测估计半径的大小后,在中心线上截得 4 点,然后便可画圆。对于较大的圆,还可再画一对 45°的斜线,按半径在斜线上也定出 4 个点,然后通过该 8 个点徒手连接成圆,如图 1-47(a),(b)所示。

当徒手画与水平线呈 30°,45°,60°等夹角的斜线时,可根据两直角边的近似比例关系,先定出两端点,然后连接两点即为所画的斜线,如图 1-48 所示。

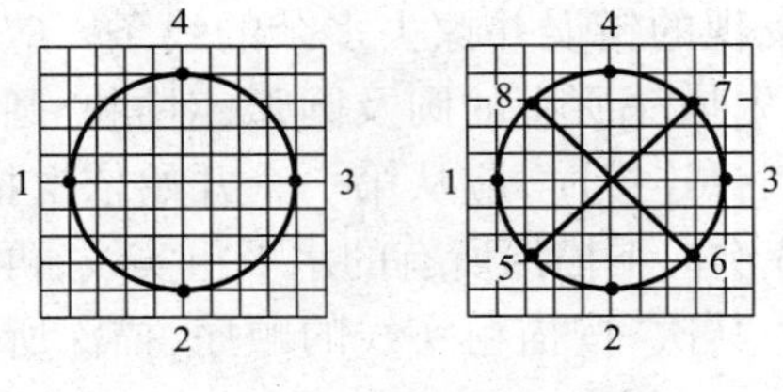

图 1-47　徒手画圆

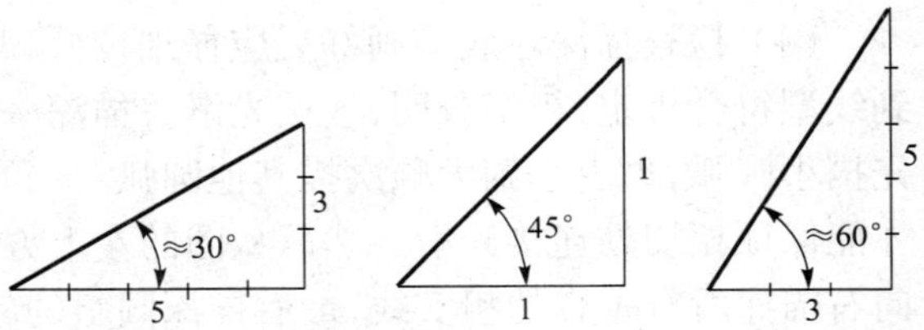

图 1-48　徒手画 30°,45°,60°的斜线

为了提高绘图的速度和质量,可在方格纸上进行徒手画图。利用方格纸可以很方便地控制图形各部分的大小比例,并保证各个视图之间的投影关系。画图时,应尽可能使图形上主要的水平、垂直轮廓线以及圆的中心线与方格纸上的线条重合,这样有利于图形的准确性。如图 1-49 所示为在方格纸上徒手绘图的示例。

2. 目测的方法

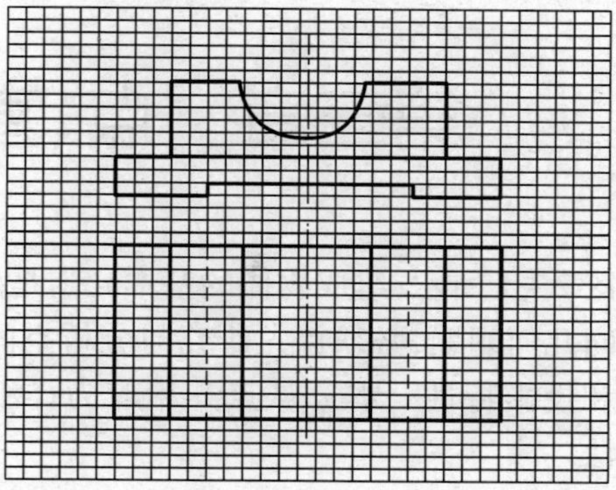

图 1-49　在方格纸上徒手绘制草图

徒手绘图时，重要的是要保持物体各个部分的比例，如果比例保持不好，不管线条画得多好，这张草图也是劣质的。因此目测的方法对草图的绘制十分重要。

在开始画图时，整个物体的长、宽、高的相对比例一定要仔细拟定，在画中间部分和细节部分时，要随时将新测的线段与已拟定的线段进行比较。

画中、小物体时，可以用铅笔或直尺量出实物上各个部分的大小画出草图；或者先估计出各部分的相对比例，按这个相对比例画出缩小的草图，如图 1-50 所示。

在画较大的物体时，一般用握一支铅笔进行目测度量。在目测时，人的位置保持不动，握铅笔的手臂伸直，人和物体的距离大小应根据所画图形的大小来确定，如图 1-51 所示。

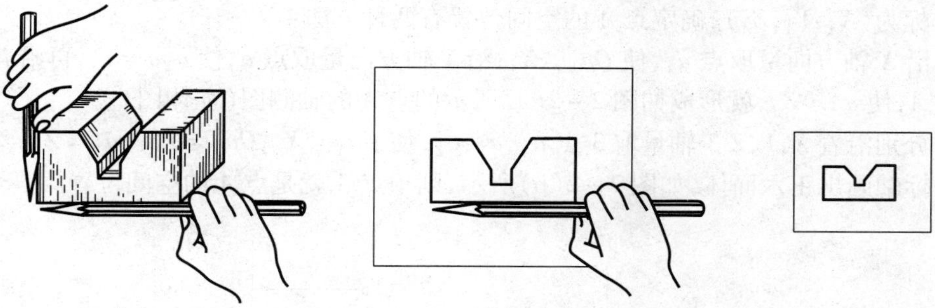

(a)　　(b)　　(c)

图 1-50　较小物体的测定

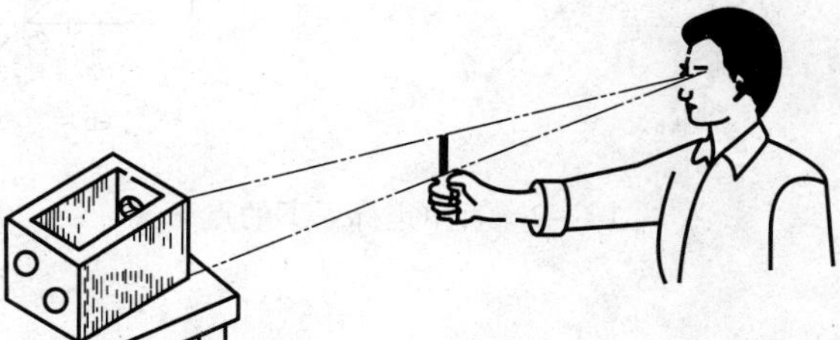

图 1-51　较大物体的测定

第二章 点、直线、平面的投影

如图 2-1 所示，组成物体的基本元素是点、线、面。为了正确与迅速地画出物体的投影或分析空间几何问题，必须首先研究与分析空间几何元素的投影规律和投影特性。本章从点开始较为详细地描述物体的表示方法。

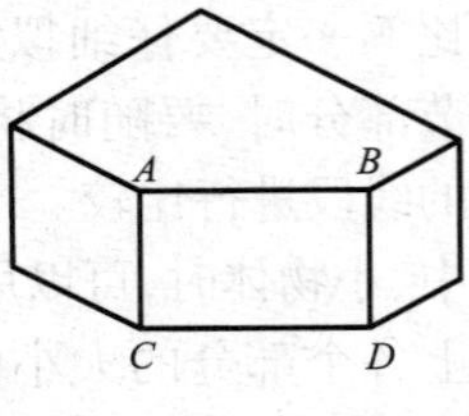

图 2-1 物体上的点、线、面

第一节 点的投影

一、直角坐标系下的点

点是组成物体的最基本元素，在研究点的投影之前，首先看一看直角坐标系下的点。已知点 A 的坐标为(X_A, Y_A, Z_A)，确定点 A 的空间位置有两种方法：

(1) 沿 X 轴方向量取点 a_X，使 $Oa_X = X_A$；沿 Y 轴方向量取点 a，使 $a_Xa = Y_A$；再沿着 Z 轴方向量取点 A，使 $aA = Z_A$，就形成如图 2-2(a)所示的点 A 的轴测图(立体图)。

(2) 分别沿着 X, Y, Z 3 轴量取 3 点 a_X, a_Y, a_Z，使 $Oa_X = X_A, Oa_Y = Y_A, Oa_Z = Z_A$，然后分别平行于坐标轴画出正六面体，如图 2-2(b)所示，则顶点 A 就是点 A 的空间位置。

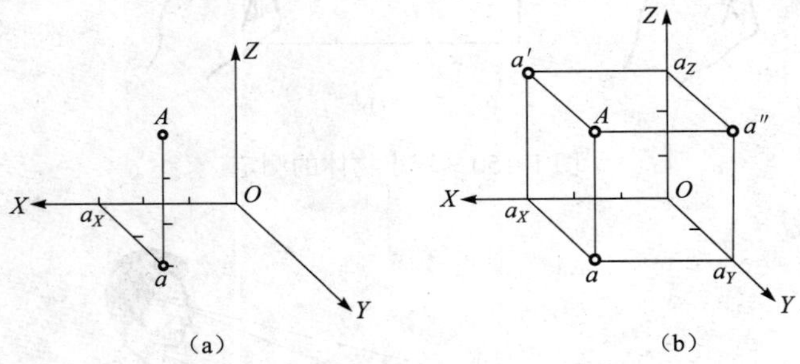

图 2-2 直角坐标系下的点

二、点的投影特性

如图 2-3(a)所示，若已知空间有一点 A 和投影面 H，过点 A 作投影线垂直于面 H，投影线与 H 面的交点 a，即为点 A 在面 H 上的投影，所以空间点在投影面上的投影是唯一的；但反过来，由点的一个投影不能确定该点的空间位置，如图 2-3(b)所示。要确定点的空间位置，必须增加其他投影面。在工程制图中采用的这些投影面通常都是互相垂直的。

三、点在两投影面体系中的投影

如图 2-4 所示为空间两个互相垂直的投影面，处于正面直立的投影面称为正投影面，

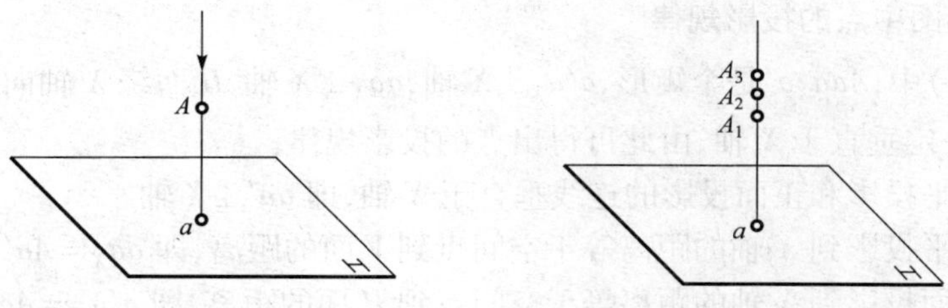

(a)　　　　(b)

图 2－3　点的投影特性

用 V 来表示，简称 V 面；处于水平位置的投影面称为水平投影面，用 H 来表示，简称 H 面；由 V 面和 H 面所组成的体系称为两投影面体系。V 面和 H 面的交线称为 X 投影轴，简称 X 轴。

H、V 两投影面将空间划分为四个部分，每一个部分称为一个分角。H 的上半部分，V 的前半部分称为第一分角；H 的上半部分，V 的后半部分称为第二分角；H 的下半部分，V 的后半部分称为第三分角；H 的下半部分，V 的前半部分称为第四分角；它们依次用Ⅰ、Ⅱ、Ⅲ、Ⅳ表示。

1. 点的两面投影图

首先来研究点在第一分角内的投影。

如图 2－5(a)所示，过空间一点 A 向 H 面作垂线，其垂足 a 就是点 A 在面 H 上的投影，称为点 A 的水平投影，以 a 表示。再由点 A 向 V 面作垂线，其垂足 a' 就是点 A 在面 V 上的投影，称为点 A 的正面投影，以 a' 表示。

为了统一，规定空间点用 $A,B,C,\cdots$ 大写字母表示；水平投影用相应的小写字母 $a,b,c,\cdots$ 表示；正面投影用相应的小写字母在右上角加一撇 $a',b',c',\cdots$ 表示；侧面投影用相应的小写字母在右上角加两撇 $a'',b'',c'',\cdots$ 表示。

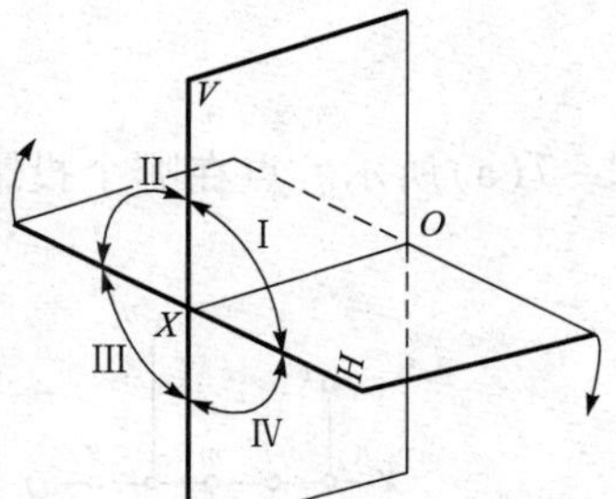

图 2－4　两投影面体系

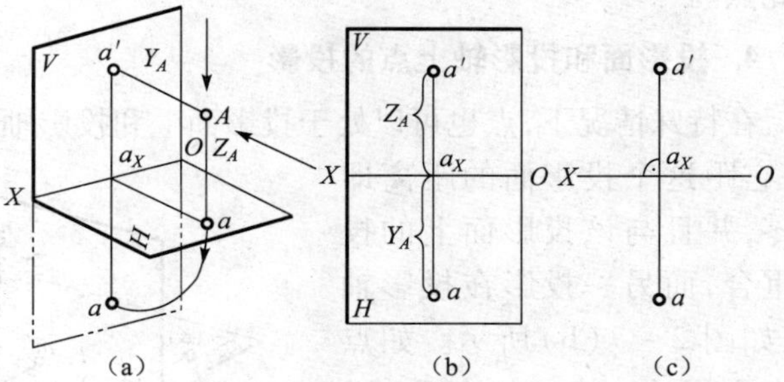

(a)　　　(b)　　　(c)

图 2－5　点在第一分角中的投影

为了便于作图，需要把位于两个互相垂直的投影面内的投影展开到一个平面内。规定 V 面保持不动，将 H 面绕 X 轴向下旋转 90°与 V 面重合，即处于同一平面上，得到的两面投影图如图 2－5(b)所示。因为投影面可根据需要来扩大，故此通常不必画出投影面的边界，图 2－5(c)为去掉边框后点 A 的投影图。

反之，如果有了点的正面投影和水平投影，就可以确定该点的空间位置。

2. 两面投影图中点的投影规律

在图 2－5(a)中，$Aa a_X a'$是个矩形，$a'a_X \perp X$ 轴，$aa_X \perp X$ 轴，H 面绕 X 轴向下经旋转 90°后，a，a'的连线 aa'一定垂直于 X 轴，由此可得出点的投影规律：

(1) 点的水平投影和正面投影的连线垂直于 X 轴，即 $aa' \perp X$ 轴。

(2) 点的水平投影到 X 轴的距离等于空间点到 V 面的距离，即 $aa_X = Aa'$。

(3) 点的正面投影到 X 轴的距离等于空间点到 H 面的距离，即 $a'a_X = Aa$。

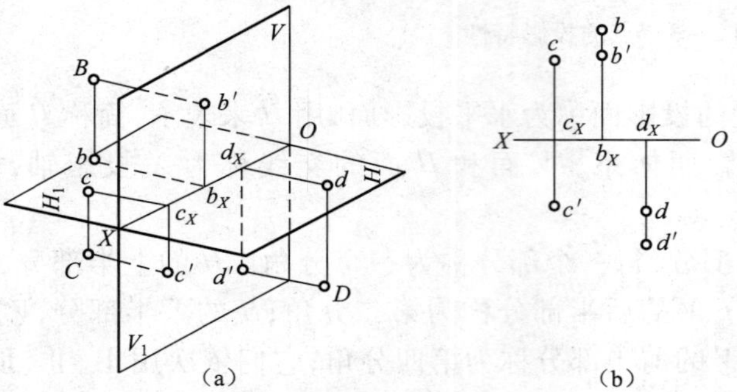

图 2－6 其他分角中点的投影

3. 其他分角中点的投影

应当指出，上述点的投影规律对于其他分角的点的投影也是适用的。如图 2－6(a)所示，空间点 B，C，D 分别处于Ⅱ、Ⅲ、Ⅳ分角中，各点分别向相应的投影面作投影线，就可以得到各点的正面投影和水平投影。当前半部分的 H 面向下旋转 90°(亦即后半部分的 H_1 面向上旋转 90°)与 V 面(V_1 面)重合后得到各点投影图(图2－6(b))。显然，这些点的投影也必定符合上述投影规律，但各点的投影在图上的位置有如下的特点：

第Ⅱ分角中的点 B，正面投影 b'和水平投影 b 同在 X 轴的上方。

第Ⅲ分角中的点 C，正面投影 c'在 X 轴的下方，水平投影 c 在 X 轴的上方。

第Ⅳ分角中的点 D，正面投影 d'和水平投影 d 同在 X 轴的下方。

注意，上述各点在各分角中的投影位置，在前半部分的 H 面向下旋转 90°和后半部分的 H_1 面向上旋转 90°后，分别与 V_1 面和 V 面重合后标出的。理解点 B，C，D 的投影位置时，务必注意此点。

4. 投影面和投影轴上点的投影

在特殊情况下，点也可以处于投影面上和投影轴上，如图 2－7(a)所示。点在哪个投影面上，它距这个投影面的距离即为零，并且与该投影面上的投影重合，而另一投影在投影轴上，如图 2－7(b)所示。如点 M 在面 H 上，则 m 与 M 重合，m'在 X 轴上，同理点 K 也如此。点 N 在面 V 上，则 n'与 N 重合，同理点 L 也如此。

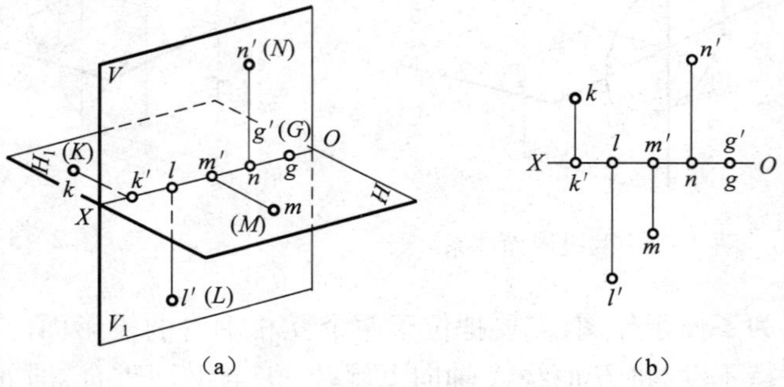

图 2－7 投影面和投影轴上的点的投影

当点在投影轴上时，它的两个投影均与空间点重合在投影轴上。如点 G 在 X 轴上，则 g，g'与 G 均重合在 X 轴上。

四、点在三投影面体系中的投影

1. 点的三面投影图

如图 2－8(a)所示,在两投影面体系的基础上再加上一个与 H,V 均垂直的投影面,使它处于侧立位置,称为侧立投影面,以 W 表示,简称 W 面,这样 3 个互相垂直的 H,V,W 面就组成了一个三投影面体系。H,W 面的交线称为 Y 投影轴,简称 Y 轴;V,W 面的交线称为 Z 投影轴,简称 Z 轴,3 个投影轴的交点 O 称为原点。

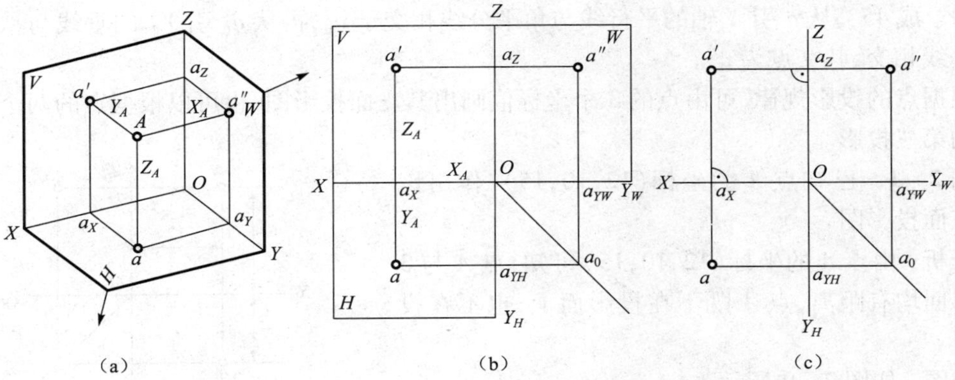

图 2－8　点在三投影面体系中的投影

将空间一点 A 分别向 H,V,W 面进行投影得 a, a',a'',则 a''称为点 A 的侧面投影。分别将 H,W 面按图示箭头方向旋转,使 H,W 面与 V 面处于同一个平面,即得点的三面投影图,如图 2－8(b)所示。其中 Y 轴随 H 面旋转时,以 Y_H 表示;随 W 面旋转时,以 Y_W 表示。一般在投影图上只画出其投影轴,不画出投影面的边界。

2. 点的直角坐标与三面投影的关系

如果把三投影面体系看做空间直角坐标系,则 H,V,W 面即为坐标面,X,Y,Z 轴即为坐标轴,点 O 即为坐标原点。由图 2－8 可知,点 A 的三个直角坐标 X_A,Y_A,Z_A 即为 A 点到 3 个坐标面的距离,它们与 A 点的投影 a,a',a''的关系如下:

$$Aa'' = aa_Y = a'a_Z = Oa_X = X_A$$

$$Aa' = aa_X = a''a_Z = Oa_Y = Y_A$$

$$Aa = a'a_X = a''a_Y = Oa_Z = Z_A$$

由此可见:点 A 的水平投影 a 由 Oa_X 和 Oa_Y,即点 A 的 X_A,Y_A 两坐标确定;正面投影 a'由 Oa_X 和 Oa_Z,即点 A 的 X_A,Z_A 两坐标确定;侧面投影 a''由 Oa_Y 和 Oa_Z,即点 A 的 Y_A,Z_A 两坐标确定。

结论:空间点 $A(X_A,Y_A,Z_A)$在三投影面体系中有唯一的一组投影(a, a',a''),反之,如已知点 A 的一组投影(a, a',a''),即可确定该点在空间的坐标值。

3. 点在三投影面体系中的投影规律

通过上面的分析及两投影面体系中点的投影规律,可以得出三投影面体系中点的投影规律：

（1）点的正面投影和水平投影的连线垂直于 X 轴。这两个投影都反映空间点的 X 坐标，即 $aa' \perp X$ 轴，$a'a_Z = aa_{YH} = X_A$（点到面 W 的距离）。

（2）点的正面投影和侧面投影的连线垂直于 Z 轴。这两个投影都反映空间点的 Z 坐标，即 $a'a'' \perp Z$ 轴，$a'a_X = a''a_{YW} = Z_A$（点到面 H 的距离）。

（3）点的水平投影到 X 轴的距离等于侧面投影到 Z 轴的距离。这两个投影都反映空间点的 Y 坐标，即 $aa_X = a''a_Z = Y_A$（点到面 V 的距离）。

如图 2－8（c）所示，由于 $Oa_{YH} = Oa_{YW}$，作图时可过点 O 作直角 $\angle Y_HOY_W$ 的角平分线，它与 Y_H 或 Y_W 成 45°，从 a 引 X 轴的平行线与角平分线相交于 a_0，再从 a_0 引 Y_W 的垂线与从 a' 引 Z 轴的垂线相交，其交点为 a''。

根据点的投影规律，可由点的 3 个坐标值画出其三面投影图，也可以根据点的两个投影作出点的第三投影。

例 2－1　已知点 A 的坐标（12，10，15），作出该点的三面投影图。

分析：由点 A 的坐标（12，10，15）可知，点 A 与 3 个投影面均有距离，点 A 既不在投影面上，也不在投影轴上。

作图：如图 2－9 所示。

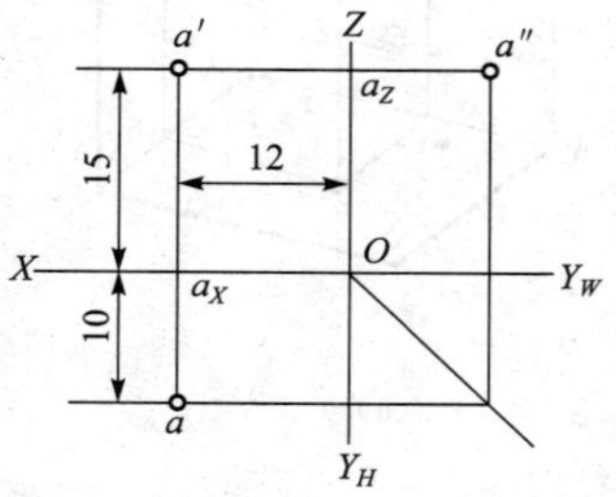

图 2－9　已知点的坐标求三面投影

（1）画出投影轴 OXY_HY_WZ；

（2）在 X 轴上量取 $Oa_X = 12$，得 a_X；

（3）过 a_X 作 X 轴的垂线，在垂线上量取 $aa_X = 10$，$a'a_X = 15$，得 a 和 a'；

（4）过 a' 作 Z 轴的垂线，并使 $a''a_Z = aa_X$，即得点 A 的侧面投影 a''。

例 2－2　已知点 B 的坐标（15，10，0），作出该点的三面投影图。

分析：由点 B 的 Z 坐标为 0 可知，点 B 一定在 H 面上。

作图：如图 2－10 所示。

（1）画出投影轴，并在 X 轴上量取 $Ob_X = 15$；

（2）过 b_X 作 $b'b \perp X$ 轴的垂线，在垂线上量取 $bb_X = 10$，由于 $Z_b = 0$，则 b'，b_X 重合，即 b' 在 X 轴上；

（3）由于 b'' 在 Y_W 轴上，在轴上量取 $b''O = bb_X$，即得三面投影 b，b'，b''。

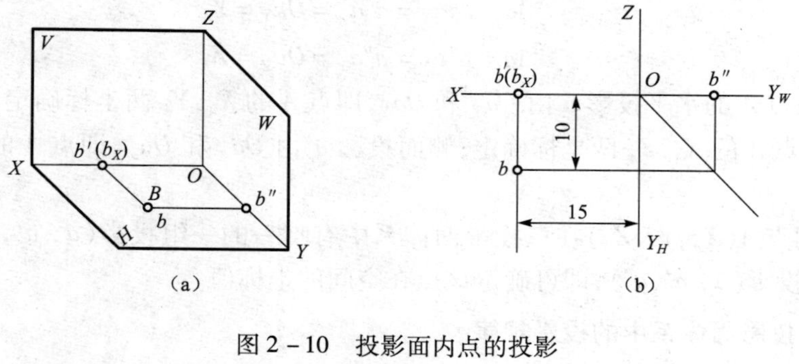

图 2－10　投影面内点的投影

例 2－3　已知点 C 的坐标(0,12,0),求作三面投影。

分析:由点 C 的 X 坐标与 Z 坐标为 0 可知,点 C 一定在 Y 轴上。

作图:如图 2－11 所示。

(1) 由于 $X_C=0, Z_C=0$,所以正面投影位于原点上;

(2) 直接可在 Y 轴上量取 $Oc_Y=Y_C$ 得到投影 c;

(3) 根据投影特性,使 $c''c_Z=cc_X$,得投影 c''。

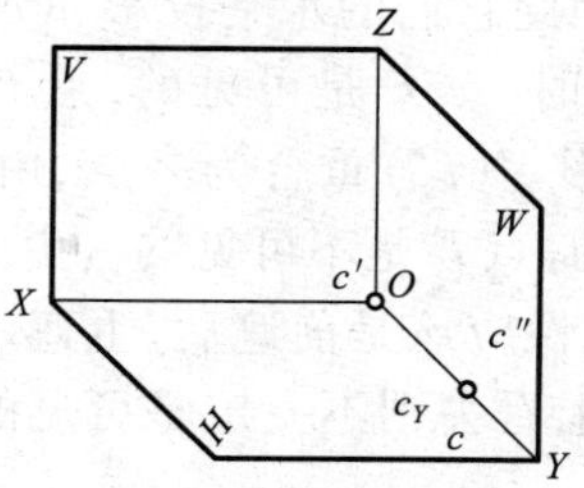

(a)

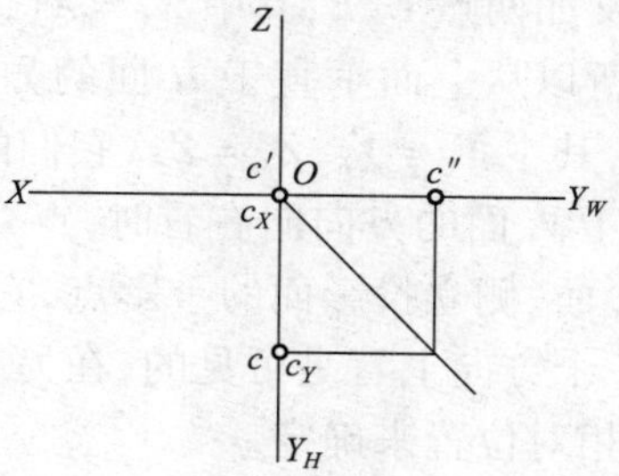

(b)

图 2－11　投影轴上点的投影

从例 2－3 可知,若点的三个坐标中有两个为 0,则表示该点位于某投影轴上,其投影特性是:点的一个投影位于原点 O,另两个投影与空间点重合,且位于投影轴上。

五、两点的相对位置

空间点的位置可以用绝对坐标来确定,也可以用相对坐标来确定。两点的相对坐标即为两点的坐标差。如图 2－12 所示,已知空间点 $A(X_A,Y_A,Z_A)$ 和 $B(X_B,Y_B,Z_B)$,如果分析相对于 A 的位置,在 X 方向的相对坐标为 (X_B-X_A),即这两点对 W 面的距离差。Y 方向的相对坐标为 (Y_B-Y_A),即这两点对 V 面的距离差。由于 $X_A>X_B$,则 (X_B-X_A) 为负值,即点 A 在左,点 B 在右。由于 $Y_B>Y_A$,则 (Y_B-Y_A) 为正值,即点 B 在前,点 A 在后。由于 $Z_B>Z_A$,则 (Z_B-Z_A) 为正值,即点 B 在上,点 A 在下。

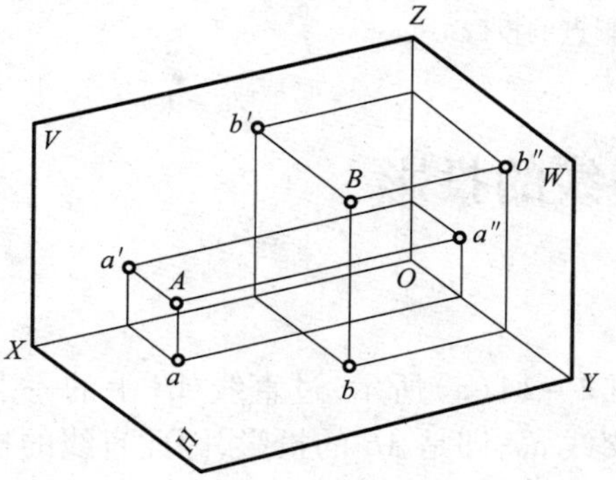

(a)

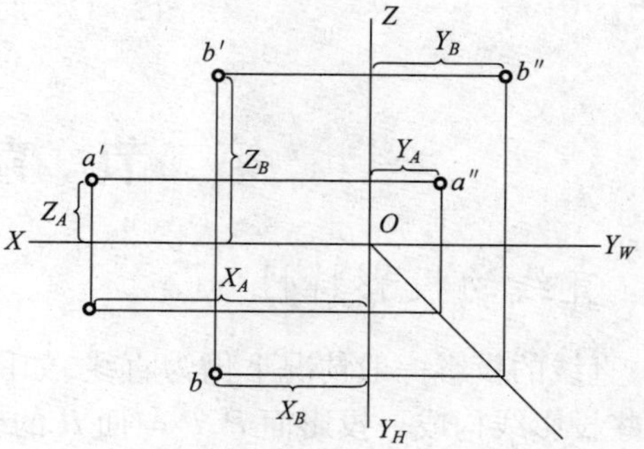

(b)

图 2－12　两点的相对位置

六、重影点的投影

当两点的某两个坐标相同时，该两点将处于同一投射线上，因而对某一投影面具有重合的投影，则这两点称为对该投影面的重影点。如图 2－13 所示的 C、D 两点，其中 $X_C = X_D$，$Z_C = Z_D$，因此它们的正面投影 c' 和 d' 重影为一点。由于 $Y_C > Y_D$，所以从前面垂直于 V 面的方向向后看时点 C 是可见的，点 D 是不可见的。通常规定把不可见的点的投影加上括号，如 (d')。又如两点 C、E，其中 $X_C = X_E$，$Y_C = Y_E$，因此它们的水平投影 $e(c)$ 重合为一点，由于 $Z_E > Z_C$，所以从上面垂直于 H 面的方向向下看时，点 E 是可见的，点 C 是不可见的。再如两点 C、F，其中 $Y_C = Y_F$，$Z_C = Z_F$，它们的侧面投影 $c''(f'')$ 重合为一点，由于 $X_C > X_F$，所以从左面垂直于 W 面的方向向右看时，点 C 是可见的，点 F 是不可见的。由此可见，对正投影面、水平投影面、侧立投影面的重影点，它们的可见性应该是前遮后、上遮下、左遮右。此外，一个点在一个方向上看是可见的，在另一个方向上看去则不一定是可见的，必须根据该点和其他点的相对位置来确定。

在投影图上，如果两个点的投影重合时，则对重合投影所在投影面的距离（即对该投影面的坐标值）较大的那个点是可见的，而另一个点是不可见的，因此可以利用重影点来判别可见性问题。

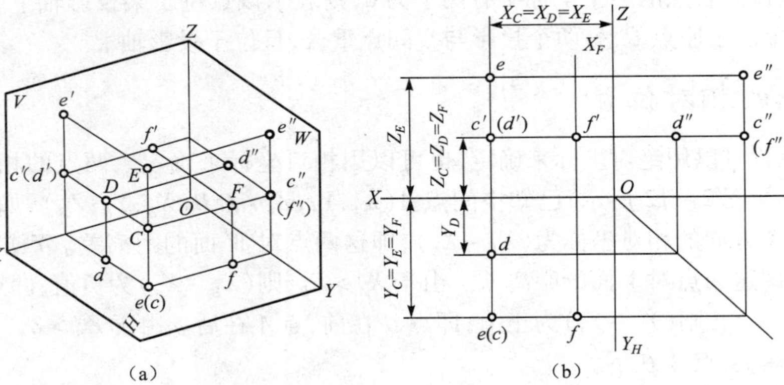

图 2－13 重影点的投影

第二节 直线的投影

一、直线的投影特性

(1) 直线的投影一般情况下仍为直线，如图 2－14(a)所示，过直线 AB 上的一点作投影线，则这些投影线构成一投影面 P，P 与面 H 的交线 ab，即是 AB 的投影，因此直线的投影一般为直线。

(2) 直线的投影一般小于它的实长，只有当直线平行于投影面时，投影才等于实长。如图 2－14(a)所示，如果直线对 H 面的倾角为 α，有等式 $ab = AB\cos\alpha$ 成立，所以直线的投影往往小于它的实长，当 $\alpha = 0$ 时，则 $ab = AB\cos\alpha = AB$，此时直线平行于投影面，投影等于实长，如

图 2－14(b)所示。

(3) 直线垂直于投影面时，投影积聚为一点，如图 2－14(c)所示，当直线 CD 垂直于 H 面时，$\alpha=90°$，则 $cd=CD\cos\alpha=0$，投影重合于一点 $c(d)$。所以此时直线上任何一点的投影都与 $c(d)$ 重合，这种性质称为积聚性，又称为积聚点。

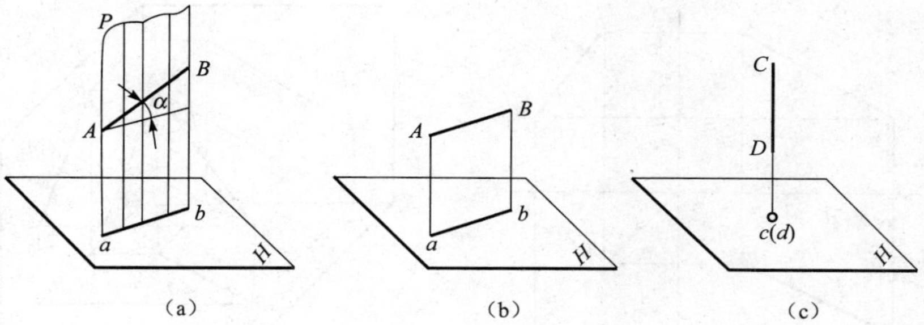

图 2－14　直线的投影特性

二、直线投影图的画法

由于两点可决定一条直线，直线的投影可由直线上任意两点的投影确定，图 2－15 中已知 A、B 的三面投影，分别将 A、B 的同面投影连接起来，即得 AB 的投影图。

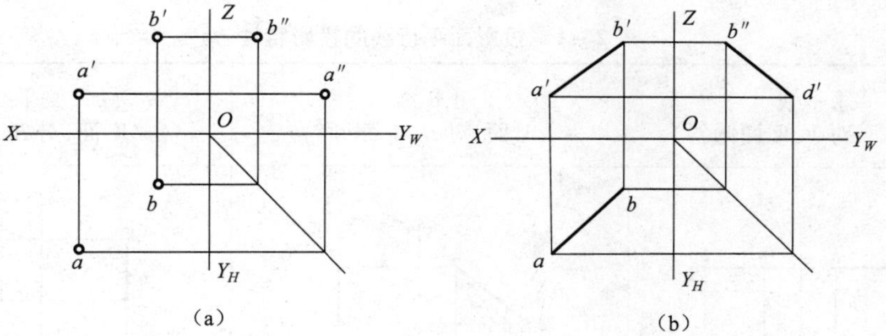

图 2－15　直线的投影图

三、各种位置直线的投影特性

直线在三投影面体系中，根据直线相对于投影面的位置可分为一般位置直线和特殊位置直线两种，特殊位置直线又分为投影面平行线和投影面垂直线两种，它们的投影特性分述如下。

1. 一般位置直线的投影特性

直线与 3 个投影面都斜交时称为一般位置直线。直线与投影面所成的锐角称作直线对投影面的倾角。此类直线又称为投影面倾斜线。

规定：用 α、β、γ 分别表示直线对 H、V、W 面的倾角，如图 2－16 所示，则有以下投影、实长与倾角的关系：$ab=AB\cos\alpha$，$a'b'=AB\cos\beta$，$a''b''=AB\cos\gamma$。由于一般位置直线对三个投影面

的倾角都在0°与90°之间，所以线段的三个投影都小于线段的实长。

因此，一般位置直线的投影特性是：

（1）3个投影都不反映实长；

（2）3个投影均倾斜投影轴，且与投影轴的夹角不反映该直线对投影面的倾角。

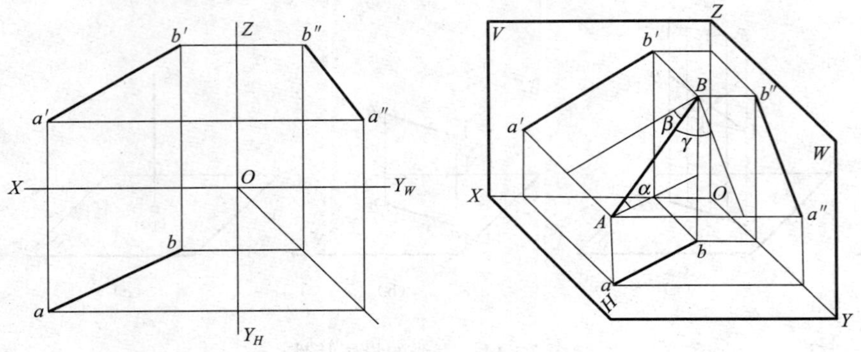

（a）　　　　（b）

图2－16　一般位置直线及直线对投影面的倾角

2. 投影面平行线

投影面平行线是指平行于一个投影面而与另外两个投影面倾斜的直线。它有3种：水平线（∥*H*面）、正平线（∥*V*面）、侧平线（∥*W*面），其投影特性见表2－1。

表2－1　投影面平行线的投影特性

名称	水平线（∥*H*面，对*V*、*W*面倾斜）	正平线（∥*V*面，对*H*、*W*面倾斜）	侧平线（∥*W*面，对*H*、*V*面倾斜）
投影图	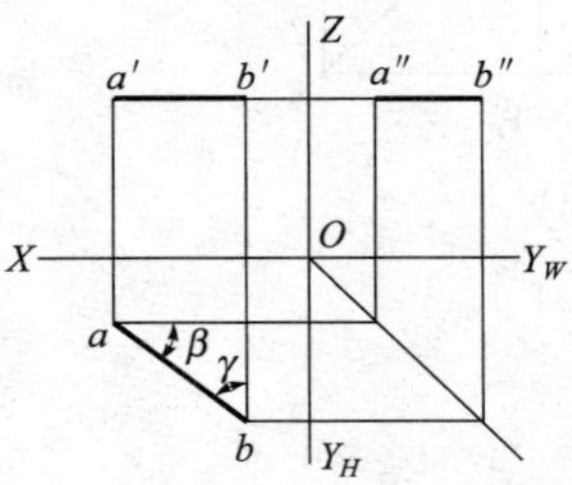	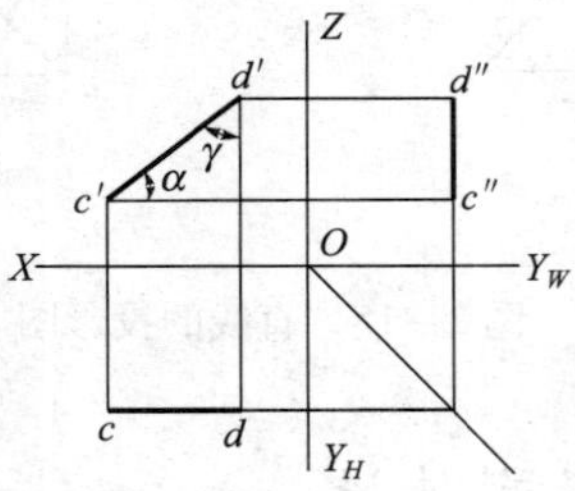	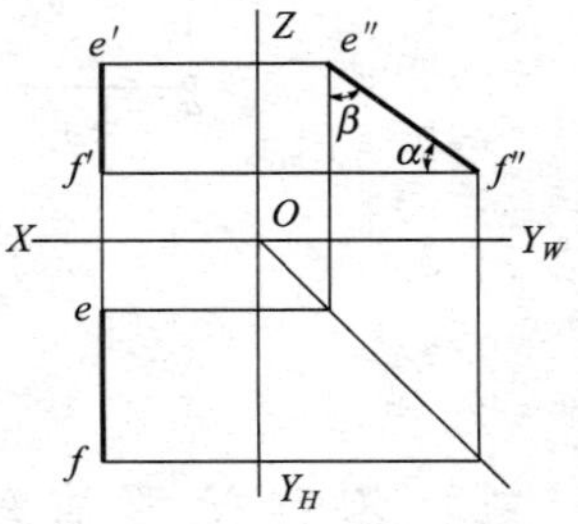
轴测图	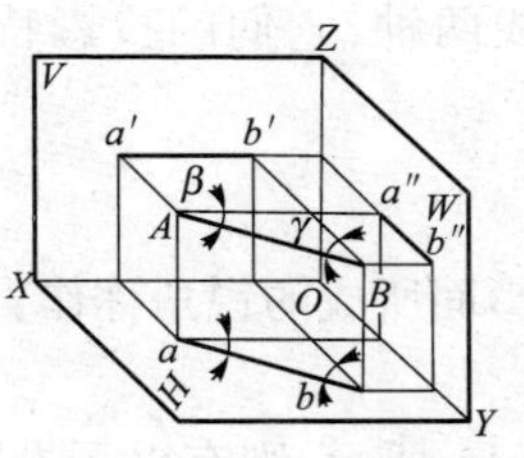	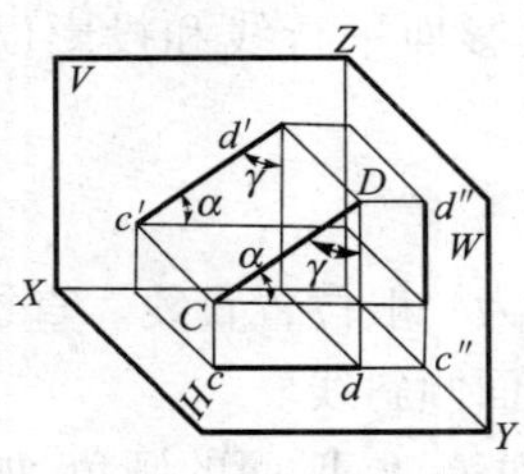	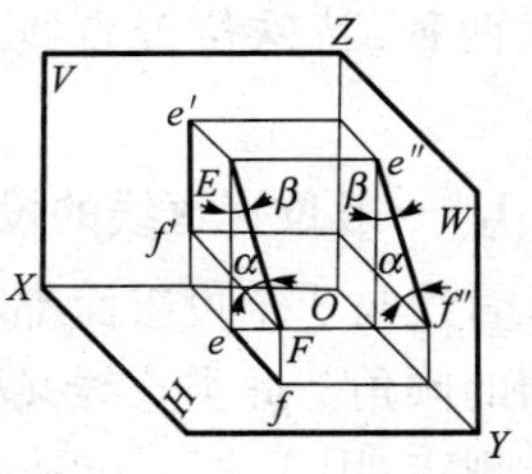

续表

<table>
<tr><td>名称</td><td>水平线
（//H 面，对 V、W 面倾斜）</td><td>正平线
（//V 面，对 H、W 面倾斜）</td><td>侧平线
（//W 面，对 H、V 面倾斜）</td></tr>
<tr><td>实例</td><td>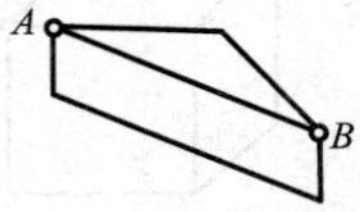</td><td>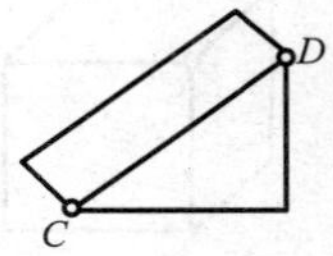</td><td>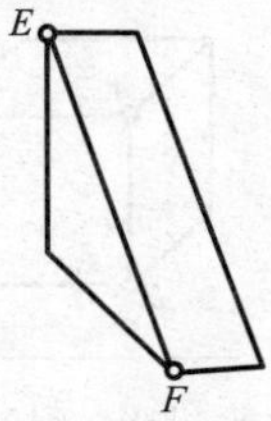</td></tr>
<tr><td>投影特性</td><td>（1）水平投影 $ab = AB$
（2）正面投影 $a'b' // OX$
侧面投影 $a''b'' // OY$
（3）ab 与 OX 和 OY 的夹角 β、γ 等于 AB 对 V、W 面的倾角</td><td>（1）正面投影 $c'd' = CD$
（2）水平投影 $cd // OX$
侧面投影 $c''d'' // OZ$
（3）$c'd'$ 与 OX 和 OZ 的夹角 α、γ 等于 CD 对 H、W 面的倾角</td><td>（1）侧面投影 $e''f'' = EF$
（2）水平投影 $ef // OY$
正面投影 $e'f' // OZ$
（3）$e''f''$ 与 OY 和 OZ 的夹角 α、β 等于 EF 对 H、V 面的倾角</td></tr>
<tr><td></td><td colspan="3">小结：（1）直线在所平行的投影面上的投影反映实长
（2）其他投影平行于相应的投影轴
（3）反映实长的投影与投影轴所夹的角度等于空间直线对相应投影面的倾角</td></tr>
</table>

3. 投影面垂直线

投影面垂直线是指垂直于一个投影面而与另外两个投影面平行的直线。它有 3 种：铅垂线（⊥*H* 面）、正垂线（⊥*V* 面）、侧垂线（⊥*W* 面），它们的投影特性见表 2－2。

表 2－2　投影面垂直线的投影特性

<table>
<tr><td>名称</td><td>铅垂线
（⊥H 面，//V 和 W 面）</td><td>正垂线
（⊥V 面，//H 和 W 面）</td><td>侧垂线
（⊥W 面，//H 和 V 面）</td></tr>
<tr><td>投影图</td><td>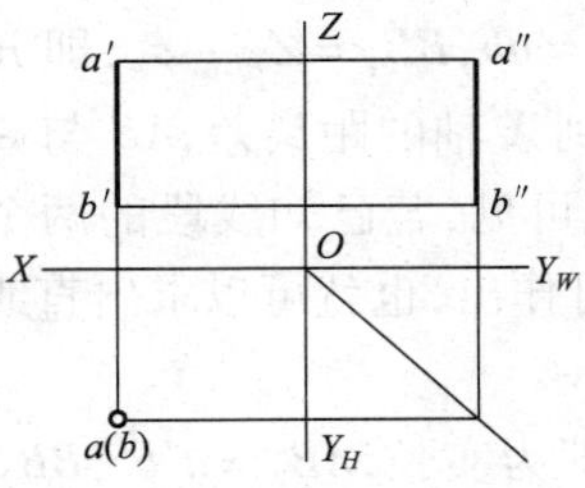</td><td>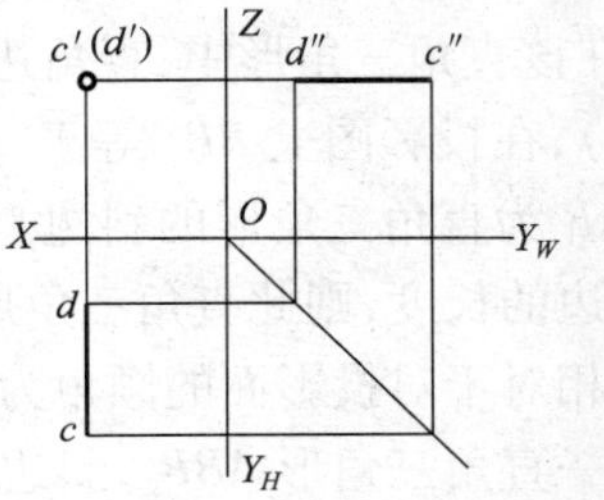</td><td>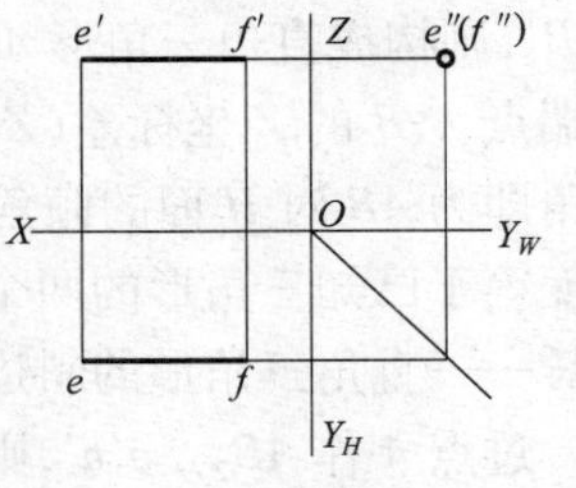</td></tr>
<tr><td>轴测图</td><td>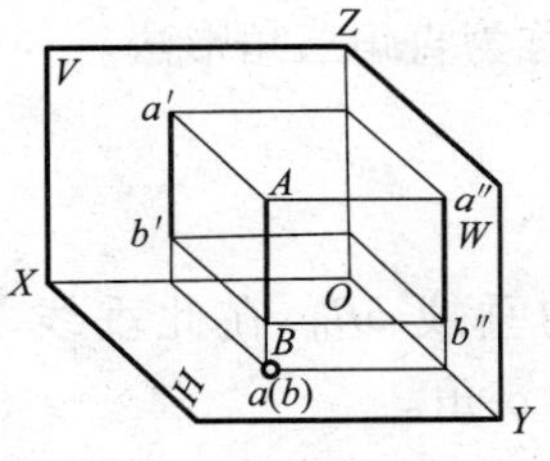</td><td>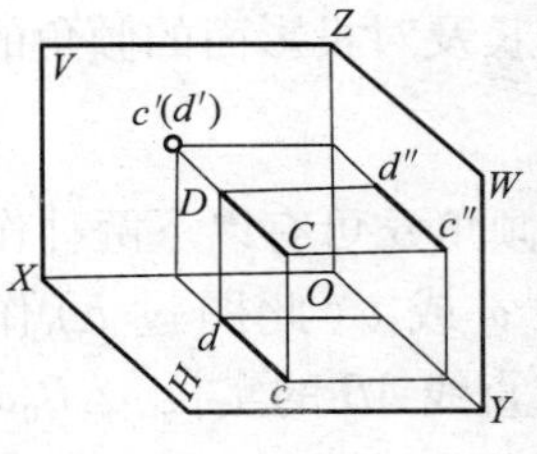</td><td>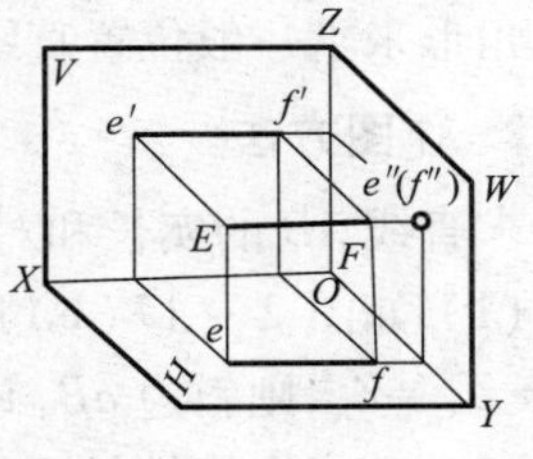</td></tr>
</table>

续表

名称	铅垂线 （⊥H面，//V和W面）	正垂线 （⊥V面，//H和W面）	侧垂线 （⊥W面，//H和V面）
实例	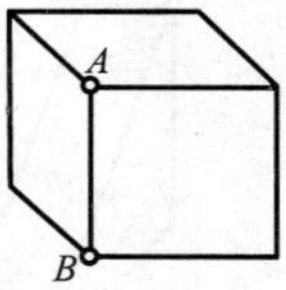	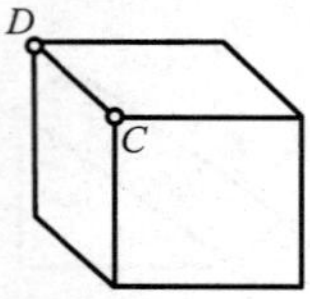	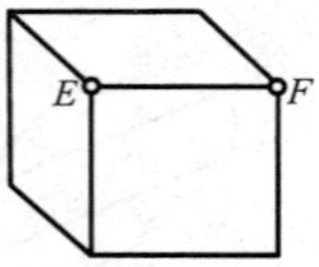
投影特性	（1）水平投影 $a(b)$ 成一点，有积聚性 （2）$a'b'=a''b''=AB$ $a'b' \perp OX, a''b'' \perp OY_W$	（1）正面投影 $c'(d')$ 成一点，有积聚性 （2）$cd=c''d''=CD$ $cd \perp OX, c''d'' \perp OZ$	（1）侧面投影 $e''(f'')$ 成一点，有积聚性 （2）$ef=e'f'=EF$ $ef \perp OY_H, e'f' \perp OZ$
	小结：（1）直线在所垂直的投影面上的投影成一点，有积聚性 （2）其他投影反映实长，且垂直于相应的投影轴		

四、求一般位置直线段的实长及其对投影面的倾角

由于特殊位置直线的实长及其对投影面的倾角可在其投影图上得到，所以求实长及倾角一般是对一般位置直线而言的。

根据一般位置直线的投影特性可知，一般位置直线的投影不反映直线对投影面的倾角，但是直线的3个投影已唯一确定了直线段的空间位置，因而就可根据直线的投影几何关系用图解的方法求出，这里介绍一种图解方法——直角三角形法。

1. 几何分析

如图2－17（a）所示，AB 为 V/H 投影体系中的一般位置直线段，过点 A 作 $AB_1 // ab$，交 Bb 于 B_1，则构成直角三角形 ABB_1，在该直角三角形中，直角边 $AB_1=ab$，$BB_1=Z_B-Z_A$，即 BB_1 为两端点 A、B 的 Z 坐标差（Z_B-Z_A），在投影图上 BB_1 等于 a'，b'到 X 轴的距离差，AB 与 AB_1 的夹角即为 AB 对 H 面的倾角 α。AB 为直角三角形的斜边。由此可见，若已知线段的两个投影长度等于已知三角形的两个直角边的长度，则此直角三角形便可作出，也就可以求出直线段的实长——直角三角形的斜边及其相对于对投影面的倾角为 α。

过点 A 作 $AB_2 // a'b'$，则得另一直角三角形 ABB_2，斜边 AB 即为实长，$AB_2=a'b'$，BB_2 为两端点 A、B 的 Y 坐标差（Y_B-Y_A），AB 与 AB_1的夹角即为 AB 对 V 面的倾角 β。这种通过求解直角三角形来求一般位置直线段的实长及对投影面的倾角的方法称为直角三角形法。

2. 作图方法

求直线 AB 的实长和对 H 面的倾角 α 可有以下两种作图方式。

（1）如图2－17（b）所示，过 a 或 b（此图过 b）作 ab 的垂线 bB_0，在此垂线上量取 $bB_0=Z_B-Z_A$，则斜边 aB_0 即为所求直线 AB 的实长，$\angle B_0ab$ 即为 α 角。

（2）过 a'作 X 轴的平行线，与 $b'b$ 相交于 b_0（$b'b_0=Z_B-Z_A$），延长 $a'b_0$ 至 A_0，使 $b_0A_0=ab$，则斜边 $b'A_0$ 也是所求直线 AB 的实长，$\angle b'A_0b_0$ 即为 α 角。

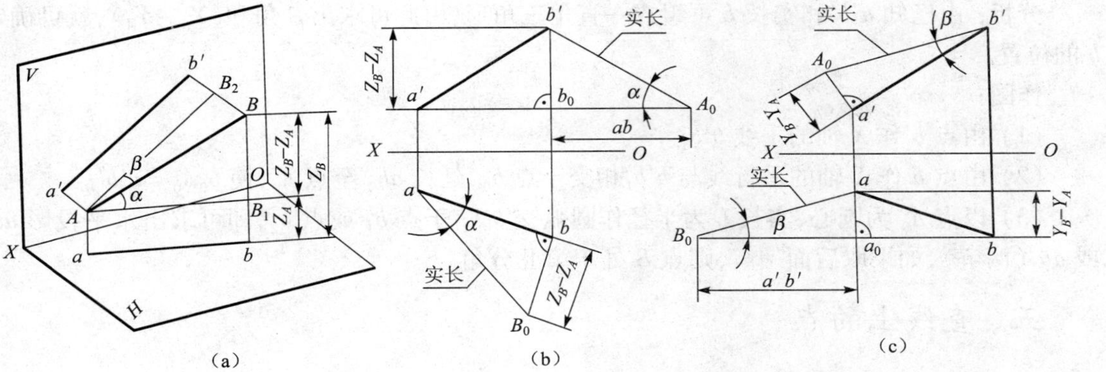

图 2－17　直角三角形法求实长及倾角

同理，如图 2－17（c）所示，以 $a'b'$ 为直角边，以（Y_B-Y_A）为另一直角边，也可以求出 AB 的实长（$b'A_0=AB$），而斜边 $b'A_0$ 与 $a'b'$ 的夹角即为 AB 对 V 面的倾角 β。类似作法是使 $a_0B_0=a'b'$，则 $aB_0=AB$，$\angle aB_0a_0$ 也反映 β 角。

同理可求得直线对 W 面的倾角 γ。

通过以上分析可知，在直角三角形法中，三角形包括 4 个要素：投影长、坐标差、实长及倾角，只要已知其中任意两个要素就可以把其他两个求出来。线段的投影、实长、倾角及坐标差之间的关系，如图 2－18 所示。

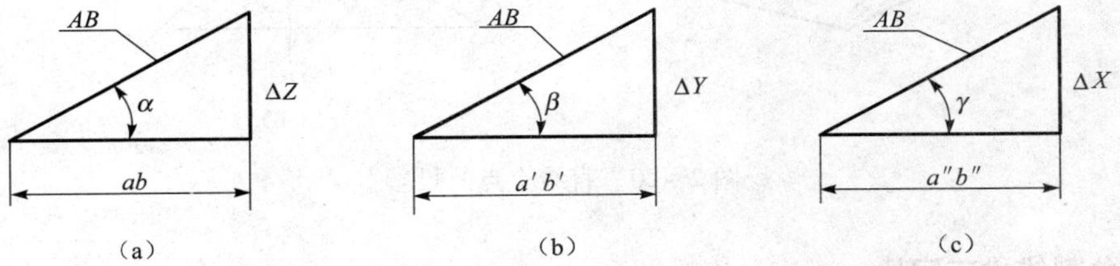

图 2－18　直角三角形法的四要素关系图

例 2－4　已知线段 AB 的实长 L 和 $a'b'$ 及点 a（图 2－19（a），（b）），求水平投影 ab。

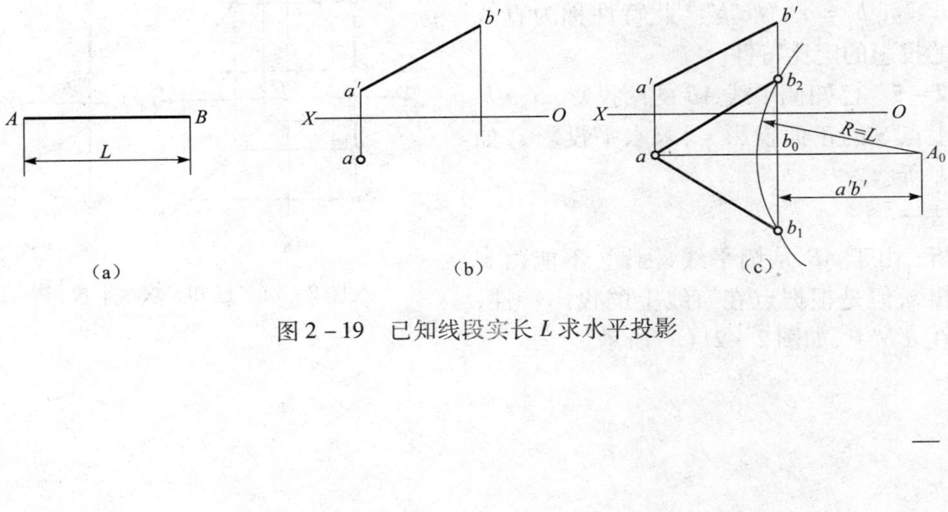

图 2－19　已知线段实长 L 求水平投影

分析：由已知 $a'b'$ 和实长 L 可组成一直角三角形，由此可求出 β 角和 $(Y_B - Y_A)$，就可确定 b 的位置。

作图：

（1）由点 b' 作 X 轴的垂线 $b'b_1$。

（2）由点 a 作 X 轴的平行线与 $b'b_1$ 相交于点 b_0，延长 ab_0 至点 A_0，使 $b_0A_0 = a'b'$。

（3）以点 A_0 为圆心，实长 L 为半径作圆弧交 $b'b_1$ 于点 b_1 或点 b_2，即可求出水平投影 ab_1 或 ab_2（两解），如果取后面一解，则点 B 处于第Ⅱ分角。

五、直线上的点

1. 直线上的点的投影

点在直线上，点的各个投影必定在该直线的同面投影上，反之，点的各个投影在直线的同面投影上，则该点一定在直线上，如图 2-20 所示直线 AB 上有一点 C，则点 C 的三面投影 c，c'，c'' 必定分别在直线 AB 的同面投影 ab，$a'b'$，$a''b''$ 上。

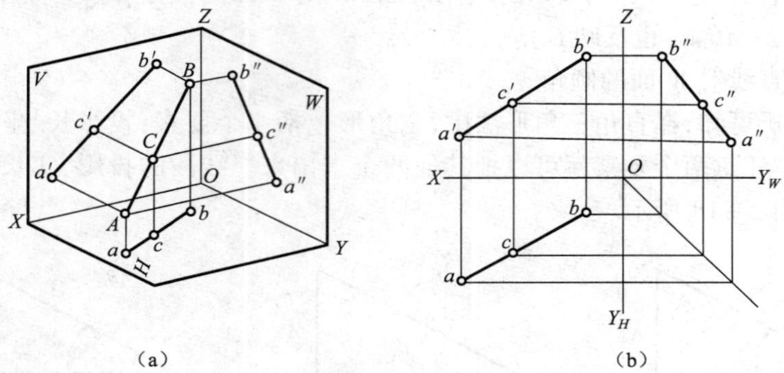

图 2-20　直线上点的投影

2. 点分割线段成定比

点分割线段成定比，则分割线段的各个同面投影之比等于其线段之比。如点 C 在线段 AB 上，如图 2-20 所示，它把线段 AB 分成 AC 和 CB 两段。线段及其投影的关系为：$AC:CB = ac:cb = a'c':c'b' = a''c'':c''b''$。此特性称为直线上的点的投影的定比特性。

例 2-5　已知侧平线 AB 的两投影 ab、$a'b'$ 和直线上点 S 的正面投影 s'，求水平投影 s，如图 2-21 所示。

方法一

分析：由于 AB 是侧平线，因此，不能由 s' 直接求出 s，但是根据点在直线上的投影特性，s'' 必定在 $a''b''$ 上，如图 2-21(a) 所示。

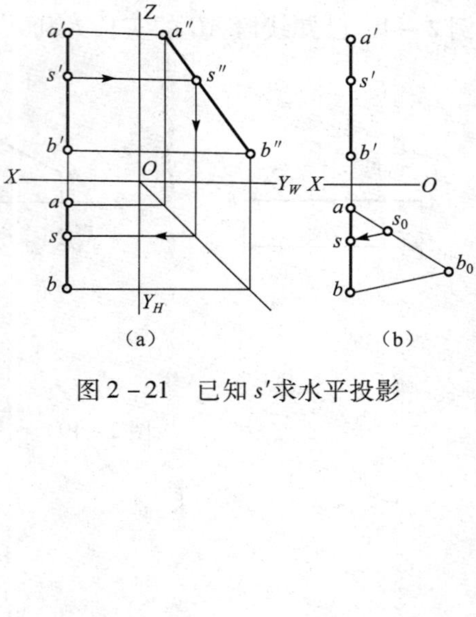

图 2-21　已知 s' 求水平投影

作图：

（1）求出 AB 的侧面投影 $a''b''$，同时求出点 S 的侧面投影 s''。

（2）根据点的投影规律，由 s''，s' 求出 s。

方法二

分析：因为点 s 在直线 AB 上，因此必定符合 $a's':s'b'=as:sb$ 的比例关系（图 2－21）。

作图：

（1）过 a 作任意辅助线，在辅助线上量取 $as_0=a's'$，$s_0b_0=s'b'$。

（2）连接 b_0b，并由 s_0 作 $s_0s \parallel b_0b$，交 ab 于 s 点，即为所求的水平投影。

六、直线的迹点

直线与投影面的交点称为迹点，如图 2－22（a）所示。直线与 H 面的交点称为水平迹点，以 $M(m,m',m'')$ 表示。与 V 面的交点称为正面迹点，以 $N(n,n',n'')$ 表示。与 W 面的交点称为侧面迹点，以 $S(s,s',s'')$ 表示。由于迹点既是直线上的点，又是投影面上的点，因此其投影特性如下。

（1）由于迹点是直线上的点，因而迹点的投影必定在直线的同面投影上；

（2）由于迹点在投影面上，因而迹点的一个投影与迹点本身重合，其余投影则在投影轴上。

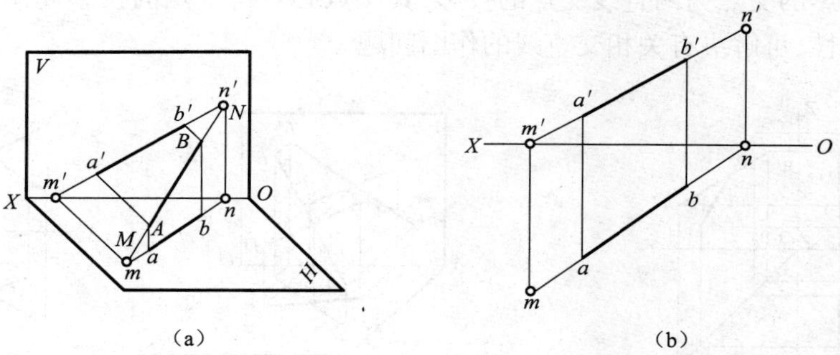

图 2－22　直线的迹点

根据以上投影特性，就可以得到求直线迹点的投影的作图方法：

（1）延长 $a'b'$ 与 X 轴相交于点 m'，由 m' 作 X 轴的垂线与 ab 延长线相交于点 m，即得水平迹点 M 的水平投影。

（2）延长 ab 与 X 轴相交于点 n，由 n 作 X 轴的垂线与 $a'b'$ 延长线相交于点 n'，即得正面迹点 N 的正面投影。

七、两直线的相对位置

空间两直线的相对位置包括平行、相交和交叉三种情况，其投影特性如下。

1. 平行两直线

空间平行两直线的同面投影互相平行，并且两平行线段之比等于它的投影之比，这就是平行两直线的投影特性，即平行性和定比性。如图 2－23 所示，如果 $AB \parallel CD$，则 $ab \parallel cd$，$a'b' \parallel$

$c'd'$，$a''b''$ // $c''d''$，且 $AB : CD = ab : cd = a'b' : c'd' = a''b'' : c''d''$。

利用以上投影特性，可以从投影图上判断一般位置直线是否平行，并可得到完全平行的两直线的投影作图方法等。

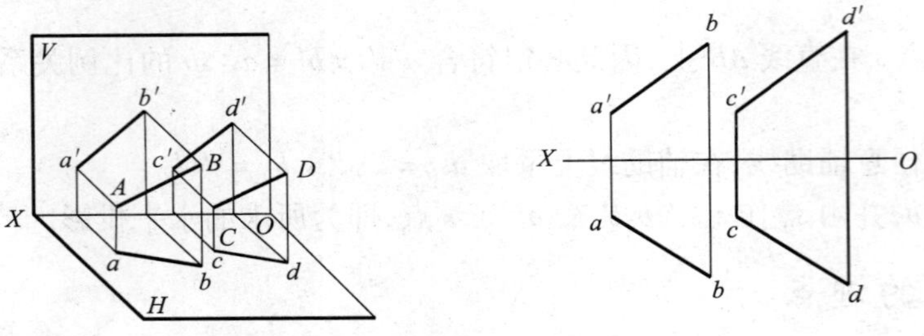

(a)　　　　　　　　(b)

图 2－23　平行两直线

当直线都是投影面平行线时，判断它们是否平行要特别注意，如图 2－24 所示，可以用侧面投影和定比特性来求解。

2. 相交两直线

空间相交两直线必有一交点，它的投影应符合直线上点的投影特性，交点又是两直线的共有点，即同面投影的交点为两直线交点的投影，其交点必然符合点的投影规律，如图 2－25 所示，利用这一特性，可解决有关相交直线的作图问题。

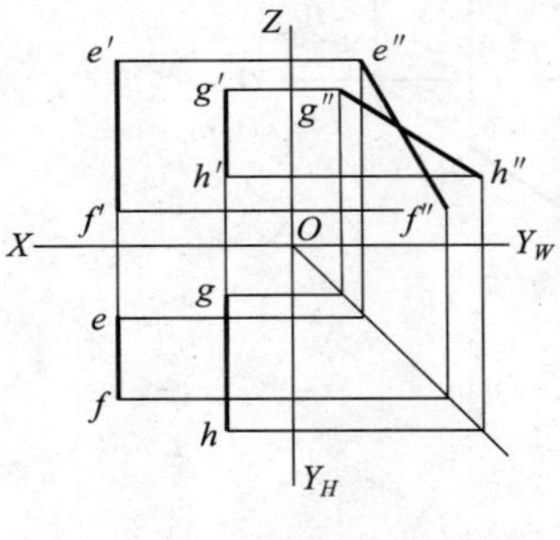

图 2－24　两直线不平行

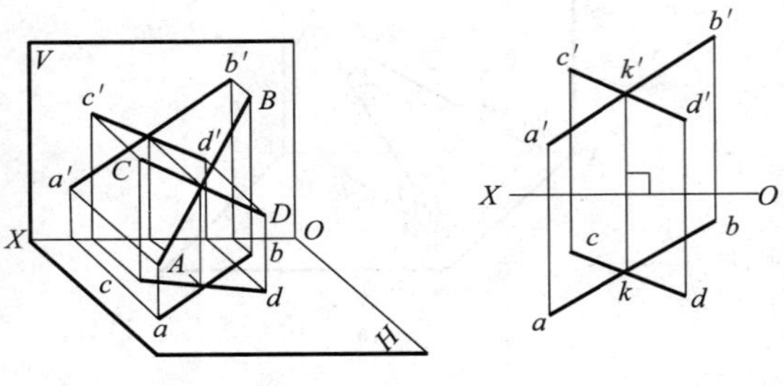

(a)　　　　　　(b)

图 2－25　相交两直线

3. 交叉两直线

既不平行又不相交的空间两直线，称作交叉两直线，如图 2－26 所示，两直线的同面投影相交，但交点连线不垂直于投影轴，不是两直线的共有点，所以两直线不相交，也不平行，是交叉两直线。

从点的投影性质可知，交叉两直线同面投影的交点实际上是重影点的投影，如图 2－26 所示，正面投影的交点只是直线 CD、AB 上的Ⅰ、Ⅱ两点的投影，由于 $Y_1 > Y_2$，所以 $1'$ 可见，$2'$ 不可见，同理可判断出水平投影重影点的可见性。

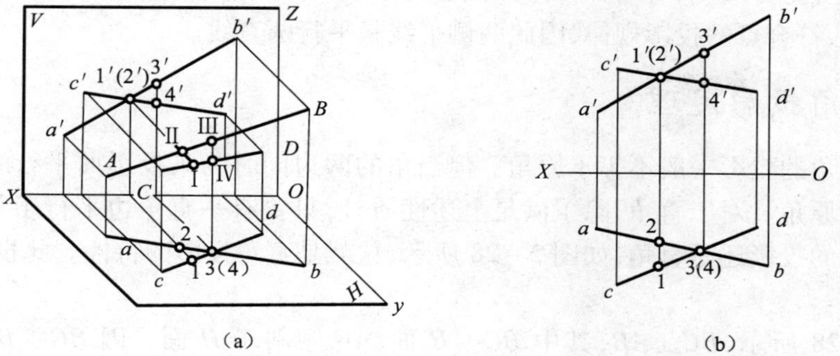

图 2－26　交叉两直线

例 2－6　判断图 2－27(a) 所示的两侧平线是平行两直线还是交叉两直线。

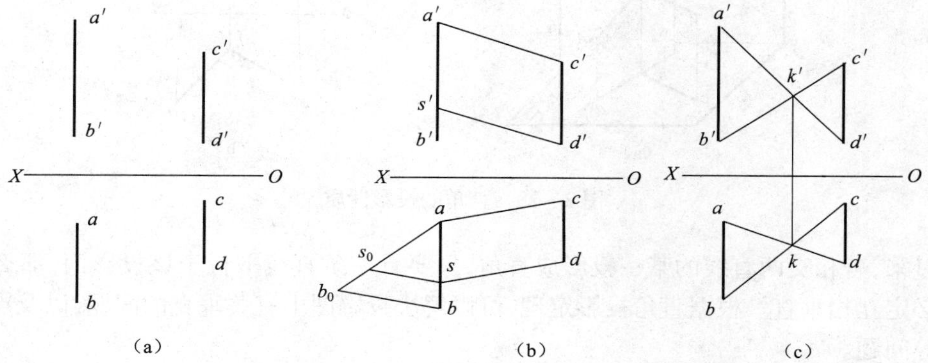

图 2－27　判别两侧平线的相对位置

方法一

可以利用侧面投影的方法来检查 $a''b''$是否平行于 $c''d''$，如果平行，则两直线平行；如果不平行，则一定是交叉两直线。

方法二

如图 2－27(b)所示。

分析：如两侧平线为平行直线，则两平行线段之比等于其投影之比。反之，即使两投影之比等于其线段之比，还不能说明两线段一定平行，因为与 H、V 面成相同倾角的侧平线可以有两个方向，它们能得到同样比例的投影长度，所以在此情况下，还必须检查两直线是否同方向才能确定两侧平线是否平行。

作图：先连接投影 ac 和 $a'c'$，再过点 d 和点 d'分别作直线 $ds \parallel ac$；$d's' \parallel a'c'$，得交点 s 和 s'。因为 $as : sb = a's' : s'b'$，同时，可以看出 AB、CD 两直线是同方向的，所以两侧平线是平行两直线。

方法三

如图 2－27(c)所示。

分析：如两侧平线为平行两直线，则可根据平行两直线决定一平面这一性质来判断。

作图： 连接直线 AD 和 BC，如 ad 与 bc，$a'd'$ 与 $b'c'$ 分别相交于点 k，k'，且点 k，k' 在同一投影轴的垂线上，符合点的投影规律，因此两侧平线是平行两直线。

八、直角投影定理

两直线夹角的投影一般不等于原角。但当角的两边同时为某投影面平行线时，它在该面上的投影等于原角。对于直角，除了满足上述性质外，只要有一直角边平行于某一投影面，则它在该投影面的投影还是直角，如图 2－28 所示，这就是直角投影的特性。此投影特性也称为直角投影定理。

如图 2－28 所示，$BC \perp AB$，其中 $BC /\!/ H$ 面，AB 倾斜于 H 面。因 $BC \perp Bb$，$BC \perp AB$，则 $BC \perp$ 平面 $BAba$，因 $bc /\!/ BC$，所以 $bc \perp$ 平面 $BAba$，因此 $cb \perp ba$，即 $\angle abc = \angle ABC = 90°$。

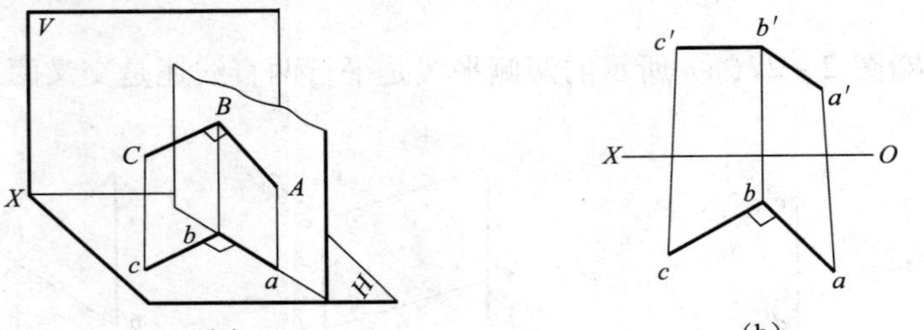

图 2－28 直角的投影性质

反过来，若相交两直线的某一投影成直角，只要有一条直线平行于该投影面，那么两直线在空间必定互相垂直。根据直角投影定理，可以解决投影图中有关垂直的问题，以及点到直线的距离等问题。

可以看出，当两直线交叉垂直时，也符合上述投影特性。

例 2－7 求出 AB、CD 两直线的公垂线（图 2－29）。

分析： 直线 AB 是铅垂线，CD 是一般位置直线，所以它们的公垂线是一条水平线。

作图：

(1) 由直线 AB 的水平投影 $a(b)$ 向 cd 作垂直线交于点 k，由此求出点 k'。

(2) 由点 k' 向 $a'b'$ 作垂线交于点 e'，$e'k'$ 和 ek 即为公垂线 EK 的两投影。

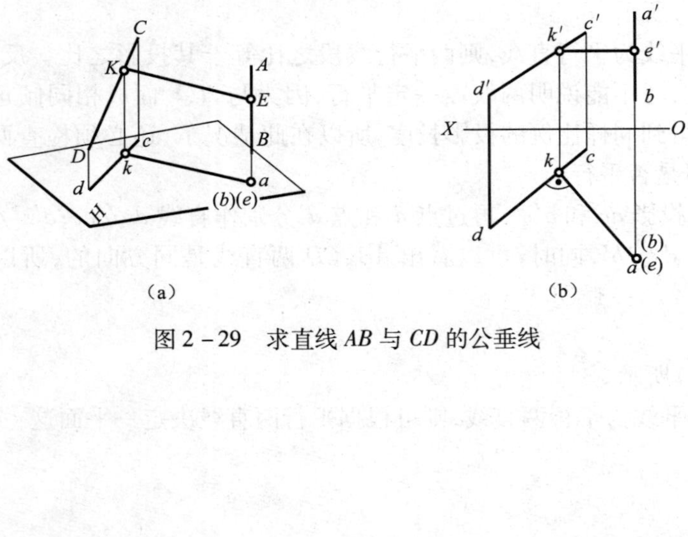

图 2－29 求直线 AB 与 CD 的公垂线

第三节　平面的投影

一、平面的表示法

1. 用几何元素表示平面

根据三点确定一个平面的性质可知，平面可用以下元素表示：

(1) 不在同一直线上的三点(图 2-30(a))；

(2) 一直线和直线外一点(图 2-30(b))；

(3) 相交两直线(图 2-30(c))；

(4) 平行两直线(图 2-30(d))；

(5) 任意平面图形(三角形等)(图 2-30(e))。

在投影图上表示平面，就是画出确定平面位置的几何元素的投影，如图 2-30 所示，各种不同方法可以相互转化。

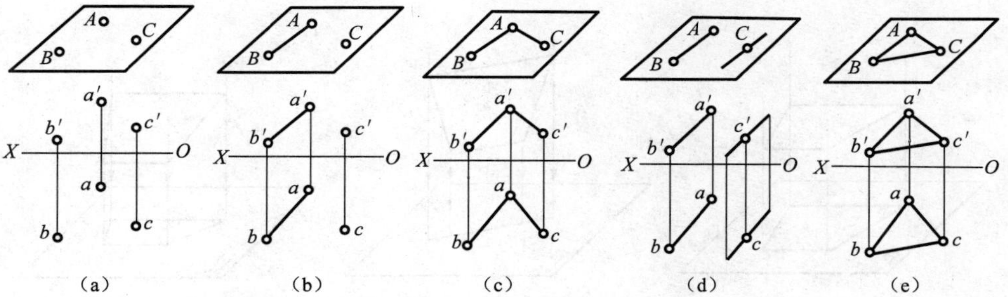

图 2-30　用几何元素表示平面

2. 用迹线表示平面

平面与投影面的交线称作平面的迹线。如图 2-31 中的平面 P，它与 H 面的交线 P_H 叫作水平迹线；与 V 面的交线 P_V 叫作正面迹线；与 W 面的交线 P_W 叫作侧面迹线。

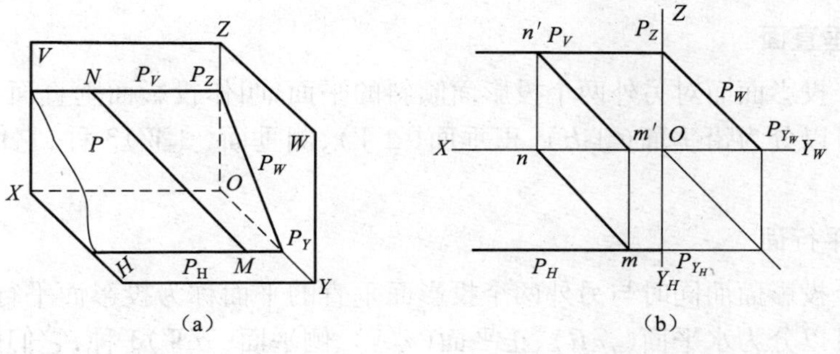

图 2-31　用迹线表示平面

迹线是平面与投影面的共有线，所以迹线的一个投影与它本身重合，其余投影必定在相应的投影轴上，规定位于投影轴上的投影省略不画。

迹线有如下性质可作为作图依据：

(1) 平面内任何直线的迹点位于同名迹线上，如图 2－31 中的点 M 和点 N；

(2) 同一平面的两条迹线之间，不平行则相交，其交点必然在相交的投影轴上，如图 2－31 中点 P_Z 或点 P_Y。

作图时只要分别求出它们的两个正面迹点和水平迹点，然后连接它的同面投影就可以把其他表示平面的方法转换成用迹线表示。

二、平面投影的基本特性

(1) 平面平行于投影面时，它在投影面上的投影反映实形，称为实形性，如图 2－32(a)所示；

(2) 平面垂直于投影面时，它在投影面上积聚成一条直线，称为积聚性，如图 2－32(b)所示；

(3) 平面倾斜于投影面时，它在投影面的投影与平面图形类似，称为类似性，如图 2－32(c)所示。

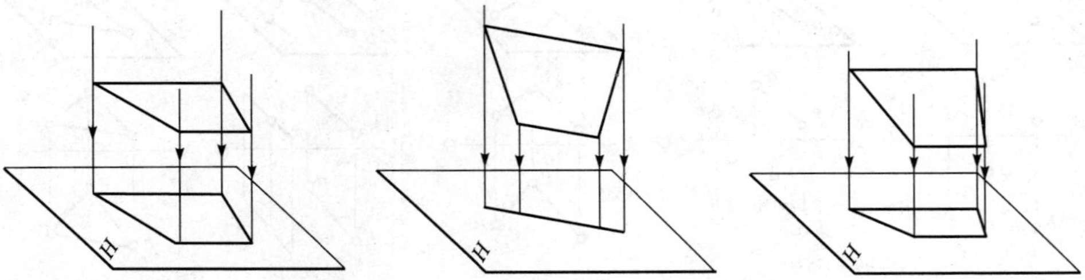

(a)　　(b)　　(c)

图 2－32　平面投影的基本特性

三、各种位置平面的投影特性

根据平面在投影面体系中的相对位置不同，平面分为特殊位置平面和一般位置平面。特殊位置平面又分为投影面垂直面和投影面平行面，其投影特性如下。

1. 投影面垂直面

垂直于一个投影面而对另外两个投影面倾斜的平面，叫作投影面垂直面。按与其垂直的投影面的不同可以分为铅垂面($\perp H$)、正垂面($\perp V$)、侧垂面($\perp W$)3 种，它们的投影特性见表 2－3。

2. 投影面平行面

平行于一个投影面而同时与另外两个投影面垂直的平面称为投影面平行面，按所平行的投影面的不同可以分为水平面($/\!/ H$)、正平面($/\!/ V$)、侧平面($/\!/ W$)3 种，它们的投影特性见表 2－4。

表 2－3 投影面垂直面的投影特性

名称	铅垂面 （⊥H 面，对 V，W 面倾斜）	正垂面 （⊥V 面，对 H，W 面倾斜）	侧垂面 （⊥W 面，对 H，V 面倾斜）
投影图	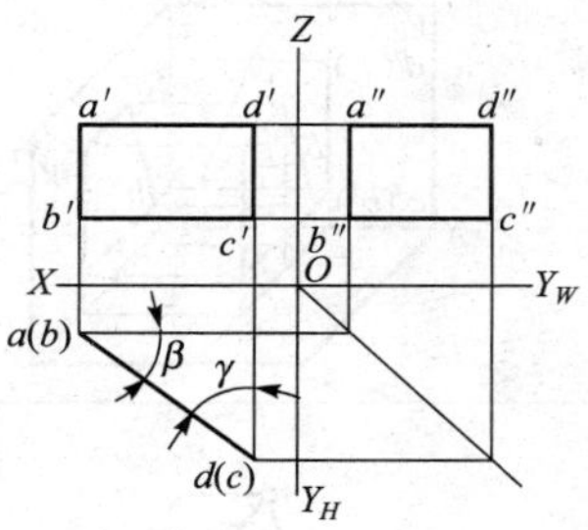	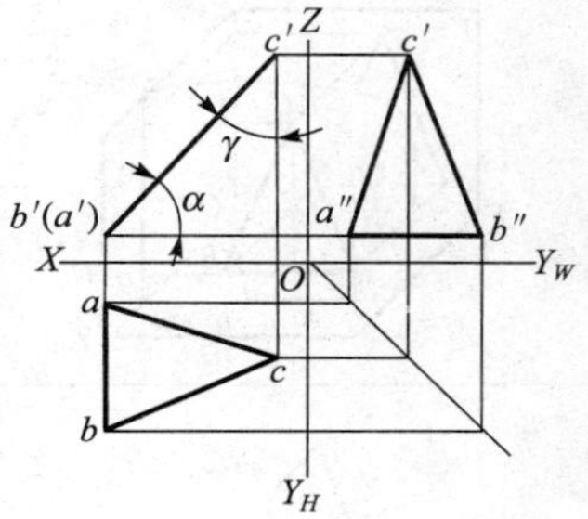	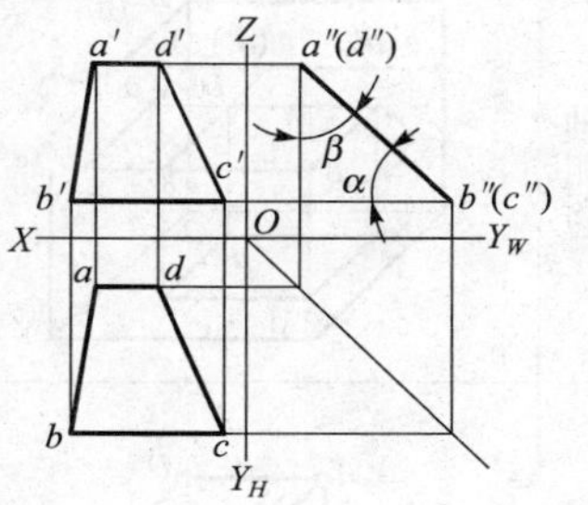
轴测图	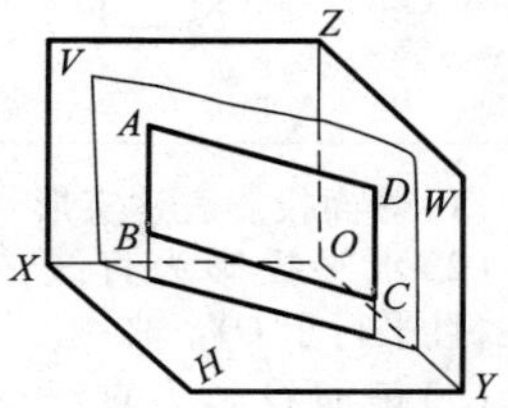	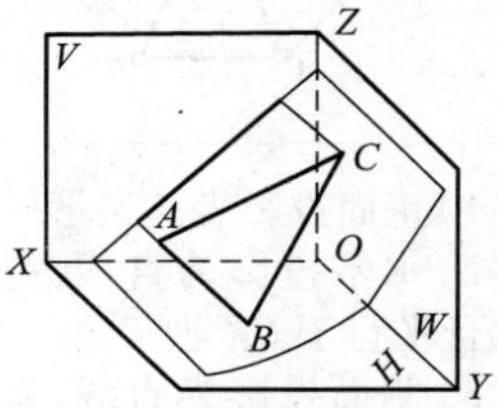	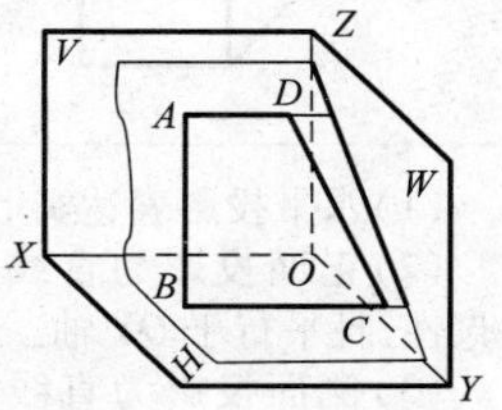
实例	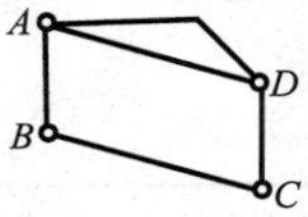	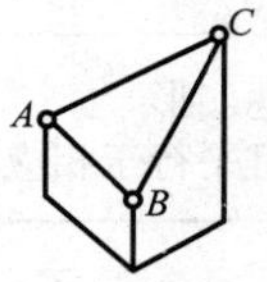	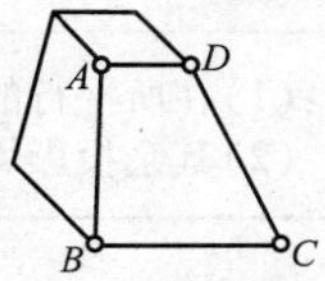
投影特性	水平投影为倾斜于 X 轴的直线，有积聚性；它与 OX，OY_H 的夹角即为 β，γ 正面投影和侧面投影均为空间平面图形的类似形	正面投影为倾斜于 X 轴的直线，有积聚性；它与 OX，OZ 的夹角即为 α，γ 水平投影和侧面投影均为空间平面图形的类似形	侧面投影为倾斜于 Z 轴的直线，有积聚性；它与 OY_W，OZ 的夹角即为 α，β 水平投影和正面投影均为空间平面图形的类似形
	小结：(1) 在所垂直的投影面上的投影，为倾斜于相应投影轴的直线，有积聚性，它和相应投影轴的夹角，即为平面对相应投影面的倾角 (2) 平面多边形的其余投影均为空间平面图形的类似形		

表 2－4 投影面平行面的投影特性

名称	水平面 （$/\!/H$ 面，垂直于 V，W 面）	正平面 （$/\!/V$ 面，垂直于 H，W 面）	侧平面 （$/\!/W$ 面，垂直于 H，V 面）
投影图	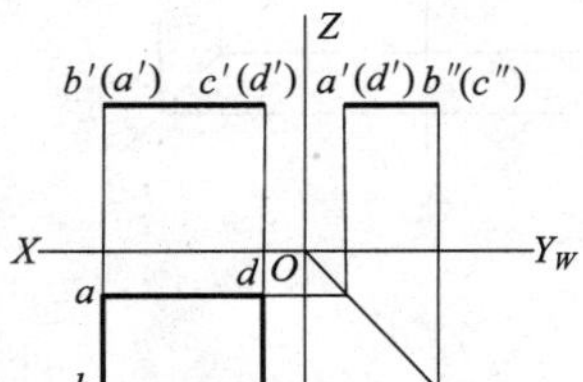	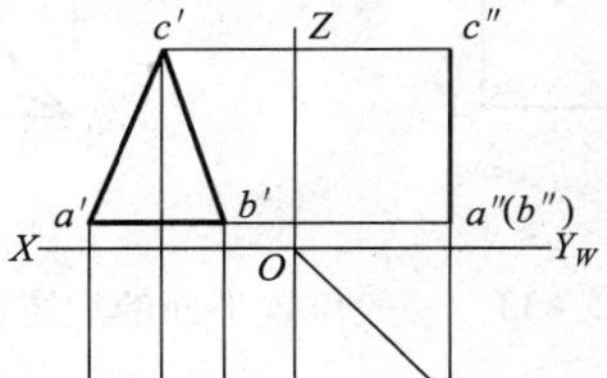	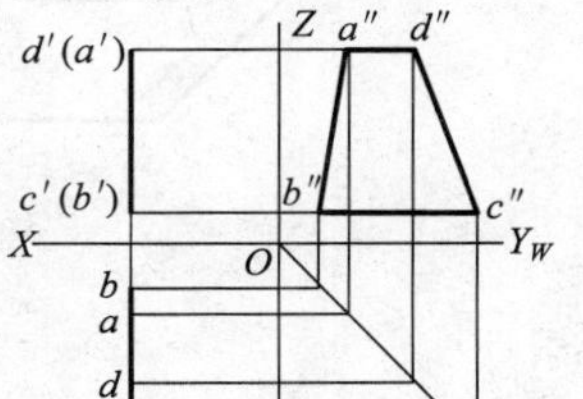

续表

名称	水平面 (∥H 面,垂直于 V,W 面)	正平面 (∥V 面,垂直于 H,W 面)	侧平面 (∥W 面,垂直于 H,V 面)
轴测图	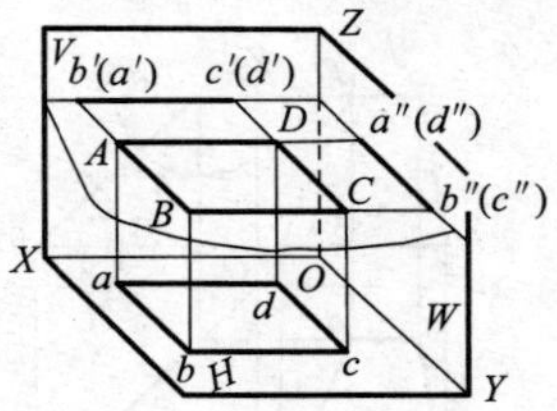	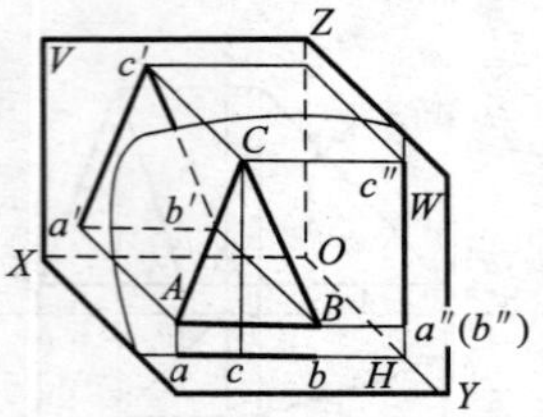	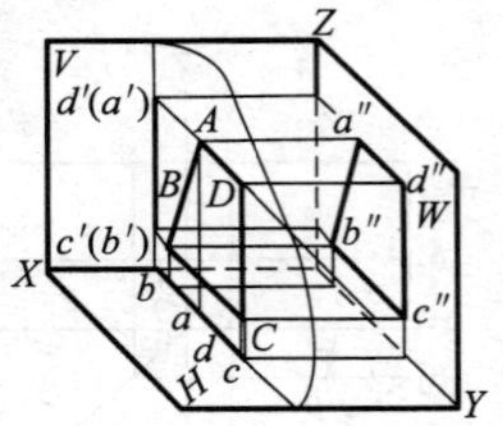
实例	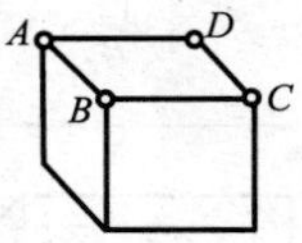	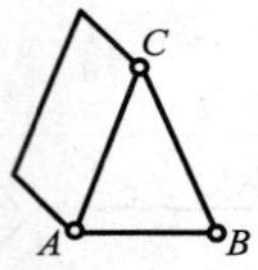	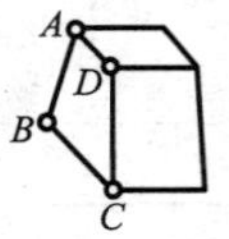
投影特性	(1)水平投影表达实形 (2)正面投影为直线,有积聚性,且平行于 OX 轴 (3)侧面投影为直线,有积聚性,且平行于 OY_W 轴	(1)正面投影表达实形 (2)水平投影为直线,有积聚性,且平行于 OX 轴 (3)侧面投影为直线,有积聚性,且平行于 OZ 轴	(1)侧面投影表达实形 (2)水平投影为直线,有积聚性,且平行于 OY_H 轴 (3)正面投影为直线,有积聚性,且平行于 OZ 轴
	小结:(1)在所平行的投影面上的投影表达实形 (2)其余投影均为直线,有积聚性,且平行于相应的投影轴		

3. 一般位置平面

相对 3 个投影面都倾斜的平面称为一般位置平面,如图 2-33 所示。由于它对 3 个投影面都倾斜,所以它的 3 个投影都不反映平面的实形,但是具有类似性。

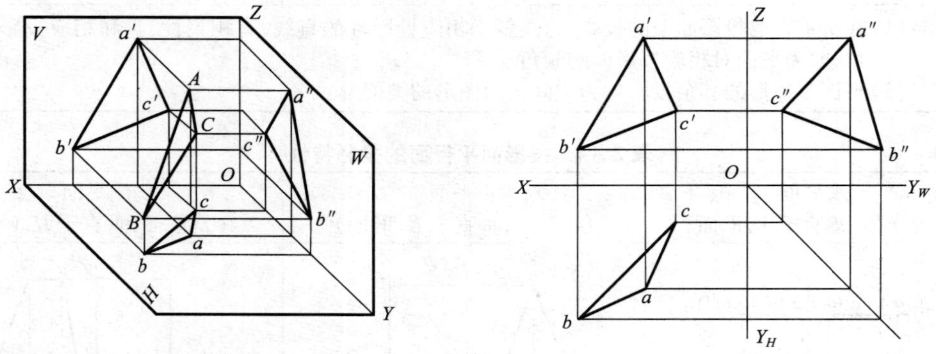

(a)　　　　(b)

图 2-33　一般位置平面的投影特性

四、平面内的线和点

直线在平面内的几何条件如下。

（1）直线通过平面内的已知两点，如图 2－34（a）所示；

（2）直线含平面内的已知点，又平行于平面内的已知直线，如图 2－34（b）所示。

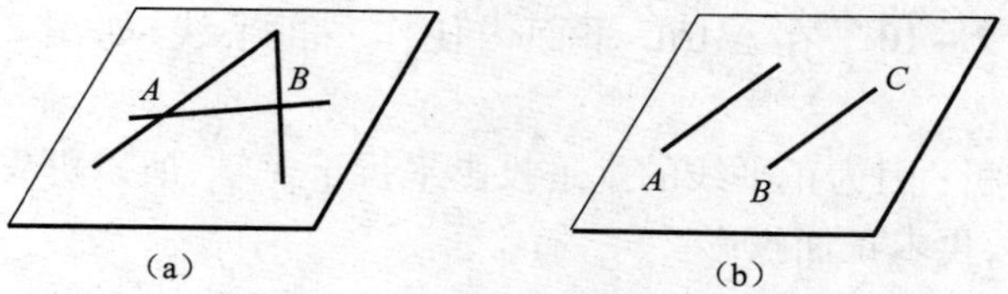

图 2－34　直线在平面内的几何条件

只要满足以上条件之一的直线，即为该平面内的直线。以上几何条件是解决平面内直线作图问题的依据。

1. 平面内的一般位置直线

在平面内作直线最常用的方法为：在平面内的两个已知直线上各取一点，然后把两点连成直线。

例 2－8　在△*ABC* 给定的平面内作任一直线，如图 2－35 所示。

分析：根据直线在平面内的几何条件可知，只要找到平面内已知两点即可求出该直线。

作图：如图 2－35 所示，在△*ABC* 内任意两边各取一点 Ⅰ，Ⅱ，连接点 Ⅰ，Ⅱ 的投影 1 2，1′2′ 即得一个解。注意：本题有无穷解。

例 2－9　判断 *KL* 是否在平面△*ABC* 内，如图 2－36 所示。

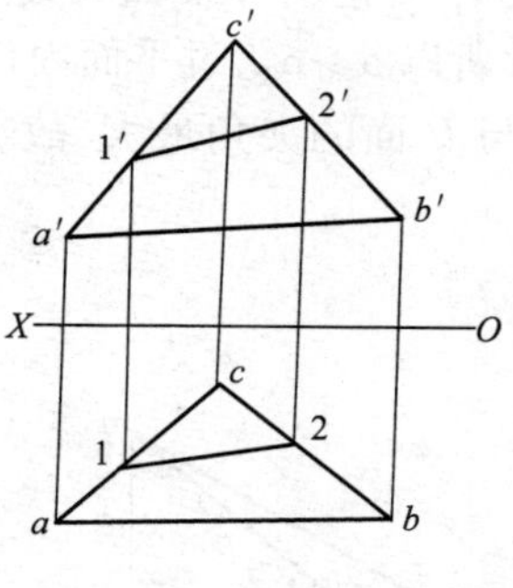

图 2－35　平面内取线

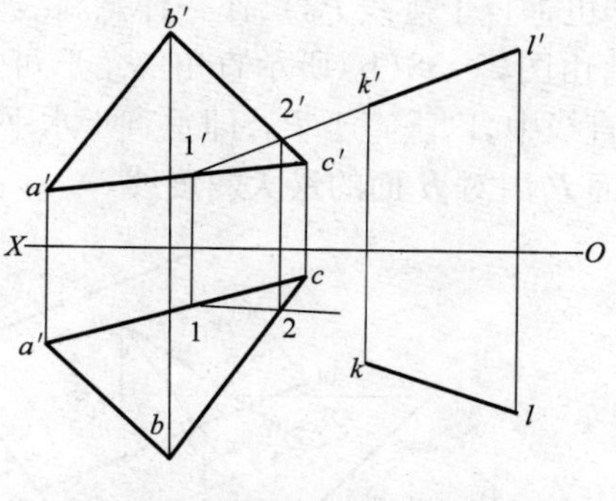

图 2－36　判断直线是否在平面内

分析：根据直线在平面内的几何条件可知，若直线 *KL* 在平面△*ABC* 内，则该直线与 *AB*、*AC* 相交，或者与其中一条相交而与另一条平行。

作图：

（1）延长 *k′l′*，与 *a′c′*，*b′c′* 交于点 1′，2′；

（2）在 *ac*，*bc* 上求出点 1，2，并连接点 1，2，看 12 和 *kl* 是否在一条直线上。因为 12 和 *kl* 两条线不在同一条直线上，所以 *KL* 不在△*ABC* 内。

2. 平面内的投影面平行线

根据平面内的投影面平行线所平行的投影面的不同，把平面内的投影面平行线分为三类：平行于 *H* 面的称为平面内的水平线；平行于 *V* 面的称为平面内的正平线；平行于 *W* 面的称为平面内的侧平线。

平面内的投影面平行线既要满足投影面平行线的投影特性，又要满足直线在平面内的条件，由于投影面平行线作图方便，又有很多可直接量取的投影特性，如反映实长、夹角等，所以，经常为了解题的需要，用它作为辅助线。

例 2－10　在△ABC 平面内任作一正平线，如图 2－37 所示。

分析：因为正平线的水平投影平行于 X 轴，所以可先作水平投影，再求正面投影。

作图：

(1) 过水平投影任一点，如过 a 作 $ad /\!/ X$ 轴；

(2) 求出 d 的正面投影 d'，则 AD 即为正平线。

同理，可作出平面上的水平线。

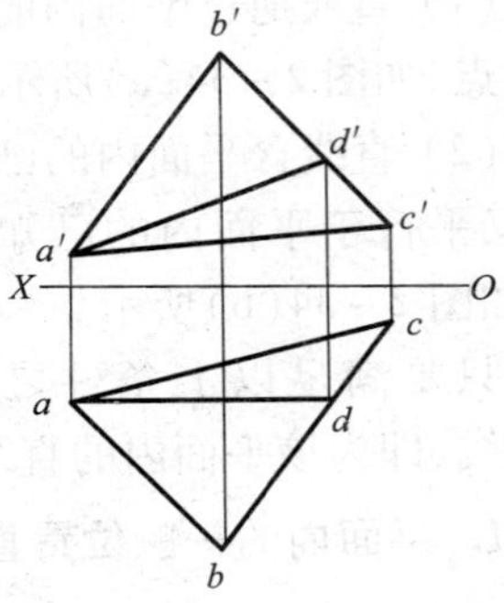

图 2－37　平面内的正平线

3. 平面内对投影面的最大斜度线

平面内的最大斜度线是垂直于该平面内的投影面平行线的直线。最大斜度线有三种：对水平面 H 的最大斜度线、对正平面 V 的最大斜度线、对侧平面 W 的最大斜度线。

以平面 P 内对 H 的最大斜度线为例，如图 2－38(a)所示，来分析最大斜度线的投影特性。

P 为一般位置平面，AB 为 P 平面内一水平线，若从 P 平面内点 N 作一直线 NM 垂直于 AB(同样也垂直于迹线 P_H)，作一任意斜线 NM_1，这时 NM 与 NM_1 两直线与 H 面的夹角分别为 α 和 α_1，由图 2－38(b)所示直角三角形可知，由于 $NM_1 > NM$，所以 $\alpha > \alpha_1$，过平面内任一点 N 所作的直线中，以垂直于 P_H，即垂直于水平线 AB 的直线 MN 与 H 面的夹角最大，故直线 MN 称为平面 P 内对 H 面的最大斜度线。

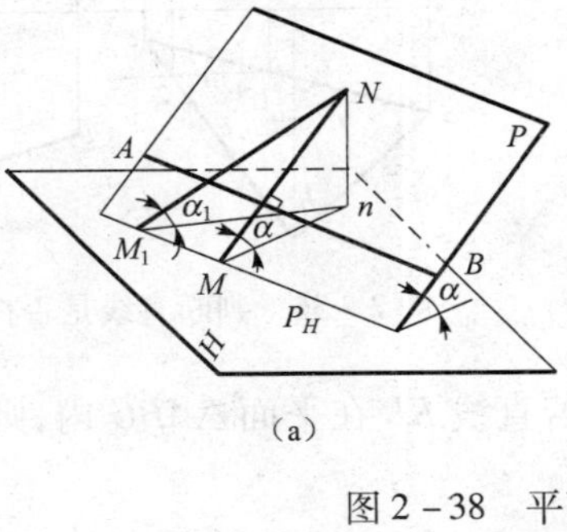

图 2－38　平面内的最大斜度线

α 角显然为最大斜度线 MN 对 H 面的倾角，也是平面 P 与 H 面的夹角。因此可用最大斜度线测定平面与投影的夹角。从以上分析可知最大斜度线有如下投影特性。

(1) 平面内的最大斜度线是垂直于该平面内的投影面平行线的直线；

(2) 平面内的最大斜度线反映平面与投影面的夹角。

例 2－11　求作平面△ABC 对 H、V 面的倾角 α, β，如图 2－39 所示。

分析：可用对 H, V 面的最大斜度线来求 α, β 角。求出最大斜度线后，再利用直角三角形法求 α, β 角。

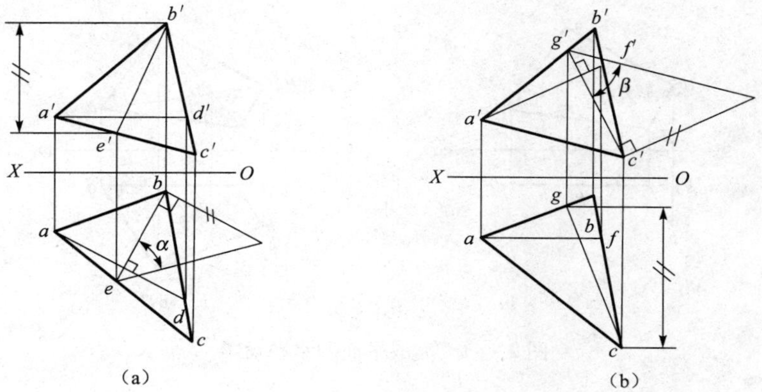

图 2-39　求平面对 H、V 面的倾角

作图：

(1) 过点 A 作水平线 $AD(ad, a'd')$；

(2) 过点 B 作 $BE \perp AD(be \perp ad)$；

(3) 在水平投影中用直角三角形法求 α 角，如图 2-39(a) 所示。

同理，如图 2-39(b) 所示，作出正平线 AF 的垂线 CG，即为对 V 面的最大斜度线，再用直角三角形法求 β 角。

4. 平面内的点

点在平面内时，该点必然在平面内的一条已知直线上，因此，在平面内找点时，一般要在平面内作辅助线，然后在所作直线上取点。

例 2-12　已知平面 $\triangle ABC$ 内一点的正面投影，求它的水平投影，如图 2-40 所示。

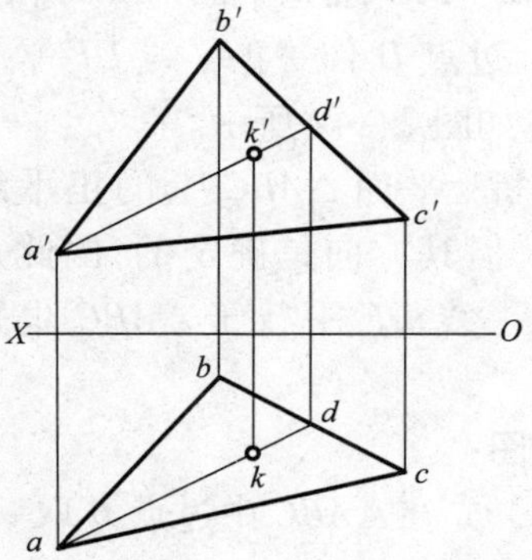

图 2-40　平面内取点

分析：可在平面上过点 K 作一条直线，再在直线上找点。

作图：过点 K 可作任意多条直线，一般为了作图方便，往往可过平面上已知点作直线，如图 2-40 所示，可过点 k' 作 $a'd'$，则点 K 的水平投影必然在 AD 的水平投影上，即可求出点 K 的水平投影点 k。

例 2-13　完成图 2-41(a) 所示的四边形平面的水平投影。

分析：若 $ABCD$ 是平面，则对角线必然相交。

作图：

(1) 连接 $a'c'$，$b'd'$，得交点为 k'；

(2) 连接 bd，在 bd 上求出交点 k，并连接 ak；

(3) 在 ak 上可求出点 c，连接 bc，dc 即得到四边形平面的水平投影，如图 2-41(b) 所示。

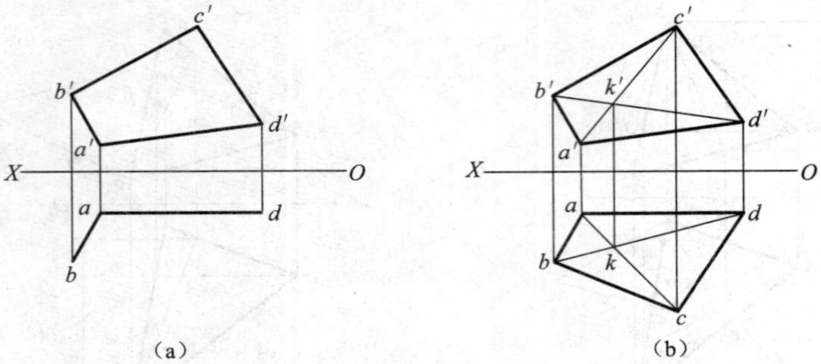

图 2－41　完成平面的水平投影

第四节　空间几何元素的相对位置

一、平行问题

1. 直线与平面平行

几何条件：若一条直线与一平面内的某一直线平行，则该直线平行于这一平面。

作图方法：根据上述几何条件，解决平行问题作图的关键是直线的投影必须平行于平面内某一条直线在同一投影面上的投影。

例 2－14　已知平面△*ABC* 和点 *D* 的投影，过点 *D* 作一正平线 *DF* 平行于△*ABC*，如图 2－42 所示。

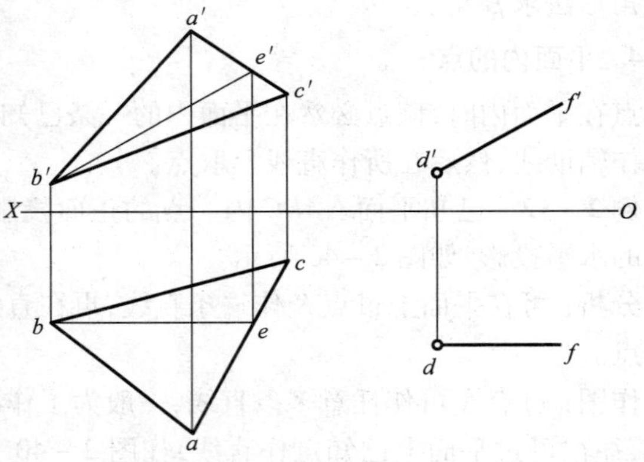

图 2－42　过点作正平线平行于已知平面

分析：平面△*ABC* 上的正平线有无数条，但其方向是确定的，因此过点 *D* 作正平线 *DF* 平行于△*ABC* 也是唯一的。

作图：

(1) 先在△*ABC* 中过点 *B* 取一条正平线 *BE*，过点 *b* 作 *be*//*X* 轴，并求出 *b′e′*；

(2) 过 *d* 作 *df*//*be*，过 *d′* 作 *d′f′*//*b′e′*；

(3) 直线段 *DF* 为所求正平线。

例 2－15　已知直线段 *AB* 的投影，过点 *E* 作铅垂面与直线 *AB* 平行，如图 2－43 所示。

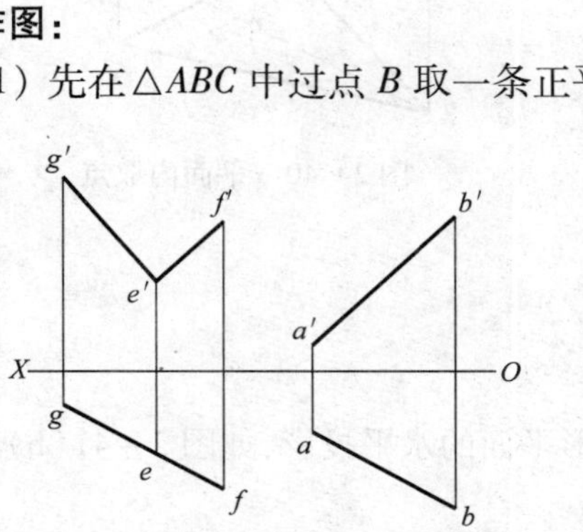

图 2－43　过点作铅垂面与已知直线平行

分析：因铅垂面在水平面上的投影积聚成一条直线，在水平投影上可直接过点 *e* 作 *ab* 的平行线。

作图：

(1) 过点 *e* 作 *ef*//*ab*，过 *e* 点作 *e′f′*//*a′b′*；

(2) 在 ef 延长线上任取一点 g，再作出正面投影 $e'g'$，如图 2-43 所示，则相交两直线 EF 与 EG 所确定的平面为所求铅垂面。

2. 平面与平面平行

几何条件：若一个平面内的两条相交直线与另一个平面内的两条相交直线对应平行，则这两个平面互相平行。

例 2-16　已知在△ABC 和△EFG 中，$AB /\!/ EF$，试判断这两个三角形是否平行，如图 2-44 所示。

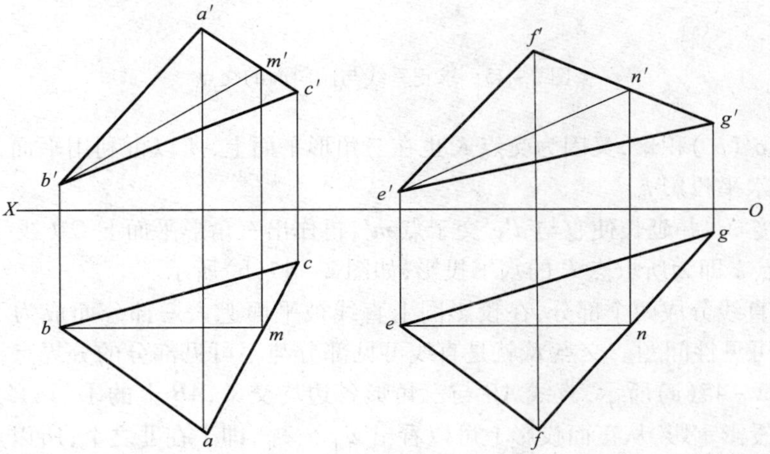

图 2-44　判断两已知平面是否平行

分析： 可在任一平面上作两条相交直线，如在另一平面上能找到与它对应平行的两相交直线，则该两平面互相平行。

作图：

(1) 在△ABC 中过点 B 作一正平线，求出其正面投影 $b'm'$；

(2) 在△EFG 中过点 E 作一正平线，求出其正面投影 $e'n'$；

(3) 根据 $b'm'$ 与 $e'n'$ 是否平行便能判断两平面是否平行。

二、相交问题

直线与平面、平面与平面在空间的几何位置若不平行，就必然相交。直线与平面相交要求出交点，交点是直线与平面的共有点。平面与平面相交要求出交线，两平面的交线即两平面的共有点所组成的直线段，实质上也是求一平面内两条直线对另一平面的交点的过程。

1. 利用积聚性求交点或交线

当相交的空间几何元素中的一个与投影面垂直时（即具有积聚性时），利用其投影积聚性作图，可以简化求交点或交线的过程。因为此时交点或交线在该投影面上的投影即可直接求得，再利用在平面上取点、取直线或在直线上取点的方法求得交点或交线的其他投影。

例 2-17　求正垂线 AB 与倾斜面△CDE 的交点 K，如图 2-45 所示。

分析： AB 是正垂线，其正面投影具有积聚性，由于交点 K 是直线 AB 上的一个点，点 K 的

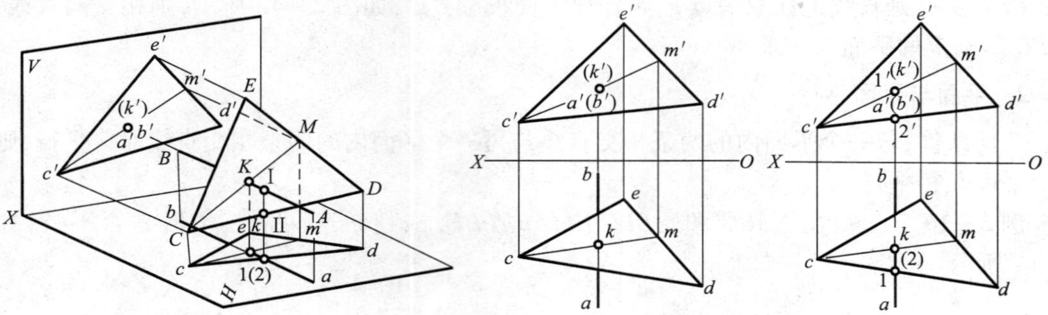

(a)　　　　　　　　(b)　　　　　　　　(c)

图 2－45　求正垂线与倾斜面的交点

正面投影 k' 与 $a'(b')$ 积聚，又因为交点 K 也在三角形平面上，所以可利用平面上取点的方法，作出交点 K 的水平投影 k。

作图：连接 $c'k'$ 并延长使它与 $d'e'$ 交于点 m'，再作出三角形平面上 CM 线的水平投影 cm，cm 与 ab 的交点 k 即为所求点 K 的水平投影，如图 2－45(b)所示。

交点 K 把直线分成两个部分，在投影图上直线被平面遮去一部分而成为不可见，所以还需要判别它的可见性问题。交点 K 就是直线可见部分与不可见部分的分界点，但交点永远是可见的。如图 2－45(a)所示，直线 AB 与三角形各边均交叉，AB 上的Ⅰ(1，1′)和 CD 上的Ⅱ(2，2′)的水平投影重影，从正面投影上可以看出 $Z_{\text{Ⅰ}}>Z_{\text{Ⅱ}}$，即Ⅰ在Ⅱ之上，所以点Ⅰ是可见的，点Ⅱ是不可见的。因此，AB 上的线段 KA 是可见的，故其水平投影 ka 画成实线，而被平面遮住的另一线段是不可见的，其投影画成虚线。正面投影上 AB 积聚为一点，故不需要判别其可见性，如图 2－45(c)所示。

例 2－18　求直线 AB 与铅垂面 $EFGH$ 的交点 K，如图 2－46 所示。

分析：铅垂面的水平面 $efgh$ 有重影性，故交点的水平投影 k 在 $efgh$ 上，又交点 K 也在直线 AB 上，故 k 也必定在 AB 的水平投影 ab 上，因此 K 点的水平投影 k 是 $efgh$ 和 ab 的交点，而 k' 必定在 $a'b'$ 上。

作图：$efgh$ 和 ab 的交点 k 即为点 K 的水平投影，从 k 作 X 轴的垂线与 $a'b'$ 交于点 k'，则 $K(k,\ k')$ 点即为所求的交点。

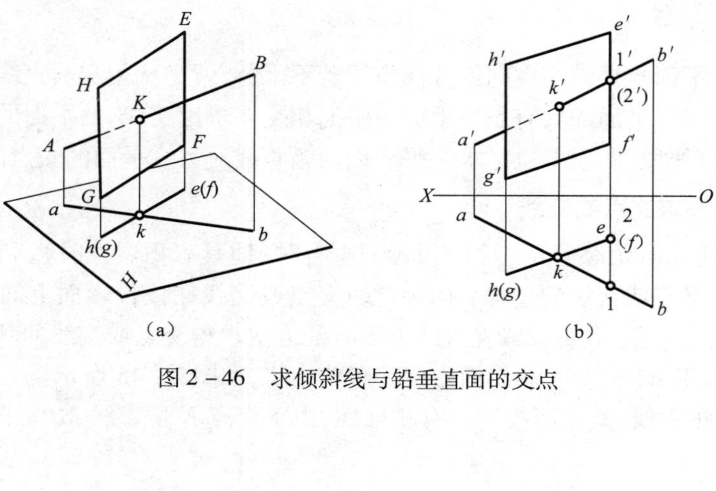

(a)　　　　　　　　(b)

图 2－46　求倾斜线与铅垂直面的交点

直线 AB 上点Ⅰ与直线 EF 上点Ⅱ的正面投影重影，在水平投影上可以看出 $y_{\mathrm{I}}>y_{\mathrm{II}}$，因此点Ⅰ在点Ⅱ之前，点Ⅰ是可见的，所以 $k'b'$ 画成实线，过 k' 而被平面遮住的直线部分画成虚线。在水平投影上由于四边形 $EFGH$ 是铅垂面，其水平投影积聚为一条直线，故不需要判别可见性。

例 2－19　求正垂面平行四边形 $DEFG$ 与倾斜面△ABC 的交线 MN，如图 2－47所示。

分析：正垂面平行四边形 $DEFG$ 的正面投影 $d'e'f'g'$ 有积聚性，故此交线的正面投影必定在 $d'e'f'g'$ 上，交线也在△ABC 上，由此可作出交线的水平投影。

作图：可用上述求交点的方法，依次求出△ABC 的 AB、AC 边与正垂面 $DEFG$ 的交点 $M(m,m')$ 和 $N(n,n')$，连线 $MN(mn,m'n')$ 即为两平面的交线。

一般情况下交线是可见部分与不可见部分的分界线，而本题中的交线永远是可见的。在水平投影上，△abc 的 $bcnm$ 部分应画成实线，另一部分在 $defg$ 轮廓线范围内的应画成细虚线。

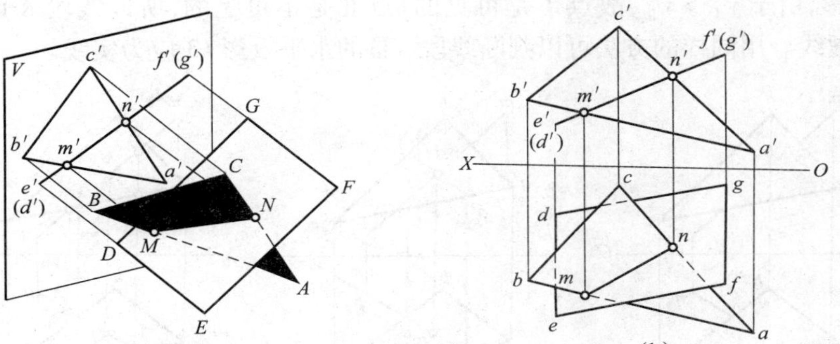

（a）　　（b）

图 2－47　求正垂面与倾斜面的交线

2. 利用辅助平面求交点和交线

当相交的直线与平面都处于一般位置时，其投影没有积聚性，求交点时，需要借助于辅助平面。利用辅助平面来求交点和交线的方法称为辅助平面法。

先来进行几何分析，如图 2－48 所示。直线 MN 与△ABC 平面相交，交点为 K，过点 K 可在△ABC 上作无数条直线，而这些直线都可与 MN 直线构成一平面，该平面称为辅助平面。辅助平面与已知平面△ABC 的交线即为过点 K 在平面△ABC 上的直线，该直线与 MN 的交点即为点 K。

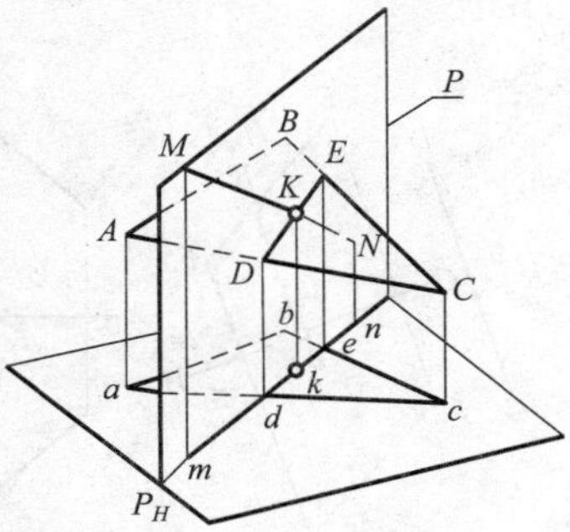

图 2－48　用辅助平面法求交点

根据以上分析，可归纳出求一般位置直线与一般位置平面交点的三个步骤：

（1）作一个包含已知直线的辅助平面。为了作图的方便，一般所作的辅助平面都垂直于某一投影面（如过 MN 所作的辅助平面 P 为铅垂面）。

（2）求出辅助平面与已知平面的交线（如作面 P 与△ABC 的交线 DE）。

(3) 求出该交线与已知直线的交点,即为已知直线与已知平面的交点(如 DE 与 MN 的交点 K 即为 MN 与 $\triangle ABC$ 的交点)。

例 2-20 求直线 MN 与 $\triangle ABC$ 的交点 K,如图 2-49(a)所示。

分析: 可根据上述求交点的三个步骤来作。

作图:

(1) 过 MN 作一铅垂面 P。即在作图时使水平迹线 P_H 与 mn 重合(正面迹线 P_V 在作图中用不到,通常省略不画),如图 2-49(b)所示。

(2) 作出 P 平面与 $\triangle ABC$ 的交线 DE。由于 P_H 有积聚性,所以 de 与 P_H 重合,可直接确定,再由 de 求出 $d'e'$。

(3) 作出 DE 与 MN 的交点 K。在正面投影上,$d'e'$ 与 $m'n'$ 的交点 k' 即为所求交点 K 的正面投影,由 k' 可求出水平投影 k。

(4) 判断可见性。从图 2-49(c)可以看出,AC 线上的点Ⅰ与 MN 线上的点Ⅱ,其正面投影是重合投影,由于 $y_{\text{I}} > y_{\text{II}}$,故点Ⅰ是可见的,点Ⅱ是不可见的,所以线段 KⅡ的正面投影 $k'(2')$ 画成虚线。用同样的方法可以判断线段 KⅢ的水平投影 $k3$ 应为实线。

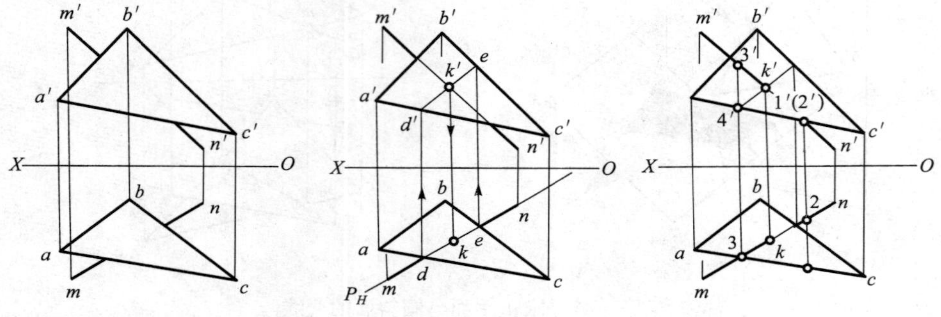

(a) (b) (c)

图 2-49 求一般位置直线与一般位置平面的交点

例 2-21 已知 3 条直线 CD,EF,GH,要求作一条直线 AB 平行于 CD,且与 EF,GH 相交,如图 2-50(b)所示。

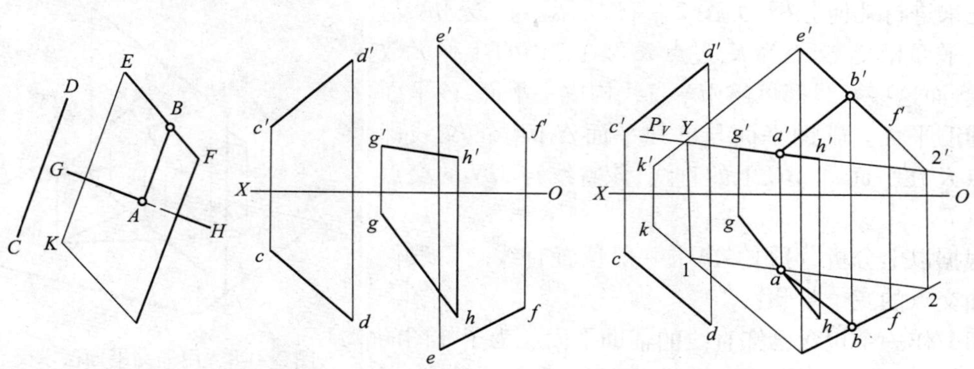

(a) (b) (c)

图 2-50 作一条直线 AB 与已知直线 CD 平行,且与 EF、GH 两直线相交

分析：本题涉及相交与平行问题。如图2－50(a)所示，所求AB一定在平行于CD的平面上，AB与交叉两直线EF、GH相交，可过其中一条直线EF(或GH)作一个平面平行于CD，此平面与另一条直线GH(或EF)相交，求出交点A(或B)，过点A(或B)作平行于CD的直线交EF(或GH)于点B(或A)，即为所求的直线AB。

作图：如图2－50(c)所示。

(1) 过EF作一个平面平行于CD。如图2－50(a)所示，作EK∥CD，则KEF即为所作平面。

(2) 求平面KEF和GH的交点A。在此作辅助正垂面P，求出GH与KEF平面的交点A。

(3) 过点A作AB∥CD，则AB即为所求的直线。

两个平面相交有两种情况：一种是一个平面全部穿过另一个平面成为全交，如图2－51(a)所示；另一种是两个平面的边互相穿过形成互交形式，如图2－51(b)所示。这两种相交情况的实质是相同的，因此求解方法也相同，仅由于平面图形有一定范围，因此相交部分也有一定范围。

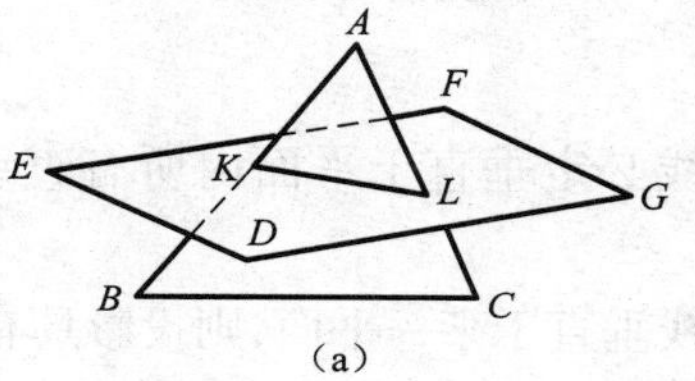

图2－51　两平面相交的两种情况

利用辅助平面法求两个一般位置平面的交线(用例子说明)。

例2－22　求△ABC与平行四边形DEFG的交线KL，如图2－52(a)所示。

分析：选取△ABC的两条边AC和BC，分别作出它们与平行四边形DEFG的交点，连接后即为所求的交线。

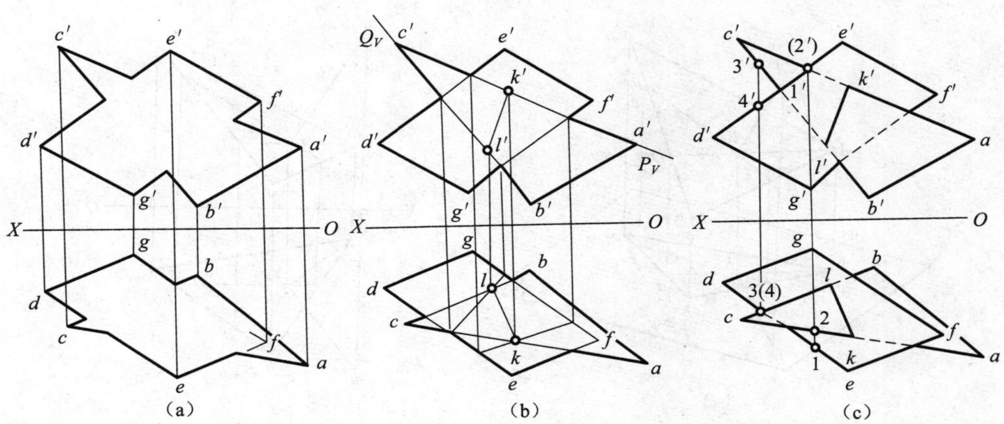

图2－52　求两个一般位置平面的交线

作图：

(1) 利用辅助平面(此处为正垂面)，分别求出直线AC，BC与平行四边形DEFG的交点K

(k,k')和$L(l,l')$，如图2－52(b)所示。

(2) 连接kl和$k'l'$即为所求交线KL的两面投影，如图2－52(b)所示。

(3) 判断可见性，完成作图，如图2－52(c)所示。

另外，还可以利用三面共点的方法来求两个一般位置平面的交线。

一般作投影面的平行面为辅助平面，求出辅助平面分别与相交两平面的交线，两条交线的交点即为三面共有点，也必然是相交两平面的共有点，则交线随之确定。三面共点法如图2－53所示。

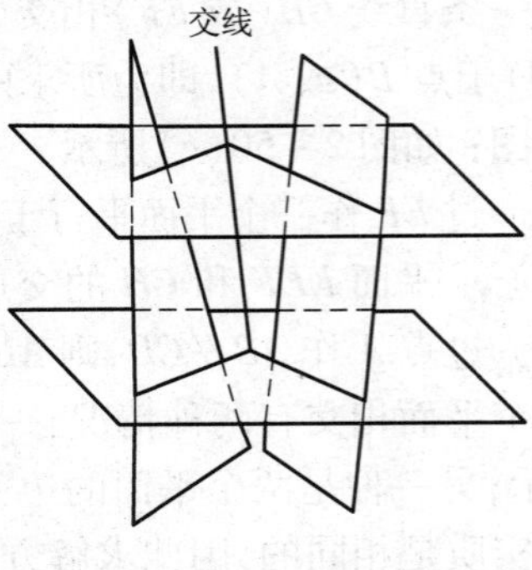

图2－53　三面共点法求交线

三、垂直问题

垂直是相交的特殊情况，前面已介绍了直线与直线的垂直问题，这里介绍直线与平面的垂直和两个平面垂直的问题。

1. 直线与平面垂直

几何条件：若一条直线垂直于平面，则此直线必定垂直于平面内所有直线，其中包括平面内的正平线和水平线。

根据前面介绍的直角投影定理可知，如果直线垂直于某一平面，则投影具有以下投影特性：

(1) 直线的正面投影垂直于平面内正平线的正面投影；

(2) 直线的水平投影垂直于平面内水平线的水平投影。

反之，若一条直线的正面投影和水平投影分别垂直于平面内正平线的正面投影和平面内水平线的水平投影，则该直线一定垂直于该平面。

如图2－54所示，直线MK垂直于平面$\triangle ABC$，其垂足为K，如过点K作一水平线AD，则$MK\perp AD$，根据直角投影定理，则$mk\perp ad$，再过点K作一正平线EF，则$MK\perp EF$，同理可得$m'k'\perp e'f'$。

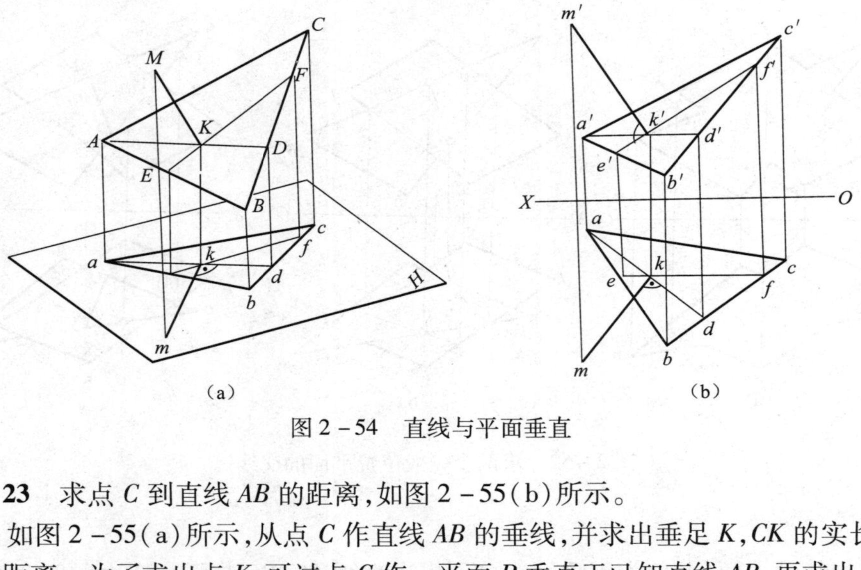

图2－54　直线与平面垂直

例2－23　求点C到直线AB的距离，如图2－55(b)所示。

分析：如图2－55(a)所示，从点C作直线AB的垂线，并求出垂足K，CK的实长即为点到直线AB的距离。为了求出点K，可过点C作一平面P垂直于已知直线AB，再求出AB与P的

交点即得垂足 K。

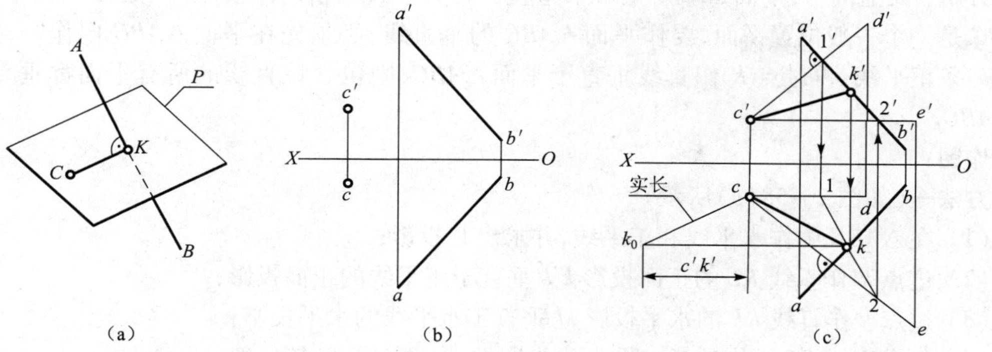

图 2-55 求点到直线的距离

作图(如图 2-55(c)所示):

(1) 过点 C 作正平线 CD,使 $c'd' \perp a'b'$,再过点 C 作水平线 CE,使 $ce \perp ab$,则 CD 和 CE 两直线组成的平面 $P(DCE)$ 一定垂直于 AB。

(2) 求出 AB 和平面 $P(DCE)$ 的交点 $K(k, k')$。

(3) 连线 ck、$c'k'$ 即得 CK 的两个投影,再利用直角三角形法求出其实长,即得点 C 到直线 AB 的距离。

2. 平面与平面垂直

几何条件:若直线与一平面垂直,则包含此直线的所有平面都垂直于该平面。由此可见,直线与平面垂直问题是解决平面与平面垂直问题的基础。

如图 2-56 所示,由于直线 AK 垂直于平面 P,则包含 AK 的平面 Q 和平面 R 都垂直于平面 P。如在平面 Q 上取一点 B 向平面 P 作垂线 BE,则 BE 一定在平面 Q 内。

例 2-24 已知正垂面 $\triangle ABC$ 和点 K,要求过点 K 作一平面垂直于 $\triangle ABC$,如图 2-57 所示。

分析:只要过点 K 作直线垂直于 $\triangle ABC$,则包含该直线的所有平面都垂直于 $\triangle ABC$。

作图:由于 $\triangle ABC$ 为正垂直面,则过点 K 所作的 $\triangle ABC$ 的垂线必定为正平线,其正面投影 $k'l' \perp \triangle a'b'c'$,水平投影 $kl /\!/ X$ 轴,再过点 K 作任意直线 KM,则 KM、KL 两相交直线所决定的平面一定垂直于 $\triangle ABC$。由于 KM 是任取的,因此过点 K 可作无数个平面垂直于 $\triangle ABC$。

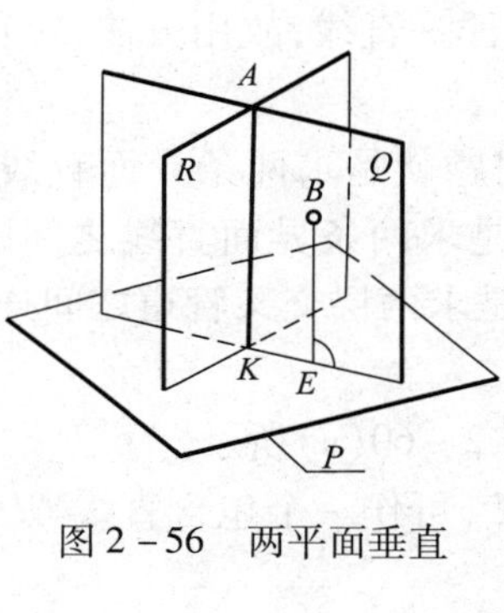

图 2-56 两平面垂直

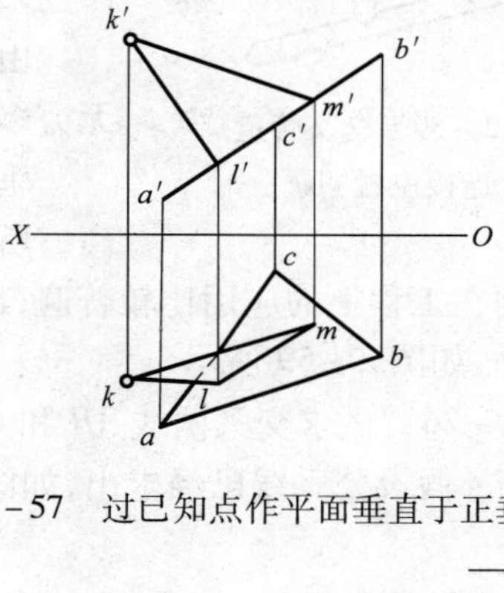

图 2-57 过已知点作平面垂直于正垂面

例 2－25　过点 K 作一平面垂直于已知平面△ABC，如图 2－58 所示。

分析：在上例中，平面△ABC 是一个垂直面，因此可以直接作垂线。但是在本例中，平面△ABC 是一个一般位置平面，要作平面△ABC 的垂直线，必须先在平面△ABC 内作一条水平线和一条正平线，再过点 K 作直线垂直于平面△ABC，则包含该直线的所有平面都垂直于平面△ABC。

作图：

方法一（如图 2－58（a）所示）

（1）在△ABC 中作水平线和正平线，并求出其投影；

（2）过点 k'作直线 KL 的正面投影 $k'l'$垂直于正平线的正面投影；

（3）过点 k 作直线 KL 的水平投影 kl 垂直于水平线的水平投影；

（4）包含直线 KL 所作的任一平面均为所求，本题有无穷多个解。

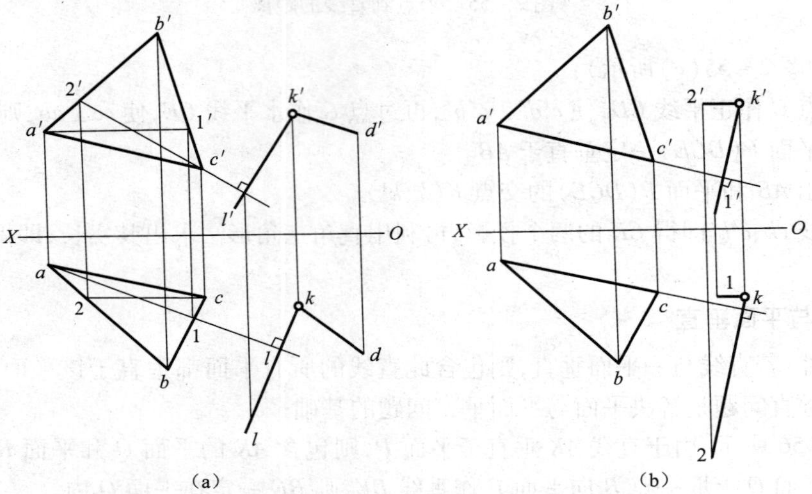

图 2－58　过点作平面垂直于已知平面

图 2－59　交叉管道连接位置问题

方法二（如图 2－58（b）所示）

（1）在平面△ABC 平面上任取一直线 AC；

（2）过点 K 作一个由水平线和正平线组成的平面垂直于 AC；

（3）所作的过点 K 的平面即为所求垂直于△ABC 的平面。

由于 AC 为已知平面内任一直线，故用方法二也可以作出无穷多个解。

垂直问题的一个典型问题就是求两条异面直线的最短距离。所谓最短距离，实质上是求两条异面直线之间的公垂线。这一问题在工程上的应用比较普遍，最具有代表性的问题是求两层交叉管道之间连接管路的位置问题，如图 2－59 所示。

例 2－26　试求交叉两线 AB 和 CD 的公垂线 KL，如图 2－60（a）所示。

分析：假设公垂线已经求出，如图 2－60（a）所示，显然，可作一个包含直线 CD 的平面 P

与直线 AB 平行。方法是过直线 CD 上任一点，例如点 C，作直线 CE 平行于直线 AB 即可；而作一包含直线 AB 的平面 Q 与平面 P 垂直，并且只能作一个平面 Q 与平面 P 垂直，方法是过直线 AB 上任一点，例如点 A，作 AF 垂直于平面 P 且交平面 P 于点 F，然后过点 F 作 $FG /\!/ CE$ 交直线 CD 于点 K，再过点 K 作 $KL /\!/ AF$，KL 即为所求的异面直线之间的公垂线。这种预先假设答案再来分析求解的解题法称作逆推法。这样可得到以下作图过程。

作图：

（1）过点 C 作 $CE /\!/ AB$，得到平面三角形 CDE；

（2）过点 A 向 $\triangle CDE$ 作垂线 AF，并求出垂足 F；

（3）过点 F 作 $FG /\!/ CE$，与 CD 交于点 K；

（4）过点 K 作 $KL /\!/ AF$，且交直线 AB 于点 L；公垂线 KL 即为所求。

结果如图 2-60（b）所示。

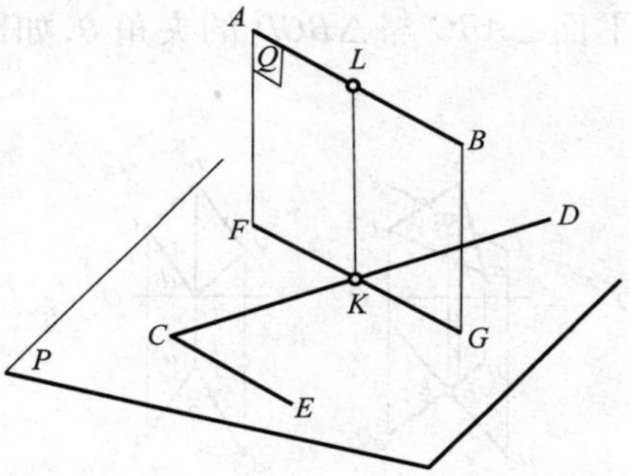

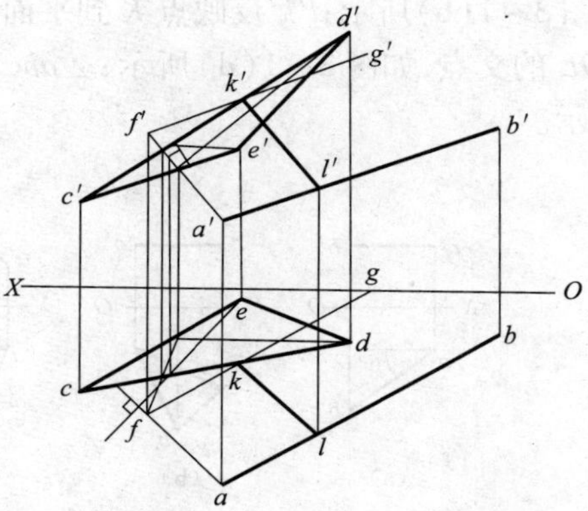

图 2-60　求两交叉直线的公垂线

第三章　投影变换

从第二章中对直线和平面的投影分析中可知，当直线或平面相对于投影面处于特殊位置（即平行或垂直）时，其投影具有积聚性，也可能反映实长、实形或倾角，因此比较容易解决其定位问题或度量问题。使几何元素与投影面的相对位置处于有利于解题位置的方法称为投影变换。本章主要讨论其投影规律与作图方法。

如图 3-1 所示的直线与平面，由于几何元素与投影面处于特殊位置而使一些定位问题与度量问题易于直接解决。反映直线与投影面夹角，如图 3-1(a)所示；$\triangle abc$ 反映 $\triangle ABC$ 的实形，如图 3-1(b)所示；$l'k'$ 反映点 K 到平面 ABC 的距离，如图 3-1(c)所示；K 反映 $\triangle ABC$ 与直线 DE 的交点，如图 3-1(d)所示；$\angle abc$ 反映两平面 $\triangle ABC$ 与 $\triangle BCD$ 的夹角 θ，如图 3-1(e)所示。

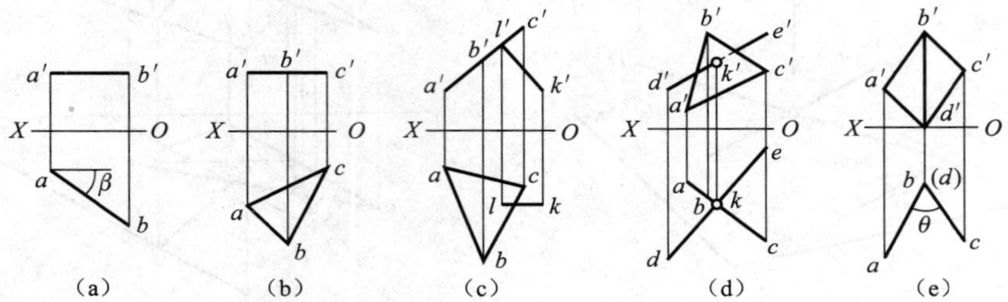

图 3-1　几何元素处于有利于解题位置

第一节　投影变换的方法

当直线或平面处于不利于解题位置时，通常可采用下列方法进行投影变换，以使其处于有利于解题的位置。

一、变换投影面法（换面法）

H，V，W 面称为基本投影面，为了使空间几何元素处于有利于解题的位置，常另设置一个投影面以替换某一基本投影面。图 3-2(a)所示的一个处于铅垂位置的三角形平面在 V/H 体系中的投影不反映实形，现作一个与 H 面垂直的新投影面 V_1 平行于三角形平面，组成新的投影面体系 V_1/H，再将三角形平面向 V_1 面进行投影，这时三角形在 V_1 面上的投影反映该平面的实形。这种使几何元素保持不动，而改变投影面的位置，使新的投影面与几何元素处于有利于解题的位置的方法称为换面法 。

由此可见，新设的投影面应符合以下两个条件：

（1）新投影面必须使几何元素处于有利于解题的位置。

（2）新投影面必须垂直于原来投影面体系中的一个投影面，组成一个新的两投影面体系。

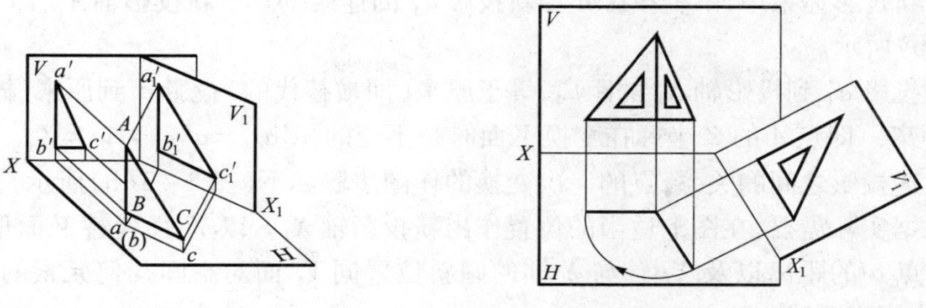

(a)　　　(b)

图 3-2　换面法

前一条件是解题需要，后一条件是只有这样才能应用两投影面体系中的投影规律。

二、旋转法

使投影面保持不动，而将几何元素绕某一轴旋转到相对于投影面处于有利于解题位置。如图 3-2(b)所示，如将三角形平面绕其垂直于 H 面的直角边（即旋转轴）旋转，使它成为正平面，这时三角形在 V_1 面上的投影就反映它的实形。

由图 3-2(b)可知，如平面绕垂直于 V 面的轴旋转，则不能求出该平面的实形。由此可见，旋转轴的选择要有利于解题。

第二节　变换投影面法

一、点的一次变换

点是最基本的几何元素，因此必须首先研究点的变换规律。

如图 3-3(a)所示，点 A 在 V/H 体系中，它的两个投影为 a'，a，若用一个与 H 面垂直的新投影面 V_1 代替 V 面（V_1、H_1 表示变换一次后的新投影面，用相应投影符号加下标 1 来表示变换一次后的新投影），建立新的 V_1/H 体系，V_1 面与 H 面的交线称为新投影轴，以 X_1 表示。由于 H 面为不变投影面，所以点 A 的水平投影 a 的位置不变，称之为不变投影。而点 A 在 V_1 面上的投影为新投影 a_1'。由图可以看出，点 A 的各个投影 a，a'，a_1' 之间的关系如下。

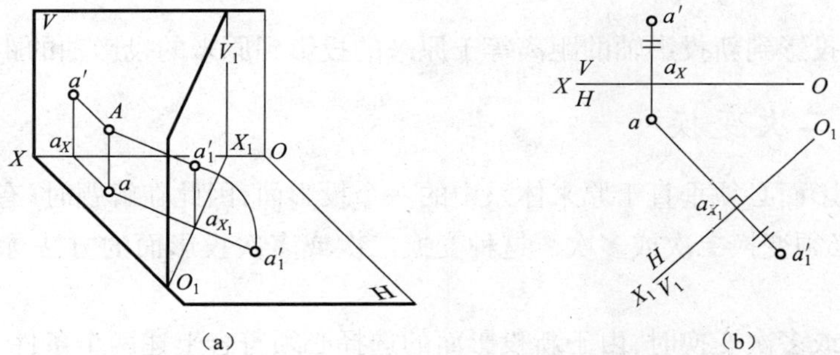

(a)　　　(b)

图 3-3　点的一次投影变换（变换 V 面）

(1) 在新投影体系中,不变投影 a 和新投影 a_1' 的连线垂直于新投影轴 X_1,即 $aa_1' \perp X_1$ 轴,如图 3-3(b)所示。

(2) 新投影 a_1' 到投影轴 X_1 的距离,等于原来(即被替代的)投影 a'到原来(即被替代)投影轴 X 的距离。即点 A 的 Z 坐标在变换 V 面时是不变的,$a_1'a_{X_1} = a'a_X = Aa = Z_A$。

根据上述投影之间的关系,点的一次变换的作图步骤如下(图 3-3(b)所示)。

(1) 根据实际需要,在图上适当的位置作出新投影轴 X_1。以 V_1 面代替 V 面形成 V_1/H 体系(X_1 轴与点 a 的距离以及 X_1 轴与 X 轴的倾斜位置同 V_1 面对空间几何元素的相对位置有关,可根据作图需要确定)。

(2) 过点 a 作新投影轴 X_1 的垂线,得交点 a_{X_1}。

(3) 在垂线 aa_{X_1}的延长线上截取 $a_1'a_{X_1} = a'a_X$,即得点 A 在 V_1 面上的新投影 a_1'。

如图 3-4 所示,用一个垂直于 V 面的新投影面 H_1 代替 H 面,即用新的投影面体系 V/H_1 代替 V/H 体系,则点 B 在 V/H 体系中的投影为 b',b,在 V/H_1 体系中的投影为 b',b_1,同理,点 B 的各个投影 b,b',b_1 之间的关系如下。

(1) $b_1b' \perp X_1$ 轴。

(2) $b_1b_{X_1} = bb_X = Bb' = Y_B$。

其作图步骤与变换 V 面时相类似。

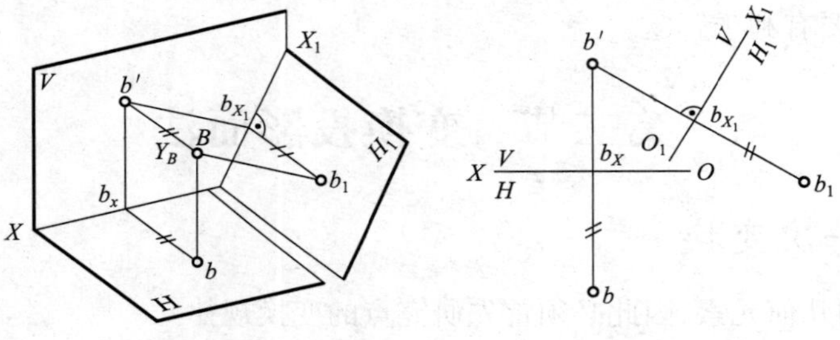

(a) (b)

图 3-4 点的投影变换(变换 H 面)

综上所述,点的换面法的基本规律可归纳如下:

(1) 不论在新的或原来的(即被代替的)投影面体系中,点的两面投影的连线垂直于相应的投影轴。

(2) 点的新投影到新投影轴的距离等于原来的投影到原来的投影轴的距离。

二、点的二次变换

由于新的投影面必须垂直于原来体系中的一个投影面,因此在解题时,有时变换一次还不能解决问题,而必须变换二次或多次。这种变换二次或多次投影面的方法称为二次变换或多次变换。

在进行二次或多次变换时,由于新投影面的选择必须符合上述两个条件,因此不能同时变换两个投影面,而必须变换一个投影面后,在新的两投影面体系中再变换另一个还未被代替的那个投影面。

二次变换的作图方法与一次变换的完全相同,只是将作图过程重复一次而已。图3-5为点的二次变换,其作图步骤如下。

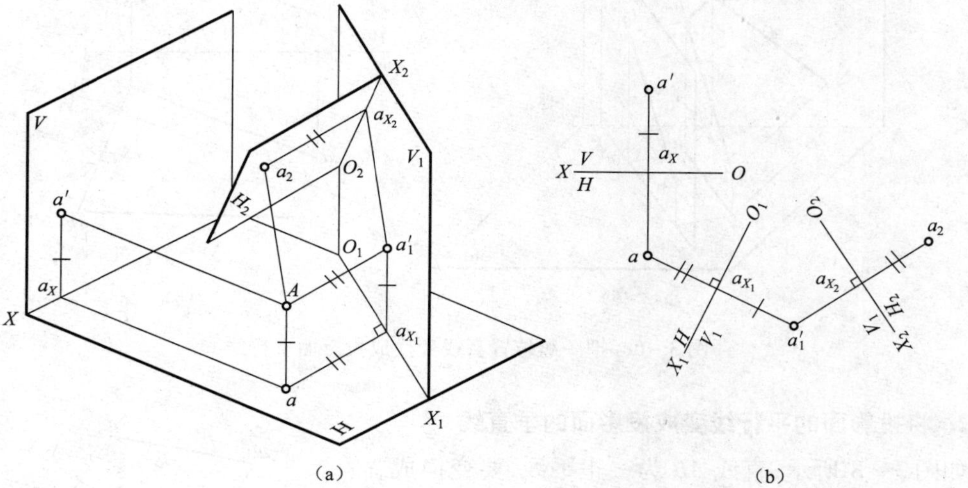

图3-5　点的二次变换

(1) 先变换一次,以 V_1 面代替 V 面,组成新的体系 V_1/H,作出新投影 a_1'。

(2) 在 V_1/H 体系基础上,再变换一次,这时如果仍变换 V_1 面就没有实际意义了,因此第二次变换应变换前一次变换中还没被代替的那个投影面,即以 H_2 面来代替 H 面组成第二个新体系 V_1/H_2,这时 $a_1'a_{X_2} \perp X_2$ 轴,$a_2a_{X_2} = aa_{X_1}$。由此作出新投影 a_2(V_1、H_2 表示变换二次后的新投影面,X_2 表示变换二次后的新投影轴,投影符号也是在相应的符号下面加下标2表示变换二次后的新投影)。

二次变换投影面时,也可先变换 H 面,再变换 V 面,即由 V/H 体系先变换成 V/H_1 体系,再变换成 V_2/H_1 体系。变换投影面的先后次序应根据图中情况和实际需要而定。同理,点还可以进行多次变换投影面,作图方法同上。

三、换面法中的6个基本问题

1. 将投影面的倾斜线变换成投影面的平行线,求实长和对投影面的倾角

如图3-6(a)所示,AB 为一投影面倾斜线,如要变换为正平线,则必须变换 V 面使新投影面 V_1 面平行于 AB,这样 AB 在 V_1 面上的投影 $a_1'b_1'$ 将反映 AB 的实长,$a_1'b_1'$ 与 X_1 轴的夹角反映直线对 H 面的倾角 α。作图步骤如下(图3-6(b))。

(1) 作新投影轴 $X_1 /\!/ ab$。

(2) 分别由两点 a、b 作 X_1 轴的垂线,与 X_1 轴交于 a_{X_1}、b_{X_1},然后在垂线上量取 $a_1'a_{X_1} = a'a_X$,$b_1'b_{X_1} = b'b_X$,得到新投影 a_1'、b_1'。

(3) 连接 a_1'、b_1' 两点,得到直线的新投影 $a_1'b_1'$,它反映 AB 的实长。a_1'、b_1' 与 X_1 轴的夹角 α,反映 AB 对 H 面的倾角。

如果要求出 AB 对 V 面的倾角 β,则要以新投影面 H_1 平行于 AB,作图时以 X_1 轴 $/\!/ a'b'$,如图3-7所示。

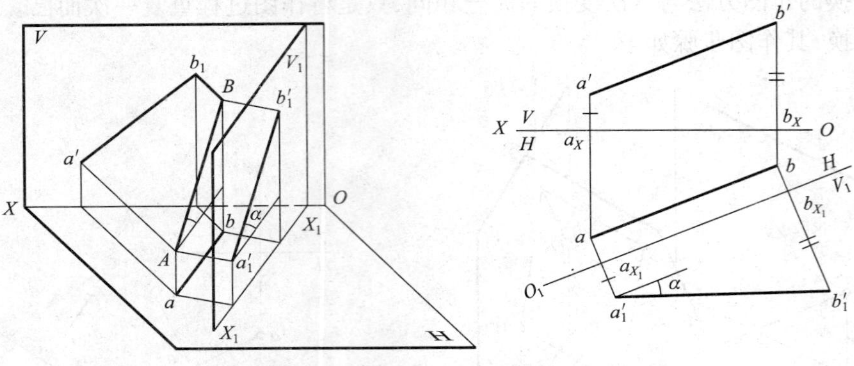

(a)　　　　(b)

图 3－6　把一般位置直线变换成投影面平行线

2. 将投影面的平行线变成投影面的垂直线

如图 3－8 所示，直线 AB 为一正平线，要变换成投影面的垂直线。根据投影面垂直线的投影性质，反映实长的投影必定为不变投影，只要变换正面投影即可成为投影面的垂直线。即作新投影面 H_1 垂直于 AB，作图时作 X_1 轴 $\perp a'b'$，则 AB 在 V_1 面上的投影积聚为一点 $a_1(b_1)$。

3. 将投影面的倾斜线变成投影面的垂直线

由上述基本问题可知，将投影面的倾斜线变换成投影面的垂直线，必须要经过两次变换，第一次将投影面的倾斜线变成投影面的平行线，第二次将投影面的平行线变成投影面的垂直线。如图 3－9 所示，AB 为一般位置直线，如先变换 V 面，使 V_1 面 $/\!/ AB$，则 AB 在 V_1/H 体系中为新投影面 V_1 的平行线，再变换 H 面，作 H_2 面 $\perp AB$，则 AB 在 V_1/H_2 体系中为新投影面 H_2 的垂直线。其中具体作图步骤如下。

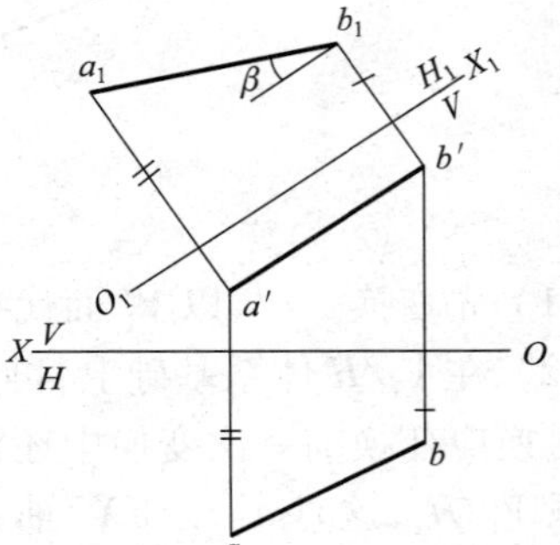

图 3－7　倾斜线变成投影面平行线（求 β 角）

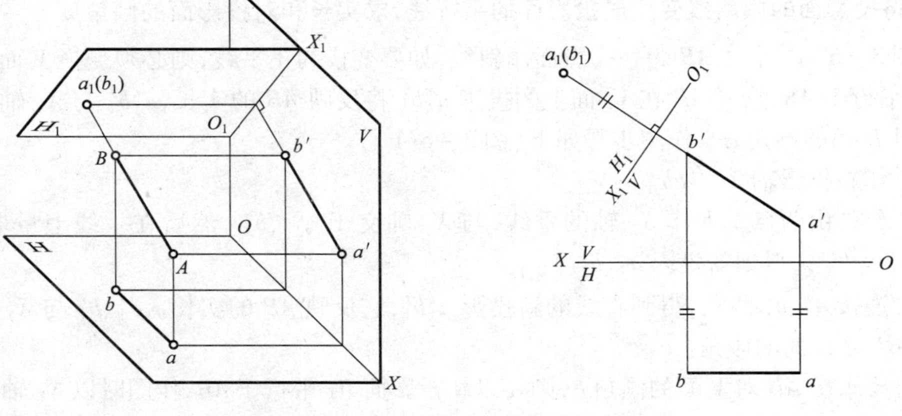

图 3－8　平行线变成垂直线

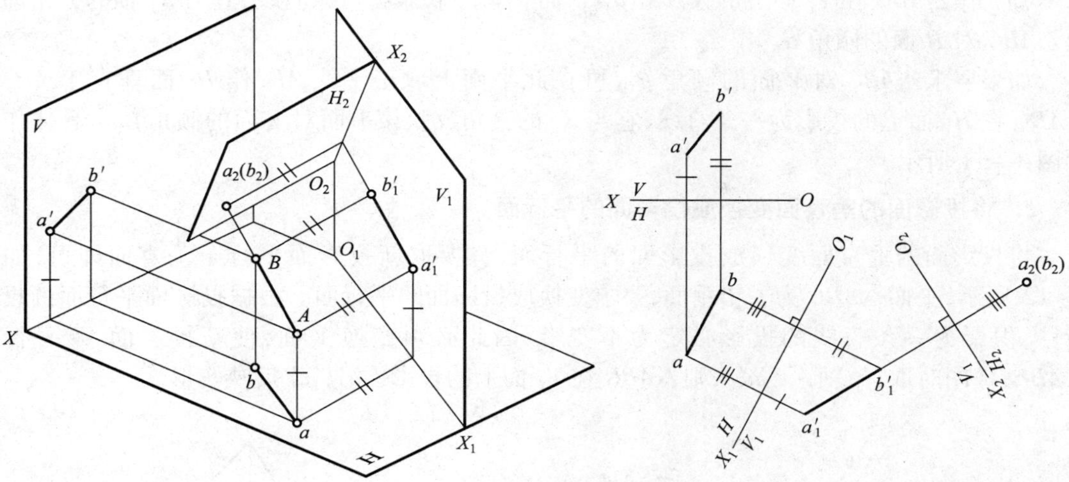

图 3－9　斜线变换成投影面垂直线

（1）先作 X_1 轴 // ab，求得 AB 在 V_1 面上的新投影 $a_1'b_1'$。

（2）再作 X_2 轴 ⊥ $a_1'b_1'$，得出 AB 在 H_2 面上的投影 $a_2(b_2)$，这时 a_2 与 b_2 积聚为一点。

4. 将投影面的倾斜面变换成投影面的垂直面

将投影面的倾斜面（一般位置平面）变换成投影面的垂直面时，新投影面既要垂直于一般位置平面，又要垂直于基本投影面。为了满足上述条件，只要把一般位置平面内一条投影面的平行线变成投影面的垂直线即可。如图 3－10 所示，$\triangle ABC$ 为投影面倾斜面，如要变换成正垂面，必须取新投影面 V_1 代替 V 面，V_1 面既垂直于 $\triangle ABC$，又垂直于 H 面，为此可在 $\triangle ABC$ 上先作一水平线 BD，然后作 V_1 面与该水平线垂直，则它也一定垂直于 H 面，其作图步骤如下。

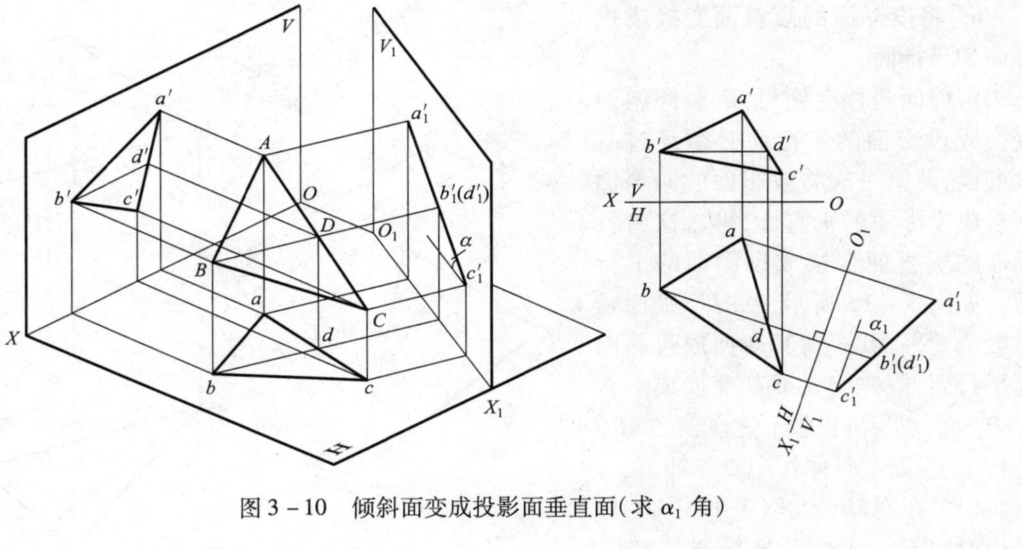

图 3－10　倾斜面变成投影面垂直面（求 α_1 角）

（1）在 $\triangle ABC$ 上作水平线 BD，其投影为 $b'd'$ 和 bd。

（2）作 X_1 轴 ⊥ bd。

（3）作△ABC 在 V_1 面上的投影 $a_1'b_1'c_1'$，而 $a_1'b_1'c_1'$ 积聚为一条直线，它与 X_1 轴的夹角即反映△ABC 对 H 面的倾角 α_1。

如果要求△ABC 对 V 面的倾角 β_1，可在此平面上取正平线 AE，作 H_1 面垂直于 AE，则△ABC 在 H_1 面上的投影为一条直线，它与 X_1 的夹角反映该平面对 V 面的倾角 β_1。具体作图如图 3 – 11 所示。

5. 将投影面的垂直面变换成投影面的平行面

将投影面的垂直面变换成投影面的平行面，只要取新投影面平行于垂直面即可，如图 3 – 12 所示，平面△ABC 为一铅垂面，要求变换成投影面的平行面。根据投影面平行面的投影特性，积聚为一条直线的投影必定为不变影，因此必须变换 V 面，使新投影面 V_1 平行于△ABC，作图时取 X_1 轴 // △abc，则△ABC 在 V_1 面上的投影△$a_1'b_1'c_1'$ 反映实形。

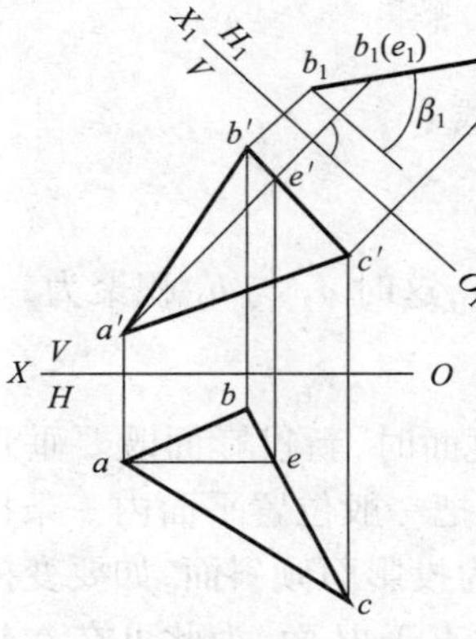

图 3 – 11　倾斜面变成投影面垂直面（求 β_1 角）

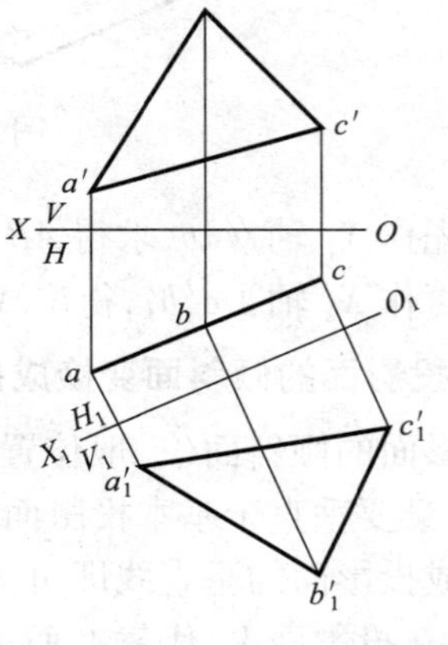

图 3 – 12　投影面垂直面变换成投影面平行面

6. 将投影面的倾斜面变换成投影面的平行面

由前面两种变换可知，将倾斜面变换成投影面的平行面必须经过二次变换，即第一次将投影面的倾斜面变换成投影面的垂直面，第二次将投影面的垂直面变换成投影面的平行面。如图 3 – 13 所示，△ABC 平面是一般位置平面，要将其变换成投影面的平行面，应先将△ABC 变换成垂直于 H_1 面，然后再进行变换使△ABC 平行于 V_2 面。具体作图步骤如下。

（1）在△ABC 上取正平线 AD，作新投影面 $H_1 \perp AD$，即作 X_1 轴 $\perp a'd'$，然后作出△ABC 在 H_1 面上的新投影

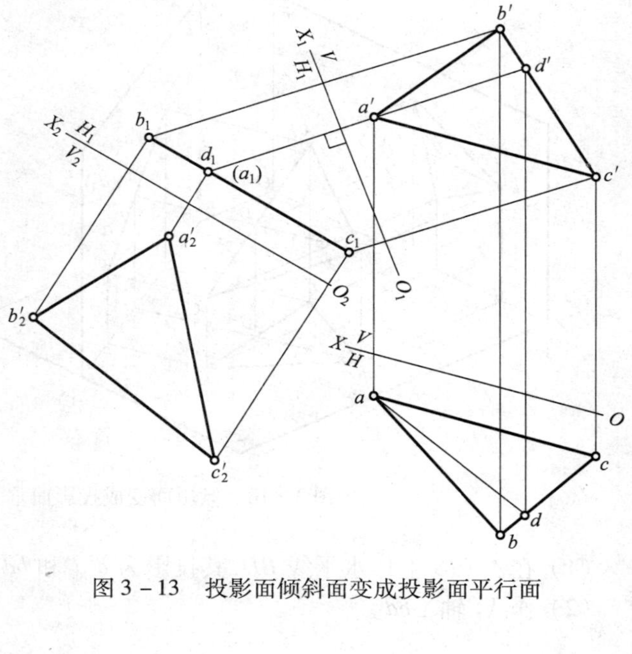

图 3 – 13　投影面倾斜面变成投影面平行面

$\triangle a_1b_1c_1$，它积聚成一条直线。

（2）新投影面 V_2 平行于 $\triangle ABC$，即作 X_2 轴 $/\!/ \triangle a_1b_1c_1$，然后作出 $\triangle ABC$ 在 V_2 面上的新投影 $\triangle a_2'b_2'c_2'$，$\triangle a_2'b_2'c_2'$ 反映 $\triangle ABC$ 的实形。

四、换面法的应用举例

例 3－1　求点 C 到直线 AB 的距离（图 3－14）。

分析：点到直线的距离就是点到直线的垂线实长。如图 3－14（a）所示，为了便于作图，可先将直线 AB 变换成投影面 H_1 的平行线，然后利用直角投影定理从点 C 向 AB 作垂线，得垂足 K，再求出 CK 实长。也可将直线 AB 变换成投影面的垂直线，得重影点 $a_2'(k_2'b_2')$，点 C 到 AB 的垂线 CK 为投影面平行线 $c_2'k_2'$，在投影图上即反映实长。

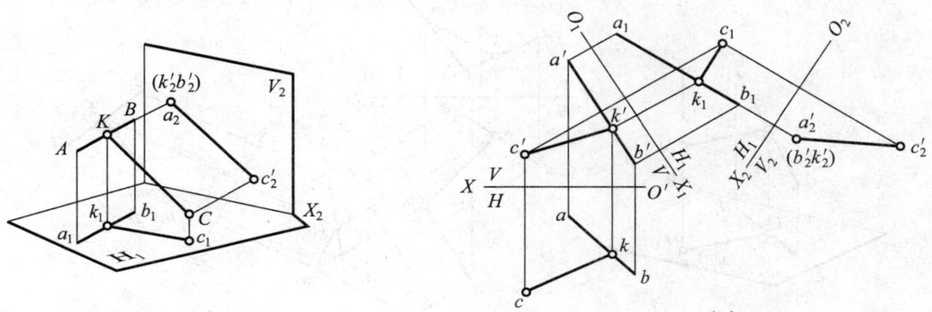

（a）　　（b）

图 3－14　求点到直线的距离

作图：如图 3－14（b）所示。

（1）先将直线 AB 变换成 H_1 面的平行线。点 C 在 H_1 面上的投影为 c_1。

（2）再将直线 AB 变换成 V_2 面的垂直线 $a_2'(k_2'b_2')$，AB 在 V_2 面上的投影积聚为 $a_2'(b_2')$，点 C 在 V_2 面上投影为 c_2'。

（3）过 c_1 作 $c_1k_1 \perp a_1b_1$ 得 k_1，即 $c_1k_1 /\!/ X_2$ 轴，k_2' 与 $a_2'(b_2')$ 积聚，连接 c_2'，k_2'，得 $c_2'k_2'$ 即反映点 C 到直线 AB 的距离。

如要求出 CK 在 V/H 体系中的投影 $c'k'$ 和 ck，可根据 $c_2'k_2'$，c_1k_1 返回作出。

例 3－2　求侧平线 MN 与 $\triangle ABC$ 的交点 K，如图 3－15 所示。

分析：由于图示位置的 MN 为侧平线，因此用辅助平面法求交点时，辅助平面与 $\triangle ABC$ 的交线的两个投影与 MN 的两个同面投影均重影，因此其交点不能直接作出。如用换面法，先将 $\triangle ABC$ 变换为投影面垂直面，然后利用积聚性即可求出其交点。

作图

（1）将 $\triangle ABC$ 变换为 H_1 面的垂直面（亦可变换为 V_1 面的垂直面），它在 H_1 面上的投影为 $\triangle a_1b_1c_1$。

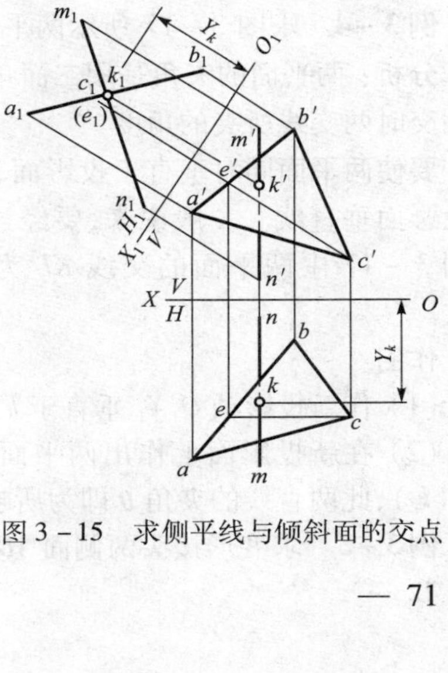

图 3－15　求侧平线与倾斜面的交点

(2) 将 MN 同时进行变换，它在 H_1 面上的投影为 m_1n_1。

(3) 由于 $\triangle a_1b_1c_1$ 具有积聚性，因此 m_1n_1 与 $\triangle a_1b_1c_1$ 的交点 k_1，即为 MN 与 $\triangle ABC$ 的交点 K 在 H_1 面上的投影。

(4) 由 k_1 求出正面投影 k'，再利用坐标 Y_k 求出水平投影是 k。kk' 即为交点 K 在 V/H 体系中的投影。

例 3-3 求交叉两直线 AB、CD 间的距离(图 3-16)。

分析： 两交叉直线间的距离即为它们之间公垂线的长度。如图 3-16(b)所示，若将两交叉直线之一(如 AB)变换成投影面垂直线，则公垂线 KM 必平行于新投影面，在该投影面上的投影能反映实长，而且与另一直线在新投影面上的投影互相垂直。

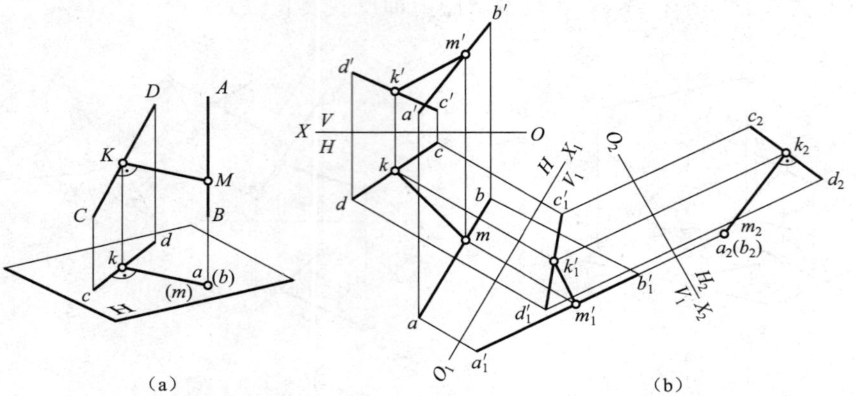

(a)　　　　(b)

图 3-16　求交叉两直线间的距离

作图： 如图 3-16(b)所示。

(1) 将 AB 经过二次变换成为垂直线，其在 H_2 面上的投影积聚为 $a_2(b_2)$。直线 CD 也随之变换，在 H_2 面上的投影为 c_2d_2。

(2) 从 $a_2(b_2)$ 作 $m_2k_2 \perp c_2d_2$，m_2k_2 即为公垂线 MK 在 H_2 面上的投影，它反映 AB、CD 之间的距离的实长。

如果要求出 MK 在 V/H 体系中的投影 mk，$m'k'$，可根据 m_2k_2，$m_1'k_1'$ 返回作出。

例 3-4 求图 3-17 所示两平面的夹角 θ。

分析： 两平面的夹角是用二面角的平面角来度量的。平面角为两平面同时与第三平面垂直相交时两交线所夹的角度。

要使两平面同时垂直于投影面，必须使它们的交线成为投影面垂直线。一般说来，要经过两次变换才行，但由于图 3-17 中两平面的交线 KL 为正平线，故只需变换一次。

作图：

(1) 作新投影轴 O_1X_1 垂直于 $k'l'$。

(2) 在新投影面上作出两平面的新投影 $a_1k_1(l_1)$ 和 $b_1k_1(l_1)$，此两直线的夹角 θ 即为所求。

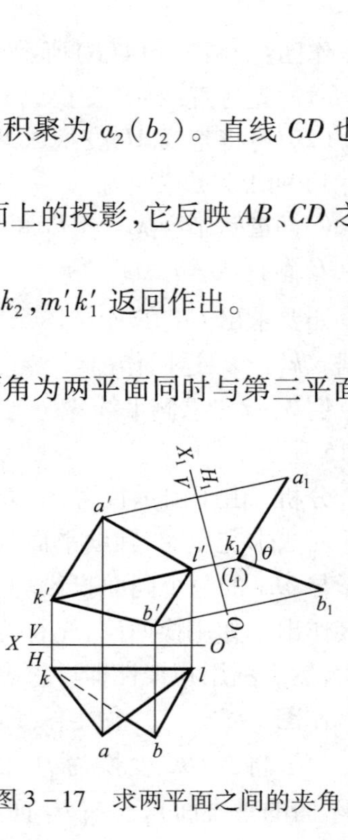

图 3-17　求两平面之间的夹角

例 3-5 求变形接头两侧面 $ABCD$ 和 $ABFE$ 之间的夹

角(图 3－18(a))。

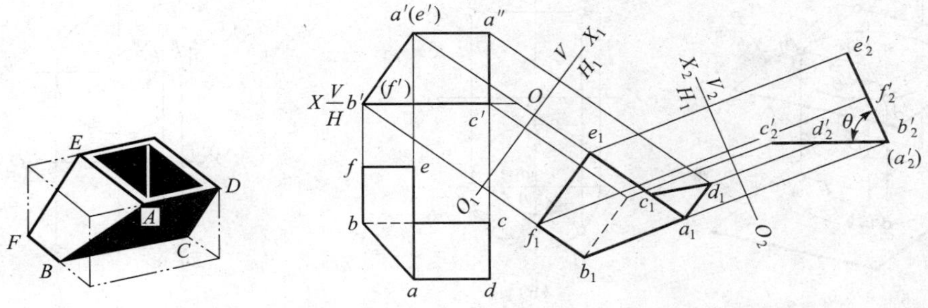

(a)　　　　(b)

图 3－18　求变形接头两侧面间的夹角

分析：由前面的分析可知，当两平面的交线垂直于投影面时，则平面在该投影面上的投影为两相交直线，它们之间的夹角即反映两平面间的夹角，如图 3－17 所示。

作图：如图 3－18(b)所示。

(1) 将平面 *ABCD* 与 *ABFE* 的交线 *AB* 经过二次变换成 V_2 面的垂直线。

(2) 平面 *ABCD* 和平面 *ABFE* 在 V_2 面上的投影分别积聚为直线段 $a_2'b_2'd_2'c_2'$ 和 $a_2'b_2'f_2'e_2'$。

(3) $\angle e_2'a_2'c_2'$ 即反映变形接头两侧面间的夹角 θ。

第三节　旋　转　法

改变空间几何元素和投影面的相对位置，除了用换面法之外，还可用旋转法。在旋转法中又分为绕垂直于投影面的轴旋转和绕平行于投影面的轴旋转。现介绍用绕垂直于投影面的轴旋转、改变空间几何元素与投影面的相对位置的方法。

一、点的旋转规律

如图 3－19(a)所示，点 *A* 绕垂直 *H* 面的 *OO* 轴旋转，点 *A* 到 *OO* 轴的垂足为 *O*，点 *A* 的旋转轨迹为以 *O* 为中心的圆。该圆所在的平面 *P* 垂直于轴 *OO*，由于轴线垂直于 *H* 面，所以 *P* 平面是平行于 *H* 面的水平面，因此点 *A* 的轨迹在 *V* 面上的投影为一平行于 *X* 轴的直线，在 *H* 面上的投影反映实形，即为以 *o* 为圆心、*oa* 为半径的一个圆。如果将点 *A* 转动某一角度 θ，而到达新位置 A_1 时，则它的水平投影 *a* 也同样转过 θ 角而到达 a_1，其旋转轨迹是以 *o* 为圆心、*oa* 为半径的一段圆弧 aa_1。而其正面投影则沿平行于 *X* 轴的方向移动，由 a' 移动到 a'_1 位置(图 3－19(b))。

图 3－20 为点 *A* 绕垂直于 *V* 面的轴旋转时的投影变化情况。它的运动轨迹在 *V* 面上的投影为一个圆，在 *H* 面上的投影为一平行于 *X* 轴的直线。

综上所述，点绕投影面垂直轴旋转的规律为：

当一点绕垂直于投影面的轴旋转时，它的运动轨迹在轴所垂直的投影面上的投影为一个圆，而在轴所平行的投影面上的投影为一平行于投影轴的直线。

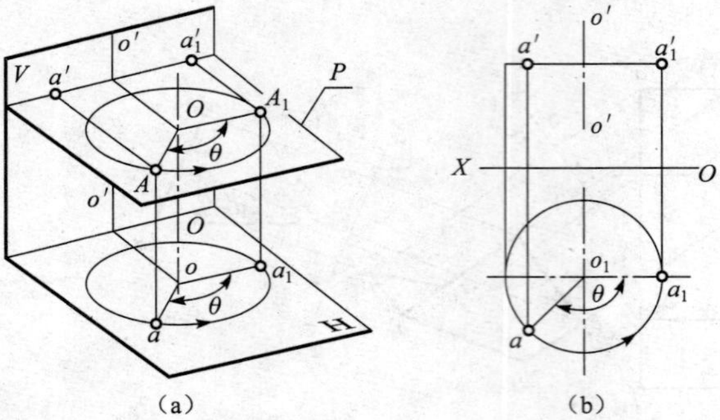

图 3-19　点的旋转(绕垂直 H 面的轴)

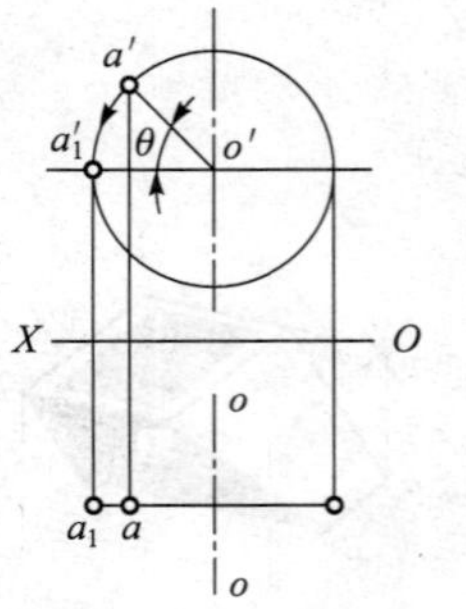

图 3-20　点的旋转(绕垂直 V 面的轴)

二、直线与平面的旋转规律

1. "三同"旋转规律

由于直线由两点确定,因此直线的旋转可归结为直线上两个点的旋转,由于在旋转时,两点的相对位置不能改变,因此两点必须绕同一旋转轴,按同一方向,旋转同一角度。这就是旋转时的"三同"规律。

如图 3-21 所示,为投影面倾斜线 AB 绕垂直于 H 面的轴 OO 按逆时针方向旋转 θ 角的情况,根据上述"三同"规律,其新投影的作图步骤如下。

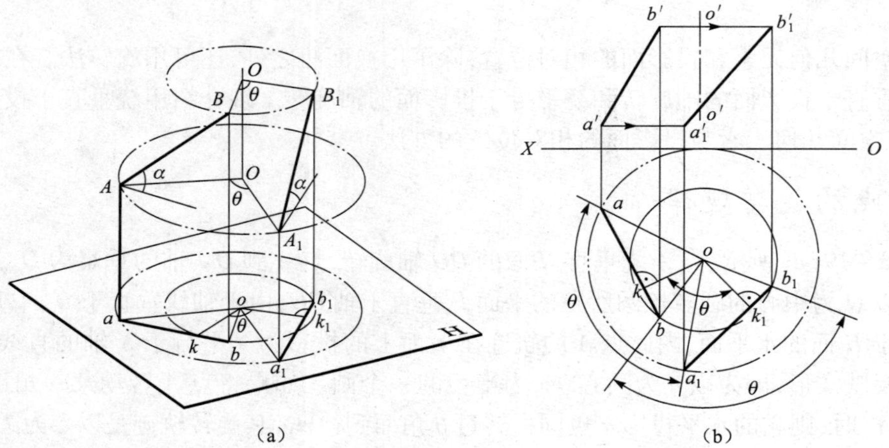

图 3-21　直线的旋转

(1) 首先使点 A 绕 OO 轴逆时针方向转过 θ 角,该 θ 角在 H 面上反映实形。作图时连接 oa,将 oa 绕点 o 旋转 θ 角到 oa_1 位置。

(2) 同样将点 B 绕 OO 轴逆时针方向转过 θ 角至 B_1。作图时连接 ob,将 ob 绕点 O 旋转 θ 角到 ob_1 位置。连接 a_1b_1 即得直线 AB 在旋转后的新的水平投影,$a_1b_1 = ab$。

(3) 直线旋转后在 V 面上的新投影可根据点的旋转规律作出。即过点 a'、b'分别作 X 轴平行线,与从点 a_1,b_1 引出的投影连线相交得 a_1',b_1',即得直线 AB 旋转后新的正面投影 $a_1'b_1'$。

为了作图方便，上述作图方法可以简化为过点 o 作 ab 垂线得到垂足 k，使 ok 转过 θ 角到 ok_1 位置，则 a_1b_1 也必定与 ok_1 垂直，同时量取 $a_1k_1=ak$，$k_1b_1=kb$，即得点 a_1，b_1，由此再求出 a_1'，b_1' 得 $a_1'b_1'$。

平面的旋转同样也必须按照“三同”规律，如图 3－22 所示，$\triangle ABC$ 旋转时可以将三角形的三个顶点 A、B、C 绕同一轴 OO 按同一方向（图示为逆时针方向）旋转同一 θ 角，从而得到旋转后的新投影位置。

2. 旋转时的不变性规律

由图 3－21 可知，$a_1b_1=ab$，所以当线段 AB 绕垂直于投影面 H 的 OO 轴旋转时，它在 O 轴所垂直的投影面 H 上的投影长度不变，因此线段与该投影面的倾角不变。

同理，如图 3－22 所示，$\triangle a_1b_1c_1 \cong \triangle abc$，所以当平面绕垂直于投影面的轴旋转时，它在轴所垂直的投影面上的投影形状和大小不变，因此平面与该投影面的倾角不变。

作图时，可根据直线或平面的一个投影在旋转前后的不变性，首先作出其不变投影，然后再根据点绕投影面垂直轴的旋转规律作出另一投影。

根据上述性质，有时为使图形清晰，可将旋转后的投影 $\triangle a_1b_1c_1$ 转移到某个适当位置（如图 3－23（a）所示），只要其形状和大小不变，而其另一投影仍按点绕投影面垂直轴的旋转规律作图。这时不必指明旋转轴的位置，这种方法称为不指明轴旋转法，又称平移法。如需要确定旋转轴可用图 3－23（b）所示的方法，即作 C，C_1 和 B，B_1 的中垂面，其交线即为垂直轴 OO。

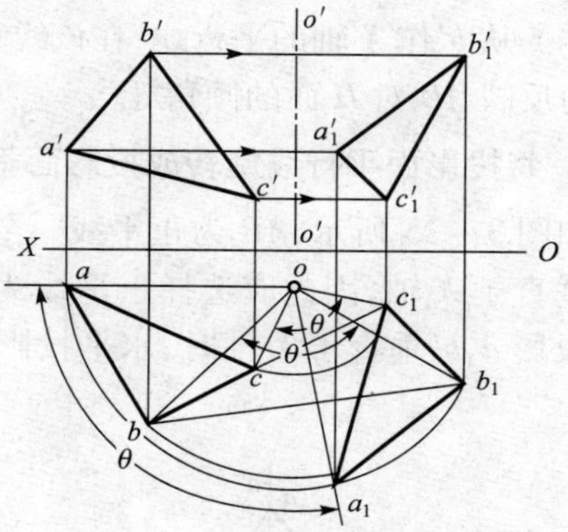

图 3－22 平面的旋转

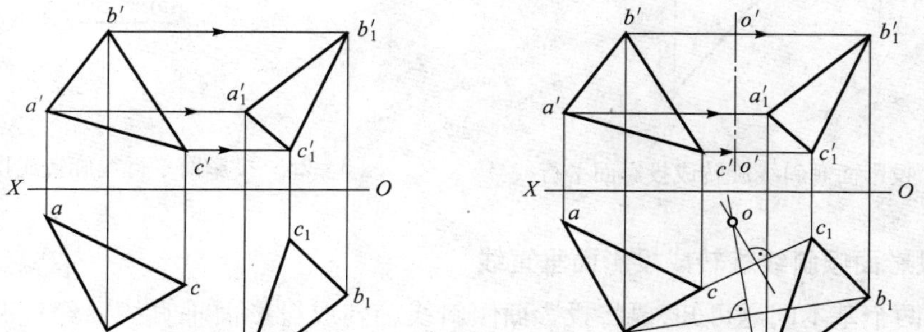

图 3－23 绕不指明轴旋转（平移法）

三、旋转法中的6个基本问题

1. 将投影面倾斜线旋转成投影面平行线

将投影面倾斜线旋转成投影面平行线，可以求出线段实长和对投影面的倾角。如图3-24所示，AB为投影面倾斜线，要旋转成正平线，则其水平投影必须旋转到平行于X轴的位置。因此应选择铅垂线作为旋转轴，为了作图简便，使OO轴通过端点A，这样只要旋转另一端点B就可以完成作图。作图步骤如下：

(1) 过$A(a, a')$作OO轴垂直H面。

(2) 以O为圆心，ob为半径画圆弧（顺时针或逆时针方向都可以）。

(3) 由a作X轴的平行线与圆弧相交于b_1，得ab_1。

(4) 从b'作X轴的平行线，在该线上求出b_1'，则$a'b_1'$即反映直线AB的实长，$a'b_1'$与X轴的夹角反映AB对H面的倾角α。

2. 将投影面平行线旋转成投影面垂直线

如图3-25所示，AB为正平线，要旋转成投影面垂直线，则反映实长的正面投影必须旋转成垂直于X轴，因此应选择正垂线为旋转轴。为了作图方便，使OO轴通过点B，当旋转后的投影$a_1'b'$垂直于X轴时，水平投影积聚为一点$a_1(b)$。$a_1'b'$和a_1b为铅垂线A_1B的两个投影。

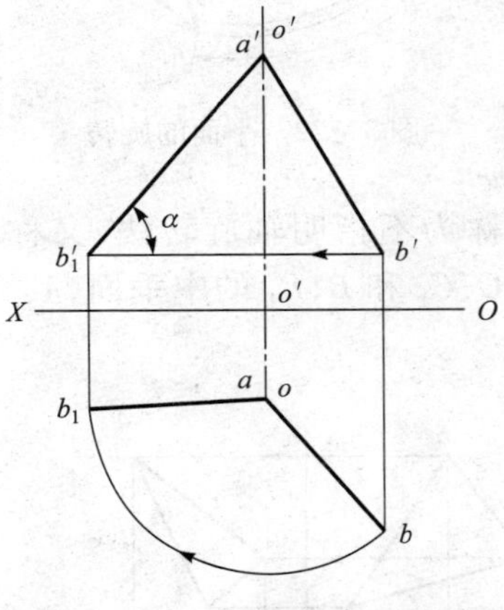

图3-24　投影面倾斜线旋转成投影面平行线

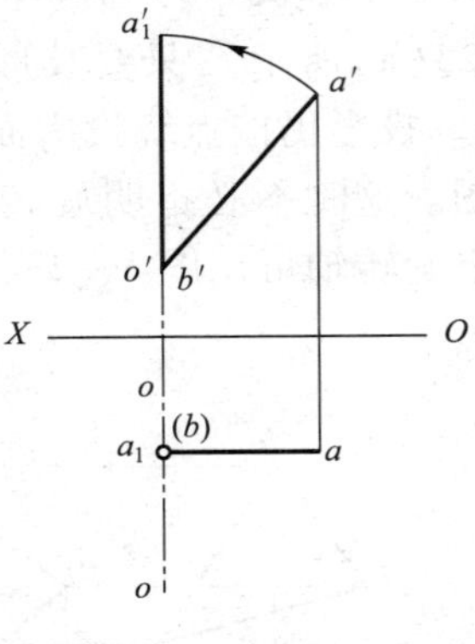

图3-25　投影面平行线旋转成投影垂直线

3. 将投影面倾斜线旋转成投影面垂直线

由以上两个基本问题可知，要将投影面倾斜线旋转成投影面垂直线要经过两次旋转。如图3-26所示，AB直线先绕过点B并垂直于V面的轴（为简便起见，图中未画出此轴）旋转成水平线A_1B，其水平投影a_1b与X轴的夹角即反映直线对V面的倾角β。然后再绕过点A_1并垂直于H面的轴旋转，使水平线A_1B成为正垂线A_1B_2。由此可知，二次旋转时必须交替选用垂直于H面和V面的旋转轴，如同两次换面中必须交替变换H面和V面一样。

4. 将投影面倾斜面旋转成投影面垂直面

将投影面倾斜面旋转成投影面垂直面，可以求出平面对投影面的倾角。如图3-27所示，△ABC 为投影面倾斜面，要旋转成铅垂面并求出 β_1 角，则必须在平面上找一直线将它旋转成铅垂线。由前述可知，正平线经一次旋转即可旋转成铅垂线，因此先在平面上取一条正平线 CN，将它旋转成铅垂线 CN_1，再按"三同"规律及旋转时的不变性将 AB 随之旋转，这时△a_1b_1c 必定积聚为一直线，△A_1B_1C 即为铅垂面。△a_1b_1c 与 X 轴的夹角即反映平面对 V 面的倾角 β_1。

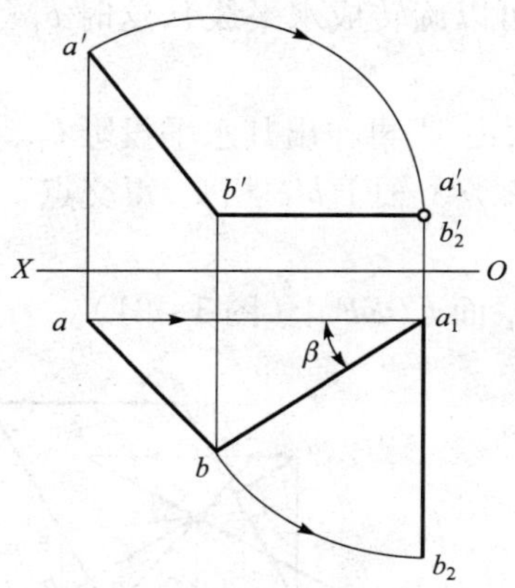

图 3－26　倾斜线旋转成垂直线

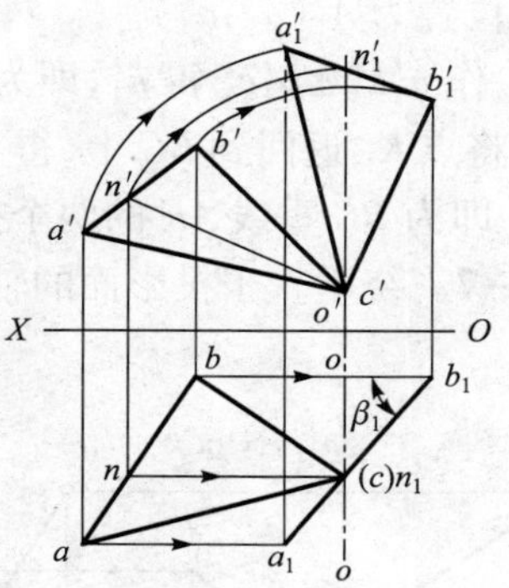

图 3－27　倾斜面旋转成垂直面

5. 将投影面垂直面旋转成投影面平行面

如图 3－28 所示，要将铅垂面△ABC 旋转成正平面。作图时可通过点 B 作垂直于 H 面的旋转轴旋转△ABC，使具有积聚性的投影平行于 X 轴，此时该平面即为正平面，其正面投影△$a_1'b_1'c_1'$ 反映实形。

6. 将投影面倾斜面旋转成投影面平行面

将投影面倾斜面旋转成投影面平行面，要经过二次旋转。如图 3－29 所示，先通过点 C 作垂直于 H 面的轴，将投影面倾斜面△ABC 旋转成正垂面△$A_1B_1C_1$，△$a_1'b_1'c_1'$ 与 X 轴的夹角即反映平面对 H 面的倾角 α_1，然后再过点 A_1 作垂直于 V 面的旋转轴，将正垂面△$A_1B_1C_1$ 旋转成水平面△$A_1B_2C_2$，其水平投影△$a_1b_2c_2$ 反映平面实形。

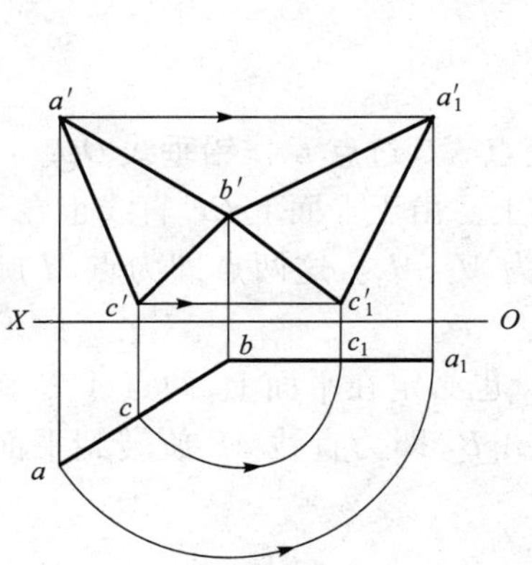

图 3－28　垂直面旋转成平行面

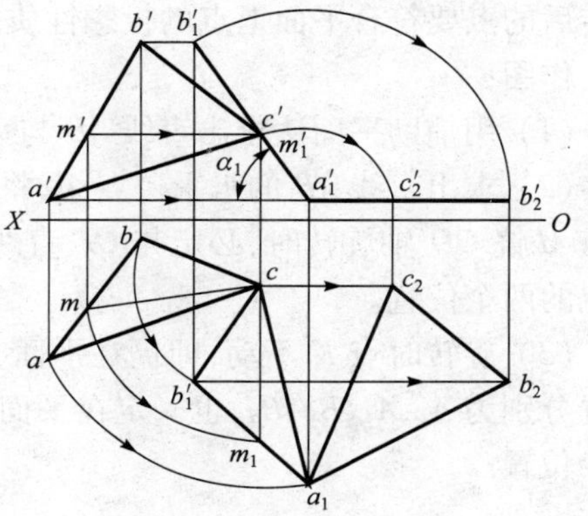

图 3－29　倾斜面旋转成平行面

四、旋转法的应用举例

例 3－6 过点 A 作直线与已知直线 BC 垂直相交(图 3－30)。

分析：可将直线 BC 旋转成投影面平行线，再利用直角投影定理作出其垂线。

作图：本题利用不指明轴旋转法作图。

(1)将 BC 直线旋转成正平线 $B_1C_1(b_1c_1,b_1'c_1')$(也可以旋转成水平线)，这时 $b_1c_1 /\!/ X$ 轴。点 A 的新位置为 $A_1(a_1,a_1')$。

从 a_1' 作 $a_1'k_1' \perp b_1'c_1'$ 得 k_1'，即为垂足 K_1 的正面投影，由 k_1' 再作出其水平投影 k_1。

(2) 将点 K_1 返回到 BC 上，得点 K。作图时可作 $k_1'k' /\!/ X$ 轴于 $b'c'$ 相交，得交点 k'，再求出 k，$a'k'$，ak 即为 BC 垂线 AK 的两个投影。

例 3－7 绕垂直于投影面的轴，把 AB 直线旋转到平面 $CDEF$ 上(图 3－31)。

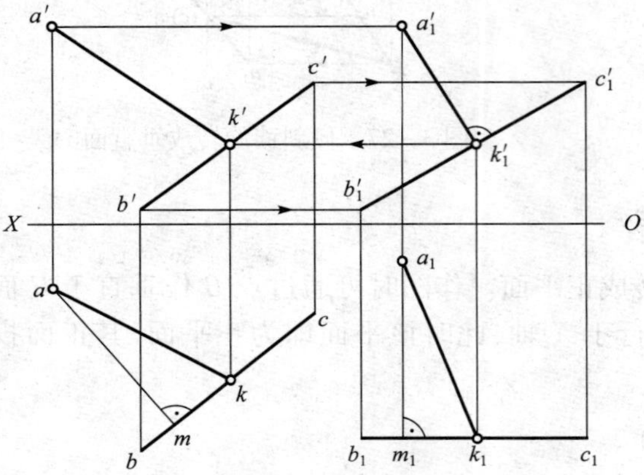

图 3－30 过已知点作直线与已知直线垂直

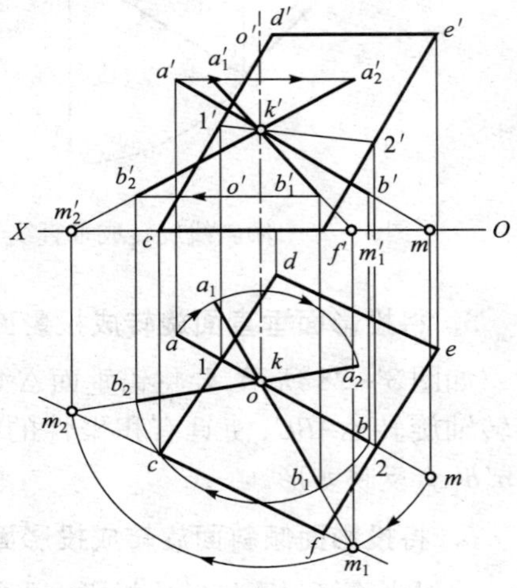

图 3－31 将一直线旋转到已知平面上

分析：如果直线上有两点在平面上，则直线在平面上。通常可先求出直线与平面的交点，通过交点作旋转轴，旋转后该交点不动仍在平面上，因此只要旋转直线另一点到平面上即可。旋转后的点要符合平面上点的投影性质。

作图：

(1) 用辅助平面法求出直线 AB 与平面 $CDEF$ 的交点 K。过点 K 作铅垂线 OO。

(2) 求出直线 AB 的水平迹点 M，将点 M 转到平面上。由于平面上 CF 直线也在 H 面上，故点 M 饶 OO'轴旋转时，必定与 CF 直线相交，其交点为 M_1，M_2。这两点即为点 M 旋转到平面上的两个位置。

(3) 旋转时点 K 不动，即仍在平面上，故 KM_1，KM_2 也必定在平面上，两点 A、B 旋转后的位置分别为 A_1，A_2，B_1，B_2，也一定在平面上，因此 A_1B_1，A_2B_2 即为直线 AB 旋转到平面上后的两个位置。

第四章　曲线与曲面

第一节　曲线的形成与投影

一、曲线的形成

曲线可以认为是一个动点连续的轨迹,如图4-1(a)所示;或由直线与曲线连续沿另一条曲线做相切运动的轨迹所产生,该曲线处处与动线相切而形成包络线,如图4-1(b)、(c)所示,也可以认为是平面与曲面或两曲面相交而形成,如图4-1(d)所示。

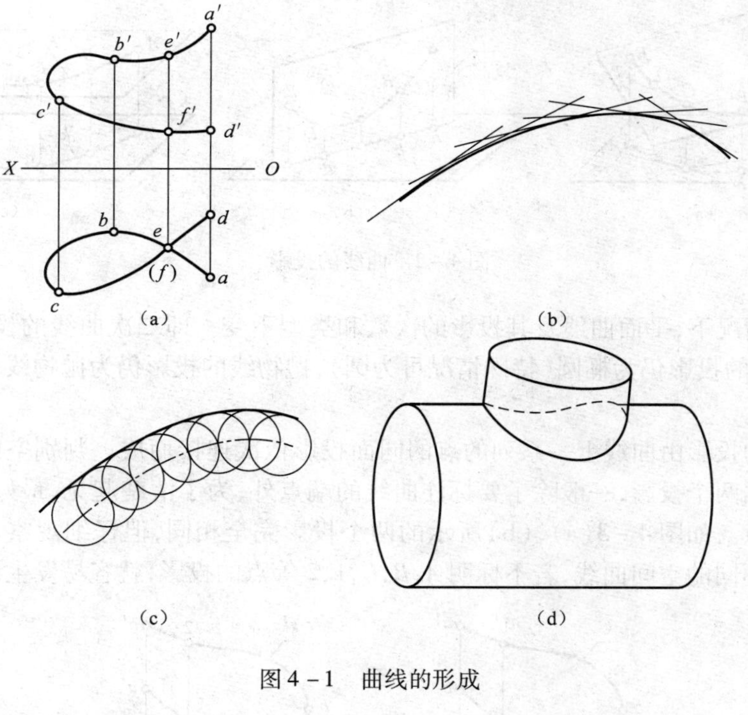

图4-1　曲线的形成

二、曲线的分类

曲线一般可分为:

(1) 各点均位于同一平面上的曲线称为平面曲线,例如圆、椭圆、抛物线、摆线、任意平面曲线。

(2) 各点不在同一平面上的曲线称为空间曲线,例如螺旋线、不规则的任意空间曲线。

三、曲线投影的一般性质

(1) 平面曲线的投影在一般情况下仍为平面曲线，曲线上点的投影必定在平面曲线的同面投影上。如图4-2(a)所示平面曲线 K 的投影为平面曲线 k，K 曲线上的 $A,B,\cdots$ 点的投影 $a,b,\cdots$ 必定在 k 上。

(2) 曲线所在平面垂直于投影面时，曲线在该投影面上的投影为直线。如图4-2(b)所示，曲线 K 所在平面 P 垂直于 H 面，则其在 H 面上的投影是为直线。

(3) 曲线所在平面平行于投影面时，曲线在该投影面上的投影反映实形。如图4-2(c)所示，曲线 K 平行于 H 面，则其水平投影 k 反映曲线实形。

(4) 平面曲线的割线和切线的投影仍是该曲线投影的割线和切线。其割点和切点的投影仍是曲线投影上的割点和切点。如图4-2(a)所示，L 为与曲线 K 交于 A、C 两点的割线，其投影亦与该曲线的投影 k 相交于两点 a,c。T 为与曲线 K 切于点 C 的切线，其投影 t 亦与该曲线的投影相切于点 c。

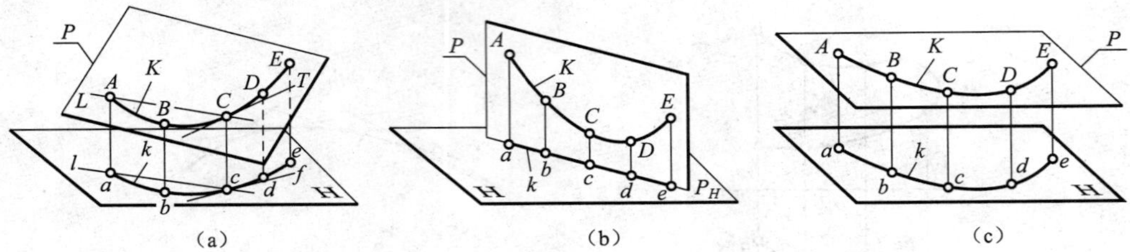

图4-2 曲线的投影

(5) 一般情况下，平面曲线及其投影的次数和类型不变。即二次曲线的投影仍为二次曲线，圆(或椭圆)的投影仍为椭圆(特殊情况可为圆)，抛物线的投影仍为抛物线，双曲线仍为双曲线。

空间曲线的投影由曲线上一系列的点的同面投影依次连接而成。判别空间曲线的形状，同样至少要根据两个投影，一般除了要标注曲线的端点外，为了清楚起见，最好还要标注一些积聚点和特殊点。如图4-3(a)，(b)所示的两个投影完全相同，但仔细观察，发现它们表示的显然是两条不同的空间曲线，若不标明 $A,B,C,1,2$ 等点的投影，就容易发生误解。

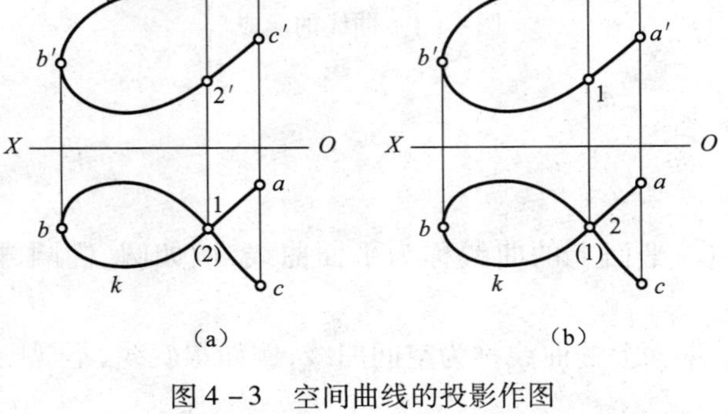

图4-3 空间曲线的投影作图

四、曲线的作图方法

由于曲线是点的运动轨迹，在工程制图中，一般先作出曲线上一系列点的投影，然后将各点的同面投影依次光滑连接，即得曲线的投影图。但如知道曲线的形成方法或其几何性质以及它们的投影性质，也可根据其形成方法或几何性质作图，借以提高画图的准确度和速度。

第二节　圆的投影

圆是平面曲线中最常见和最重要的一种曲线。圆的投影在一般情况下为椭圆，当圆平行于投影面时，则其投影仍为圆。图 4－4（a）所示为平面 P 上有一个圆心为 O 的圆，它与水平投影面 H 处于倾斜位置，因此其水平投影为椭圆。

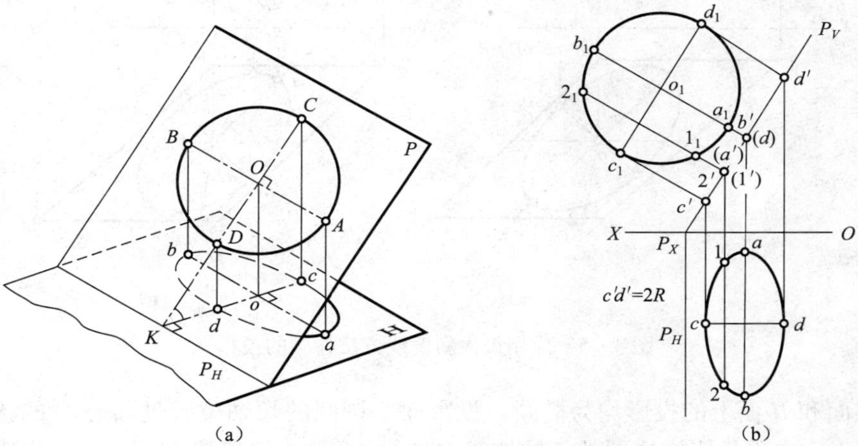

图 4－4　正垂面上的圆

过点 O 在圆内取一对相互垂直的直径 AB 和 CD，并取 AB 平行于 H 面。因此得到椭圆内的一对直径 ab 和 cd 也相互垂直。椭圆内这对相互垂直的直径为椭圆的长轴和短轴。如图 4－4（b）所示，因 $AB /\!/ H$ 面，故 $ab = AB$，而圆上其他位置的直径的水平投影都要比 ab 短些，所以称 ab 为椭圆的长轴。又因 $CD \perp AB$，故 CD 是平面 P 内的一条最大斜度线，它的水平投影 cd 最短，所以称 cd 为椭圆的短轴。

一、处于特殊位置时圆的投影作法

当圆平行于投影面时，则在该投影面上的投影反映实形，其他两投影积聚为直线。当圆垂直于投影面时，则在所垂直的投影面上的投影积聚为一条直线，而另两投影为椭圆（圆的类似形）。如图 4－4（b）所示，圆的所在平面为一个正垂面，因此圆的正平投影积聚为一直线，长度为圆的直径 $2R$；它的水平面投影为一椭圆，其长轴为圆的正垂面直径 AB 的投影 ab，长度等于圆的直径 $2R$，短轴 cd 的长度由圆的正垂面直径 CD 的投影 $c'd'$ 根据投影关系作出。求出椭圆长短轴后，圆上其他各点的投影可利用投影变换的方法作出［图中作出了Ⅰ$(1,1')$和Ⅱ$(2,2')$的作图过程］。如此求得圆上若干个点的投影后，依次光滑连接即可作出椭圆。

求得椭圆的长、短轴后,也可按第一章所述作椭圆的方法作出椭圆。

二、处于一般位置时圆的投影作法

当圆处于一般位置时,它的各个投影均为椭圆,其作图方法如下所述。

应用最大斜度线方法作图。如图 4-5(a),(b)所示,半径为 R 的圆处于倾斜面 $MNKL$ 上。

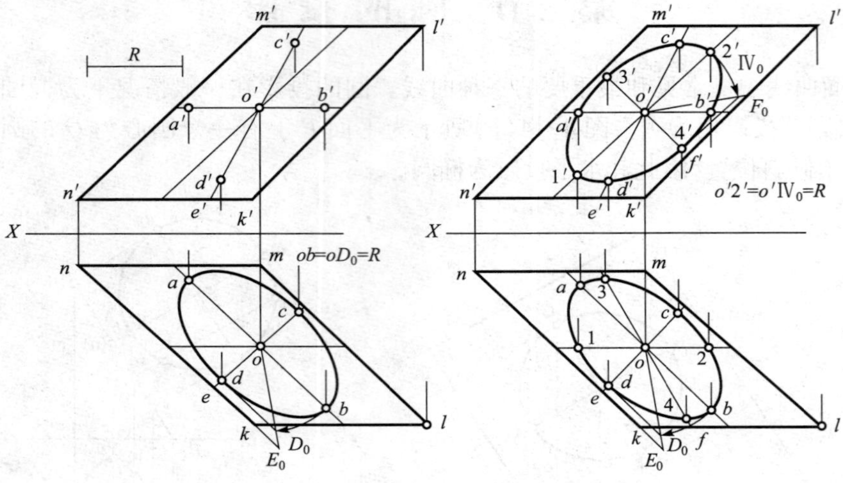

(a)　　　　(b)

图 4-5　应用最大斜度线方法作圆的投影

它在 V 面和 H 面上的投影均为椭圆。投影面上椭圆的长轴位于过圆心 O 的该投影面平行线的投影上。水平投影中椭圆的长轴位于水平线 AB 的水平投影 ab 上;正面投影中椭圆的长轴位于正平线ⅠⅡ的正面投影 $1'2'$ 上,长轴的大小等于圆的直径,可直接作出。投影面上椭圆的短轴位于过圆心 O 的该投影面最大斜度线的投影上。过点 O 对 H 面的最大斜度线为 CD,由于 $CD \perp AB$,它们的水平投影也互相垂直,即 $cd \perp ab$。同理,过点 O 对 V 面的最大斜度线为ⅢⅣ,ⅢⅣ⊥ⅠⅡ,它们的正面投影也互相垂直,即 $3'4' \perp 1'2'$。短轴的大小可利用直角三角形法求出。椭圆的长、短轴求出后,椭圆的作图方法如前所述。

图 4-5 所示圆的投影也可利用换面法来作出其长、短轴。首先将四边形平面变换成投影面垂直面,可根据圆在投影面垂直面上的作图方法作出其投影。

第三节　圆柱螺旋线

圆柱螺旋线是工程上应用最广的空间曲线。本节讨论其形成及投影作图方法。

一、圆柱螺旋线的形成

一动点在正圆柱表面上沿圆柱的轴线方向做等速直线运动,同时该圆柱体绕其轴线等速旋转,则动点在圆柱表面上的轨迹称为圆柱螺旋线。如图 4-6 所示,点 A 的轨迹即为圆柱螺旋线。点 A 旋转一周沿轴向所移动的一段距离(如 A_0A_{12})称为螺旋线的导程(用 S 标记)。当圆柱的轴线为铅垂线时，从前垂直向后看，其螺旋线的可见部分为自左向右上升的称为右旋螺旋线，反之则称为左旋螺旋线。

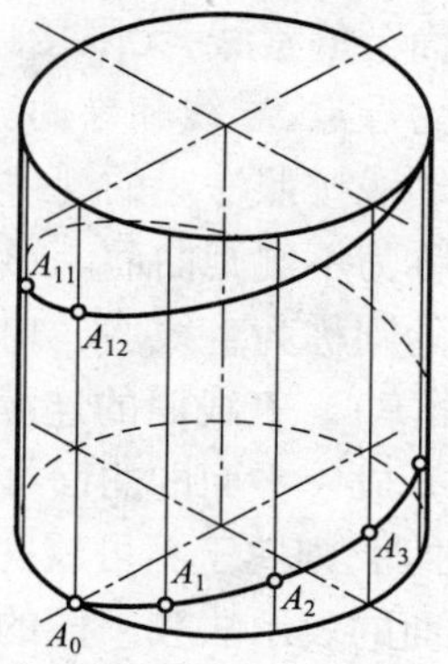

图 4－6　圆柱线螺旋的形成

二、圆柱螺旋线的投影作图方法

图 4－7(a) 所示为一圆柱螺旋线的投影图。设圆柱直径为 d，导程为 S 的右旋螺旋线，其投影的作图步骤如下：

(1) 作出直径为 d 的圆柱面的两投影，然后将其水平投影(圆)和正面投影上的导程分成相同的 n 等份(图中为 12 等分)。

(2) 从导程上各分点作水平线，再从圆周上各分点作 X 轴的垂直线，它们相应的交点 $a_0, a_1, \cdots, a_{12}$ 即为螺旋线上各点的正面投影。

(3) 依次光滑地连接这些点的投影即得螺旋线的正面投影，在可见圆柱面上的螺旋线是可见的，其投影画成实线，在不可见圆柱面上的螺旋线是不可见的，其投影画成虚线。螺旋线的水平投影积聚在圆柱面的水平投影圆周上。显然，圆柱螺旋线的正面投影是一正弦曲线。

将圆柱表面展开，则螺旋线随之展成一直线，该直线为直角三角形的斜边，底边为圆柱面圆周的周长(πd)，高为螺旋线的导程(S)，直角三角形斜边与底边的夹角 α 称为螺旋线的升角，斜边与另一直角边的夹角 β 称为螺旋角。显然螺旋线一个导程的长度为 $\sqrt{(\pi d)^2 + S^2}$，升角 $\alpha = \arctan S/\pi d$，如图 4－7(b) 所示。

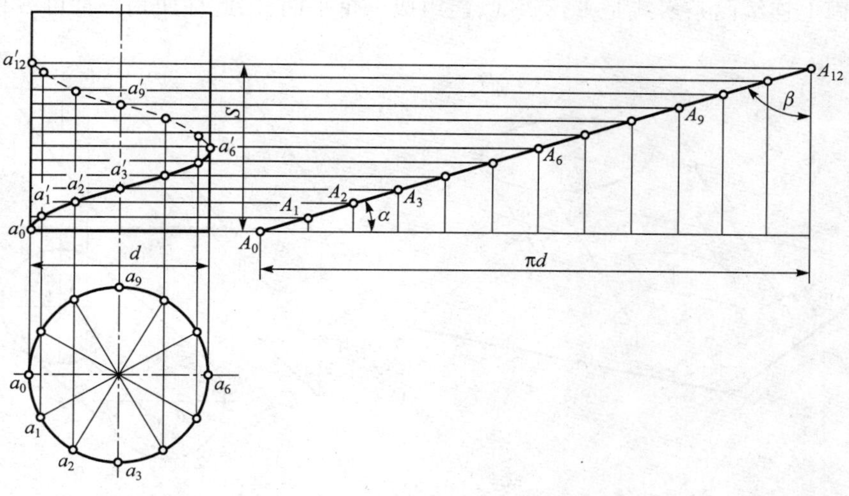

(a)　　　　(b)

图 4－7　圆柱螺旋线的投影和展开

第四节　曲面的形成与投影

曲面可看做一条动线在空间连续运动的轨迹。该动线称为母线，母线运动的每一位置称为该曲面上的素线，无限接近的相邻两素线称为连续两素线。用来控制母线运动的一些点、线和面称为导点、导线和导面。

当动线按照一定的规律运动时，形成的曲面称为规则曲面；当动线做不规则运动时，形成的曲面称为不规则曲面。形成曲面的母线可以是直线，也可以是曲线。如果曲面是由直线运动形成的则称为直线面（如圆柱面、圆锥面等）；由曲线运动形成的曲面则称为曲线面（如球面、环面等）。直线面的连续两直素线彼此平行或相交（即它们位于同一平面上），这种能无变形地展开成一平面的曲面，属于可展曲面。连续两直素线彼此交叉（即它们不位于同一平面上）的曲面，则属于不可展曲面。

曲面的表示法和平面的表示法相似，最基本的要求是应作出决定该曲面各几何元素的投影，如母线、导线、导面等。此外，为了清楚地表达一个曲面，一般需画出曲面的外形线，以确定曲面的范围。

下面介绍几种常见曲面的形成和表示方法。

一、直线面

直线面的种类很多，本书只介绍常见的柱面和锥面。

1. 柱面

（1）柱面的形成。一条直母线沿着一条曲导线运动且始终平行于直导线而形成的曲面称为柱面。曲导线可以是闭合的，也可以是不闭合的。如图 4－8(a)所示，Ⅰ Ⅱ为母线，Q 为曲导线，AB 为直导线，当母线Ⅰ Ⅱ平行于直导线 AB，且沿着曲导线 Q 运动所形成的曲面即为柱面。由于柱面上连续两条素线是平行直线，能组成一个平面，因此柱面是一种可展直线面。

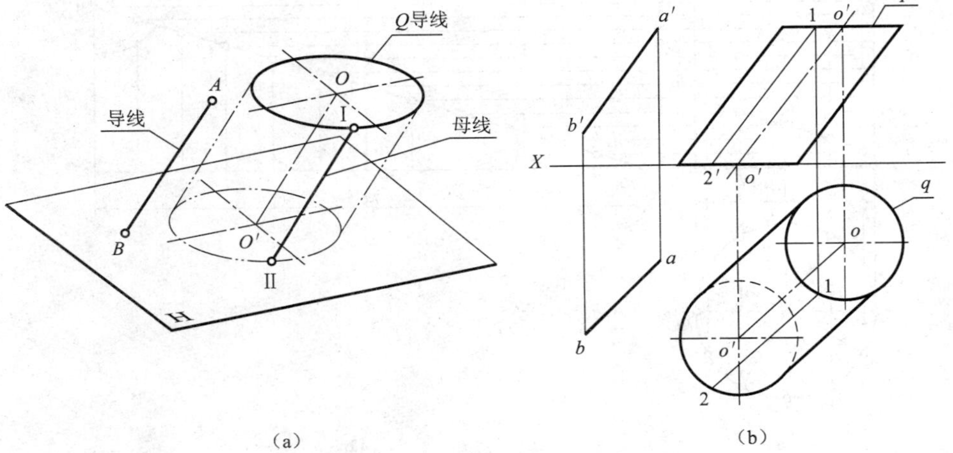

图 4－8　柱面的形成和投影

（2）柱面的表示法。在投影图上表达柱面时一般要画出导线及曲面的外形轮廓线，必要时还要画出若干素线。如图 4－8(b)所示，曲导线 Q 为平行于 H 面的圆，直导线 AB 为一般位置直线，表示这一柱面时，可先画出曲导线 Q 的正面投影和水平投影，Q 即为柱面的顶圆，其底圆通常选取平行于顶圆 Q，顶圆和底圆的圆心连线 OO 即为该柱面的轴线，轴线必定平行于

直导线 AB。由于素线的方向可由轴线控制,因此直导线 AB 可以不再画出。最后画出圆柱面的外形轮廓线,如在正面投影上,顶圆和底圆最左、最右点投影的连线,即为前后曲面转向线的投影,在水平投影上为两圆的公切线,它们是上、下曲面转向线的投影。这些外形轮廓线均应平行于轴线的同面投影。

2. 锥面

(1) 锥面的形成。一条直母线沿一条曲导线运动且始终通过一个定点而形成的曲面称为锥面。该定点称为导点,即为锥面顶点。如图 4－9(a)所示,SI 为母线,Q 为曲导线,S 为导点。当母线 SI 沿着曲导线 Q 运动,且始终通过导点 S 所形成的曲面即为锥面。由于锥面上相邻两素线必定为过锥顶的相交两直线,因此锥面也是一种可展直线面。

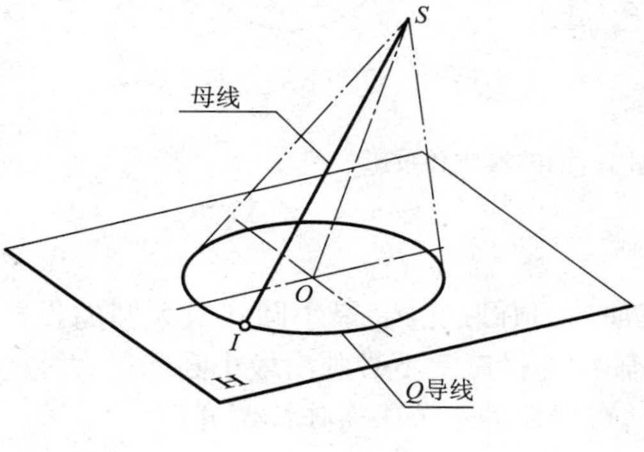

(a)

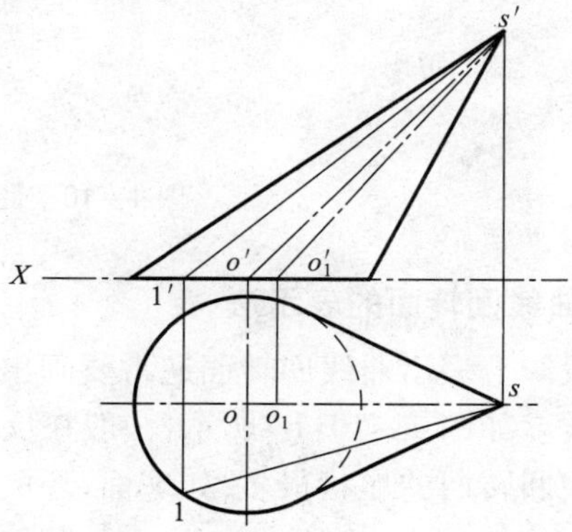

(b)

图 4－9　锥面的形成和投影

(2)锥面的表示法。绘制锥面的投影图时,一般只要画出导点(锥顶)、导线以及曲面的外形轮廓线(素线)。所谓外形轮廓线,即曲面上对于某一投影面的可见与不可见部分的分界线。如图 4－9(b)所示,斜椭圆锥面的投影中,导线 Q 为一水平圆,导点 S 和导圆的中心 O 的连线为一正平线,分别作出点 S 和圆 Q 的两个投影,然后作出其外形轮廓线,也就是锥面转向轮廓线的投影。

由于锥面的轴线是锥面两对称平面的交线,在图示情况下,SO 连线并不是锥面的轴线,而其轴线为 SO_1,其投影叫 so_1,$s'o_1'$ 分别平分水平投影和正面投影两外形轮廓线所形成的夹角。

凡是有轴的曲面,在投影图中需要画出轴线的投影。此外,对投影是圆的图形,还需画出圆的两条相互垂直的中心线。

二、曲线面

曲线面的种类很多,本书只介绍曲线回转面。

1. 曲线回转面的形成

任意一平面曲线绕一轴线(即导线)回转而形成的曲面称为曲线回转面。如图 4－10(a)所示,平面曲线 $ABCD$ 为母线,OO 为轴线,回转时曲线两端点 A、D 形成的圆为曲面的顶圆和低圆,曲线上距离轴线最近的点 B 和最远的点 C 形成的圆分别为最小圆(喉圆)和最大圆(赤道圆)。

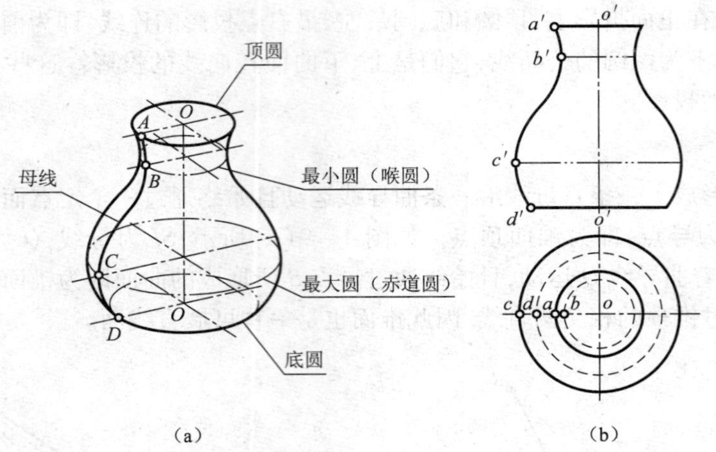

图 4-10　曲线回转面的形成和投影

2. 曲线回转面的表示法

在投影上表示曲线回转面通常要画出其轴线、顶圆、底圆、最小圆和最大圆的投影及其外形轮廓线。如图 4-10(b) 所示，一般在反映轴线的投影上不必画出最小圆和最大圆的投影。

曲线回转面的形状很多，如球面、环面等，在以后的章节中将作详细介绍。

三、螺旋面

1. 正螺旋面

(1) 正螺旋面的形成。一条直母线沿着曲导线为圆柱螺旋线及直导线为圆柱轴线运动，且始终垂直于轴线所形成的曲面称为正螺旋面，如图 4-11 所示。正螺旋面是一种不可展的直线面。

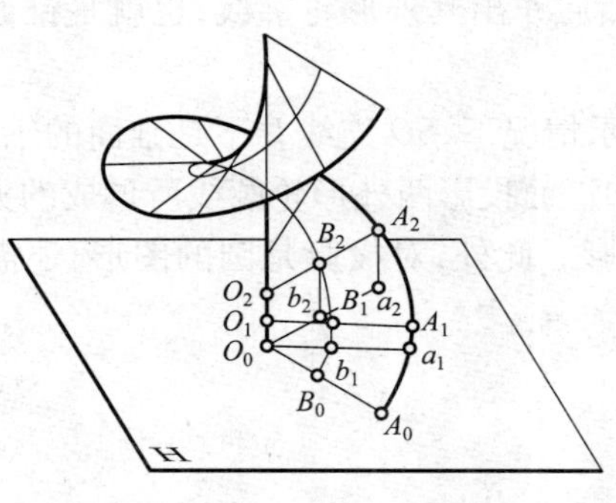

图 4-11　正螺旋面的形成

(2) 螺旋面的表示法。为了清楚地表示出螺旋面，在投影图上一般要画出曲导线（螺旋线）、直导线（轴线）以及若干直素线。如图 4-12(a) 所示。由于轴线为铅垂线，而素线与轴线垂直相交，因此各素线均是一些水平线。作图时先画出轴线 $A(A_1)$ 及螺旋线的投影，如螺旋线的导程为 S，母线的长为 AB，将导程 S 内的轴线和螺旋线分成相同的若干等分，对应点的连线即为正螺旋面的若干素线的投影，导程为 S 的圆柱螺旋线的投影也是正螺旋面的外形轮廓线。

图 4-12(b) 表示了一个正螺旋面与圆柱面相交的图形，显然所得的交线为与原来的螺旋线具有相同导程的螺旋线。

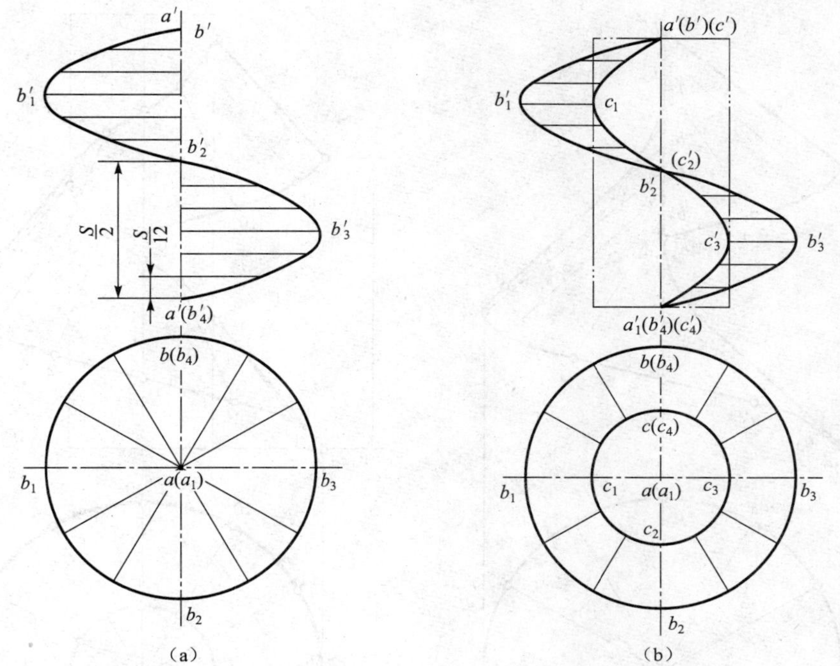

图 4－12　正螺旋面的投影

2. 斜螺旋面

（1）斜螺旋面的形成。一条直母线沿着曲导线绕圆柱螺旋线及直导线做圆柱轴线运动，且始终与轴线倾斜某一角度 α 而形成的曲面称为斜螺旋面。斜螺旋面是一种不可展的直线面。

（2）斜螺旋面的表示法。斜螺旋面的投影一般首先要画出曲导线（圆柱螺旋线）、直导线（圆柱轴线）以及若干直素线，然后作出一条平行于 V 面的素线 A_0B_0，此时其正面投影 $a'_0b'_0$ 与轴线的正面投影的夹角反映 α 角的实际大小，其水平投影 $a_0b_0 /\!/ X$ 轴。其余的素线则可按螺旋面形成的原理来作出，例如作素线 A_1B_1 时，先在导线（圆柱螺旋线）上定出$A_1(a_1, a'_1)$，再在轴线的正面投影上自 b'_0 向上依次截取各距离等于 $S/12$（导程分为 12 等份）得点 b'_1，连接 $a'_1b'_1$ 即得素线 A_1B_1 的正面投影。作这些素线投影的包络线即得斜螺旋面的外形轮廓线，如图 4－13(a) 所示。

图 4－13(b) 为小圆柱与斜螺旋面相交的图形，所得的交线为与导线具有相同导程的螺旋线。

图 4－14 所示为一个螺旋输送机的推进器叶片，它是螺旋面的一个应用实例。

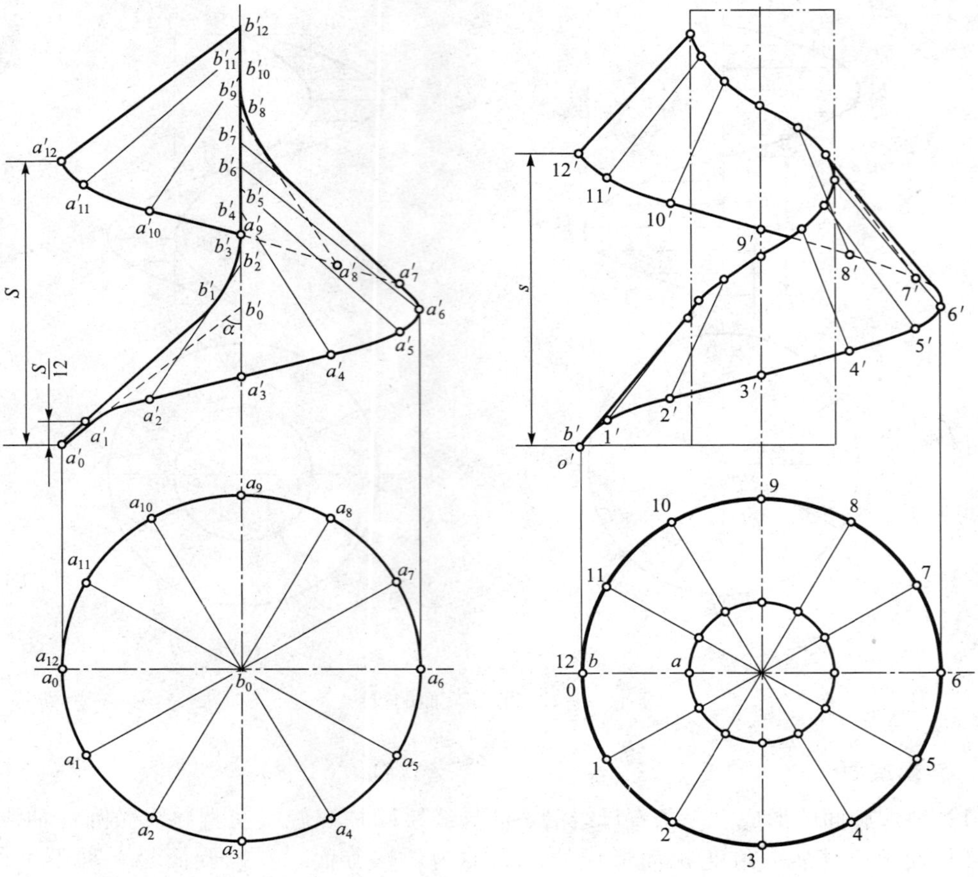

(a)　　　　　　　　　　　　(b)

图 4－13　斜螺旋面的投影

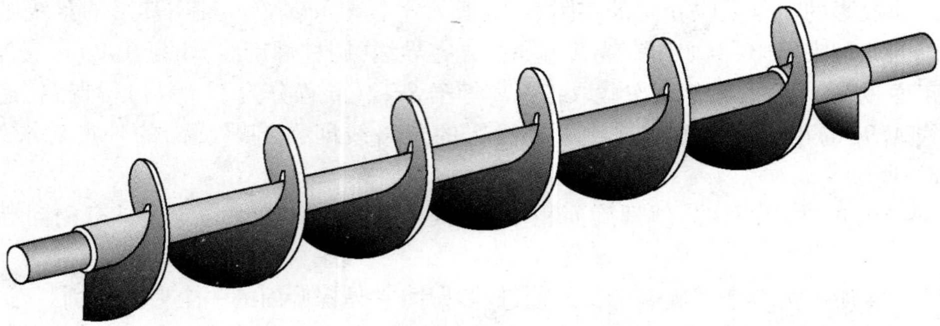

图 4－14　螺旋输送机的推进器叶片

第五章　基本立体及其表面的交线

本章在研究点、线、面投影的基础上进一步论述立体及立体表面交线的投影作用。

第一节　基本立体及其表面上的点和线

一般机器零件或物体都可看成是由一些基本立体如棱柱、棱锥、圆柱、圆锥、圆球等按某种方式组合而成。因此，在研究物体投影时，首先应该研究这些基本立体的投影。

立体是具有三维坐标的实心体，投影法中所研究的立体投影是研究立体表面的投影。

任何立体都有一定的范围，确定其范围的要素是它本身的各个表面。根据这些表面的几何性质，基本立体可分成两大类：

(1) 平面立体——表面均为平面的立体；

(2) 曲面立体——表面是由曲面或由曲面与平面结合而组成的立体。

一、平面立体的投影

平面立体主要有棱柱、棱锥等。由于平面立体的表面是由平面组成，因此绘制平面立体的投影图，就可归结为绘制各个表面投影得到的图形。由于平面立体投影后的图形由直线段组成，而每条线段可由其两端点确定，因此平面立体的投影又可归结为绘制其各棱线及各顶点的投影，然后判断其可见性。棱线的不可见投影在图中需用虚线表示。

1. 棱柱

棱线相互平行的平面立体称为棱柱。根据棱线的多少，棱柱可分为三棱柱、四棱柱、…、n 棱柱。

(1) 棱柱的投影。图 5 - 1(a) 表示一个正六棱柱的投影情况，它的顶面及底面为水平面，水平投影反映实形且两面重合为一个正六边形，正面和侧面投影分别积聚为一条直线。棱柱有 6 个侧面，前后棱面为正平面，正面投影反映实形，水平投影和侧面投影积聚为一条直线。棱柱的其他 4 个侧面均为铅垂面，其水平投影均积聚为直线，正面投影和侧面投影均为类似形。

各棱线均为铅垂线，水平投影积聚为一点，正面投影和侧面投影均反映实长；顶面和底面的前后两条边为侧垂线，侧面投影积聚为一点，正面投影和水平投影均反映实长；其他边均为水平线，水平投影反映实长，正面投影和侧面投影均为类似形。在画完上述面与棱线的投影后，即得正六棱柱的投影图，如图 5 - 1(b) 所示。

作图时，可先画正六棱柱的水平投影正六边形，再根据投影规律作出其他两个方向的投影。

(2) 棱柱表面上取点。在平面立体表面上取点，其原理和方法与平面上取点相同。如图 5 - 1所示，正六棱柱的各个表面都处于特殊位置，因此在表面上取点可利用重影性原理作图。

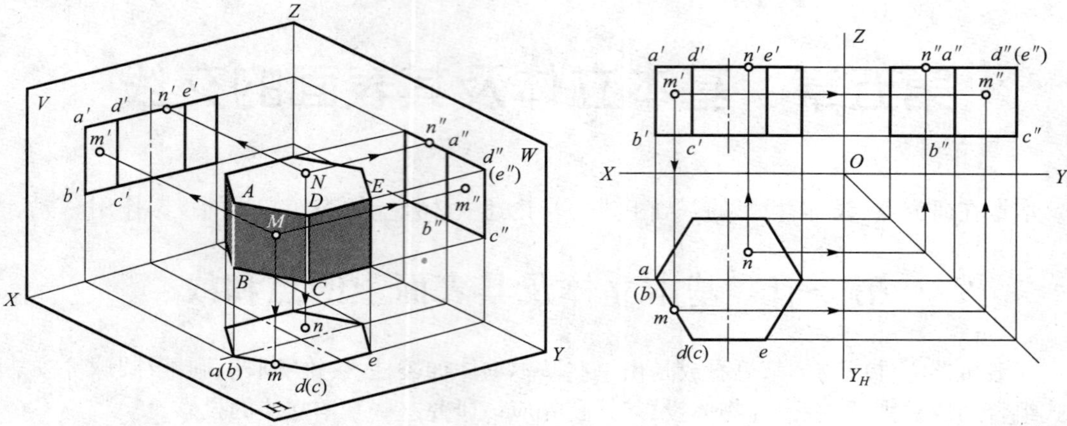

(a)　　　　　　　　　　(b)

图 5 - 1　正六棱柱的投影及表面上取点

如已知正六棱柱表面上点 M 的正面投影 m'，要求出其他投影 m，m''。由于点 M 是可见的，因此，点 M 必定在 $ABCD$ 棱面上，而 $ABCD$ 棱面为铅垂面，水平投影 $abcd$ 有积聚性，因此 m 必在 $abcd$ 上，根据 m 和 m' 即可求出 m''。又如已知点 N 的水平投影 n，由于 N 是可见的，因此 N 点必定在顶面上，而顶面的正面投影和侧面投影都具有重影性，因此 n'，n'' 必定在顶面的同面投影上。

（3）棱柱表面上取线。在平面立体上取线，其原理和方法与平面上取线相同。如图 5 - 2（a）所示，已知五棱柱表面上的折线 RST 的正面投影 $r's't'$，要求出它们的水平投影和侧面投影。由于点 R 是可见的，因此，点 R 必定在 BB_0CC_0 棱面上，此棱面的侧面投影不可见，点 S 在棱线 BB_0 上，点 T 在棱面 AA_0BB_0 上。按上面求点的方法可分别求出这 3 点的水平投影 r，s，t 和侧面投影 (r'')，s''，t''。折线 RST 的水平投影 rst 重合在棱面有积聚性的水平投影上，RS 线段的侧面投影 $(r'')s''$ 不可见，画虚线，ST 的侧面投影 $s''t''$ 可见，画粗实线，如图 5 - 2（b）所示。

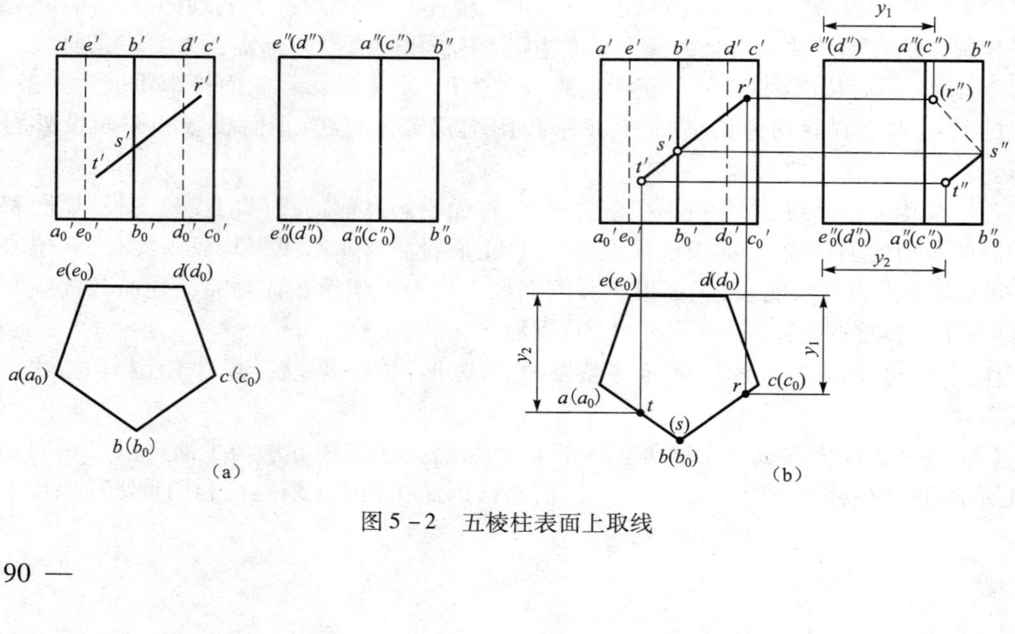

(a)　　　　　　　　　　(b)

图 5 - 2　五棱柱表面上取线

2. 棱锥

棱线延长后汇交于一点的平面立体称为棱锥。根据棱线的多少，棱锥可分为三棱锥、四棱锥、…、n棱锥。

(1) 棱锥的投影。图5-3所示为一个正三棱锥的立体图和投影图，从图中可以看到，底面ABC是水平面，其水平投影$\triangle abc$反映实形。棱面$\triangle SAB$，$\triangle SBC$是倾斜面，它们的各个投影均为类似形，棱面$\triangle SAC$为侧垂面，其侧面投影$s''a''c''$重影为一条直线。底边AB，BC为水平线，CA为侧垂线，棱线SB为侧平线，SA，SC为一般位置线，它们的投影可根据不同位置直线的投影特性进行分析。画图时，可先画底面$\triangle ABC$和顶点S的投影，然后把点S和点A，B，C的同面投影两两相连，即得三棱锥的投影图，如图5-3(b)所示。

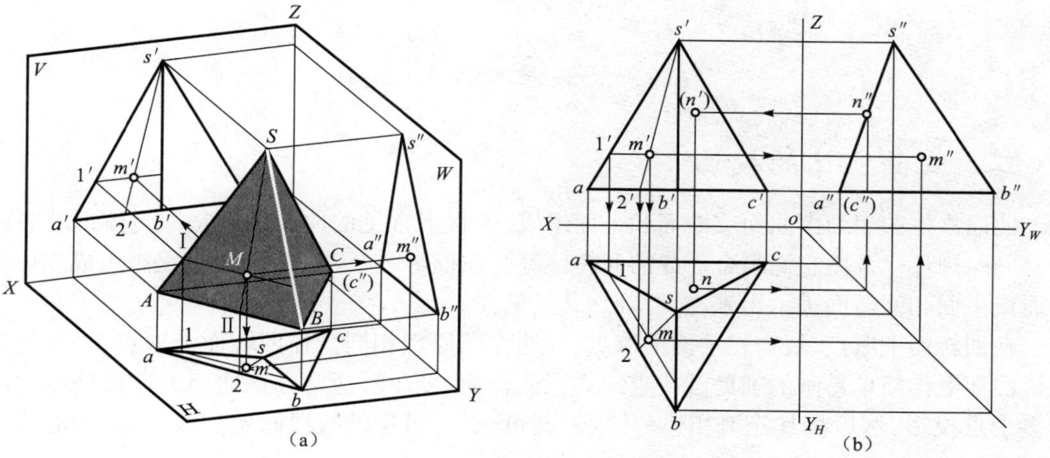

图5-3　正三棱锥的投影图及表面上取点

(2) 棱锥表面上取点。在棱锥表面上取点，其原理和方法与平面上取点相同。如图5-3(a)，(b)所示点$M(m,m',m'')$。如已知点M的正面投影m'，点M在棱面SAB上，过点M在$\triangle SAB$上作辅助线Ⅰ$M /\!/ AB$，使$1'm' /\!/ a'b'$，在水平投影上作$1m /\!/ ab$，求出m，再根据m，m'求出m''。也可过锥顶S和点M在$\triangle SAB$上作一辅助线SⅡ，然后根据投影规律求出m'和m''。又已知点N的水平投影n，点N在侧垂面$\triangle SAC$上，因此n''必定在$s''a''c''$上，由n，n''可以求出(n')。

(3) 棱锥表面上取线。在棱锥表面上取线，其原理和方法与平面上取线相同。

如图5-4(a)所示，已知正三棱锥表面上折线RMN的正面投影$r'm'n'$，求折线的另两个投影。由于点N的正面投影是可见的，因此点N在棱面SAB上，按照棱锥表面上取点的方法求出其水平投影n和侧面投影n''。点M在棱线SB上，因SB为侧平线，应由m'先求出侧面投影m''，然后再求出水平投影m。由于点R的正面投影是可见的，因此点R在棱面SBC上，按照棱锥表面上取点的方法求出其水平投影r和侧面投影(r'')。由于三棱锥的3个棱面水平投影均可见，所以水平投影rst可见，画粗实线；RM位于右棱面SBC上，侧面投影不可见，所以$r''m''$画虚线；MN位于左棱面SAB上，侧面投影可见，$m''n''$画粗实线，结果如图5-4(b)所示。

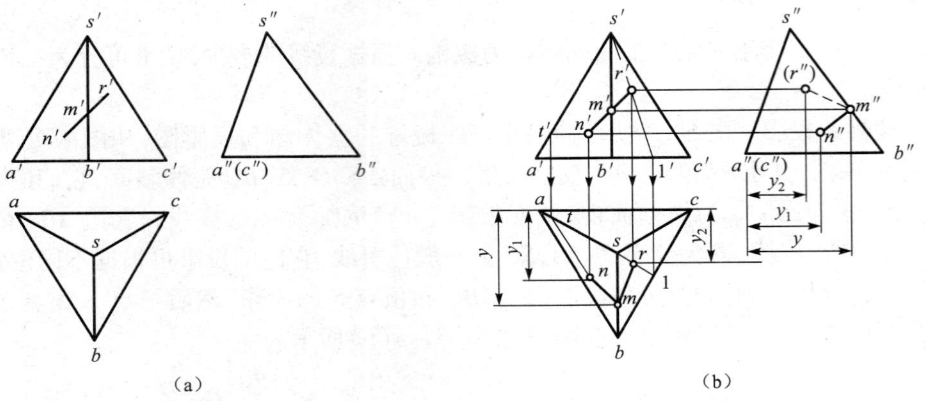

图 5－4　求三棱锥表面上的折线

二、曲面立体的投影

曲面立体的表面由曲面或曲面和平面组成，工程中常见的曲面立体是回转体，如圆柱、圆锥、圆球、圆环以及由它们组合而成的回转体等。在投影图上表示回转体就是把组成立体的回转面或平面和回转面表示出来，然后判别其可见性。

在回转面上取点、线与在平面上取点、线的作图原理相同。在回转面上取点，一般过此点在该曲面上作简单易画的辅助圆或直线。在回转面上取线，通常在该曲面上作出确定此曲线的多个点投影，然后将其光滑相连，并判别其可见性，可见的线段画粗实线，不可见的线段画虚线。

1. 圆柱

（1）圆柱的形成。圆柱面是由一直母线 AB 绕与之平行的轴线 OO 回转一周而成，圆柱表面由圆柱面和上下底圆所组成，如图 5－5（a）所示。圆柱面上与直母线 AB 平行的任一直线称为素线。

（2）圆柱的投影。如图 5－5（b）所示，圆柱的轴线 OO 垂直于 H 面，其上下底圆为水平面，在水平投影上反映实形，其正面和侧面投影积聚为一条直线。圆柱面的水平投影也积聚为一个圆，在正面与侧面投影上分别画出决定投影范围的分界线（即为圆柱面可见与不可见部分的分界线的投影），如正面投影的分界线就是最左、最右两条素线 AA_1，BB_1 的投影 $a'a_1'$，$b'b_1'$；在侧面投影上其转向轮廓线则是最前、最后两条素线 CC_1，DD_1 的投影 $c''c_1''$，$d''d_1''$。

作图时可先画出水平投影的圆，再画出其他两个投影，还必须用点画线画出轴线和圆的中心线。此外需注意，左右两条素线的侧面投影 $a''a_1''$，$b''b_1''$ 与前后两条素线的正面投影 $c'c_1'$，$d'd_1'$，都分别重合于侧面和正面投影的中心线上，且均不画出，如图 5－5（c）所示。显然，相对于正面，分界线 AA_1 和 BB_1 之前的半圆柱面是可见的，其后的半圆柱面是不可见的；相对于侧面，分界线 CC_1 和 DD_1 之左的半圆柱面是可见的，其右的半圆柱面是不可见的。

（3）圆柱表面上取点。在圆柱表面上取点，可根据点在圆柱表面上的位置（在上、下底圆上或在圆柱面上）进行判断和作图。如图 5－5（c）所示，已知点 M 的正面投影 m'，由于点 M 在前半圆柱面上，因此是可见的，其水平投影 m 必定落在前半圆柱面具有积聚性的水平投影

(圆)上。由 m,m'可求出 m''。

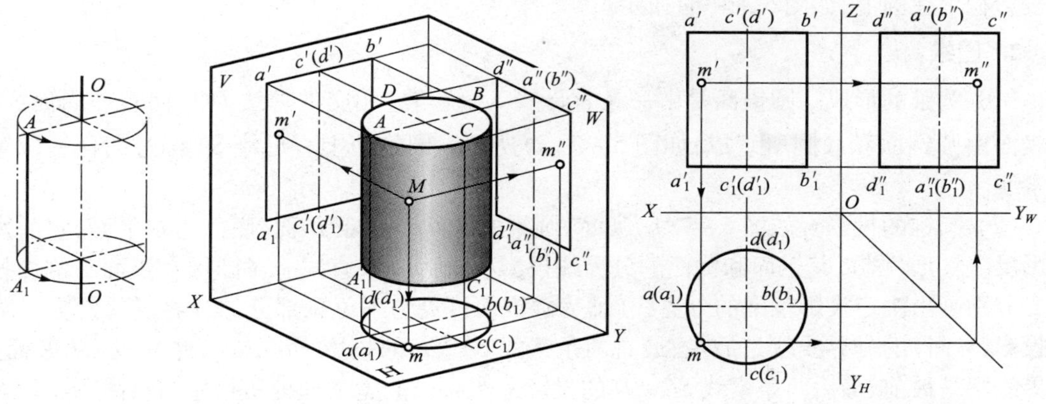

(a)　　(b)　　(c)

图 5－5　圆柱的投影及表面上取点

(4) 圆柱表面上的曲线。

例 5－1　如图5－6(a)所示,已知圆柱表面上曲线 AB 的正面投影,求其另外两面的投影。

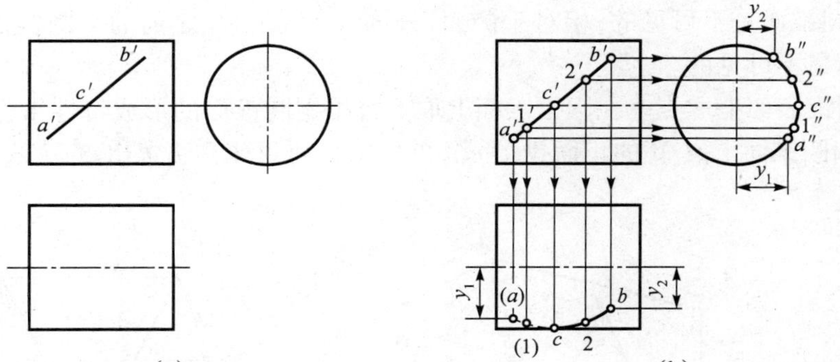

(a)　　(b)

图 5－6　圆柱表面上取线

分析: 从图中可知,圆柱表面上的曲线 AC 在下半圆柱面上,其水平投影不可见;曲线 BC 在上半圆柱面上,其水平投影可见。曲线 AB 的侧面投影积聚在圆上。作图时求出特殊点和若干一般点的投影,判别可见性并光滑连接。

作图步骤:

① 求曲线端点 A 和 B 的投影。A,B 两点的侧面投影 $a''b''$积聚在圆上,通过画投影连线可直接求出。再根据水平、侧面两投影都反映 y 坐标,将侧面投影的 y_1,y_2 量取到水平投影即可求得(a)和 b。

② 求曲线在转向轮廓线上点 C 的投影。点 C 在水平投影的转向轮廓线上,过 c'作投影连线可直接求出点 C 的侧面投影 c''和水平投影 c。

③ 求适当数量的一般点Ⅰ,Ⅱ。在已知曲线的正面投影中取点 1′,2′,然后求其侧面投影1″,2″和水平投影(1),2,作法与求 A,B 的相同。

④ 判别可见性并连线。以转向轮廓线的点 C 为分界点,曲线 AC 位于下半圆柱面上,其水

平投影不可见，画虚线。曲线 BC 位于上半圆柱面上，其水平投影可见，画实线。曲线 AB 的侧面投影积聚在圆上，如图 5－6(b) 所示。

2. 圆锥

(1) 圆锥的形成。圆锥面是由一条直母线 SA 绕与它相交的轴线 OO_1 回转一周而成，圆锥表面由圆锥面和底圆所组成，如图 5－7(a) 所示。圆锥面上直母线 SA 经过的任一位置称为素线。

(2) 圆锥的投影。如图 5－7(b) 所示，圆锥的轴线垂直于 H 面，底面为水平面，它的水平投影反映实形（圆），其正面和侧面的分界线投影积聚为一条直线。对圆锥在正面与侧面投影上要分别画出决定投影范围的分界线（即为圆锥面可见与不可见部分的分界线的投影），如正面投影（V 面）的分界线就是最左、最右两条素线 SA，SB 的投影 $s'a'$，$s'b'$；侧面投影（W 面）的分界线则是最前、最后两条素线 SC，SD 的投影 $s''c''$，$s''d''$（注意：此处所指左、右、前、后，均对正投影面 V 面而言）。

作图时，可先画出底面的各个投影，再画出锥顶的投影，还必须用点画线画出轴线和圆的中心线，然后分别画出其分界线，即完成圆锥的各个投影，如图 5－7(c) 所示。此外需注意，左右两条素线的侧面投影 $s''a''$，$s''b''$ 与前后两条素线的正面投影 $s'c'$，$s'd'$，都分别重合于侧面和正面投影的中心线上，且均不画出。显然，相对于正面，分界线 SA 和 SB 之前的半圆锥面是可见的，其后的半圆锥面是不可见的；相对于侧面，分界线 SC 和 SD 之前的半圆锥面是可见的，其后的半圆锥面是不可见的。

(3) 在圆锥表面上取点。在圆锥表面上取点可根据圆锥面的形成特性来作图，如图 5－7(c) 所示，已知圆锥面上点 M 的正面投影 m'，可采用下列两种方法求出点 M 的水平投影 m 和侧面投影 m''。

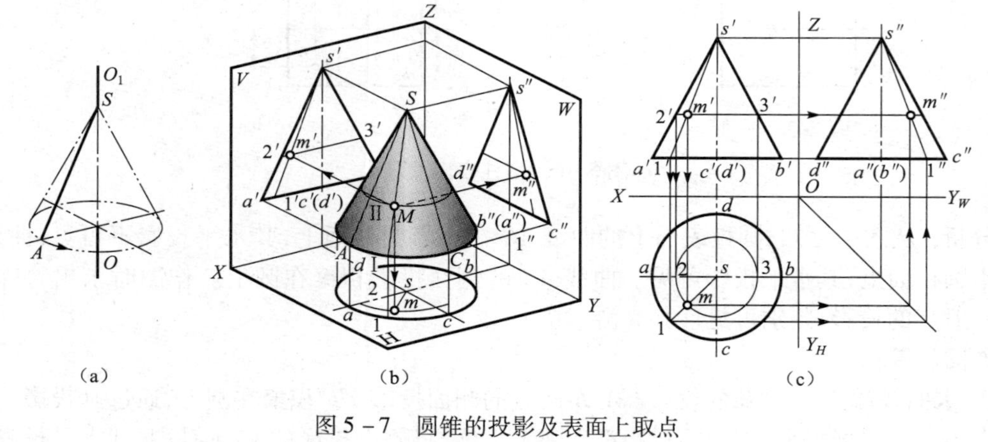

图 5－7　圆锥的投影及表面上取点

方法一　辅助素线法：

过锥顶 S 和点 M 作一辅助素线 SⅠ，根据已知条件可以确定 SⅠ 的正面投影 $s'1'$，然后求出它的水平投影 $s1$ 和侧面投影 $s''1''$，再由 m' 根据点在直线上的投影性质求出 m 和 m''。

方法二　辅助纬圆法：

圆锥表面上垂直于圆锥轴线的圆称为纬圆。过点 M 作一平行于圆锥底面的辅助纬圆，该

圆在正面投影为过 m' 且垂直于圆锥轴线的直线段 $2'3'$，它的水平投影为一个直径等于 $2'3'$ 的圆，m 必在此圆周上，由 m' 求出 m，再由 m'，m 求出 m''。

(4) 圆锥表面上的曲线。

例 5-2　如图5-8所示，已知圆锥表面的曲线 AE 的正面投影 $a'e'$，求其另外两投影。

分析：由图可知曲线 AE 位于前半圆锥面上，其水平投影可见。若要求出其水平投影和侧面投影，应先求出该曲线上的特殊点和若干个一般点，然后判断可见性。在曲线 AE 上选取若干点 A,C,D,E，其中点 A,C,E 为特殊点，D 为一般点。C 在圆锥面侧视转向轮廓线上，可直接求出其侧面投影 c''。A,D,E 的投影可利用作辅助纬圆的方法求出。作图过程如图 5-8(b)所示。

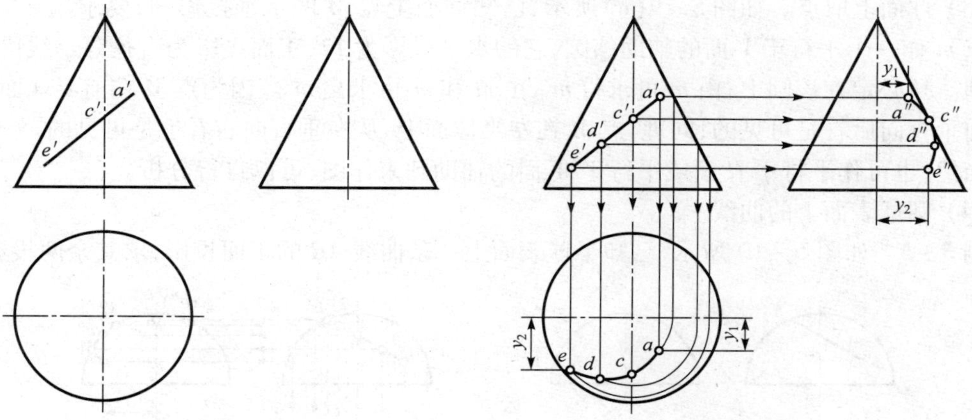

图 5-8　圆锥表面上取线

3. 圆球

(1) 圆球的形成。球面是由一条曲母线（半圆）ABC 绕过圆心且在同一平面上的轴线 OO_1 回转一周而成的表面，如图 5-9(a)所示。

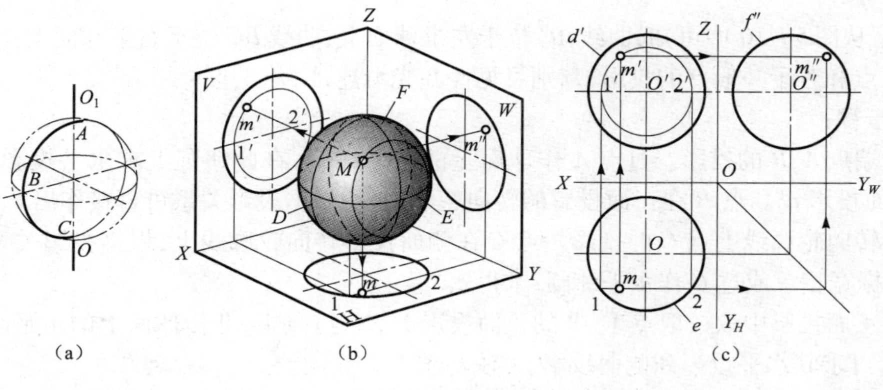

图 5-9　圆球的投影及表面上取点

(2) 圆球的投影。图 5-9(b)所示为一个圆球及其三面投影。圆球的 3 个投影均为圆，且直径与球直径相等，但 3 个投影面上的轮廓圆是不同的分界圆的投影。正面投影上的圆是

平行于 V 面的最大圆 D 的投影(区分圆球前、后表面的分界圆),其水平投影与圆球水平投影的水平中心线重合,侧面投影与圆球侧面投影的垂直中心线重合,但均不画出;水平投影上的圆是平行于 H 面的最大圆 E 的投影(区分圆球上、下表面的分界圆),其正面投影与圆球正面投影的水平中心线重合,侧面投影与圆球侧面投影的水平中心线重合,但均不画出;侧面投影上的圆是平行于 W 面的最大圆 F 的投影(区别圆球左、右表面的分界圆),其正面投影与圆球正面投影的垂直中心线重合,水平投影与圆球水平投影的垂直中心线重合,但均不画出。作图时可先确定球心的 3 个投影,再画出 3 个与圆球等直径的圆。另外,还应画出各投影上的中心线,如图 5－9(c)所示。

(3) 球面上取点。如图 5－9(c)所示,已知球面上点 M 的水平投影 m,要求出 m' 和 m''。可过点 m 作一个平行于 V 面的辅助纬圆,它的水平投影为 12,正面投影为直径等于线段 12 长度的圆。M 必定在该圆上,由 m 可求得 m',由 m 和 m' 可求出 m''。因为点 M 在前半球面上,因此从前垂直向后看是可见的,同理,点 M 在左半球面上,从左垂直向右看也是可见的。

当然,也可作平行于 H 面或平行于 W 面的辅助圆来作图,可以自行分析。

(4) 圆球表面上的曲线。

例 5－3 如图 5－10 所示,已知半球表面上一条曲线 AB 的正面投影,求其余两投影。

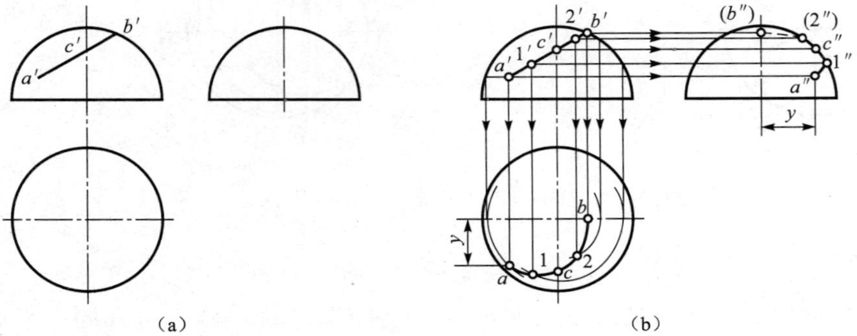

图 5－10　圆球表面上取线

分析:从图 5－10 中可知,曲线 AC 位于左半球面上,曲线 BC 位于右半球面上。作出曲线 AB 上特殊点和若干一般点的投影,判别可见性并光滑连接。

作图步骤:

① 求端点 A,B 的投影。过点 A 作球面上的水平纬圆,在此纬圆上求水平投影 a,利用 y 相等求侧面投影 a''。点 B 在正面投影的转向轮廓线上,根据投影关系可直接作出 b,(b'')。

② 求转向轮廓线上点 C 的投影。点 C 在侧面投影转向轮廓线上,根据投影关系,先求出 c'',然后根据宽相等或过 C 作水平纬圆,求得 c。

③ 在正面投影中取一般点 Ⅰ,Ⅱ 的正面投影 $1'$,$2'$,过点 Ⅰ,Ⅱ 作球面上的水平纬圆,根据投影关系,可求其水平投影和侧面投影,方法与求点 A 相同。

④ 判别可见性并光滑连接。因曲线 AB 在上半球上,水平投影全部可见,画粗实线。曲线 AC 在左半球上,曲线 BC 在右半球上,侧面投影以 c'' 分界,曲线 $a''c''$ 可见,画粗实线,曲线 $c''(b'')$ 不可见,画虚线,结果如图 5－10(b)所示。

4. 圆环

（1）圆环的形成。圆环面是一条圆母线绕不通过圆心但在同一平面上的轴线 OO_1 回转一周而形成的表面，如图 5－11(a)所示。圆环面有内环面和外环面之分。

（2）圆环的投影。如图 5－11(b)所示，圆环面轴线垂直 H 面。在正面投影上左、右两圆是圆环面上平行于 V 面的 A，B 两圆的投影（区分圆环前、后表面的分界圆的投影），虚线部分表示内环面；侧面投影上两圆是圆环面上平行于 W 面的 C，D 两圆的投影（区分圆环左、右表面的分界圆的投影），虚线部分同样表示内环面；水平投影为两个同心圆，最小圆是区分圆环内环上、下表面的转向轮廓线，最大圆是区分圆环外环上、下表面的转轮廓线，同时还要画出一个点画线圆，表示内环面和外环面的分界线。正面和侧面投影上、下两直线是区分内环面和外环面的转向轮廓线。

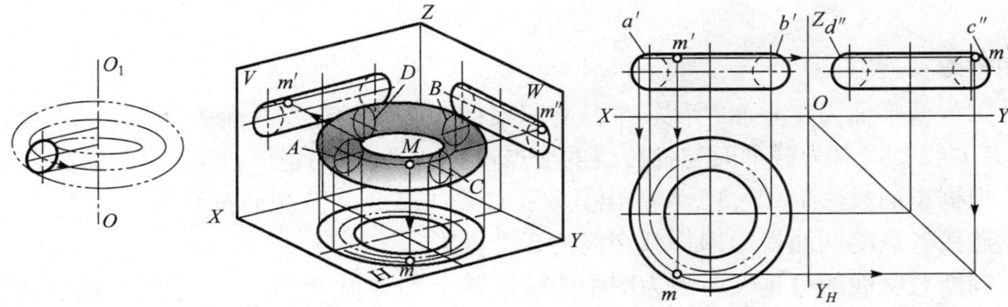

(a)　　(b)　　(c)

图 5－11　圆环的投影及表面上取点

（3）圆环面上取点。如图 5－11(c)所示，已知环面上点 M 的正面投影 m'，可采用过点 M 作平行于水平面的辅助纬圆的方法求出 m 和 m''。在圆环面上取点时，更要注意点所在的位置，以便判断可见性。

第二节　平面与立体表面相交

平面与立体相交，可以认为是立体被平面截切。该平面通常称为截平面，截平面与立体表面的交线称为截交线。被截切后的断面称为截断面，如图 5－12 所示。研究平面与立体相交，其目的是求截交线的投影和截断面的实形。

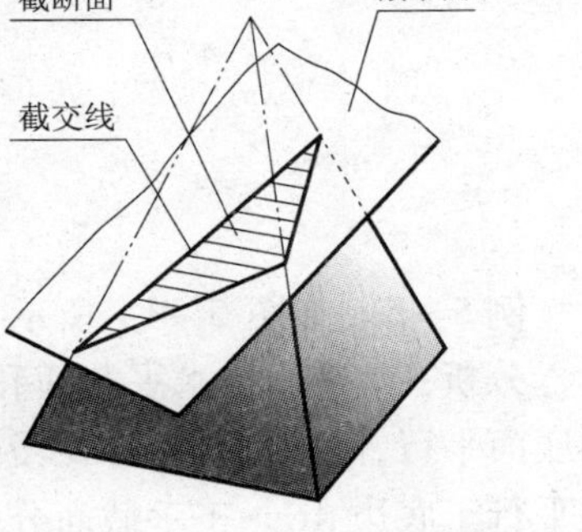

图 5－12　截平面、截交线与截断面

一、截交线性质与作图方法

1. 截交线的一般性质

（1）截交线既在截平面上，又在立体表面上，因此截交线是截平面与立体表面的共有线，截交线上的点是截平面与立体表面的共有点。

（2）由于立体表面是封闭的，因此截交线必定是封闭的线条,截断面是封闭的平面图形。

(3) 截交线的形状决定于立体表面的形状和截平面与立体的相对位置。

2. 作图方法

根据截交线的性质,求截交线可归结为求截平面与立体表面的共有点(共有线)的问题。由于物体上绝大多数的截平面是特殊位置平面,因此可利用积聚性原理来作出其共有点(共有线)。如果截平面为一般位置,也可利用投影变换方法使截平面成为特殊位置平面,因此本章只讨论特殊位置平面的截平面。

二、平面与平面立体相交

平面与平面立体相交,其截交线为一个平面多边形。

例 5-4 如图 5-13 所示,一个四棱锥 $S-ABCD$ 被一正垂面 P 所截切,求其截交线的投影。

作图步骤:

(1) 因为截平面为正垂面,所以 P_V 具有积聚性。根据截交线的性质,P_V 与 $s'a'$,$s'b'$,$s'c'$,$s'd'$的交点 1′,2′,3′,4′为截平面与各棱线的交点Ⅰ,Ⅱ,Ⅲ,Ⅳ的正面投影。

(2) 根据正面投影 1′,2′,3′,4′作出其水平投影 1,2,3,4 及侧面投影 1″,2″,3″,4″。

(3) 连接各点的同面投影即得截交线的 3 个投影。

(4) 判断截交线的可见性。因为图中四棱锥的上部分被 P 平面切去,因而截交线的 3 个投影均可见。注意,棱线 SC 的侧面投影为虚线。

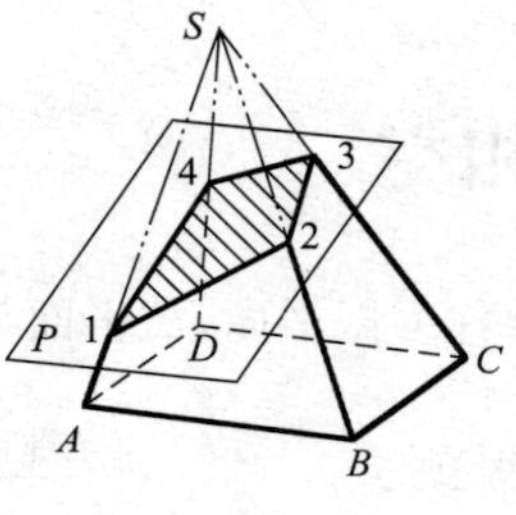

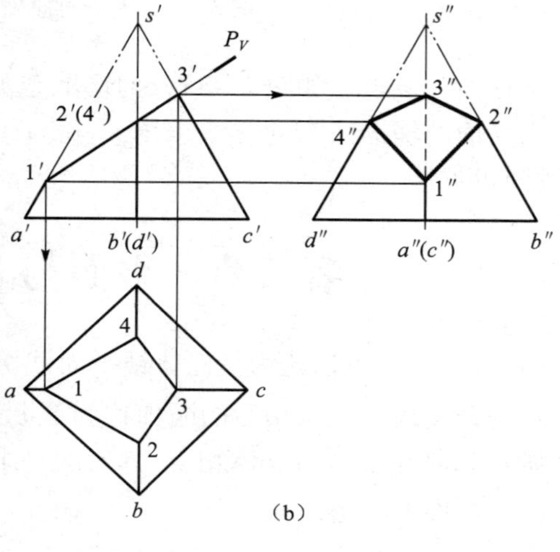

图 5-13 平面与四棱锥相交

例 5-5 如图 5-14 所示,三棱锥被两个平面截切,求其截交线的投影。

分析: 截平面由水平截面和正垂截面组成,其正面投影均有积聚性。水平截面与三棱锥的底面平行,因此它与△SAB 棱面的交线Ⅳ,Ⅱ必平行于底边 AB,与△SAC 棱面的交线Ⅳ,Ⅲ必平行于底边 AC。正垂截面分别与△SAB,△SAC 棱面交于点Ⅰ,Ⅱ和点Ⅰ,Ⅲ,两平面交线的端点Ⅱ,Ⅲ称为结合点。

作图步骤：

（1）水平截面与三棱锥的交线为三边形，正垂截面与三棱锥的交线亦为三边形，两个三边形具有共有边Ⅱ、Ⅲ。求棱线与截平面的水平交线时，点Ⅰ、Ⅳ易于作出，Ⅱ、Ⅲ可通过点Ⅳ的水平投影4分别作 ab 边与 ac 边的平行线，由 $2'$、$3'$ 根据投影关系可作出2、3。求截交线的侧面投影时，点Ⅰ、Ⅳ在 SA 棱上可作出，再由 $4'2'$ 和 4 2 作出 $4''2''$；由 $4'3'$ 和 4 3 作出 $4''3''$。

（2）各交点作出后，应依次连接同一棱面上各点的同面投影即完成截交线投影。得到交线的投影后，特别注意两截平面交线的水平投影 2 3 应连成虚线。

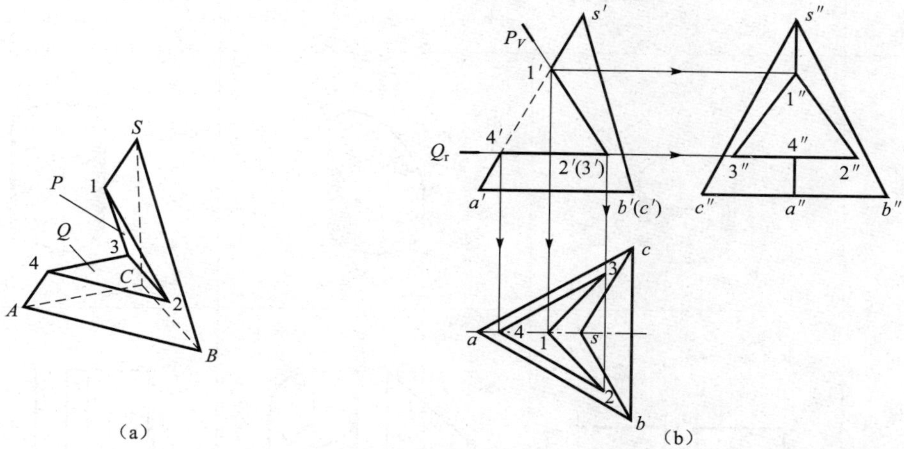

图 5－14　两平面与三棱锥相交

三、平面与曲面立体相交

平面与曲面立体相交，其截交线一般为一条封闭的平面曲线，或者是由曲线和直线围成的平面图形，特殊情况时为平面多边形。截交线是截平面与曲面立体表面的共有线，截交线上的点也是截平面和曲面立体表面上的共有点。当截平面的投影有积聚性的时候，截交线的投影就积聚在截平面有积聚性的同面投影上，可利用曲面表面上取点、线的方法作截交线。

求截交线上的点，应先求出能确定截交线形状和范围的特殊点，如曲面投影的转向轮廓线上的点、截交线在对称轴上的点，以及最高、最低、最前、最后、最左、最右点等。然后根据具体情况作一些一般点，最后依次连成光滑的平面曲线，并按其可见与不可见分别画实线和细虚线。

1. 平面与圆柱相交

平面与圆柱相交，根据截平面与圆柱轴线的相对位置不同，其截交线有3种情况，具体见表5－1。

例5－6　如图5－15(a)所示，圆柱被正垂面截切，试求其截交线的投影。

分析：由于平面与圆柱的轴线斜交，因此截交线为一椭圆。截交线的正面投影积聚为一条直线，其水平投影则与圆柱面的投影（圆）积聚。其侧面投影可根据投影规律和圆柱面上取点的方法求出。

作图步骤：

（1）求特殊点。特殊点即截交线上的最高、最低、最前、最后、最左、最右以及轮廓线上的点。特别指出，轮廓线上点的选取有一定要求。对于椭圆首先要找出长、短轴的 4 个端点。长轴的端点 A,B 是椭圆的最低点和最高点。短轴的端点 C,D 是椭圆的最前点和最后点，分别位于圆柱面的最前、最后素线上。这些点的水平投影是 a,b,c,d；正面投影是 a',b',c',d'，根据投影规律作出侧面投影 a'',b'',c'',d''，根据这些特殊点即可确定截交线的大致范围。

表 5-1　平面与圆柱相交的 3 种形式

截平面位置	垂直于轴线	倾斜于轴线	平行于轴线
截交线	圆	椭圆	矩形
轴测图	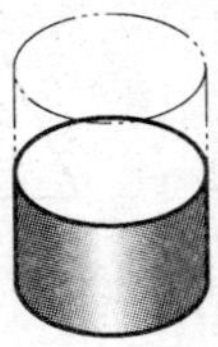	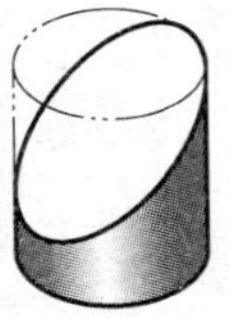	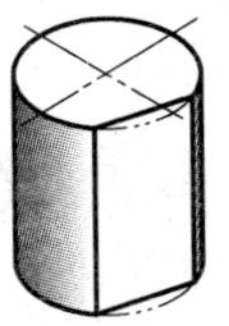
投影图	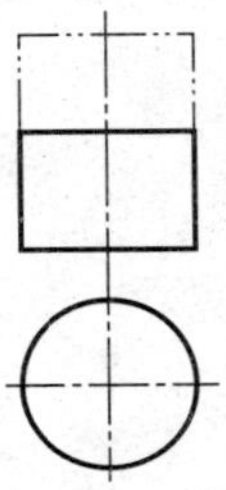	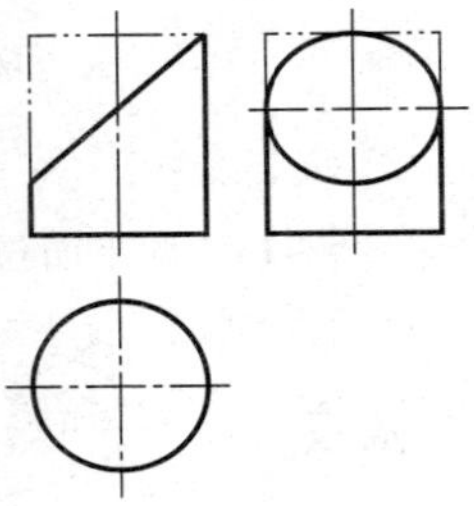	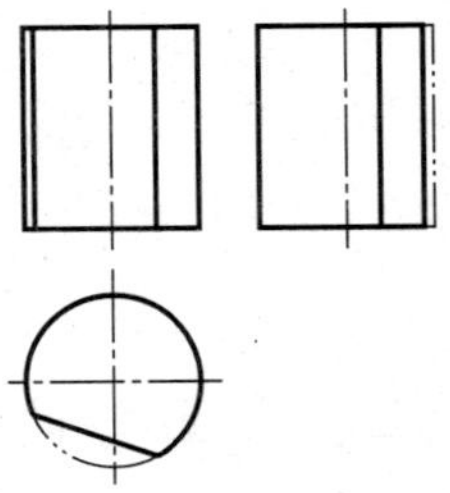

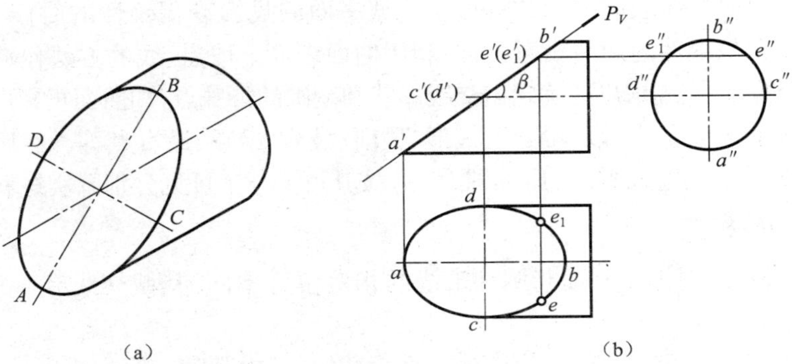

(a)　　　　　　(b)

图 5-15　平面与圆柱斜交

（2）求一般点。可适当作出若干个一般点，根据投影规律和圆柱面上取点的方法作出点 E 的各个投影。

（3）连线。将这些点的同面投影依次光滑地连接起来，可见的连成粗实线（该图中均为粗实线），不可见的连成虚线，就得到截交线的投影。

图 5－16 所示截平面与圆柱轴线斜交，截交线随截平面与圆柱轴线夹角 β 变化而变化。$\beta=45°$时，截交线的水平投影为圆。

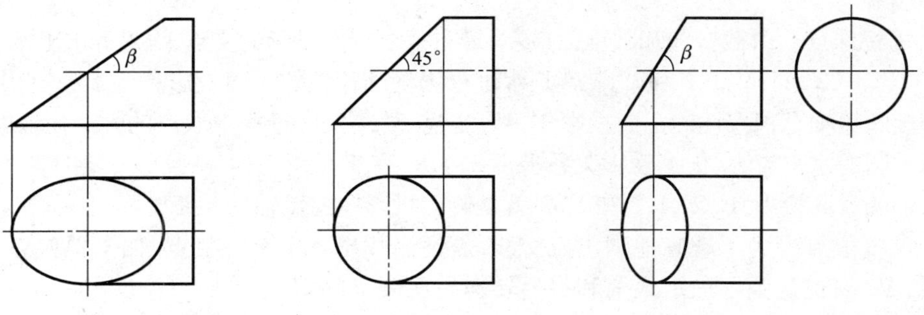

（a）　　　　（b）　　　　（c）

图 5－16　平面与圆柱斜交角度的变化情况

2. 平面与圆锥相交

平面与圆锥相交时，根据截平面与圆锥轴线的相对位置不同，其截交线有 5 种情况，具体见表 5－2。

表 5－2　平面与圆锥相交的五种形式

截平面位置	过锥顶	垂直于轴线	倾斜于轴线 $\theta>\alpha$	倾斜于轴线 $\theta=\alpha$	平行或倾斜于轴线 $\theta<\alpha$ 或 $\theta=0$
截交线	三角形	圆	椭圆	抛物线＋直线	双曲线＋直线
轴测图	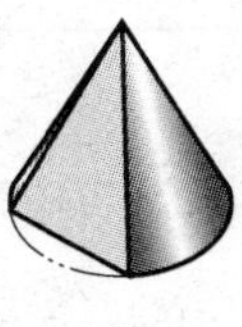	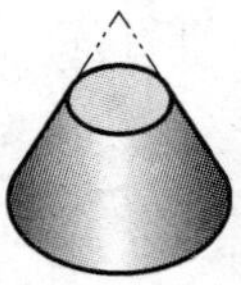	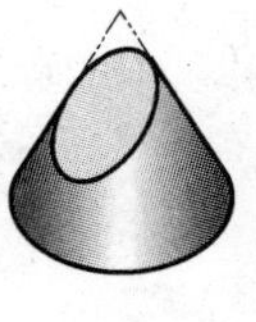	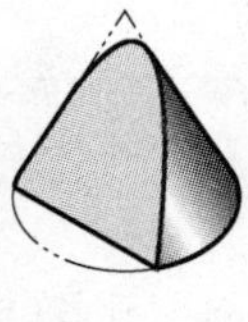	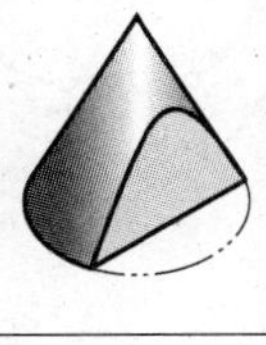
投影图	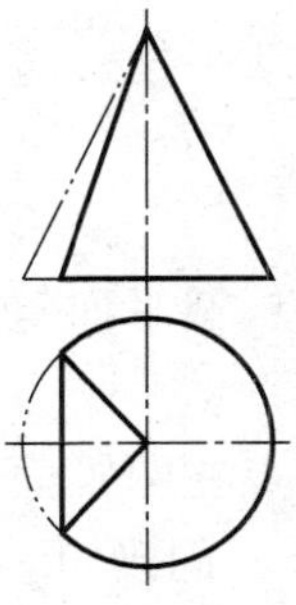	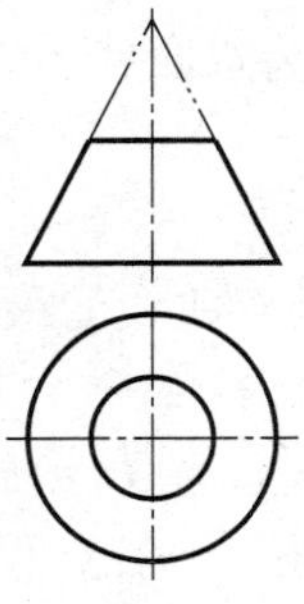	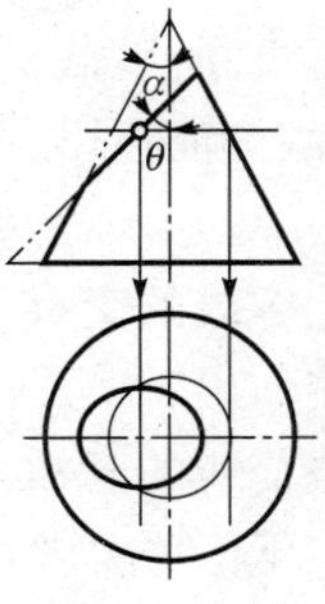	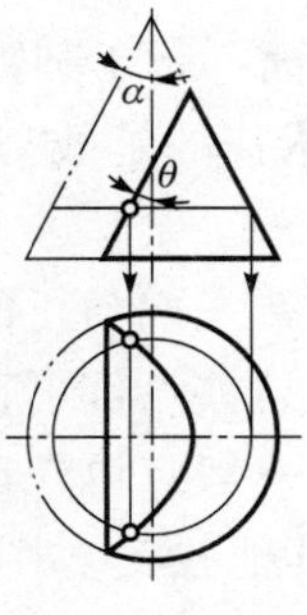	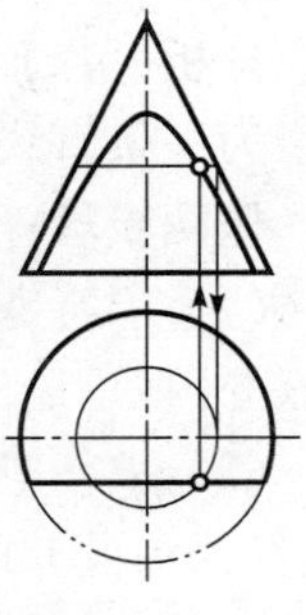

例 5－7　如图 5－17 所示，正圆锥被正垂面截切，试求其截交线的投影。

分析：该截平面倾斜于圆锥轴线，截交线的正面投影积聚为一条直线，因为圆锥素线与 H 面的倾角大于截平面对 H 面的倾角，因此截交线为椭圆，其水平投影和侧面投影通常也为椭圆。由于圆锥前后对称,所以此椭圆也一定前后对称。水平投影椭圆的长轴方向在截平面与圆锥前后对称面的交线(正平线)上,其端点在最左、最右素线上,而短轴则是通过长轴中点的正垂线。侧面投影椭圆长轴的方向则与圆锥轴线垂直,短轴投影在圆锥轴线上。

作图步骤:

(1) 求特殊点。由截交线和圆锥面最左、最右素线正面投影的交点1′,2′可求出水平投影1,2和侧面投影1″,2″;1′,2′,1,2和1″,2″就是水平投影椭圆长轴的3面投影。取1′,2′的中点,即为水平投影椭圆短轴有积聚性的正面投影3′,4′。过点3′,4′按圆锥面上取点的方法作辅助水平圆,作出该水平圆的水平投影,根据投影关系求得3,4及3″,4″。而3′,4′,3,4及3″,4″同时为侧面投影椭圆长轴的3面投影,1′,2′,1,2和1″,2″就是侧面投影椭圆短轴的3面投影。

(2) 求一般点。为了准确地画出截交线,需适当找出若干个一般点,如Ⅴ,Ⅵ,Ⅶ,Ⅷ 4点。特别注意,Ⅴ,Ⅵ也是圆锥面上最前和最后转向轮廓线上的点。

(3) 连线。依次连接各点的同面投影即得截交线的水平投影与侧面投影。

例5-8 如图5-18所示,正圆锥被侧平面所截切,试求其截交线的投影。

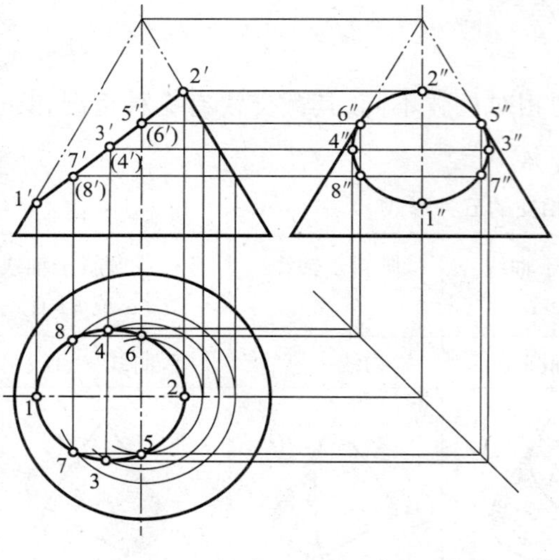

图5-17 正垂面与圆锥相交

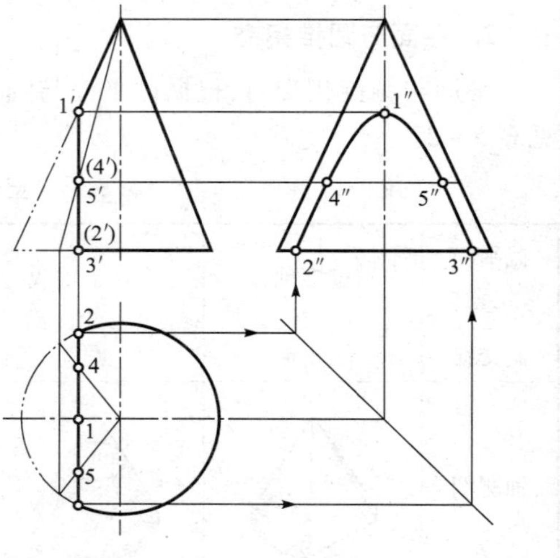

图5-18 侧平面与圆锥相交

分析: 由于截平面平行于圆锥轴线,所以截交线为双曲线。它的水平投影与正面投影均积聚为一条直线,要求作的是截交线的侧面投影。

作图步骤:

(1) 求特殊点。截平面与正面轮廓线的交点Ⅰ是双曲线的最高点,截平面与圆锥底圆的交点Ⅱ,Ⅲ是最低点,这些点都可直接作出。

(2) 求一般点。一般点可先在截交线的已知投影上选取,然后过点在圆锥面上作辅助线(素线或纬圆)求出其他投影。图中用素线法求出两个一般点Ⅳ,Ⅴ。同理,可作出其他一般点。

(3) 连线。依次光滑地连接各点即得截交线的侧面投影。

3. 平面与球相交

平面与圆球相交,其截交线都是圆。如果截平面是投影面平行面,在该投影面上的投影为圆的实形,其他两投影积聚成直线,长度等于截交圆的直径。如果截平面是投影面垂直面,截交线在该投影面上的投影积聚成直线,其他两投影均为椭圆,见表 5－3。

表 5－3　平面与圆球体相交的各种形式

截平面位置	与 V 面平行	与 H 面平行	与 V 面垂直
轴测图		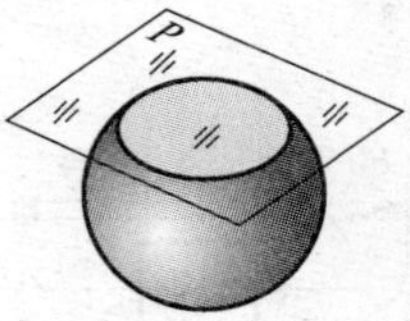	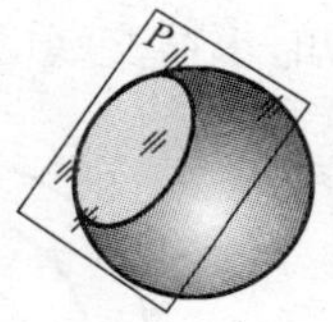
投影图	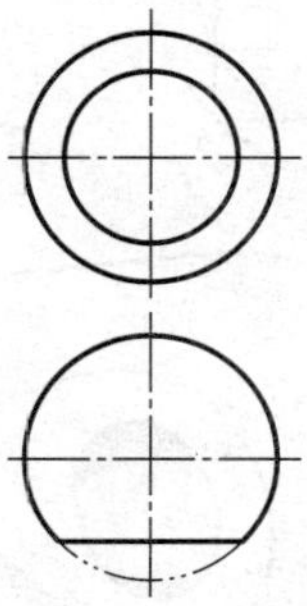	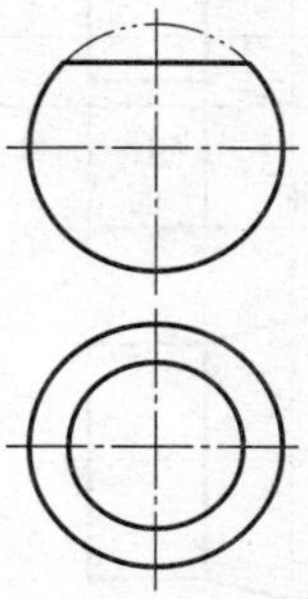	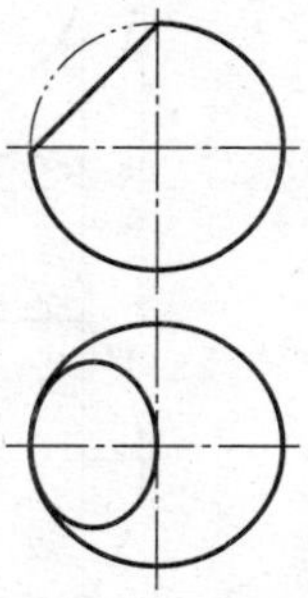

例 5－9　如图 5－19 所示,圆球被正垂面截切,试求其截交线的投影。

分析: 因为圆球被正垂面截切,所以截交线的正面投影积聚为一条直线,且直线长度等于截交线圆的直径。截交线的水平投影和侧面投影均为椭圆。

作图步骤:

(1) 求特殊点。先作水平投影,确定椭圆长、短轴的端点。圆的水平直径 Ⅲ Ⅳ 平行于水平投影面,其水平投影 3 4 为椭圆的长轴,与 Ⅲ Ⅳ 垂直的直径 Ⅰ Ⅱ 对水平面的倾角最大,其水平投影 1 2 为椭圆的短轴。再求出圆球水平投影转向轮廓线上的点 Ⅴ, Ⅵ 和圆球侧面投影转向轮廓线上的点 Ⅶ, Ⅷ。

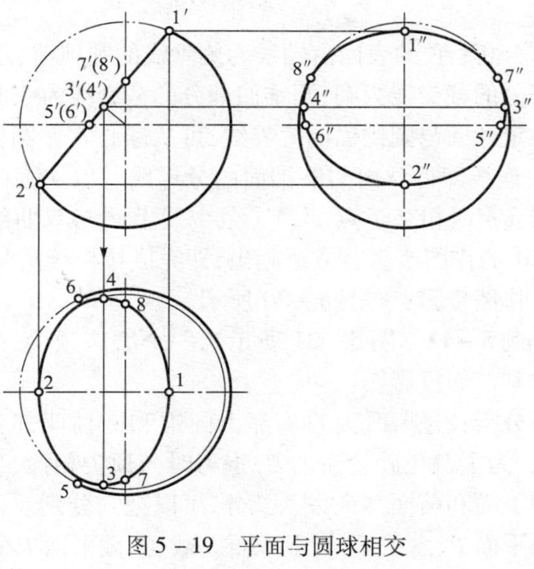

图 5－19　平面与圆球相交

(2) 求一般点。一般点可先在截交线的已知投影上选取,然后根据圆球表面上取点,求出另外两投影。

(3) 连线。将这些点依次光滑连接起来,即为截交线的水平投影。

同理可作出截交线的侧面投影。

4. 平面与组合体相交

该组合体是由若干基本回转体组成。当平面与组合体相交时，截交线是由截平面与各个回转体的截交线所组成的平面图形。作图时首先要分析各部分的曲面性质，然后按照它的几何特性确定其截交线形状，再分别作出其投影。

例 5－10　图 5－20 所示为一个拉杆接头，其俯视图、左视图已知，主视图上的回转面轮廓已知，求截交线的投影。

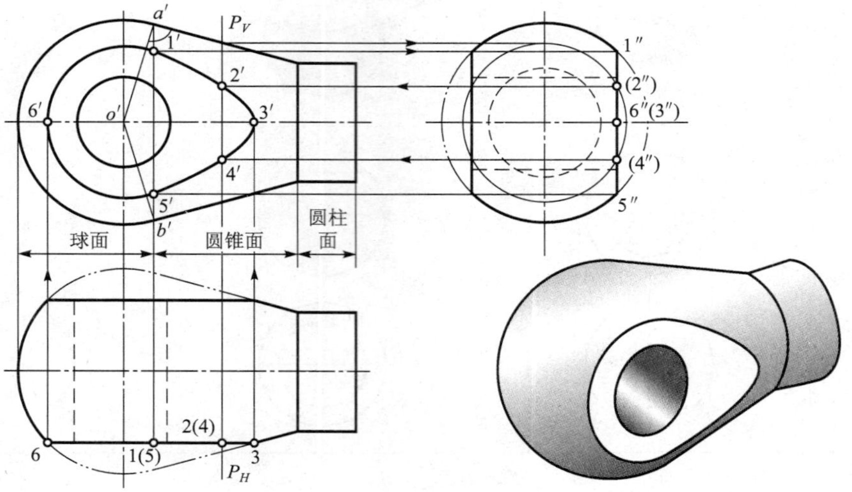

图 5－20　平面与组合体（拉杆接头）的截交线

分析：它的表面由轴线为侧垂线的圆柱面、圆锥面和球面组成。前后各被正平面截切，球面部分的截交线为圆；圆锥面部分的截交线为双曲线；圆柱面部分未被截切。作图时先要在图上确定球面与圆锥面的分界线，可从球心 o' 作圆锥面正面外形轮廓线的垂线得交点 a'，b'，将 a'、b' 连线即得球面与圆锥面的分界线。以 o' 为圆心，$o'6'$ 为半径作圆，即得球面的截交线，该圆与 $a'b'$ 线相交于点 1′，5′（截交线上圆与双曲线的结合点）。圆锥面上的截交线可按照图 5－20 的作图步骤及方法画出，即完成拉杆接头截交线的正面投影。

作图步骤：如图 5－20 所示。

例 5－11　图 5－21 所示为一个磨床顶尖，试完成其三面投影。

分析：磨床顶尖的头部由圆锥和圆柱两部分组成，为了避免砂轮在进刀、退刀时与顶尖相撞，顶尖的上面和前面都铣去一部分，可以把它分别看做被侧平面 P、水平面 Q、正平面 S 截切，截平面 P 垂直于顶尖的轴线，因此截交线是圆的一部分；截平面 Q，S 平行于顶尖的轴线，因此圆柱部分截交线为两条平行直线，圆锥部分的截交线为两条不完整的双曲线，两双曲线的交点 A 的侧面投影 a'' 可首先确定，然后可根据圆锥面上取点的方法确定 a' 和 a。截交线的作图方法请读者自行分析。

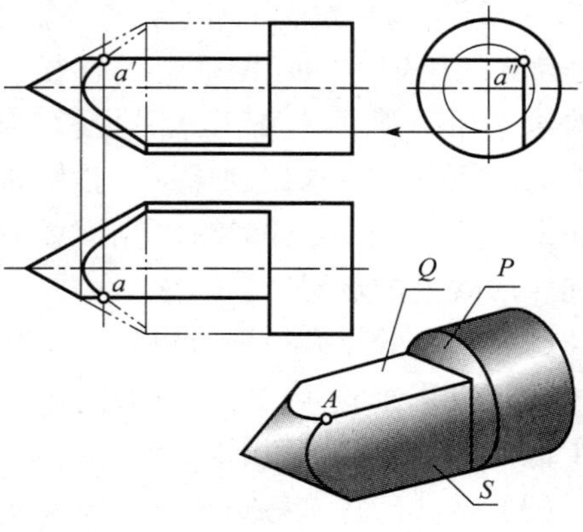

图 5－21　磨床顶尖的截交线

第三节　两曲面立体相交

两立体相交，按其立体表面的性质可分为两平面立体相交、平面立体与曲面立体相交、两曲面立体相交3种情况，分别如图5－22(a)、(b)、(c)所示。两立体表面的交线称为相贯线。

由于平面立体的表面均为平面，因而平面立体与平面立体相交，其实质是平面与平面立体相交的问题；平面立体与曲面立体相交，其实质是平面与曲面立体相交的问题，故不再讨论。本节将讨论两曲面立体相交时相贯线的性质和作图方法。

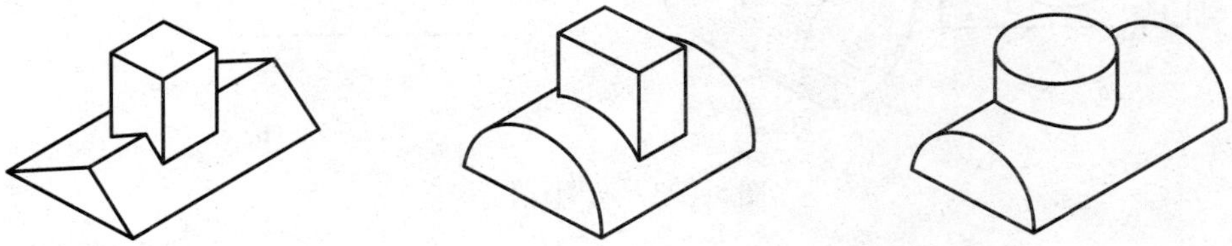

(a)　(b)　(c)

图5－22　两立体相交的种类

相贯线具有如下性质：

(1) 相贯线是两曲面立体表面的共有线，相贯线上的点是两曲面立体表面的共有点。相贯线也是两相交曲面立体的分界线。

(2) 由于立体的表面是封闭的，因此相贯线在一般情况下是封闭的空间四次曲线，在特殊情况下可以由平面曲线或直线组成。当两立体的表面处在同一平面上时，相贯线是不封闭的。

(3) 相贯线的形状决定于参加相交的两曲面立体的本身形状、大小及两曲面立体之间的相对位置。

一、利用积聚性求相贯线

两曲面立体相交，其中至少有一个为圆柱体，其轴线垂直于某投影面时，则圆柱面在该投影面上的投影积聚为一个圆。其他投影可根据表面上取点的方法作出。

例5－12　如图5－23所示，直立圆柱与水平圆柱相交，求其相贯线的投影。

分析：由图5－23不难看出，两圆柱轴线垂直相交，这样相贯线在空间具有两个对称面，即前后、左右对称。同时直立圆柱的轴线垂直于水平面，水平圆柱的轴线垂直于侧面，可知相贯线的水平投影积聚在直立圆柱的水平投影(圆)上，侧面投影积聚在水平圆柱的侧面投影(圆)上，故不需要作图，要求作的是相贯线的正面投影。因已知相贯线的两个投影即可求出其正面投影。又因直立圆柱的直径比水平圆柱的直径小，即小圆柱穿入大圆柱，因此相贯线的正面投影必然是向大圆柱弯曲。

作图步骤：

(1) 求特殊点。为了作图正确和简捷，首先必须求出相贯线上的特殊点。点C是直立圆柱面最前素线与水平圆柱面的交点，它是最前点也是最低点，c'可根据c，c''求得；点A，B为直立圆柱面最左素线和最右素线与水平圆柱面最高素线的交点，它们是相贯线上的最左、最右点和最高点，a'，b'可直接在图上作出。

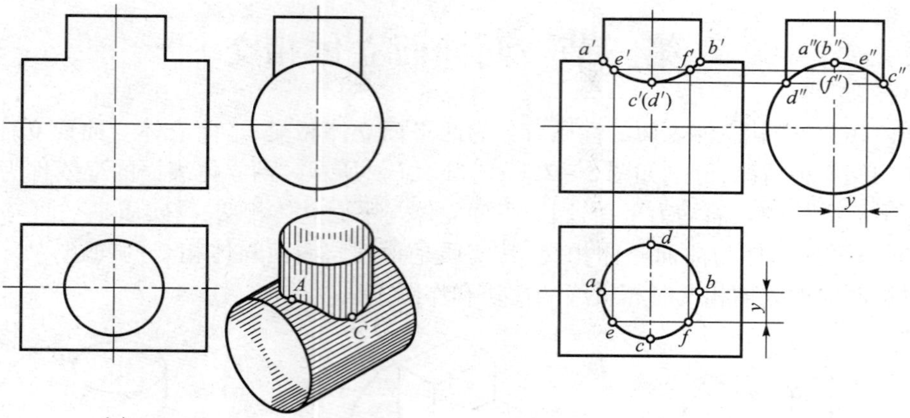

（a） （b）

图 5－23　两圆柱相交

（2）求一般点。一般点可适当求作，如在直立圆柱面的水平投影（圆）上取两点 e，f，在作出其侧面投影 e''，f''后，其正面投影 e'，f'可根据投影规律求出。

（3）光滑连线。顺次光滑地连接 a'，e'，c'，f'和 b'等点即得相贯线的正面投影。应当指出，因相贯线前后对称，后半部分不可见的投影与前半部分可见的投影重合，所以只画可见部分（实线）；两圆柱相交成为一个整体，因而水平圆柱最高轮廓线两点 a'，b'之间的一段已不存在，不应再画线。

当两圆柱垂直相交时，若相对位置不变，改变两圆柱的相对直径大小，则相贯线也会随之而改变，见表 5－4。

表 5－4　两圆柱相对大小的变化对相贯线的影响

两圆柱直径的关系	水平圆柱直径较大	两圆柱直径相等	水平圆柱直径较小
相贯线的特点	上、下两条空间曲线	两个相互垂直的椭圆	左、右两条空间曲线
轴测图	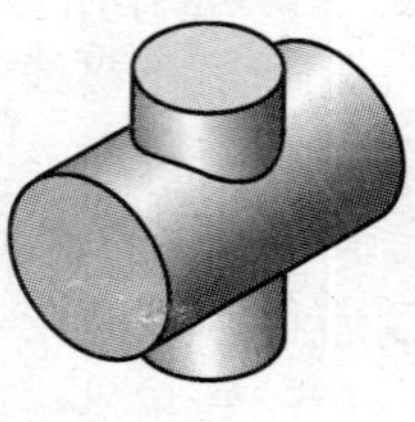	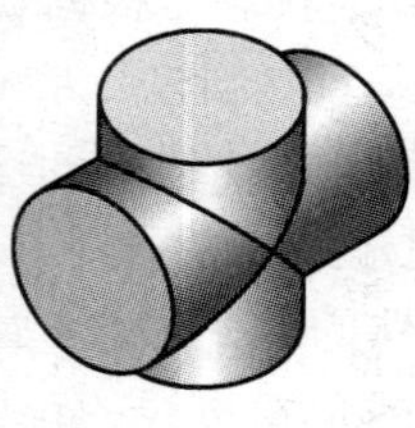	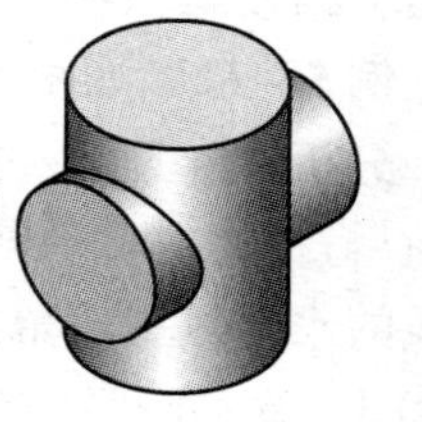
投影图	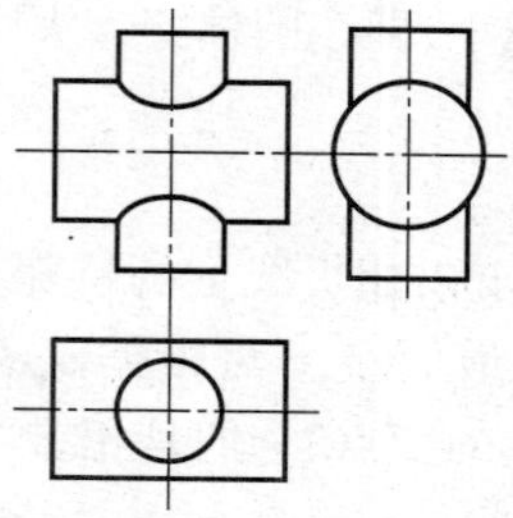	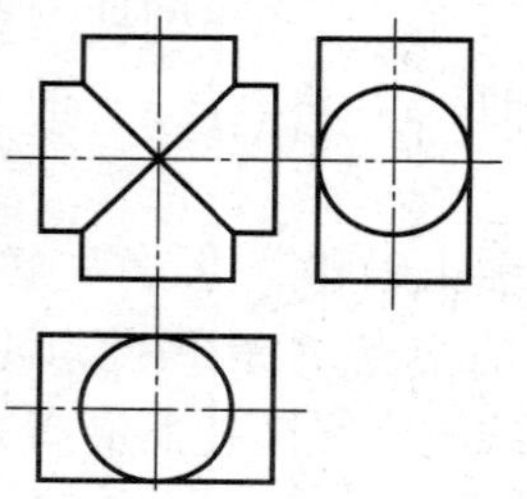	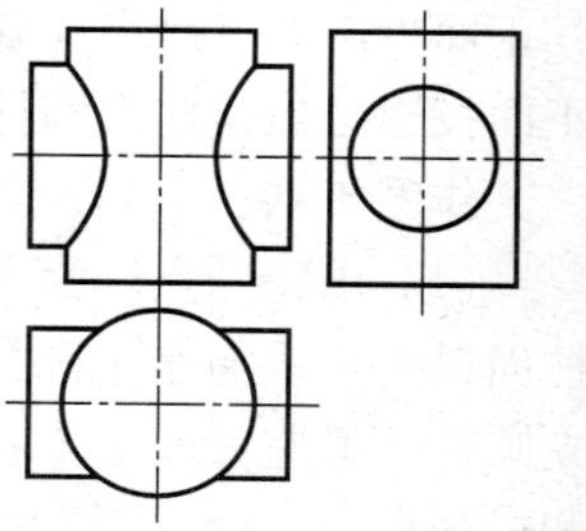

当两圆柱相交时，若改变两圆柱的相对位置，则相贯线也会随之而改变，见表5-5。

表5-5　两圆柱相对位置的变化对相贯线的影响

两轴线垂直相交	两轴线垂直交叉		两轴线平行
	偏贯	互贯	
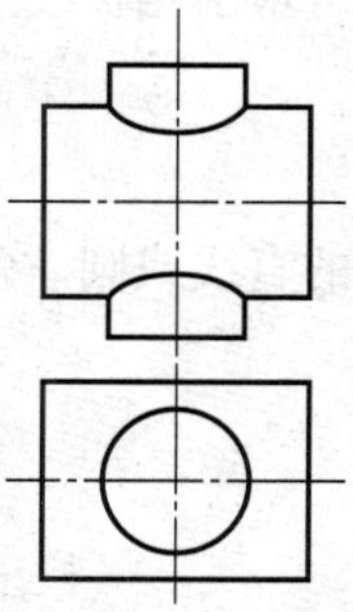	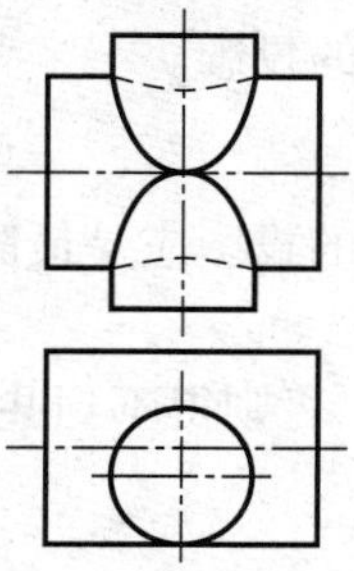	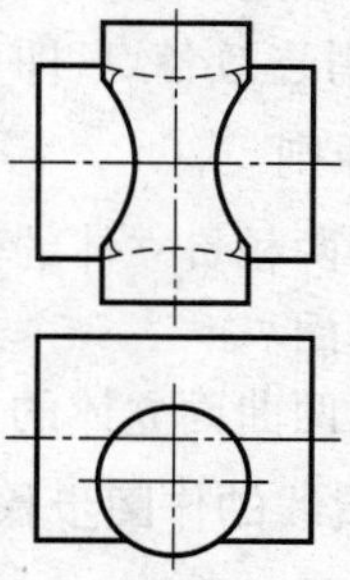	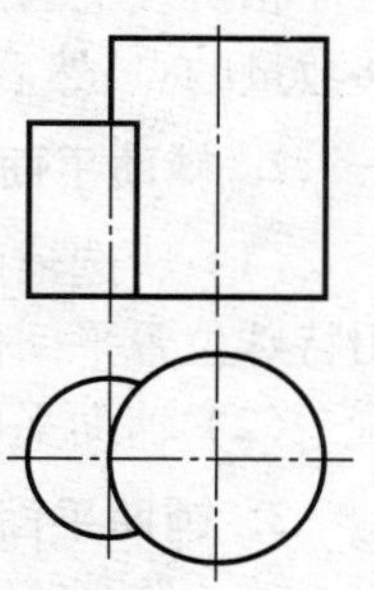

两圆柱相贯时，存在着虚、实圆柱的情况，即有实、实圆柱相贯（两外表面相交），实、虚圆柱相贯（外表面与内表面相交），虚、虚圆柱相贯（内表面与内表面相交）3种形式，见表5-6。由图中可见，圆柱的虚实变化并不影响相贯线的形状，不同的只是相贯线和转向轮廓线的可见性。

表5-6　两圆柱相贯的三种形式

相交形式	两外表面相交	外表面与内表面相交	两内表面相交
轴测图	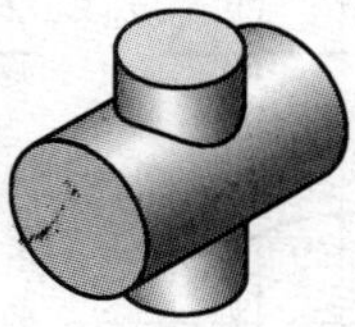		
投影图	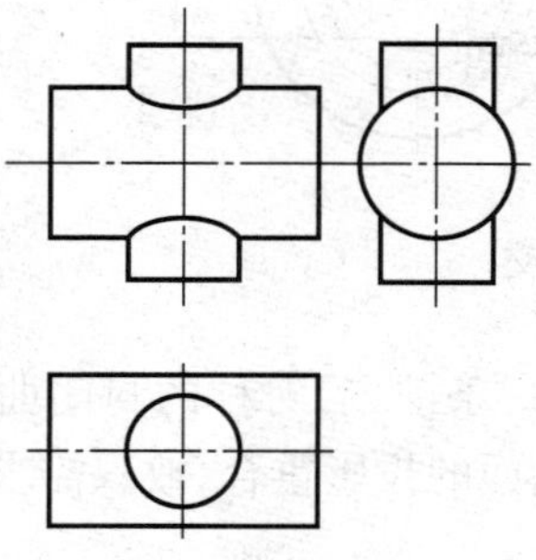	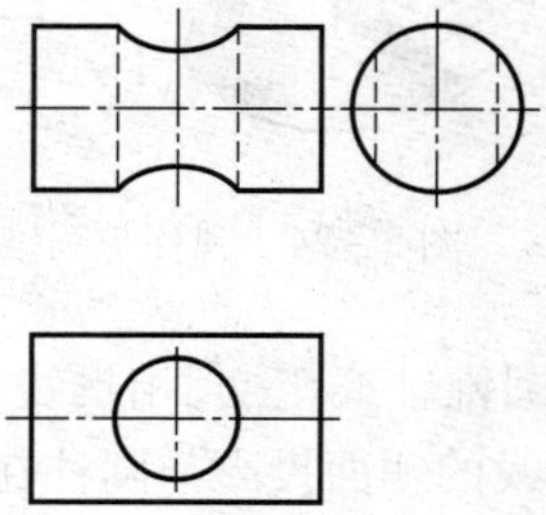	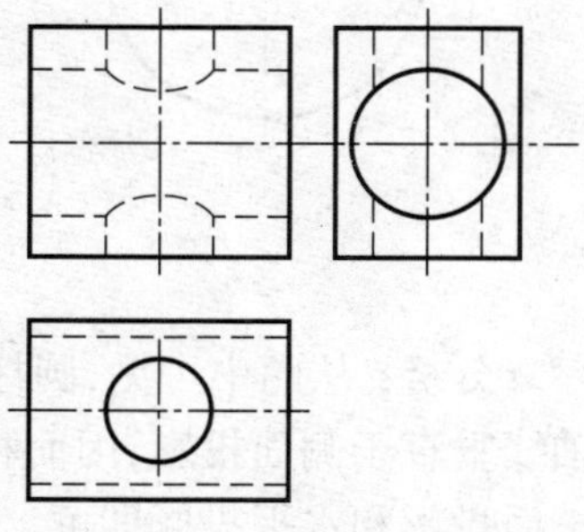

二、用辅助平面求相贯线

当两立体表面相交，其相贯线不能用积聚性直接求出时，可用辅助平面法求之。

1. 辅助平面法的原理

用与两立体都相交或相切的辅助平面切割这两立体，则两组截交线或切线的交点，就是辅助平面与两曲面立体表面3个面的交点,即为相贯线上的点。

如图5-24所示,圆柱和轴线铅垂的圆锥相贯。作一辅助平面P_1,平面P_1与圆锥面的截交线为圆。平面P_1与圆柱面的交线为两条平行直线,圆与两平行线交于两点Ⅴ,Ⅵ,这两点既在圆柱面上,又在圆锥面上,还是平面P_1上的点,是三面公共点。故两点Ⅴ,Ⅵ是圆柱面与圆锥面相贯线上的点。若选取足够数量的辅助平面与圆柱、圆锥同时相交,即可求出相贯线上足够数量的点,然后依次光滑连接各点,即可得相贯线的投影。

2. 辅助平面的选择原则

(1) 所选辅助平面与两相贯立体的辅助截交线的投影应是最简单易画的直线或圆。常选用特殊位置平面作辅助平面。

(2) 辅助平面应位于两曲面立体的共有区域内,否则得不到共有点。

3. 辅助平面法求相贯线的作图步骤

(1) 选择适当位置的辅助平面;

(2) 求作辅助平面与两相贯立体的辅助交线;

(3) 求出辅助交线的交点,即为相贯线上的点。

例5-13 如图5-24(a)所示,求作圆柱与圆锥的相贯线的投影。

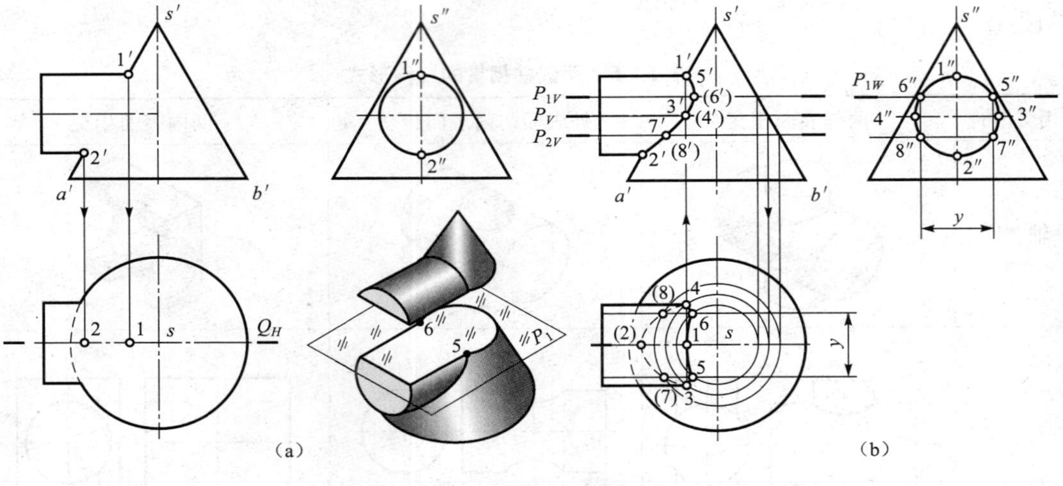

图5-24 圆柱与圆锥相交

分析: 从图中可见,圆柱与圆锥轴线正交,相贯线是一条前、后对称的封闭曲线。因圆柱轴线垂直于侧面投影,因而相贯线的侧面投影与圆柱在侧面的投影重合,故只需求出相贯线的正面投影和水平投影即可。

作图步骤:

(1) 求特殊点。过锥顶S作辅助正平面Q,与圆锥面的交线正是圆锥的转向线SA,SB,与圆柱面的交线也是圆柱在正面的转向线,由此得到交点Ⅰ,Ⅱ即为相贯线上的最高、最低点。过圆柱轴线作辅助平面P,与圆柱面交于水平转向线,与圆锥面交于水平位置的圆,由此得到的交点Ⅲ,Ⅳ,即为相贯线上最前、最后的点。

(2) 求一般点。作辅助水平面P_1,P_2,方法同上,得交点Ⅴ,Ⅵ,Ⅶ,Ⅷ。根据需要可求出若干个一般点。

(3) 判别可见性,顺次光滑连线。

(4) 补充未参与相贯的转向线的投影,整理完成全图,如图 5-24(b)所示。

例 5-14　如图 5-25 所示,水平圆柱与半圆球相交,求其相贯线的投影。

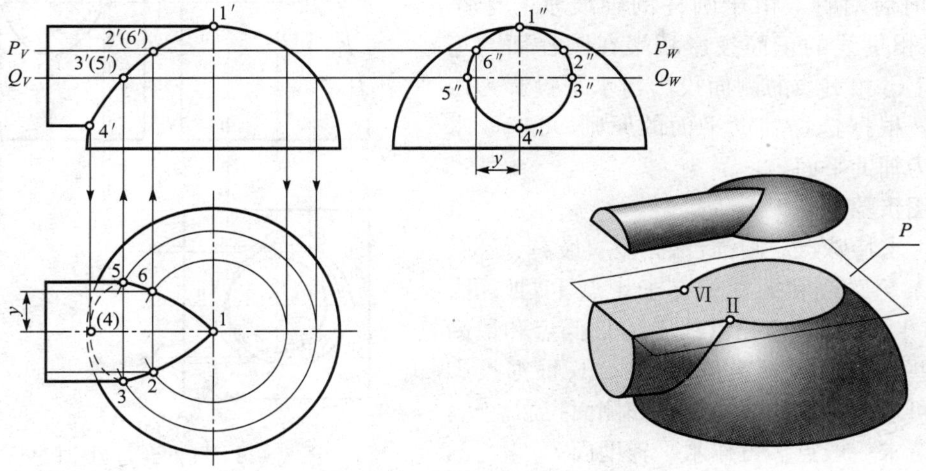

图 5-25　圆柱与圆球相交

分析: 两立体相交后具有平行于正面的公共对称面,故相贯线的正面投影前后对称。侧面投影积聚于水平圆柱的侧面投影(圆)上,不必求作。图形左右不对称,水平投影为四次曲线。其辅助平面可以选择与圆柱轴线平行的水平面,这时平面与圆柱面相交为一对平行直线,与圆球面相交为圆,也可选择与圆柱轴线相垂直的侧平面作为辅助平面,这时平面与圆柱面、圆球面相交均为圆。

作图步骤:

(1) 求特殊点。点Ⅰ,Ⅳ为相贯线上的最高点和最低点,也是最右点和最左点,可以直接求出。最前和最后点应在圆柱面的最前和最后的转向轮廓线上,可过圆柱面轴线作水平面 Q,该平面与圆球面相交为圆,与水平圆柱相交为两条直线(前后两条转向轮廓线),它们的水平投影相交于点 3,5,即为相贯线上的最前和最后点,也是相贯线水平投影的可见部分与不可见部分的分界点,其正面投影和侧面投影分别为 3′,5′和 3″,5″。

(2) 求一般点。可作辅助平面,如取水平面 P,它与圆柱面相交为一对平行直线,与圆球面相交为圆,直线与圆的水平投影的交点 2,6 即为共有点Ⅱ,Ⅵ的水平投影,由此可求出正面投影 2′,6′。用同样的方法还可求得一系列其他一般点,请读者自行分析。

(3) 连线。依次连接各点的同面投影,即得相贯线的各个投影。如图 5-25 所示,其连接顺序为Ⅰ-Ⅱ-Ⅲ-Ⅳ-Ⅴ-Ⅵ-Ⅰ。

(4) 判别可见性。判别可见性的原则:两曲面立体的表面同时可见,交线才可见,否则不可见。点Ⅲ,Ⅴ为可见与不可见的分界点,所以点Ⅲ,Ⅴ以上部分可见,以下部分不可见,点Ⅲ,Ⅳ,Ⅴ的水平投影为不可见,画成虚线,其余线段画成实线。在正面投影上,相贯线前后对称,只画实线,而不画虚线。

(5) 将两立体作为整体处理。圆柱与圆球相交成为一个整体,因而水平圆柱最前和最后两条轮廓线与圆球的贯穿点为Ⅲ，Ⅴ两点，所以水平投影3，5两点左面的圆柱轮廓线应画出。

例5－15 如图5－26所示，圆锥台与1/4圆柱相交，求其相贯线的投影。

分析：圆锥台与圆柱的轴线交叉垂直，且分别垂直于水平面和正面。图形前后对称，所以相贯线前后对称。由于圆柱的轴线垂直于正面，所以相贯线的正面投影积聚在圆柱面的正面投影上。相贯线的侧面投影与水平投影为四次曲线。根据选择辅助平面的原则，可选取水平面作为辅助平面。

作图步骤：

（1）求特殊点。圆锥台的最左、最右、最前、最后4条轮廓线和圆柱相交于4点Ⅰ，Ⅲ，Ⅱ，Ⅳ，而点Ⅰ，Ⅲ同时为相贯线上的最低点和最高点。这些点的正面投影可直接求出，根据投影规律即可求出它们的水平投影和侧面投影。

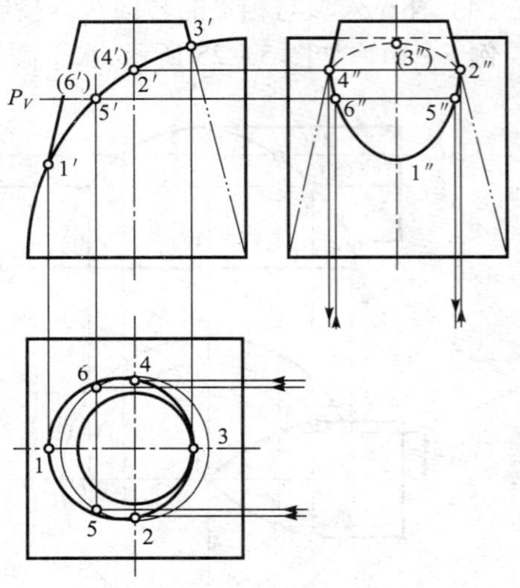

图5－26 圆锥台与圆柱相交

（2）求一般点。可作水平辅助面P，它与圆锥台相交为圆，水平投影反映圆的实形，与圆柱面相交为直线，该直线在正面投影上积聚为一点。在正面投影上的共有点为Ⅴ，Ⅵ，由此再求出其水平投影5，6及侧面投影5″，6″。

（3）连线。依次连接各点的同面投影即得相贯线的各个投影。

（4）判别可见性。水平投影两立体的表面均可见，所以相贯线画成实线。侧面投影点Ⅱ，Ⅳ为可见与不可见的分界点，所以点Ⅱ，Ⅳ以下部分可见，画成实线，以上部分不可见，画成虚线。

（5）将两立体作为整体处理。圆锥台与圆柱相交为一个整体，因圆锥台最前和最后两条轮廓线与圆柱面的贯穿点为Ⅱ，Ⅳ两点，所以侧面投影2″，4″以上的圆锥台轮廓线应画出。

例5－16 如图5－27所示，圆柱与圆锥两轴线平行相交，求其相贯线的投影。

分析：相贯线的水平投影积聚于圆柱面的水平投影（圆）上，其正面投影为空间四次曲线，且不封闭。因图形前后、左右、上下均不对称，所以相贯线亦不对称。其辅助平面可选择过锥顶的铅垂面，它与两曲面的交线均为直线。也可以选择垂直于轴线的水平面，它与两曲面的交线均为圆。

作图步骤：

（1）求特殊点。两曲面的底面都在同一平面上，它们的交点Ⅰ，Ⅱ为相贯线上的最低点，同时点Ⅰ又是最前点，点Ⅱ是最左点，可以直接在图上作出。水平投影9在圆柱表面的最后素线上，为相贯线上的最后点，可利用圆锥表面上取点的方法求得9′。当水平辅助面截切圆锥面得到的圆和截切圆柱面得到的圆相切时，辅助平面在最高位置，因此点Ⅴ是最高点，水平投影5为两圆的切点，由圆锥表面上取点的方法求出正面投影5′。点Ⅴ也可过圆柱轴线O与锥顶S作辅助铅垂面P求出。

圆柱面的最右素线与圆锥表面的交点Ⅵ，为相贯线上的最右点，其水平投影6可直接作出，其正面投影6′可通过作辅助平面Q求出，用该辅助平面同时可求得点Ⅷ。点Ⅵ也可利用圆锥表面上取点的方法求得。

圆锥面的最右素线与圆柱表面的交点Ⅶ，可作过锥顶 S 的正平面 R 作为辅助面求出，它是圆锥的右素线与圆柱面的贯穿点。

（2）求一般点。作水平辅助面 T，截切两曲面的交线为两圆，它们的水平投影的交点3，4即得共有点Ⅲ，Ⅳ的水平投影，由此可求出3′，4′。

（3）连线。依次连接各点即得相贯线的投影。

（4）判别可见性。点Ⅰ，Ⅲ，Ⅵ同时在圆柱和圆锥的前表面上，均为可见，所以1′－3′－6′画为实线。点Ⅵ，Ⅶ，Ⅴ，Ⅷ，Ⅳ，Ⅱ在圆柱的后表面上，均为不可见，所以6′－7′－5′－8′－4′－2′画为虚线。

（5）将两立体作为整体处理。圆柱与圆锥相交成为一个整体，圆柱最右素线与圆锥面的贯穿点为Ⅵ点，所以正面投影6′以上的圆柱轮廓线应画出。圆锥最右素线与圆柱面的贯穿点为点Ⅶ，所以正面投影7′以下的圆锥轮廓线应画出。但点Ⅶ在圆柱后表面上，所以被圆柱面遮挡的部分圆锥轮廓线应画成虚线。又因圆锥从圆柱上顶穿出，所以圆柱上顶与圆锥面交线的水平投影（圆）还须画出。

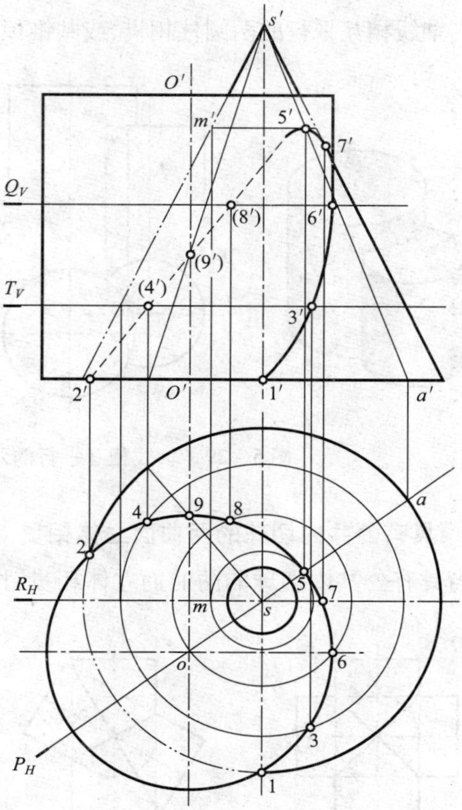

图5－27 圆柱与圆锥两轴线平行相交

三、相贯线投影的特殊情况

在求作两曲面立体的相贯线时，掌握相贯线投影的一些特殊情况尤为必要，可直接画出相贯线，不必选择辅助面求解。

两曲面立体的相贯线，一般情况下是空间四次曲线，在特殊情况下可以是平面曲线或直线。

1. 具有公共回转轴的两回转体相贯

当具有公共回转轴的两回转体相贯时，相贯线为垂直于公共回转轴线的圆，如图5－28所示。

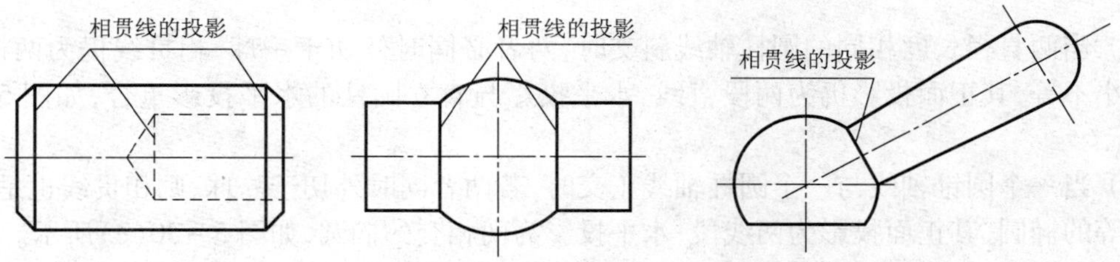

图5－28 具有公共回转轴的两回转体相贯

2. 轴线相互平行的两圆柱相贯或共锥顶的两圆锥相贯

当轴线相互平行的两圆柱相贯,或共锥顶的两圆锥相贯时,相贯线为直线,如图 5-29 所示。

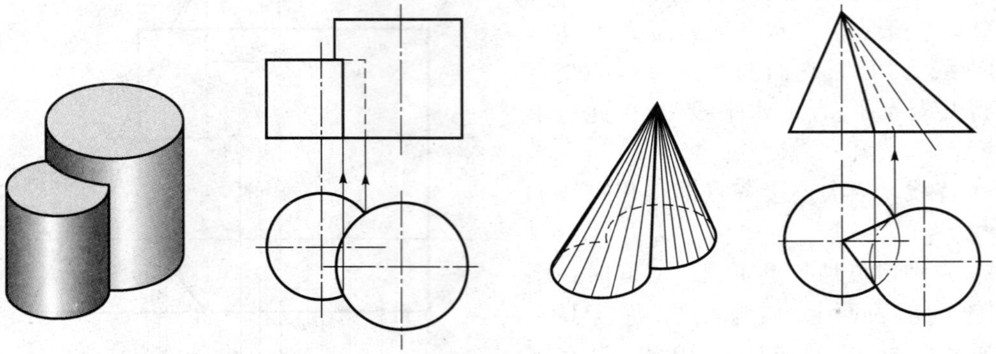

图 5-29 轴线相互平行的两圆柱相贯和共锥顶的两圆锥相贯

3. 具有公共内切球的两曲面立体相贯

当具有公共内切球的两曲面立体相贯时,相贯线为椭圆, 如图 5-30 所示。

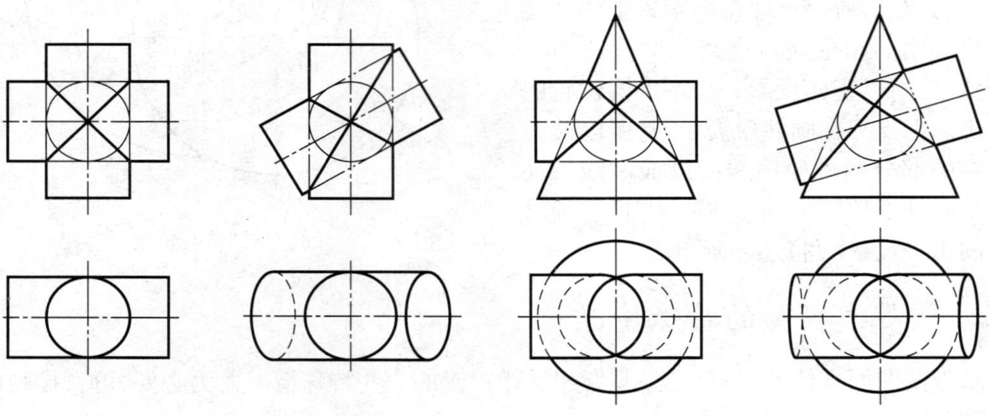

(a) (b) (c) (d)

图 5-30 具有公共内切球的两曲面立体相贯

(1) 当两直径长度相同的圆柱轴线正交时,两者必同时外切于一球,相贯线为两个大小相等的椭圆,其正面投影为两段直线,水平投影与直立圆柱的水平投影重合,如图 5-30(a)所示。

(2) 当两直径长度相同的圆柱轴线斜交时,两者必同时外切于一球,相贯线仍为两椭圆,不过大小不等,其正面投影仍为两段直线,水平投影与直立圆柱的水平投影重合,如图 5-30(b)所示。

(3) 当一个圆锥轴线与一个圆柱轴线正交时,若两者同时外切于一球,则相贯线也是两个大小相等的椭圆,其正面投影为两线段,水平投影为两相交的椭圆,如图 5-30(c)所示。

(4) 当一个圆锥轴线与一个圆柱轴线斜交时,若两者同时外切于一球,则相贯线也是两个大小相等的椭圆,其正面投影为两线段,水平投影为两相交的椭圆,如图 5-30(d)所示。

四、多个曲面立体相交时相贯线的求法

以上所述皆为两个曲面立体相交时相贯线的求法，但在工程实际中，3 个或 3 个以上的曲面立体相交的情况也是常见的。多个曲面立体相交时相贯线的求法，基本上和 2 个曲面立体相交时相贯线的求法一样，只是在求相贯线以前，首先要进行认真分析，再用求 2 个曲面立体相贯线的方法，把它们彼此相交部分的相贯线分别求出来，且合并为一条封闭的线。这样即可求出多曲面立体相交的相贯线。

例 5 – 17　图 5 – 31 所示为 3 个回转体相交的情况，试求其相贯线的投影。

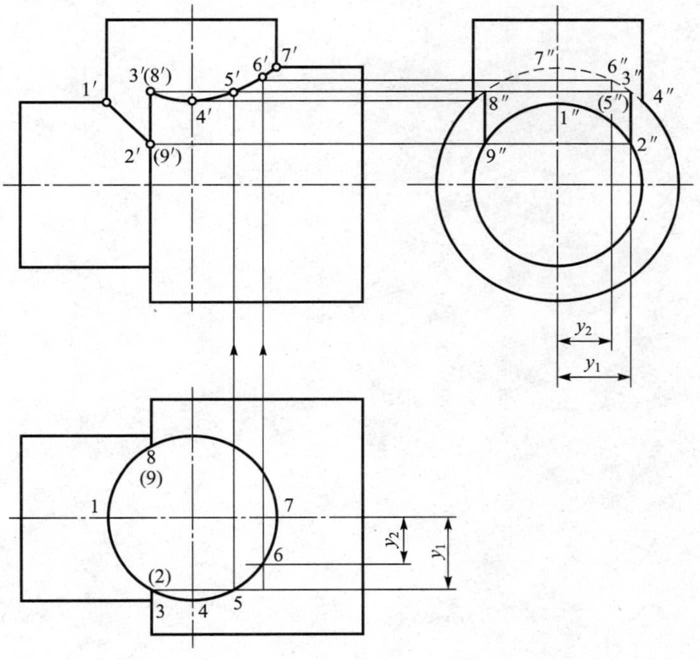

图 5 – 31　求多个曲面立体的相贯线

分析：直立圆柱与左端水平圆柱的直径相等，其相贯线为特殊相贯线，由于两者是部分相交，故相贯线是一段椭圆弧，其正面投影为一直线段，其水平投影与直立圆柱的水平投影重合，其侧面投影与左端水平圆柱的侧面投影重合；直立圆柱的直径小于右端水平圆柱的直径，其相贯线是一段空间曲线，该曲线的正面投影向水平圆柱轴线方向弯曲，其水平投影、侧面投影分别与直立圆柱的水平投影、左端水平圆柱的侧面投影重合；直立圆柱与水平大圆柱的左端面相交，交线为平行于直立圆柱轴线的两直线。综上所知，3 个回转体的相贯线是由特殊相贯线（椭圆弧）、两条直线、一段空间曲线组成。该相贯线前、后对称。

作图步骤：

（1）求特殊相贯线部分。直立圆柱和左边水平小圆柱相交，形成特殊相贯。相贯线为椭圆弧，其水平投影和侧面投影已知，可由 2，9 求出2″，9″，由此求出 2′，9′。连接 1′2′，即得其正面投影（直线）。

（2）求中间部分的交线。左边水平圆柱与右边水平大圆柱的左端面相交，相交为直线。由水平投影 3，8 求出3″，8″，由此可求出 3′，8′。连接 2′3′，3″2″，8″9″，即得该交线的水平、侧面投影。

（3）求出右边的一般相贯线。右边水平圆柱与直立圆柱部分相贯，由该段相贯线的水平、侧面投影可求出其正面投影。

第六章　组合体的视图

在学习画法几何学的基础上，本章将讲述形体分析法、线面分析法和组合体的画图、看图、尺寸标注和构形设计等问题。

通过本章的学习，要求大家必须熟练地掌握组合体三视图之间的投影规律；在画图、看图、尺寸标注和构形设计的实践环节中，应该自觉地运用形体分析法和线面分析法，培养观察问题、分析问题、解决问题以及创新的能力。

第一节　三视图的形成与投影规律

一、三视图的形成

在绘制工程图样时，将物体置于多面投影体系中向投影面作正投影所得的图形称为视图。在三投影面体系中可得到物体的3个视图，其正面投影称为主视图，水平投影称为俯视图，侧面投影称为左视图（图6－1(a)）。

由于在工程图上视图主要用来表达物体的形状，而没有必要表达物体与投影面间的距离，因此在绘制视图时不必画出投影轴；为了使图形清晰，也不必画出投影间的连线，如图6－1(b)所示。视图间的距离通常可根据图纸幅面、尺寸标注等因素来确定。

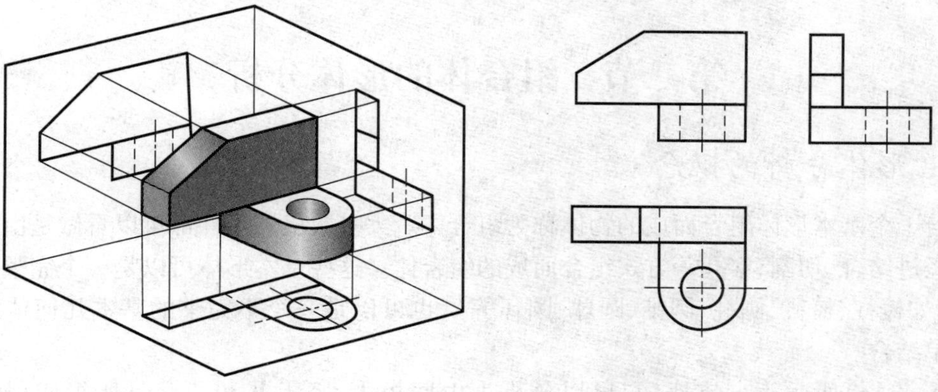

(a)　　(b)

图6－1　物体的三视图

二、三视图的位置关系和投影规律

虽然在画三视图时取消了投影轴和投影间的连线，但是三视图之间仍然保持画法几何学中所述的各投影之间的位置关系和投影规律。如图6－2所示，三视图的位置关系为：俯视图在主视图的下方、左视图在主视图的右方。按照这种位置配置视图时，国家标准规定一律不标注视图的名称。

对照图 6－1(a)和图 6－2,可以得出:

主视图反映了物体左右、上下的位置关系,即反映了物体的长度和高度;

俯视图反映了物体左右、前后的位置关系,即反映了物体的长度和宽度;

左视图反映了物体上下、前后的位置关系,即反映了物体的高度和宽度。

由此可以得出三视图之间的投影规律为:

主、俯视图——长对正;

主、左视图——高平齐;

俯、左视图——宽相等。

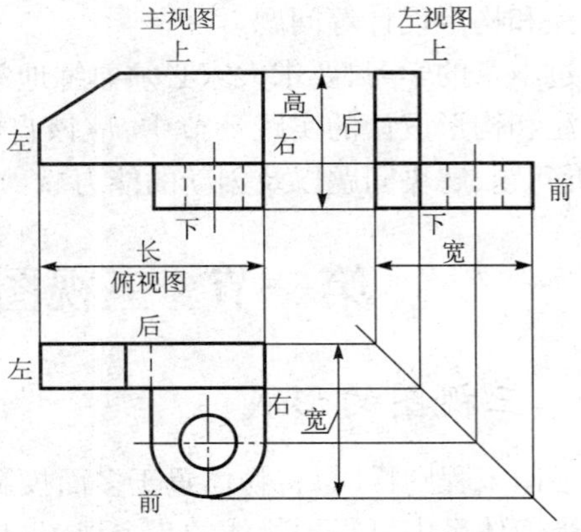

图 6－2　三视图的位置关系和投影规律

“长对正、高平齐、宽相等”是画图和看图时必须遵循的最基本的投影规律。不仅整个物体的投影要符合这个投影规律,而且物体局部结构的投影也必须符合这个投影规律。在应用这个投影规律作图时,要注意物体的上、下、左、右、前、后 6 个部位与视图的关系,如图 6－2 所示。大家对上、下、左、右 4 个部位一般没有问题,特别要注意前、后 2 个部位。如俯视图的下面和左视图的右面都反映物体的前面(远离主视图),俯视图的上面和左视图的左面都反映物体的后面(靠近主视图)。因此,在俯、左视图上量取宽度时,不但要注意量取宽的起点,还要注意量取宽的方向,只有这样才能保证作图的正确性。

第二节　组合体的形体分析

一、形体分析的概念

由若干个基本形体组合而成的物体称为组合体。大多数机器零件都可以看做是由一些基本形体经过结合、切割、穿孔等方式组合而成的组合体。这些基本形体可以是一个完整的基本几何体(如棱柱、棱锥、圆柱、圆锥、圆球、圆环等),也可以是一个不完整的基本几何体或是它们的简单结合。

图 6－3(a)所示为一支座,它可以分析为由底板Ⅰ、竖板Ⅱ和凸台Ⅲ所组成(图 6－3(b))。竖板Ⅱ中间的孔可以看成是从中挖出一个圆柱 P;底板Ⅰ的下部挖出一个四棱柱 Q,一般称为开槽;底板Ⅰ和凸台Ⅲ结合后,从中挖出一个圆头长方体 R 而形成长圆形孔。形体分析法就是把物体分析成一些简单的基本形体以及确定它们之间组合形式的一种思维方法。在学习画图、看图和标注尺寸时,经常要运用形体分析法,使复杂问题变得较为简单。

二、组合体的组合形式分析及其投影特征

由基本形体构成组合体时,有结合(或称叠加)与切割(包括开槽与穿孔)2 种基本形式。下面分别讨论在不同情况下它们的投影特征及作图方法。

1. 基本形体的结合

基本形体间的结合,有简单结合、相切、相交 3 种情况。图 6 – 3 所示各形体间的结合,称为简单结合。

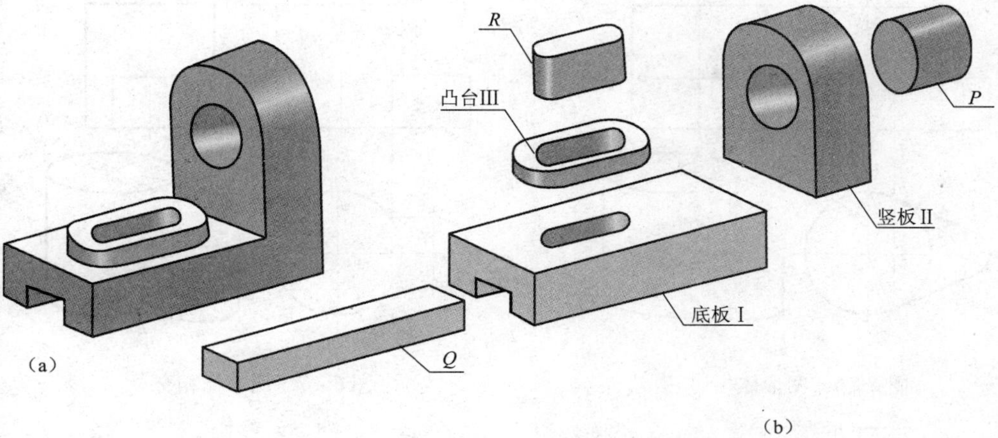

图 6 – 3　支座及其形体分析

当相邻两基本形体的某些表面平齐时,说明此时两立体的这些表面共面,共面的表面在视图上不画分界线,如图 6 – 4 所示。

当相邻两基本形体的表面在某方向不平齐时,说明它们在相互连接处不存在共面情况,在视图上不同表面之间应画分界线,如图 6 – 5 所示。

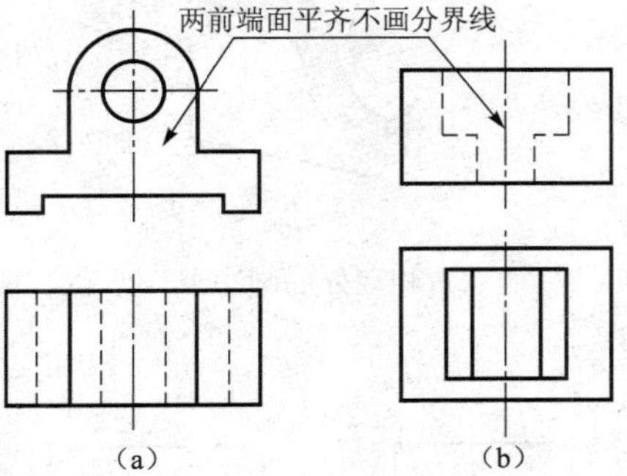

图 6 – 4　表面平齐

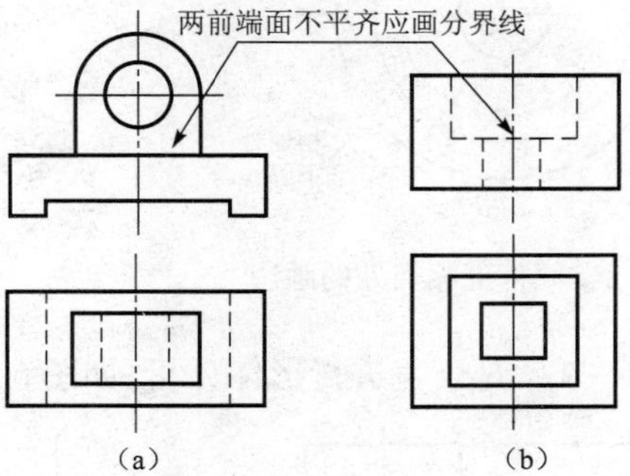

图 6 – 5　表面不平齐

当相邻两基本形体的表面光滑过渡时,在相切处就不存在棱线,如图 6 – 6 所示。在作图时,应先在俯视图上找到切点 a 和 b,在主、左视图上的相切处不要画线,物体左下方底板的顶面在主、左视图上的投影,应画到切点 A 和 B 的投影为止。

当相邻两基本形体的表面相交时,必然产生交线,如图 6 – 7 所示。作图时应先在俯视图上找到交点 $a(b)$,从而作出交线在主视图上的投影 $a'b'$。

图 6 – 8 所示的阀杆是一个组合回转体,它上部的圆柱面和环面相切,环面又与圆锥顶部平面相切,因此在视图上的相切处均不能画线。图 6 – 9 为压铁,它的左侧面由两圆柱面相切而成,因此在主视图上积聚成两相切的圆弧。可以通过该两圆弧的切点作切线,则该切线即表

示两圆柱面公切平面的投影。若该公切平面平行或倾斜于投影面，则相切处在该投影面上的投影就没有线条，如图 6－9(a)所示；若公切平面垂直于投影面，则在俯视图上就应该画线，如图 6－9(b)所示。

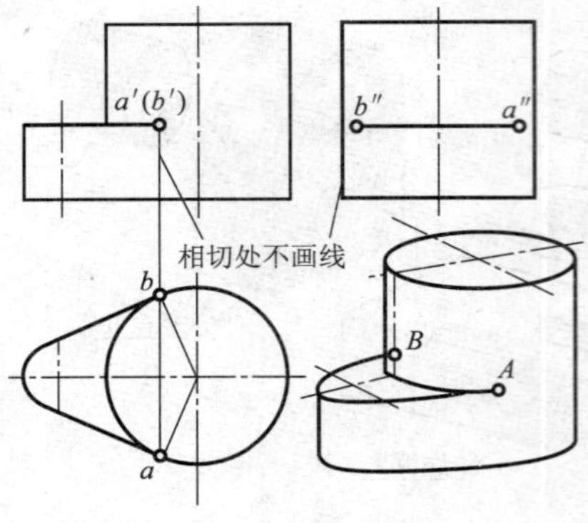

图 6－6　两形体相切

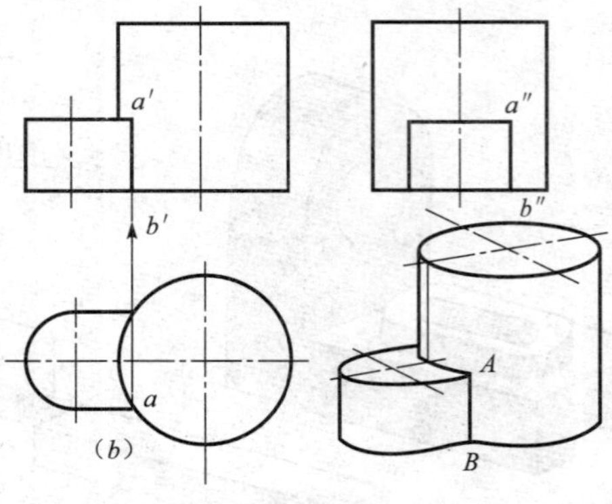

图 6－7　两形体相交

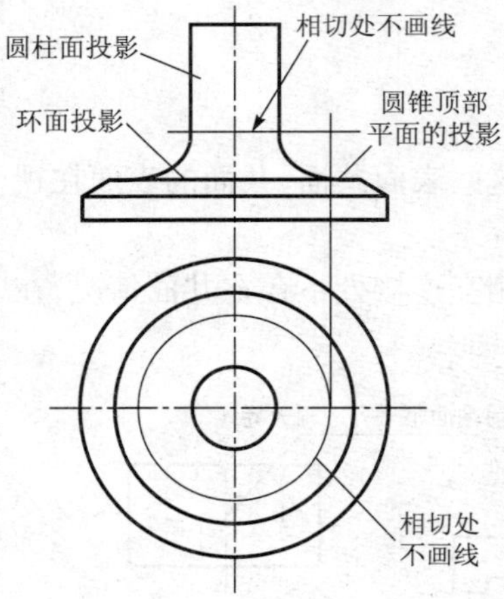

图 6－8　阀杆上相切处的画法

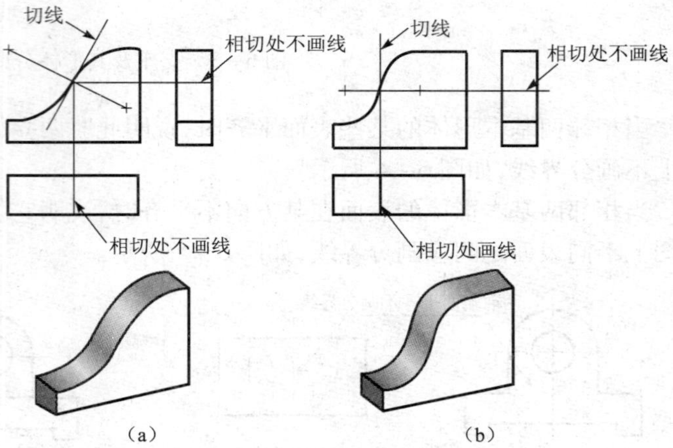

图 6－9　压铁上相切处的画法

例 6－1　对压盖进行形体分析，如图 6－10 所示。

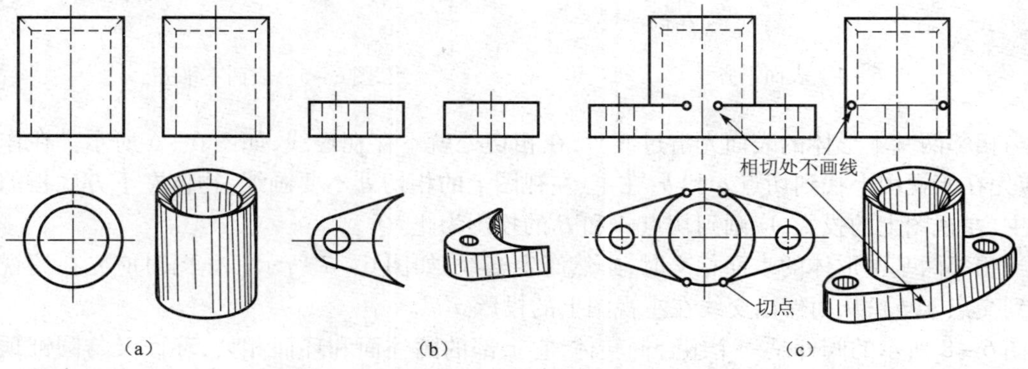

图 6－10　压盖的形体分析图——相切

图 6-10(a)表示了该零件中间为空心圆柱；压盖左、右两端的底板和空心圆柱相切，图 6-10(b)中仅表示了其左端的底板；图 6-10(c)表示了该两种形体结合成压盖的三视图及其底板圆柱相切的作图过程。

例 6-2　对轴承盖进行形体分析，如图 6-11 所示。

图 6-11(a)表示轴承盖中部为半个空心圆柱；图 6-11(b)表示在其上部加上一个圆锥台，中间打了一个圆柱孔并与半圆柱孔相贯穿，因此产生了圆锥与圆柱相交以及两圆柱孔之间相交的交线，在俯、左视图上应分别画出这些交线的投影。图 6-11(c)表示该零件的左、右加上两块半圆头带孔的平板搭子后，其顶面与半圆柱面相交而产生交线的作图过程。

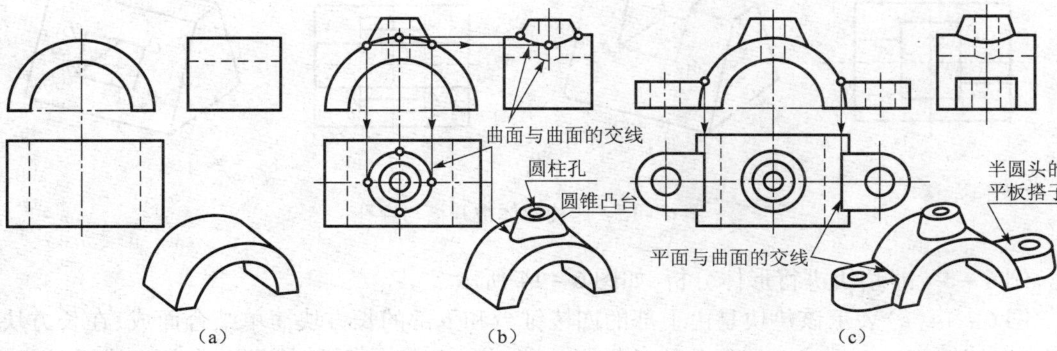

图 6-11　轴承盖的形体分析图——相交

2. 基本形体被切割、开槽与穿孔

基本形体被切割、开槽与穿孔时，随着截切面位置的不同，变化很多，现举例如下。

(1) 平面立体被切割、开槽与穿孔。图 6-12(a)所示四棱柱的前后棱面均为侧垂面 P，被水平面 R 和侧平面 Q 所切割。先作出切割后的主视图与左视图。水平面 R 与前、后侧垂面 P 的交线 AB 和 CD 均为侧垂线，应该先找出其在左视图上的投影 $a''(b'')$ 和 $c''(d'')$，再按宽相等的投影规律，作出交线在俯视图上的投影 ab 和 cd。

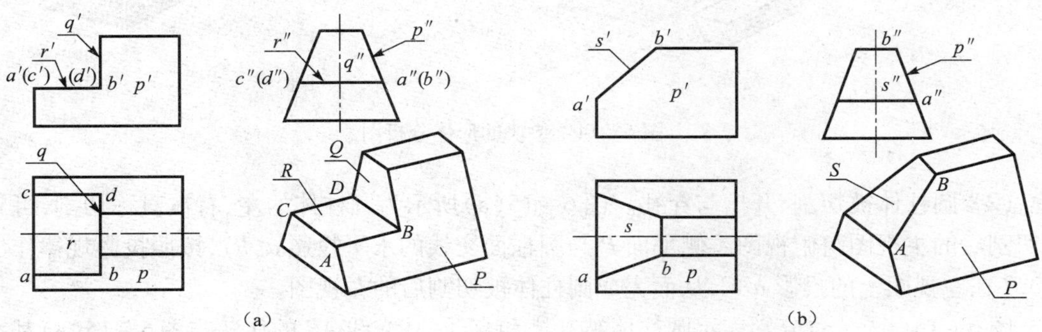

图 6-12　四棱柱体被切割

图 6-12(b)为同样的四棱柱被正垂面 S 和两个侧垂面 P 所斜切，由于正垂面 S 和侧垂面 P 分别在主、左视图上具有积聚性，因此它们的交线 AB 在主、左视图上的投影 $a'b'$ 和 $a''b''$，

分别与 s' 和 p'' 积聚。按照投影规律便能作出该交线在俯视图上的投影 ab。

如果切割的部位从四棱柱的左上方移到中上方，如图 6－13(a)所示，习惯上称之为开槽。如果切割部位移到四棱柱的中部，如图 6－13(b)所示，习惯上称之为穿孔。其交线的作法与图 6－12(a)基本相同，请读者自己分析。

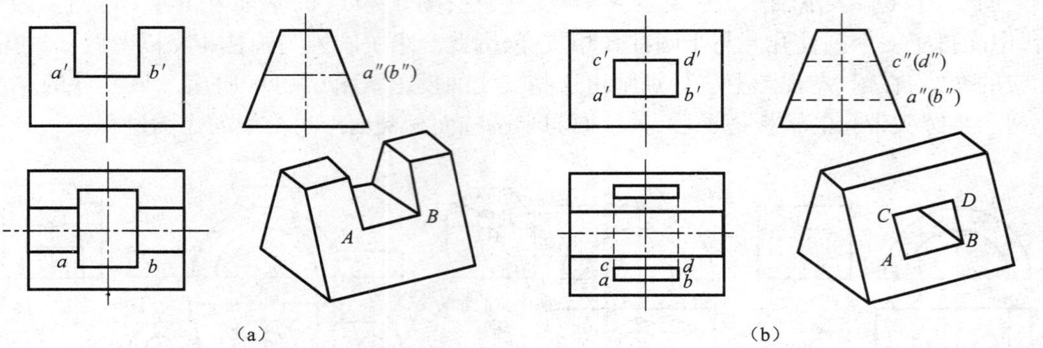

图 6－13　四棱柱体被开槽与穿孔

例 6－3　对垫块进行形体分析，如图 6－14 所示 。

图 6－14(a)表示该垫块是由上部的四棱锥台和下部的长方块简单结合而成，在长方块下部左、右被切割后而形成燕尾形凸块的投影。图 6－14(b)表示四棱锥台中部开槽后的投影，从而完成该垫块的三视图。

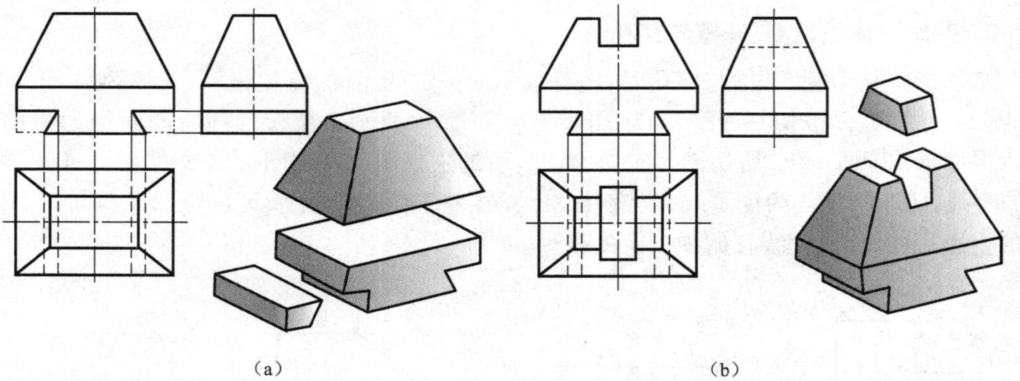

图 6－14　垫块的形体分析图

(2) 圆柱体被切割、开槽与穿孔。图 6－15(a)所示为圆柱体的左、右被对称切割，可先作出切割后的主视图与俯视图。侧平面 P 与圆柱面交线的水平投影 $a(b)$，按照投影规律作出交线 AB 在左视图上的投影 $a''b''$，从而完成圆柱体被切割后的左视图。

图 6－15(b)，(c)分别表示圆柱体被开槽和穿孔，其交线 AB 的作法与图 6－15(a)基本相同。必须注意的是，在左视图上的开槽与穿孔部位处，圆柱的外形轮廓线由于开槽和穿孔而不存在了。

图 6－16(a)，(b)，(c)分别表示空心圆柱体被切割、开槽和穿孔后的三视图画法。作图时应该分别作出切割平面与外圆柱表面及内圆柱表面的交线 AB 及 CD 的投影，其作法与图

6－15 相似，读者可以对照图 6－16 所示的轴测图仔细分析加以解决。

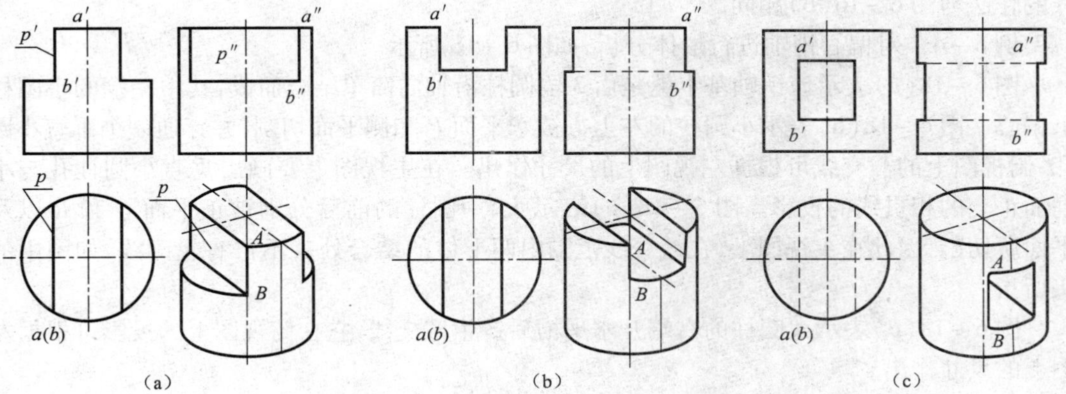

图 6－15　圆柱体被切割、开槽与穿孔

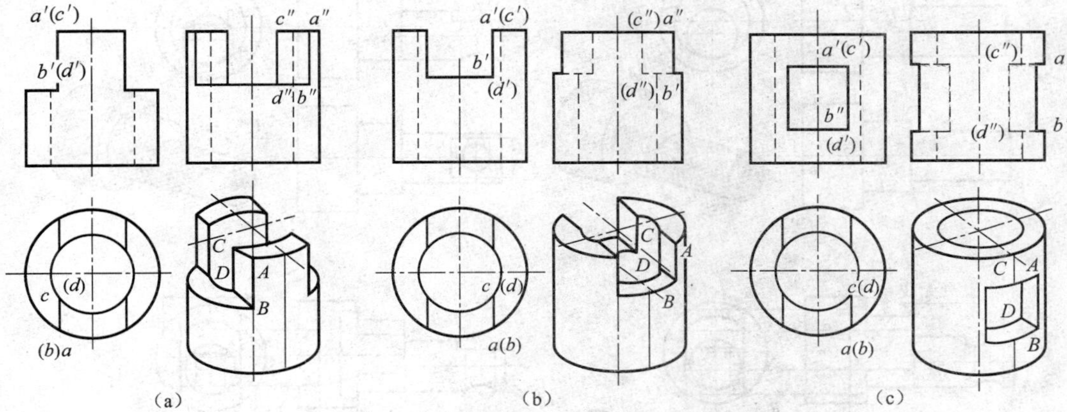

图 6－16　空心圆柱体被切割、开槽与穿孔

图 6－17(a)表示一个水平空心圆柱的中间垂直穿了一个小圆柱孔，可以按图中所示求出特殊点 a' 和 b' 后，作出其内、外相贯线的投影。图 6－17(b)表示该空心圆柱左边垂直开了一

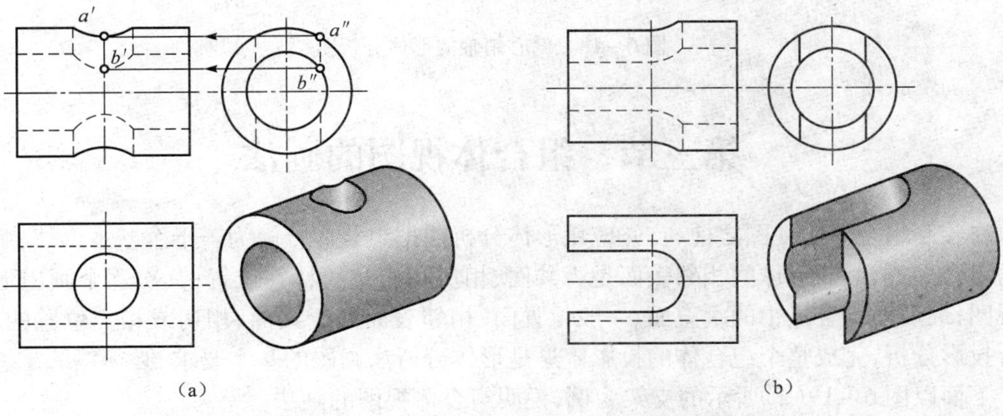

图 6－17　空心圆柱体被穿圆柱孔及开圆头长方形槽

个半圆头长方形槽，其右边半个圆孔形成的相贯线与图 6－17(a)相同，左边长方槽形成的交线的作法与图 6－16(b)相同。

例 6－4 对偏心销轴进行形体分析，如图 6－18 所示。

图 6－18(a)表示该销轴基本上是由 3 段圆柱沿轴向简单结合而成，其中左端的小圆柱向下偏心。图 6－18(b)表示小圆柱的左上方被水平面 P 和侧平面切割，并穿通一个垂直小圆柱孔，俯视图上的截交线可根据左视图上的尺寸作出。在主视图上要画出垂直小圆柱孔与小圆柱面正交的相贯线的投影。图 6－18(c)表示大、中圆柱的前后分别被正平面 Q 和 R 以及侧平面所切割，因此在主视图上，在截交线范围内两形体的结合处就不再有轮廓线，如图中的箭头所指。

图 6－18(d)表示大圆柱的右端开水平槽后产生截交线，它在俯视图上的投影可根据左视图上的尺寸作出。

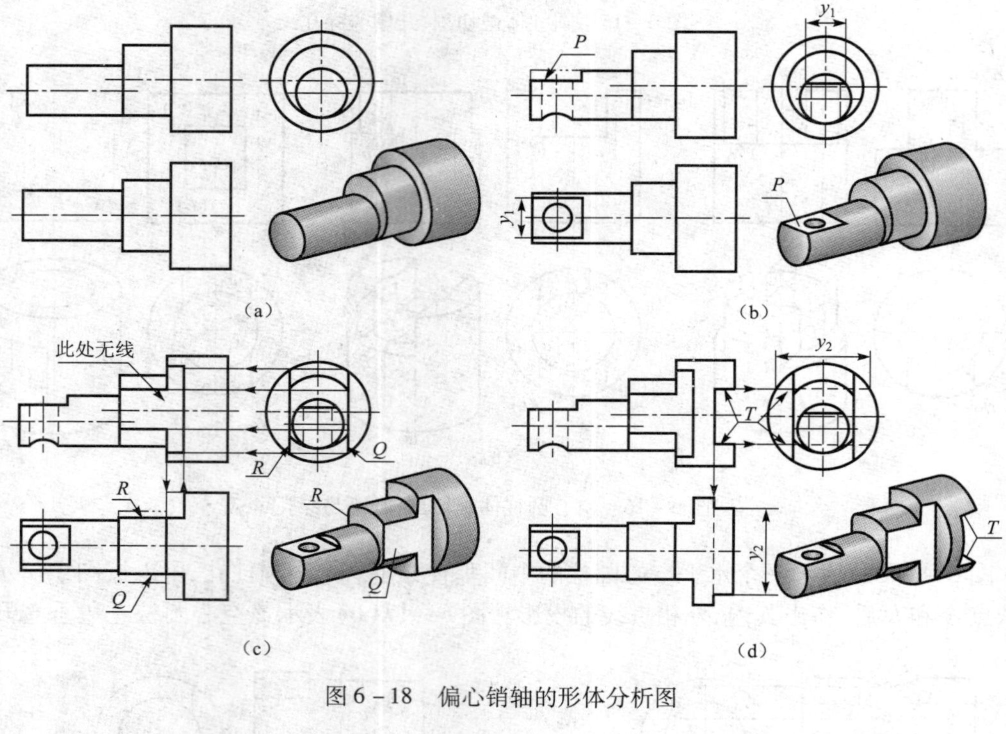

图 6－18 偏心销轴的形体分析图

第三节 组合体视图的画法

在绘制组合体三视图之前，首先应用形体分析法把组合体分解为若干个基本形体，确定它们的组合形式，判断形体间相邻表面是否共面、相切和相交的特殊位置；其次逐个画出形体的三视图；最后对组合体中的垂直面、一般位置面、相邻表面处于共面、相切或相交位置的面、线进行投影分析，完成整个组合体的投影。这是形体分析法画图的基本要求，必须熟练掌握。

下面以图 6－19(a)所示的支架为例，说明组合体视图的画法。

一、对组合体进行形体分析

图6-19(b)为支架的形体分析图。该零件可以分成6个部分:直立空心圆柱、肋、底板、扁空心圆柱、水平空心圆柱、半圆头搭子。支架的中间为一个直立空心圆柱,下部是一个扁空心圆柱,它们之间是简单结合。左下方底板的前后侧面与直立空心圆柱面相切。左下方的肋与底板间也是简单结合,左边的肋和右上方的搭子的前后侧面均与直立空心圆柱相交而产生交线,肋的左侧斜面与直立空心圆柱面相交是曲线(椭圆的一小部分)。前方的水平空心圆柱与直立空心圆柱垂直相交,两圆柱孔穿通,产生两圆柱正交的相贯线(内外表面均有相贯线)。画支架的三视图时,必须注意本章第二节中所述的各种组合形式的投影特性。

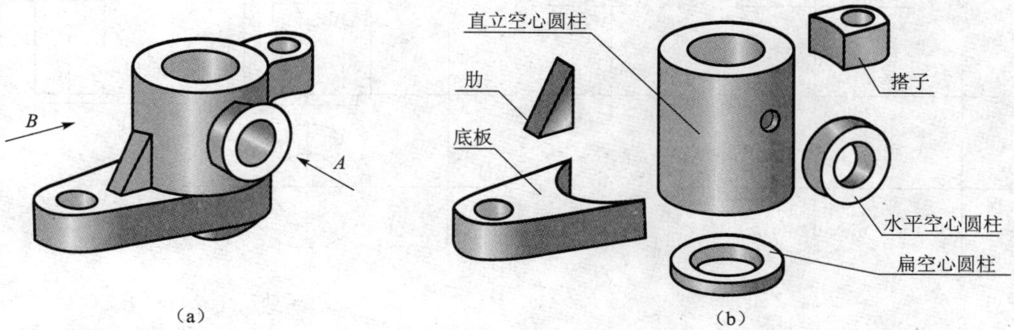

图6-19　支架及其形体分析

二、选择主视图

在三视图中,主视图是最主要的一个视图,是三视图的核心,因此主视图的选择极为重要。选择主视图时,通常将物体放正,即使物体的主要平面(或轴线)平行或垂直于投影面。一般选取最能反映物体结构形状特征的视图作为主视图。如图6-19(a)所示的支架,通常将直立空心圆柱的轴线放成铅垂位置,并把肋、底板、搭子的对称平面放成平行于投影面的位置。显然,选取方向A作为主视图的投射方向最好,因为组成该支架的各基本形体及它们间的相对位置关系在此方向表达得最为清晰,因而最能反映该物体的结构形状特征。如果选取B方向作为主视图的投射方向,则半圆头搭子全部变成虚线;底板、肋的形状以及它们与直立空心圆柱间的位置关系也没有像方向A那样清晰,故不应该选取方向B作为主视图的投射方向。

三、画三视图的步骤

在画图前,首先根据物体的大小和组成形体的复杂程度,选定画图的比例和图幅的大小。尽可能将比例选择为1∶1。对于大而简单的物体,可以选择缩小的比例;对于小而复杂的物体,可以选择放大的比例。然后就是布图,即根据组合体的总长、总宽、总高确定各视图在图框内的具体位置,使三视图分布均匀。视图之间应该留出一定的距离,用于标注尺寸等之用。因此,画图时应首先画出各视图的基准线来布图。基准线是画图和测量尺寸的起点,每一个视图需要确定两个方向的基准线。常用的基准线是视图的对称线、大圆柱体的轴线以及大的底面或端面。开始画视图的底稿时,应按形体分析法,从主要的形体(如直立空心圆柱)着手,按照各基本形体之间的相对位置，逐个画出它们的视图。为了提高绘图速度和保证视图间的投影关系，对于各个基本形体，应该尽可能做到3个视图同时画。完成底稿后，必须经过仔细检查，修改错误或不妥之处，然后按规定的图线要求加深。在同一图样中，所有图线的宽度要相同，粗线的宽度是细线宽度的2倍。具体作图步骤如图6－20所示。其中6－20(a)画出各视图的主要中心线和定位线；(b)画主要形体(直立空心圆柱和扁空心圆柱)；(c)画水平空心圆柱；(d)画底板；(e)画肋及搭子；(f)检查并擦去多余的线条，然后按图线要求描深。

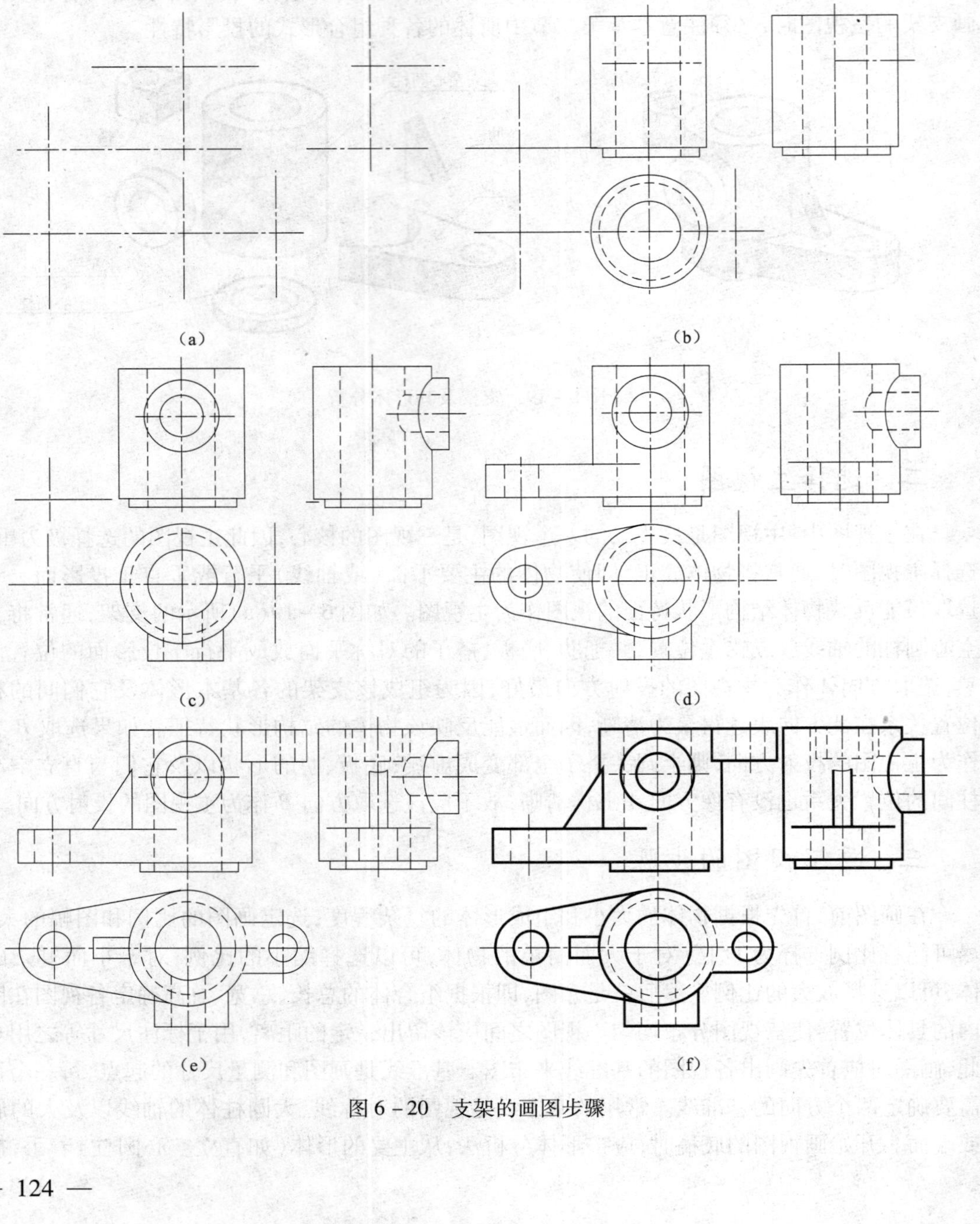
(a) (b) (c) (d) (e) (f)

图6－20 支架的画图步骤

第四节　组合体的构形设计

根据已知条件构思组合体的形状、大小并表达成图的过程称为组合体的构形设计。

组合体的构形设计能把空间想象、构思形体和表达三者结合起来。这不仅能促进画图、读图能力的提高，还能发展空间想象能力，同时还有利于在构形设计中发挥构思者的创造性。

一、构形原则

1. 以几何体构形为主

组合体构形设计的目的主要是培养利用基本几何体构成组合体的方法及视图画法。一方面提倡所设计的组合体应尽可能体现工程产品或零部件的结构形状和功能，以培养观察、分析和综合能力。另一方面又不必过分强调工程化，所设计的组合体也可以是凭自己的想象，以便于开拓思维空间，培养创造力和想象力。如图 6－21 所示的组合体，基本表现了一部卡车的外形，但不是所有细节完全逼真。图 6－22 所示是圆柱、圆球、圆锥组成的一个组合体，体现了特殊相贯的画法。

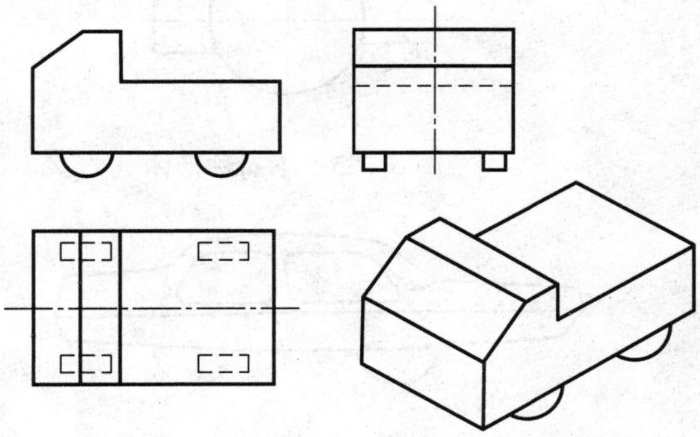

图 6－21　卡车的外形

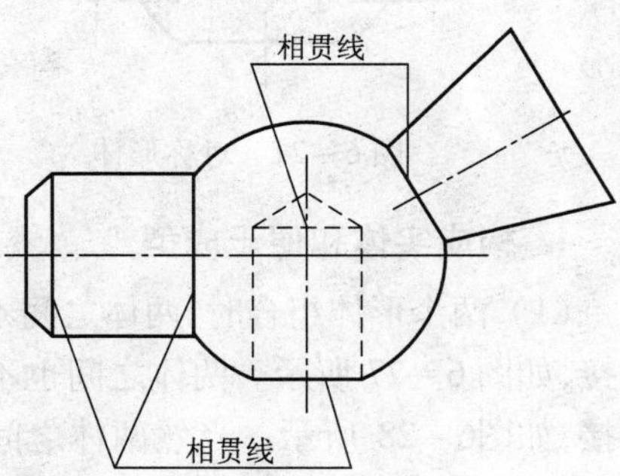

图 6－22　利用特殊相贯

2. 多样、变异、新颖和独特

构成一个组合体所使用的基本体种类、组合方式和相对位置尽可能多样和变化，并力求构思出打破常规、与众不同的新颖方案。根据所给组合体的一个视图构思组合体，通常不止一个。读者应设法多构思出几种，逐步达到构思出的组合体新颖、独特。如要求按照给定的俯视图（图 6－23（a））设计组合体，由于俯视图含有 6 个封闭线框，上表面可有 6 个表面，它们可以是平面或曲面，这样就可以构想出许多方案。如图 6－23（b）所示方案均是由平面构成的，由前向后逐步拔高，显然比较单调；图 6－23（c）所示方案中含有柱面，且高低错纵，形式活泼，变化多样。

3. 体现稳定、平衡、动、静等艺术规则

使组合体的重心落在支撑面内，会给人以稳定和平衡感，对称形体符合这种要求，如图 6－24 所示。非对称形体，如图 6－25 所示，应注意形体分布，以获得力学和视觉上的稳定和平衡感。如图 6－26 所示的小轿车的造型，显然静中有动，给人以形式美观、轻便、可快速行使的感觉。

（a）　（b）　（c）

图 6－23　由俯视图设计组合体

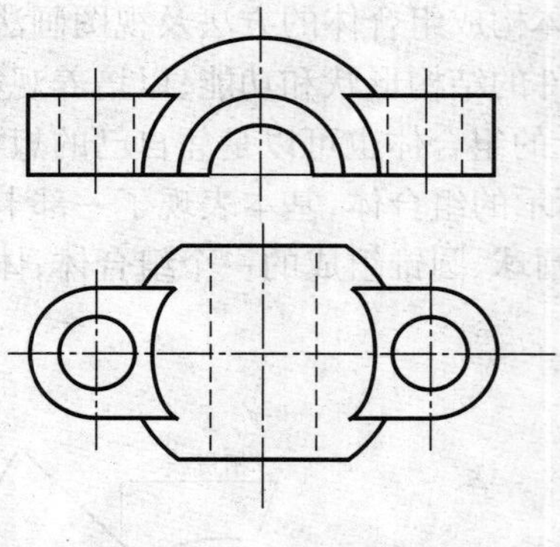
图 6－24　对称形体

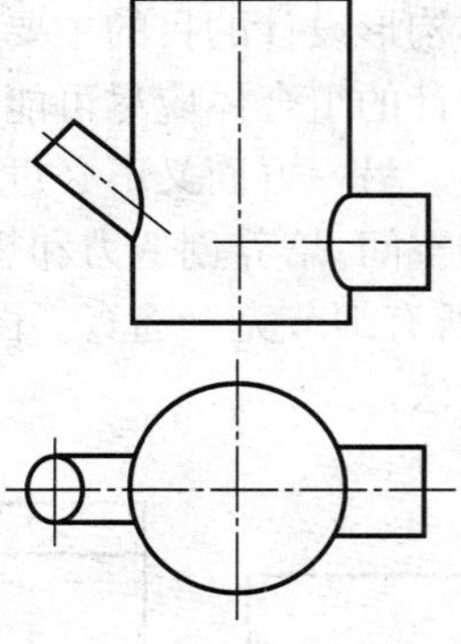
图 6－25　不对称形体

4. 构成实体和便于成型

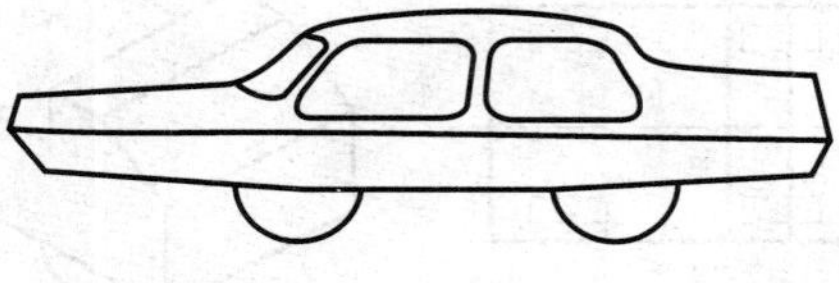
图 6－26　小轿车

（1）两个形体组合时，两体之间不能以点连接，如图 6－27 所示。两体之间也不能以线连接，如图6－28 所示。当然两体之间也不能以圆连接，如图6－29 所示。连接点、连接线不能把两个形体构成一个实体，因此用点、线、圆连接两体的作法都是错误的。

（2）一般采用平面或回转曲面造型，没有特殊需要不用其他曲面，这样绘图、标注尺寸和制作都比较方便。

封闭的内腔不便于制造成型，一般不要采用。

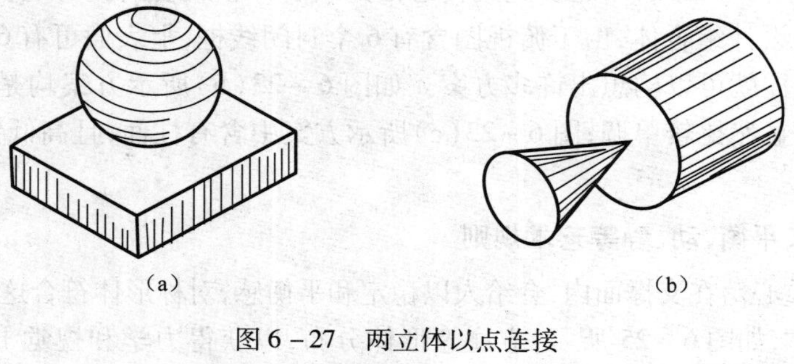
（a）　（b）

图 6－27　两立体以点连接

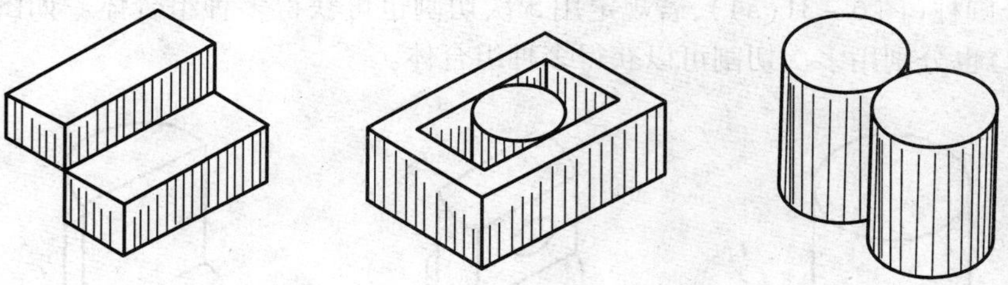

(a)　(b)　(c)

图 6－28　两立体以线连接

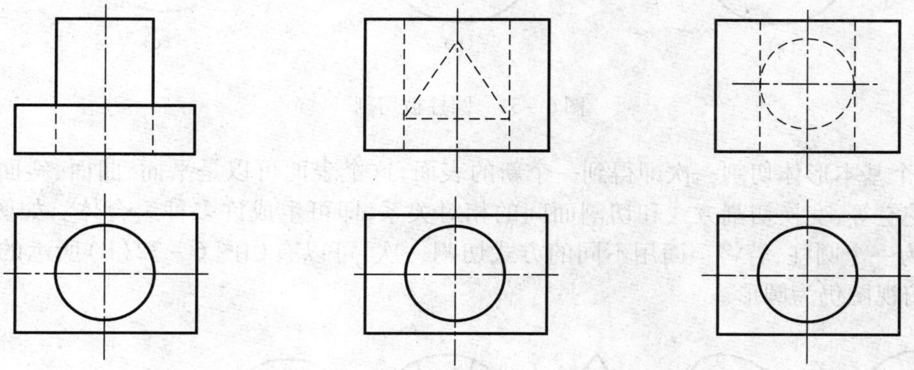

(a)　(b)　(c)

图 6－29　两立体以圆连接

二、构形的基本方法

1. 切割法

一个基本形体经过数次切割,可以构成一个组合体。如图 6－30 所示主、俯视图,可以认为由一个四棱柱或圆柱分别经 1～5 次切割获得,分别用 7 个左视图表示。该主、俯视图可以表达 200 多种组合体。

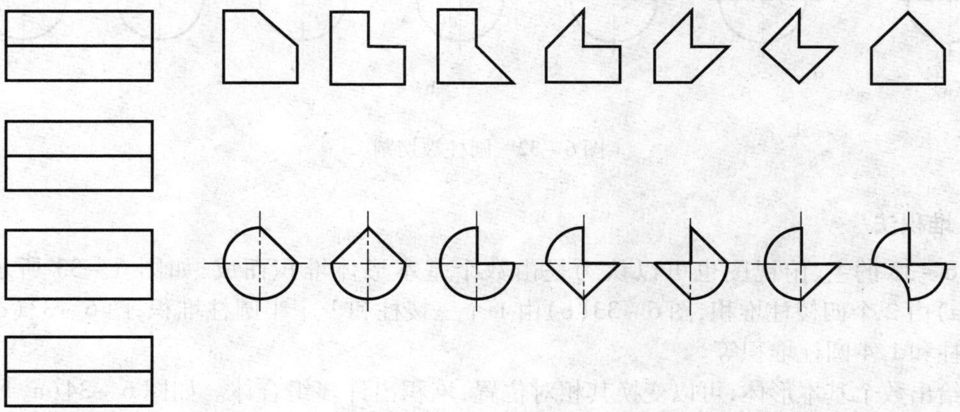

图 6－30　四棱柱和圆柱被切割

给定一个圆柱(图 6 - 31(a)),若规定用 5 次切割也可获得多种组合体。如图 6 - 31(b)和图 6 - 31(c)也分别用多次切割可以获得多种组合体。

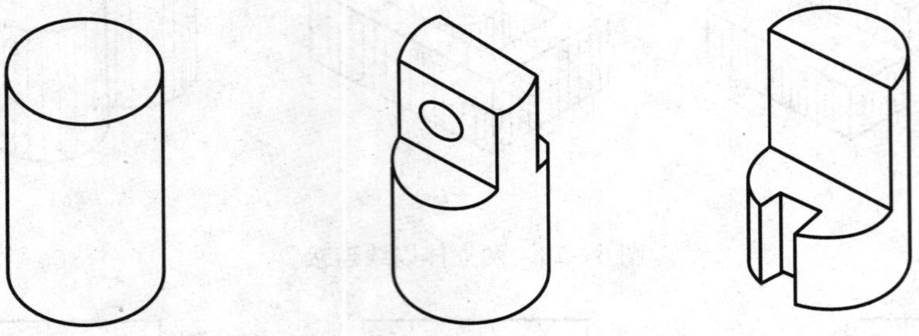

图 6 - 31　圆柱被切割

将一个基本形体切割一次即得到一个新的表面,这个表面可以是平面、曲面、斜面,可凹、可凸、可挖空等,变换切割方式和切割面间的相对关系,即可生成许多种组合体。如图 6 - 32(a)所示为一个圆柱,若将顶面用不同的方式切割一次,可以有如图 6 - 32(b)所示的几种构形,但其俯视图仍为圆形。

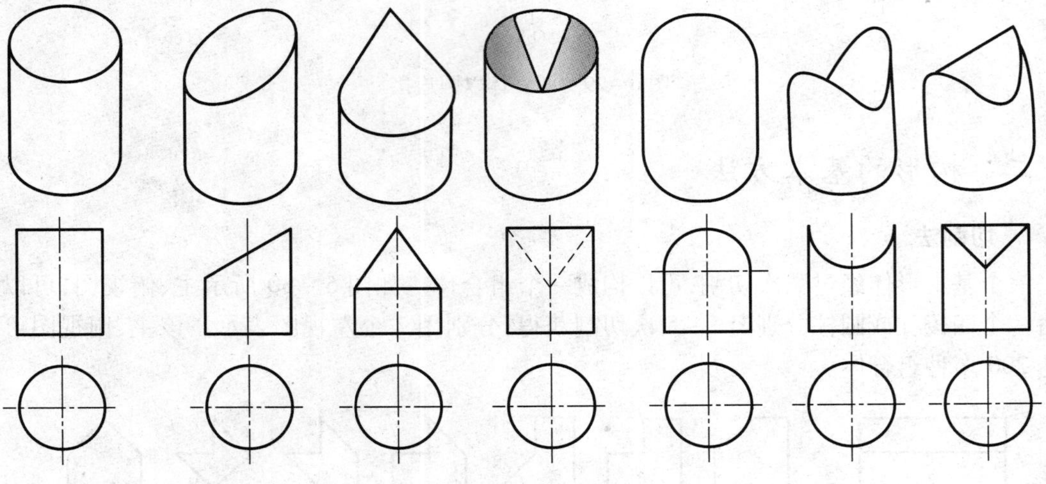

图 6 - 32　圆柱被切割

2. 堆积法

图 6 - 33 的主、俯视图也可以认为是由数个基本形体堆积而成,如图 6 - 33 所示。图 6 - 33(a)由 2 个四棱柱堆积,图 6 - 33(b)由 1 个三棱柱和 1 个半圆柱堆积,图 6 - 33(c)由 2 个三棱柱和 1/4 圆柱堆积等。

若给出数个基本形体,可以变换其相对位置,堆积出许多组合体。如图 6 - 34(a)所示给出 1 个四棱柱和 1 个三棱柱,三棱柱的 5 个表面和四棱柱的 6 个表面均可两两贴合,三棱柱下表面与四棱柱上表面贴合时，又可相对转动和移动，这样其相对组合关系可以有许多种，如图6－34(b)所示。

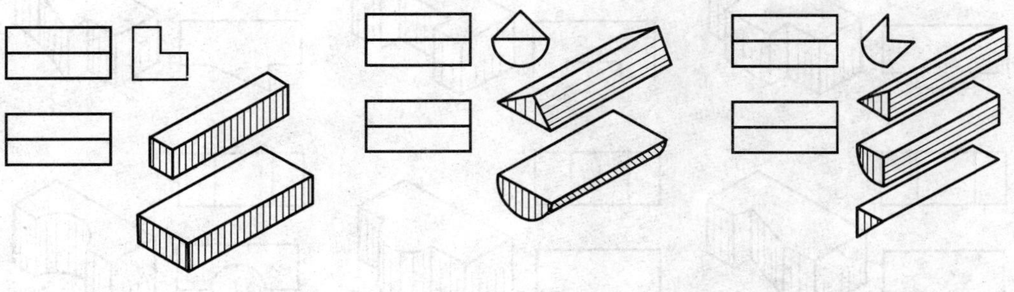

(a)　(b)　(c)

图6－33　立体的堆积

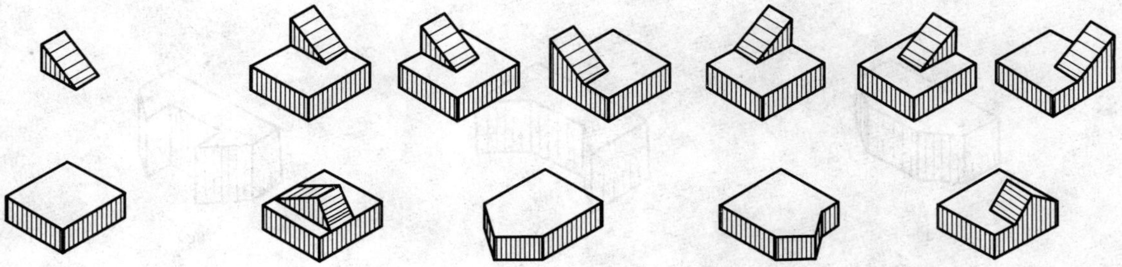

(a)　(b)

图6－34　立体的堆积

3. 混合法

混合法就是同时用切割法和堆积法构成组合体。这是构成组合体的一般方法。

三、构形设计举例

例6－5　根据所给出的主视图构思不同形状的组合体，并画出其俯视图(图6－35)。

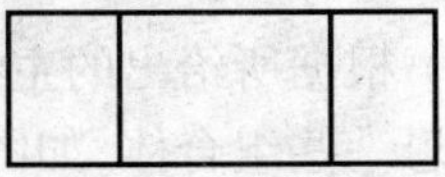

图6－35　由一个视图构想组合体

根据图6－35，假定该组合体的原形是一块长方板，板的前面有3个彼此不同的可见表面。这3个表面的凹凸、正斜、平曲可构成多种不同形状的组合体。

先分析中间的面形，通过凸与凹的联想，可构思出图6－36(a)，(b)所示的组合体；通过正与斜的联想，可构思出图6－36(c)，(d)所示的组合体；通过平与曲的联想，可构思出图6－36(e)，(f)所示的组合体。

用同样的方法对其余两边的面形进行分析、联想、对比，可以构思出更多不同形状的组合体，如图6－37中只给出了其中一部分组合体的直观图。若对组合体的后面也进行正斜、平曲的联想，构思出的组合体将会更多，这里就不再讲了，请读者自己构思。

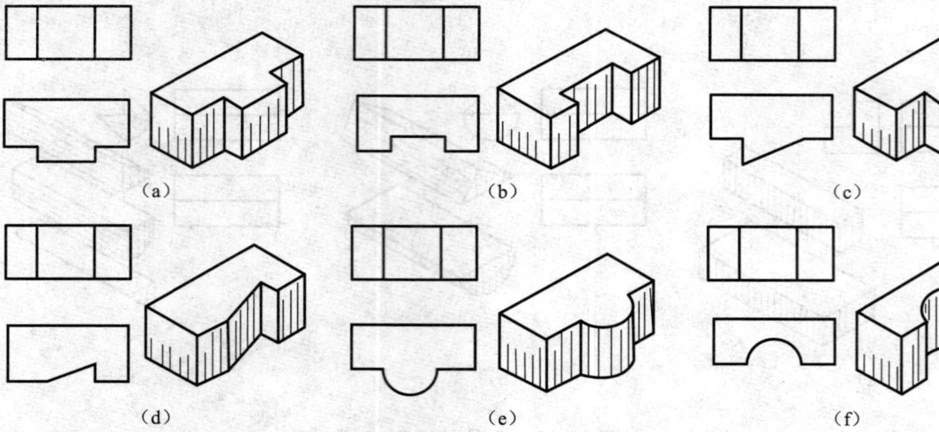

图 6-36　通过凸凹、正斜、平曲联想构思组合体

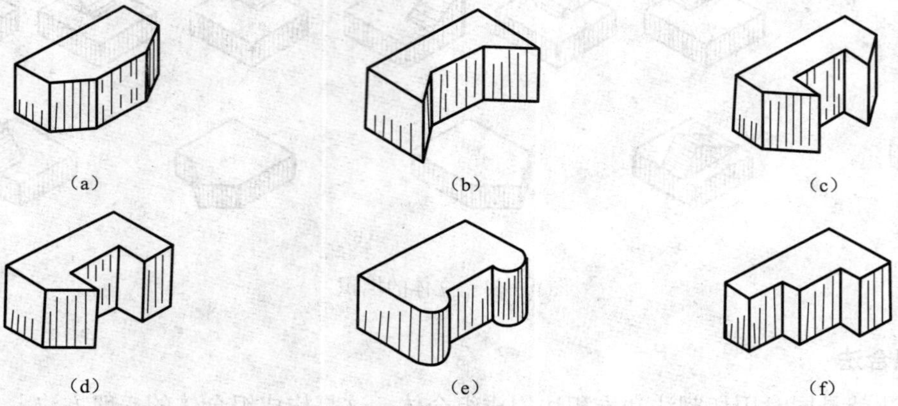

图 6-37　组合体构形

例 6-6　已知组合体的主视图，构思组合体并画出其左、俯视图(图 6-38)。

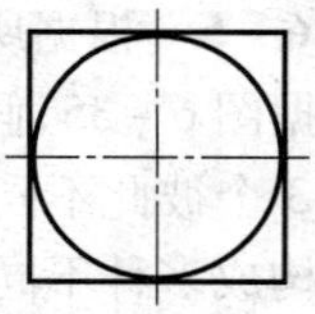

图 6-38　由一个视图构思组合体

(1) 根据所给出的主视图，把它作为两基本体的简单叠加或挖切可构思一些组合体，如图 6-39 所示。

(2) 根据所给出的主视图，把它作为两个回转体叠加(侧表面相交)可以构思出一些组合体，如图 6-40 所示。图 6-40(a)、(b)均为等直径的圆柱相交。

(3) 根据所给出的主视图，把它作为基本体的截切构思出一些组合体，如图 6-41 所示。图 6-41(a)所示为 1 个四棱柱前叠加 1 个被 45°倾斜的铅垂面截切的圆柱；图 6-41(b)为 1 个前小后大的圆台被上、下 2 个水平面(与圆台前面的小圆相切)和左、右 2 个侧面所截切而形成；图 6-41(c)为 1 个和外接于各视图正方形的圆一样大小的球被 6 个投影面平行截切而形成。

满足所给主视图要求的组合体远远不止以上几种，读者可以自己通过基本体及其组合方式联想构思出更多的组合体。

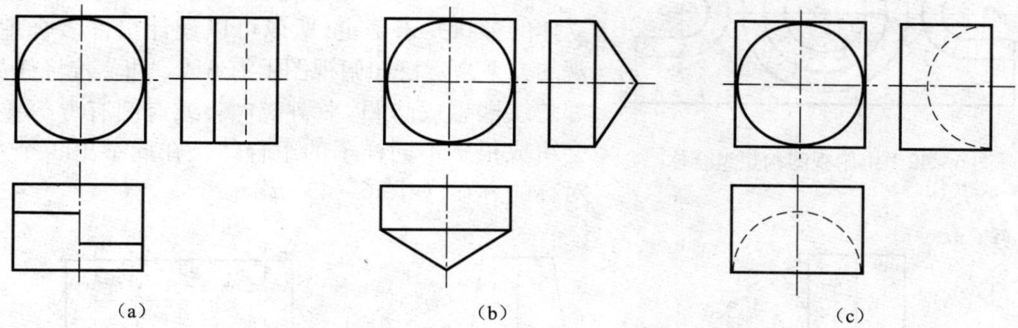

图 6－39　组合体构形（一）

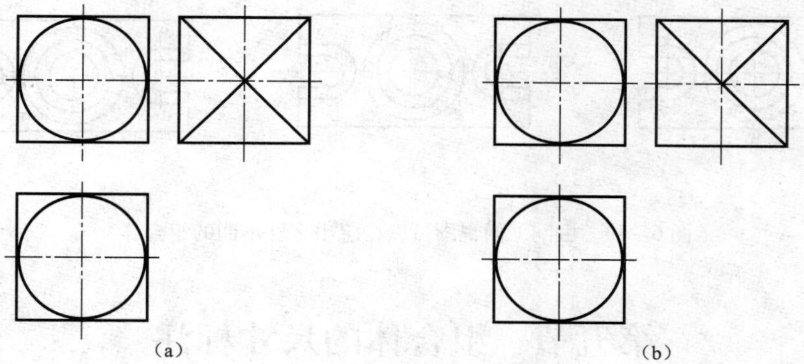

图 6－40　组合体构形（二）

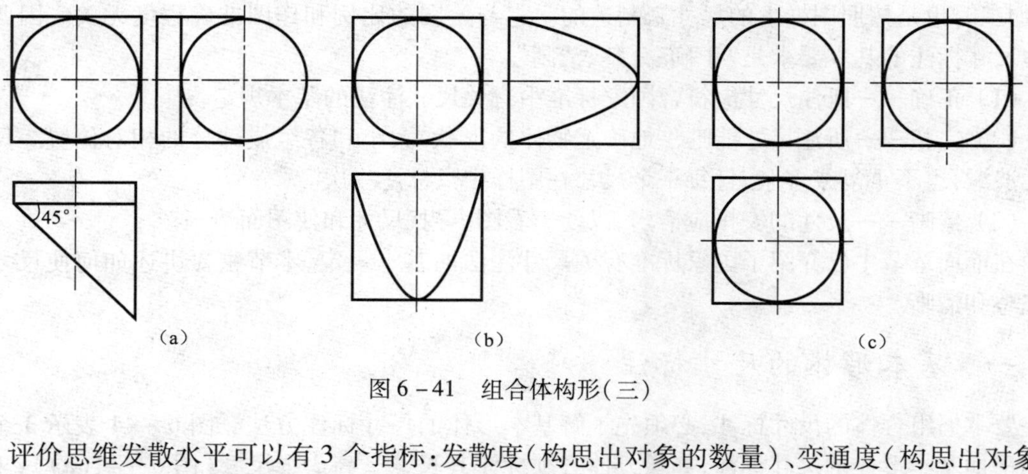

图 6－41　组合体构形（三）

评价思维发散水平可以有 3 个指标：发散度（构思出对象的数量）、变通度（构思出对象的类别）和新异度（构思出的对象新颖、独特的程度）。

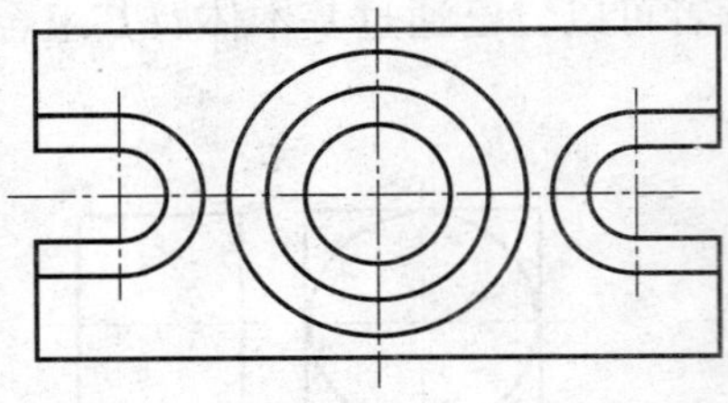

图 6-42　由俯视图构想组合体

例 6-7　已知一组合体的俯视图(图 6-42),试构想组合体,并画出主视图。

因为一个投影只能确定两个方向的坐标,实际上立体的形状并未确定,所以可以设计出许多合理、美观的方案来。已知俯视图上有 6 个线框,若将任何相邻的线框想成凸凹、平斜、空实,或有圆有方等差别,会组成很多不同样子的组合体。在此举出 3 个左右对称的方案,如图 6-43 所示。

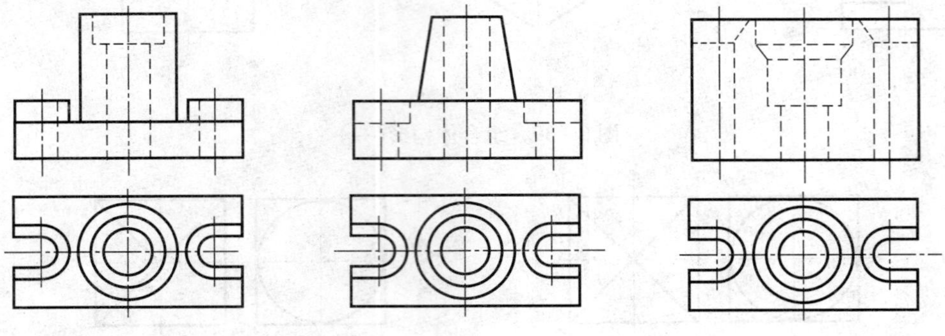

(a)　　(b)　　(c)

图 6-43　由同一俯视图可以构想出多种不同的组合体

第五节　组合体的尺寸标注

物体的形状、结构是由视图来表达的,而物体的大小则是由图样上所标注的尺寸来确定的,加工时也是按照图样上的尺寸来制造的。它与绘图的比例和作图准确程度无关。因此组合体尺寸标注的基本要求是"正确、完整、清晰"。

(1) 正确——所注尺寸应符合国家标准中有关尺寸注法的基本规定。

(2) 完整——所注尺寸能唯一地确定物体的形状、大小和各组成部分的相对位置。尺寸既无遗漏,也不重复或多余,且每一个尺寸在图样中只标注一次。

(3) 清晰——尺寸的安排应恰当,以便于看图、寻找尺寸和使图面清晰。

在前面章节中已介绍了国家标准有关尺寸注法的基本规定,本节主要讲述如何使尺寸标注完整和清晰。

一、基本形体的尺寸标注

要掌握组合体的尺寸标注,必须先了解基本形体的尺寸标注方法。图 6-44 表示 3 个常见的平面基本形体的尺寸标注,如长方体必须标注其长、宽、高 3 个尺寸(图 6-44(a));正六棱柱应标注其高度及正六边形的对边距离(图 6-44(b));四棱锥台应标注其上、下底面的长、宽及高度尺寸(图 6-44(c))。

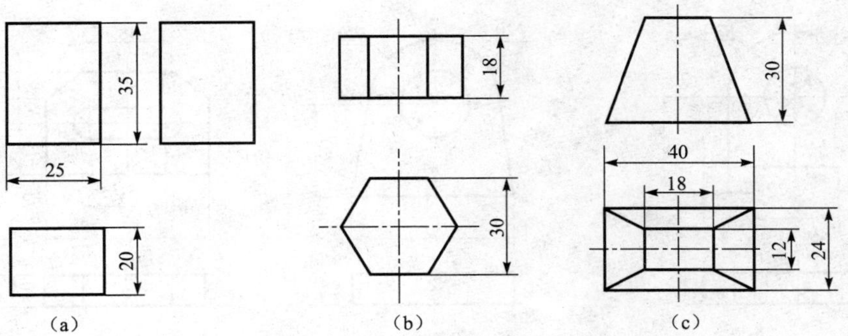

图 6－44　平面基本形体的尺寸标注

图 6－45 表示 4 个常见的回转面基本形体的尺寸标注，如圆柱体应标注其直径及轴向长度(图 6－45(a))；圆锥台应标注两底圆直径及轴向长度(图 6－45(b))；球体只须标注一个直径(图 6－45(c))；圆环只须标注两个尺寸，即母线圆及中心圆的直径(图 6－45(d))。

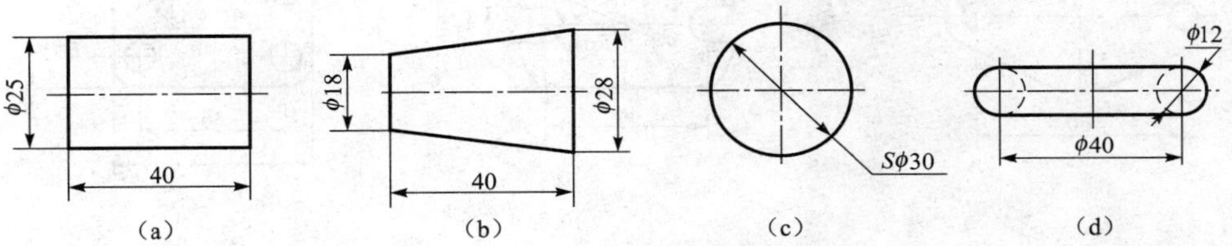

图 6－45　回转面基本形体的尺寸标注

当在基本形体上遇到切割、开槽及相贯情况时，除标注出其基本形体的尺寸外，对切割与开槽，还应标注出截平面位置的尺寸；对相贯的两回转面形体，应以其轴线为基准标注两形体的相对位置尺寸(图 6－46)。根据上述尺寸，其截交线及相贯线便自然形成，因此不应在这些交线上标注尺寸。如图 6－46 中在尺寸线上画有“×”的 4 个尺寸，既多余，又与其他尺寸发生矛盾，因此均不应该注出。

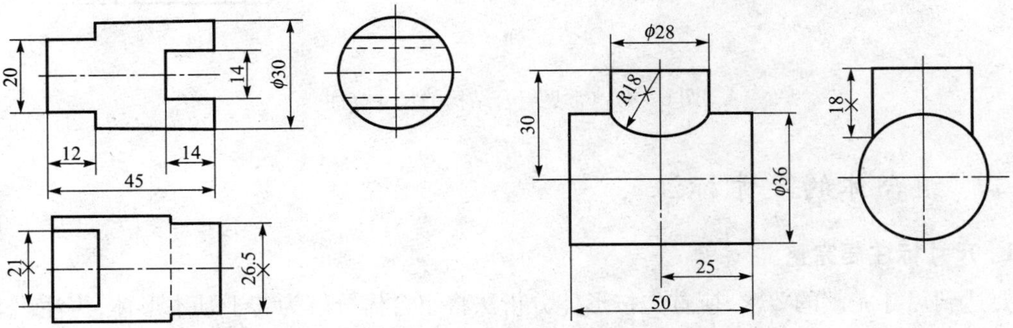

图 6－46　基本形体上遇到切割、开槽及相贯情况时的尺寸标注

有些简单的“组合结构”在零件中出现频繁，其尺寸标注方法已经固定，不必按照下述方法逐步分析，只要模仿标注即可，如图 6－47 所示。

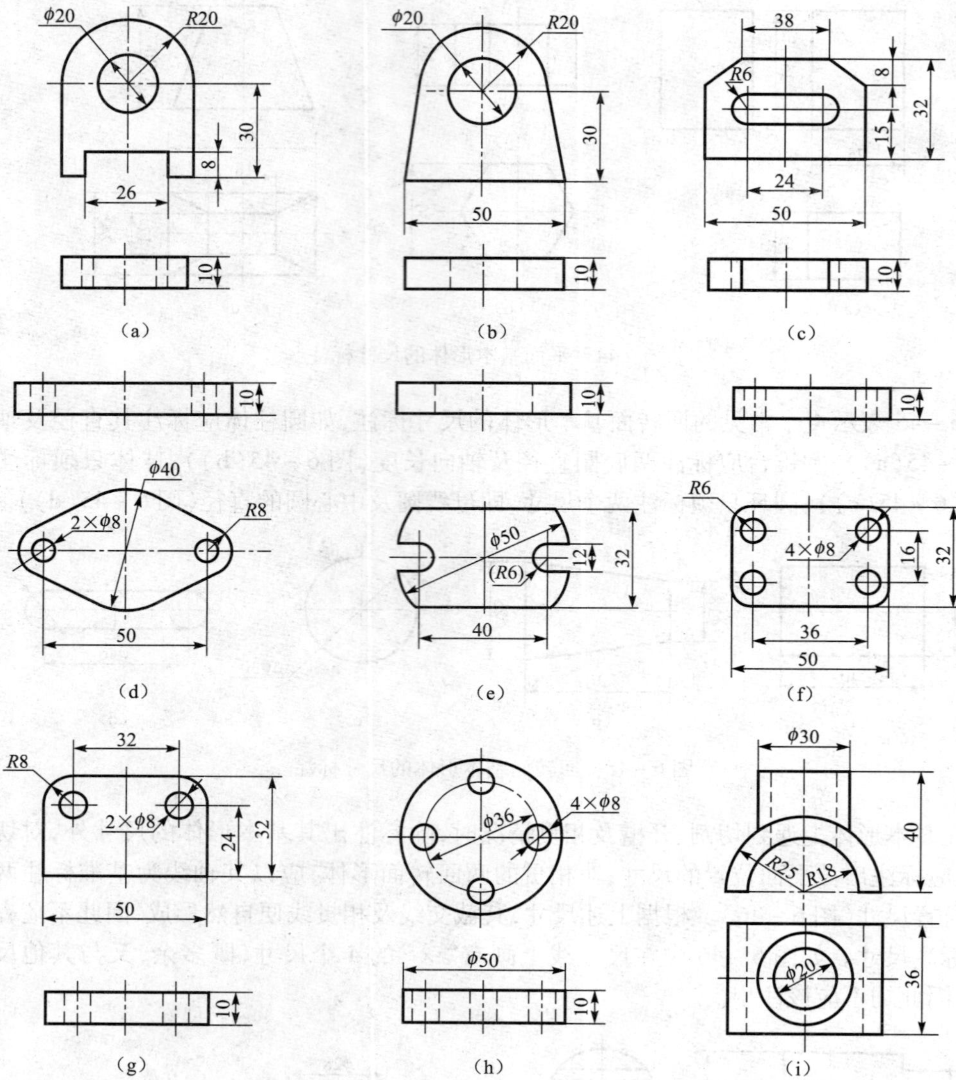

图 6-47　常见组合结构的尺寸标注

二、组合体的尺寸标注

1. 尺寸标注要完整

要达到尺寸完整的要求，应首先按形体分析法将组合体分解为若干基本形体，再注出表示各个基本形体大小的尺寸以及确定这些基本形体间相对位置的尺寸，前者称为定型尺寸，后者称为定位尺寸。按照这样的分析方法去标注尺寸，就比较容易做到既不遗漏尺寸，也不会无目的地重复标注尺寸。

下面以支架为例，说明标注尺寸过程中的分析方法。

（1）逐个注出各基本形体的定型尺寸。如图 6-48 所示，将支架分析成 6 个基本形体后，分别注出其定型尺寸。由于每个基本形体的尺寸一般只有少数几个，因而比较容易考虑，如直立空心圆柱的定型尺寸 $\phi72$，ϕ 40，80，底板的定型尺寸 $R22$，$\phi22$，20。至于这些尺寸标注在哪一个视图上，则要根据具体情况而定，如直立空心圆柱的尺寸 ϕ 40 和 80 注在主视图上，但 $\phi72$ 在主视图上标注比较困难，故将其标注在左视图上。底板的尺寸 $R22$，$\phi22$ 标注在俯视图上最为适宜，而厚度尺寸 20 只能注在主视图上。其余各形体的定型尺寸，读者可以自行分析。

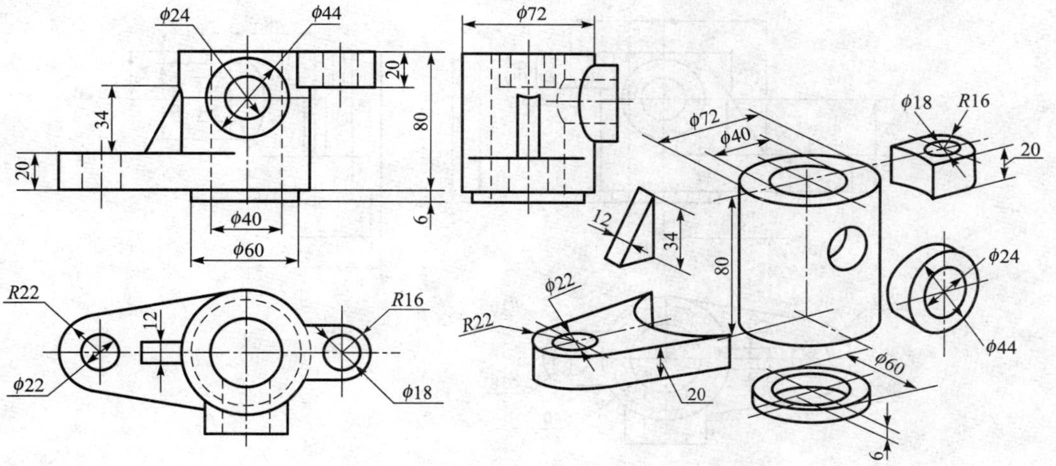

图 6－48　支架的定型尺寸分析

（2）标注出确定各基本形体之间相对位置的定位尺寸。图 6－48 中虽然标注了各基本形体的定型尺寸，但对整个支架来说，还必须再加上定位尺寸，这样尺寸才完整。图 6－49 表示了这些基本形体之间的 5 个定位尺寸，如直立空心圆柱与底板孔、肋、搭子孔之间在左右方向的定位尺寸 80，56，52，水平空心圆柱与直立空心圆柱在上下方向的定位尺寸 28 以及前后方向的定位尺寸 48。一般来说，两形体之间在左右、上下、前后方向均应考虑是否有定位尺寸。但当形体之间为简单结合（如肋与底板的上下结合）或具有公共对称面（如直立空心圆柱与水平空心圆柱在左右方向对称）时，在这些方向就不再需要定位尺寸。

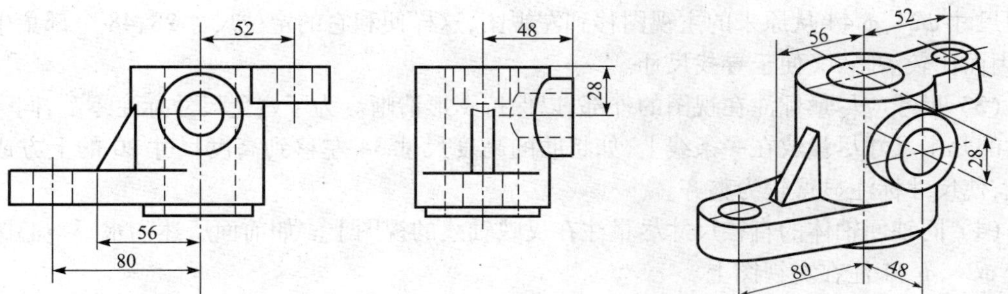

图 6－49　支架的定位尺寸分析

将图 6－48 与图 6－49 的分析结合起来，则支架上所必须的全部尺寸都标注完整了。

（3）为了表示组合体外形的总长、总宽和总高，一般应标注出相应的总体尺寸。按上述分析，尺寸虽然已经标注完整，但考虑总体尺寸后，为了避免重复，还应作适当的调整。如图 6－50 中，尺寸 86 为总体尺寸，注上这个尺寸后就与直立空心圆柱的高度尺寸 80、扁空心圆柱的高度尺寸 6 重复，因此应将尺寸 6 省略。有时当物体的端部为同轴线的圆柱和圆孔，则有了定位尺寸后，一般就不再注其总体尺寸。如图 6－50 中注了 80 和 52，以及圆弧半径 *R*22 和 *R*16 后，就不必再标注总长尺寸。

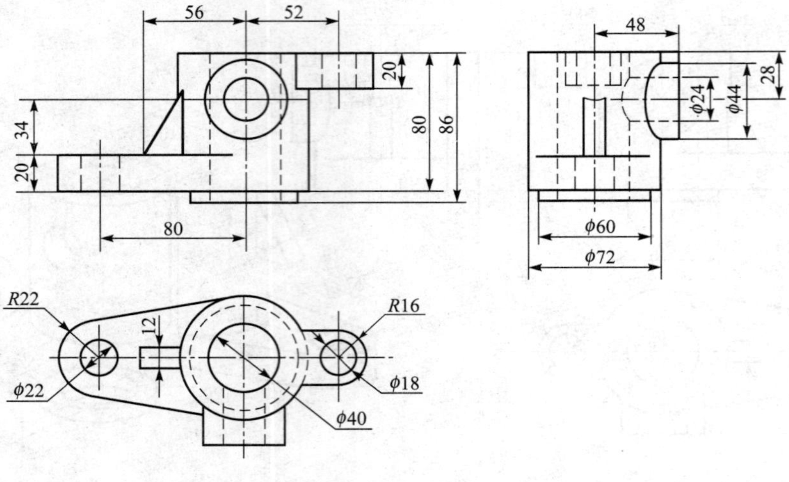

图 6－50　经过调整后的支架尺寸标注

2. 尺寸安排要清晰

上面的分析仅达到了尺寸完整的要求。但为了便于看图，使图面清晰，还应将某些尺寸的安排进行适当的调整，如图 6－50 所示。安排尺寸时应考虑以下各点。

（1）尺寸应尽量标注在表示形体特征最明显的视图上。如图 6－50 所示肋的高度尺寸 34 注在主视图上比在左视图要好；水平空心圆柱的定位尺寸 28 注在左视图上比注在主视图上要好；又如搭子的定型尺寸 *R*16 和 ϕ18 应注在表示该部分形状最明显的俯视图上。

（2）同一形体的尺寸应尽量集中标注在一个视图上。如图 6－50 中，将水平空心圆柱的定型尺寸 ϕ24，ϕ 44 从原来的主视图移到左视图，这样便和它的定位尺寸 28，48 全部集中在一起，因而比较清晰，又便于寻找尺寸。

（3）尺寸应尽量标注在视图的外部，以保持图形清晰。为了避免尺寸标注零乱，同一方向连续的几个尺寸尽量放在一条线上，如将肋的高度尺寸 34 左移到高度尺寸 20 的上方成为一条线，使尺寸标注显得较为整齐。

（4）同轴回轴体的直径尺寸尽量注在反映轴线的视图上。如前面所述的水平空心圆柱的直径 ϕ24，ϕ 44 注在左视图上。

（5）尺寸应尽量避免注在虚线上，如搭子的高度 20，若标注在左视图上，则该尺寸将从虚线处引出，故应标注在主视图上。

（6）尺寸线与尺寸界线。尺寸线、尺寸界线与轮廓线应尽量避免相交。如直立空心圆柱的直径 ϕ72 可以注在主视图或左视图上，但是若注在主视图上，会使尺寸界线与底板或搭子的轮廓线相交，影响图面的清晰，因此将该尺寸注在左视图上较为恰当，同时又考虑到和扁空

心圆柱的直径 $\phi60$ 集中在一起，故将此两个直径全注在左视图的下面，并将较小的尺寸 $\phi60$ 注在里面、较大的尺寸 $\phi72$ 注在外面，以避免尺寸线和尺寸界线相交。又如定位尺寸 56，如果标注在主、俯视图之间，则尺寸界线与底板的轮廓线相交，因此该尺寸还是标注在主视图上方和尺寸 52 并列成一条线较为清晰。

（7）尺寸的排列是从小到大、从内到外依次排列，间距不得小于 5 mm。

（8）半径不能标注个数，也不能标注在非圆弧视图上，只能标注在圆弧的视图上。

（9）尺寸数字永远要清清楚楚，不允许任何图线穿过。当图线穿过尺寸数字时，图线应该断开。

（10）对称图形的尺寸，只能标注一个尺寸，不能分成两个尺寸标注。

在标注尺寸时，有时会出现不能兼顾以上各点的情况，必须在保证尺寸正确、完整、清晰的前提下，根据具体情况，统筹安排，合理布置。

第六节　组合体的读图

画组合体的视图是运用形体分析法把空间的三维实物按照投影规律画成二维的平面图形的过程，是由三维形体到二维图形的过程。本节所讲的是根据已给出的二维的投影图，在投影分析的基础上，运用形体分析法和线面分析法想象出空间物体的实际形状，是从二维图形到建立三维形体的过程。画图和看图是不可分割的两个过程。要正确、迅速地看懂视图，想象出物体的空间形状，必须掌握一定的读图方法。

一、读图的要领

1. 要几个视图联系起来看

通常，一个视图不能确定物体的形状和相邻表面间的相互位置。图 6-51(a)，(b)，(c) 的主视图都是等腰梯形，但它们却是不同的 3 种形体——四棱锥台、三棱锥台和圆锥台。图 6-51(c)～(g) 的俯视图都是 2 个同心圆，但它们却是 5 种不同的形体。由此可见，必须把几个视图联系起来看，切忌看了一个视图就下结论。

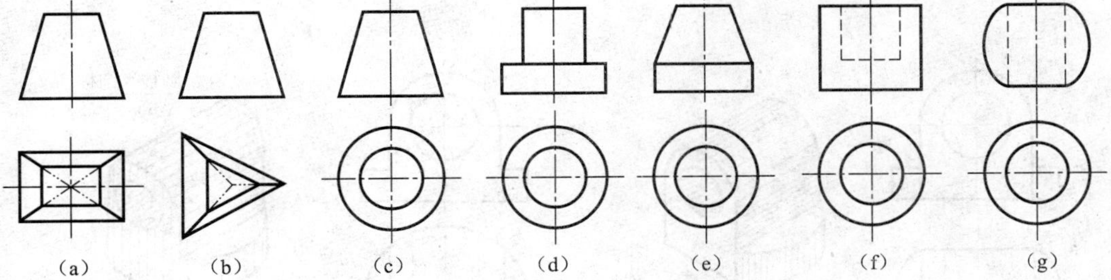

图 6-51　两个视图联系起来看

图 6-52(a) 所示的视图显然不能确切地表示某一组合体，只可表示图 6-52(b)～(h) 中的任何一个（还有许多）。若想具体确定为其中的一个，必须由另外的视图决定。在看图的过程中，各个视图要反复对照，直至都符合投影规律时，才能最后下结论。图 6-53 表示出了看

图时要不断地把空间形体与各个视图的投影反复对照，并进行反复修改的思维过程。其中图6-53(a)根据主、俯视图想象组合体，(b)与原题主、俯视图都不符，(c)与原题主、俯视图都不符，(d)与原题主、俯视图都相符。

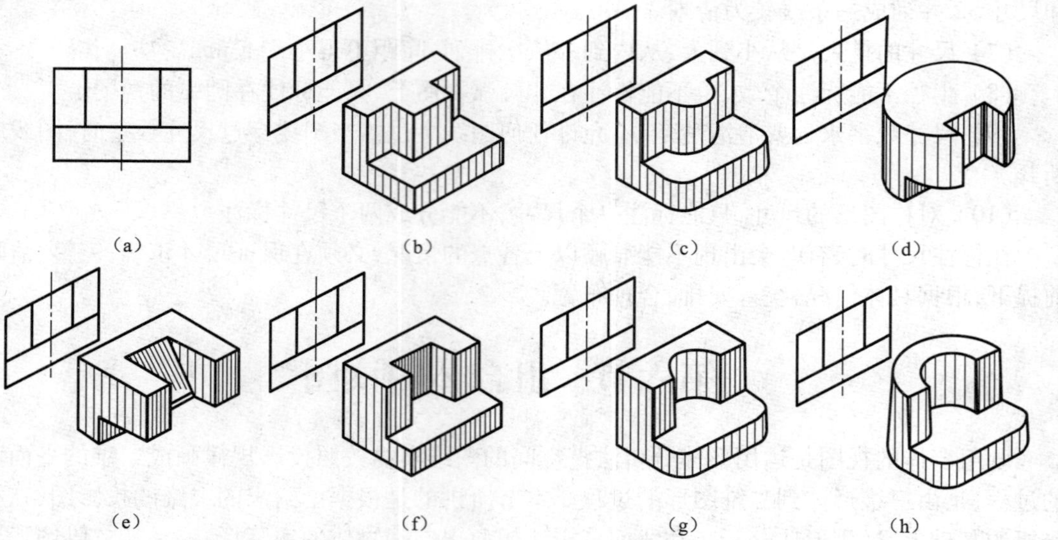

图6-52　一个视图不能确切表示某一组合体

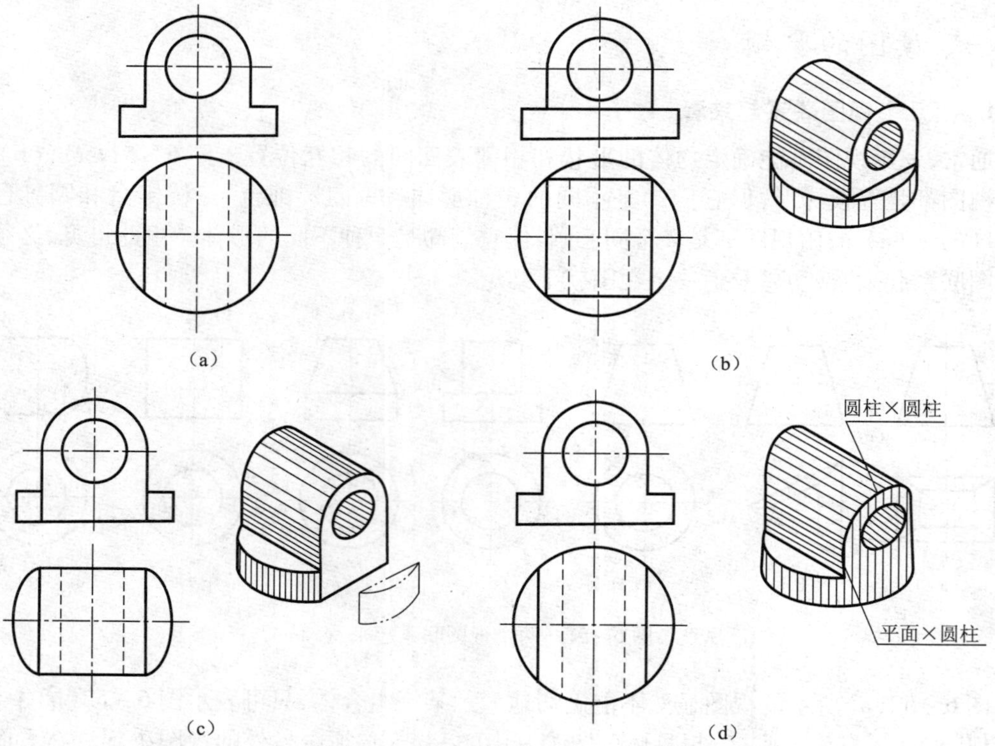

图6-53　反复对照、不断修正，想象出正确的组合体

2. 要从反映形状特征的视图看起

因为主视图通常反映出组合体的形状特征，所以看图时，一般从主视图看起。了解形状特征，识别形体就容易了。虽然组成组合体的各形体的形状特征不一定全集中在主视图上，但只要能弄清楚各视图的关系，其形体的形状就能识别出来。如果没有给出形状特征的视图，形状就不能确定，将会产生多解现象。

图 6－54(a)给出了 4 种不同的形体与主、俯视图相对应。图 6－54(a)中半圆柱和另一圆柱体的俯视图重合，仅根据主、俯视图无法确定哪个形体是叠加凸出的，哪个形体是挖切凹入的，必须由第三个视图才能确定。而实际上，根据图 6－54(b)左视图所示的物体形状，主、左视图就可以唯一确定了。

(a)　　(b)

图 6－54　要给出形状特征的视图

(a) 由主视图可得多解；(b) 唯一解

3. 要认真分析相邻表面间的相互位置

一个有限的面(曲面或平面)在视图中，或表现为线(积聚)，或表现为平面图形(简称线框)。若两个线框内仍有线框，就必须区分出前后、高低和相交等相互位置，如图 6－55 所示。

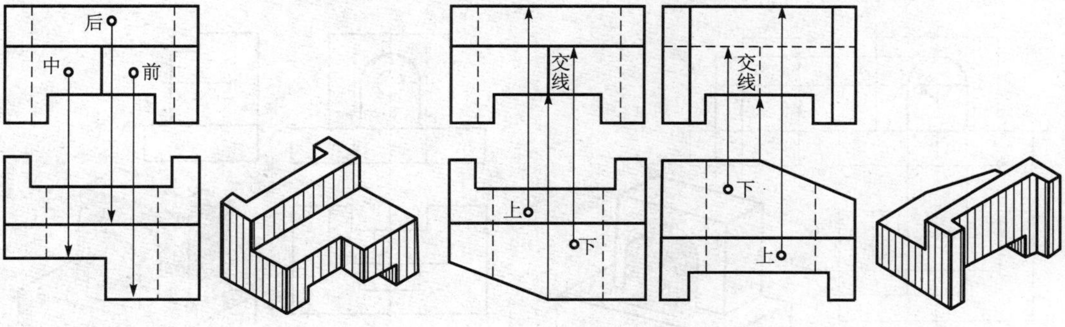

(a)　　(b)

图 6－55　判断表面间相互位置

二、看图的基本方法

1. 形体分析法

形体分析法是看视图的最基本方法。通常从最能反映物体特征的主视图着手，分析该物体是由哪些基本形体组成以及它们的组合形式；然后运用投影规律，逐个找出每个形体在其他视图上的投影，从而想象出各个基本形体的形状以及各形体之间的相对位置关系，最后想象出物体的形状。

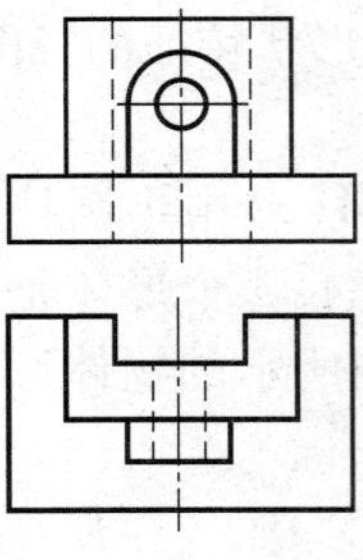

图 6－56　支座的主、俯视图

在学习看图时，常采用给出两视图，在想象出物体形状的基础上，补画出第三个视图，这是提高看图能力的一种重要学习方法。图 6－56 所示为一个支座的主、俯视图，要求看懂后并补画出其左视图。

图 6－57 表示其看图与补图的分析过程。结合主、俯视图大致可看出它由 3 个部分组成，图 6－57(a)表示该支座的下部为一个长方板，根据其高度和宽度可先补画出长方板的左视图。图 6－57(b)表示在长方板的上、后方的另一个长方块的投影并画出它的左视图。图 6－57(c)表示在上部长方块前方的一个顶部为半圆形的凸块的投影及其左视图。图 6－57(d)是将以上 3 个形体组合，并在后部开槽，凸块中间穿孔后所得支座完整的三视图。

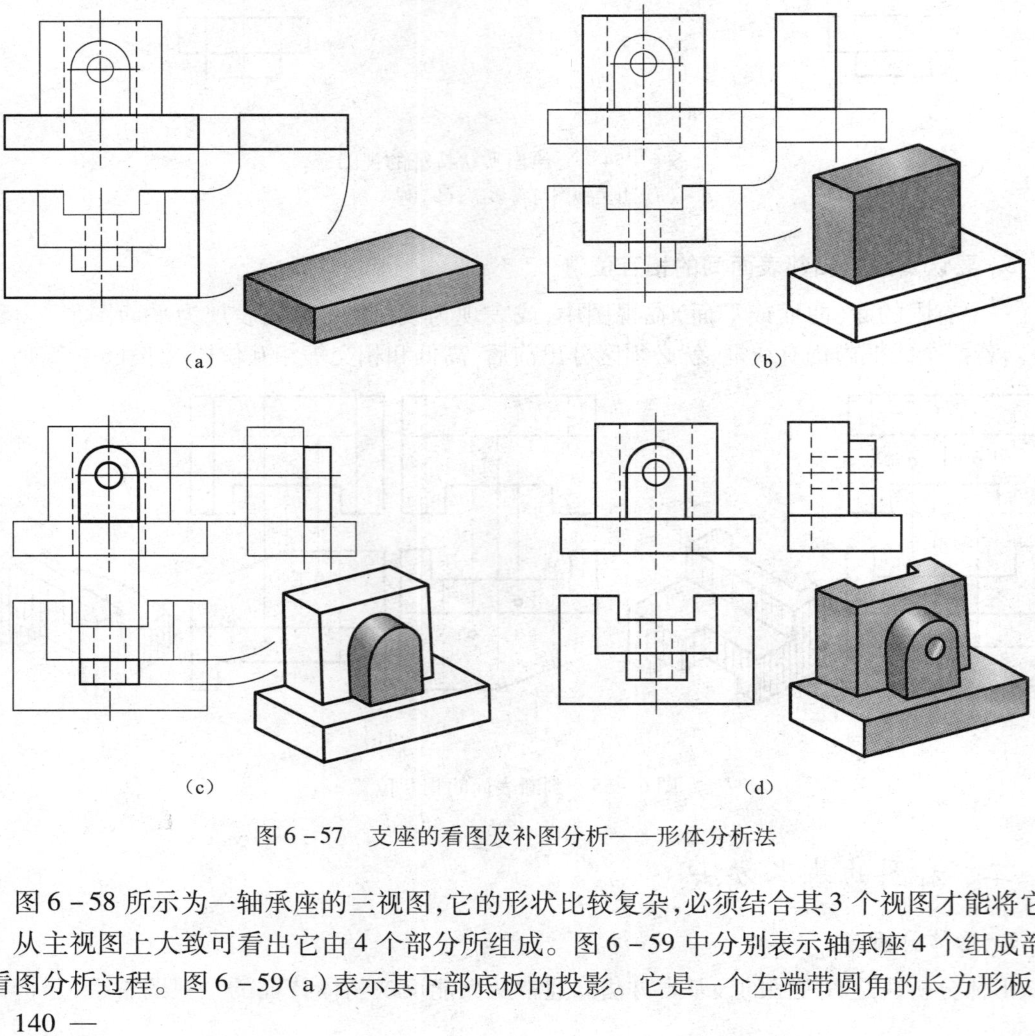

(a)　(b)　(c)　(d)

图 6－57　支座的看图及补图分析——形体分析法

图 6－58 所示为一轴承座的三视图，它的形状比较复杂，必须结合其 3 个视图才能将它看懂。从主视图上大致可看出它由 4 个部分所组成。图 6－59 中分别表示轴承座 4 个组成部分的看图分析过程。图 6－59(a)表示其下部底板的投影。它是一个左端带圆角的长方形板，底

部开槽，槽中有一个半圆形搭子，中间有一个圆孔；底板的左边还有一个长圆形孔。图 6－59(b)表示其右上方是一个空心圆柱，从俯、左视图可看出它偏在底板的后方。图 6－59(c)表示在底板和空心圆柱之间加进一个竖板，由于它们结合成一整体，在图中用箭头表明了连接处原有线条的消失以及相切和相交处的画法与投影关系。图 6－59(d)表示在空心圆柱、竖板和底板间增加一块肋板，图中也用箭头表明了连接成整体后原有线段的消失以及肋板与空心圆柱间产生的交线。这样逐个分析形体，最后就能想象出轴承座的整体形状。

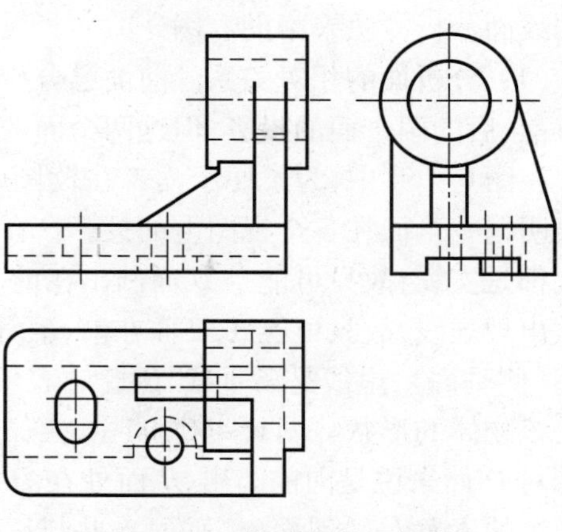

图 6－58　轴承座的三视图

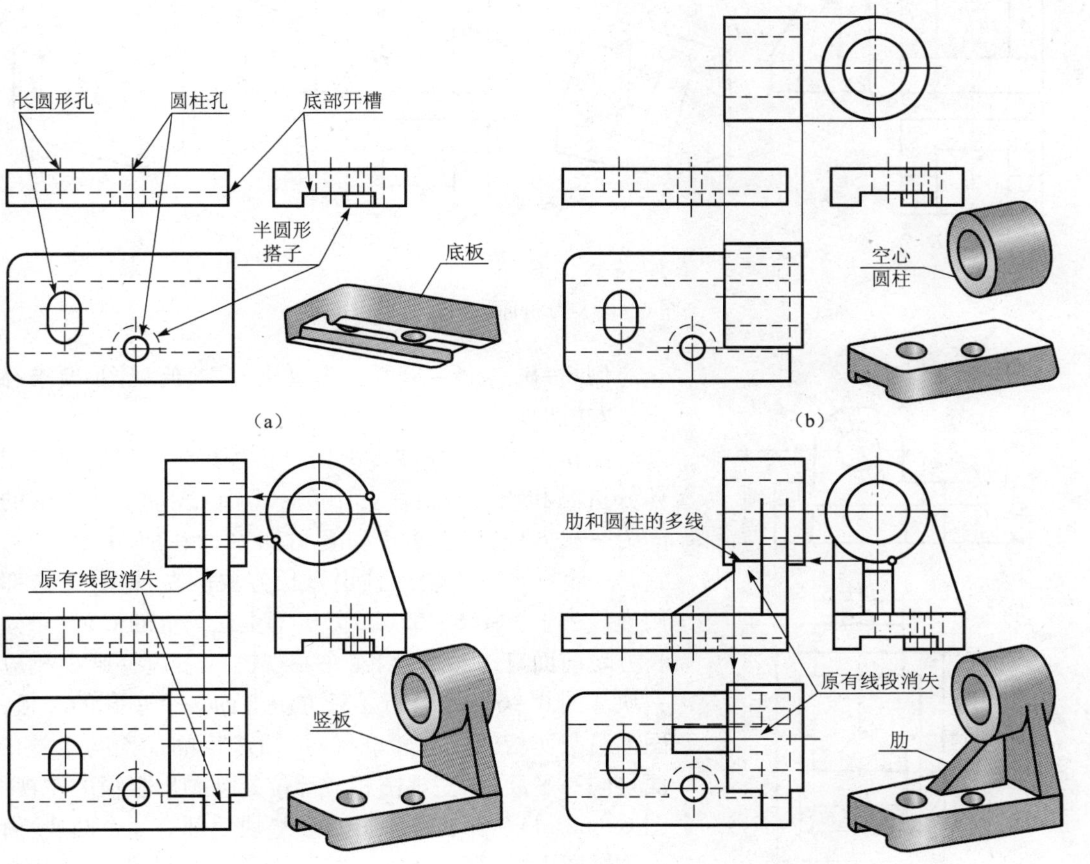

图 6－59　轴承座的看图分析——形体分析法

2. 线面分析法

读图时，在采用形体分析法的基础上，对局部较难看懂的地方，还经常需要运用画法几何中的线面分析方法来帮助看图。

(1) 分析面的相对关系。前面已分析过视图上任何相邻的封闭线框必定是物体上相交的或有前、后的两个面的投影；但这两个面的相对位置究竟如何，必须根据其他视图来分析。

在图 6 – 60 中，为了便于读者在读图时分析面的关系，在这里的分析中均用字母 *A*，*B*，*C* 等表明同一个面在各个视图上的投影。在图 6 – 60(a)中，先比较 *A*，*B*，*C* 和 *D* 面，由于在俯视图上都是实线，故只可能是 *D* 面凸出在前，*A*，*B*，*C* 面凹进在后。再比较 *A*，*C* 和 *B* 面，由于左视图上出现虚线，故只可能 *A*，*C* 面在前，*B* 面凹进在后。由于左视图的右边是条斜线，因此面是斜面(侧垂面)，虚线是条垂线，因此它表示的 *B* 面为正平面。弄清楚了面的前后关系，即能想象出该物体的形状。图 6 – 60(b)中，由于俯视图左、右出现虚线，中间为实线，故可断定 *A*，*C* 面相对 *D* 面来说是向前凸出，*B* 面处在 *D* 面的后面。又由于左视图上出现一条斜的虚线，可知凹进的 *B* 面是一斜面(侧垂面)，并与正平面 *D* 相交。

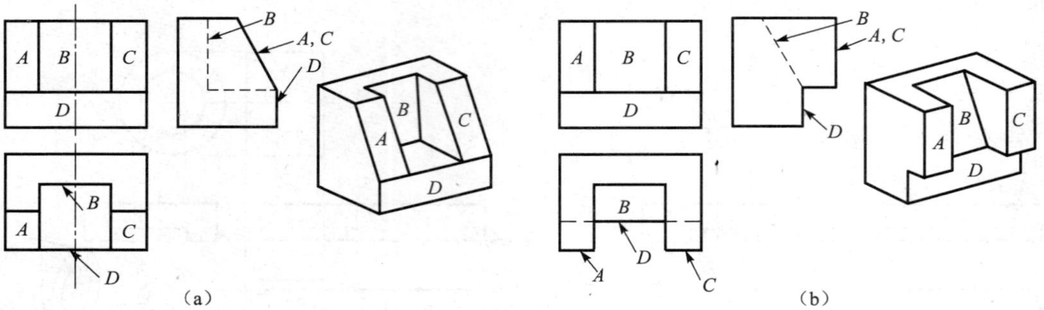

图 6 – 60　分析面的相对关系

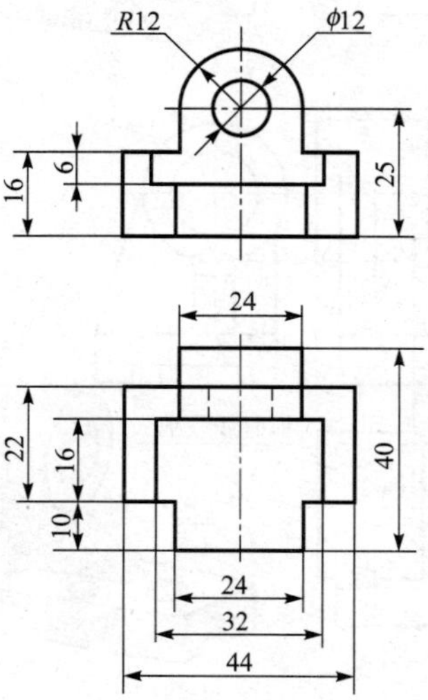

图 6 – 61　垫块的主、俯视图

例 6 – 8　图6 – 61所示为垫块的主、俯视图，要求补画出其左视图。

图 6 – 62 表示垫块的补图分析过程。这里同时采用形体分析法和线面分析法。图 6 – 62(a)表示垫块下部的中间为一长方块，分析面 *A* 和 *B* 可知 *B* 面在前、*A* 面在后，故它是一个凹形长方块。补出该长方块的左视图，凹进部分用虚线表示。图 6 – 62(b)分析了主视图上的 *C* 面，可知在长方块前面有一凸块，因而在左视图的右边补画出相应的一块。图 6 – 62(c)分析了长方块上面一个带孔的竖板，因图上箭头所指处没有轮廓线，可知竖板的前面与上述的 *A* 面是同一平面，在左视图相应部位处补画出竖板的左视图。图 6 – 62(d)从俯视图上分析了垫块后部有一个凸块，由于在主视图上没有相应的虚线，可知后凸块的背面 *E* 和前凸块的 *C* 面的正面投影重合，即前、后凸块的长度和高度相同。补画完凸块的左视图后即完成整个的左视图。

(2) 分析面的形状。当平面图形与投影面平行时，它的投影反映实形；当倾斜时，它在该投影面上的投影一定是一个类似形。图 6 – 63 中 4 个物体上带网点平面的投影均反映此特性。图 6 – 63(a)中有一个 L 形的铅垂面、图 6 – 63(b)中有一个凸字形的正垂面、图 6 – 63

(c)中有一个凹字形的侧垂面，除在一个视图上积聚成直线外，其他两个视图上仍相应地反映L形、凸形和凹形的特征。图6-63(d)中有一个梯形的倾斜面，它在3个视图上的投影均为梯形。下面举例说明这种性质在看图中的应用。

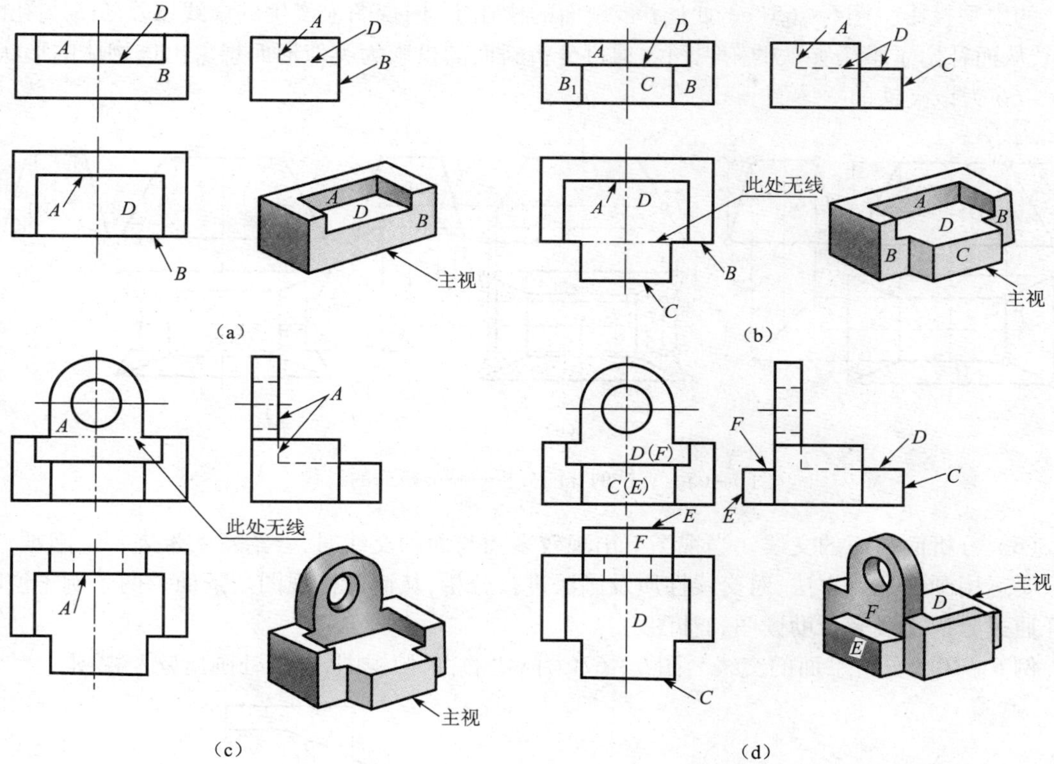

图6-62　垫块的补图分析——分析面的相对关系

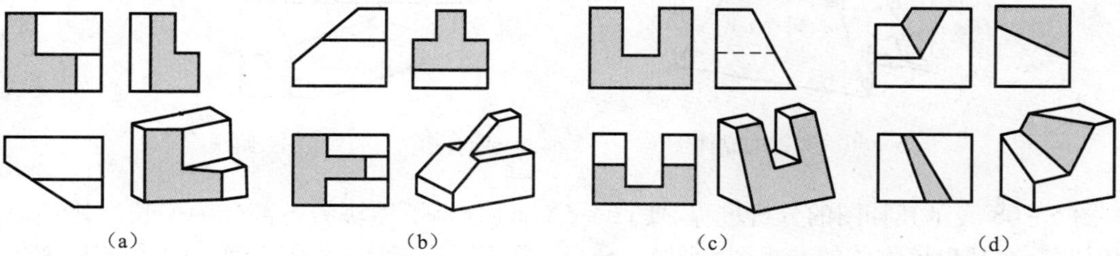

图6-63　斜面的投影为类似形

例6-9　图6-64为夹铁的主、左视图，要求补画出其俯视图。

图6-65表示夹铁的补图分析过程。图6-65(a)中分析该夹铁为一长方体的前、后、左、右被倾斜地切去4块。补俯视图时，除了画出长方形轮廓外，还加上斜面之间的交线，如正垂面P和侧垂面Q的交线

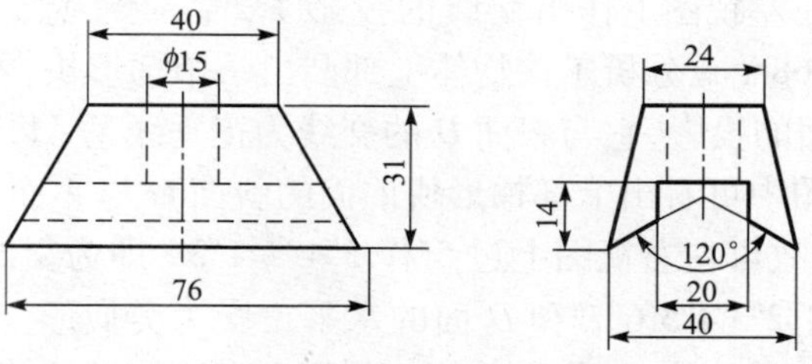

图6-64　夹铁的主、俯视图

Ⅲ Ⅳ的投影3 4。这时正垂面P为梯形,它的水平投影1 2 3 4和侧面投影1″2″3″4″均为类似形。图6－65(b)表明夹铁的下部开有带斜面的槽,这时P面在侧面和水平投影上仍应为类似形。图中用箭头指出了如何根据左、主视图找出俯视图上的5,6,7,8点,从而作出带斜线正垂面P的水平投影。图6－65(c)加上了带斜面的槽在主、俯视图上产生的虚线以及ϕ15圆孔的投影,从而补出了整个夹铁的俯视图。通过分析斜面的投影为类似形而想象出该物体的形状。图6－66为该夹铁的立体图。

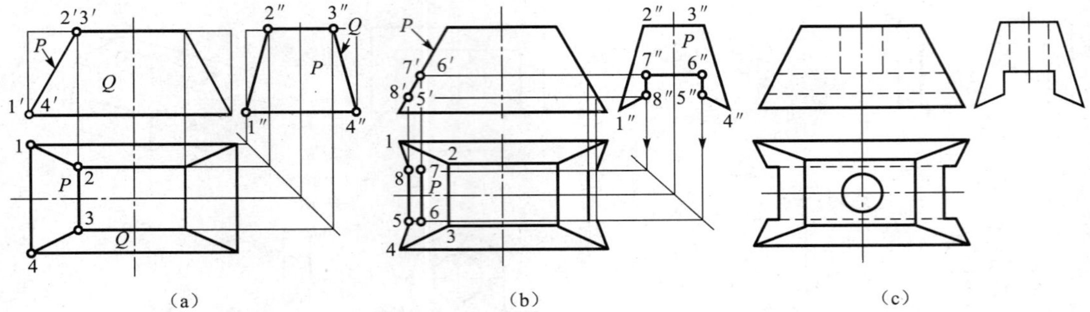

图6－65　夹铁的补图分析——分析面的形状

(3) 分析面与面的交线。当视图上出现较多面与面的交线时,会给看图带来一定困难,这时只要运用画法几何方法,对交线性质及画法进行分析,从而看懂视图。下面举两个例子说明怎样通过分析交线来帮助读图和补图。

例6－10　分析平面的交线。图6－67为撞块的主、俯视图,要求补画出其左视图。

图6－66　夹铁的立体图

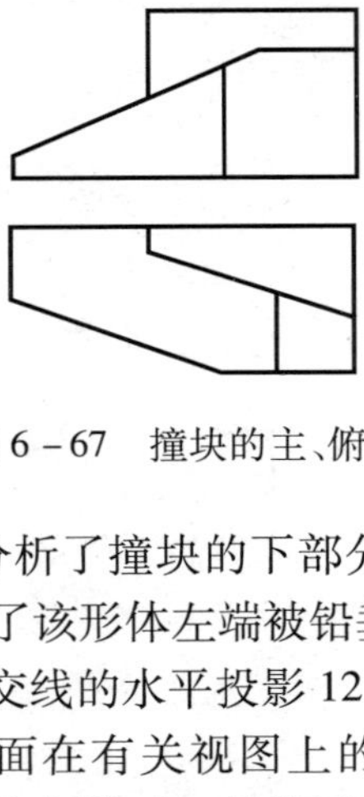

图6－67　撞块的主、俯视

图6－68表示其补图的分析过程。图6－68(a)分析了撞块的下部分为一长方块被正垂面D切割,并补出该物体的左视图。图6－68(b)分析了该形体左端被铅垂面A切割而产生斜面A与D之间的交线Ⅰ Ⅱ(倾斜线),利用积聚性标出交线的水平投影12和正面投影1′2′,从而在左视图上作出交线的投影1″2″。应注意到A,D面在有关视图上的投影成类似形。图6－68(c)分析了该物体上部凸出一个梯形块,梯形块的左端面E是侧平面。在左视图上画出E面的投影,它与斜面D的交线为正垂线Ⅴ Ⅵ,可从正面投影5′6′作出其侧面投影5″6″。从俯视图中可看出上部梯形块前面的斜面C与A面平行,因此C与D面的交线Ⅳ、Ⅴ应平行于Ⅰ Ⅱ,故可在左视图上过5″作5″4″∥1″2″,即为交线Ⅳ,Ⅴ的侧面投影。应注意到D面的侧面投影1″2″3″4″5″6″7″和D面的水平投影为类似形。图6－68(d)利用C面在主、左视图上投影成类似形的特性,作出其侧面投影4″5″8″9″10″,最后完成了撞块的左视图。

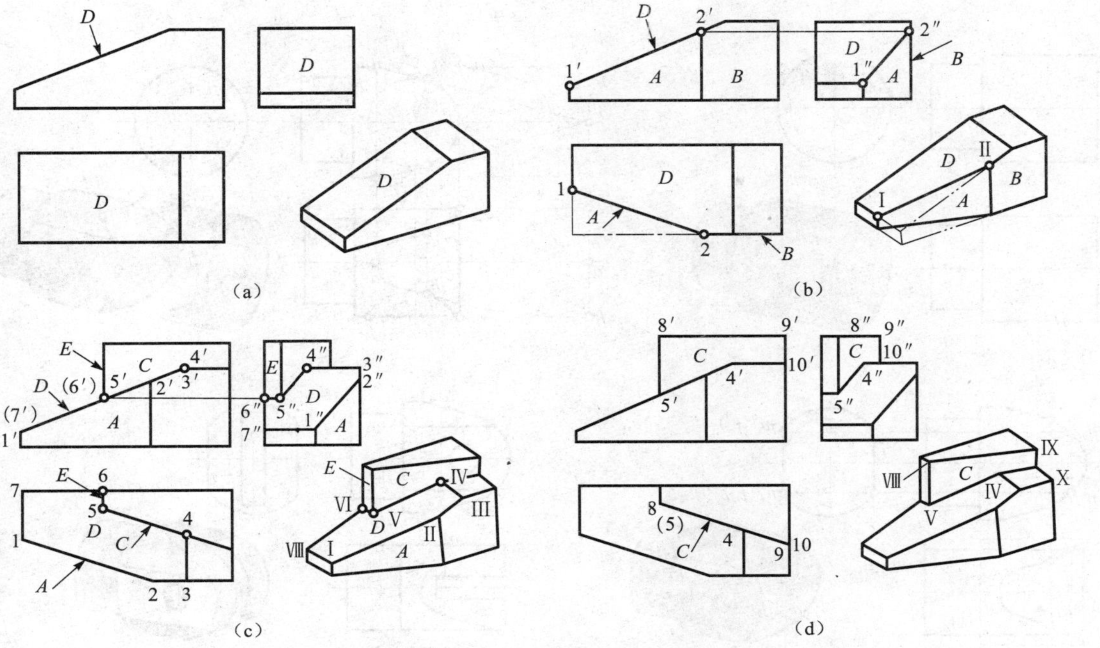

图 6－68　撞块的补图分析——分析平面交线

例 6－11　分析曲面的交线。图 6－69 为一支撑轴的主、左视图，要求补画出其俯视图。

图 6－70 表示其补图的分析过程。

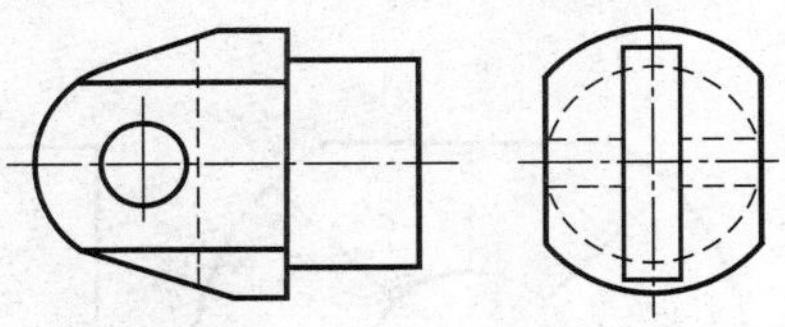

图 6－69　支撑轴的主、左视图

图 6－70(a) 表明了该物体的基本形状为两个同轴的圆柱体 U 和 V。图 6－70(b) 分析了其左端被斜面 P,Q 及圆柱面 T 所切割，斜面 P,Q 和圆柱面 T 相切，BC 为切线，因而在左视图上没有任何交线产生。在俯视图上先分析斜面与圆柱的截交线——椭圆。假想将圆柱 U 向左延伸，延长 P 面与轴线交于 o'，即能作出半个椭圆 $hbacg$，实际存在的交线 bac 仅为该椭圆右端一小部分。再分析圆柱面 T 和 U 的相贯线，图 6－70(b) 主视图中用双点画线把圆柱面 T 假想画完整，则在俯视图上可作出相贯线 dbf，实际存在的交线 db 仅为其左端一小部分。两个不同性质交线的分界点 b,c，即为 P 和切点 T 的水平投影。图 6－70(c) 表明了圆柱 U 的前后又被两个正平面 S(恰与圆柱 V 相切) 切去了两块而产生截交线 MI 和 NJ。在俯视图上由于前、后被切割，因此点 m,n 以外部分的交线也随之被切割掉。图 6－70(d) 分析了该物体左端竖向开槽和前后的水平小孔，并在俯视图上补出这两结构的投影，便最后完成了支撑轴的俯视图。

例 6－12　已知组合体的主视图和左视图，如图 6－71(a) 所示，求该组合体的俯视图。

该组合体用了主、左两视图表达它的形状。从已知的两个视图中可判断它是一切割式组合体，可用线面分析法读图。

(1) 先用形体分析法分析它的原形。如图 6－71(a) 所示，此组合体主视图的主要轮廓线为两个半圆，根据“高平齐”，左视图上与之对应的是两条互相平行的直线，所以其原形是半个圆柱筒。

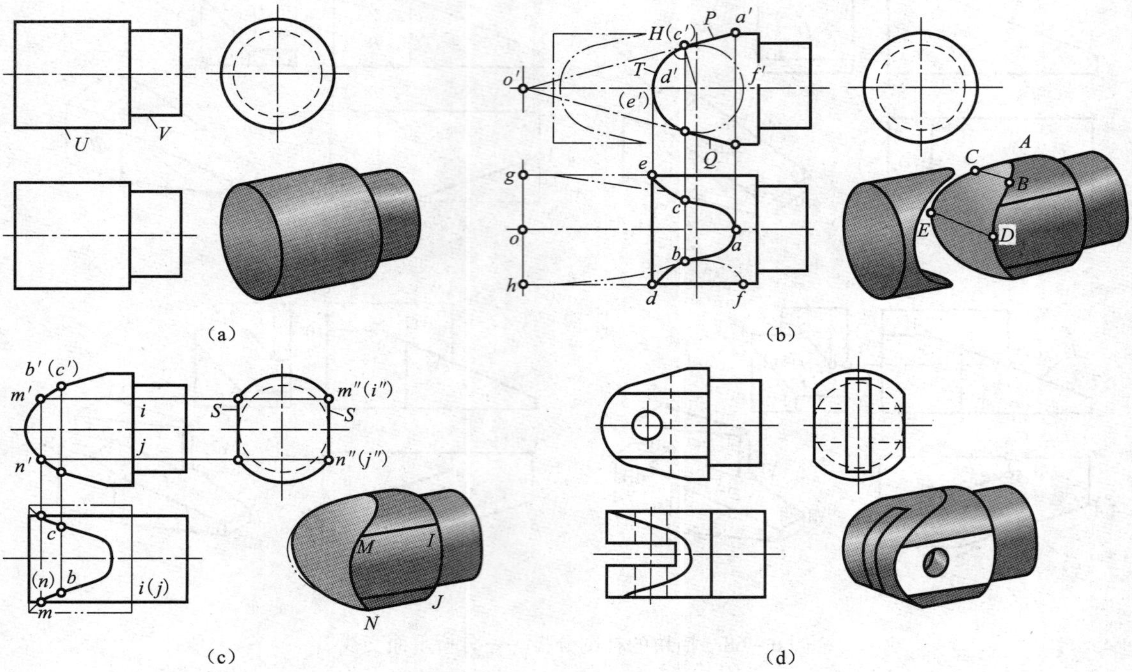

图 6－70　支撑轴的补图分析——分析曲面交线

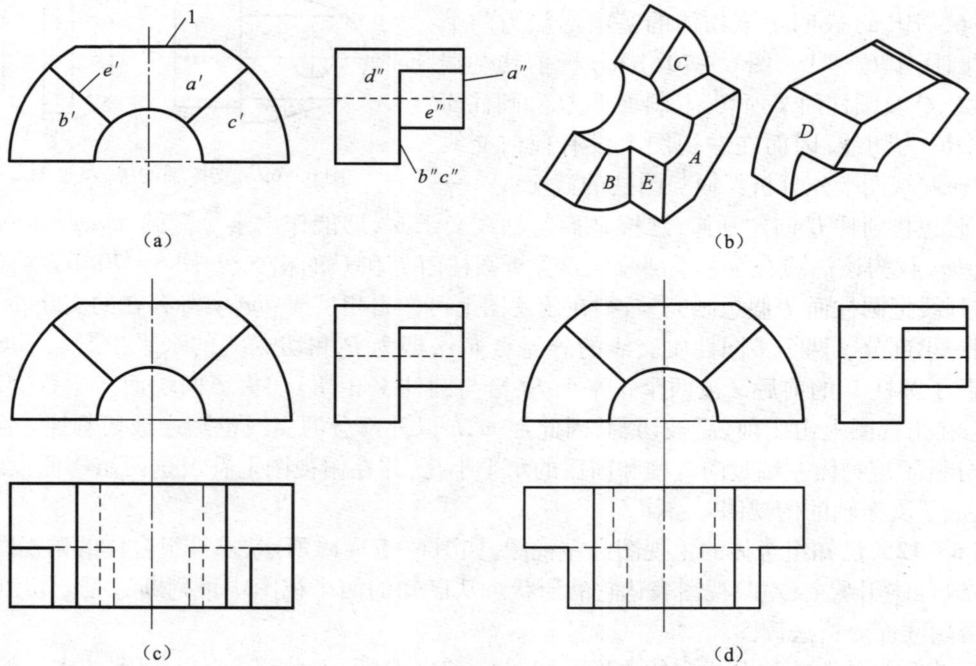

图 6－71　线面分析法读图

（2）物体经过切割后，各表面的形状比较复杂，应该运用线面分析每个表面的形状和位置，这样能有效地帮助读图。

主视图的上部被切掉，则主视图中的Ⅰ线一定是一水平面的投影，其在左视图中的投影必定为一条直线。主视图上有 a'，b'，c' 3 个线框。a'线框的左视图在“高平齐”的投影范围内，没有类似形对应，只能对应左视图中的最前的直线，所以 a'线框是物体上一个正平面的投影，并反映该面的真实形状；同样 b'，c'两线框为物体的两个正平面的投影，反映平面的真实形状。从左视图可知，A 面在前，B、C 两面在后。

左视图上的 d''，e''两粗实线线框，d''线框的左视图在“高平齐”的投影范围内，没有类似形，只能对应大圆弧，所以 d''线框为圆柱面的投影；e''线框的左视图在“高平齐”的投影范围内，也没有类似形与之对应，只能对应一斜线，所以 e''线框为一正垂面的投影，其空间形状为该线框的类似形。

左视图上的虚线，对应主视图的小圆弧，为圆柱孔最高素线的投影。

从 b'，c'，e'三线框的空间位置可知，该半圆柱筒的左右两边各切掉一扇形块，深度从左视图上确定。

通过形体和线面分析后，综合想象出物体的整体形状，如图 6－71(b)所示。

根据物体的空间形状，补画其俯视图。

例 6－13　已知组合体的主视图和俯视图，如图 6－72(a)所示，求它的左视图。

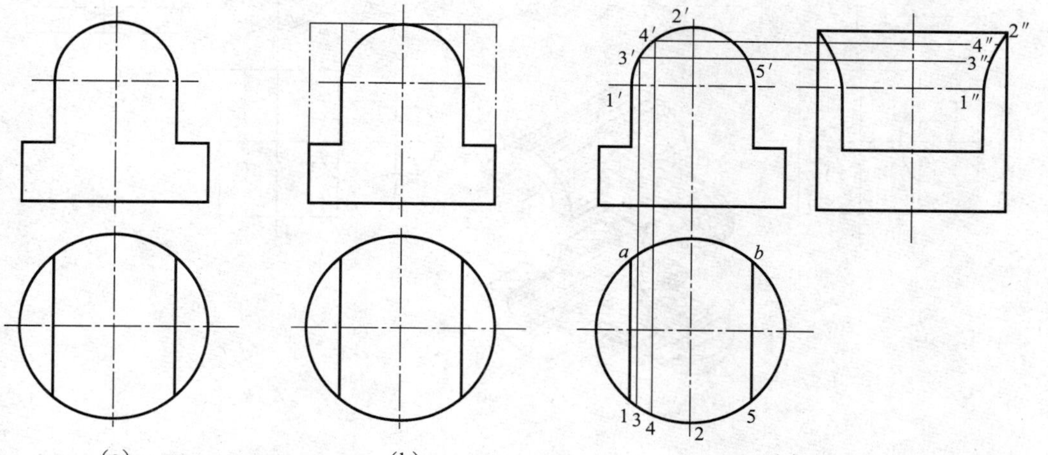

图 6－72　由主、俯视图补出左视图

主视图中的圆弧，根据“长对正”关系，对应于俯视图中的两条相互平行的直线，为轴垂直于正面的半圆柱；俯视图中的圆，对应于主视图的两条短的平行直线，为一个轴线垂直于水平面的圆柱体。通过分析，该组合体可以理解为一个直立大圆柱的上部与一个水平放置的小圆柱体相贯，并且左、右两侧有对称切口；由此可知，左、右两平面与大圆柱面相交，有两条交线；小圆柱面与大圆柱面相交形成前后对称的两条相贯线，此相贯线的主视图为圆弧 $1'5'$，俯视图为圆弧 1 5 和 ab，如图 6－72(c)所示；根据“长对正”关系，小圆柱的最高素线的长度为大圆柱的直径，左视图如图 6－72(b)所示。为了帮助大家理解，给出了如图 6－73 所示的轴测图。

例 6－14　根据立体已知的主、左视图，完成其俯视图(图 6－74)。

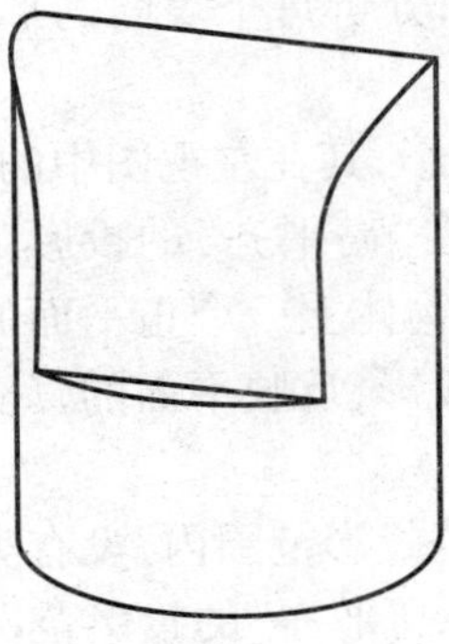

图 6 - 73　轴测图

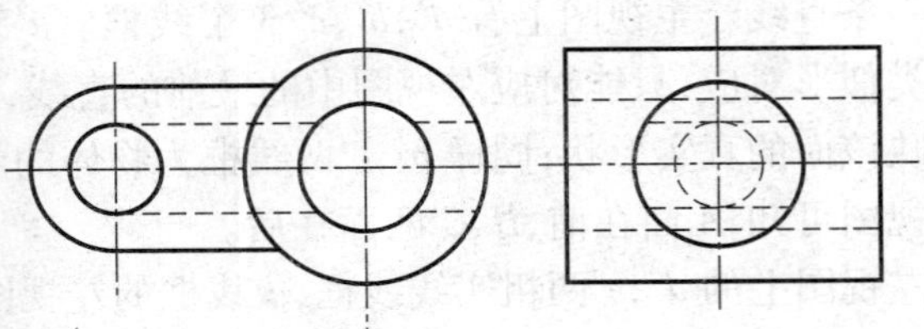

图 6 - 74　由主、左视图，补画俯视图

将正面投影分析为 1′，2′两个部分(图 6 - 75(a))，按投影关系找出与之对应的侧面投影关系 1″，2″，并构想出它们的形状；部分Ⅰ由半个圆球和与它直径相等的同轴小空心圆柱所组成，在球、柱的分界处有一个垂直于正面的圆孔。部分Ⅱ是一个大空心圆柱，上面有一个垂直

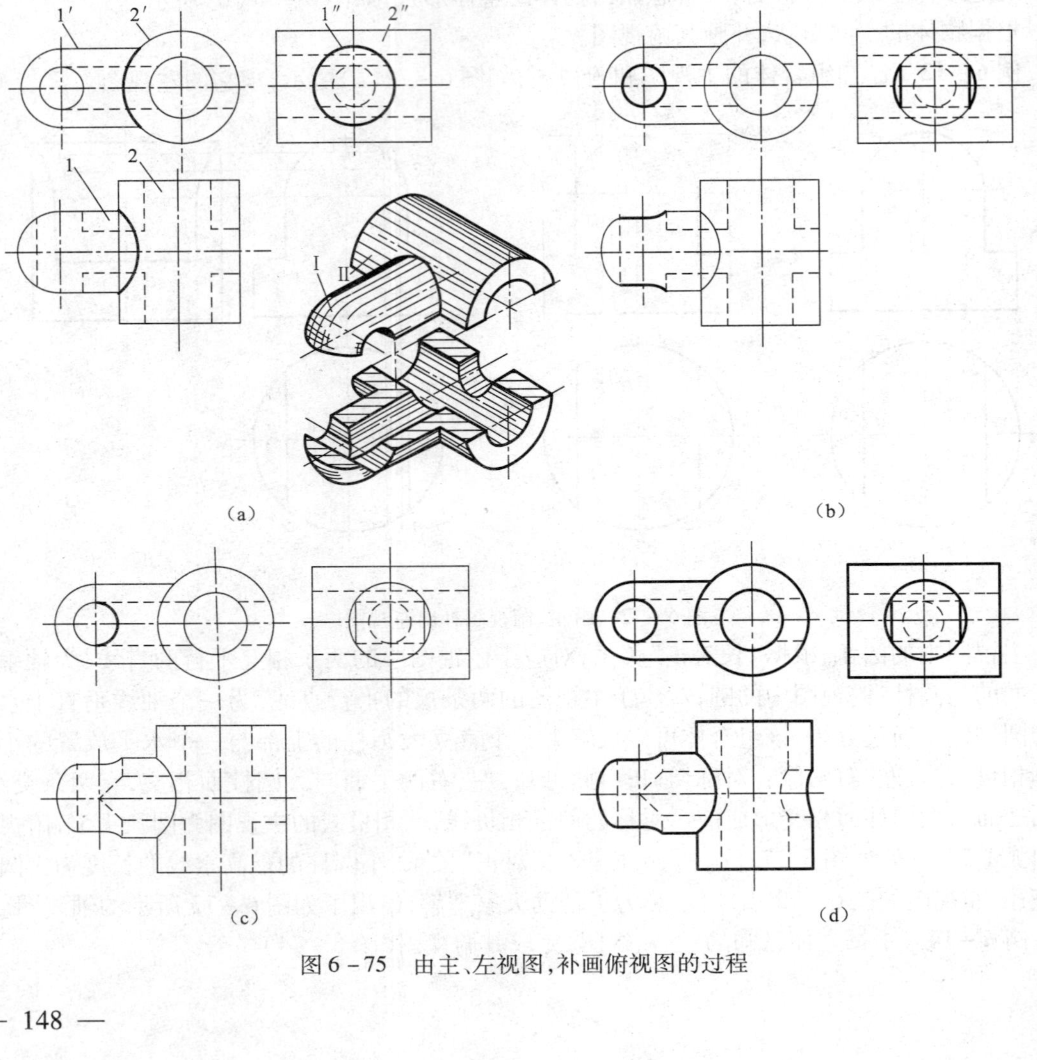

图 6 - 75　由主、左视图，补画俯视图的过程

于侧面的圆孔。部分Ⅰ，Ⅱ的轴线垂直相交。该立体的内表面有以下相贯线。

（1）大、小两圆柱外表面相交有相贯线。相贯线的正面投影与大圆柱的正面投影重合，相贯线的侧面投影与小圆柱的侧面投影重合，据此可求出其水平投影，如图6－75(a)所示。

（2）部分Ⅰ垂直于正面的圆孔，左半部分与半球相贯，右半部分与小圆柱相贯。由于圆孔与半球同轴相贯，其相贯线是两段平行于正面的半圆，两半圆的水平投影与侧面投影都是直线段，立体的侧面投影上少画了这两条线，应该补画出。右半圆孔与小圆柱外表面的相贯线，可根据它已知的正面投影和侧面投影作出，如图6－75(b)所示。

（3）部分Ⅰ的小圆柱内表面两圆孔相交有相贯线。由于两圆孔的直径相等，所以相贯线的水平投影是两段直线，如图6－75(c)所示。

（4）大圆柱上内、外表面的相贯线，如图6－75(d)所示，请读者自行分析。

三、看图步骤小结

归纳以上的看图例子，可总结出看图的步骤如下。

（1）初步了解。根据物体的视图和尺寸，初步了解它的形状和大小，并按形体分析法分析它由哪几个主要部分组成。一般可从较多地反映零件形状特征的主视图着手。

（2）逐个分析。采用上述看图的各种分析方法，对物体各组成部分的形状和线面逐个进行分析。

（3）综合想象。通过形体分析和线面分析了解各组成部分的形状后，确定其各组成部分的相对位置以及相互间的关系，从而想象出整个物体的形状。

在整个看图过程中，一般以形体分析法为主，结合线面分析，边分析、边想象、边作图。仅有这些看图的知识和方法是不够的，还要不断地实践，多看，多练，有意识地培养自己的空间想象能力和构形能力，才能逐步提高读图能力。

第七章 轴 测 图

正投影图通常能较完整、确切地表达出零件各部分的形状，而且作图方便，所以它是工程上常用的图样（图 7 - 1(a)）。但是这种图样缺乏立体感，必须有一定读图能力的人才能看懂。为了帮助看图，工程上还采用轴测图，如图 7 - 1(b) 所示，它能在一个投影面上同时反映物体的正面、顶面和侧面的形状，因此很富有立体感，接近于人们的视觉习惯。但它不能确切地表达出零件上原来的形状和大小，如原来的长方形平面在轴测图上变成了平行四边形，圆变成了椭圆，而且轴测图作图较为复杂，因而轴测图在工程上一般仅用来作为辅助图样。

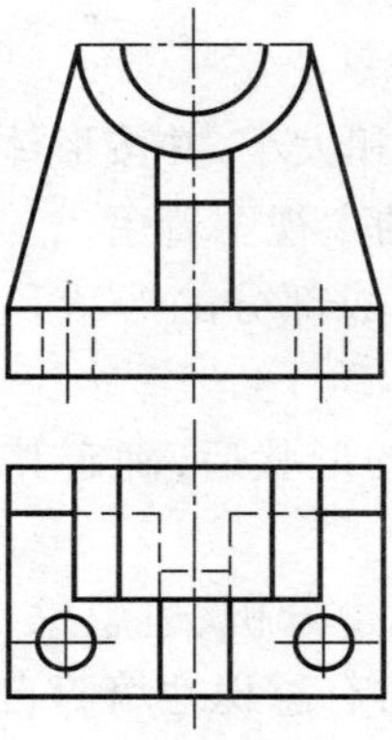

(a)

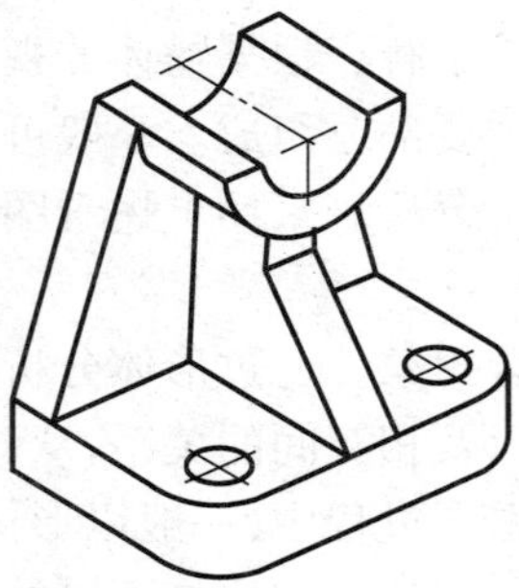

(b)

图 7 - 1　多面正投影图与轴测图的比较

第一节　轴测投影的基本概念

一、轴测投影的形成

轴测投影是一种具有立体感的单面投影图。如图 7 - 2 所示，用平行投影法将物体连同确定其空间位置的直角坐标系，按不平行于坐标面的方向一起投射到一个平面 P 上所得到的投影称为轴测投影。用这样的方法绘制出的图，称为轴测投影图，又称轴测图；平面 P 称为轴测投影面。

在形成轴测图时，应注意避免组成直角坐标系的 3 个坐标轴中的任意一个垂直于所选定的轴测投影面。因为当投射方向与坐标轴平行时，轴测投影将失去立体感，变成前面所描述的三视图中的一个视图，如图 7 - 3 所示。

二、轴间角及轴向伸缩系数

假设将图 7 - 2 中的物体抽掉，如图 7 - 4 所示，空间直角坐标轴 OX, OY, OZ 在轴测投影

面 P 上的投影 O_1X_1, O_1Y_1, O_1Z_1 称为轴测投影轴,简称轴测轴;轴测轴之间的夹角 $\angle X_1O_1Y_1$, $\angle X_1O_1Z$, $\angle Y_1O_1Z_1$ 称为轴间角。

设在空间 3 个坐标轴上各取相等的单位长度 u,投影到轴测投影面上,得到相应的轴测轴上的单位长度分别为 i,j,k,它们与原来坐标轴上的单位长度 u 的比值称为轴向变形系数。

设 $p=i/u$,$q=j/u$,$r=k/u$,则 p,q,r 分别称为 X,Y,Z 轴的轴向变形系数。

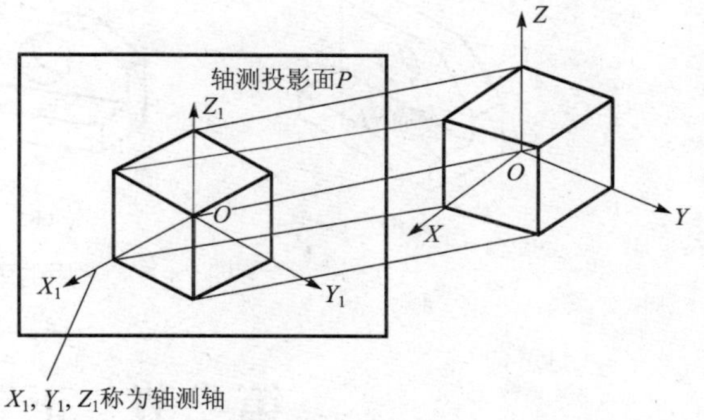

图 7－2　轴测图的形成

由于轴测投影采用的是平行投影,因此两平行直线的轴测投影仍平行,且投影长度与原来的线段长度成定比。凡是平行于 O_1X_1,O_1Y_1,O_1Z_1 轴的线段,其轴测投影必然相应地平行于 OX,OY,OZ 轴,且具有和 X,Y,Z 轴相同的轴向变形系数。由此可见,凡是平行于原坐标轴的线段长度乘以相应的轴向变形系数,就等于该线段的轴测投影长度;换言之,在轴测图中只有沿轴测轴方向测量的长度才与原坐标轴方向的长度有一定的对应关系,轴测投影也是由此而得名。在图 7－4 中空间点 A 的轴测投影为 A,其中 $O_1a_{X1}=p\times Oa_X$,$a_Xa_1=q\times a_Xa$(由于 $a_Xa/\!/OY$,所以 $a_{X_1}a_1/\!/O_1Y_1$),$a_1A_1=r\times aA$(由于 $aA/\!/OZ$,所以 $a_1A_1/\!/O_1Z_1$)。

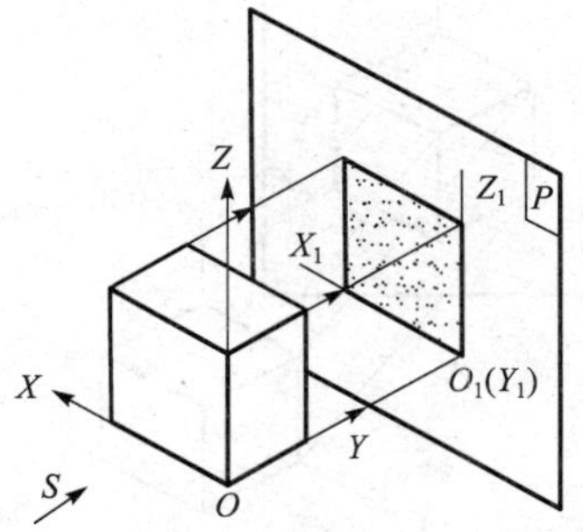

图 7－3　投射方向与投影面垂直时的投影无立体感

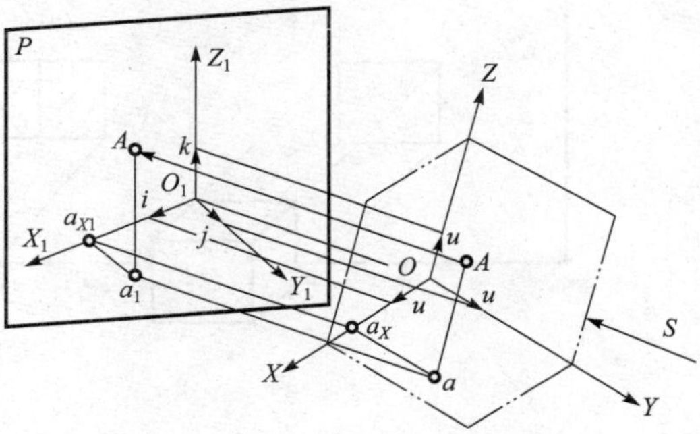

图 7－4　轴间角和轴向变形系数

应当指出:一旦轴间角和轴向变形系数确定后,就可以沿平行相应的轴向测量物体各边的尺寸或确定点的位置。

三、轴测投影的分类

轴测图根据投射方向和轴测投影面的相对位置关系可分为两类:投射方向与轴测投影面垂直——正轴测投影;投射方向与轴测投影面倾斜——斜轴测投影。在这两类轴测投影中按 3 个轴的轴向变形系数的关系又分为以下 3 种:

(1) $p=q=r$ ——正(或斜)等轴测投影,简称正(或斜)等测,如图 7－5(a)所示;

(2) $p=q\neq r$ ——正(或斜)二测轴测投影,简称正(或斜)二测,如图 7－5(b)所示;

(3) $p\neq q\neq r$ ——正(或斜)三测轴测投影,简称正(或斜)三测,如图 7－5(c)所示。

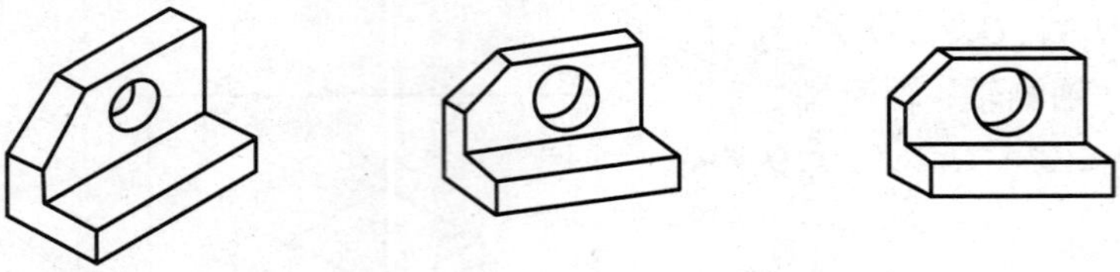

图 7－5　常用的 3 种轴测图

第二节　正等轴测图

一、正等测图的形成

将形体放置成使它的 3 个坐标轴与轴测投影面具有相同的夹角，然后用正投影方法向轴测投影面投影，就可得到该形体的正等轴测投影，简称正等测。

如图 7－6 所示的正方体，设取其后面 3 根棱线为其内在的直角坐标轴，然后从图 7－6(a)的位置绕 Z 轴旋转 45°，至图 7－6(b)的位置；再向前倾斜到正方体对角线垂直于投影面 P 的位置，如图 7－6(c)所示。在此位置上正方体的 3 个坐标轴与轴测投影面有相同的夹角，然后向轴测投影面 P 进行正投影，所得轴测图即为正方体的正等测。

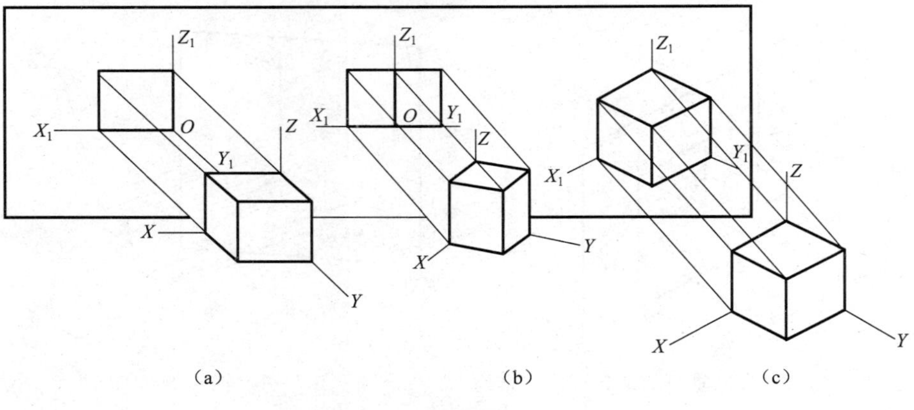

图 7－6　正等测图的形成

二、正等测的轴间角和轴向变形系数

作图时，一般使 O_1Z_1 轴处于垂直位置，则 O_1X_1 和 O_1Y_1 轴与水平线呈 30°，可用 30°三角板方便地作出(图 7－7)。正等测的轴向变形系数 $p=q=r\approx0.82$。图 7－8(a)所示长方块的长、宽和高分别为 a,b 和 h，按上述轴间角和轴向变形系数作出的正等测如图 7－8(b)所示。但在实际作图时，按上述轴向变形系数计算尺寸却是相当麻烦。

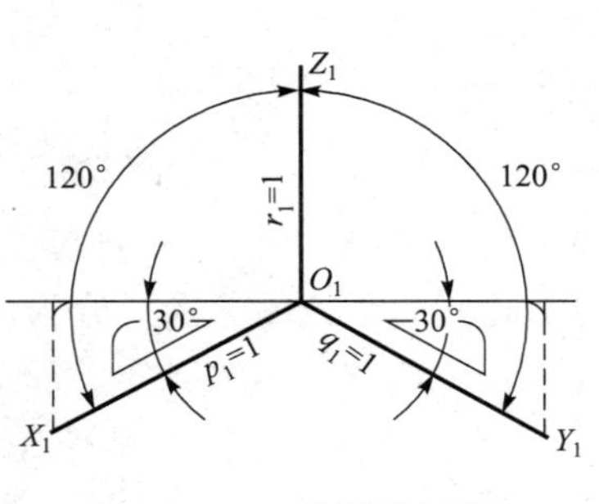

图 7－7　正等测轴间角

由于绘制轴测图的主要目的是表达物体的直观形状，因此为了作图方便，常采用一组简化轴向变形系数，在正等测中，取 $p=q=r=1$，这样就可以将视图上的尺寸 a，b 和 h 直接度量到相应的 X_1，Y_1 和 Z_1 轴上，这样作出的长方块的正等测如图 7-8(c)所示，它与图 7-8(b)相比较，其形状不变，仅是图形按一定比例放大，图上的线段放大倍数为 1/0.82 ≈1.22 倍。

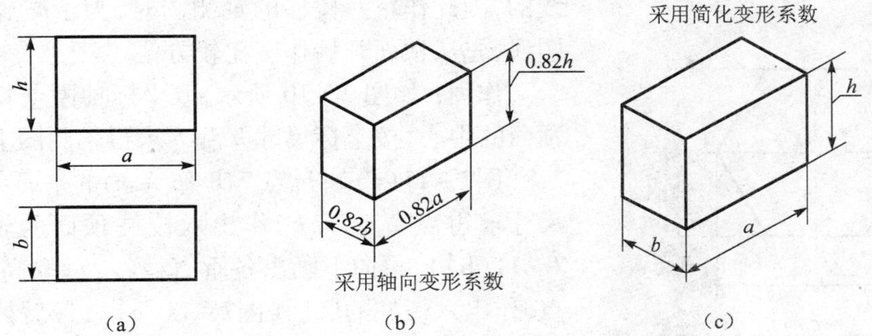

图 7-8 长方块的正等测

三、平面立体的正等测画法

画轴测图的基本方法是坐标法，即将形体上各点的直角坐标位置移植于轴测坐标系统中去，定出各点的轴测投影，从而就能作出整个形体的轴测图。如图 7-9(a)所示，先是根据视图作出底面上各点的投影如图 7-9(b)所示，再根据各点的 Z 坐标求出上面各点的投影如图 7-9(c) 所示，连接各个点，得到整个形体的投影如图 7-9(d)所示。但在实际作图时，还应

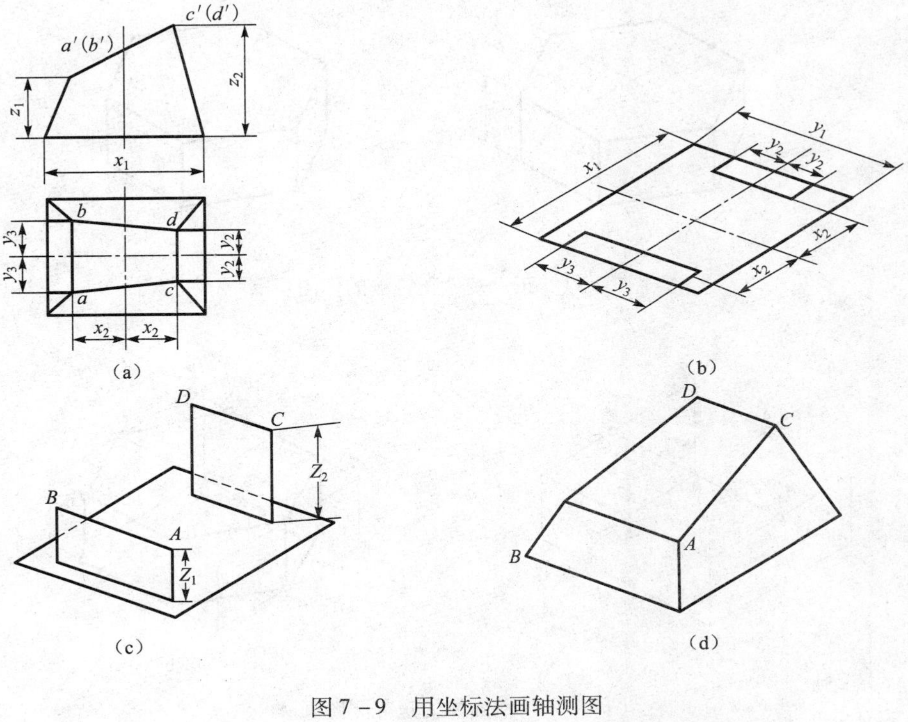

图 7-9 用坐标法画轴测图

根据物体的形状特点不同而灵活采用各种不同的作图步骤。下面举例说明平面立体轴测图的几种具体作法。

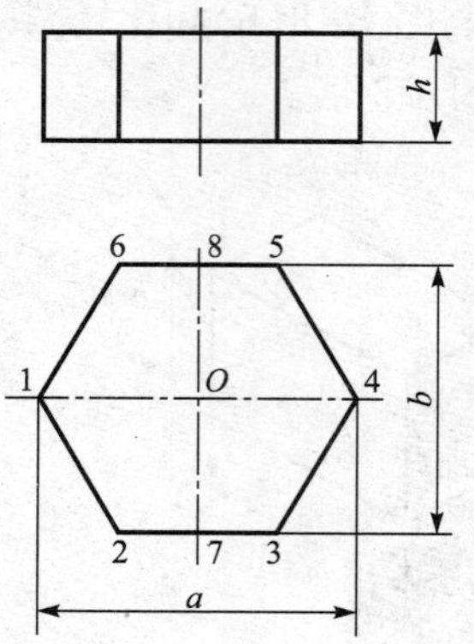

图 7－10　正六棱柱的视图

例 7－1　作出正六棱柱(图 7－10)的正等测图。

分析： 由于作物体的轴测图时，习惯上是不画出其虚线的，因此作正六棱柱的轴测图时，为了减少不必要的作图线，先从顶面开始作图比较方便。

作图： 如图 7－10 所示，取坐标轴原点 O 作为六棱柱顶面的中心，按坐标尺寸 a 和 b 求得轴测图上的点 1，4 和 7，8(图7－11(a))；过点 7，8 作 X 轴的平行线，按 X 坐标尺寸求得点 2，3，5，6，作出六棱柱顶面的轴测投影(图 7－11(b))；再向下画出各垂直棱线，量取高度 h，连接各点，作出六棱柱的底面(图7－11(c))；最后擦去多余的作图线并描深，即完成正六棱柱的正等测(图7－11(d))。

也可假设六棱柱体原来是一个长方块，如图 7－12(a)所示，然后切去四角，如图 7－12(b)所示。

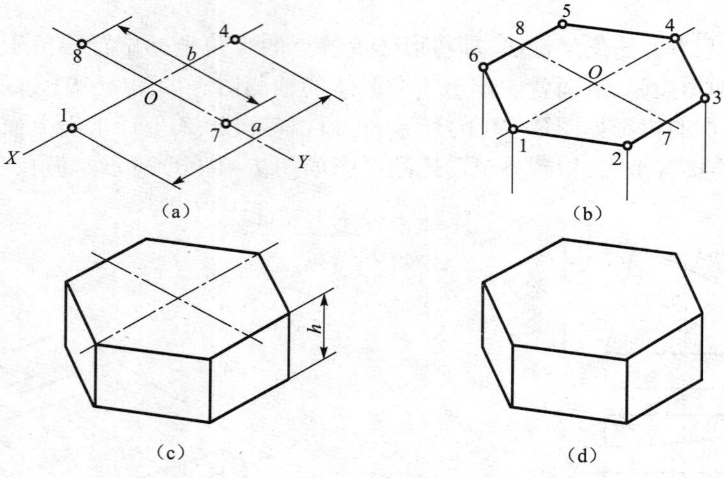

图 7－11　正六棱柱正等测的作图步骤

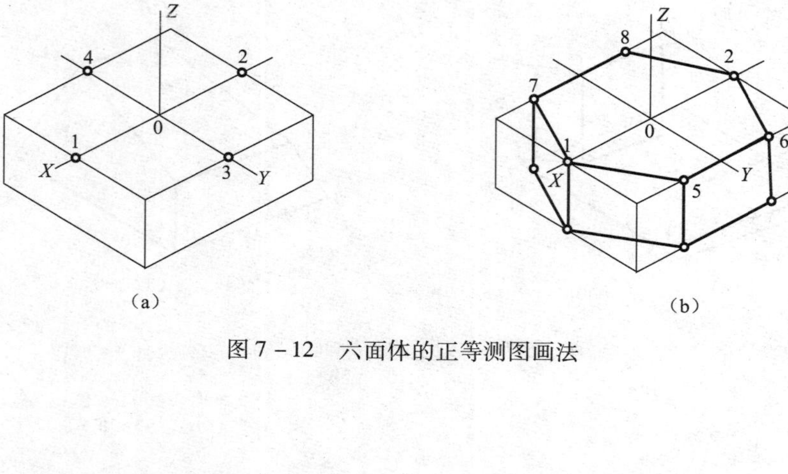

图 7－12　六面体的正等测图画法

例7－2　作出垫块(图7－13)的正等测投影图。

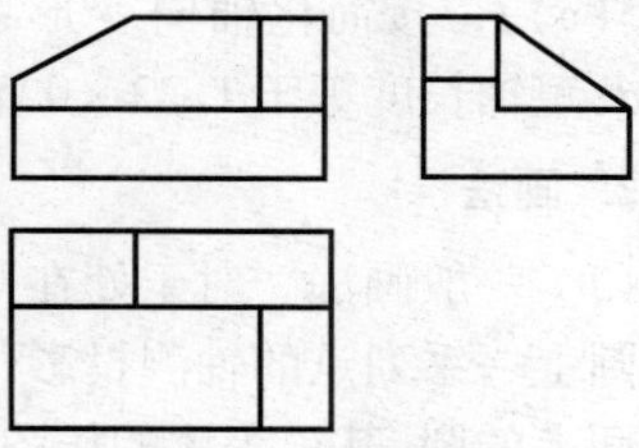

图7－13　垫块的视图

分析： 垫块是一个简单的组合体，画轴测图时，也可采用形体分析法，由基本形体结合或被切割而成。

作图： 如图7－13所示，先按垫块的长、宽、高画出其外形长方体的轴测图，并将长方体切割成 *L* 形(图7－14(a)，(b))；再在左上方斜切掉一个角(图7－14(b)，(c))；在右端再加上一个三角形的肋(图7－14(c))；最后擦去多余的作图线并描深，即完成垫块的正等测作图，如图7－14(d)所示。

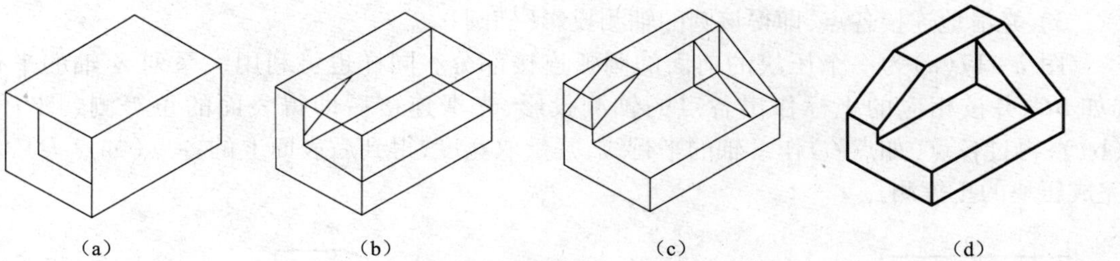

图7－14　垫块正等测的作图步骤

四、圆的正等测

1. 性质

在一般情况下，圆的轴测投影为椭圆。根据理论分析(证明从略)，坐标面(或其平行面)上圆的正轴测投影(椭圆)的长轴方向与该坐标面垂直的轴测轴垂直，短轴方向与该轴测轴平行。对于正等测，水平面上椭圆的长轴处在水平位置，正平面上椭圆的长轴方向为向右上倾斜60°，侧平面上的长轴方向为向左上倾斜60°(图7－15)。

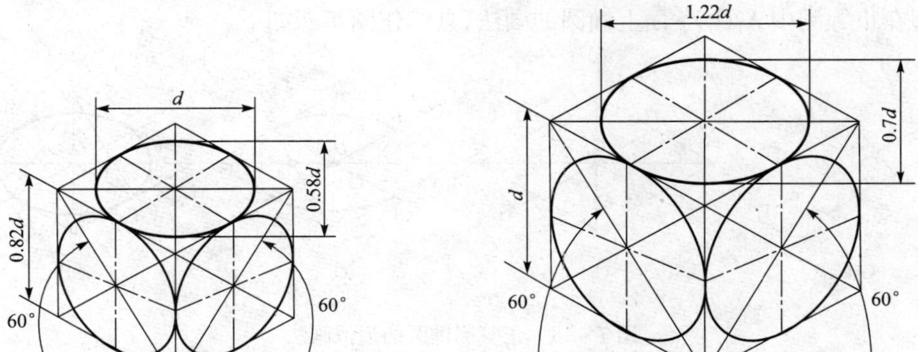

图7－15　坐标面上圆的正等测

在正等测中，如采用轴向变形系数，则椭圆的长轴为圆的直径 d，短轴为 $0.58d$(如图

7－15(a))。按简化轴向变形系数作图,其长、短轴长度均放大 1.22 倍,即长轴长度等于 1.22d;短轴长度等于 $1.22\times0.58\approx0.7d$(图 7－15(b))。

2. 画法

(1) 一般画法。对于处在一般位置平面或坐标面(或其平行面)上的圆,都可以用坐标法作出圆上一系列点的轴测投影,然后光滑地连接起来即得圆的轴测投影,图 7－16(a)为一个水平面上的圆,其正等测的作图步骤如下(图 7－16(b))。

1) 首先画出 X_1,Y_1 轴,并在其上按直径大小定出点 1,2,3,4。

2) 过 O_1Y_1 上的点 A,B,…作一系列平行于 O_1X_1 轴的平行弦,然后按坐标相应地作出这些平行弦长的轴测投影,即求得椭圆上的点 5,6,7,8,…。

3) 光滑地连接各点,即得该圆的轴测投影(椭圆)。

图 7－17(a)为一个压块的前面的圆弧连接部分。同样也可利用一系列 Z 轴的平行线(如 BC)并按相应的坐标作出各点的轴测投影,光滑连接后即得表面的正等测(图 7－17(b));再过各点(如点 C)作 Y 轴的平行线,并量取宽度,得到后表面上的各点(如点 D),从而完成压块的正等测。

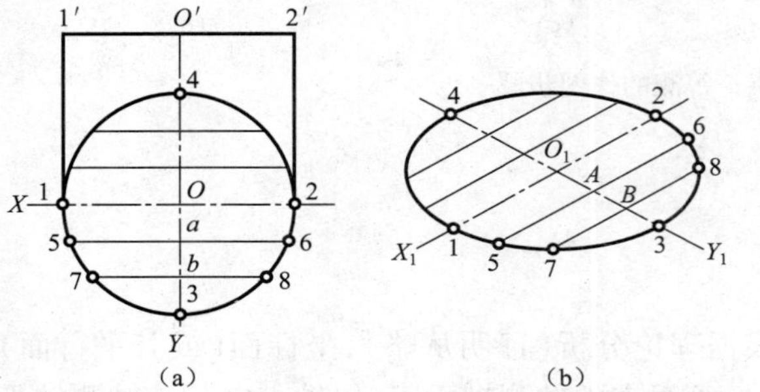

图 7－16　圆的正等测的一般画法

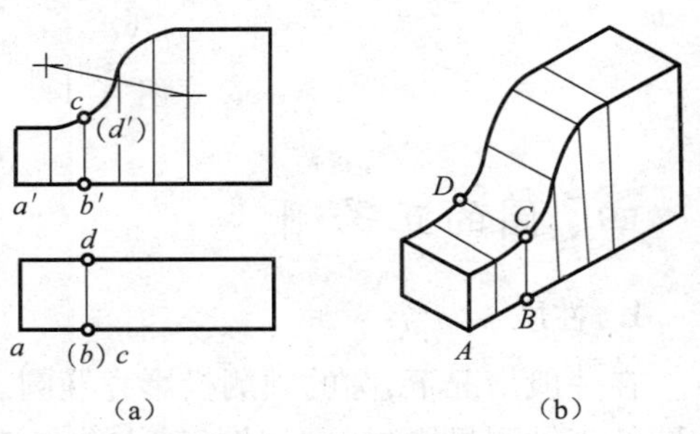

图 7－17　压块的正等测画法

(2) 近似画法。为了简化作图,轴测投影中的椭圆通常采用近似画法,图 7－18 表示直径为 d 的圆在正等测中 $X_1O_1Y_1$ 面上椭圆的画法,具体作图步骤如下。

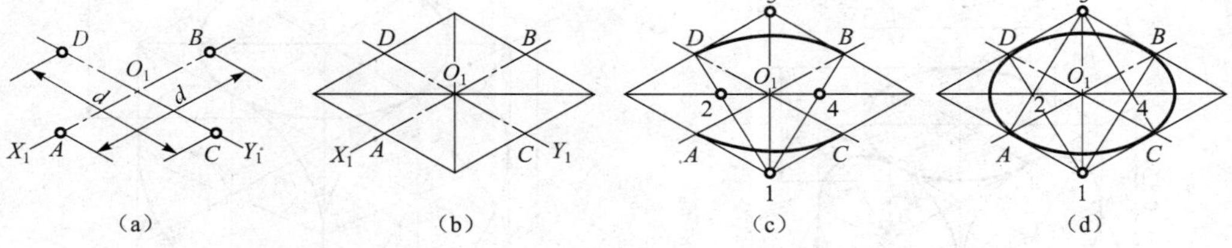

图 7－18　正等测椭圆的近似画法

1) 先通过椭圆中心 O_1 作 X_1,Y_1 轴,并按直径 d 在轴上量取点 A,B,C,D(图 7－18(a))。

2) 过点 A,B 与 C,D 分别作 Y_1 轴与 X_1 轴的平行线,所形成的菱形即为已知圆的外切正方形的轴测投影,而所作的椭圆则必然内切于该菱形。该菱形的对角线即为长、短轴的位置(图 7－18(b))。

3）分别以点 1,3 为圆心,以 $1B$ 或 $3A$ 为半径作出两个大圆弧 BD 和 AC,连接 $1D$,$1B$ 与长轴相交于 2,4 两点,即得两个小圆弧的中心(图 7－18(c))。

4）以 2,4 两点为圆心,以 $2D$ 或 $4B$ 为半径作两个小圆弧与大圆弧相接,即完成该椭圆(图 7－18(d))。显然点 A,B,C,D 正好是大、小圆弧的切点。

$X_1O_1Z_1$ 和 $Y_1O_1Z_1$ 面上的椭圆仅长、短轴的方向不同,其画法与在 $X_1O_1Y_1$ 面上的椭圆完全相同。

五、曲面立体的正等测画法

掌握了圆的正等测的画法后,就不难画出回转体的正等测投影。图 7－19(a),(b)分别表示圆柱和圆锥的正等测画法。作图时先分别作出其顶面和底面的椭圆,再作其公切线即可。

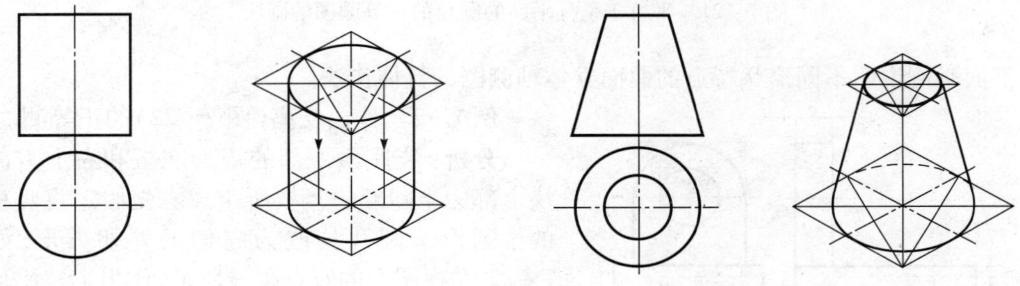

(a)　　　　(b)

图 7－19　圆柱和圆锥的正等测画法

六、圆角的正等测画法

分析: 从图 7－18 所示椭圆的近似画法中可以看出,菱形的钝角与大圆弧相对,锐角与小圆弧相对;菱形相邻两条边的中垂线的交点就是圆心。由此可以得出平板上圆角的正等轴测图的近似画法,如图 7－20 所示。

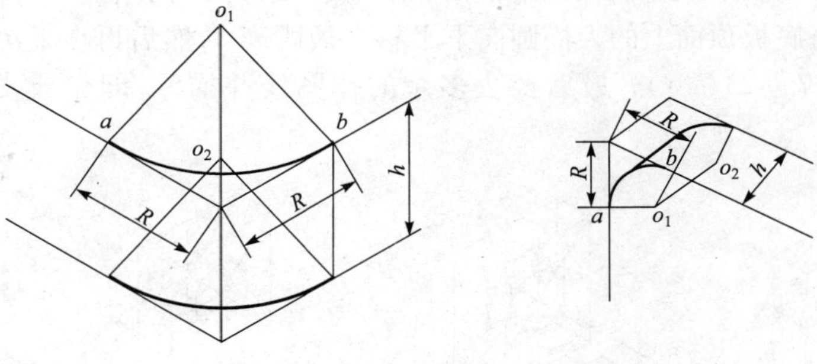

(a)　　　　(b)

图 7－20　圆角的正等测图的画法

作图:

(1) 由角顶在两条夹边上量取圆角半径得到切点,过切点作相应边的垂线,交点 O_1 即为上底面的两圆心。用移心法从 O_1 向下量取板厚的高度尺寸 h,即得到下底面的对应圆心 O_2。

(2) 以 O_1,O_2 为圆心,由圆心到切点的距离为半径画圆弧,作两个小圆弧的外公切线,即得不同平面上圆角的正等测图。

平行于坐标平面的圆角的正等测图的画法如图 7-21 所示。

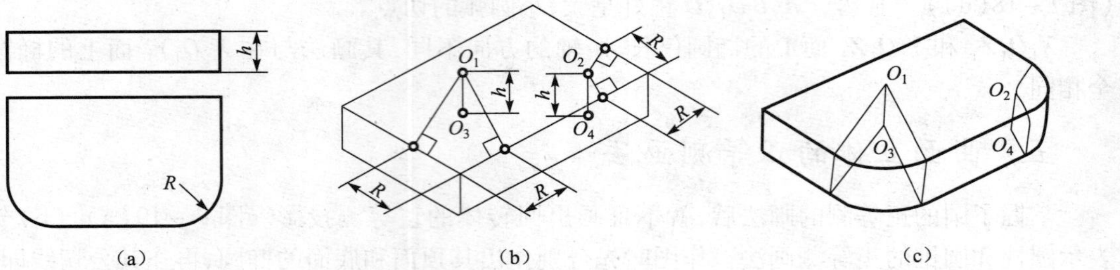

图 7-21 平行于坐标平面的圆角的正等测图的画法

下面举例说明不同形状特点的曲面立体轴测图的具体作法。

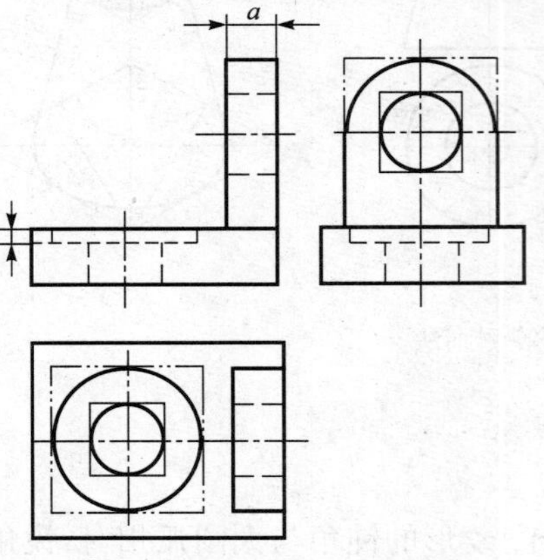

图 7-22 支座的视图

例 7-3 作出支座(图 7-22)的正等测。

分析: 支座由下部的矩形底板和右上方的一块上部为半圆形的竖板所组成。先假定将竖板上的半圆形及圆孔均改为它们的外切方形,如图 7-22 左视图上的双点画线所示,作出上述平面立体的正等测,然后再在方形部分的正等测——菱形内,根据图 7-18 所述方法,作出它的内切椭圆。底板上的阶梯孔也按同样方法作出。

作图: 如图 7-23 所示。先作出底板和竖板的方形轮廓,并用点画线定出底板和竖板表面上孔的位置(图 7-23(a));再在底板的顶面和竖板的左侧面上画出孔与半圆形轮廓(图 7-23(b));然后按竖板的厚度 a,将竖板左侧面上的椭圆轮廓沿 X 轴方向向右平移一段距离 a,按底板上部沉孔的深度 b,将底板顶面上的大椭圆向下平移一段距离 b,然后再在下沉的中心处作出下部小孔的轮廓(图 7-23(c));最后擦去多余的作图线并描深,即完成支座的正等测(图 7-24(d))。

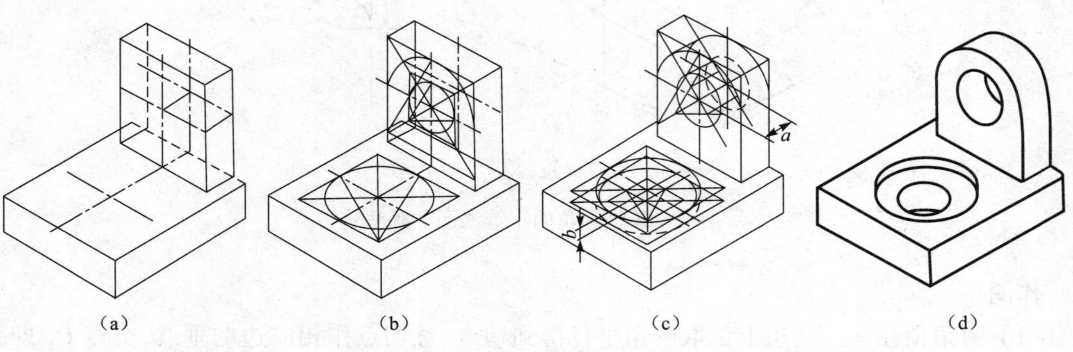

图 7-23 支座的正等测作图步骤

例7－4　作出托架（图7－24）的正等测。

分析：与上例的情况相同，先作出它的方形轮廓，然后分别作出上部的半圆槽和下面的长圆形孔。

作图：如图7－25所示。先作出L形托架的外形轮廓（图7－25（a））；再在竖板的前表面上和底板的顶面上分别作出半圆槽和长圆形孔的轮廓（图7－25（b））；然后将半圆槽的轮廓沿Y轴方向向后移一个竖板的厚度，将长圆形孔的轮廓沿Z轴方向向下移一个底板的厚度（图7－25（c））；最后擦去多余的作图线并描深，即完成托架的正等测（图7－25（d））。

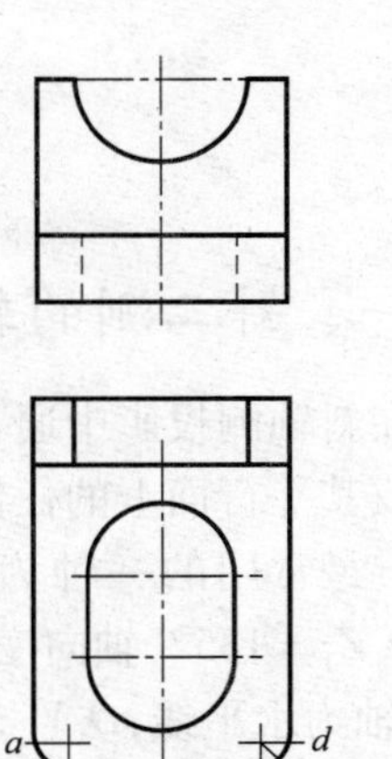

图7－24　托架的视图

托架底板前方半径为R的圆角部分，由于只有1/4圆周，因此作图时可简化，不必作出整个椭圆的外切菱形，其具体作图步骤如下。

（1）在角上分别沿轴向取一段长度等于半径R的线段，得点A，B与C，D，过以上各点分别作相应边的垂线，分别交于点O_1及O_2（图7－25（b））。以O_1及O_2为圆心，以O_1A，O_2C为半径作弧，即得顶面上圆角的轴测图。

（2）将点O_1和O_2垂直下移一个底板的厚度，得点O_3和O_4。以点O_3和O_4为圆心，分别作底面上圆角的正等测，对右侧圆角，还应作出上、下圆弧的公切线（图7－25（c））。

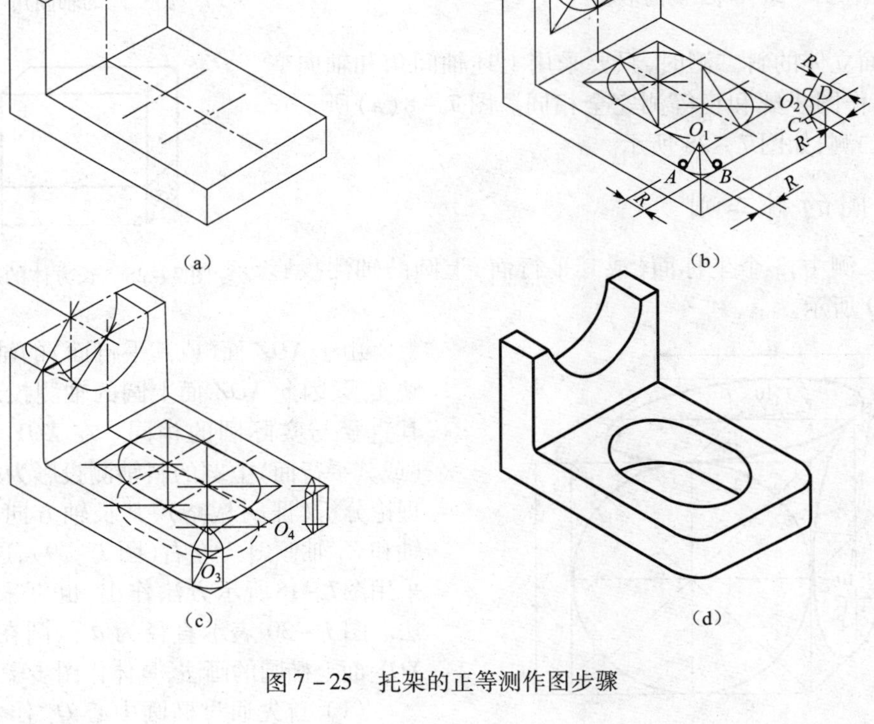

图7－25　托架的正等测作图步骤

第三节　斜二轴测图

一、斜二测的轴间角和轴向变形系数

在斜轴测投影中通常将物体放正，即使 XOZ 坐标平面平行于轴测投影面 P，因而 XOZ 坐标面或其平行面上的任何图形在 P 面上的投影都反映实形，称为正面斜轴测投影，如图 7－26 所示。最常用的一种为正面斜二测（简称斜二测），其轴间角 $\angle X_1O_1Z_1=90°$，$\angle X_1O_1Y_1=\angle Y_1O_1Z_1=135°$，轴向变形系数 $p=r=1$，$q=0.5$。作图时，一般使 O_1Z_1 轴处于垂直位置，则 O_1X_1 轴为水平线，O_1Y_1 轴与水平线成 45°，可利用 45°三角板方便地作出（图 7－27）。

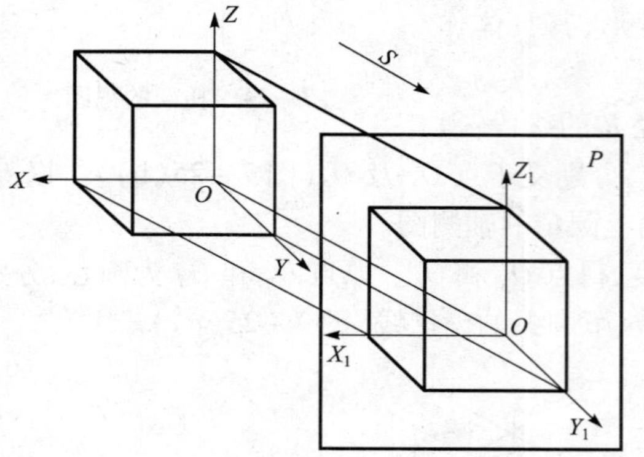

图 7－26　斜二测的形成

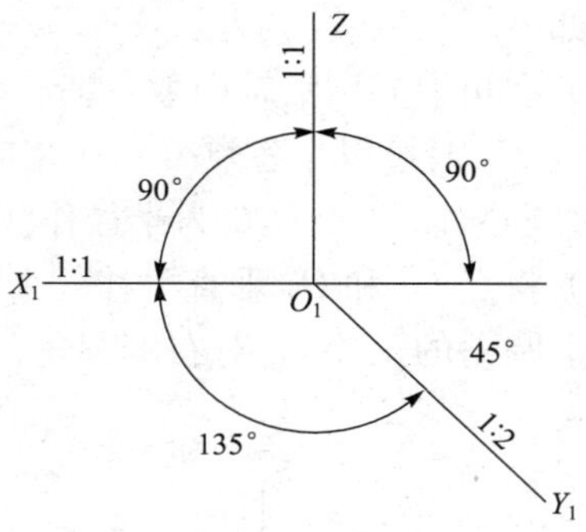

图 7－27　斜二测的轴间角

作平面立体的斜二测时，只要采用上述轴间角和轴向变形系数，其作图步骤和正等测完全相同。图 7－8(a) 所示长方体的斜二测，如图 7－28 所示。

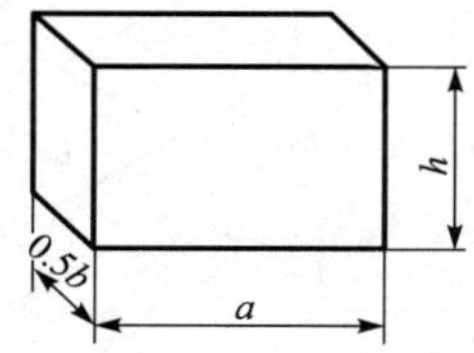

图 7－28　长方体的斜二测

二、圆的斜二测

在斜二测中，3 个坐标面（或其平行面）上圆的轴测投影如图 7－29 所示。

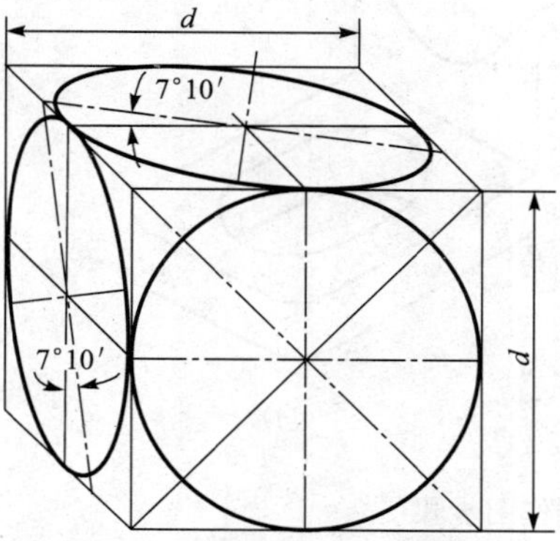

图 7－29　各个坐标面上圆的斜二测投影图

由于 XOZ 面（或其平行面）的轴测投影反映实形，因此 XOZ 面上圆的轴测投影仍为圆，其直径与实际圆的相同。在 XOY 和 YOZ 面（或其平行面）上圆的斜轴测投影为椭圆，根据理论分析（证明从略），其长轴方向分别与 X_1 轴和 Z_1 轴倾斜 7°左右（图 7－29），这些椭圆可采用图7－18所示方法作出，也可采用近似画法。图 7－30 表示直径为 d 的圆在斜二测中 XOY 面上椭圆的画法，具体作图步骤如下。

（1）首先通过椭圆中心 O_1 作 X_1，Y_1 轴，并按直径 d 在 X_1 轴上量取点 A，B，按 $0.5d$ 在

Y_1 轴上量取点 C,D(图 7－30(a))。

(2) 过点 A,B 与 C,D 分别作 Y_1 轴与 X_1 轴的平行线,所形成的平行四边形即为已知圆的外切正方形的斜二测,而所作的椭圆,则必然内切于该平行四边形。过点 O_1 作与 X_1 轴成 7°的斜线即为长轴的位置,过点 O 作长轴的垂线即为短轴的位置(图 7－30(b))。

(3) 取 $O1 = O3 = d$,以点 1 和 3 为圆心,以 $1C$ 或 $3D$ 为半径作两个大圆弧。连接 $3A$ 和 $1B$ 与长轴相交于 2,4 两点,即得两个小圆弧的中心(图 7－30(c))。

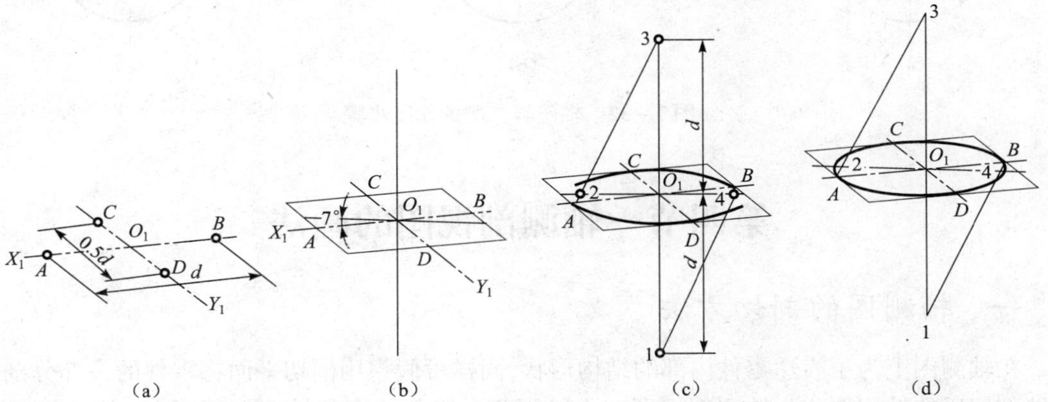

图 7－30 斜二测中 XOY 面椭圆的近似画法

(4) 以 2,4 两点为圆心,$2A$ 或 $4B$ 为半径作两个小圆弧与大圆弧相接,即完成该椭圆(图7－30(d))。

YOZ 面上的椭圆仅长、短轴的方向不同,其画法与在 XOY 面上的椭圆完全相同。

三、曲面立体的斜二测画法

在斜二测中,由于 XOZ 面的轴测投影仍反映实形,圆的轴测投影仍为圆,因此当物体的正面形状较复杂,且此面具有较多的圆或圆弧连接时,采用斜二测作图就比较方便。下面举例说明。

例 7－5 作出轴座(图 7－31)的斜二测。

分析: 轴座的正面(即 XOZ 面)有 3 个不同直径的圆或圆弧,在斜二测中都能反映实形。

作图: 如图 7－32(a)所示,先作出轴座正面部分的斜二测,由于该平面平行于 XOZ 平面,所以该面的投影反映实形。从正面的各点沿着 Y_1 轴方向向后量取 0.5y 的长度得后表面投影,如图 7－32(b)所示。在板的前表面上确定圆心位置,同样沿 Y_1 轴方向向后量取 0.5y 的长度得到后表面圆心的位置,并以 R 为半径画圆弧,作两圆弧 Y_1 轴方向的公切线,擦去多余的作图线并描深,即完成轴座的斜二测(图 7－32(c))。

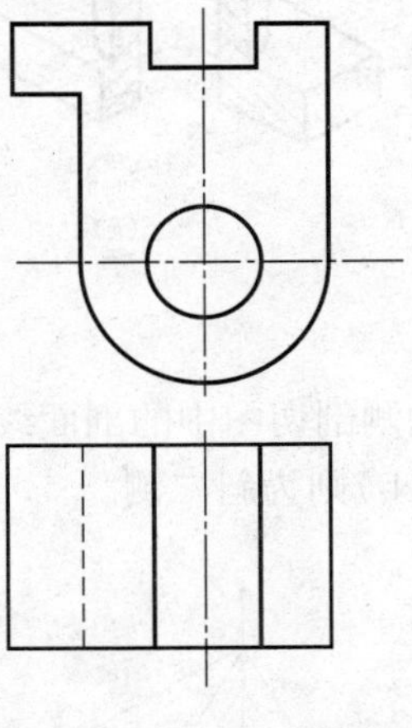

图 7－31 轴座视图

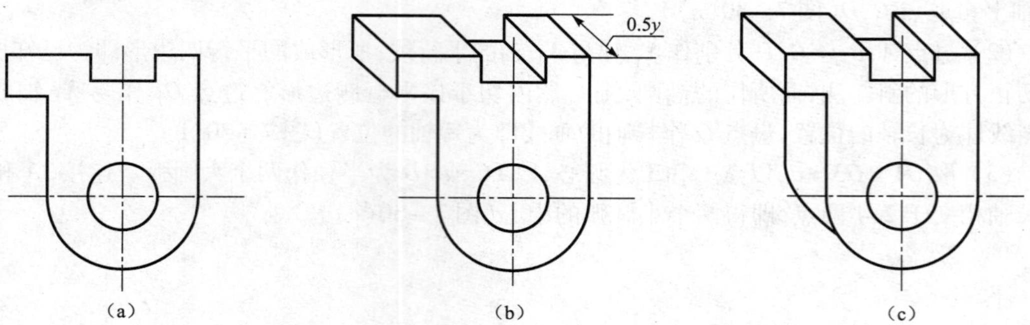

图 7 - 32　轴座斜二测的作图步骤

第四节　轴测剖视图的画法

一、轴测图的剖切方法

在轴测图上为了表达零件内部的结构形状，同样可假想用剖切平面将零件的一部分剖去，这种剖切后的轴测图称为轴测剖视图。一般用两个互相垂直的轴测坐标面（或其平行面）进行剖切，能够较完整地显示该零件的内、外形状（图 7 - 33（a））。尽量避免用一个剖切平面剖切整个零件（图 7 - 33（b））和选择不正确的剖切位置（图 7 - 33（c））。

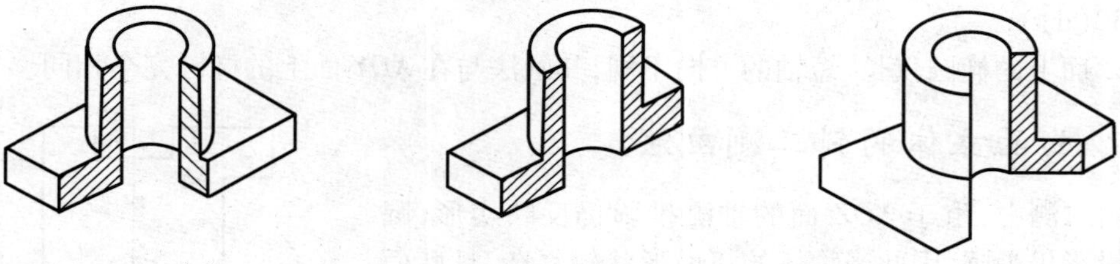

图 7 - 33　轴测图剖切的正误方法

轴测剖切图中的剖面线方向应按图 7 - 34 所示方向画出，正等测如图 7 - 34（a）所示，图 7 - 34（b）则为斜二测。

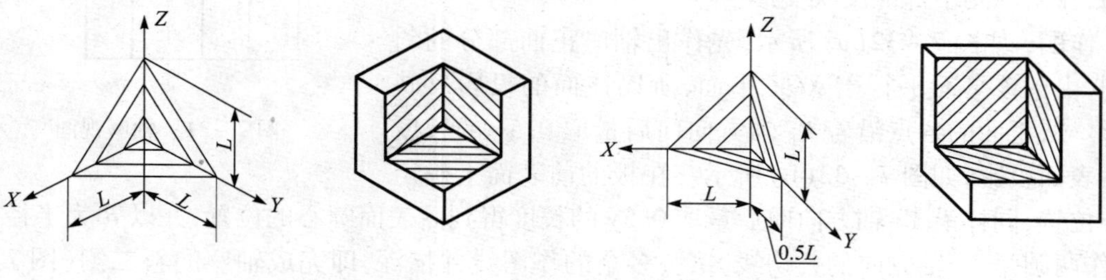

图 7 - 34　轴测剖视图中的剖面线方向

二、轴测剖视图的画法

轴测剖视图一般有两种画法。

(1) 先把物体完整的轴测外形图画出，然后沿轴测轴方向用剖切平面将它剖开。如图7－35(a) 所示套筒，要求画出它的正等轴测剖视图。先画出它的外形轮廓，如图7－35(b)所示，然后沿 X，Y 轴向分别画出其断面形状，并画上剖面线，即完成该套筒的轴测剖视图，如图7－35(c)所示。

(2) 先画出断面的轴测投影，然后再画出断面外部看得见的轮廓，这样可减少很多不必要的作图线，使作图更为迅速。如图7－36(a)所示的底座，要求画出它的斜二轴测剖视图。由于该底座的轴线处在铅垂线位置，故采用通过该轴线的正平面及侧平面将其左上方剖切掉1/4。分别画出正平剖切平面及侧平剖切平面剖切所得剖面的斜二测，如图7－36(b)所示。

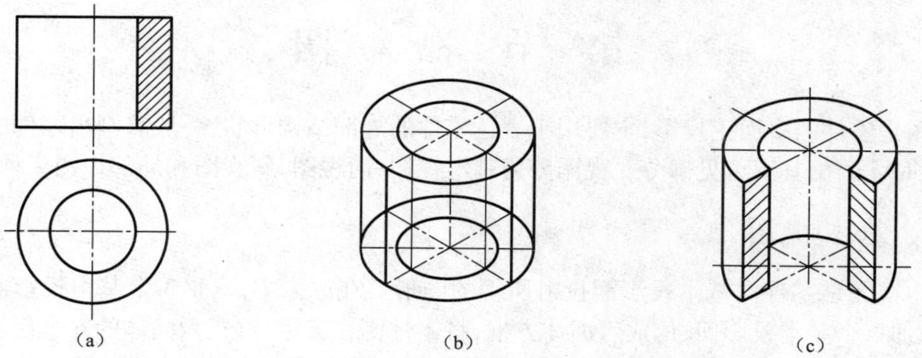

图7－35　轴测剖视图的画法(一)

用点画线确定前后各表面上各个圆的圆心位置，然后再过各圆心作出各表面上未被剖切的3/4部分的圆弧，并画上剖面线，即完成该构件的轴测剖视图，如图7－36(c)所示。

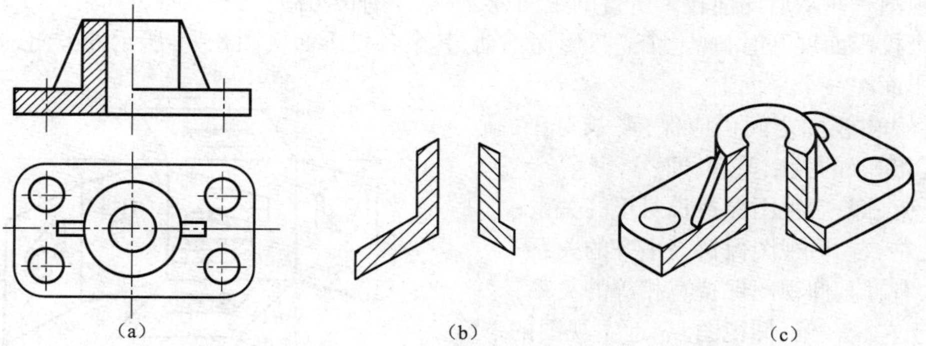

图7－36　轴测剖视图的画法(二)

第八章 零件常用的表达方法

前面章节介绍了正投影的基本理论以及用三视图来表示物体的方法。但是,在工程实际中零件的形状是千变万化的,有些零件的外部形状和内部形状都比较复杂,仅采用前面章节所介绍的三视图,往往不能将它们完整、清晰地表达出来,还需要采用其他表达方法,才能使画出的图样清晰易懂,而且绘图简便。为此,国家标准《机械制图 图样画法》中规定了各种表达方法——视图、剖视图、断面图、局部放大图、简化画法及其他规定画法等。本章着重介绍零件常用的一些表达方法。

第一节 视 图

视图是零件的多面正投影,主要用于表达零件的外部结构形状,一般只画出零件的可见部分,必要时才画出其不可见部分。视图分为基本视图、向视图、斜视图和局部视图4种。

一、基本视图

基本视图是零件向基本投影面投射所得的图形。在原来 H, V, W 3个基本投影面的基础上,再增加3个基本投影面,构成六面体方框,将零件围在其中,这正六面体的6个面均为基本投影面。将零件向6个基本投影面投影,即可得到6个基本视图。除前面已学过的主、俯、左3个视图外,另外3个视图分别为:

右视图——从右向左投影所得的视图,反映零件的高与宽;

仰视图——从下向上投影所得的视图,反映零件的长与宽;

后视图——从后向前投影所得的视图,反映零件的长与高。

各个投影面展开时,规定正立投影面不动,其余各投影面按图8-1所示的方向,展开到与正立投影面在一个平面上。

6个基本视图之间仍应保持"长对正、高平齐、宽相等"的投影关系,即:

主、俯、仰、后视图保持长对正的关系;

主、左、右、后视图保持高平齐的关系;

左、右、俯、仰视图保持宽相等的关系。

对于左、右、俯、仰视图,靠近主视图的一边代表物体的后面,远离主视图的一边代表物体的前面。

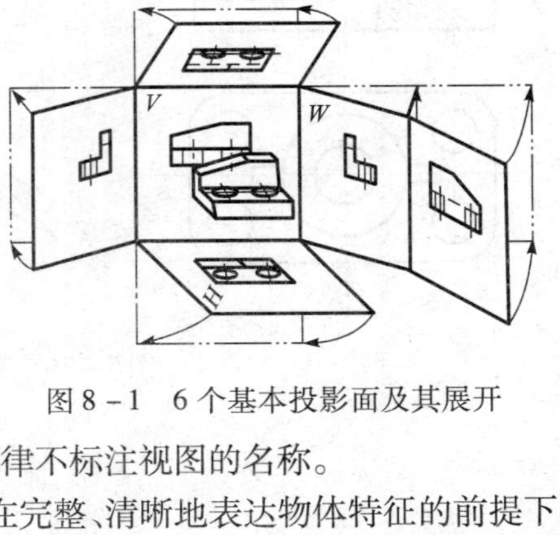

图8-1 6个基本投影面及其展开

在同一张图纸内,各视图按照图8-2配置时,一律不标注视图的名称。

在实际绘图时,应根据零件的形状和结构特点,在完整、清晰地表达物体特征的前提下,使视图数量为最少,以力求制图简便,根据以上原则选用其中必要的几个基本视图。选用基本视图时一般优先选用主、俯、左3个基本视图。图8-3为支架的三视图,可看出如采用主、左两个视图,已经能将零件的各部分形状完全表达,这里的俯视图显然是多余的,可以省略不画。但由于零件的左、右部分都一起投影在左视图上,因而虚实线重叠,很不清楚。如果再采用一个右视图,便能把零件右边的形状表达清楚,同时,在左视图上表示零件右边孔腔形状的虚线可省略不画,如图8-4所示。显然采用了主、左、右3个视图表达该零件比图8-3表达得清楚。

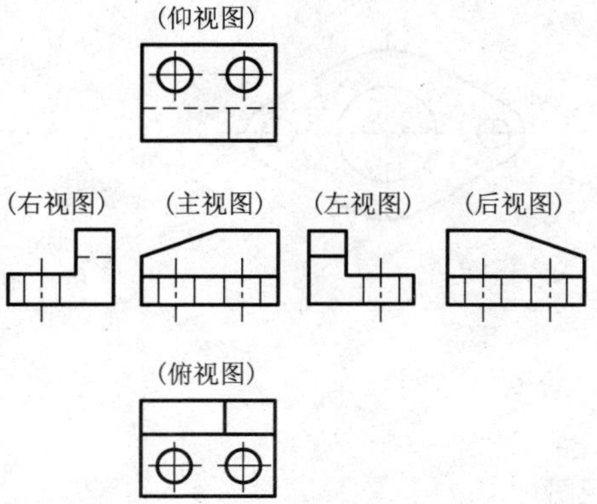

图8-2　6个基本视图的配置

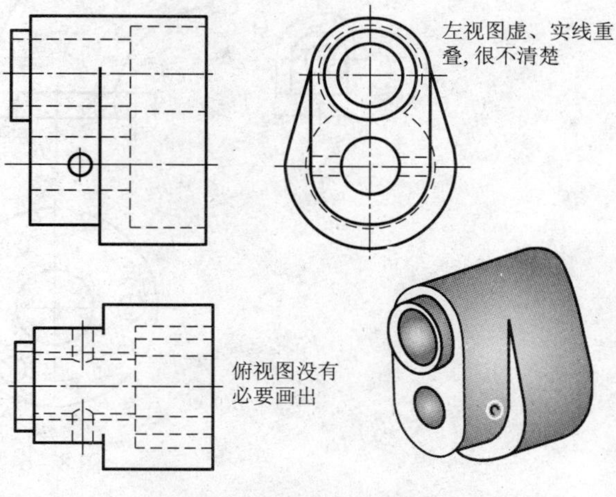

图8-3　用主、俯、左视图表达支架并不适宜

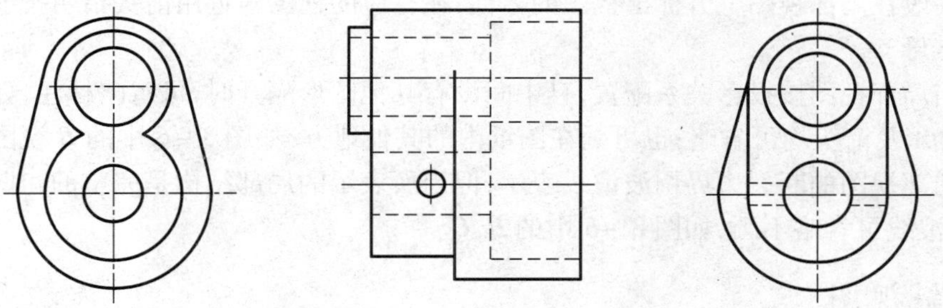

图8-4　用主、左、右3个视图表达支架

二、向视图

在同一张图纸内,各视图按照图8-2配置时,一律不标注视图的名称。如果不能按照图8-2所示配置时,应在视图上方标出视图的名称"×"(×为大写拉丁字母的代号),并在相应的视图附近用箭头指明投射方向,注上相同的字母,如图8-5所示。这种位置可自由配置视图称为向视图。

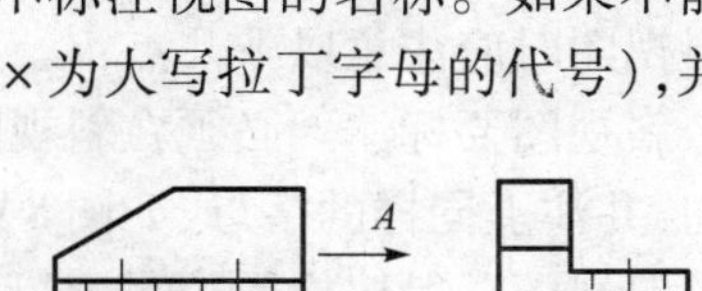

图8-5　向视图

三、局部视图

将零件的某一部分向基本投影面投射所得的视图称为局部视图。局部视图的断裂边界用波浪线表示,如图8-6中的*A*视图。当零件在某个方

向仅有部分形状需要表达，没有必要画出整个基本视图时，可采用局部视图。

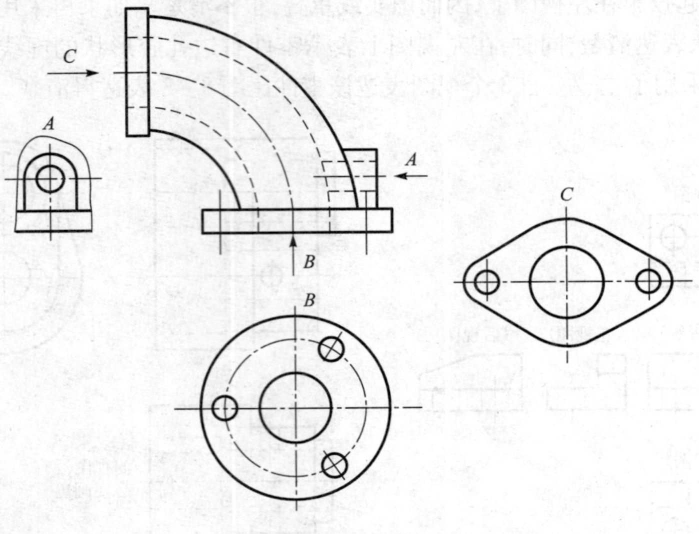

图 8－6　局部视图

画局部视图时应注意以下几点：

（1）一般在局部视图上方标出视图的名称；在相应的视图附近用箭头指明投射方向，并注上同样的字母。

（2）当局部视图按投影关系配置，且中间没有其他图形隔开时，可省略标注，如图 8－6 中 *A* 视图中的 *A* 及箭头均可省略；也可画在图纸内的其他地方，如图 8－6 中的 *B* 视图。

（3）局部视图的断裂边界用波浪线表示，但当所表示的局部结构是完整的，其外轮廓线又封闭时，波浪线可省略不画，如图 8－6 中的 *B*，*C*。

四、斜视图

当零件上有不平行于基本投影面的倾斜结构时，基本视图均无法表达这部分的真实形状，给画图、看图和标注尺寸都带来不便。为了表达该结构的实形，可选用一个与倾斜结构平行的投影面，将这部分向该投影面投影，便得到倾斜部分的实形。这种将零件向不平行于任何基本投影面的平面投影所得的视图叫斜视图，如图 8－7 所示。

画斜视图时应注意以下几点：

（1）斜视图要标注。必须在斜视图上方标出视图的名称；在相应的视图附近用箭头指明投射方向，并注上同样的字母，如图 8－7 所示。

（2）斜视图一般按投影关系配置，以便于画图和看图，如图 8－7 所示，必要时也可配置在其他适当位置。在不致引起误解时，允许将图形旋转，并在该视图上方标注旋转符号（以字高为半径的半圆弧），大写拉丁字母在旋转符号的箭头端，如图 8－8 所示。

（3）画斜视图时，可将零件不反映实形的部分用波浪线断开而省略不画。同样在相应的基本视图中也可省去倾斜部分的投影，如图 8－7 和图 8－8 所示。

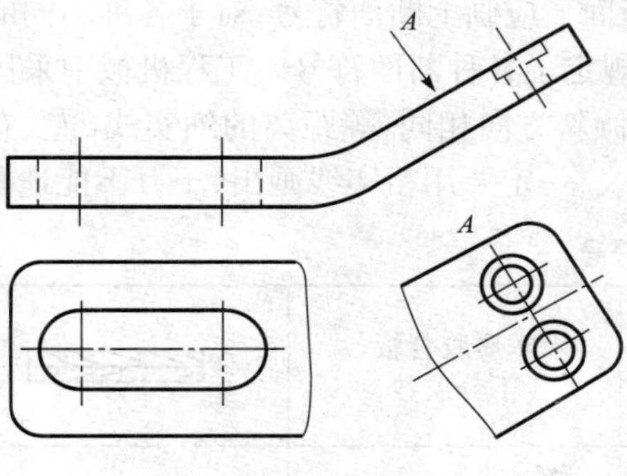

图 8－7　斜视图

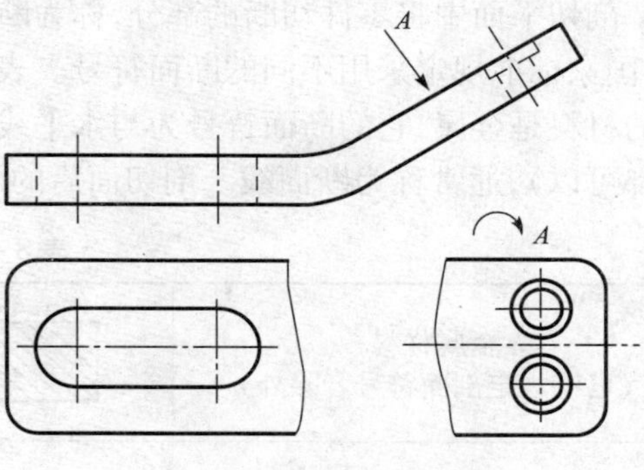

图 8－8　斜视图

第二节　剖　视　图

当零件的内部结构形状复杂时，视图上就会出现许多虚线，从而影响了图形的清晰性和层次性，既不利于看图，又不便于标注尺寸，为了清晰地表达零件的内部结构形状，国家标准《机械制图　图样画法》中，规定采用剖视图来表达零件的内部结构形状。

一、剖视图的概念

假想用剖切面剖开零件，将处在观察者与剖切平面之间的部分移去，而将其余部分向投影面投影，所得到的图形称为剖视图（简称剖视）。如图 8－9 所示采用正平面作为剖切平面，在该零件的对称平面处假想将它剖开，移去前面部分，使零件内部的孔、槽等结构显示出来，从而在主视图上得到剖视图。这样原来不可见的内部结构在剖视图上成为可见部分，虚线可以画成粗实线。由此可见，剖视图主要用于表达零件内部或被遮盖部分的结构形状。

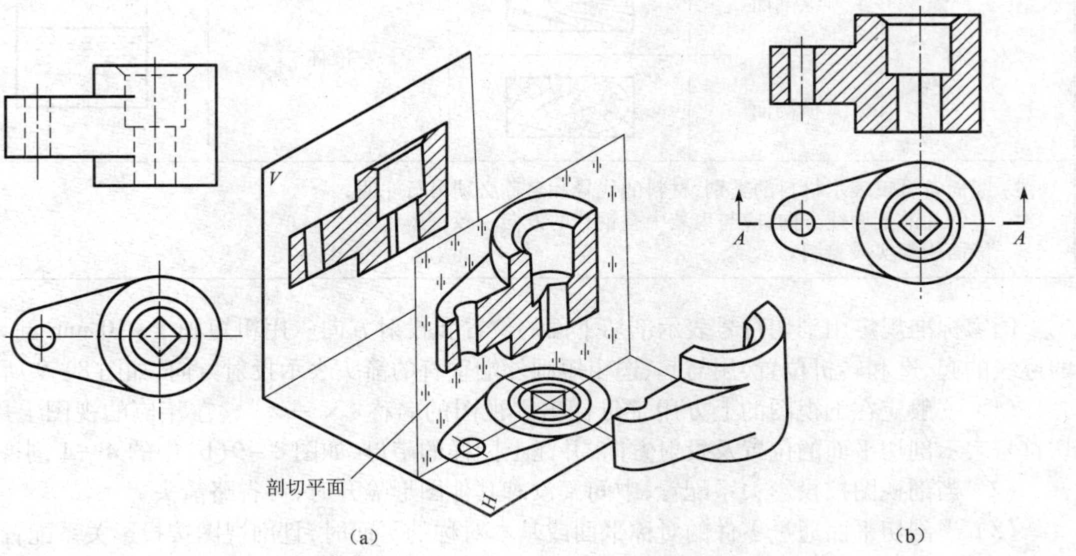

图 8－9　剖视图的概念

剖切平面中将零件切断的部分，称为断面。在断面上应画上断面符号，对于各种不同的材料，国家标准规定采用不同的断面符号。表 8－1 中规定了各种断面符号。工程机械中采用最多的材料是金属，它的断面符号为与水平线呈 45°的倾斜方向相同、等距离的细实线（左、右倾斜都可以），通常称为断面线。剖切面后的可见轮廓线，一定要用粗实线画出，千万不能遗漏。

表 8－1　断面符号

<table>
<tr><td colspan="2">金属材料
（已有规定剖面符号者除外）</td><td>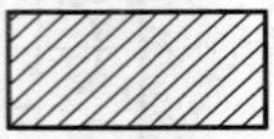</td><td>木质胶合板
（不分层数）</td><td></td></tr>
<tr><td colspan="2">线圈绕组元件</td><td>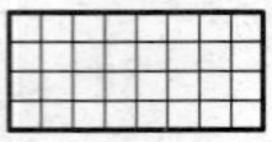</td><td>基础周围的泥土</td><td>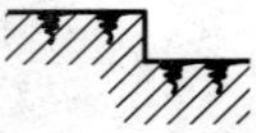</td></tr>
<tr><td colspan="2">转子、电枢、变压器和
电抗器等的叠钢片</td><td></td><td>混凝土</td><td>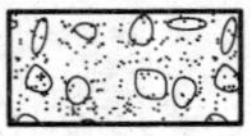</td></tr>
<tr><td colspan="2">非金属材料
（已有规定剖面符号者除外）</td><td>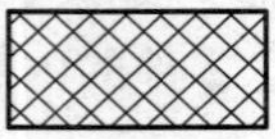</td><td>钢筋混凝土</td><td></td></tr>
<tr><td colspan="2">玻璃及供观察用的其他透明材料</td><td>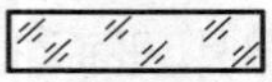</td><td>格网
（筛网、过滤网等）</td><td></td></tr>
<tr><td colspan="2">型砂、填砂、粉末冶金、砂轮、
陶瓷刀片、硬质合金刀片等</td><td></td><td>固体材料</td><td>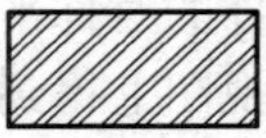</td></tr>
<tr><td rowspan="2">木　材</td><td>纵剖面</td><td></td><td rowspan="2">液体</td><td rowspan="2">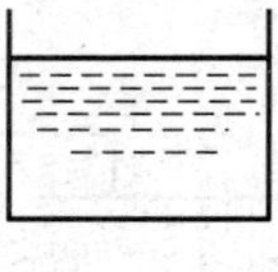</td></tr>
<tr><td>横剖面</td><td></td></tr>
<tr><td colspan="5">注：断面符号仅表示材料的类别，材料的代号和名称必须另行注明；
叠钢片的剖面线方向，应与束装中叠钢片的方向一致；
液面用细实线绘制。</td></tr>
</table>

国家标准规定用剖切符号表示剖切平面的位置和投射方向。用粗短画 5～10 mm 剖切面的迹线的起、迄和转折位置，用与起、迄粗短画外端垂直的箭头表示投射方向，如图 8－9 所示。

（1）一般应在剖视图的上方用字母标出剖视图的名称“×—×”。在相应的视图上用剖切符号表示剖切平面的位置及投射方向，并注上同样的字母，如图 8－9（b）中的 *A*—*A* 剖视。

（2）当剖视图按投影关系配置，中间又没有其他图形隔开时，可省略箭头。

（3）当剖切平面通过零件的对称平面或基本对称的平面时，且剖视图按投影关系配置，中间又没有其他图形隔开时，可省略一切标注。

当图形的主要轮廓线与水平线呈 45°时,剖面线应画成与水平线呈 30°或 60°,其倾斜的方向仍与其他图形的剖面线一致,如图 8－10 所示。

画剖视图时应注意以下几点:

(1) 因为剖切是假想的,其实零件并没有被剖开,所以除剖视图外,其余的视图应画成完整的图形。

(2) 为了使剖视图上不出现多余的交线,选择的剖切平面应通过零件的对称平面或回转中心线。

(3) 剖视图中一般不画虚线,但当画少量的虚线可以减少某个视图,而又不影响剖视图的清晰时,也可以画这种虚线。

(4) 在剖视图中,剖切平面后面的可见轮廓线一定要画出,不能遗漏,如图 8－11 所示。

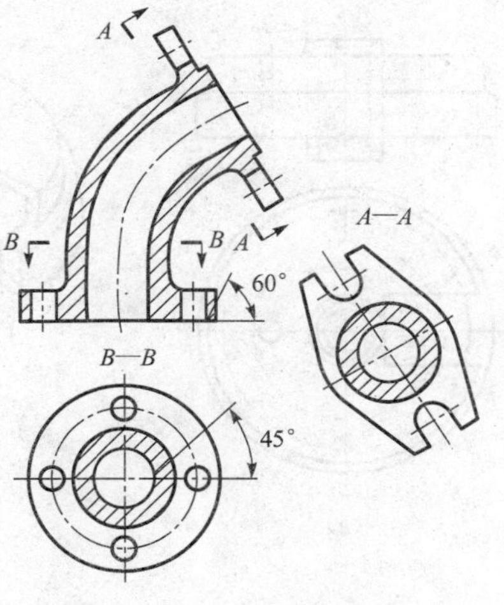

图 8－10　剖面线的画法

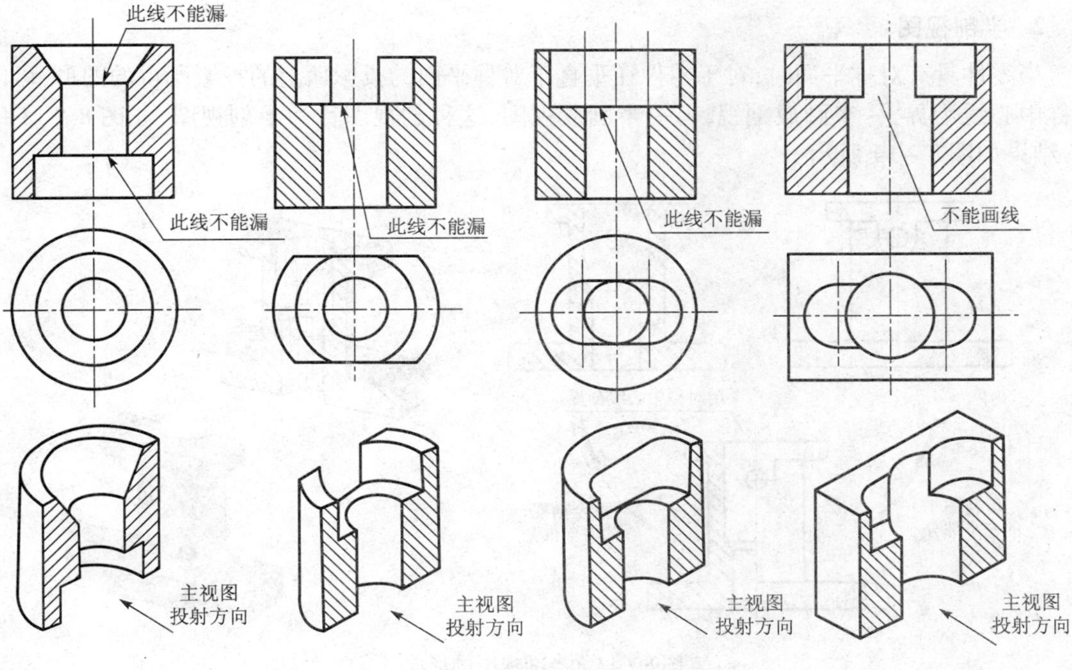

图 8－11　剖视图中容易漏的线条

二、剖视图的种类

1. 全剖视图

用剖切平面完全地剖开零件所得的剖视图称为全剖视图。

如图 8－12(a)所示端盖的外形比较简单,内部结构形状比较复杂,且前后对称,假想用一个剖切平面沿着端盖的前、后对称面将它完全剖开,移去前半部分,将其余部分向正面进行投影,便得到全剖的主视图,这时俯视图中的虚线可以省略,如图 8－12(b)所示。

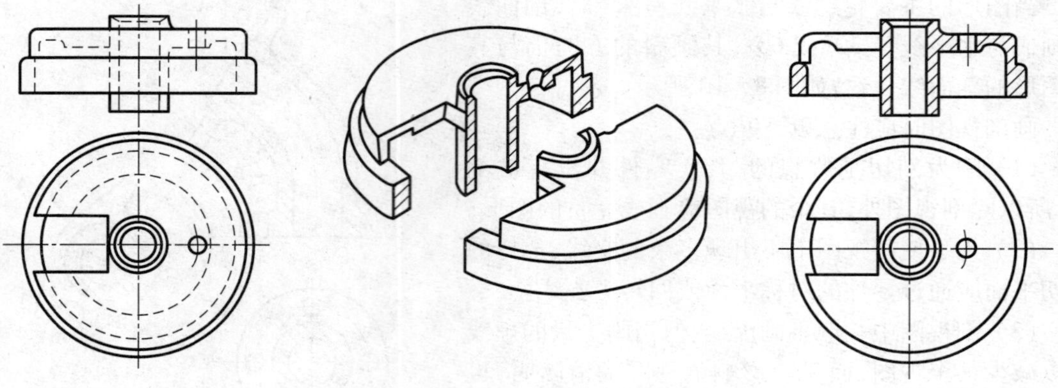

图 8 - 12　全剖视图

全剖视图适用于内部结构形状比较复杂且不对称的零件,或外形简单的回转体零件。

2. 半剖视图

当零件具有对称平面时,对于零件在垂直于对称平面的投影面上的投影所得的图形,可以对称中心线为界,一半画成剖视,另一半画成视图,这种剖视图称为半剖视图,如图 8 - 13 所示,结果如图 8 - 14 所示。

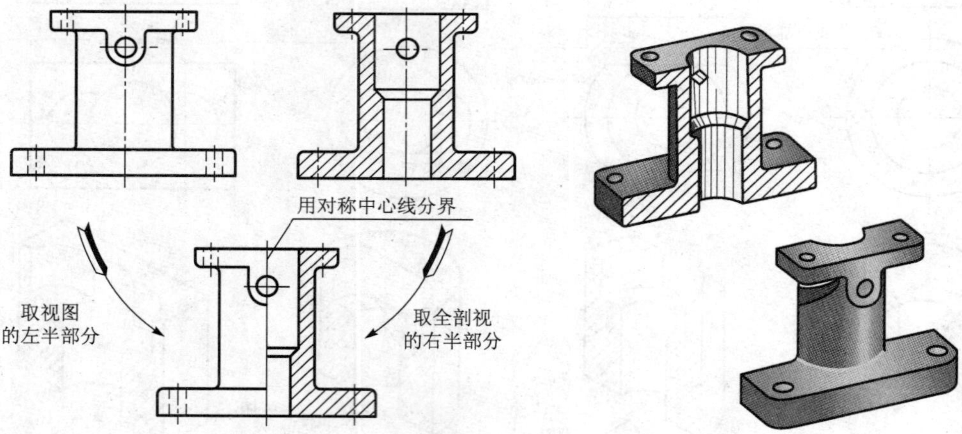

图 8 - 13　半剖视图的形成

半剖视图适用于具有对称平面且内、外结构均需要表达的零件,当零件的形状接近于对称,且不对称的部分已另有图形表达清楚时,也可以画成半剖视图,如图 8 - 15(b)所示。

画半剖视图时应注意以下几点:

(1) 半剖视图是由半个外形视图和半个剖视图组成的,而不是假想将零件剖去 1/4,因而视图与剖视之间的分界线是点画线而不是粗实线,如图 8 - 14 和图 8 - 15 所示。

(2) 由于半剖视图具有对称性,在表达外形的视图中,虚线应省略不画。

(3) 半剖视图的标注方法与全剖视图的标注相同。

3. 局部剖视图

用剖切平面局部地剖开零件，所得的剖视图称为局部剖视图。在局部剖视图上，视图和剖视图部分用波浪线分界。波浪线可认为是断裂面的投影，因此波浪线不能在穿通的孔或槽中连起来，不能超出视图轮廓之外，也不应和图形上的其他图线重合。

图 8－16 为一轴承座，从主视图方向看，零件下部的外形较简单，可以剖开以表示其内腔，但上部必须表达圆形凸缘及 3 个螺孔的分布情况，故不宜采用剖视；左视图则相反，上部宜剖开以表示其内部不同直径的孔，而下部则要表达零件左端的凸台外形；因而在主、左视图上均根据需要而画成相应的局部剖视图。在两个视图上尚未表达清楚的长圆形孔等结构及右边的凸耳，可采用局部视图 *B* 和 *A*—*A* 局部剖视图表示。

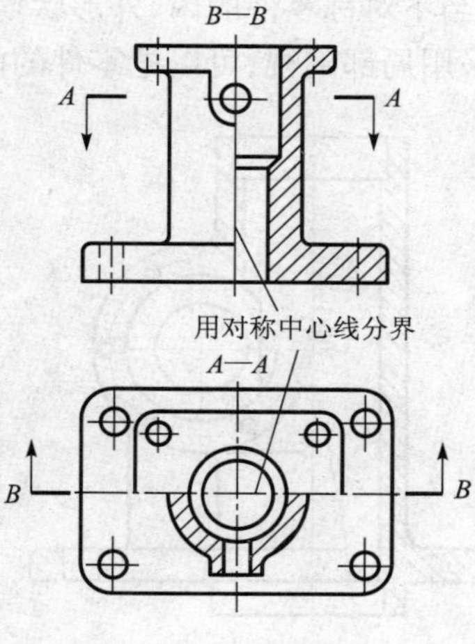

图 8－14　半剖视图

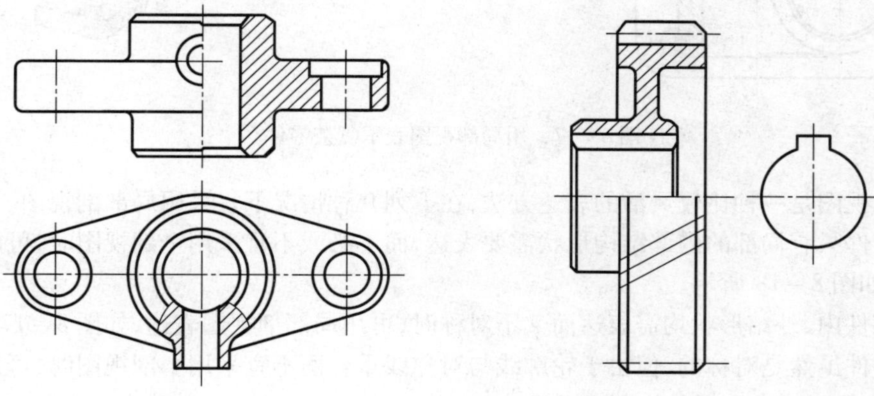

(a)　　(b)

图 8－15　半剖视图

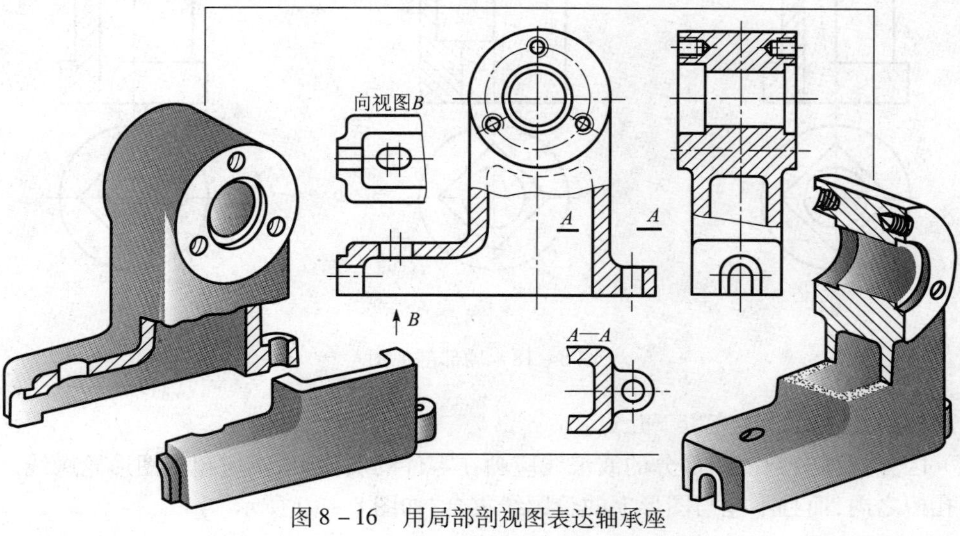

图 8－16　用局部剖视图表达轴承座

当不对称零件的内、外形状均需要表达，而它们的投影基本不重叠时，如图 8－17 中的支座，采用局部剖视，可以把零件的内、外形状都表示清楚。

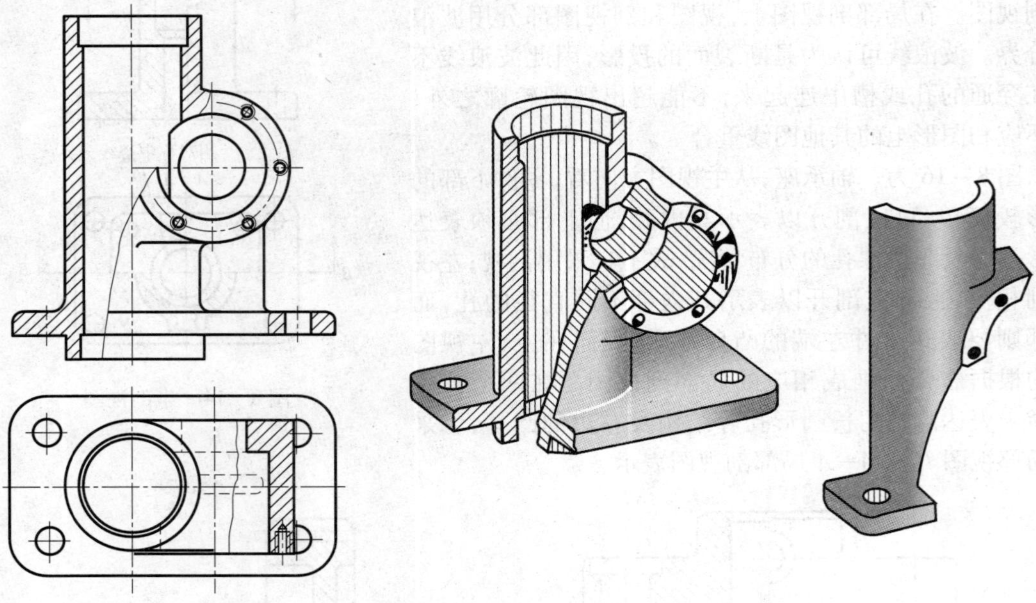

图 8－17　用局部视图表示复杂零件

局部剖视图是一种比较灵活的表达方法，在下列几种情况下宜采用局部剖视图。

（1）零件只有局部的内部结构形状需要表达，而不必或不宜采用全剖视图时，可用局部剖视图表达，如图 8－18 所示。

（2）零件内、外结形状均需表达而又不对称时，可用局部剖视图表达，如图 8－17 所示。

（3）零件虽然是对称的，但由于轮廓线与对称线重合而不宜采用半剖视图时，可用局部剖视图表达，如图 8－18 所示。

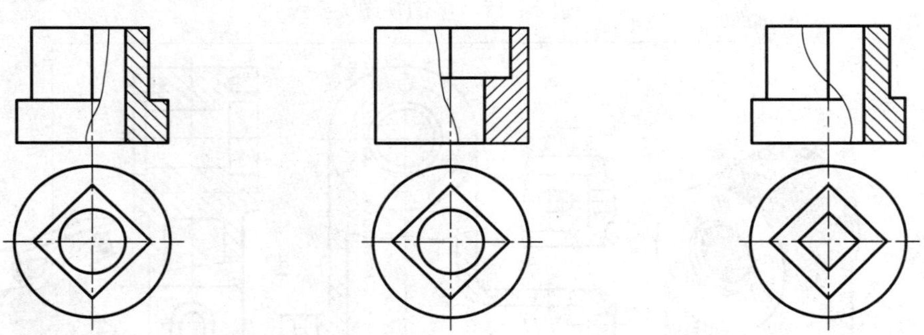

(a)　　(b)　　(c)

图 8－18　局部剖视图

画局部剖视图时应注意以下几点。

（1）区分视图与剖视图部分的波浪线应画在零件的实体上，不应超出图形轮廓线之外，也不画入孔槽之内，而且不能与图形上的轮廓线重合，如图 8－19 所示。

（2）当被剖切的局部结构为回转体时，允许将该结构的轴线作为剖视与视图的分界线。

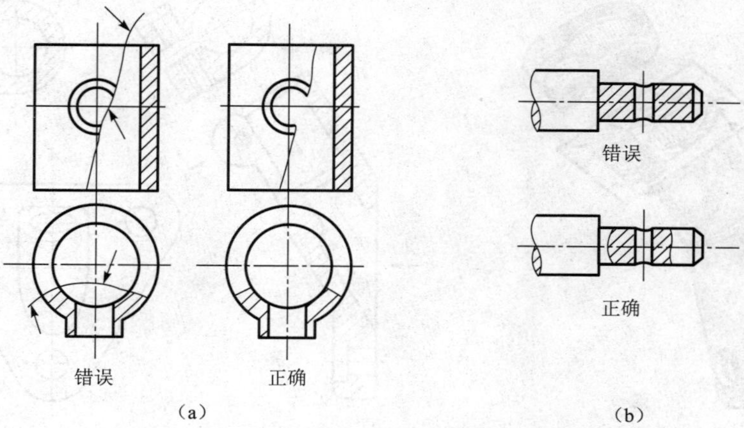

图 8－19　局部剖视图的正确画法与错误画法对比

（3）局部剖视图的标注方法与全剖视图的标注相同，对于剖切位置明显的局部剖视图，一般可省略标注。

剖中剖的情况，即在剖视图中再作一次简单剖视图的情况，可用局部剖视图来表达，如图 8－20 所示。

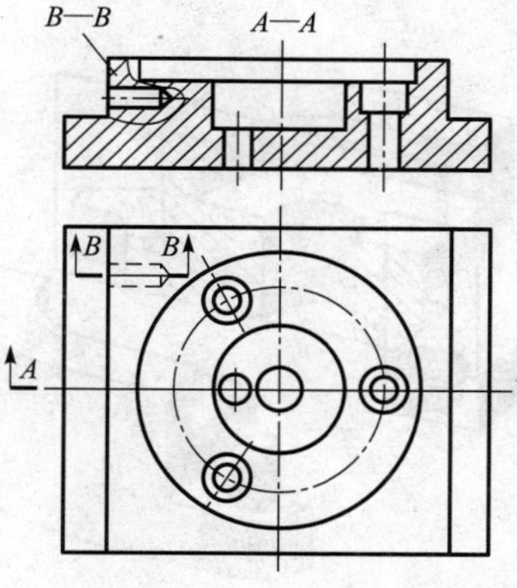

图 8－20　剖中剖

三、剖切面的种类

多数剖视图采用平面来剖切零件，也可以采用柱面剖切。根据零件结构形状的不同，可以采用单一的剖切面，也可以采用两个相交或几个互相平行或其他组合形式的剖切面等。

1. 单一剖切面

采用与基本投影面平行的一个剖切平面剖开零件而获得的剖视图，如图8－10、图 8－14 所示。

图 8－21 所示零件的上部具有倾斜结构，只有采用垂直于倾斜结构中心线的剖切平面进行剖切，才能反映该部分断面的实形（图 8－21 中的 *B—B*）。这种用不平行于任何基本投影面的剖切平面剖开零件的方法可称为斜剖。与斜视图相类似，采用这种方法画剖视图时，一般应按投影关系配置在与剖切符号相对应的位置，必要时也允许将它配置在其他适当位置；在不致引起误解时，也允许将图形旋转，其标注形式如图 8－21（b）所示。

2. 用几个平行的平面剖切

图 8－22（a）为一下模座，若采用一个与对称平面重合的剖切平面进行剖切，左边的两个孔将剖不到。可假想通过左边孔的轴线再作一个与上述剖切平面平行的剖切平面，这样可以在同一个剖视图上表达出两个平行剖切平面所剖切到的结构。这种用几个互相平行的剖切平面剖开零件的方法可称为阶梯剖。阶梯剖必须进行标注。

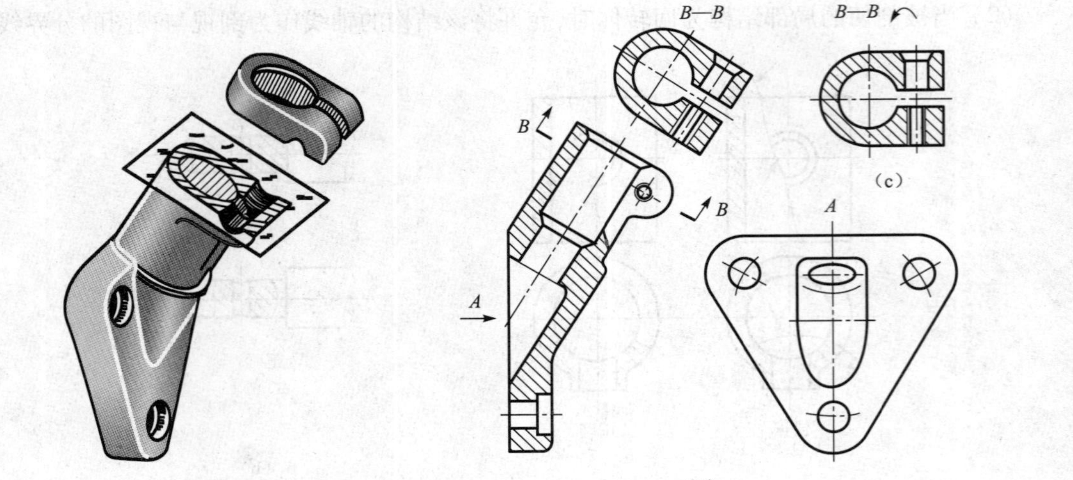

图 8－21　斜剖视图

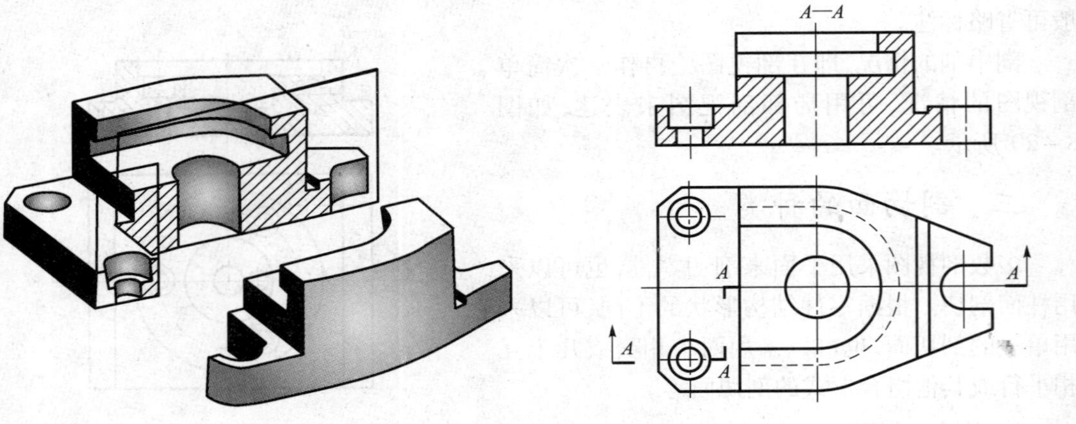

图 8－22　下模座主视图采用阶梯剖

采用阶梯剖时必须注意以下几点：

(1) 阶梯剖虽然是采用两个或多个互相平行的剖切平面剖开零件，但画图时不应画出剖切平面的分界线，图 8－23(a)所示的画法是错误的。

(2) 剖切平面的转折处不应与视图中的粗实线或虚线重合。

(3) 采用阶梯剖时，在图形内不应出现不完整的要素。如图 8－23(b)所示，由于一个剖切平面只剖到半个左边孔，因此在剖视图上就出现不完整孔的投影，这种画法是错误的。只有当两个要素在图形上具有公共对称中心线或轴线时，国家标准规定可以各画一半，此时应以对称中心线或轴线为界，如图 8－24 中的 *A*—*A* 剖视图。

3. 几个相交的剖切面(交线垂直于某一投影面)

图 8－25 为一端盖，若采用单一剖切平面，则零件上 4 个均匀分布的小孔没剖切到。此时可假想再作一个与上述剖切平面相交在零件轴线的倾斜剖切平面来剖切其中的一个小孔。为

了使被剖切到的倾斜结构在剖视图上反映实形，可将倾斜剖切平面剖开的结构及其有关部分旋转到与选定的投影面平行后再进行投射，这样就可以在同一剖视图上表达出两个相交剖切平面所剖切到的结构。这种用两个相交的剖切平面（交线垂直于某一基本投影面）剖开零件的方法可称为旋转剖。

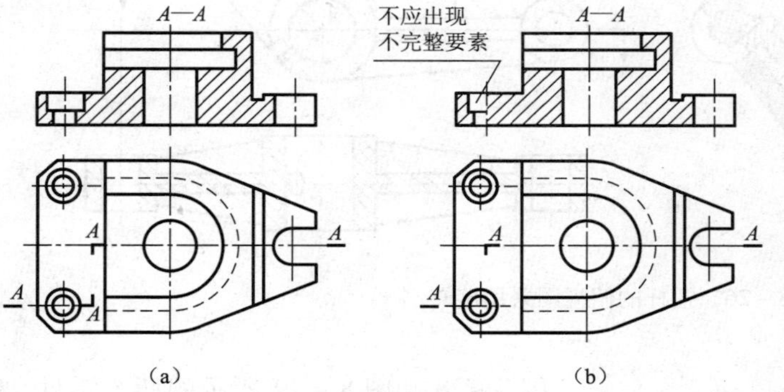

图 8－23　采用阶梯剖时的两种错误画法

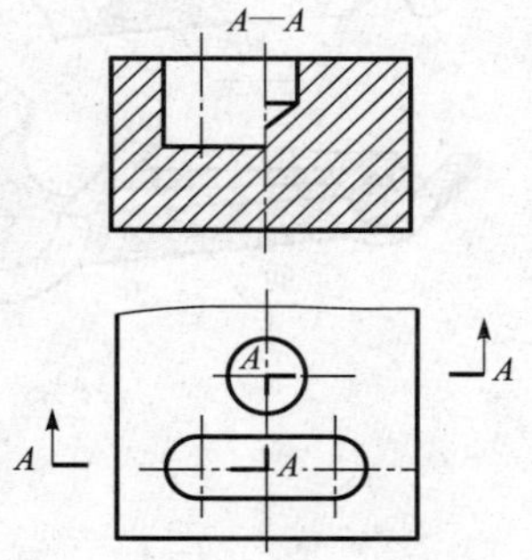

图 8－24　两个要素在图上具有公共对称中心线时允许各画一半

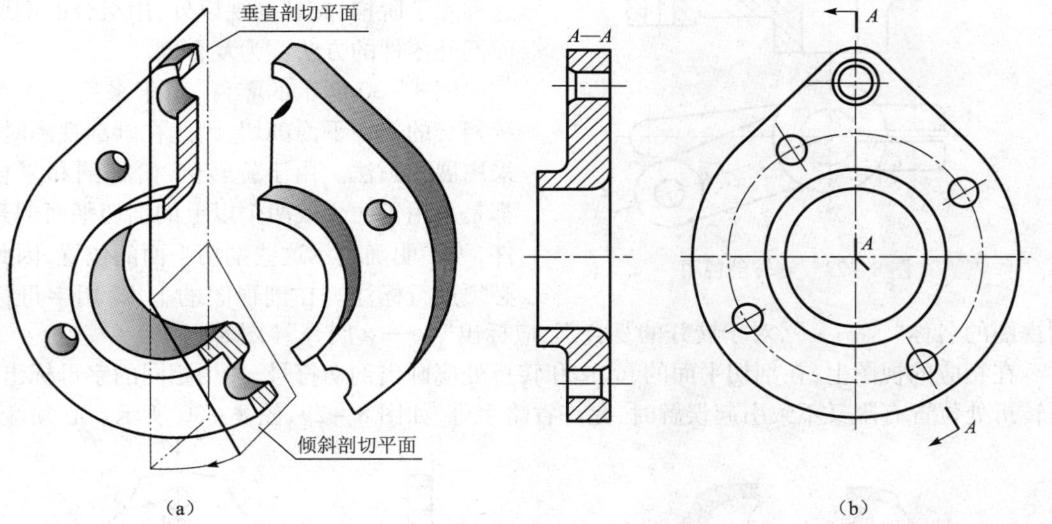

图 8－25　端盖的主视图采用旋转剖

旋转剖不仅适用于盘盖类零件，在其他形状的零件中亦可采用，如图 8－26 所示的摇杆的俯视图亦采用了旋转剖。此零件上的肋按国家标准规定，如剖切平面按肋的纵向剖切，则在肋的部分不画剖面线，而用粗实线将它与其邻接部分分开。

采用旋转剖时，在剖切平面后的其他结构一般仍按原来位置投射，如图 8－26(b) 中的油孔在俯视图上的投影。旋转剖必须进行标注。

当剖切零件后零件上产生不完整的要素时，应将此部分按不剖绘制，如图 8－27 所示零件的臂，仍按未剖时的投影画出。

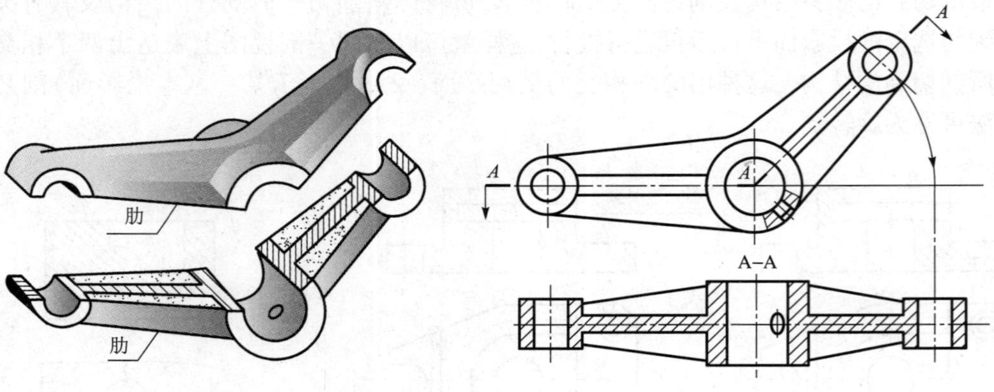

(a) (b)

图 8－26　摇杆的俯视图采用旋转剖

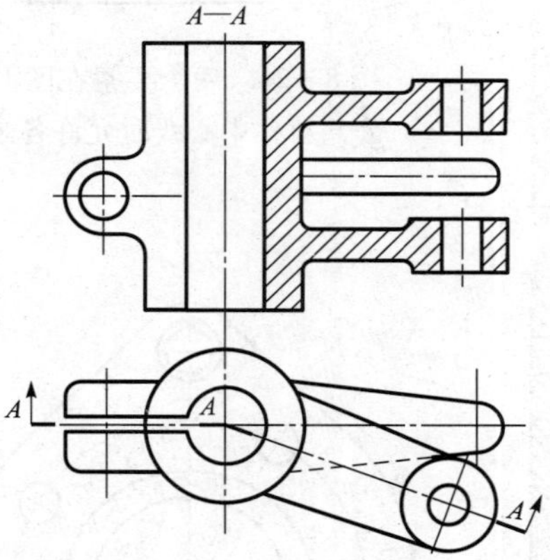

图 8－27　旋转剖视图

图 8－28 和图 8－29 所示的两个零件，为了表达它们各种孔或槽等结构，可采用几个剖切平面进行剖切。这些剖切平面可以平行或倾斜于投影面，但都同时垂直于另一个投影面。这种除了阶梯、旋转剖视以外，用组合的剖切平面剖开零件的方法称为复合剖。

图 8－30 所示的零件，由于采用了 4 个连续相交的剖切平面剖切，因此在画剖视图时，可采用展开画法。由于旋转剖、阶梯剖和复合剖都是采用了两个或两个以上的剖切平面剖开零件，为了明确表示这些剖切平面的位置，因此都必须进行标注。在剖视图的上方，用字母标出剖视图的名称“×—×”，对于展开的复合剖，应标出“×—×展开”（图 8－30）。

在相应的视图上，在剖切平面的起、迄和转折处应画出剖切符号，并用相同的字母标出；但当转折处位置有限又不致引起误解时，允许省略字母，如图 8－29、图 8－30 所示。必须注意，

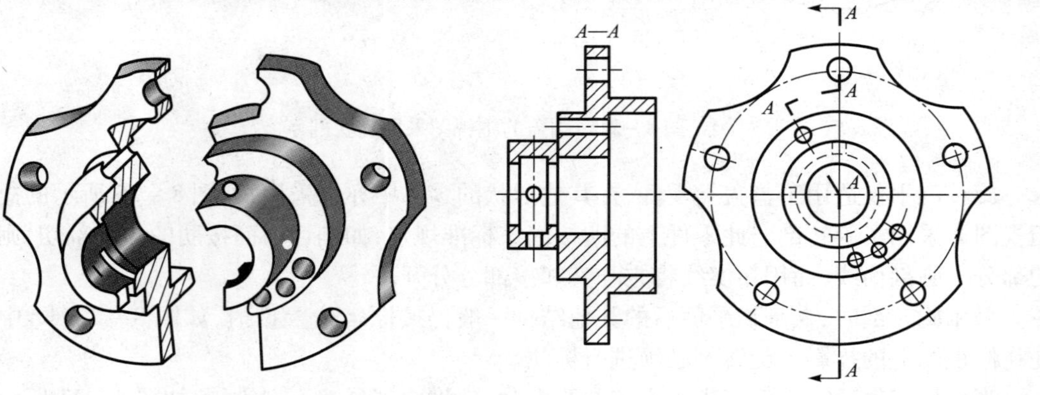

(a) (b)

图 8－28　采用复合剖的形式（一）

在起、迄两端画出的箭头是表示投射方向的，与旋转剖的旋转方向无关。

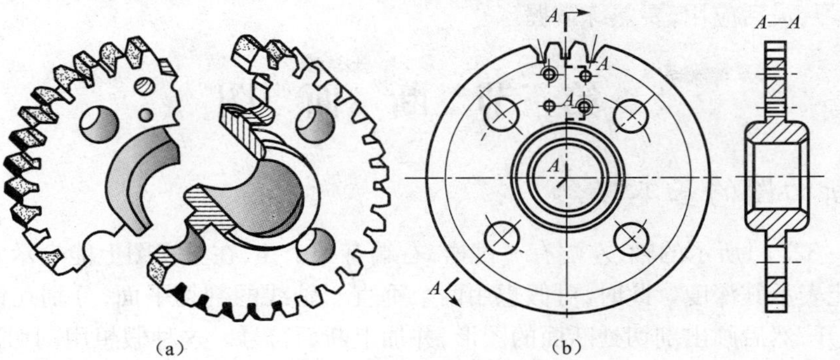

(a)　　(b)

图 8－29　采用复合剖形式(二)

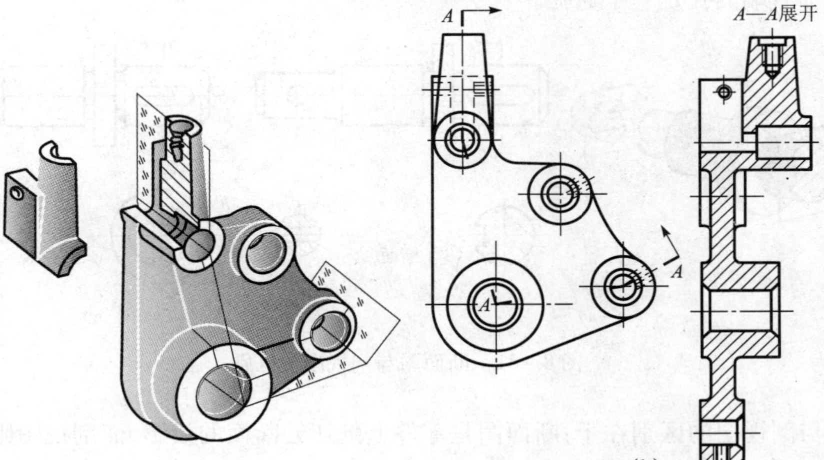

(a)　　(b)

图 8－30　采用复合剖形式(三)

在图 8－30 所示的零件上有螺纹孔，采用了螺纹孔规定画法。

有时可以采用圆柱面剖切零件，剖视图应按展开画法绘制，如图 8－31 所示。

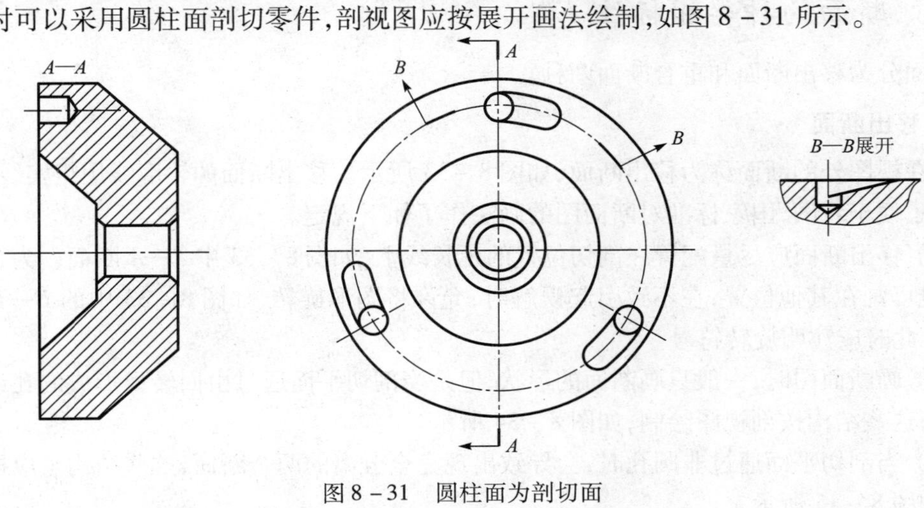

图 8－31　圆柱面为剖切面

采用以上所述的5种剖切方法,可以得到全剖视图、半剖视图或局部剖视图。通过一定数量的作业练习,灵活应用,要熟练掌握。

第三节　断　面　图

一、断面图的基本概念

如图8－32(a)所示的轴,左端有一键槽,右端有一个孔,在主视图上能表示它们的形状和位置,但不能表示其深度。此时,可假想用两个垂直于轴线的剖切平面,分别在键槽和孔的轴线处将轴剖开,然后画出剖切处断面的图形,并加上断面符号。这种假想用剖切平面将零件的某处切断,只画出断面的图形称为断面图,简称断面。从这两个断面图上可以清楚地表达出键槽的深度和轴右端的孔是一个通孔。

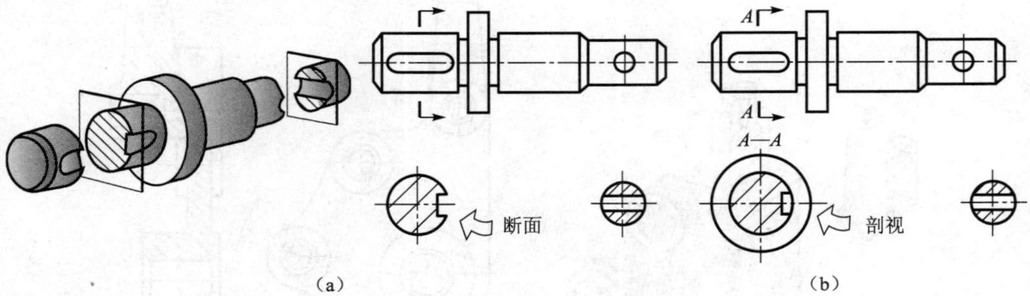

图8－32　断面图与剖视图的区别

断面图与剖视图的区别在于:断面图是零件上剖切处断面的投影,而剖视图则是剖切后零件的投影,如图8－32(b)中的*A—A*即为剖视图。由于在轴的主视图上标注尺寸时,可注上直径符号以表示其各段为圆柱体,因此在这种情况下画成剖视图是不必要的。断面图用于表达零件某处断面形状,如轴上的键槽和孔、肋板和轮辐等,用断面图能使图形简单明了。

二、断面的种类和标注

断面分为移出断面和重合断面两种。

1. 移出断面

画在视图外的断面称为移出断面,如图8－33所示。移出断面的轮廓线用粗实线绘制。

为了便于看图,国家标准对断面图的画法作了如下规定。

(1) 移出断面应尽量配置在剖切位置的延长线上,如图8－33中*A—A*断面。为合理利用图纸,也可画在其他位置,在不致引起误解时,允许将图形旋转,如图8－33中的*B—B*和*D—D*断面,此时应注明旋转符号。

(2) 画断面图时,一般只画断面的形状,但是当剖切平面通过由回转面形成的孔或凹坑的轴线时,这些结构按剖视图绘制,如图8－34所示。

(3) 当剖切平面通过非圆孔时,会导致出现完全分离的两个断面,这些结构也应按剖视图绘制,如图8－35所示。

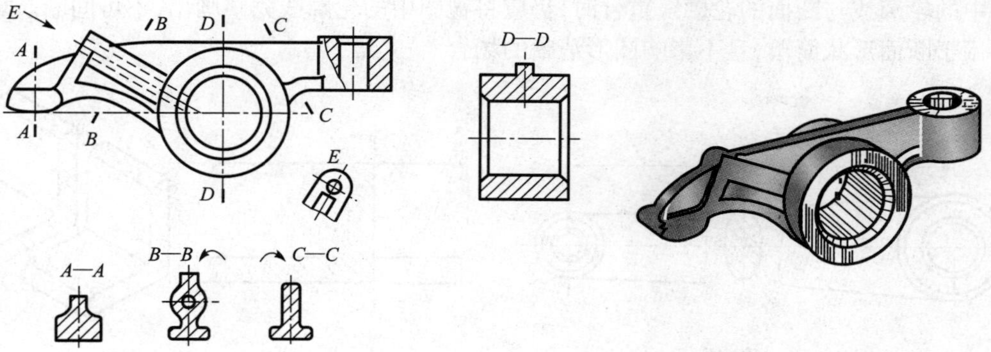

图 8－33　移出断面

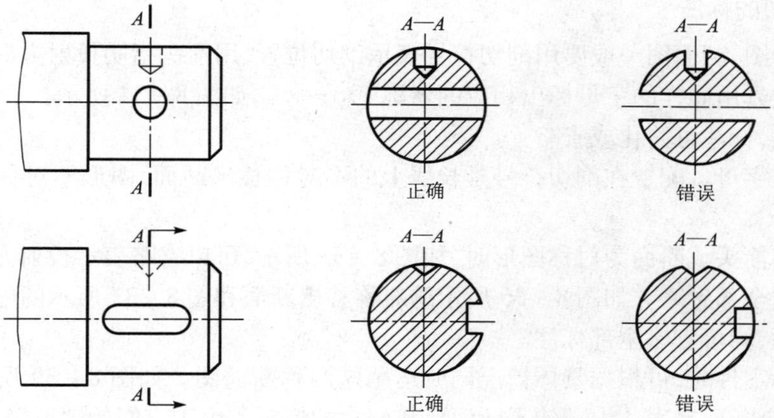

图 8－34　移出断面

（4）为了表达断面的真实形状，剖切平面一般与被剖切部分的主要轮廓线垂直，对图 8－36 所示的零件，可用两个相交平面来剖切，此时，两断面应断开画出。

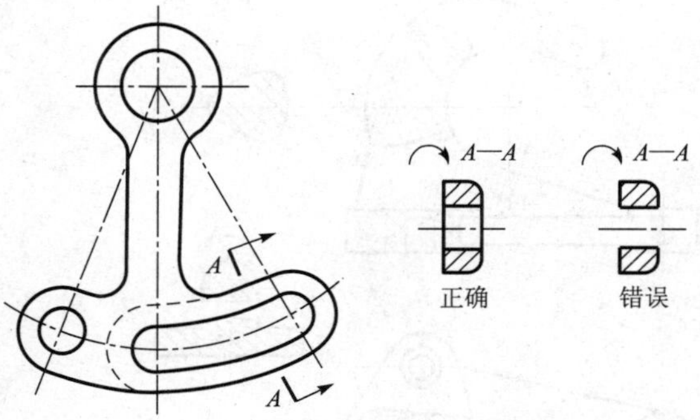

图 8－35　移出断面的画法

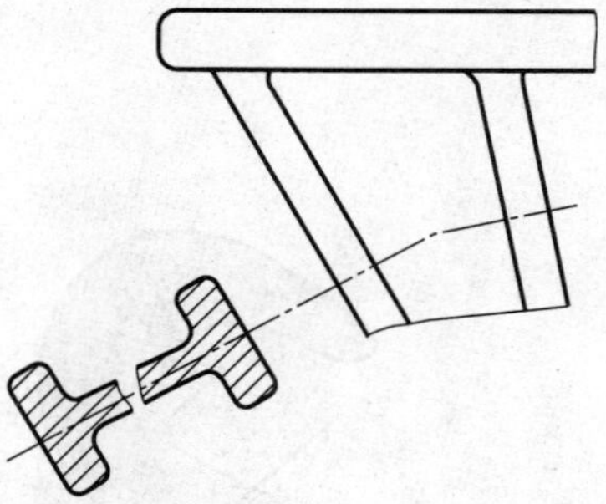

图 8－36　移出断面图

（5）当断面图形对称时，也可画在视图的中断处，如图 8－37 所示。

2. 重合断面

画在视图内的断面称为重合断面，如图 8－38 所示，重合断面的轮廓线用细实线绘制。当视图中的轮廓线与断面的轮廓线重合时，仍应将视图中的轮廓线完整画出，不可间断。重合断面适用于断面形状简单，且不影响图形清晰的场合。

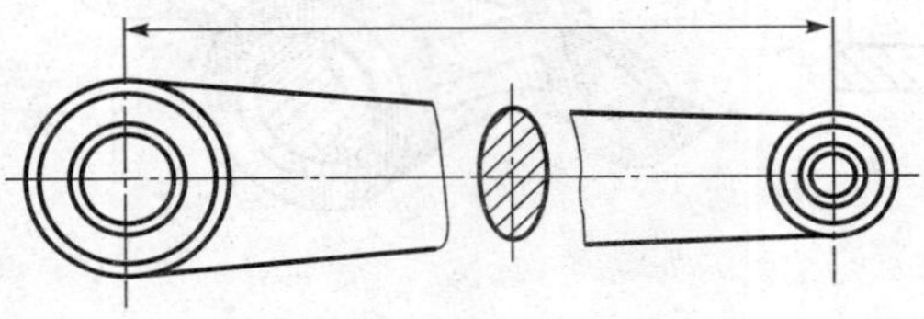

图 8－37　移出断面

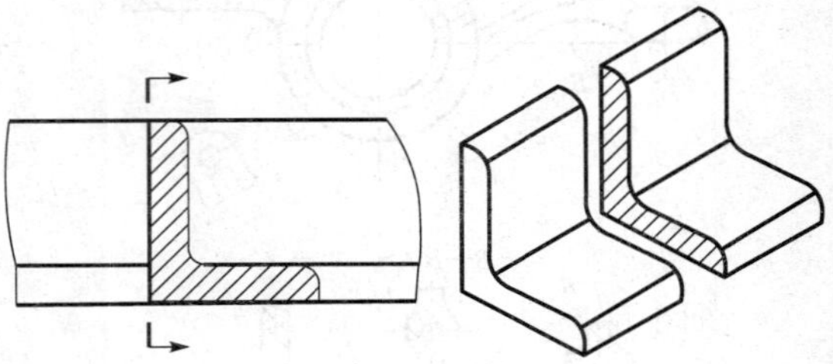

图 8－38　重合断面

3. 断面图的标注

为便于看图，断面图一般要用剖切符号表示剖切位置，用箭头指明投射方向，并注上字母。在断面图的上方用同样的字母标出相应的名称"×—×"，如图 8－34 所示。

下列情况，标注可简化或省略：

（1）省略字母。配置在剖切符号延长线上的不对称移出断面，图形不对称的重合断面均可不标注字母。

（2）省略箭头。断面为对称图形时，如图 8－33 所示，可以省略表示投射方向的箭头。

（3）标注全部省略。如图 8－36 所示的对称移出断面和图 8－37 所示的配置在视图中断处的移出断面，均可省略全部标注。

表达实际零件时，可根据具体情况同时运用这两种断面图。如图 8－39 所示的汽车前拖钩，采用了 3 个断面来表达上部钩子断面形状变化的情况。由于它们的图形简单，故将两个倾斜剖切平面所得到的断面画成重合断面。右边水平剖切的断面，如仍画成重合断面，将与倾斜剖切的重合断面重叠，因此采用移出断面表达。该零件下部的肋和底板形状，也采用移出断面 *A—A* 表达。考虑到图形的合理安排，*A—A* 断面不画在剖切符号的延长线上而配置在其他适

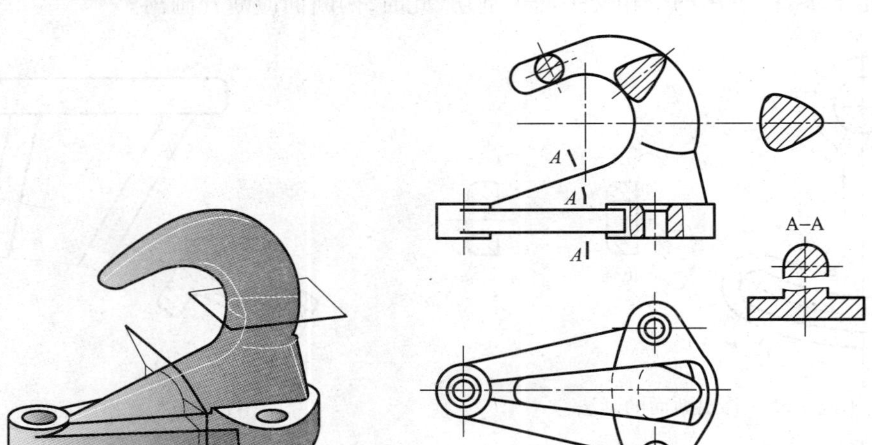

图 8－39　用几个断面表达汽车前拖钩

当的位置。为了获得底板和肋的断面实形，A—A 断面的剖切平面必须分别垂直于相应的轮廓线，因此该部分只能用两个剖切平面来剖切。国家标准规定，由两个或多个相交的剖切平面剖切得到的移出断面可以画在一起，但中间一般应断开。

第四节　局部放大图

零件上的一些细小结构，在视图上常由于图形过小而表达不清，或标注尺寸有困难，这时可将细小部分的图形放大，如图 8－40 所示轴上的退刀槽和挡圈槽以及图 8－41 所示端盖孔内的槽等。将零件的部分结构用大于原图形所采用的比例放大画出的图形称为局部放大图。

局部放大图可画成视图、剖视图、断面图，它与被放大部分的表达方式无关（图 8－40 和图 8－41）。局部放大图应尽量配置在被放大部位的附近。

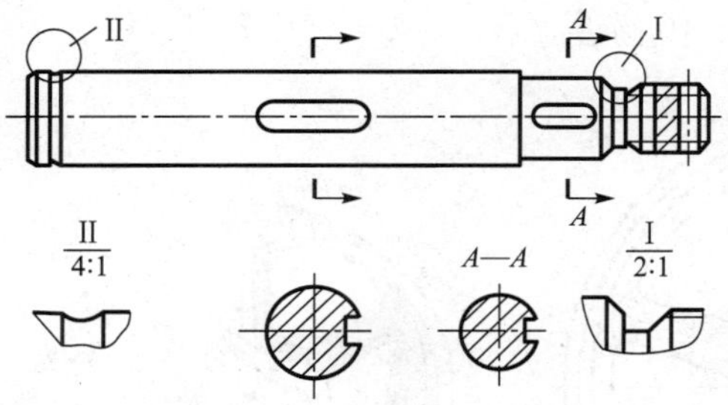

图 8－40　轴的局部放大图

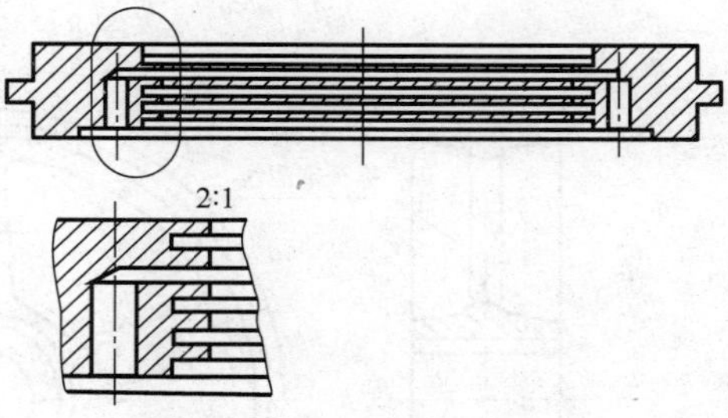

图 8－41　端盖的局部放大图

绘制局部放大图时，一般应用细实线圈出被放大的部位。当同一零件上有几个被放大的部位时，必须用罗马数字依次表明被放大的部位，并在局部放大图上方标注出相应的罗马数字和所采用的比例（见图 8－40）。当零件上被放大的部分仅一个时，在局部放大图的上方只须注明所采用的比例（见图 8－41）。

这里特别要注意，局部放大图上标注的比例是该图形与零件实际大小之比，而不是与原图形之比。

第五节　简化画法及其他规定画法

绘图时，在不影响对零件表达完整和清晰的前提下，应力求绘图简便。国家标准规定了一些简化画法及其他规定画法，现将一些常用的画法介绍如下。

一、简化画法

（1）肋板和轮辐剖切后的画法。对于零件上的肋（起支撑和加固作用的薄板）、轮辐及薄壁等，如按纵向剖切，即剖切平面通过这些结构的基本轴线或对称平面时，这些结构都不画断面符号，而用粗实线将它与其邻接部分分开。如图 8－42 左视图中前后两块肋板和图 8－43 主视图中的轮辐，剖切后均没有画断面符号。按照其他方向剖切肋板和轮辐时仍应画出断面符号，如图 8－42 的俯视图和左视图上中间的肋板，以及图 8－43 左视图上轮辐的重合断面所示。

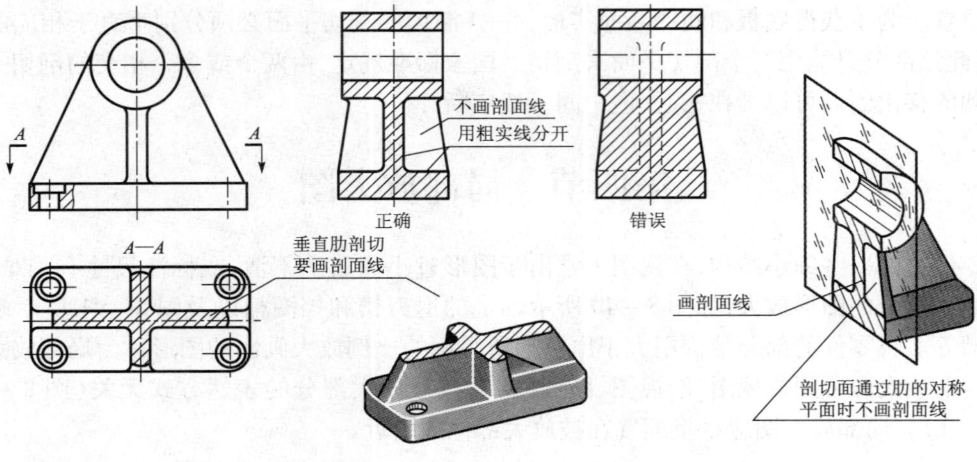

图 8 - 42　肋板的剖切画法

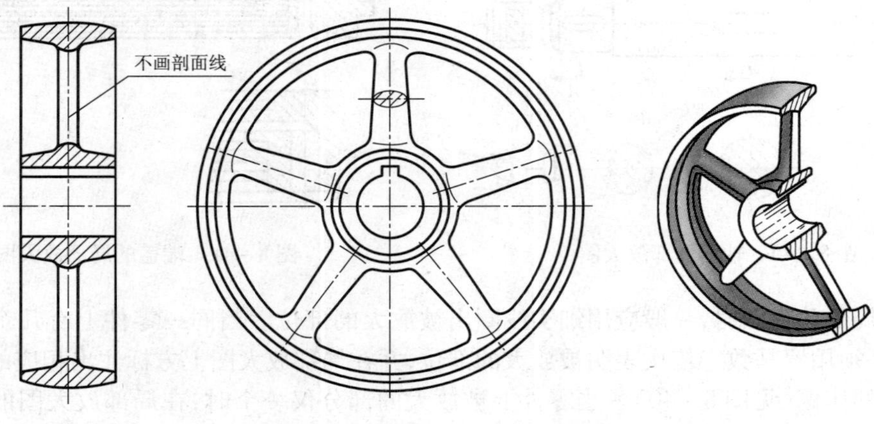

图 8 - 43　轮辐的剖切画法

（2）当零件回转体上均匀分布的肋、轮辐、孔等结构不处于剖切平面上时，可将这些结构旋转到剖切平面上画出，如图 8 - 44 所示。

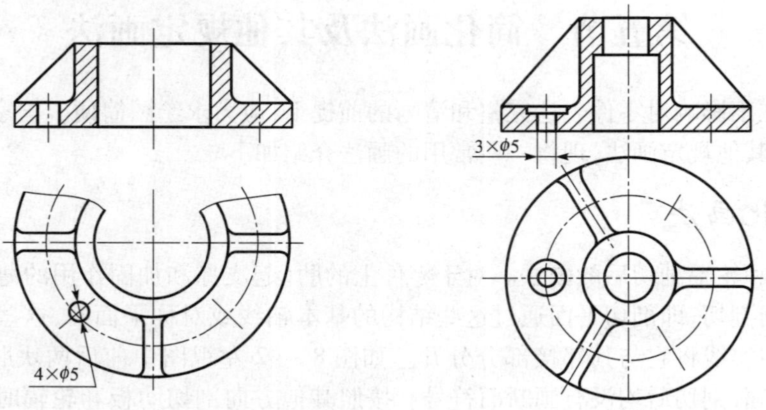

（a）　（b）

图 8 - 44　均匀分布的肋与孔等的简化画法

（3）在不致引起误解时，对于对称零件的视图可只画一半（图 8－45（a））或画 1/4 视图（图8－45（b））。当只画出半个视图时，应在对称中心线的两端画出两条与其垂直的平行细实线。

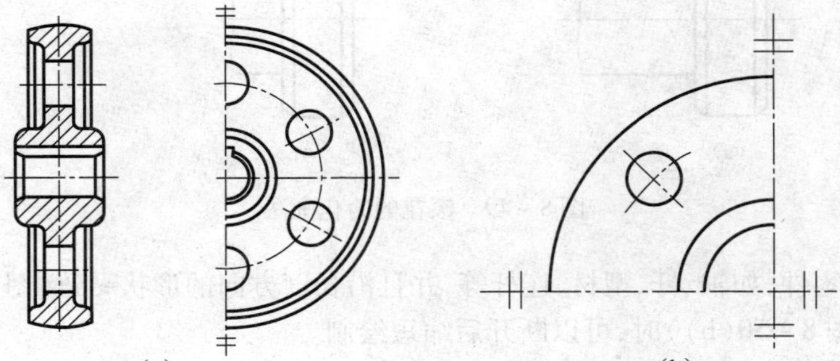

图 8－45　对称零件的简化画法

（4）当零件具有若干相同结构，并按一定规律分布时，只需画出几个完整的结构，其余用细实线连接（见图 8－46），在零件图中则必须注明该结构的总数。

（5）若干直径相同并且呈规律分布的孔（如圆孔、螺纹孔、沉孔等），可以只画出一个或几个，其余只需用点画线表示其中心位置。在零件图中应注明孔的总数（图 8－47）。

（6）当图形不能充分表达平面时，可用平面符号（相交的两条细实线）表示。如图 8－48 为一轴端，其形体为圆柱体被平面切割，由于不能在这一视图上明确地看清它是一个平面，所以需要加上平面符号。如果其他视图已经把这个平面表示清楚，则平面符号可以省略。

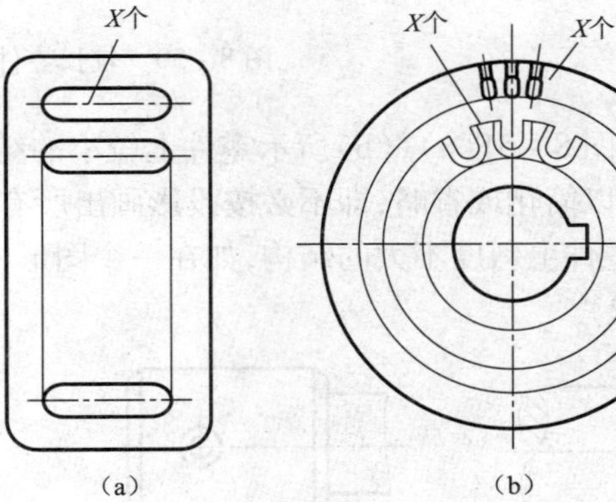

图 8－46　相同要素的简化画法

（7）零件上的滚花部分，可以只在轮廓线附近用细实线示意画出一小部分，并在零件图上或技术要求中注明其具体要求（图 8－49），其中图 8－49（a）为直纹，图 8－49（b）为网纹。

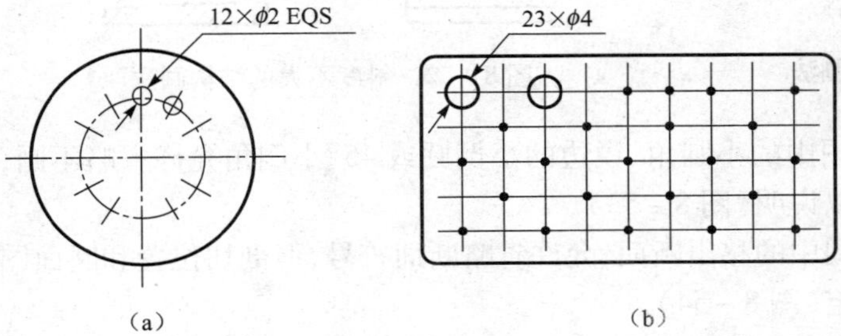

图 8－47　按规律分布的孔的简化画法

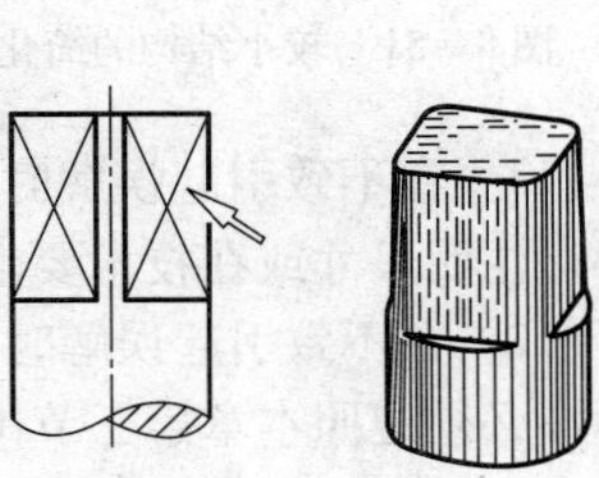

图 8－48　平面符号

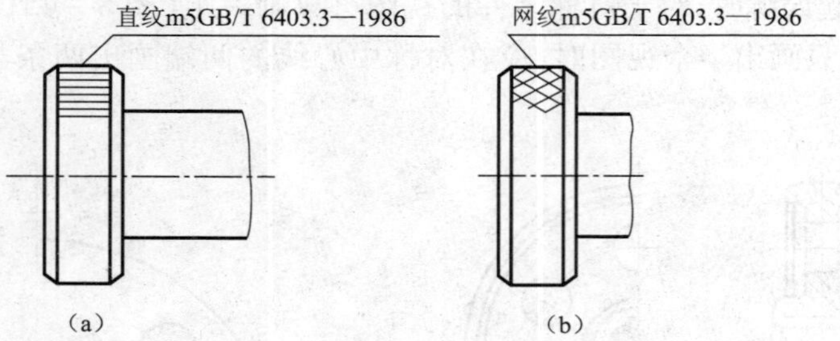

图 8－49　滚花的简化画法

(8) 较长的零件,如轴、杆、型材、连杆等,并且沿长度方向的形状一致(图 8－50(a))或按一定规律变化(图 8－50(b))时,可以断开后缩短绘制。

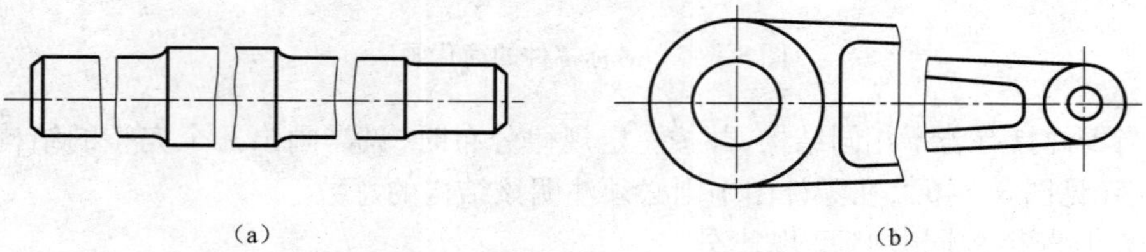

图 8－50　较长零件的简化画法

(9) 如图 8－51(a),(b)所示零件上较小的结构,如在一个图形中已表示清楚时,则在其他图形中可以简化或省略,即不必按投影画出所有的线条。

(10) 零件上斜度不大的结构,如在一个图形中已表示清楚时,其他图形可以只按小端画出(图 8－52)。

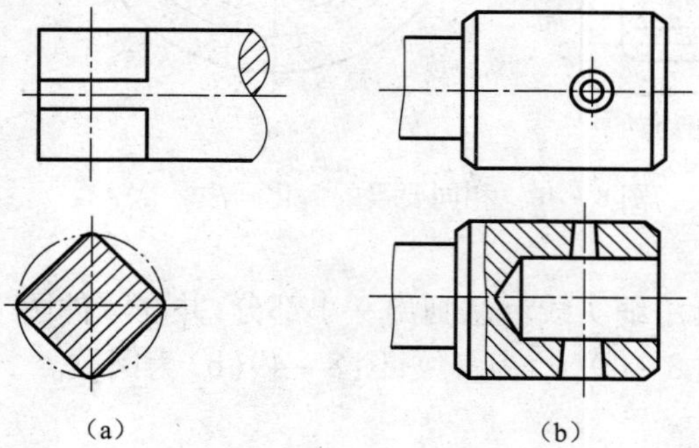

图 8－51　较小结构的简化或省略画法

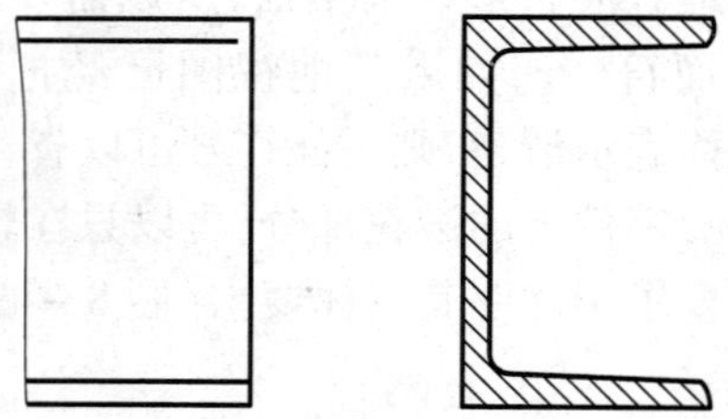

图 8－52　斜度不大的结构画法

(11) 在不致引起误解时,零件图中的小圆角、锐边的小倒圆或 45°小倒角允许省略不画,但必须注明尺寸或在技术要求中加以说明(图 8－53)。

(12) 在不致引起误解时,零件图中的移出断面,允许省略断面符号,但剖切位置和断面图的标注必须遵照本章第三节中的规定(图 8－54)。

(13) 圆柱形法兰和类似零件上均匀分布的孔可按图 8－55 所示的方法表示。

(14) 图形中的过渡线应按图 8－56 绘制。在不致引起误解时,过渡线与相贯线允许简化，例如用圆弧或直线来代替非圆曲线（图 8 – 56 和图 8 – 57）。

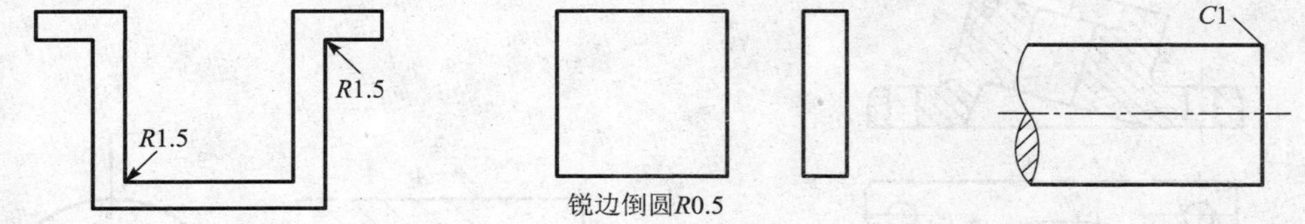

（a）　（b）　（c）

图 8 – 53　小圆角及小倒角等的省略画法

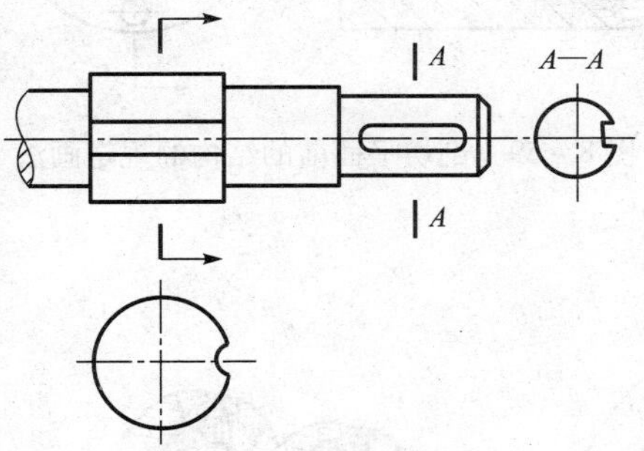

图 8 – 54　断面符号的省略画法

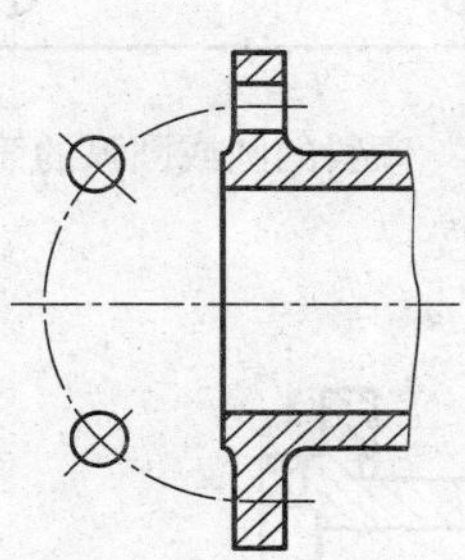

图 8 – 55　圆柱形法兰上均布孔的画法

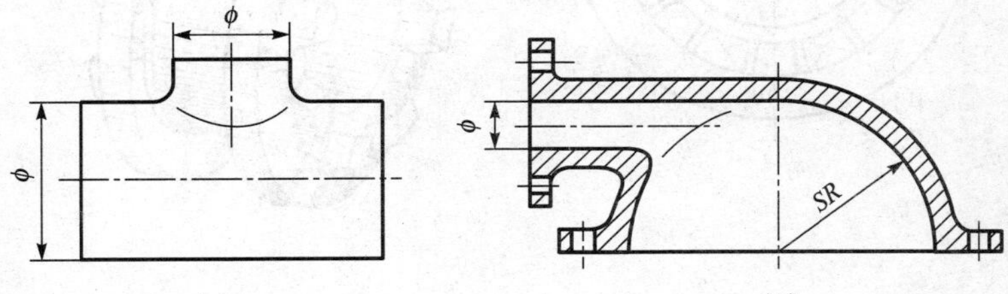

（a）　（b）

图 8 – 56　过渡线的简化画法

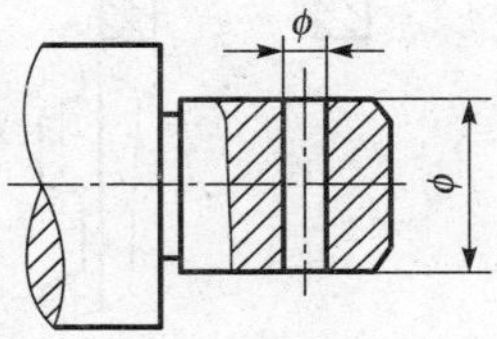

图 8 – 57　相贯线的简化画法

（15）与投影面倾斜角度小于或等于 30°的圆或圆弧，其投影可用圆或圆弧代替椭圆，如图 8 – 58 所示，俯视图上各圆的中心位置按投影来确定。

二、其他规定画法

（1）允许在剖视图的断面中再作一次局部剖。采用这种表达方法时，两个断面的剖面线应该同方向、同间隔，但要互相错开，并用引出线标注其名称，如图 8 – 20 中的 *B—B* 剖视图。如果剖切位置明显时，也可省略标注。

（2）在需要表示位于剖切平面前的结构时，这些结构按假想投影的轮廓线（即用双点画线）绘制，如图 8 – 59 所示零件前面的长圆形槽在 *A—A* 剖视图上的画法。

（3）在剖视图中，类似牙嵌式离合器的齿等相同结构，可按图 8 – 60 的画法表示。

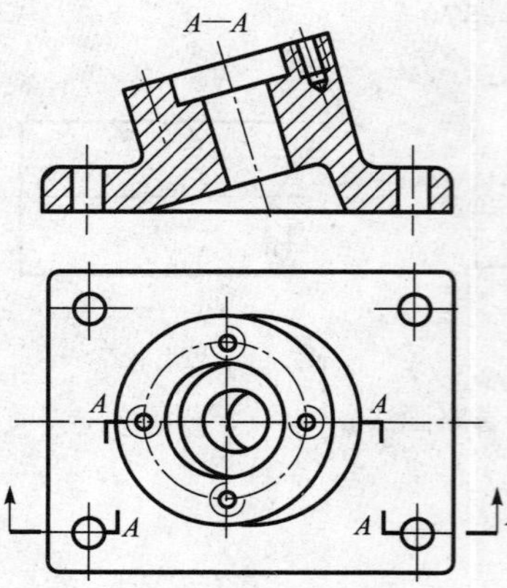

图 8－58　倾斜的圆或圆弧的简化画法

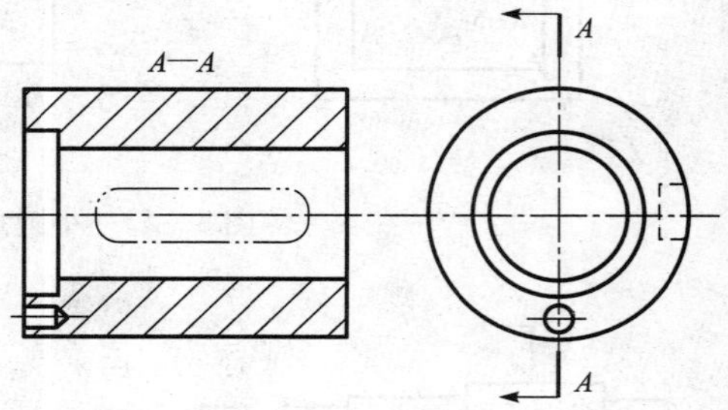

图 8－59　剖切平面前的结构的规定画法

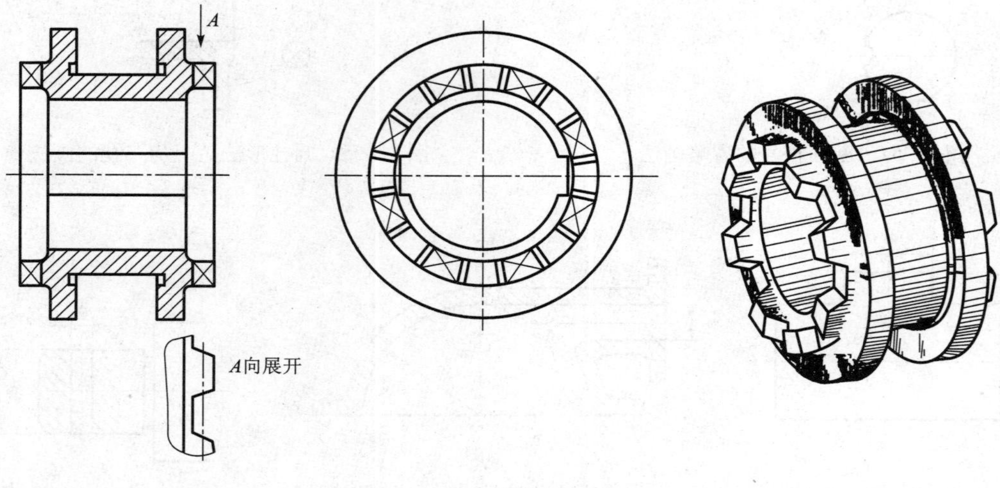

图 8－60　牙嵌式离合器齿的画法

第六节　表达方法综合举例

在绘制机械图样时，应根据零件的形状和结构特点，灵活选用各种表达方法。对于同一零件，可以有多种表达方案，应该加以比较，择优选取最佳表达方案。选择表达方案应遵循的基本原则是：用较少的视图，完整、清晰地表达零件的内外结构形状。要求每一视图有一个表达重点，各视图之间应互相补充而不重复，达到看图容易，制图简便的目的。

在确定表达方案时，还应结合标注尺寸等问题一起考虑。图8－61为一泵体，其表达方法综述如下。

一、分析零件形状

泵体的上面部分主要由直径不同的两个圆柱体、向上偏心的圆柱内腔、左右两个凸台以及背后的锥台等组成；下面部分是一个长方形底板，底板上有两个安装孔；中间部分为连接块，它将上下两个部分连接起来。

二、选择主视图

通常选择最能反映零件特征的投射方向（如图8－61箭头所示）作为主视图的投射方向。由于泵体最前面的圆柱体直径最大，它遮盖了后面直径较小的圆柱，为了表达它的形状和左、右两端的螺孔，以及底板上的安装孔，主视图上应采用剖视；但泵体前端的大圆柱及均布的3个螺孔也需要表达，考虑到泵体左、右是对称的，因而选用了半剖视图以达到内、外结构都能得到表达的要求（图8－62）。

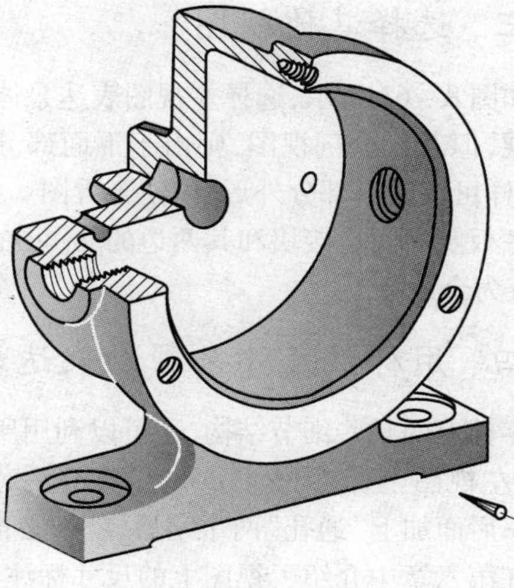

图8－61　泵体

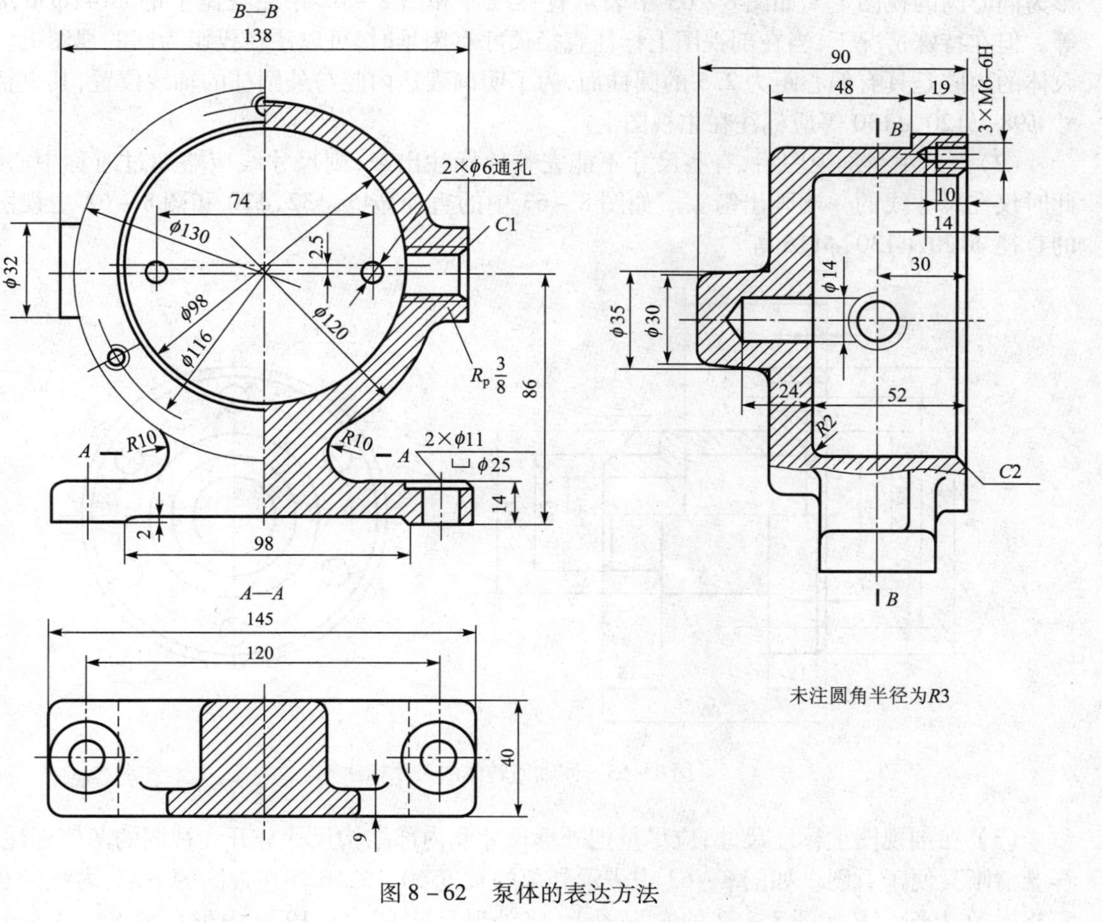

图8－62　泵体的表达方法

三、选择其他视图

如图 8－62 所示，选择左视图表达泵体上部沿轴线方向的结构。为了表达内腔形状应采用剖视，但若作全剖视图，则由于下面部分都是实心体，没有必要全部剖切，因而采用局部剖视，这样可保留一部分外形，以便于看图。

底板及中间连接块和其两边的肋，可在俯视图上作全剖视来表达，剖切位置在图上的 A—A 处较为合适。

四、用标注尺寸来帮助表达形体

零件上的某些细节结构，还可以利用所标注的尺寸来帮助表达，例如泵体后面的圆锥形凸台，在左视图上标注尺寸 $\phi35$ 和 $\phi30$ 后，在主视图上就不必再画虚线；又如主视图上尺寸 $2\times\phi6$ 后面加上“通孔”两个字后，就不必再另画剖视图来表达了。

在第六章中介绍了视图上的尺寸标注，这些基本方法同样适用于剖视图。但在剖视图上标注尺寸时，还应注意以下几点：

（1）在同一轴线上的圆柱和圆锥的直径尺寸，一般应尽量标注在剖视图上，避免标注在投影为同心圆的视图上。如图 8－63 中表示直径尺寸和图 8－62 中左视图上的 $\phi14$，$\phi30$，$\phi35$ 等。但在特殊情况下，当在剖视图上标注直径尺寸有困难时，可以注在投影为圆的视图上。如泵体的内腔是具有偏心距为 2.5 的圆柱面，为了明确表达内腔与外圆柱的轴线位置，其直径尺寸 $\phi98$，$\phi120$，$\phi130$ 等应标注在主视图上。

（2）当采用半剖视图后，有些尺寸不能完整地标注出来，则尺寸线应略超过对称中心线，此时仅在尺寸线的一端画出箭头。如图 8－63 中的直径 $\phi45$，$\phi32$，$\phi20$ 和图 8－62 主视图上的直径 $\phi120$，$\phi130$，$\phi116$ 等。

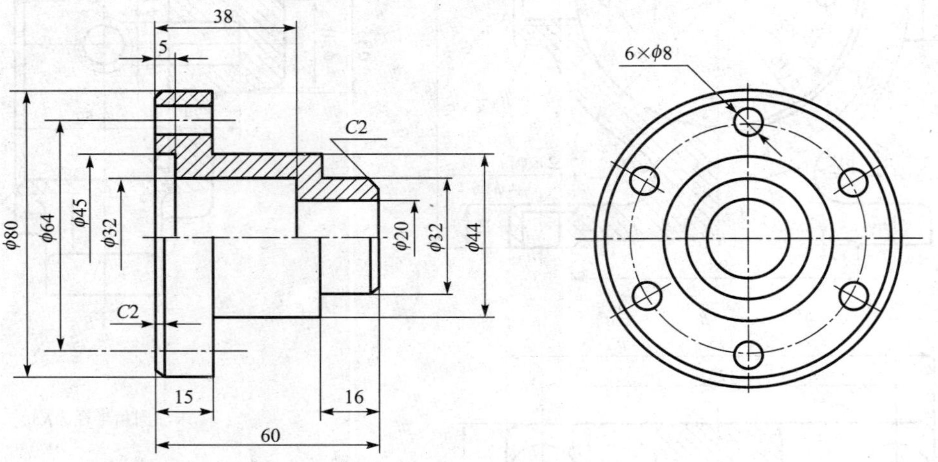

图 8－63　同轴回转体的尺寸标注

（3）在剖视图上标注尺寸，应尽量把外形尺寸和内部结构尺寸分开在视图的两侧标注，这样既清晰又便于看图。如图 8－63 中表示外部的长度 60，15，16 注在视图的下部，内孔的长度 5，38 注在上部。又如图 8－62 的左视图上，将外形尺寸 90，48，19 和内形尺寸 52，24 分开标注。为了使图形清晰、查阅方便，一般应尽量将尺寸注在视图外。但如果将泵体左视图的内形尺寸 52，24 引到视图的下面，则尺寸界线引得过长，且穿过下部不剖部分的图形，这样反而不清晰，因此这时可考虑将尺寸注在图形中间。

（4）如必须在剖面线中注写尺寸数字时，则在数字处应将剖面线断开，如图 8－62 左视图中的孔深 24。

例 8－1　图8－64为四通管的表达方案。

它主要有 3 个部分：中间带有上下底板的圆筒、左边圆筒及右边倾斜的圆柱筒。

为了清晰地表达四通管的内外结构，可采用图 8－64 所示的 2 个基本视图和 3 个局部视图来表示。其中主视图采用 *B*—*B* 旋转剖，主要表达 4 个方向管的连通情况，是特征视图。俯视图采用 *A*—*A* 阶梯剖，主要表达右边倾斜管的位置以及下底板的形状。*C*—*C* 剖视图主要表达左边管的形状、左端面的形状，及上面 4 个圆孔的分布情况。*E*—*E* 斜剖视图主要表达倾斜管的形状及其上端面的形状。*D* 向视图主要表达上端面的形状及孔的分布情况。

如图 8－64 所示的几个视图，表达方法搭配恰当，每个视图都有表达重点，目的明确，既起到了相互配置和补充的作用，又达到了视图数量适当的要求。

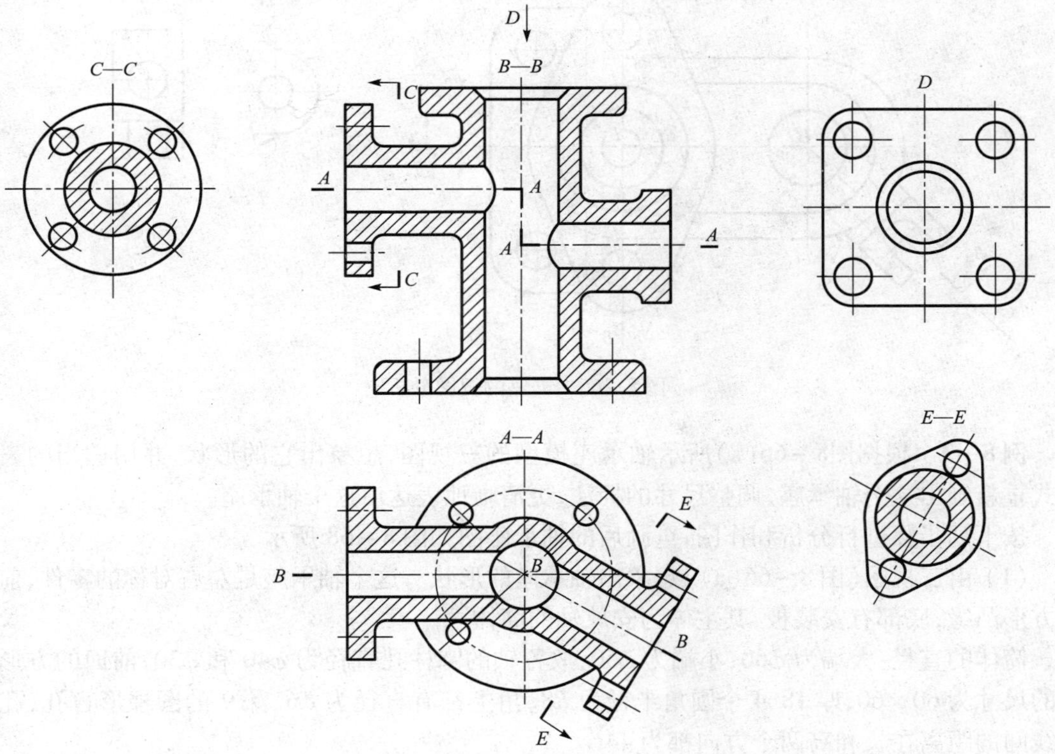

图 8－64　四通管的表达方案

例 8－2　图8－65为支座的视图分析。

由图 8－65 中的三视图可以看出，该零件由右边的圆柱筒和与平面连接的左边半圆柱组成，但内部结构较为复杂。右边的圆柱上部有上耳板，下部有两个支承板，左部为一个小的支承板，右部为一平面支承板。

主视图表达了支座的形体特征，采用 $A—A$ 旋转剖既表达了左部小的支承板倾斜部分的结构，又表达了内部孔的连接结构；俯视图是外形图，表达了各个板之间的连接关系；左视图采用阶梯剖，既可表达上耳板的厚度，又可反映它与圆柱体连接情况；C 向旋转视图反映了左侧倾斜支承板的外形；K 向视图反映了耳板的下部形状。俯视图中的虚线可以保留，这样看图更方便。

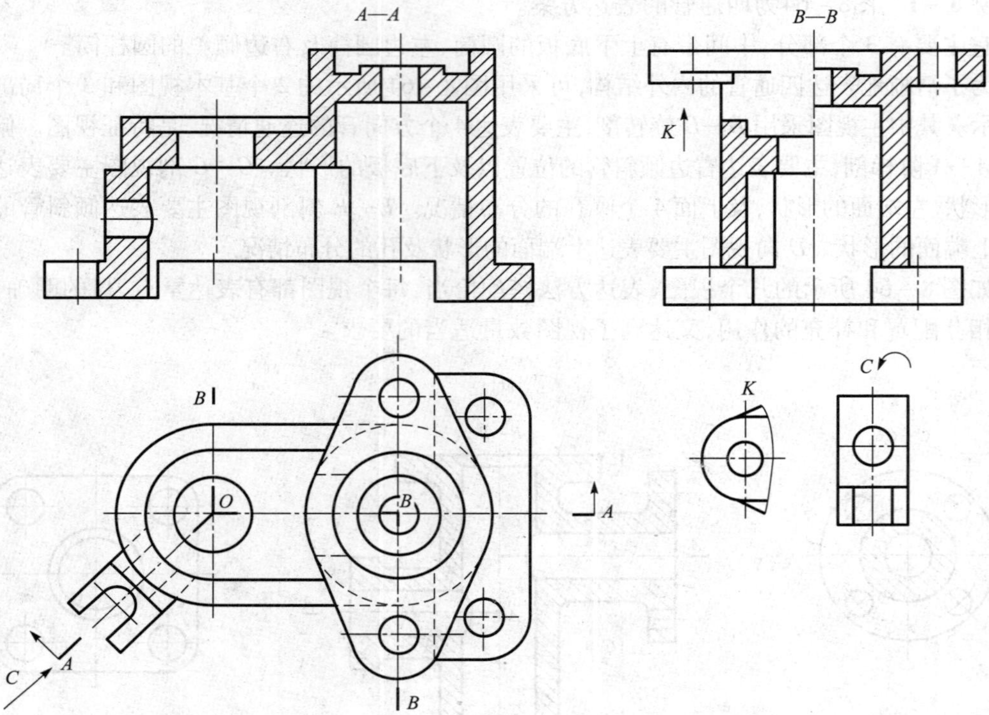

图 8－65　支座的视图分析

例 8－3　根据图8－66(a)所示轴承座模型的三视图，想象出它的形状，并用适当的表达形式重新画出这个轴承座，调整尺寸的标注，更清晰地表达出这个轴承座。

按下列步骤进行分析和作图，重画后的轴承座图如图 8－68 所示。

(1) 由三视图（图 8－66(a)）想象出轴承座的形状。这个轴承座是左右对称的零件，前面有方形凸缘，底部有安装板，其主体为安放轴的筒体。

筒体的直径：大端为 $\phi60$，小端为 $\phi50$；放置轴的圆柱孔直径为 $\phi40$ 和 $\phi30$；前面的方形凸缘的尺寸为 60×60，厚 18，4 个圆角半径为 $R8$，角上都有直径为 $\phi6$、深 9 的圆柱形盲孔，孔的轴线间的距离在长和高两个方向都为 44。

底部安装板的尺寸为 144×116，厚度为 10；4 个圆角为都是半径 $R12$ 的圆角；板上有 6 个相同的通孔 $\phi10$。

筒体与底板由支架连接，由已注尺寸可计算出支架左、右两壁的壁厚为 12，前壁厚 9 已注出，后壁厚可计算出为 11，支架的形状和大小请读者对照三视图和尺寸自行阅读和分析。综合上述分析，就可想象出这个轴承座的形状，其轴测图如图 8－66(b)所示。

(2) 选择适当的表达方式。这个轴承座从形体分析的角度来看，原来选择的三视图是合适的,但应如何剖切?或者是否要补充采取其他表达方式,以便使图样表达得更清晰、明显?因为这个轴承座左右对称,所以主视图采用半剖视图,既保留了外形,又可清晰地表示出被凸缘遮住的筒体以及下部不可见的内腔;除了筒体大小端、肋以及它们与支架的连接以外,在剖视图部分已表达清楚的不可见结构,在外形视图部分就不必再画虚线。由于轴承座前后、上下对称,为了使轴承座孔和支架内腔表达得更清楚,左视图改用全剖视图;又由于剖切平面按纵向剖切肋,肋不画剖面线而用粗实线与筒体、支架、底板分界;肋的断面形状用重合断面表示。由于主、左两个视图已将这个轴承座的内部形状表达清楚,故在俯视图中只要画出外形,仅局部剖开一个直径为 $\phi6$ 的盲孔,并用虚线表示出肋的位置即可。因为根据图8－67中的 $A—A$ 剖视图、俯视图和处于左视图位置的全剖视图,已能想象出这个轴承座的外部形状,所以不必担心左视图改成全剖视图影响外部形状的表达。

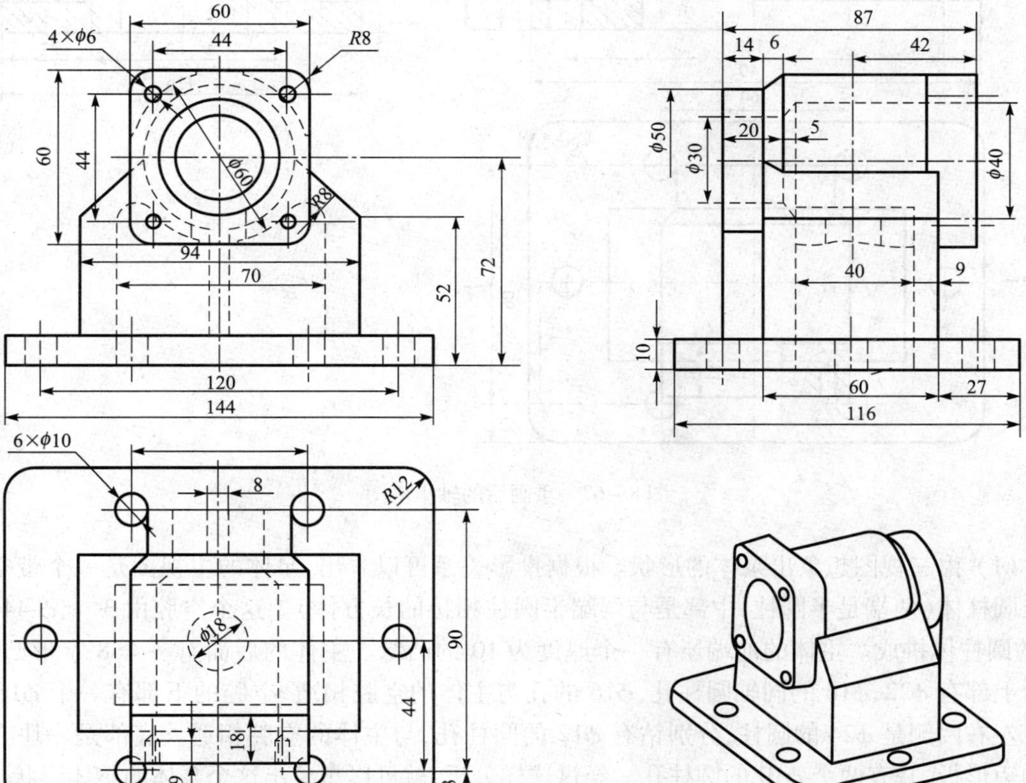

图 8－66　轴承座

(3) 重新标注尺寸。根据正确、完整、清晰地标注尺寸的要求,按照已经修改的图形,适当调整原在图 8－66(a)中所标注的部分尺寸,如筒体上的孔 $\phi18$、肋厚度 8、方形凸缘四角处的 $R8$ 和盲孔 $4\times\phi6$ 等。

例 8－4　根据图 8－68 所示油泵中泵体的三视图,想象出它的形状,并按完整、清晰的要求,选用比较合适的表达方法重画这个泵体,并适当调整尺寸的标注。

按照下列步骤进行分析,想象出它的形状,重新选择视图和安排尺寸。重画后的泵体图如

图 8 – 69 所示。

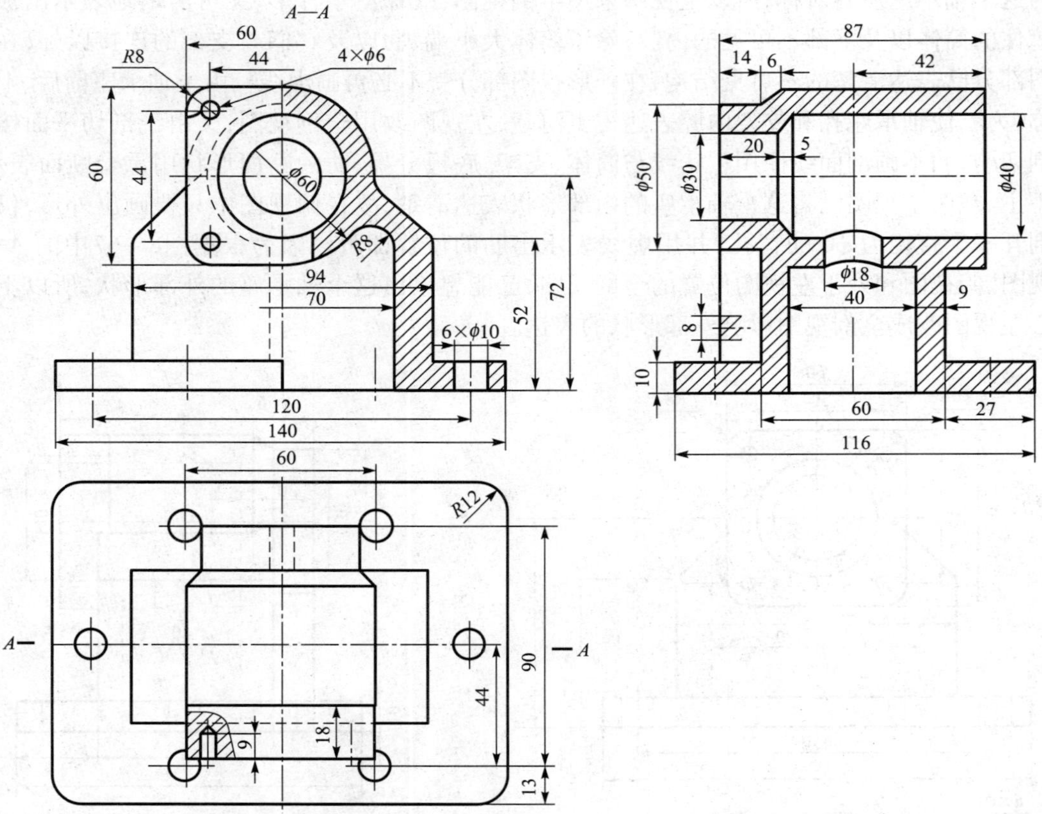

图 8 – 67　重画后的轴承座图

（1）由三视图想象出泵体的形状。根据投影关系可以看出，泵体的主视图是一个带空腔的长圆柱体（两端是半圆柱，中部是与两端半圆柱相接的长方体）。这个空腔由 3 个 ϕ 44、深 30 的圆柱体拼成。主体的前端还有一个厚度为 10 的凸缘。主体的后面有一个 8 字形凸台，凸台上部有 ϕ22，ϕ16 的同轴圆柱孔，ϕ16 的孔与主体的空腔相通，空腔的下部有一个 ϕ16 盲孔。左右两侧是 ϕ24 的圆柱，分别钻有 ϕ12 的圆柱孔，与主体的空腔相通。底部是一块有凹槽的矩形板，并有两个 ϕ10 的圆柱孔。经过这样分析，就可以想象出这个泵体的整体形状。

（2）选择适当的表达方式。图 8 – 69 中的主视图和左视图，分别能在某些方面较好地反映泵体的形状特征，都可选作主视图，现仍选用图 8 – 68 的主视图为主视图。泵体虽然左右对称，但根据这个泵体的具体形状，主视图不必画成半剖视图，而只要把左、右两侧的圆柱和孔画成局部剖视图即可。因为主视图中不能把 8 字形凸台表示清楚，故增加后视方向的 *A* 视图。在左视图中，为了使泵体中许多内部结构都可以显示清楚，并由于泵体的前后、上下都不对称，故采用以左、右对称面为剖切平面的全剖视图。于是泵体的主体、两侧、凸台都可表达清楚。对于底板的形状，可加一个 *B* 向视图来表达；底板上两个圆柱孔，只要在主视图中用局部剖视图表达出其中一个孔就可以了。通过以上分析，俯视图可省略不画，就能完整、清晰地表达这个泵体的形状了。

（3）重新标注尺寸。根据正确、完整、清晰地标注尺寸的要求，应把凸台、底板上的一些尺寸移到有关的局部视图中去。其他尺寸仍注在原处比较合适，请读者自行分析。

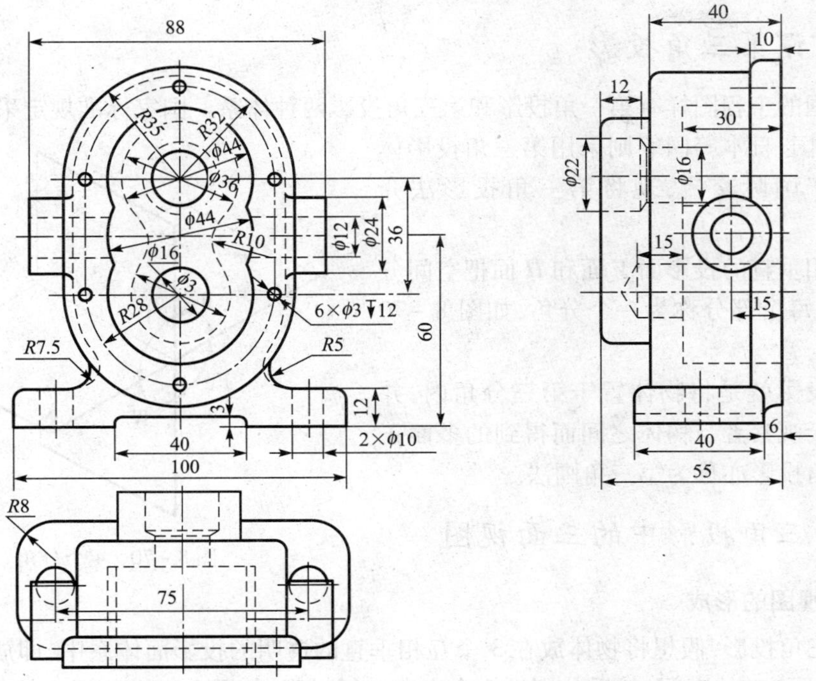

图 8－68　泵体的三视图

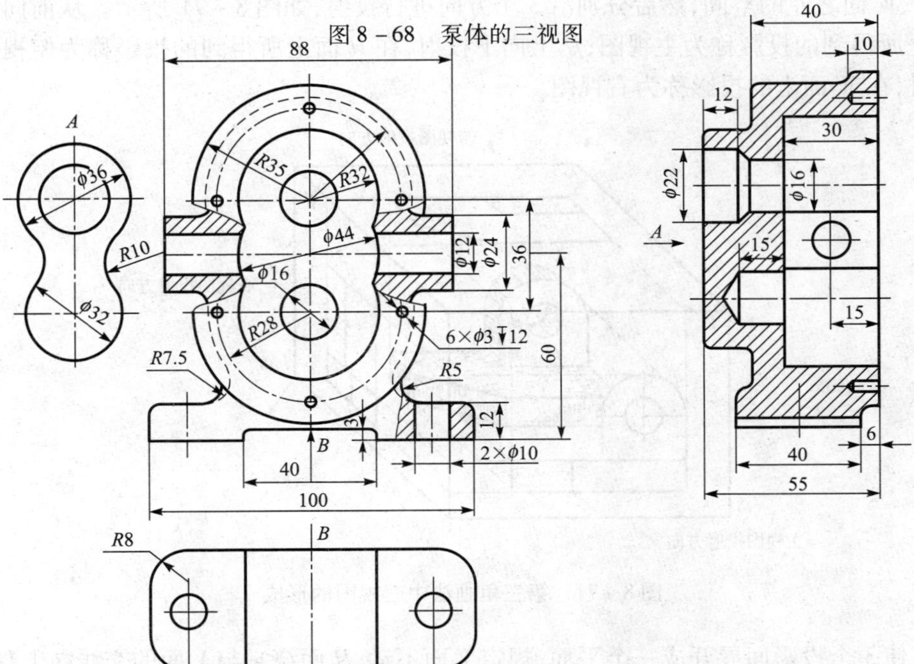

图 8－69　重画后的泵体图

第七节　第三角投影(第三角画法)

一、何谓第三角投影

世界各国的工程图样有第一角投影和第三角投影两种体系。国家标准规定采用第一角投影体系,而美国、日本等国家则采用第三角投影体系,为了便于国际交流,现将第三角投影法介绍如下。

两个互相垂直的投影面 V 面和 H 面把空间分成4 个部分,每个部分称为一个分角,如图 8－70 所示。

第三角投影就是将物体置于第三分角内,并使投影面处于观察者与物体之间而得到的多面正投影。第三角投影亦称为第三角画法。

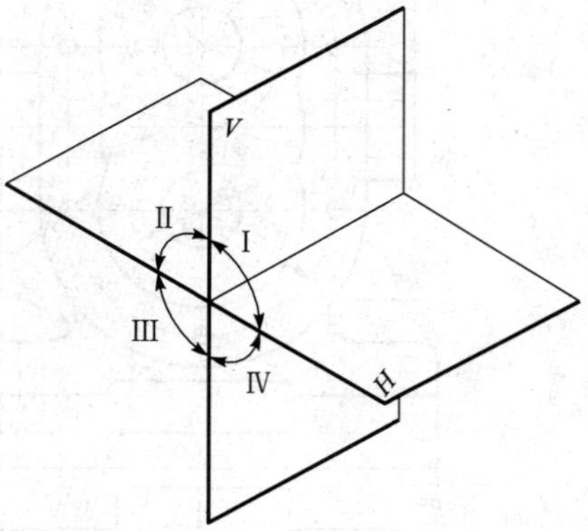

图 8－70　4 个分角

二、第三角投影中的三面视图

1. 三面视图的形成

按照第三角投影,假想将物体放在 3 个互相垂直的透明的投影面体系中,即放在 H 之下、V 面之后、W 面之左的空间,然后分别沿 3 个方向进行投射,如图 8－71 所示。从前向后投射,在 V 面上所得到的投影称为主视图;从上向下投射,在 H 面上所得到的投影称为俯视图;从右向左投射,在 W 面上的投影称为右视图。

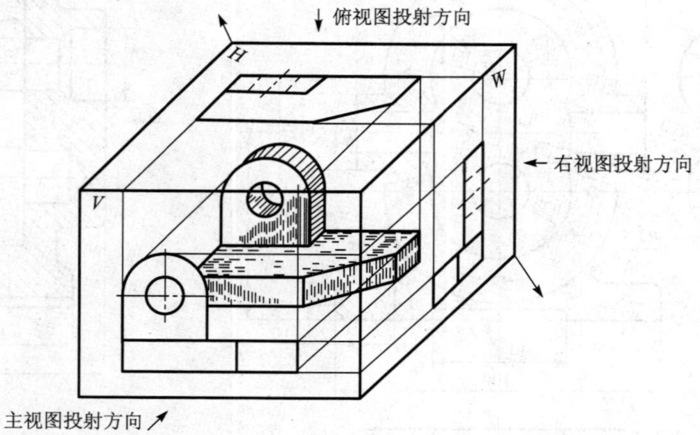

图 8－71　第三角画法中三视图的形成

为了使3 个投影面展开成一个平面,规定 V 面不动,H 面绕它与 V 面的交线向上翻转90°,W 面绕它与 V 面的交线向右旋转90°,即可得出如图 8－72(a)所示的三视图。在实际画图时,投影的边框不必画出,如图 8－72(b)所示。

3 个视图的位置关系是：俯视图在主视图的上方,右视图在主视图的右方。

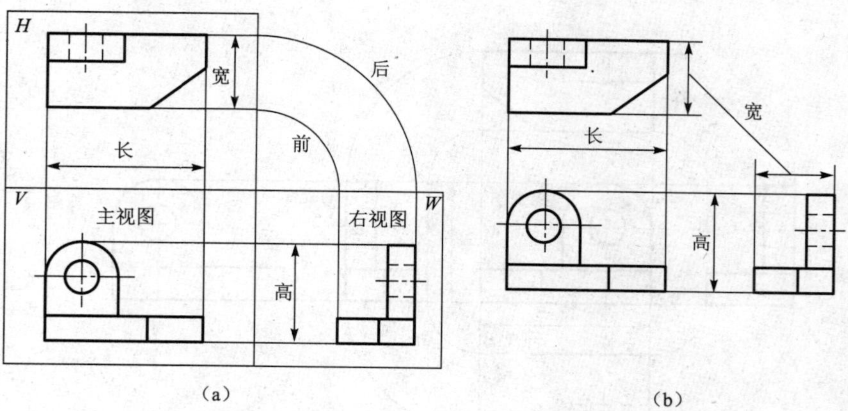

图 8-72 第三角投影的三视图位置

2. 三视图形成的特点

与第一角画法相比，第三角画法三视图的形成有如下特点。

(1) 人(观察者)、物、投影面的相对位置关系：第一角画法为人—物—面的位置关系，即物体在人和投影面之间；第三角画法为人—面—物的位置关系，即投影面在物体与人之间。

(2) 展开时投影面翻转方向与观察者视线方向的关系：第一角画法中，投影面展开时，*H* 面和 *W* 面均顺着观察者的视线方向翻转。而在第三角画法中，*H* 面和 *W* 面均逆着观察者的视线方向翻转，即人从 *H* 面上方向下观察物体，*H* 面向上翻转；人从 *W* 面右方向左观察物体，*W* 面向右翻转。所以，在第三角画法中俯视图在主视图的上方，右视图在主视图的右方。

明确以上两个特点对用第三角画法画图和读图是极为重要的。

3. 三视图之间的投影关系(图 8-72)

(1) 主视图和俯视图长对正；

(2) 主视图和右视图高平齐；

(3) 俯视图和右视图宽相等。

另外要注意，俯视图和右视图靠近主视图一侧的均为物体的前面。

三、六面视图的配置

假想将物体置于透明的玻璃盒中，玻璃盒的 6 个表面形成 6 个基本投影面。除前面介绍的 *V* 面(前面)、*H* 面(顶面)和 *W* 面(右侧面)外，又增加了底面、左侧面和后面 3 个投影面。仍然按照人—面—物的关系将物体向 6 个基本投影面作正投影，然后使前面不动，令顶、底、左、右各面连同其上的投影绕各自与前面的交线旋转到与前平面重合的位置(后面随右侧面先一起旋转再转到与各面重合)，即得如图 8-73 所示的六面视图。除已介绍的主视图、俯视图、右视图外，另 3 个视图称为左视图、仰视图和后视图。

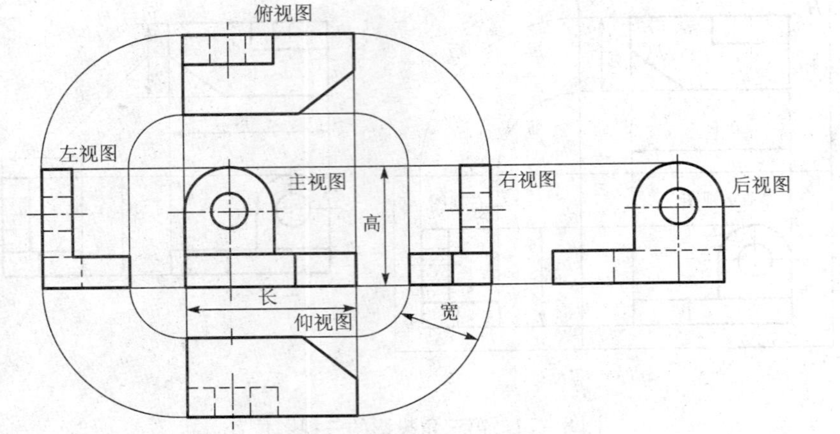

图 8－73　第三角画法中六面视图位置

四、“剖面图”的画法特点

在第三角画法中，剖视图和断面图不分，统称为“剖面图”。

与第一角画法相仿，第三角画法中的剖面图分为全剖面图、半剖面图、破裂剖面图、旋转剖面图和阶梯剖面图等，现举例如下，如图 8－74 所示。

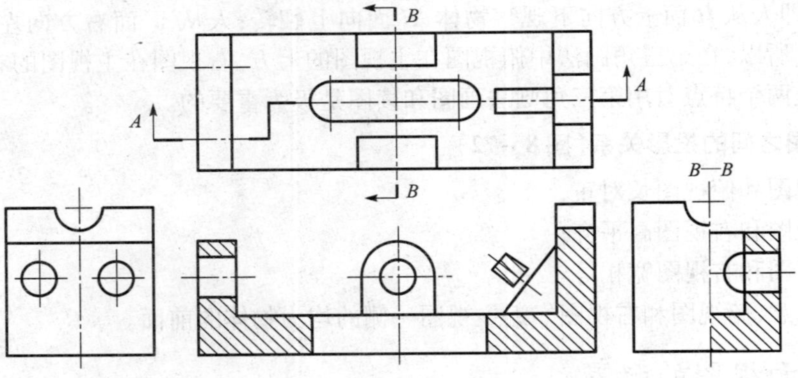

图 8－74　第三角画法中的剖面画法

从图 8－74 可见，主视图是阶梯全剖面，右视图取的是半剖面，主视图中，右边的肋板剖后也不画剖面线。肋的移出剖面在第三角画法中称为移出旋转剖面，其上的破裂线用粗实线画出。

剖面的标注与第一角画法中的标注也有不同，剖切线以粗的双点画线表示，并以箭头指明视线的方向。剖面的名称写在剖面图的下方。半剖面一般只标出剖切面的位置和视线的方向，不标注剖面的名称。

五、第三角画法和第一角画法的识别符号

为了识别第三角画法与第一角画法，国际标准化组织(ISO)规定了第三角画法的识别符号，如图 8-75 所示。图 8-76 所示的为第一角投影的识别符号。

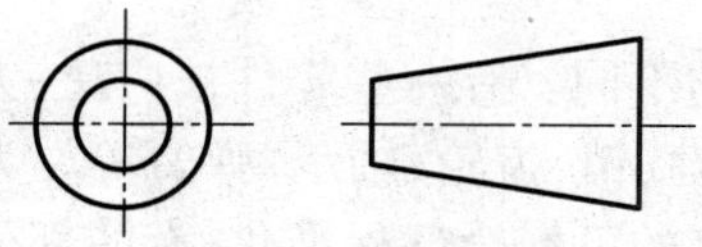

图 8-75　第三角投影的识别符号

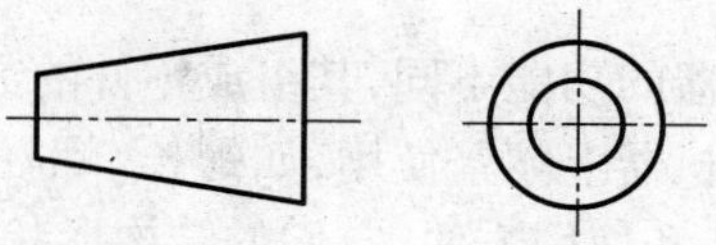

图 8-76　第一角投影的识别符号

第九章　标准件和常用件

机器的功能不同,其组成零件的数量、种类和形状等均不同。有一些零件被广泛、大量地在各种机器上频繁使用,如螺栓、螺柱、螺钉、螺母、垫片、键、销、齿轮、轴承、弹簧等。为了设计、制造和使用方便,它们的结构形状、尺寸、画法和标记有的已经全部标准化,有的部分标准化,完全标准化的称为标准件。在设计、绘图和制造时必须遵守国家标准规定。

第一节　螺纹和螺纹紧固件

一、螺纹的形成、结构和要素

1. 螺纹的形成和结构

(1) 螺纹的形成。螺纹可以认为是由一个与轴线共面的平面图形(三角形、梯形等),绕圆柱面做螺旋运动,得到一个圆柱螺旋体,如图 9-1 所示。

在车床上加工螺纹的方法如图 9-2 所示。夹持在车床卡盘上的工件做等速旋转,同时车刀沿轴线方向做匀速直线移动。加工在零件外表面上的螺纹称为外螺纹,如图 9-2(a)所示;加工在零件内表面上的螺纹称为内螺纹,如图 9-2(b)所示。同理亦可在圆锥体内外表面上加工螺纹,并称之为圆锥螺纹。螺纹的加工方法除车之外,还有攻丝、搓丝等。

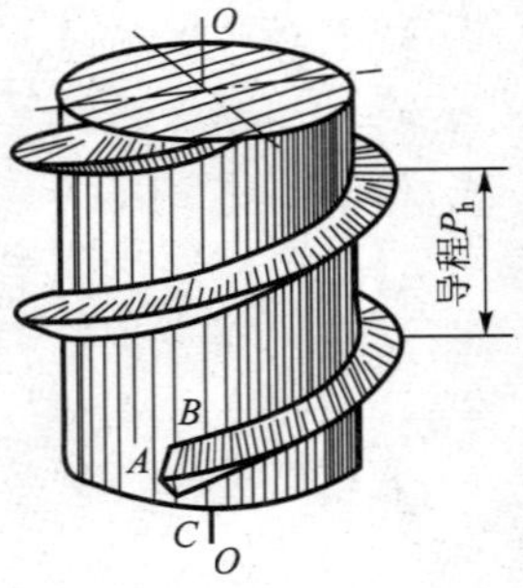

图 9-1　螺纹的形成

(2) 螺纹的结构。螺纹的表面可分为凸起和沟槽两部分。凸起部分的顶端称为牙顶,沟槽部分的底部称为牙底(图 9-3)。

为了防止螺纹端部损坏和便于安装,通常在螺纹的起始处制出圆锥形的倒角(见图 9-4(a))或球面形的倒圆(图 9-4(b))。

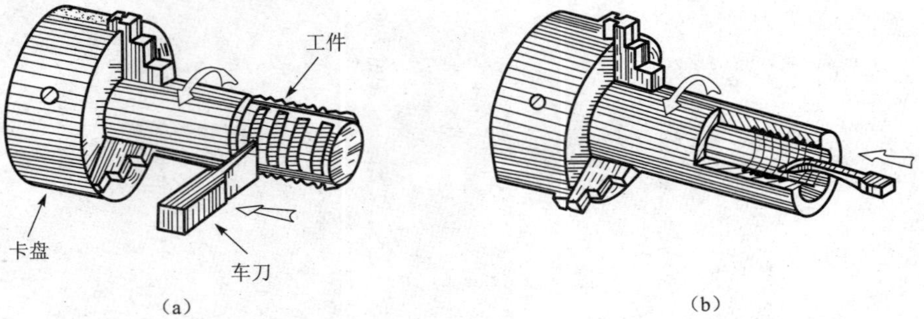

图 9-2　车床上加工螺纹的方法

当车削螺纹的刀具快要到达螺纹终止处时,要逐渐离开工件,因而螺纹终止处附近的牙型将逐渐变浅,形成不完整的螺纹牙型,这一段螺纹称为螺尾(图 9-5)。只有加工到所要求的深度的螺纹才具有完整的牙型,是有效螺纹。

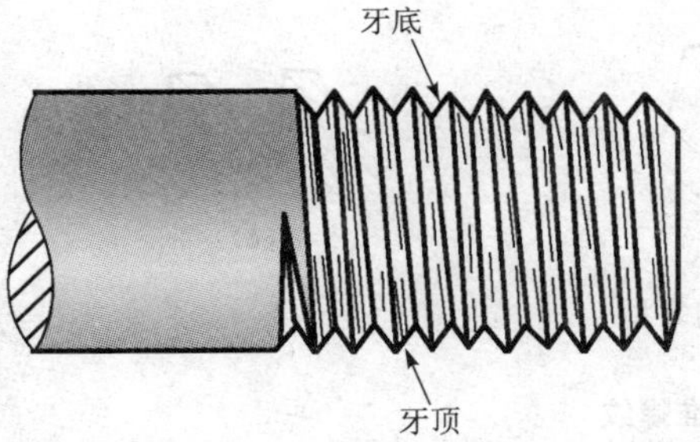

图 9-3　螺纹的牙顶和牙底

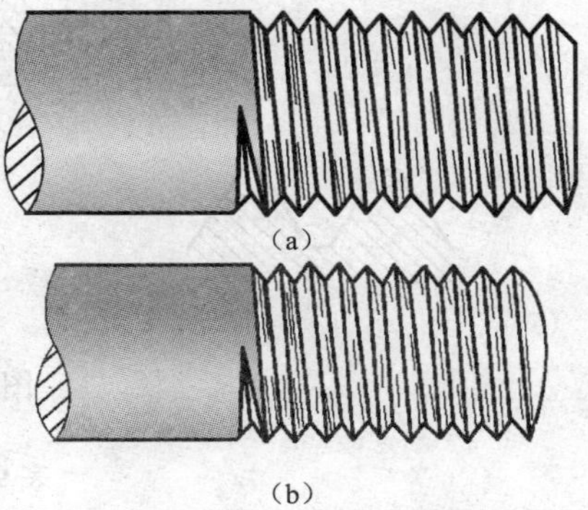

图 9-4　倒角和倒圆

为了避免出现螺尾,可以在螺纹终止处先车削出一个槽,以便于刀具退出,这个槽称为螺纹退刀槽。如图 9-6(a)所示为车削外螺纹的外退刀槽,图 9-6(b)为加工内螺纹时的内退刀槽。

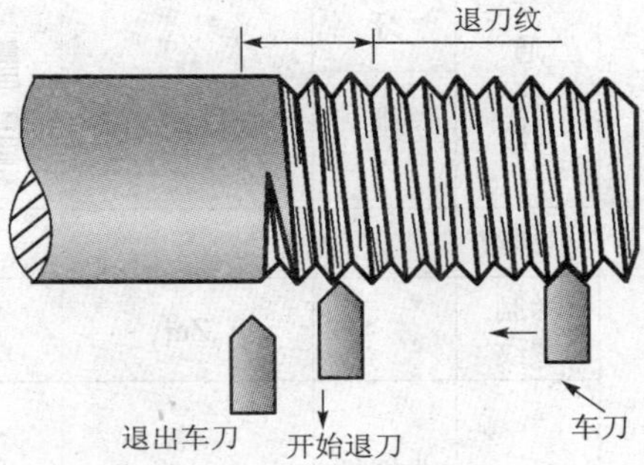

图 9-5　螺尾

2. 螺纹的要素

螺纹的基本要素主要是牙型、直径、螺距、线数和旋向。

(1) 牙型。牙型是螺纹轴向剖面的轮廓形状。螺纹的牙型有三角形、梯形、锯齿形等,如图 9-7(a),(b),(c)所示。不同牙型有不同用途,如三角形螺纹用于连接,梯形、锯齿形螺纹用于传动。螺纹牙型上相邻两牙侧之间的夹角称为牙型角,以 α 表示。常按牙型的不同区分螺纹的种类,常用的标准牙型见表 9-1。

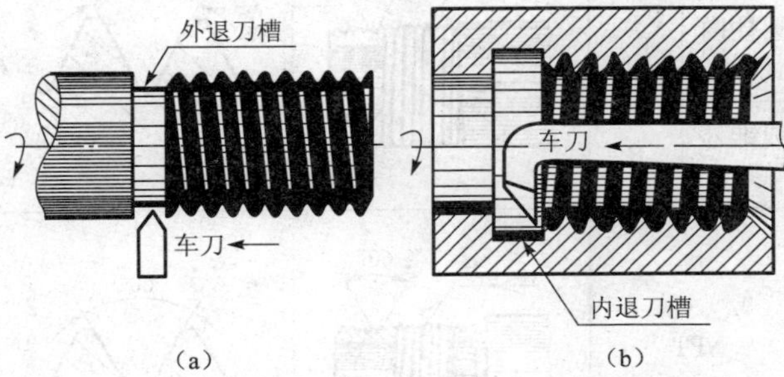

图 9-6　螺纹退刀槽

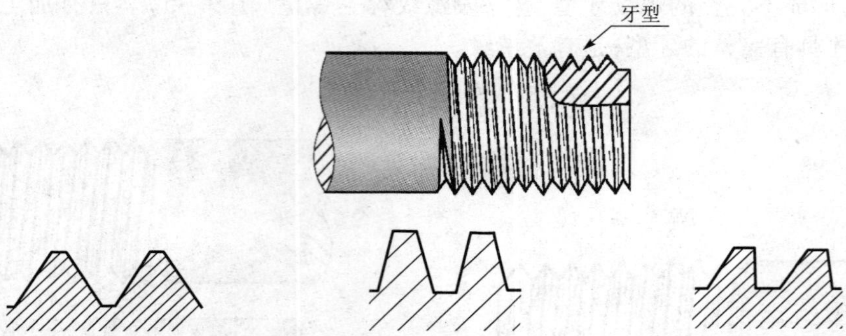

(a)　　　　(b)　　　　(c)

图 9－7　常见的牙型

表 9－1　常用标准螺纹

螺纹类别				特征代号	外形图	牙型图	用　途
连接螺纹	普通螺纹	粗牙		M	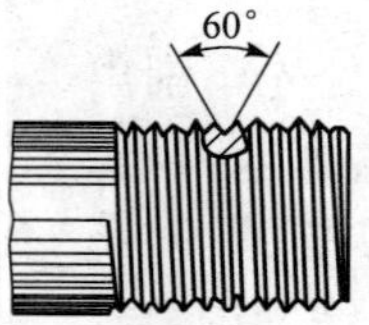	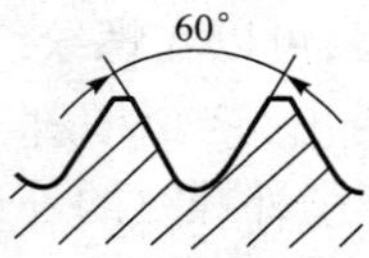	是最常用的连接螺纹
		细牙					用于细小的精密零件或薄壁零件
	小螺纹			S	—	—	—
	米制螺纹			Zm	—	—	—
	管螺纹	非螺纹密封的管螺纹		G	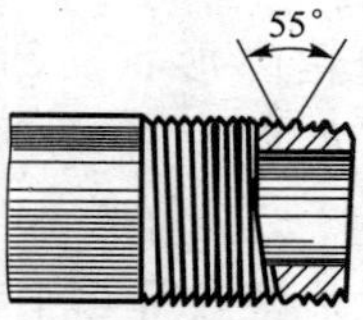	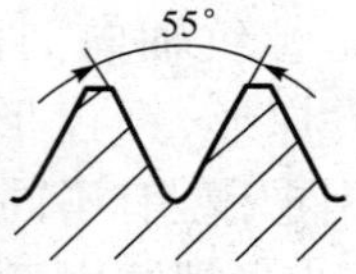	用于水管、油管、气管等一般低压管路的连接
		用螺纹密封的管螺纹	圆锥内螺纹	R_c	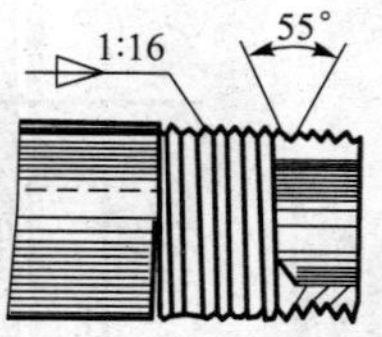	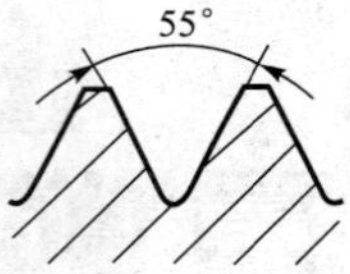	常用于压力在 1.57 MPa 以下的管道，如日常生活中用的水管、煤气管、润滑油管等
			圆柱内螺纹	R_p			
			圆锥外螺纹	R			
		60°圆锥管螺纹		NPT	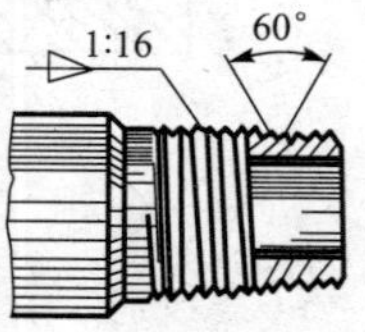	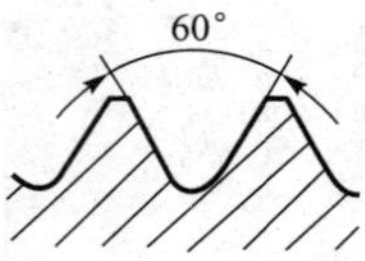	常用于汽车、航空、机床行业的中、高压液压、气压系统中

续表

螺纹类别		特征代号	外形图	牙型图	用　途
传动螺纹	梯形螺纹	Tr	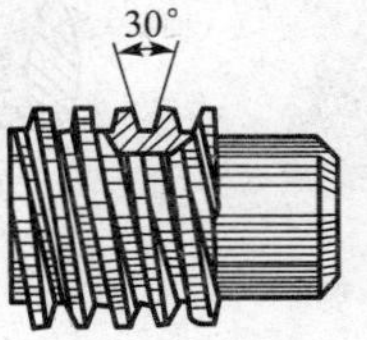	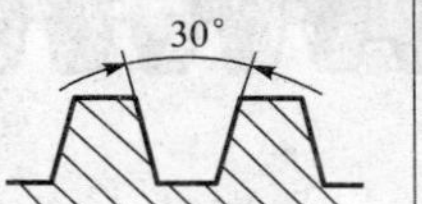	作传动用，各种机床上的线杠多采用这种螺纹
	锯齿形螺纹	B	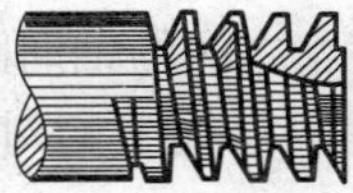	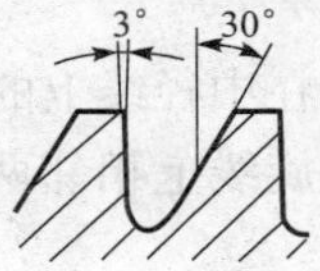	只能传递单方向动力，例如螺旋压力机的传动丝杠就采用这种螺纹
	自攻螺钉用螺纹	ST	—	—	—
	自攻紧锁螺钉用螺纹（粗牙普通螺纹）	M	—	—	—

（2）直径。螺纹的直径分大径、中径和小径 3 种。

大径：指一个与外螺纹牙顶或内螺纹牙底相重合的假想圆柱体的直径。大径又称为公称直径。外螺纹的大径用 d 表示，内螺纹的大径用 D 表示。

小径：指一个与外螺纹的牙底或内螺纹的牙顶相重合的假想圆柱体的直径。外螺纹的小径用 d_1 表示，内螺纹的小径用 D_1 表示。

中径：是一个假想圆柱的直径，该圆柱的母线通过牙型上牙底和牙顶之间相等的地方，该假想圆柱体的直径称为中径。外螺纹的中径用 d_2 表示，内螺纹的中径用 D_2 表示，如图 9－8 所示。

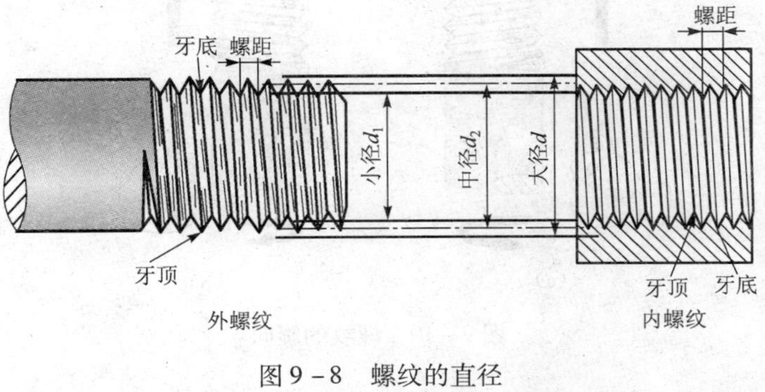

图 9－8　螺纹的直径

（3）线数。螺纹的线数有单线和多线之分。只沿一条螺旋线形成的螺纹称单线螺纹，如图 9－9(a)所示；沿两条或两条以上螺旋线形成的螺纹称为多线螺纹，如图 9－9(b)所示。螺纹的线数用 n 来表示。连接螺纹大多为单线螺纹。

(a)　　　　　　　　　　　　　　　(b)

图 9-9　螺纹的线数

(4) 螺矩和导程。

螺矩——相邻两牙在中径线上的对应点之间的轴向距离,用 P 来表示。

导程——沿同一螺旋线上相邻两牙在中径线上的对应点之间的轴向距离,称为导程,用 P_h 来表示。

螺距与导程的关系为:螺距 = 导程/线数。因此,当线数为一条时,$P = P_h$;当线数为两条以上时,$P = P_h/n$。

(5) 旋向。螺纹有右旋和左旋之分,将外螺纹轴线铅垂放置,螺纹右上左下时为右旋(图 9-10(a)),左上右下时则为左旋(图 9-10(b))。右旋螺纹顺时针旋转时旋合,逆时针旋转时退出;左旋螺纹反之。其中,以右旋螺纹为最常用。用左、右手判断左、右旋螺纹的方法如图 9-10 所示。

内、外螺纹总是成对地配合使用,只有上述 5 个要素完全相同时,内、外螺纹才能正确旋合使用。

在螺纹的 5 个要素中,螺纹牙型、大径、螺距是决定螺纹的最基本的要素,称为螺纹三要素。凡这三个要素符合标准的称为标准螺纹;螺纹牙型符合标准,而大径、螺距不符合标准的称为特殊螺纹;若螺纹牙型不符合标准,则称为非标准螺纹。

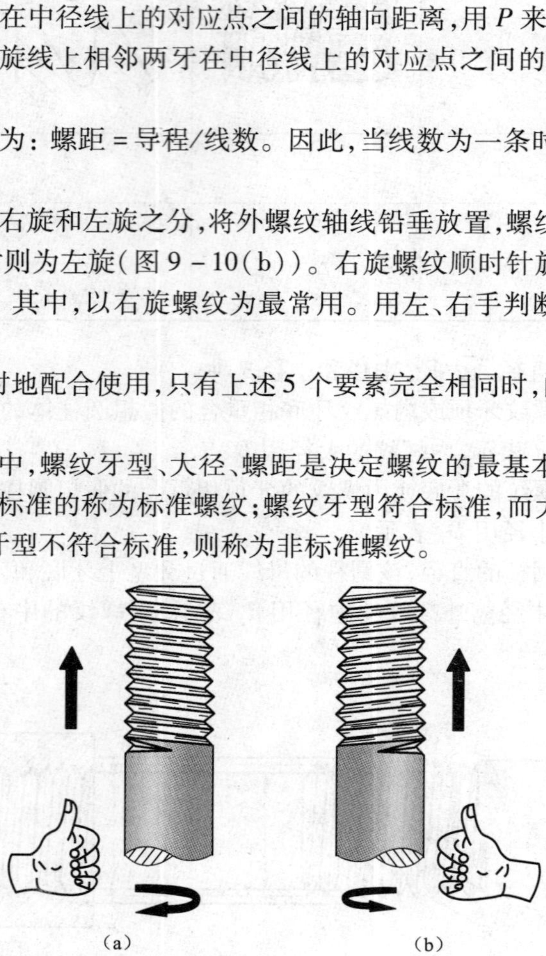

(a)　　　　　　　　　　　(b)

图 9-10　螺纹的旋向

二、螺纹的种类

螺纹按其用途可分为两大类:连接螺纹和传动螺纹。

1. 连接螺纹

常见的连接螺纹有普通螺纹和管螺纹两种,其中普通螺纹又分为粗牙普通螺纹和细牙普通螺纹。普通螺纹的特征代号为 M。

连接螺纹的共同特点是牙型都为三角形，其中普通螺纹的牙型角为 60°。同一种大径的普通螺纹，一般有几种螺距，螺距最大的一种称为粗牙普通螺纹，其余的称为细牙普通螺纹。细牙普通螺纹多用于细小的精密零件或薄壁零件。

管螺纹多用于水管、油管、煤气管等的连接。管螺纹又分为螺纹密封的管螺纹和非螺纹密封的管螺纹。

非螺纹密封的管螺纹特征代号为 G，牙型为三角形，牙型角为 55°。其内、外螺纹均为圆柱螺纹，内、外螺纹旋合后本身无密封能力，常用于电线管等不需要密封的管路系统中的连接。非螺纹密封管螺纹如另加密封结构，密封性能很可靠，可用于具有很高压力的管路系统。非螺纹密封管螺纹的外螺纹，根据其中径公差中下偏差的数值不同又分为 A 级（下偏差小）和 B 级两种，内螺纹则无 A、B 级之分。

螺纹密封的管螺纹其种类代号有 3 种：圆锥内螺纹（锥度 1∶16），特征代号为 Rc；圆柱内螺纹，特征代号为 Rp；圆锥外螺纹，特征代号为 R，牙型为三角形，牙型角为 55°。管螺纹可以是圆锥内螺纹与圆锥外螺纹或圆柱内螺纹与圆锥外螺纹相连接，其内、外螺纹旋合后有密封能力，常用于压力在 1.57 MPa 以下的管道，如日常生活中用的水管、煤气管、润滑油管等。

60°圆锥管螺纹的螺纹牙型为三角形，牙型角为 60°，螺纹特征代号为 NPT，常用于汽车、航空、机床行业的中、高压液压、气压系统中。

2. 传动螺纹

传动螺纹是用来传递动力和运动，常用的传动螺纹是梯形螺纹，有时也用锯齿形螺纹。梯形螺纹的牙型为等腰梯形，牙型角为 30°，螺纹特征代号为 Tr。锯齿形螺纹的牙型为不等腰梯形，牙型角为 33°，螺纹特征代号为 B。

标准螺纹的各参数如大径、螺距等都已规定，设计选用时应查阅相应标准规定。以上几种螺纹在图样上一般只要标注螺纹种类代号即能区别出各种牙型。表 9－1 介绍了常用标准螺纹的种类、牙型及功用。

三、螺纹的规定画法

螺纹是由空间曲面构成的，其真实投影的绘制十分烦琐，在实际生产中也不需要画它的真实投影，因而国家标准 GB/T 4459.1—1995《机械制图　螺纹及螺纹紧固件表示法》中对螺纹的画法作了规定。其主要内容如下。

1. 内、外螺纹的规定画法

（1）可见螺纹的牙顶用粗实线表示，可见螺纹的牙底用细实线表示（当外螺纹画出倒角或倒圆时，应将表示牙底的细实线画入倒角或倒圆部分）。在垂直于螺纹轴线的投影面上的视图（螺纹投影为圆的视图）中，表示牙底的细实线圆只画出约 3/4 圈，轴或孔上的倒角圆省略不画。一般近似地取小径为 0.85d，但当螺纹直径较大时可取稍大于 0.85d 的数值绘制。外螺纹的规定画法如图 9－11 所示，内螺纹的规定画法如图 9－12 所示。

（2）有效螺纹的终止界线（简称螺纹终止线），规定用一条粗实线来表示。

（3）螺尾部分一般不必画出，当需要表示螺尾时，该部分的牙底用与轴线成 30°的细线绘制，如图 9－13 所示，图 9－13（a）为外螺纹螺尾的画法，图 9－13（b）为内螺纹螺尾的画法。

（4）螺纹不可见时所有图线用虚线绘制，如图 9－14 所示。

（5）在内、外螺纹的剖视图中，剖面线应画到粗实线处，如图 9－11(b)、图 9－12 所示。

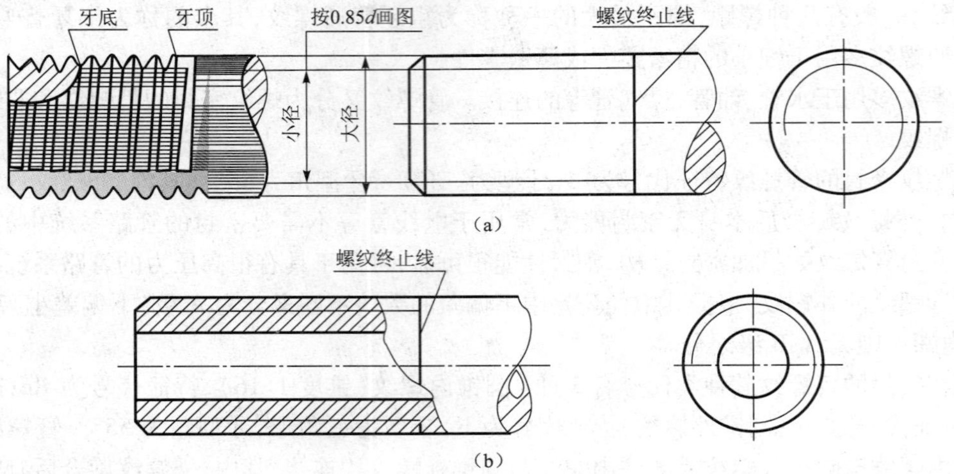

图 9－11　外螺纹的规定画法

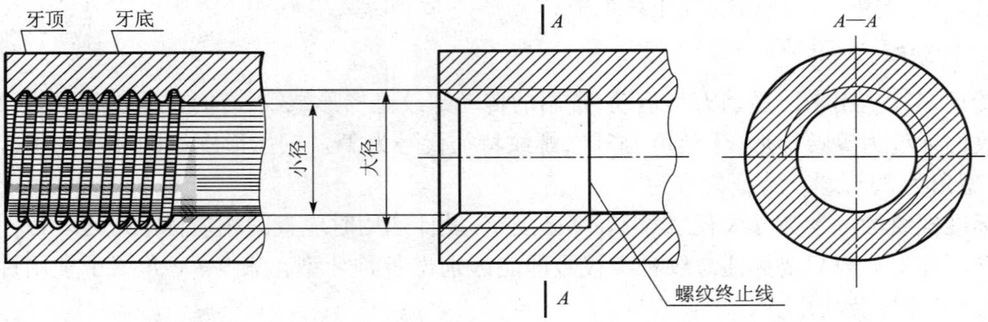

图 9－12　内螺纹的画法

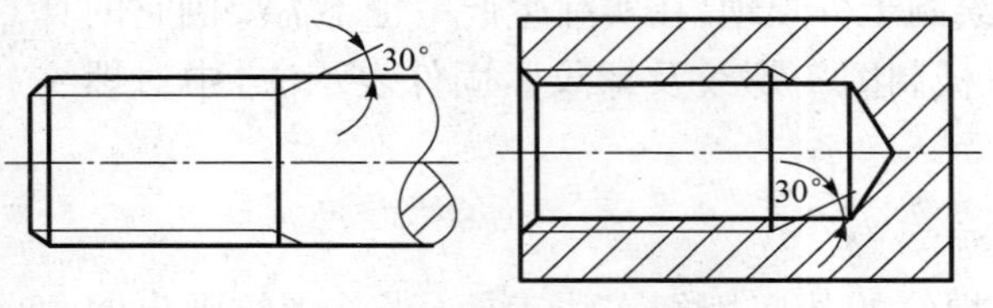

图 9－13　螺尾的画法

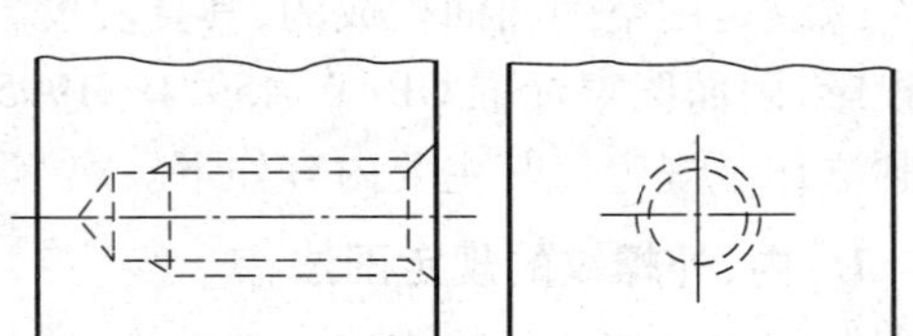

图 9－14　不可见螺纹的表示

（6）在绘制不穿通的螺孔（又叫螺纹盲孔）时，一般应将钻孔深度与螺纹深度分别画出，且钻孔深度一般应比螺纹深度大 0.5D，其中 D 为螺纹的大径。钻头端部有一圆锥，锥顶角为 118°，钻孔时，不穿通孔（称为盲孔）底部形成一个锥面，在画图时钻孔底部锥面的顶角可简化为 120°，如图 9－15 所示。加工时应先钻孔（图 9－15(a)），然后再攻丝（图 9－15(b)）。

（7）当需要表示螺纹牙型时，或对于非标准螺纹，可按图 9－16 绘制。

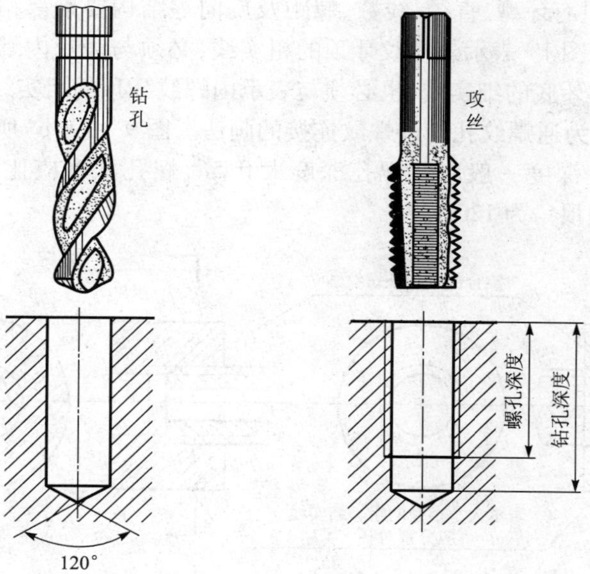

（a）　　（b）

图 9－15　不穿通螺纹孔的画法

（8）圆锥外螺纹和圆锥内螺纹的画法如图 9－17 所示。

（9）螺纹孔相交时，只画出钻孔的交线（用粗实线表示），如图 9－18 所示。

2. 螺纹连接的规定画法

用剖视图表示内、外螺纹的连接时，旋合部分应按外螺纹的画法绘制，其余部分仍按各自的画法表示（如图 9－19）。

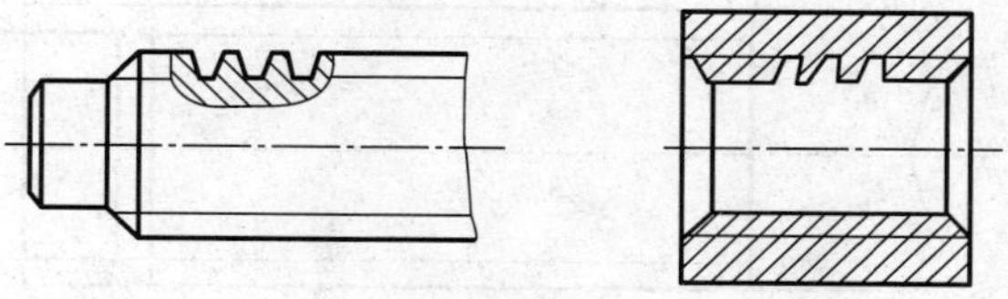

（a）　　（b）

图 9－16　非标准螺纹表示牙型的方法

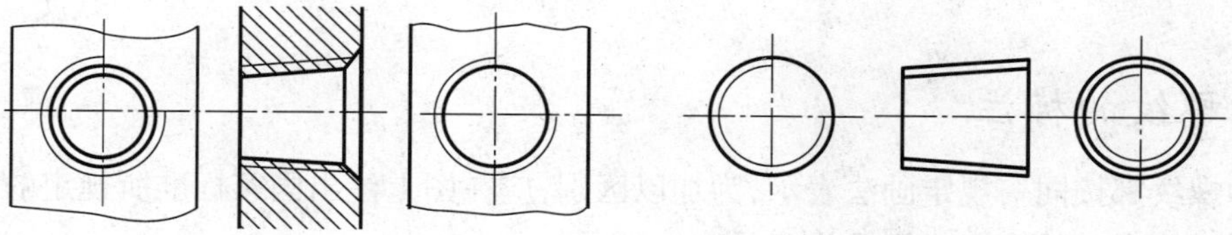

图 9－17　圆锥面上的螺纹画法

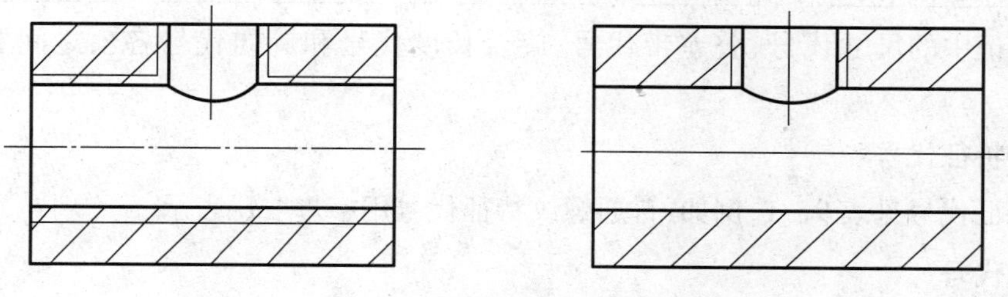

图 9－18　螺纹孔相交的画法

必须注意：由于只有牙型、直径、线数、螺距及旋向等结构要素都相同的螺纹才能正确旋合在一起，所以在剖视图上，表示外螺纹牙顶的粗实线，必须与表示内螺纹牙底的细实线在一条直线上；表示外螺纹牙底的细实线，也必须与表示内螺纹牙顶的粗实线在一条直线上。

图 9 - 19(a)所示为通螺纹孔与外螺纹连接的画法。图 9 - 19(b)所示为不通螺纹孔与外螺纹连接的画法，钻孔深度一般应比螺孔深度大 0.5d，螺孔深度应比外螺纹的旋合长度大 0.5d；钻孔底部锥面的顶角为 120°。

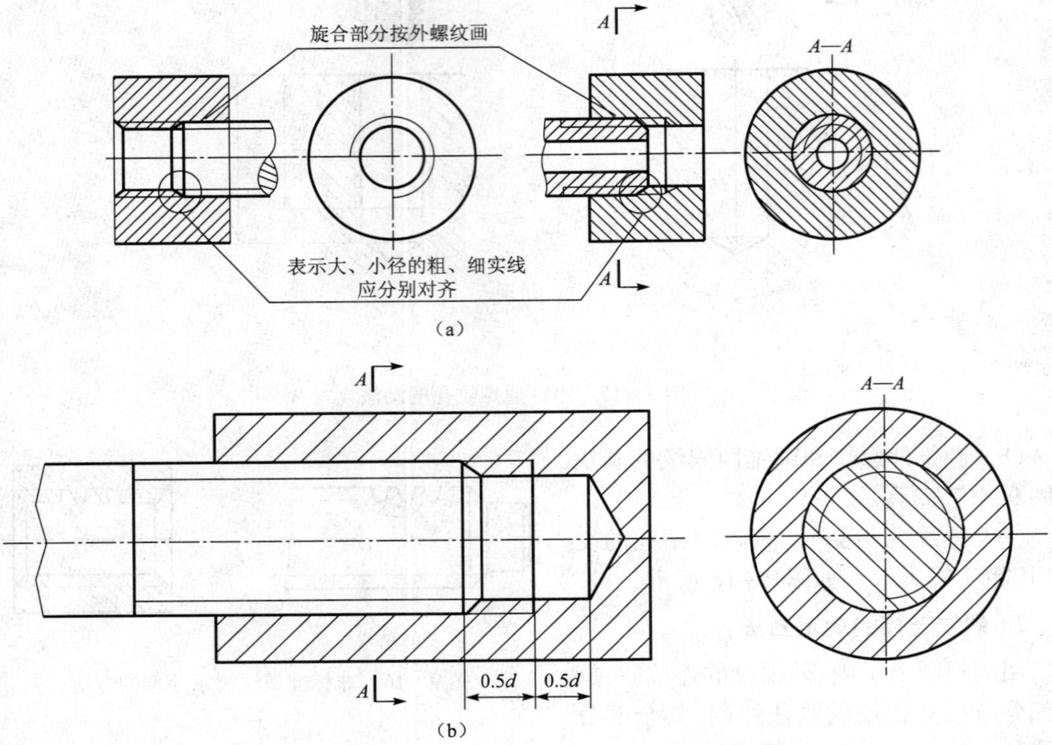

图 9 - 19　螺纹连接的画法

四、螺纹的标注

各种螺纹都按同一规定画法表示，为加以区别，应在图上注出国家标准所规定的标记。

普通螺纹完整的标记内容及格式是

[螺纹特征代号]　[尺寸代号]—[公差带代号]—[旋合长度代号]—[旋向代号]

螺纹标记中的尺寸代号、公差带代号、旋合长度代号和旋向代号各项之间要用“—”号隔开。

1. 螺纹特征代号

螺纹特征代号见表 9 - 1，例如：普通螺纹特征代号用字母“M”表示。

2. 尺寸代号

单线螺纹的尺寸代号为“公称直径 × 螺距”，公称直径一般为螺纹的基本大径，对粗牙普通螺纹不标注其螺距项。

多线螺纹的尺寸代号为“公称直径×Ph 导程 P 螺距”，公称直径、导程和螺距数值的单位为 mm。如有必要，可在后面括号内用英文说明螺纹的线数。

例如：公称直径为 16 mm、螺距为 1.5 mm、导程为 3 mm 的双线螺纹，尺寸代号为

M16×Ph3P1.5 或 M16×Ph3P1.5 (tow starts)

3. 公差带代号

由表示公差等级的数字和表示基本偏差的字母（内螺纹用大写字母，外螺纹用小写字母）组成，如 6g，7H 等。一般要同时标注出中径在前、顶径在后的两项公差带代号。若两者的公差带代号相同，则只标一项。

最常用的中等公差精度螺纹（公差直径≤1.4 mm 的 5H，6h 和公称直径≥1.6 mm 的 6H，6g）不标注其公差带代号。

(1) 公差等级。螺纹公差带的大小由公差数值确定，它表示螺纹中径和顶径尺寸的允许变动量，并按公差值大小分为若干等级。螺纹顶径和中径公差等级的规定见表 9-2，其中 3 级精度最高，9 级精度最低。

表 9-2　螺纹公差等级

螺纹直径	公差等级	螺纹直径	公差等级
内螺纹小径 D_1	4,5,6,7,8	外螺纹大径 d	4,6,8
内螺纹中径 D_2	4,5,6,7,8	外螺纹中径 d_2	3,4,5,6,7,8,9

(2) 基本偏差。螺纹的基本偏差用字母表示。

国家标准规定：

内螺纹的基本偏差有 G，H 2 种。

外螺纹的基本偏差有 e，f，g，h 4 种。

中径和顶径的基本偏差相同。

4. 旋合长度代号

两个互相配合的螺纹，沿其轴线方向相互旋合部分的长度，称为旋合长度，如图 9-20 所示。

螺纹的旋合长度分为短、中、长 3 种，分别用代号 S，N 和 L 表示，中等旋合长度组螺纹不标注旋合长度代号 N。

5. 旋向代号

左旋螺纹应标注字母“LH”，右旋螺纹不标注。

常用螺纹的规定标注见表 9-3。

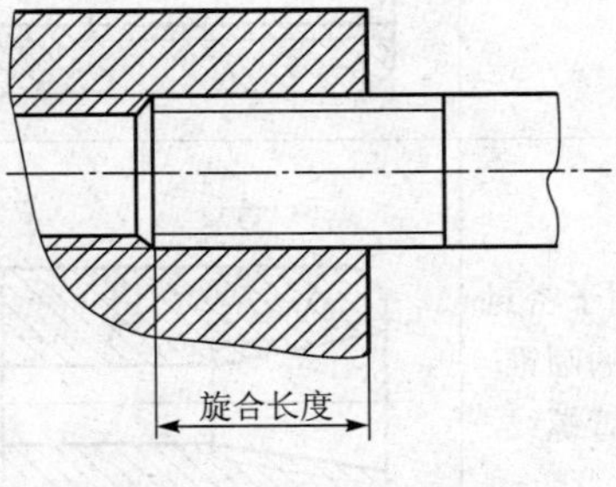

图 9-20　螺纹的旋合长度

表 9－3　常用螺纹的规定标注

<table>
<tr><th>螺纹种类</th><th>标注图例</th><th>代号的意义</th><th>说明</th></tr>
<tr><td>粗牙
普通
螺纹</td><td>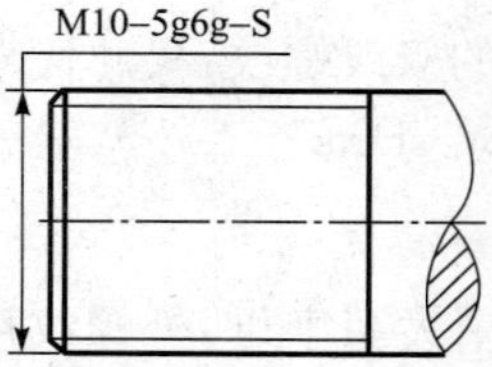

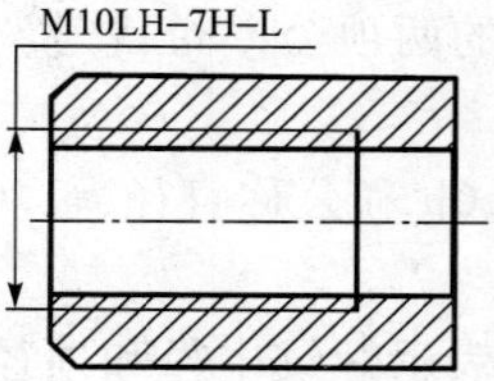
</td><td>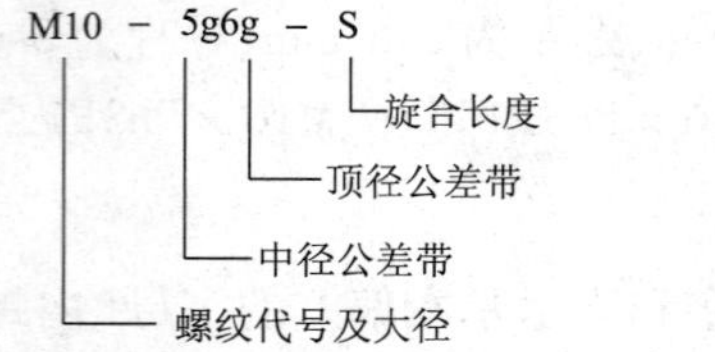

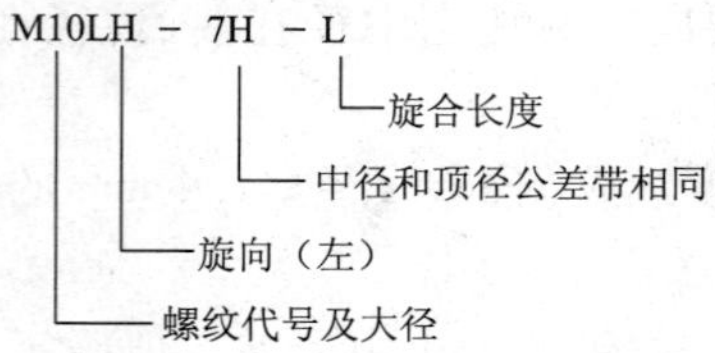
</td><td>1. 粗牙螺纹不标注螺距。
2. 单线、右旋不注线数和旋向，多线或左旋要标注。
3. 中径和顶径公差带相同时，只标注一个代号。
4. 旋合长度为中等长度时，不标注。
5. 图中所注螺纹长度不包括螺尾</td></tr>
<tr><td>细牙
普通
螺纹</td><td>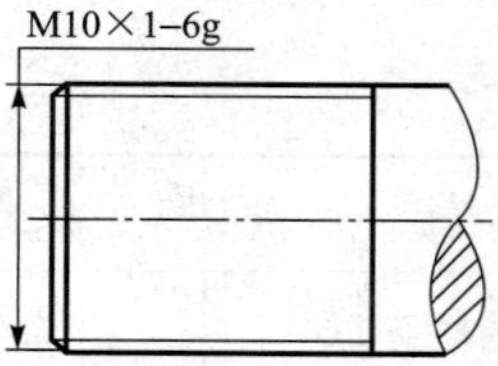
</td><td>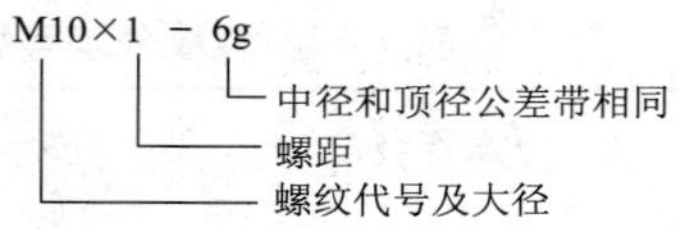
</td><td>1. 细牙螺纹要标注螺距。
2. 其他规定同粗牙普通螺纹</td></tr>
<tr><td>非螺纹
密封的
管螺纹</td><td>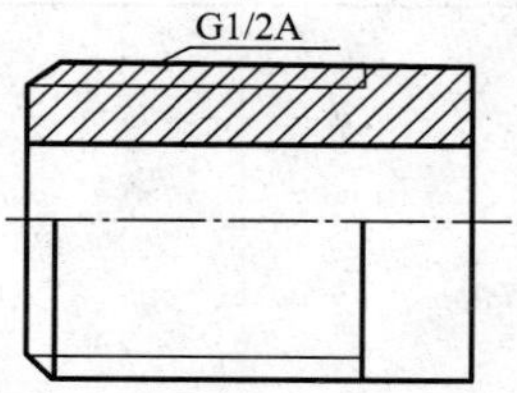
</td><td>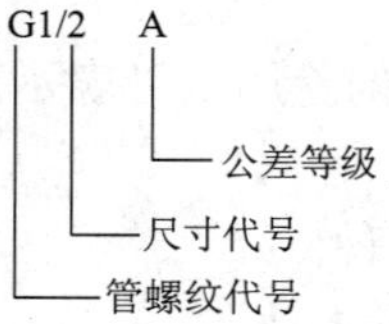
</td><td rowspan="3">1. 管螺纹尺寸代号不是螺纹大径，作图时要根据此尺寸代号查出螺纹大径。
2. 只能以指引线的方式引出标注。
3. 右旋省略不注</td></tr>
<tr><td>用于密封
的圆柱
管螺纹</td><td>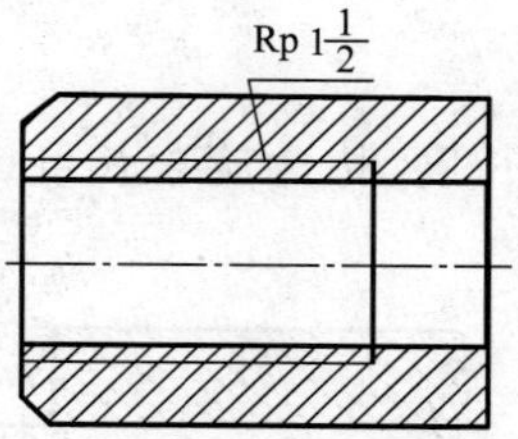
</td><td>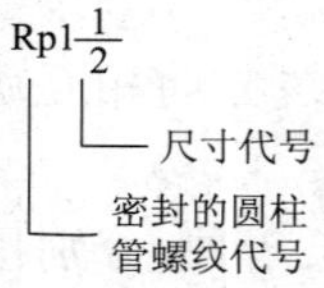
</td></tr>
<tr><td>用于密封
的圆锥
管螺纹</td><td>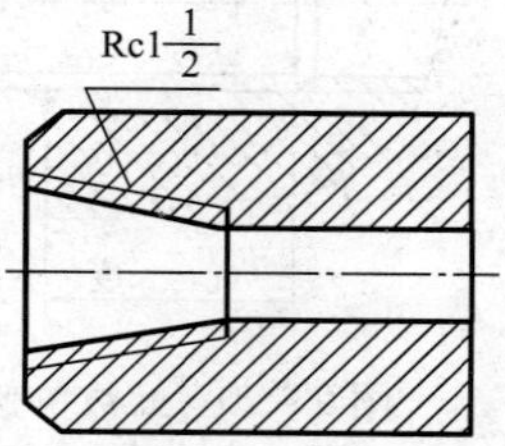
</td><td>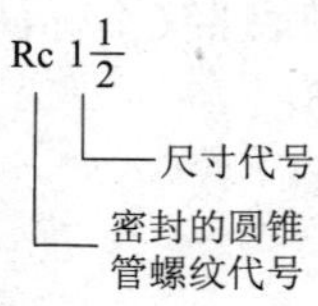
</td></tr>
</table>

续表

螺纹种类	标注图例	代号的意义	说明
单线梯形螺纹	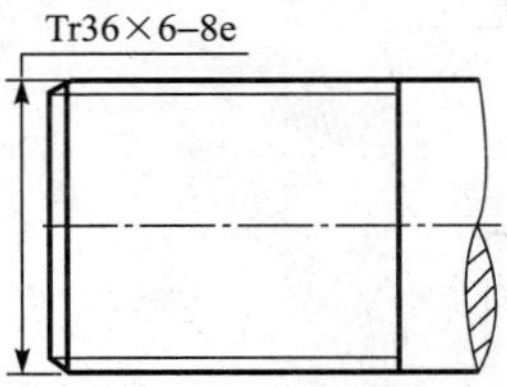	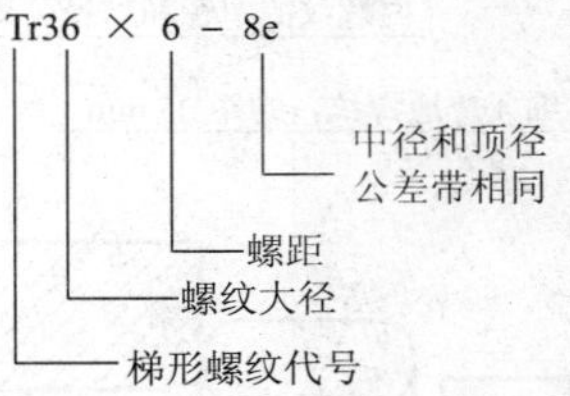	1. 梯形螺纹必须要标注螺距。 2. 多线的还要注导程。 3. 右旋省略不注，左旋要标注 LH。 4. 中等旋合长度符号 N 可以不标注
多线梯形螺纹	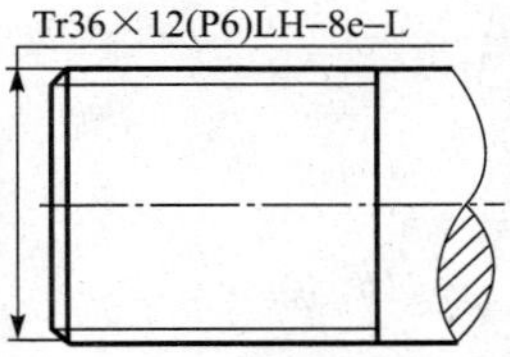	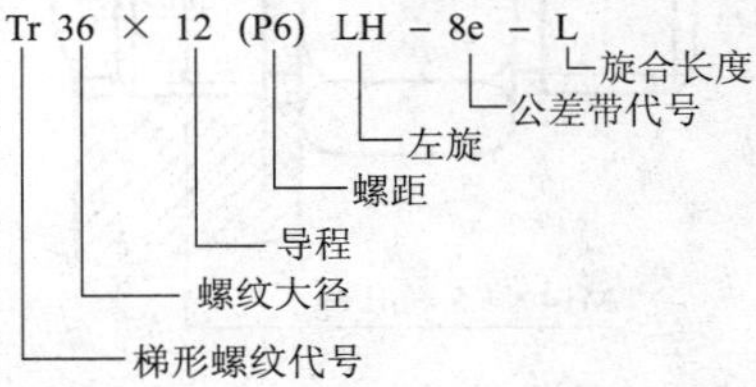	

6. 特殊螺纹和非标准螺纹的标注

（1）牙型符合标准、直径或螺距不符合标准的螺纹，应在特征代号前加注"特"字，并标出大径和螺距，如图 9－21 所示。

（2）绘制非标准螺纹，应画出螺纹的牙型，并注出所需要的尺寸及有关要求，如图 9－22 所示。

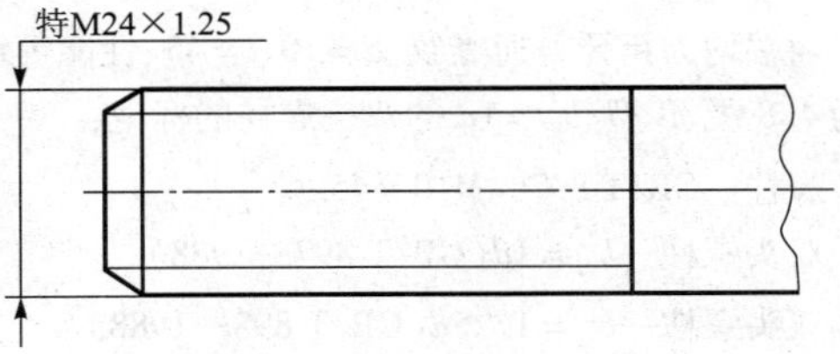

图 9－21　特殊螺纹的标注

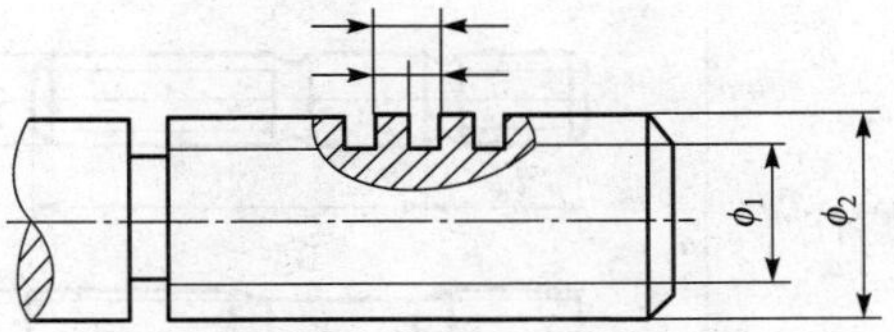

图 9－22　非标准螺纹的标注

7. 螺纹副的标注

内、外螺纹旋合到一起后称为螺纹副，其标注形式如图 9－23 所示。

五、常用螺纹紧固件的画法和标记

常用的螺纹紧固件有螺栓、螺柱、螺钉、螺母和垫圈等，统称为螺纹连接件，它们都属于标准件。一般由标准件厂家生产，在设计时，不需要画出它们的零件图，外购时只要写出规定标记即可。表 9－4 列出了一些常用的螺纹连接件及其规定标记。

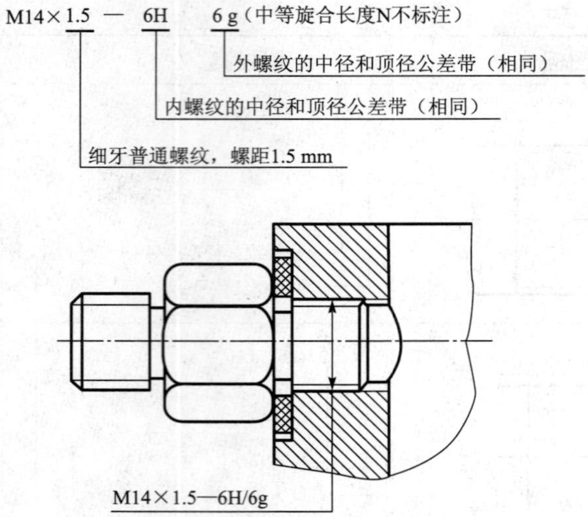

图 9－23　螺纹副的标注

表 9－4　常用的螺纹连接件及其规定标记

名　称	简　图	规定标记及说明
六角头螺栓	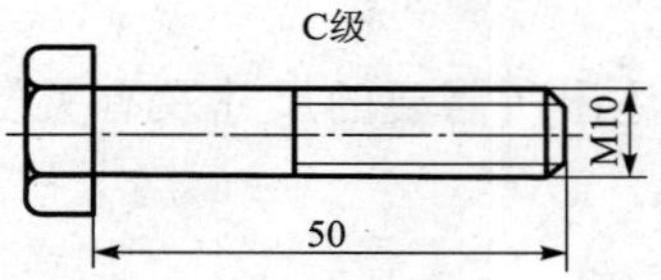	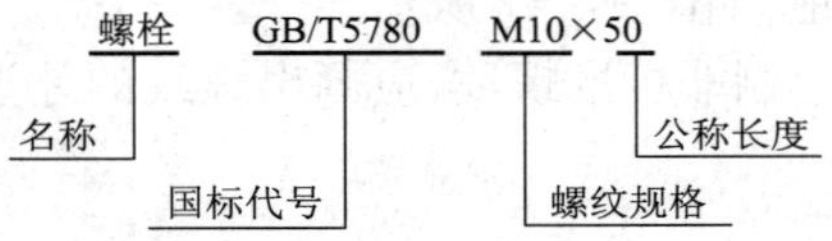
螺柱	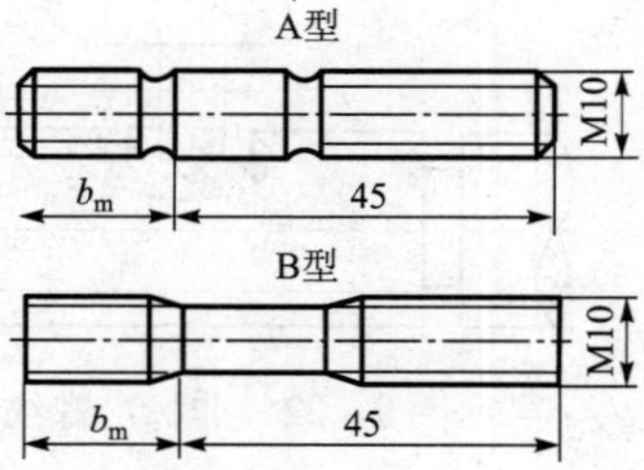	两端均为粗牙普通螺纹、$d=10$、$l=45$、性能等级为 4. 8 级、B 型、$b_m=1d$ 的双头螺柱的标记： 螺柱　GB/T 897　M10 ×45 双头螺柱—$b_m=1d$(GB/T 897—1988) 双头螺柱—$b_m=1.25d$(GB/T 898—1988) 双头螺柱—$b_m=1.5d$(GB/T 899—1988) 双头螺柱—$b_m=2d$(GB/T 900—1988)
开槽圆柱头螺钉	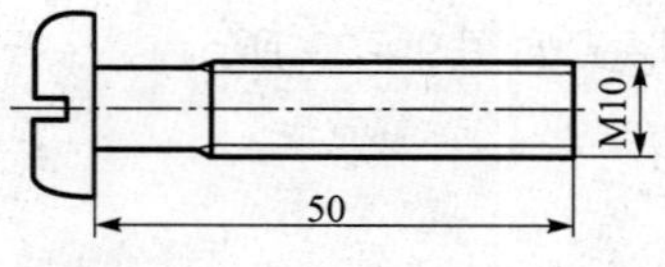	螺纹规格 $d=$ M10、公称长度 $l=50$、性能等级为 4. 8 级、不经表面处理的开槽圆柱头螺钉的标记： 螺钉　GB/T 65　M10 ×50
开槽盘头螺钉	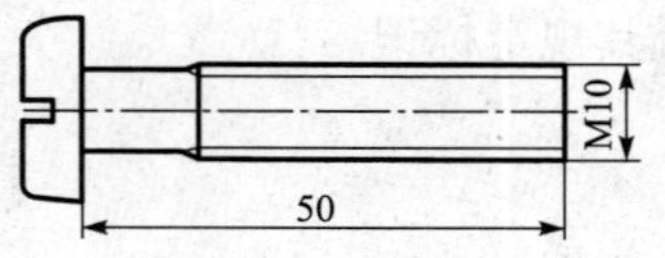	螺纹规格 $d=$ M10、公称长度 $l=50$、性能等级为 4. 8 级、不经表面处理的开槽盘头螺钉的标记： 螺钉　GB/T 67　M10 ×50 螺钉头部的厚度相对于直径小得多，呈盘状，故称为盘头螺钉

续表

名　称	简　图	规定标记及说明
开槽沉头螺钉	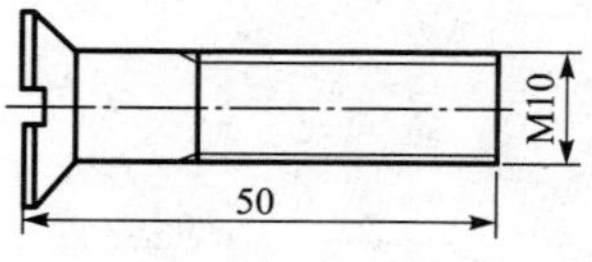	螺纹规格 d = M10、公称长度 l = 50、性能等级为 4.8 级、不经表面处理的开槽沉头螺钉的标记： 螺钉　GB/T 68　M10 × 50
十字槽沉头螺钉	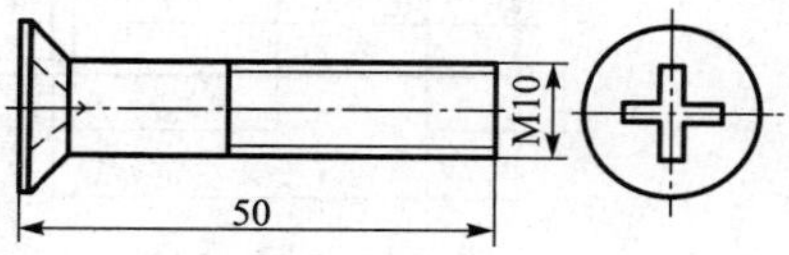	螺纹规格 d = M10、公称长度 l = 50、性能等级为 4.8 级、不经表面处理的 H 型十字槽沉头螺钉的标记： 螺钉　GB/T 819.1　M10 × 50
开槽锥端紧定螺钉	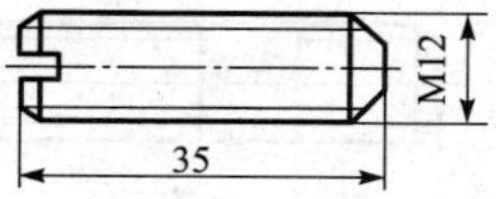	螺纹规格 d = M12、公称长度 l = 35、性能等级为 14H 级、表面氧化的开槽锥端紧定螺钉的标记： 螺钉　GB/T 71　M12 × 35
开槽长圆柱端紧定螺钉	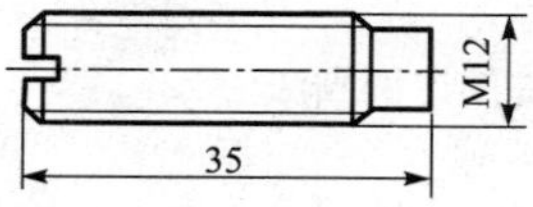	螺纹规格 d = M12、公称长度 l = 35、性能等级为 14H 级、表面氧化的开槽长圆柱端紧定螺钉的标记： 螺钉　GB/T 75　M12 × 35
Ⅰ型六角螺母	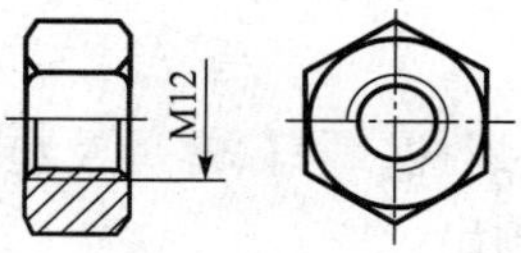	螺纹规格 D = M12、性能等级为 8 级、不经表面处理Ⅰ型六角螺母的标记： 螺母　GB/T 6170　M12
Ⅰ型六角开槽螺母—A 级和 B 级	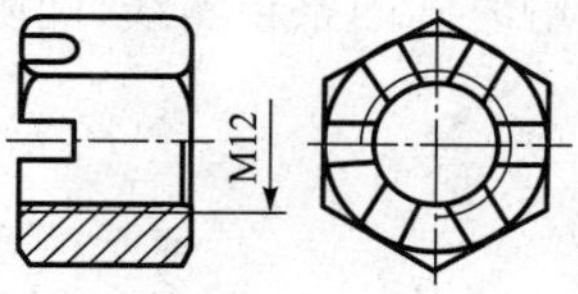	螺纹规格 D = M12、性能等级为 8 级、表面氧化、A 级的Ⅰ型六角开槽螺母的标记： 螺母　GB/T 6178　M12
平垫圈—A 级	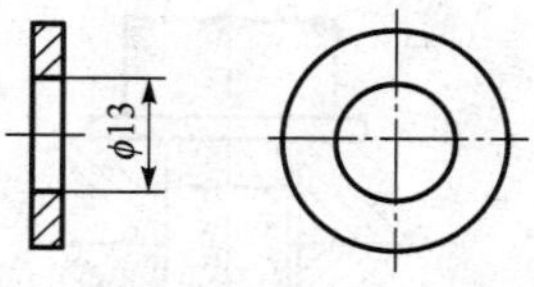	标准系列、规格为 12、性能等级为 140 HV 级、不经表面处理的平垫圈的标记： 垫圈　GB/T　97.1　12
标准型弹簧垫圈	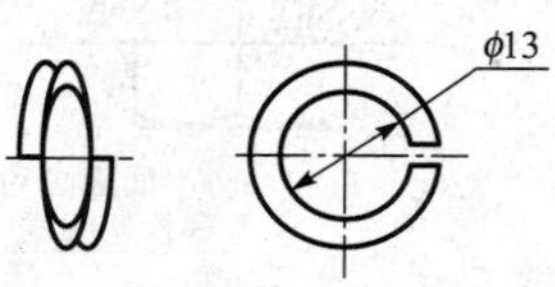	规格 12、材料为 65 Mn、表面氧化的标准型弹簧垫圈的标记： 垫圈　GB/T　93　12

常用螺纹紧固件的比例画法如下。

螺纹紧固件各部分尺寸可以从相应的国家标准中查出，但在绘图时，为了简便和提高效率，一般不按实际尺寸作图，常采用比例画法。即除公称长度 l 需要经过计算，并查相应的国家标准选定标准值外，其余各部分尺寸都按与螺纹大径 d（或 D）成一定比例确定。

下面分别介绍六角螺母、六角头螺栓、双头螺柱和垫圈的比例画法，如图 9－24 所示，其中，图(a)为六角螺母；图(b)为六角头螺栓；图(c)为垫圈；图(d)为双头螺柱。

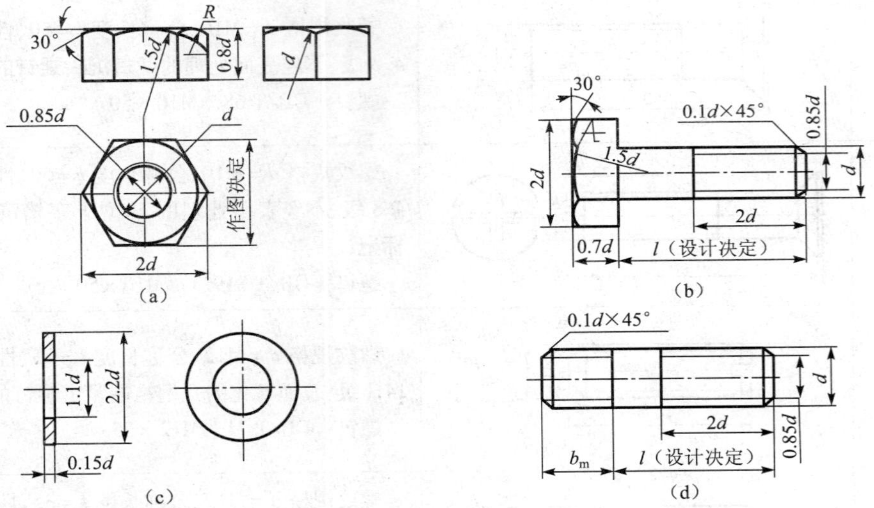

图 9－24　常用螺纹紧固件的比例画法

六、螺纹紧固件的装配图画法

画螺纹紧固件装配图时首先作如下一般规定。

（1）当剖切平面通过螺杆的轴线时，对于螺栓、螺柱、螺钉、螺母及垫圈等均按未剖切绘制，螺纹连接件的工艺结构如倒角、退刀槽等均可不画出。

（2）两零件表面接触时，只画一条粗实线，不接触时画两条粗实线，间隙过小时应夸大画出，如图 9－25 所示的光孔与螺栓之间的画法。

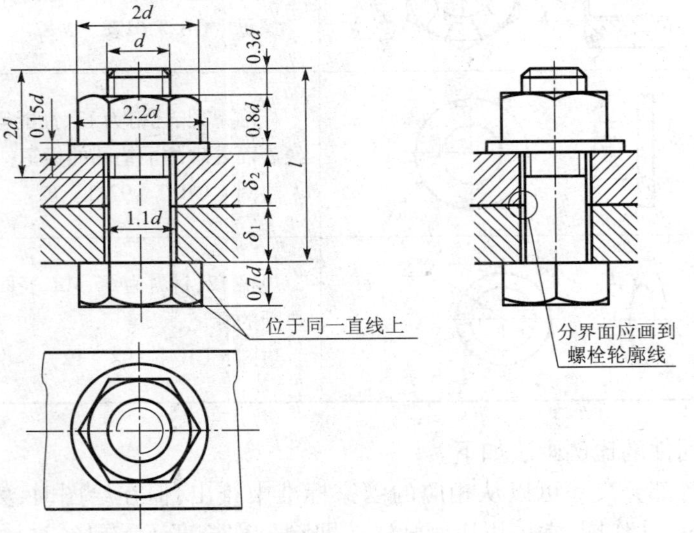

图 9－25　螺栓连接装配图画法

（3）常用的螺栓、螺钉的头部及螺母等可采用简化画法（图 9－26（b））。

（4）在剖视图中，相邻两零件的剖面线方向须相反或间隔不等。同一个零件在各剖视图中，剖面线的方向和间隔必须一致，如图 9－25、图 9－26 所示。

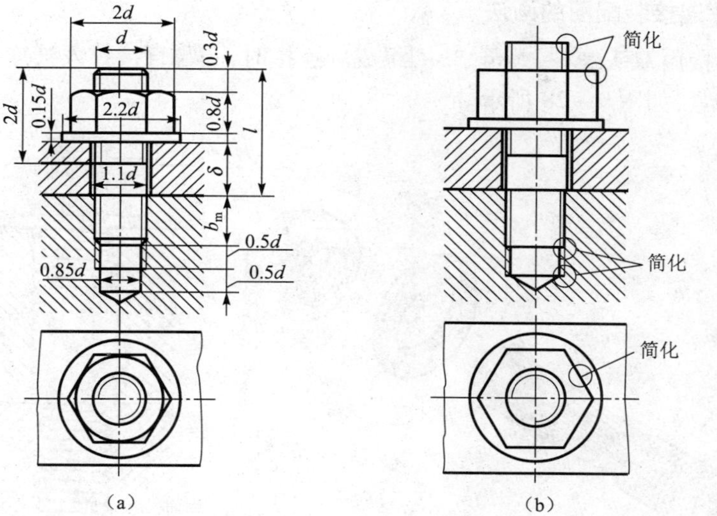

图 9－26　双头螺柱连接装配图画法

1. 螺栓连接装配图的画法

螺栓连接由螺栓、螺母和垫圈组成。连接时用螺栓穿过两个零件的光孔，加上垫圈，用螺母紧固（图 9－27）。其中，垫圈用来增加支撑面和防止损伤被连接件的表面。

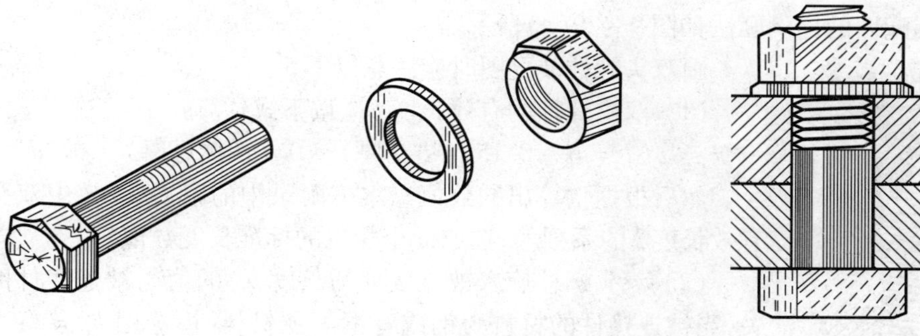

图 9－27　螺栓连接

螺栓连接常用于连接各被连接件都不太厚、能加工成通孔的情况。其通孔的大小可根据装配精度的不同，查设计手册确定。为便于多个螺栓成组装配（螺栓连接一般为两个或多个），被连接件上的通孔直径比螺栓直径大，画图时按 1.1d 画出。同时，螺栓上的螺纹终止线应低于通孔的顶面，以显示拧紧螺母时有足够的螺纹长度。螺栓连接装配图的画法如图 9－25所示。

螺栓的有效长度 l 先按下式估算。

$$l = \delta_1 + \delta_2 + 0.15d(\text{垫圈厚}) + 0.8d(\text{螺母厚}) + 0.3d$$

式中，0.3d 是螺栓末端的伸出长度；δ 为被连接件的厚度。

然后根据估算出的数值查本书附录中的附表 3－1 中螺栓的有效长度 l 的系列值，选取一个相近的标准长度数值。

2. 双头螺柱连接装配图的画法

双头螺柱连接由双头螺柱、螺母、垫圈组成。连接时，一端直接拧入被连接零件的螺孔中，另一端用螺母拧紧，如图 9－28 所示。

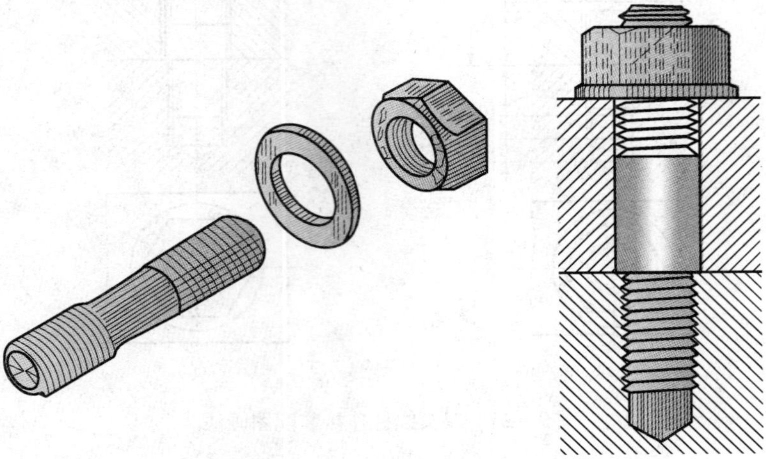

图 9－28　双头螺柱连接

双头螺柱连接常用于一个被连接件较厚，不便于或不允许打成通孔的情况。在拆卸时只需拧出螺母、取下垫圈，不必拧出双头螺柱，因此采用这种连接不会损坏被连接件上的螺孔。双头螺柱装配图的比例画法如图 9－29(a)所示。

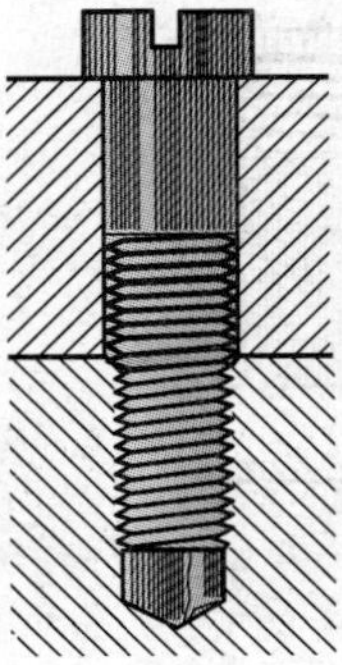

图 9－29　螺钉连接

画双头螺柱装配图时应注意以下 5 点。

(1) 双头螺柱的有效长度 l 应按下式估算：

$$l = \delta + 0.15d(\text{垫圈厚}) + 0.8d(\text{螺母厚}) + 0.3d$$

然后根据估算出的数值查本书附录中的附表 3－2 中双头螺柱的有效长度 l 的系列值，选取一个相近的标准长度数值。

(2) 双头螺柱旋入被连接件的长度 b_m 的值与被连接件的材料有关，当被连接件的材料为钢或青铜等硬材料时，选用 $b_m = d$；当被连接件为铸铁时，选用 $b_m = 1.5d$ 或 $1.25d$；当被连接件为铝时，选用 $b_m = 2d$。

旋入端应全部拧入被连接件的螺孔内，所以画图时应注意，旋入端的螺纹终止线应与被连接零件的表面平齐，如图 9－26(a)，(b)所示。

(3) 为确保旋入端全部旋入，被连接件上的螺孔的螺纹深度应大于旋入端的螺纹长度 b_m。在画图时，螺孔的螺纹深度可按 $b_m + 0.5d$ 画出；钻孔的深度可按 $b_m + d$。

(4) 螺母和垫圈的各部分尺寸与大径 d 的比例关系和螺栓装配图中的画法相同。

(5) 在装配图中，对于不穿通的螺孔，也可以不画出钻孔的深度而只按螺纹的深度画出；六角螺母及双头螺柱头部的倒角也可省略不画。如图 9－26(b)所示。

3. 螺钉连接装配图的画法

螺钉连接不需要螺母，只将螺钉直接拧入被连接件中，依靠螺钉头部压紧被连接件，如图9－29所示。螺钉连接多用于受力不大，被连接件之一较厚，不能加工成通孔的情况。

根据头部形状的不同，螺钉可分为多种形式。图9－30所示为常用螺钉装配图的比例画法。

画螺钉装配图时应注意如下4点。

（1）螺钉的有效长度l计算公式为

$$l = t_1 + b_m$$

式中，b_m根据被旋入连接件的材料而定，与双头螺柱旋入被连接件的长度规定相同。

然后根据估算出的数值在本书附录中附表3－3～附表3－8中相应螺钉的有效长度l的系列值中，选取相近的标准数值。

（2）为了使螺钉头能压紧被连接件，螺钉的螺纹终止线应高出螺孔的端面（图9－30（a）和（b））。

（3）为保证可靠的压紧，螺纹孔比螺钉头深0.5d。

（4）螺钉头部的一字槽的投影可以涂黑表示。在投影为圆的视图上，这些槽按习惯绘制成与中心线呈45°。图9－30（a）为开槽圆柱头螺钉，图9－30（b）为开槽沉头螺钉。

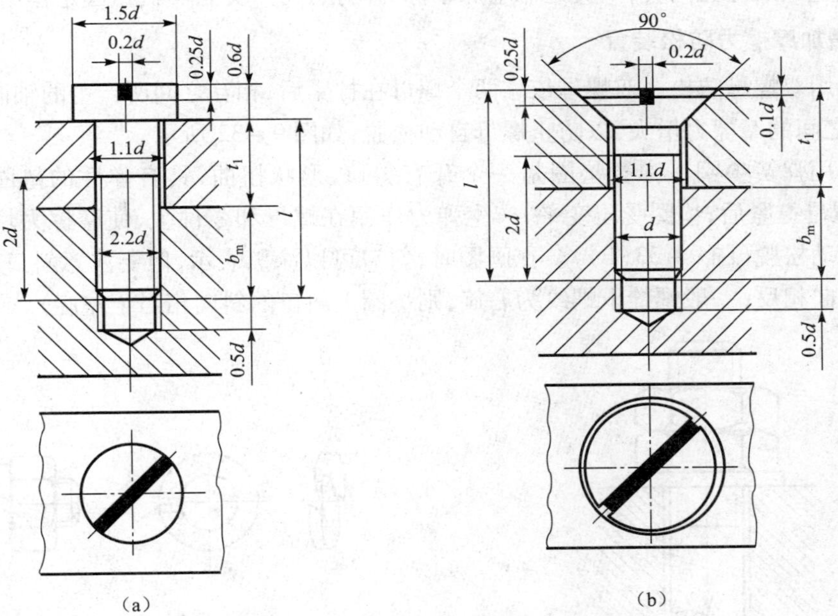

图9－30　螺钉连接装配图画法螺钉连接

4. 紧定螺钉连接装配图的画法

紧定螺钉分为柱端、锥端和平端3种。

与螺栓、双头螺柱和螺钉不同，紧定螺钉不是利用旋紧螺纹产生轴向压力压紧零件起固定作用。锥端紧定螺钉利用其端部锥面顶入零件上小锥坑（图9－31（a））中起定位、固定作用；柱端紧定螺钉利用其端部小圆柱插入零件小孔或环槽（图9－31（b））中起定位、固定作用，阻止零件移动；平端紧定螺钉则依靠其端平面与零件的摩擦力起定位作用。

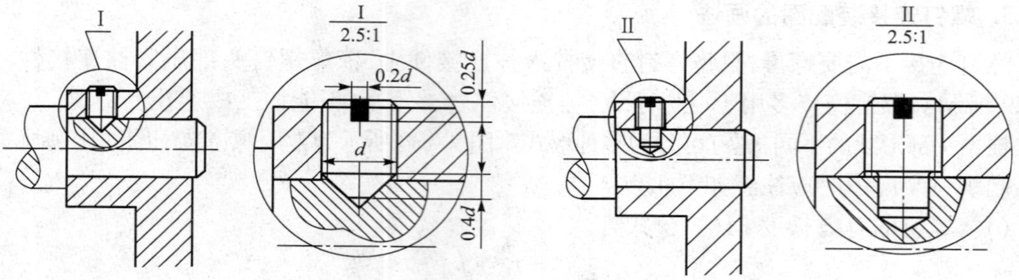

图 9－31　紧定螺钉连接装配图画法

七、螺纹连接的防松装置及其画法

螺纹本身有自锁性,在静荷载和温度变化不大时不会自动松脱。但在冲击、振动和变荷载的作用下,螺纹连接有可能自动松脱,这样很容易使得机器或部件不能正常使用,甚至发生严重事故。因此在使用螺纹紧固件进行连接时,必须考虑防松情况。

防松装置一般分为两类,一类是靠增加摩擦力防松,另一类是靠机械固定作用防松。

1. 靠增加摩擦力防松装置

(1) 利用双螺母防松。双螺母依靠两个螺母在拧紧后,相互之间所产生的轴向作用力,使内、外螺纹之间的摩擦力增大,以防止螺母自动松脱,如图 9－32 所示。

(2) 利用弹簧垫圈。弹簧垫圈是一个开有斜口,形状扭曲,具有弹性的垫圈(图 9－33(a))。当螺母拧紧后,垫圈受压变平,产生弹力作用在螺母和零件上,使摩擦力增大,就可以防止螺母自动松脱(图 9－33(b))。在画图时,斜口可以涂黑表示,但要注意斜口的方向应与螺栓螺纹旋向相反(一般螺栓上螺纹为右旋,则垫圈上斜口的斜向相当于左旋)。

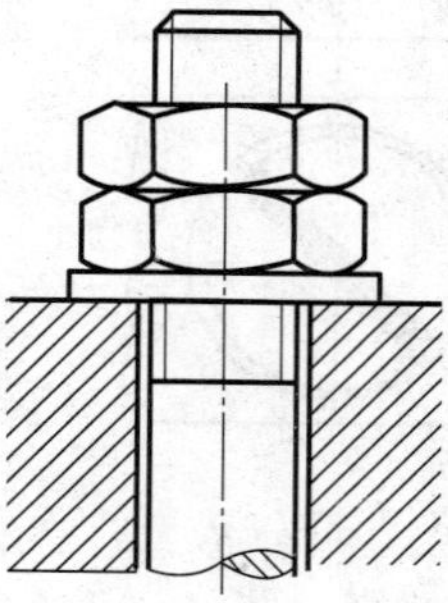

图 9－32　双螺母防松

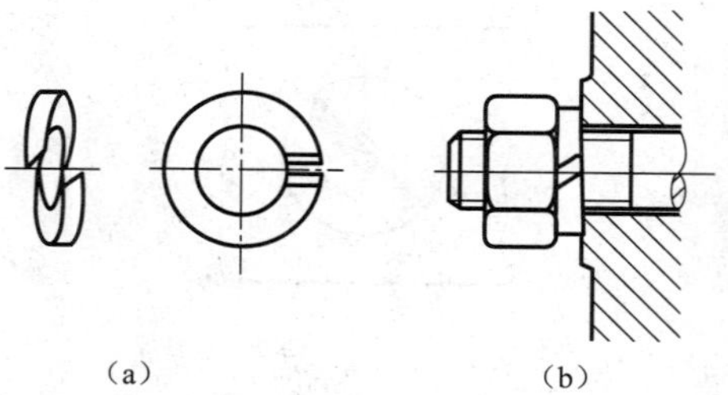

图 9－33　弹簧垫圈防松

2. 靠机械固定防松

(1) 开槽螺母和开口销。将开槽螺母拧紧后,用开口销穿过六角开槽螺母的槽与螺栓尾部的小孔,然后将开口销的尾部分开,以防止松脱,如图 9－34 所示。

(2) 止动垫片。螺母拧紧后,将止动垫片的一边向上敲弯紧贴螺母,另一边向下敲弯与被连接件贴紧,这样,螺母就被垫片卡住,以防止松脱,如图 9－35 所示。

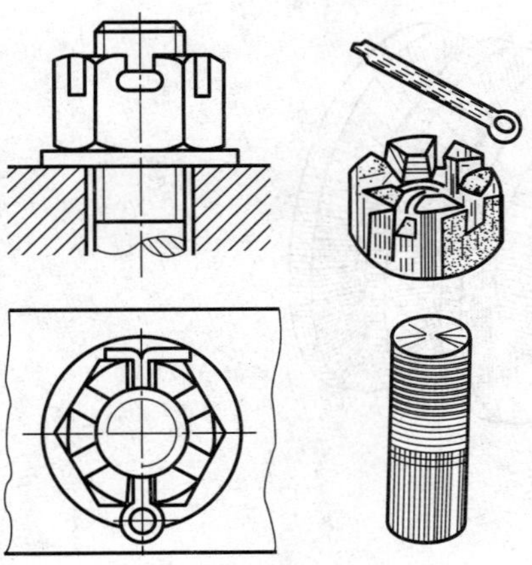

图 9－34　开槽螺母和开口销防松

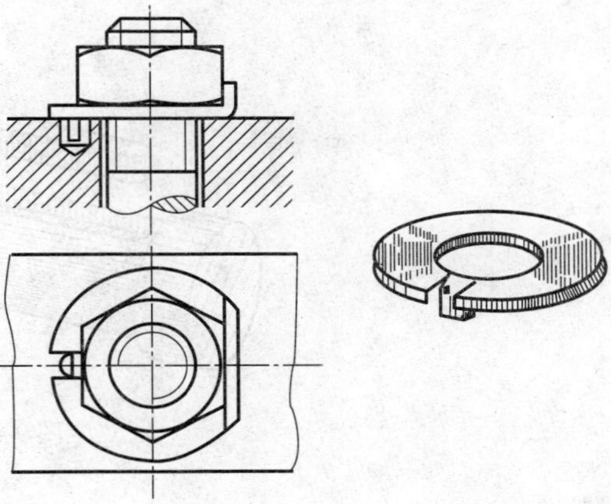

图 9－35　止动垫片防松

(3) 圆螺母与止动垫圈。如图 9－36 所示，这种垫圈为圆螺母专用，用来固定轴端零件。为了防止圆螺母松脱，在轴端开出一个方槽，把止动垫圈套在轴上，使垫圈内圆上突起的小片卡在轴槽中，然后拧紧圆螺母；并把垫圈外圆上的某小片弯入圆螺母外面的方槽中。这样，圆螺母就不能自动松脱了。

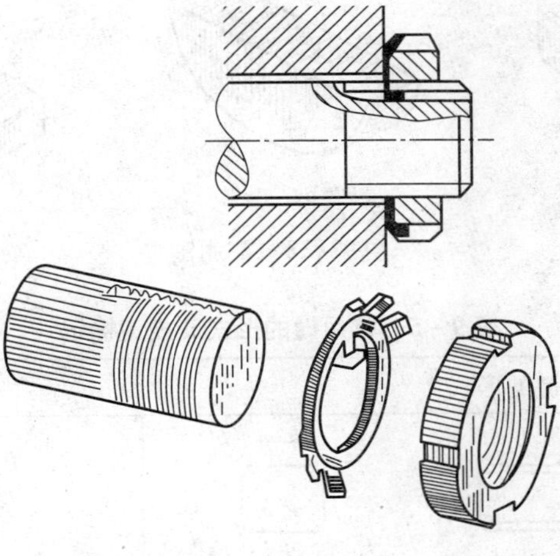

图 9－36　圆螺母和止动垫片防松

第二节　键、销连接

键、销都是标准件，它们的结构、型式和尺寸都有规定，使用时可从有关手册查阅选用，下面对它们作一些简要介绍。

一、键及其连接

键是用来连接轴及轴上的传动件，如齿轮、带轮等零件，起传递扭矩的作用，如图 9－37 所示。

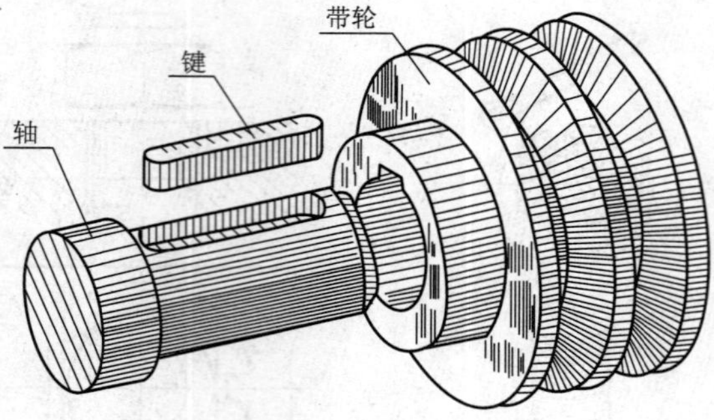

图 9－37　键连接

1. 常用键

（1）常用键的种类。有普通平键、半圆键和钩头楔键，如图 9－38(a)，(b)，(c)所示。

（2）常用键的规定标记。普通平键、半圆键和钩头楔键的型式和标注见表 9－5。选用时可根据轴的直径查键的标准，得出键的具体尺寸。平键和钩头楔键的长度 l 应根据轮毂的长度及受力大小选取相应的系列值。

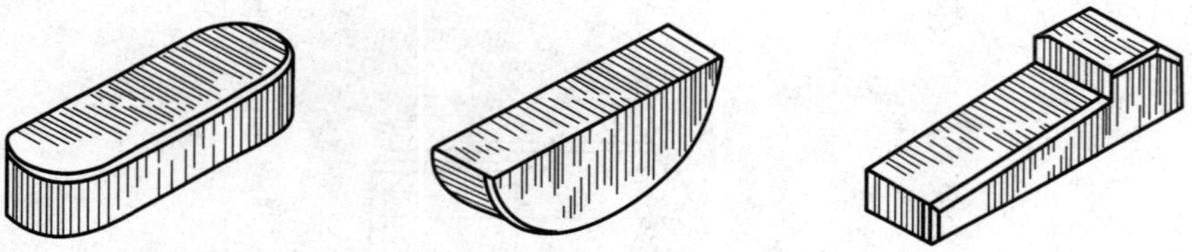

(a)　　(b)　　(c)

图 9－38　常用键

表 9－5　常用键的形式及规定标记

名称	键的形式	规定标记与示例
普通型平键	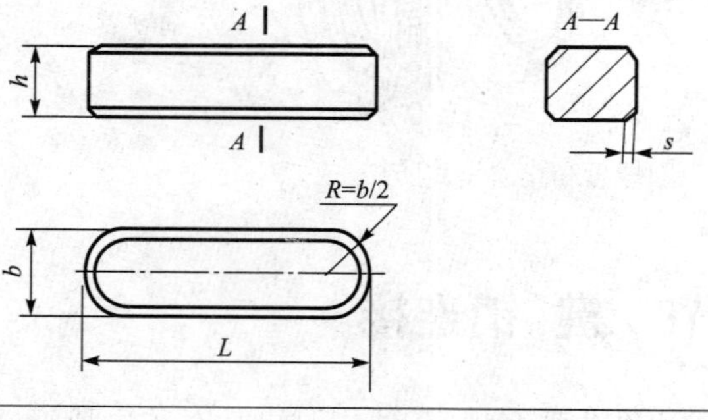	$b=16$ mm，$h=10$ mm，$L=100$ mm 普通 A 型平键的标记： GB/T 1096　键 16×10×100
普通型半圆键	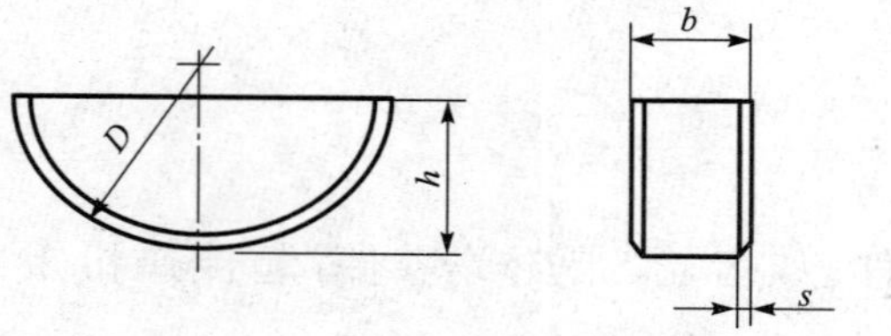	$b=6$ mm，$h=10$ mm，$D=25$ mm 普通型半圆键的标记： GB/T 1099.1　键 6×10×25

续表

名称	键的形式	规定标记与示例
钩头型楔键	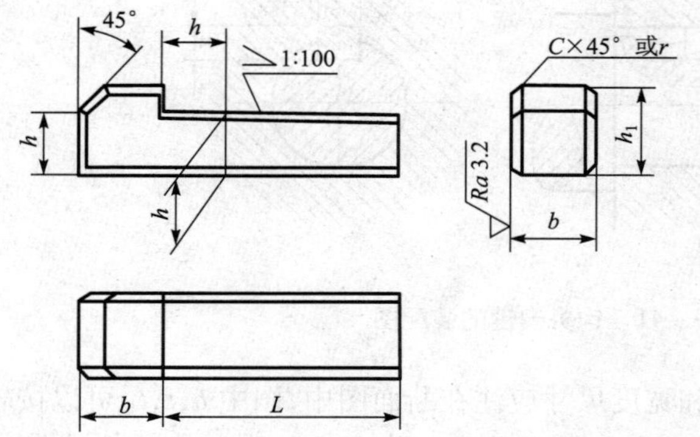	$b=16$ mm, $h=10$ mm, $L=100$ mm 钩头型楔键的标记： GB/T 1565　键 16×100

（3）常用键连接装配图的画法。普通平键和半圆键的两个侧面是工作面，在装配图中，键与键槽侧面之间应不留间隙；而顶面是非工作面，键与轮毂的键槽顶面之间应留有间隙，如图 9－39、图 9－40 所示。

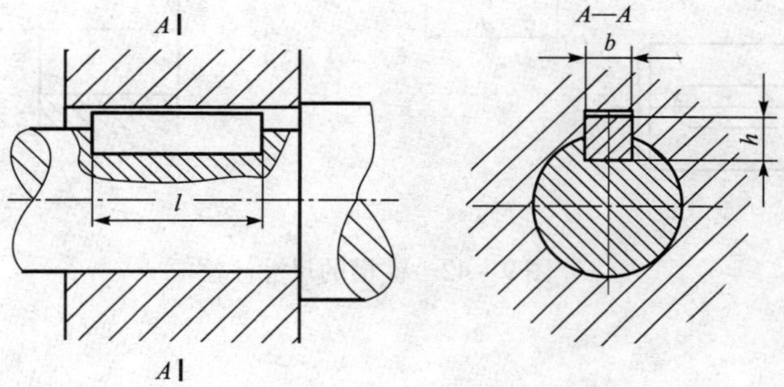

图 9－39　普通平键的装配图

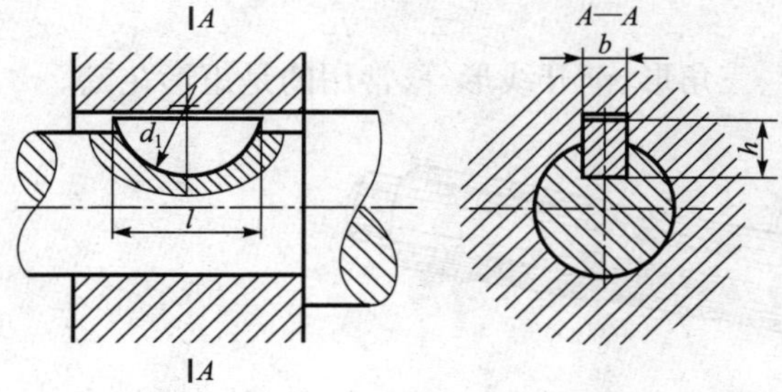

图 9－40　半圆键的装配图

钩头楔键的顶面有 1∶100 的斜度，连接时将键打入键槽，因此，键的顶面和底面同为主工作面，与槽底和槽顶都没有间隙，键的两侧面与键槽的两侧面有配合关系（D10/h9），如图 9－41 所示。

（4）键槽的画法和尺寸标注。轴及轮毂上键槽的画法和尺寸注法如图 9－42 所示。轴上

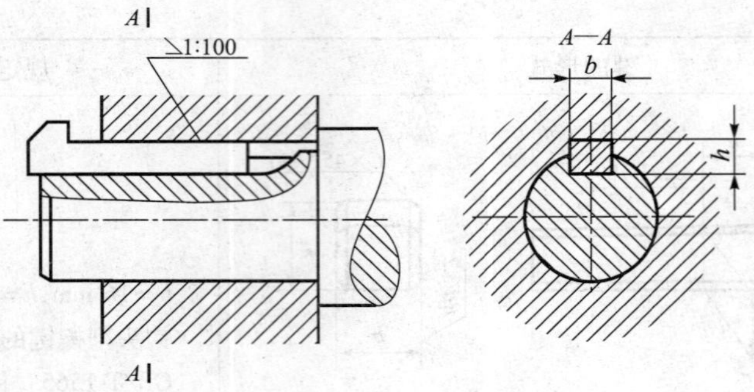

图 9－41　钩头楔键的装配图

键槽常用局部剖视图表示，键槽深度和宽度尺寸应注在断面图中，图中 b,t,t_1 可以按轴的直径从有关标准中查出，l 由设计确定。

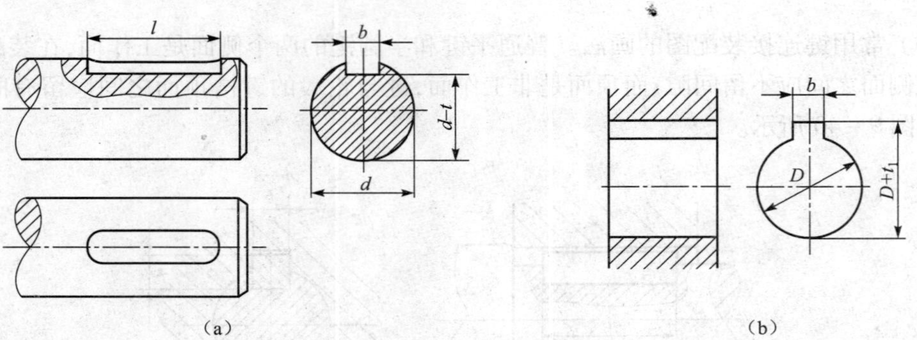

图 9－42　键槽的尺寸注法

2. 花键

花键是把键直接做在轴上（图 9－43（a））和轮孔上（图 9－43（b）），与它们形成一个整体。花键具有传递扭矩大、连接强度高、工作可靠、同轴度和导向性好等优点，广泛应用于机床、汽车等的变速箱中。

花键的齿形有矩形、三角形、渐开线形等，常用的是矩形花键。

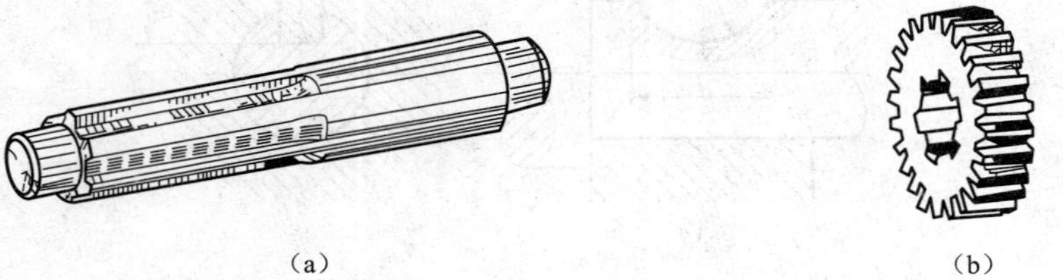

图 9－43　矩形花键

（1）矩形花键的画法。国家标准 GB/T 1144—2001《矩形花键尺寸、公差和检验》对矩形花键的画法作如下规定。

① 外花键。在平行于花键轴线的投影面视图中，大径用粗实线、小径用细实线绘制，并用

剖面图画出部分或全部齿形，如图 9－44 所示。

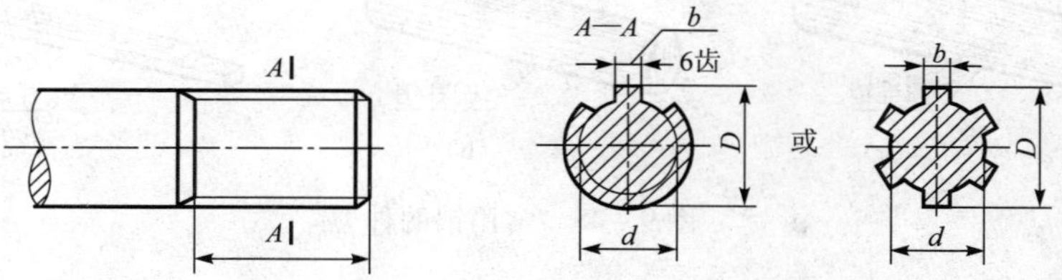

图 9－44　外花键的画法和标注

垂直于花键轴线投影面上的剖视图按图 9－45 所示的左视图绘制。

② 花键工作长度的终止端和尾部长度的末端均用细实线绘制，并与轴线垂直，尾部线则画成与轴线呈 30°的斜线，如图 9－44、图 9－45 所示。必要时，可按实际画出。

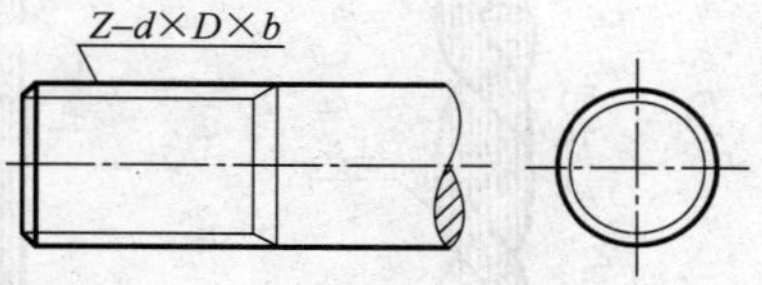

图 9－45　外花键的代号标注

③ 内花键。在平行于花键轴线的投影面视图中，大径及小径均用粗实线绘制，并用局部剖视图画出一部分或全部齿形，如图 9－46 所示。

④ 花键连接用剖视图表示时，其连接部分按外花键的画法绘制，如图 9－47 所示。

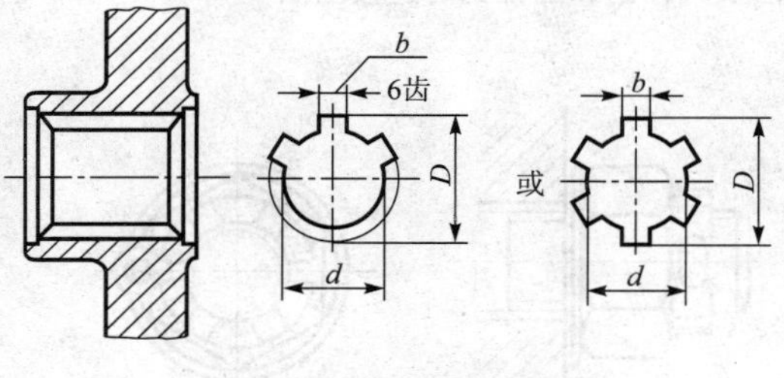

图 9－46　内花键的画法和标注

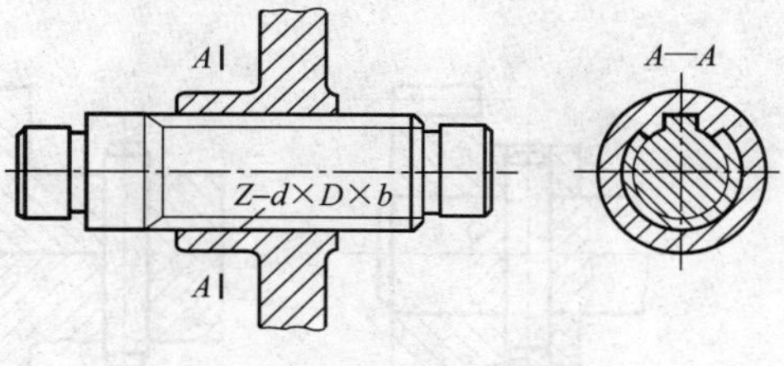

图 9－47　花键连接画法

（2）矩形花键的尺寸标注。花键一般应注出大径、小径、键宽和工作长度，如图 9－44、图 9－46 所示，也可以用代号的方法表示，如图 9－45 所示，花键的代号如下：

$$Z-d\times D\times b$$

其中，Z 为键数；d 为小径；D 为大径；b 为键宽。其中 d,D,b 的数值后均应在零件图中加注公差带代号，在装配图中加注配合代号。

二、销及其连接

销是标准件，主要用来连接和固定零件，或在装配时起定位作用。常用的有圆柱销、圆锥销和开口销等，如图 9－48 所示。

用圆柱销和圆锥销连接或定位的两个零件上的销孔是在装配时一起加工的，在零件图上应注写“装配时配作”或“与 ××件配”，如图 9－49 所示。圆锥销孔的尺寸应引出标注，其中圆锥销的公称尺寸是指小端直径。

销连接的装配图画法如图 9－50 所示。

常用销的型式和规定标记见表 9－6。

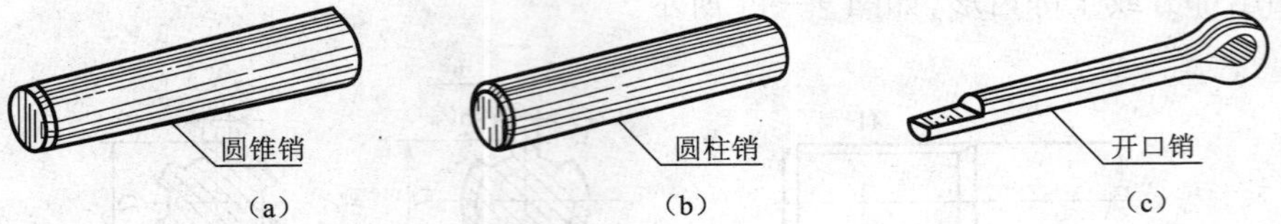

图 9-48　常用销的种类

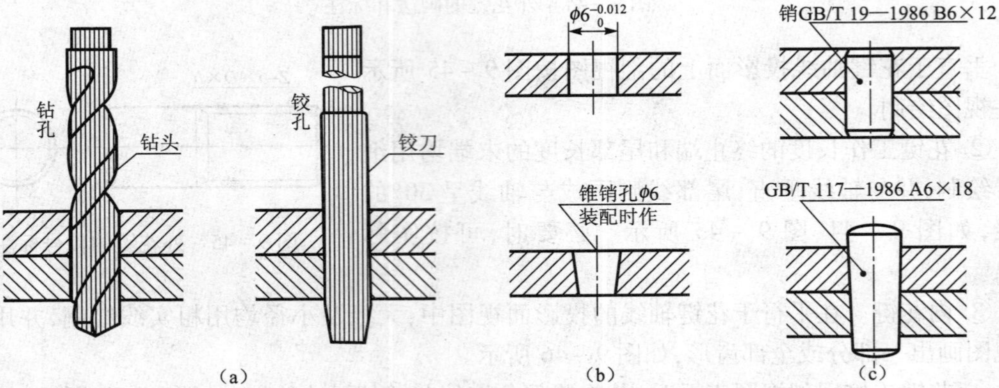

图 9-49　销孔的加工方法、尺寸注法及圆柱销和圆锥销的连接画法

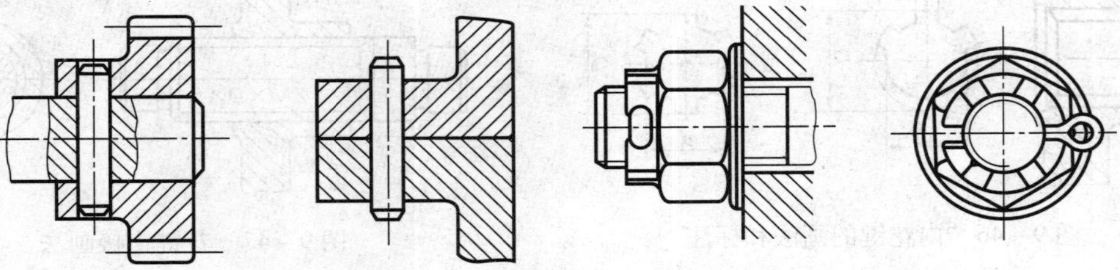

图 9-50　销连接的装配图画法

表 9-6　销的标准编号、画法和标记示例

名称	图例	规定标记与示例
圆柱销	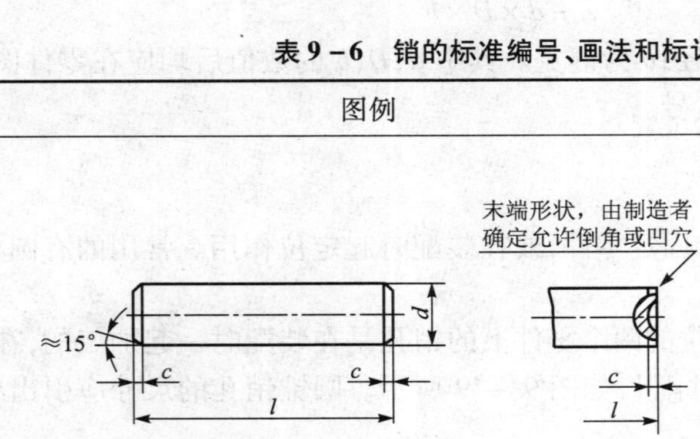 圆柱销GB/T 119.1—2000	圆柱销 GB/T 119.1—2000 公称直径 $d=6$、公差为 6 m、公称长度 $l=30$、材料为钢、不经淬火、不经表面处理的圆柱销的标记： 销 GB/T 119.1 6m6×30 d 公差 m6：$Ra \leqslant 0.8$ μm d 公差 h8：$Ra \leqslant 0.8$ μm

续表

名称	图例	规定标记与示例
圆锥销	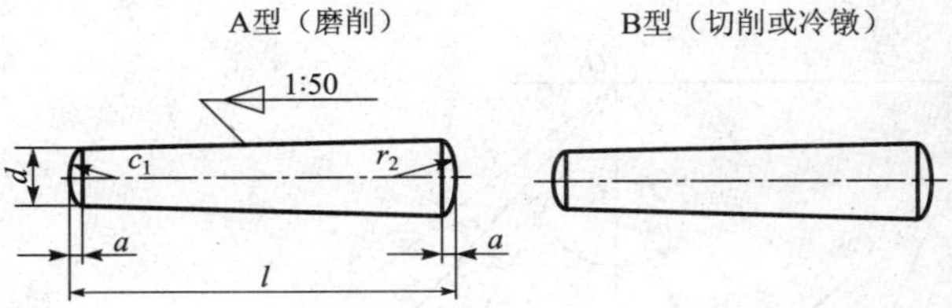 圆锥销GB/T 117—2000	圆锥销 GB/T 117—2000 公称直径 $d=10$、公称长度 $l=60$、材料为 35 钢、热处理硬度 28～38HRC、表面经氧化处理的 A 型圆锥销的标记： 销 GB/T 117 10×60 锥度 1∶50，有自锁作用，打入后不会自动松脱
开口销	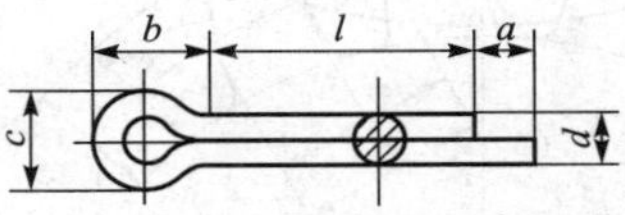	标记： 销 GB/T 117—2000　10×40 （公称直径 $d=8$，长度 $l=60$）

第三节　齿　　轮

在机械中，常使用齿轮把动力从一轴传递到另一轴上，以达到改变转速、改变运动方向等目的。齿轮必须成对使用。

齿轮的种类很多，根据其传动情况可分为如下 3 类。

（1）圆柱齿轮：用于两平行轴间的传动，如图 9－51（a），（b）所示；

（2）锥齿轮：用于两相交轴间的传动，如图 9－51（c）所示；

（3）蜗轮、蜗杆：用于两交叉轴间的传动，如图 9－51（d）所示。

（a）　（b）　（c）　（d）

图 9－51　齿轮的种类

一、圆柱齿轮

常见的圆柱齿轮有直齿、斜齿和人字齿 3 种。下面介绍标准圆柱齿轮的基本知识及其规定画法。

1. 圆柱齿轮各部分的名称和尺寸关系

图 9－52 为互相啮合的一对标准直齿圆柱齿轮的啮合图,图中给出了齿轮各部分的名称和代号。

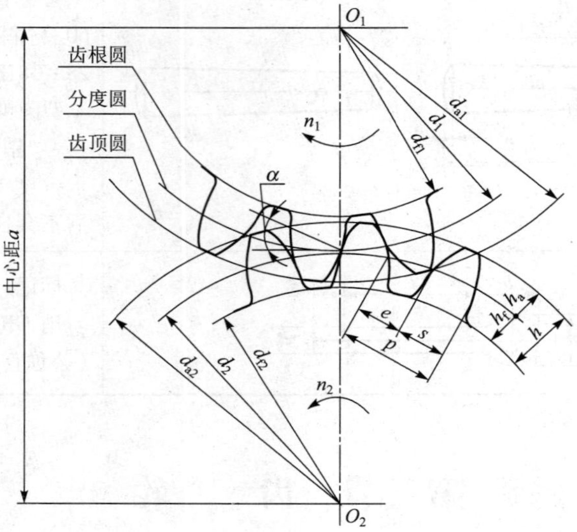

图 9－52　两啮合的标准直齿圆柱齿轮部分名称和代号

（1）齿顶圆。通过轮齿顶部的圆柱面与齿轮端面的交线称为齿顶圆,其直径用 d_a 表示。

（2）齿根圆。通过轮齿根部的圆柱面与齿轮端面的交线称为齿根圆,其直径用 d_f 表示。

（3）分度圆。当标准齿轮的齿厚与齿间相等时所在位置的圆称为齿轮的分度圆,其直径用 d 表示。

（4）齿高。分度圆将轮齿分为两个不相等的部分,从分度圆到齿顶圆的径向距离,称为齿顶高,用 h_a 表示;从分度圆到齿根圆的径向距离,称为齿根高,用 h_f 表示。齿顶高与齿根高之和称为齿高,以 h 表示,即 $h = h_a + h_f$。

（5）齿厚。每个齿廓在分度圆上的弧长,称为分度圆齿厚,用 s 表示。

（6）齿间。在端平面上,一个齿槽的两侧齿廓之间的分度圆上的弧长,又称端面齿间,用 e 表示。

（7）齿距。分度圆上相邻两齿的对应点之间的弧长称为齿距,用 p 表示($p = s + e$)。

（8）模数。如果齿轮的齿数为 Z,则分度圆的周长为 $\pi d = pZ$,即

$$d = \frac{p}{\pi}Z$$

由于 π 是无理数,为了便于计算和测量,令 $\frac{p}{\pi} = m$,则

$$d = mZ$$

式中,m 称为齿轮的模数,单位为 mm。模数是设计、制造齿轮的一个重要参数。由于模数是齿距 p 和 π 的比值,因此 m 的值越大,其齿距就越大,齿轮的承载能力越大。制造齿轮时,刀具的选择是以模数为准的。为了便于设计和制造,模数的数值已系列化,其值见表 9－7。

表 9-7　渐开线圆柱齿轮模数系列(摘自 GB/T 1357—1987)

第一系列	0.1, 0.12, 0.15, 0.2, 0.25, 0.3, 0.4, 0.5, 0.6, 0.8, 1, 1.25, 1.5, 2, 2.5, 3, 4, 5, 6, 8, 10, 12, 16, 20, 25, 32, 40, 50
第二系列	0.35, 0.7, 0.9, 1.75, 2.25, 2.75,(3.25), 3.5,(3.75), 4.5, 5.5,(6.5), 7, 9,(11), 14, 18, 22, 28,(30), 36, 45
注: ① 本表用于渐开线圆柱齿轮。对于斜齿轮是指法面模数。② 选用模数时,优先选用第一系列,其次是第二系列,括号内的模数尽量不用。	

(9) 压力角。在一般情况下,两个相啮合的轮齿齿廓在接触点处的公法线与两分度圆的公切线所夹的锐角,称为压力角,以 α 表示。我国标准齿轮的压力角为20°。通常所称压力角为分度圆压力角。

一对正确啮合的齿轮的压力角、模数必须相等。

在设计齿轮时要先确定模数和齿数,其他各部分尺寸都可由模数和齿数计算出来。标准直齿圆柱齿轮的计算公式见表 9-8。

表 9-8　标准直齿圆柱齿轮的计算公式

各部分名称	代号	计算公式	计算举例(已知 $m=2, Z=29$)
分度圆直径	d	$d=mZ$	$d=2\times29$
齿顶高	h_a	$h_a=m$	$h_a=2$
齿根高	h_f	$h_f=1.25m$	$h_f=1.25\times2$
齿顶圆直径	d_a	$d_a=m(Z+2)$	$d_a=2\times(29+2)$
齿根圆直径	d_f	$d_f=m(Z-2.5)$	$d_f=2\times(29-2.5)$
齿距	p	$p=\pi m$	$p=2\pi$
齿厚	s	$s=p/2=\pi m/2$	$s=p/2=\pi/2=\pi$
中心距	a	$a=(d_1+d_2)/2=m(Z_1+Z_2)/2$	适合于一对啮合齿轮

2. 单个圆柱齿轮的画法

齿轮的轮齿是在齿轮加工机床上用齿轮刀具加工出来的,一般不需画出它的真实投影,在视图中,齿轮的轮齿部分按下列规定画法绘制。

(1) 齿顶圆和齿顶线用粗实线表示;分度圆和分度线用点画线表示;齿根圆和齿根线用细实线表示,也可省略不画,如图 9-53(a)所示。

(2) 在剖视图中,当剖切平面通过齿轮的轴线时,轮齿一律按不剖视绘制,即轮齿上不画剖面线。在剖视图中齿根线用粗实线表示,如图 9-53(b)所示。

(3) 对于斜齿轮,还需在外形图上画出与轮齿方向一致的 3 条平行的细实线,用以表示齿向线和倾角,如图 9-53(c)所示。

(4) 齿轮的其他结构,按投影画出。

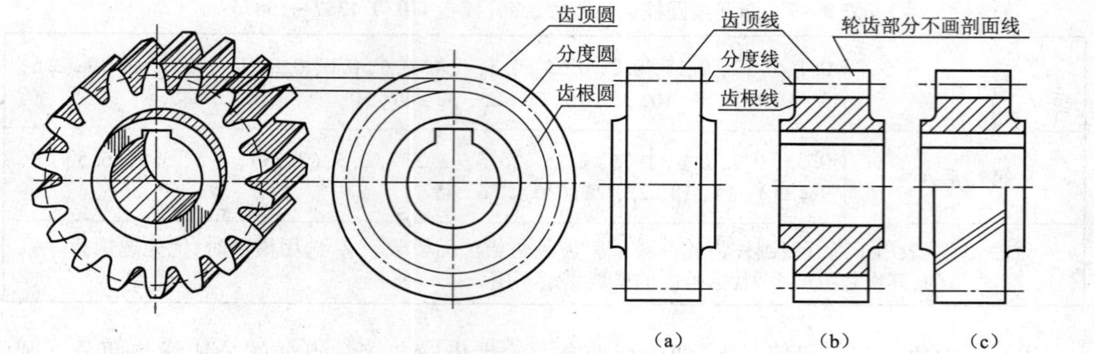

图 9-53　单个圆柱齿轮的画法

3. 圆柱齿轮啮合的画法

两标准齿轮相互啮合时，它们的分度圆处于相切位置，此时分度圆又称节圆，啮合部分的规定画法如下。

(1) 在垂直于圆柱齿轮轴线的投影面的视图中，两齿轮的节圆相切，用点画线绘制；啮合区内的齿顶圆用粗实线绘制或省略不画；齿根圆用细实线绘制，如图 9-54(a)所示，或省略不画，如图 9-54(b)所示。

(2) 在平行于圆柱齿轮轴线的投影面的视图中，啮合区内的齿顶线和齿根线不需画出，节线用粗实线绘制，如图 9-54(c)，(d)所示。

(3) 在通过轴线的剖视图中，在啮合区内，两节线重合，用点画线画出；将一个齿轮（常为主动轮）的齿顶线用粗实线绘制，另一个齿轮的齿顶线被遮挡，用虚线绘制；两齿根线均画成粗实线，如图 9-54(a)所示。

(4) 在剖视图中，当剖切平面通过啮合齿轮的轴线时，轮齿一律按不剖绘制。

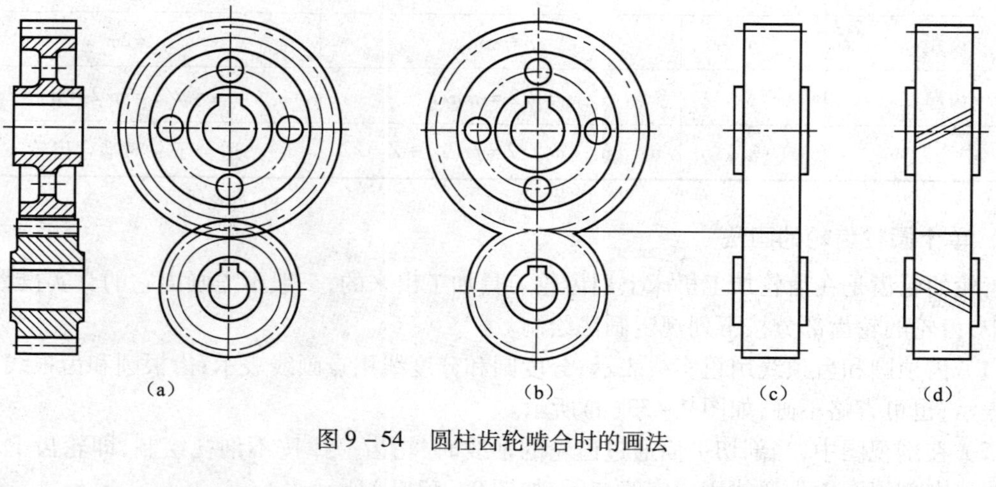

图 9-54　圆柱齿轮啮合时的画法

图 9-55 所示的是一张圆柱齿轮的零件图。参数表一般配置在图样的右上角，参数项目可根据需要进行增加或减少。

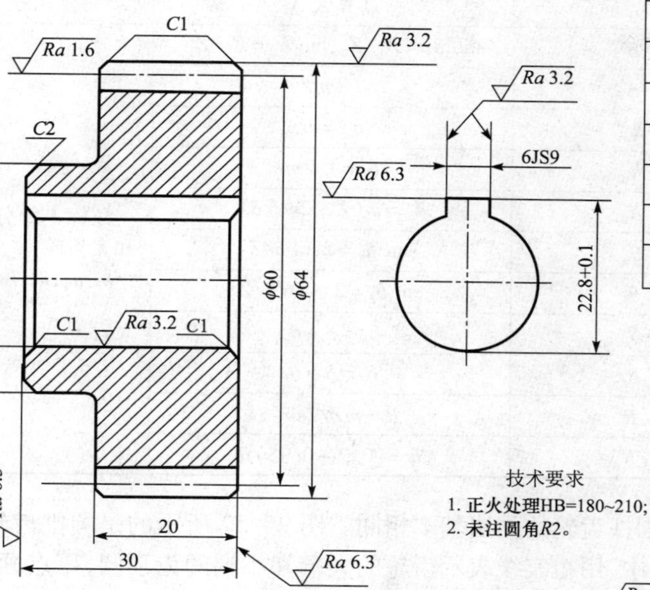

模数m	2
齿数Z	30
压力角α	20°
制造精度	8–DC
检测项目	

制图		齿轮		图号
校核				
（厂名）		材料：45	数量：1	比例:1:1

图 9－55　圆柱齿轮零件图

二、圆锥齿轮

圆锥齿轮的轮齿位于圆锥面上，因而一端大，一端小，轮齿上的模数、齿数、齿厚、齿高以及齿轮的直径等也都不相同，大端尺寸最大，其他部分的尺寸则沿着齿宽方向缩小。为了计算、制造方便，规定以大端的模数（大端端面模数数值由 GB/T 12368—1990 规定）为标准来计算和确定各部分的尺寸。故在图纸上标注的分度圆、齿顶圆等尺寸均是大端尺寸。锥齿轮各部分的名称和符号如图9－56所示。

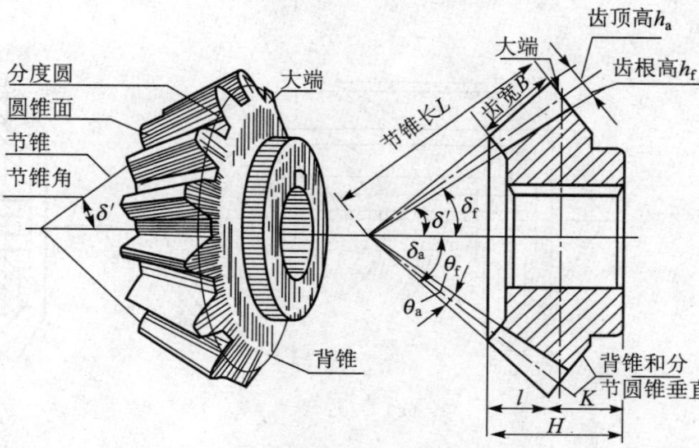

图 9－56　锥齿轮各部分名称和符号

直齿锥齿轮各部分尺寸都与大端模数和齿数有关。轴线相交成90°的直齿锥齿轮各部分尺寸的计算公式见表 9－9。

表 9－9　直齿锥齿轮各部分尺寸的计算公式

各部分名称	代号	计算公式	说　　明
分锥角	δ	$\tan\delta_1 = Z_1/Z_2$, $\tan\delta_2 = Z_2/Z_1$	角标 1,2 分别代表小齿轮和大齿轮 m, d_a, h_a, h_f 等均指大端
分度圆直径	d	$d = mZ$	
齿顶高	h_a	$h_a = m$	
齿根高	h_f	$h_f = 1.2m$	
齿顶圆直径	h_f	$d_a = m(Z + 2\cos\delta)$	
齿顶角	θ_a	$\tan\theta_a = 2\sin\delta/Z$	
齿根角	θ_f	$\tan\theta_f = 2.4\sin\delta/Z$	
顶锥角	δ_a	$\delta_a = \delta + \theta_a$	
根锥角	δ_f	$\delta_f = \delta - \theta_f$	
外锥距	R	$R = mZ/2\sin\delta$	
齿宽	b	$b = (0.2 - 0.35)R$	

圆锥齿轮的画法和圆柱齿轮的画法基本相同。图 9－57 所示的是圆锥齿轮的画法，主视图画成剖视图，在左视图中，用粗实线表示齿轮的大端和小端的齿顶圆，用点画线表示大端的分度圆，齿根圆则不画出。

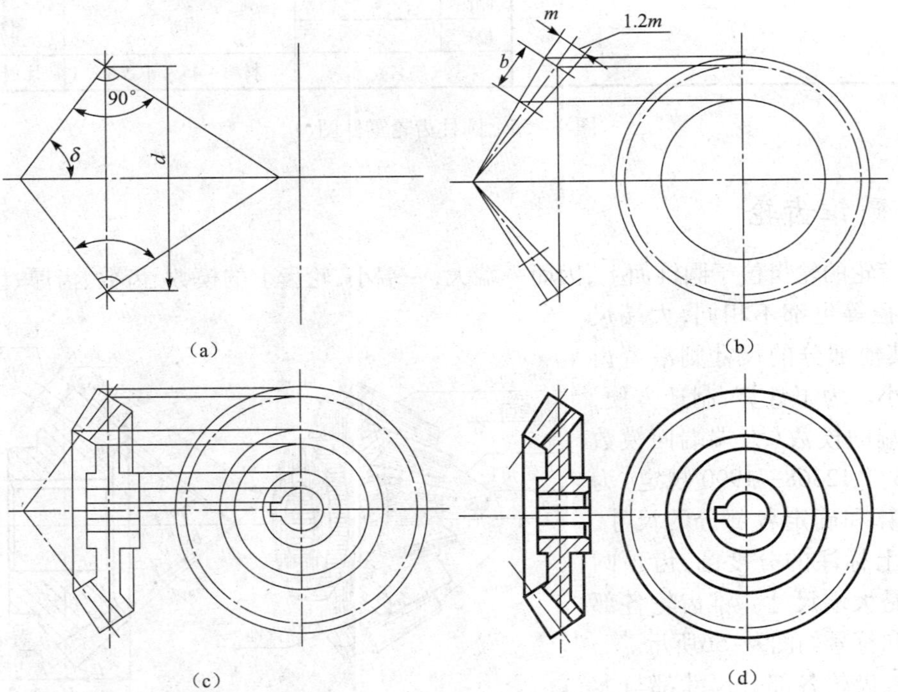

图 9－57　单个圆锥齿轮的画法

图 9－58 所示的是圆锥齿轮啮合的画法，在啮合区内，将其中一个齿轮的齿视为可见，齿顶画成粗实线，另一个齿轮的齿被遮挡，齿顶画成虚线，也可省略不画。

圆锥齿轮的零件图如图 9－59 所示。

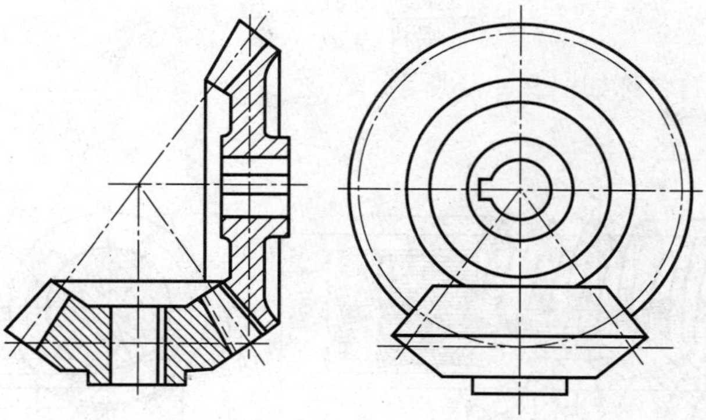

图 9－58　圆锥齿轮啮合的画法

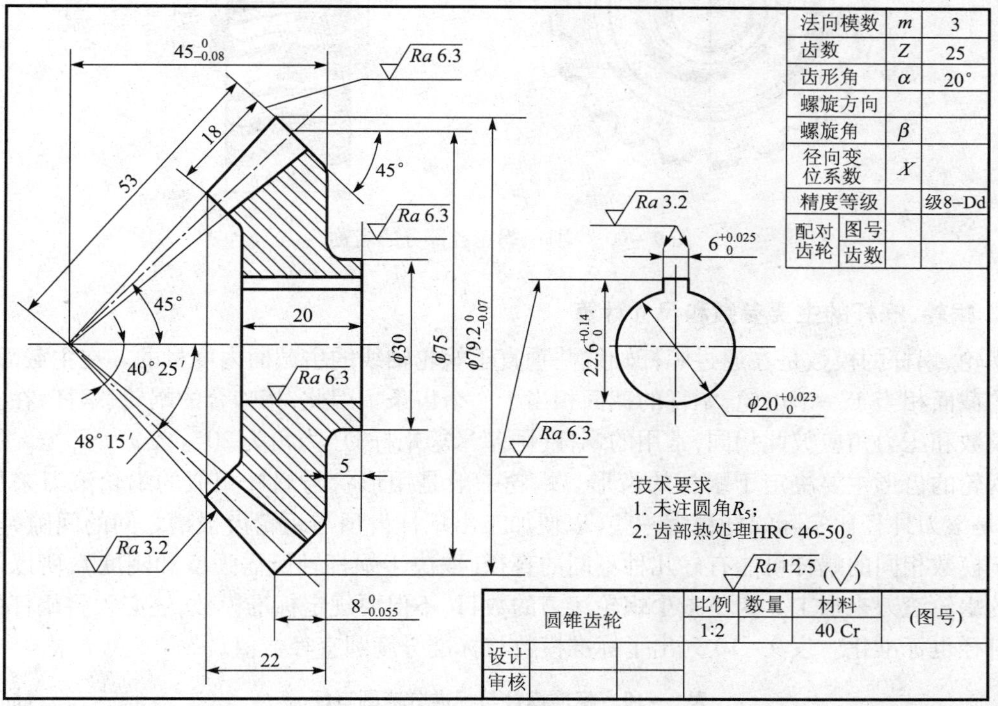

图 9－59　圆锥齿轮的零件图

三、蜗轮、蜗杆

蜗轮与蜗杆用于垂直交叉两轴之间的传动，蜗轮实际上是斜齿的圆柱齿轮。为了增加它与蜗杆啮合时的接触面积，提高其工作寿命，蜗轮的齿顶和齿根常加工成内环面。

蜗杆实际上是螺旋角很大、分度圆较小、轴向长度较长的斜齿圆柱齿轮。这样，轮齿就会在圆柱表面形成完整的螺旋线，因此蜗杆的外形和梯形螺纹相似。蜗杆的齿数 Z_1 等于它的螺纹线数（也叫头数），常用的为单线或双线，此时蜗杆转一圈，蜗轮只转过一个齿或两个齿。因此，蜗轮蜗杆的传动能获得较大的传动比。传动时，一般蜗杆是主动件，蜗轮是从动件。

$$i = \frac{\text{蜗轮齿数}}{\text{蜗杆齿数}} = \frac{Z_2}{Z_1}$$

蜗杆、蜗轮各部分的名称如图 9 - 60 所示。

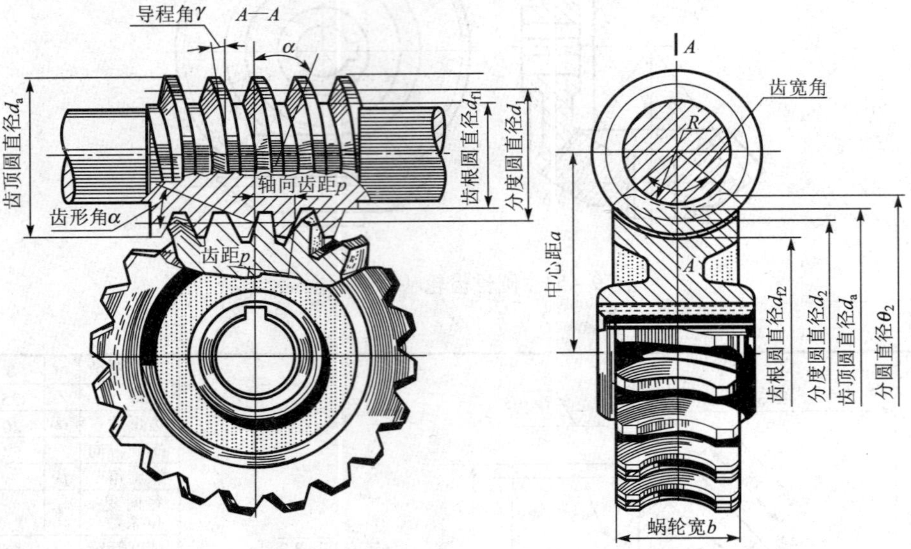

图 9 - 60　蜗杆、蜗轮各部分的名称

1. 蜗轮、蜗杆的主要参数和尺寸计算

蜗轮、蜗杆的模数是在通过蜗杆轴线并垂直于蜗轮轴线的主截面内度量的。在主截面内，蜗轮的截面相当于一个齿轮，蜗杆的截面相当于一个齿条。因此，相啮合的蜗轮、蜗杆，在主截面内模数和压力角应彼此相同，常用的蜗杆（阿基米德蜗杆）压力角为 20°。

蜗轮的齿形主要决定于蜗杆的齿形。蜗轮一般是用形状与蜗杆相似的蜗轮滚刀来加工的，只是滚刀外径比实际蜗杆稍大一些（以便加工出蜗杆齿顶与蜗轮齿根槽之间的间隙）。但是由于模数相同的蜗杆可能有好几种不同的直径（取决于蜗杆轴所需强度和刚度），所以需要不同的蜗轮滚刀来加工。为了减少蜗轮滚刀的数目，不但要规定标准模数，还必须将蜗杆的分度圆直径也标准化。表 9 - 10 列出了标准模数与标准分度圆直径数值。

表 9 - 10　标准模数与标准分度圆直径　　mm

m	d_1	m	d_1	m	d_1	m	d_1
1	18	2.5	(22.4)28 (35.5)45	6.3	(50)63 (80)112	16	(112)140 (180)250
1.25	20 22.4	3.15	(28)35.5 (45)56	8	(63)80 (100)140	20	(140)160 (224)315
1.6	20 28	4	(31.5)40 (50)71	10	(71)90 (112)160	25	(180)200 (280)400
2	(18)22.4 (28)35.5	5	(40)50 (63)90	12.5	(90)112 (140)200		

蜗杆的头数和蜗轮的齿数也是基本参数。根据传动比的需要蜗杆头数 Z_1 可取为 1,2,4,6,蜗轮齿数 Z_2 一般取 27 ~ 80。

当蜗轮、蜗杆的主要参数 m, d_1, Z_1, Z_2 选定后,它们的各部分尺寸可按表 9 - 11、表 9 - 12 所列的公式计算。

表 9 - 11　蜗杆的尺寸计算公式

各部分名称	代号	计算公式	说 明
分度圆直径	d_1	根据强度、刚度计算结果按标准选取	基本参数: m—轴向模数 d_1—蜗杆分度圆直径 Z_1—蜗杆头数
齿顶高	h_a	$h_a = m$	
齿根高	h_f	$h_f = 1.2m$	
齿顶圆直径	d_{a1}	$d_{a1} = d_1 + 2m$	
齿根圆直径	d_{f1}	$d_{f1} = d_1 - 2.4m$	
导程角	γ	$\tan\gamma = mZ_1/d_1$	
周向齿距	p_x	$p_x = \pi m$	
导程	p_z	$p_z = Z_1 p_x$	
螺纹部分长度	L	$L \geqslant (11 + 0.1Z_2)m$,当 $Z_1 = 1 \sim 2$ 时 $L \geqslant (13 + 0.1Z_2)m$,当 $Z_1 = 3 \sim 4$ 时	

表 9 - 12　蜗轮的尺寸计算公式

各部分名称	代号	计算公式	说 明
分度圆直径	d_2	$d_2 = mZ_2$	基本参数: m—端面模数 Z_2—蜗轮齿数
齿顶高	h_a	$h_a = m$	
齿根高	h_f	$h_f = 1.2m$	
齿顶圆直径	d_{a2}	$d_{a2} = d_2 + 2m$	
齿根圆直径	d_{f2}	$d_{f2} = d_2 - 2.4m$	
齿顶圆弧半径	R_a	$R_a = d_1/2 - m$	
齿根圆弧半径	R_f	$R_f = d_1/2 + 1.2m$	
外径	D_2	$D_2 \leqslant d_{a2} + 2m$,当 $Z_1 = 1$ 时 $D_2 \leqslant d_{a2} + 1.5m$,当 $Z_1 = 2 \sim 3$ 时 $D_2 \leqslant d_{a2} + m$,当 $Z_1 = 4$ 时	
蜗轮宽度	b_2	$b_2 \leqslant 0.75d_{a1}$,当 $Z_1 \leqslant 3$ 时 $b_2 \leqslant 0.67d_{a1}$,当 $Z_1 = 4$ 时	
齿宽角	γ	$2\gamma = 45° \sim 60°$,用于分度传动 $2\gamma = 45° \sim 60°$,用于一般传动 $2\gamma = 45° \sim 60°$,用于高速传动	
中心距	a	$a = (d_1 + d_2)/2$	

2. 蜗杆、蜗轮的画法

蜗轮、蜗杆啮合的画法如图 9 - 61 所示,在蜗轮投影为圆的视图中,蜗轮的分度圆与蜗杆分度线相切;在蜗杆投影为圆的视图中,蜗轮被蜗杆遮住的部分不必画出;其他部分仍按投影画出,如图 9－61(a)所示。在剖视图中,当剖切平面通过蜗轮轴线并垂直于蜗杆轴线时,在啮合区内将蜗杆的轮齿用粗实线绘制,蜗轮的轮齿被遮挡住部分可省略不画,当剖切平面通过蜗杆轴线并垂直于蜗轮轴线时,在啮合区内,蜗轮的外圆、齿顶圆和蜗杆的齿顶线可以省略不画,如图 9－61(b)所示。

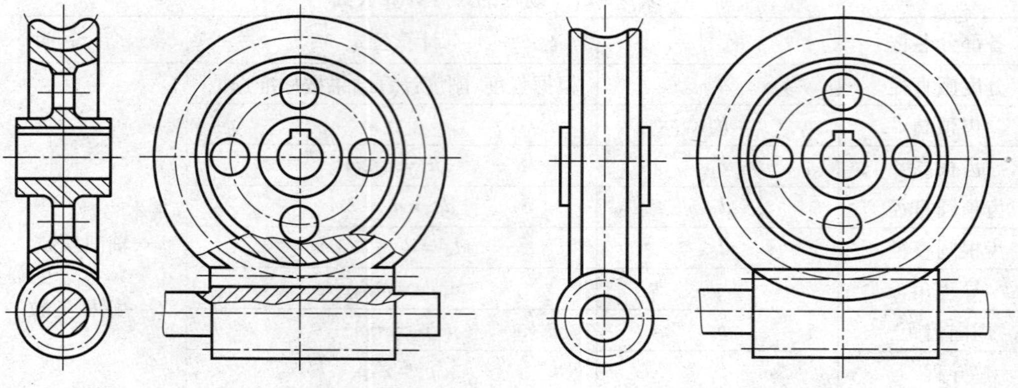

(a)　　(b)

图 9－61　蜗轮、蜗杆的啮合画法

图 9－62 所示的是蜗杆的零件图,一般可用一个视图表示出蜗杆的形状,有时用局部放大图表示出轮齿的形状并标注有关参数。图 9－63 所示的是蜗轮的零件图,其画法和圆柱齿轮基本相同。

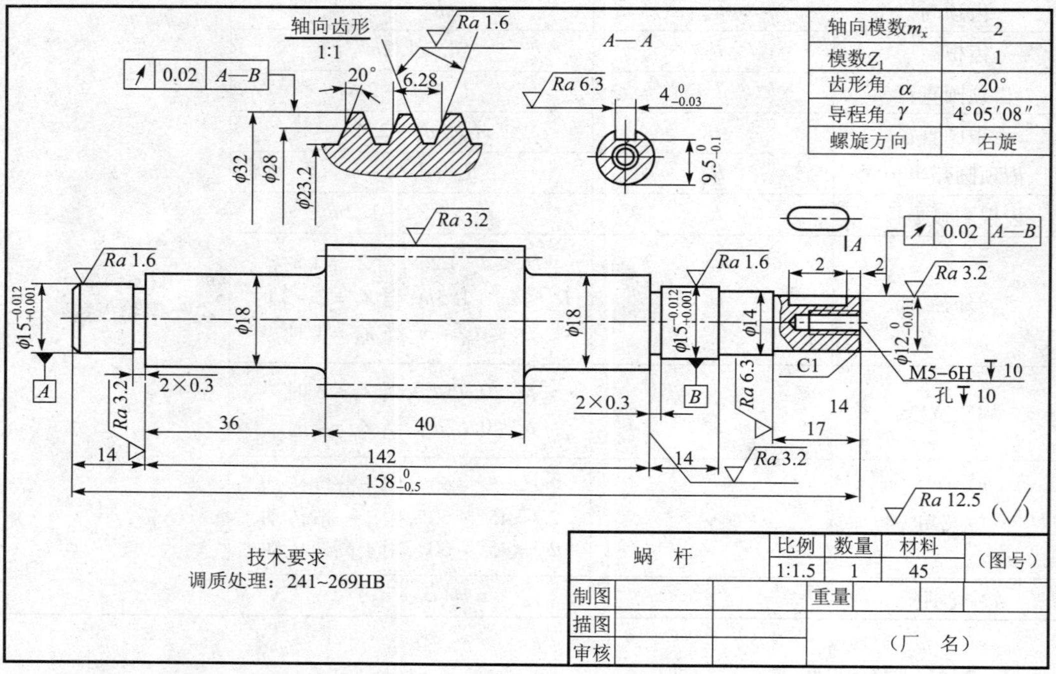

图 9－62　蜗轮的零件图

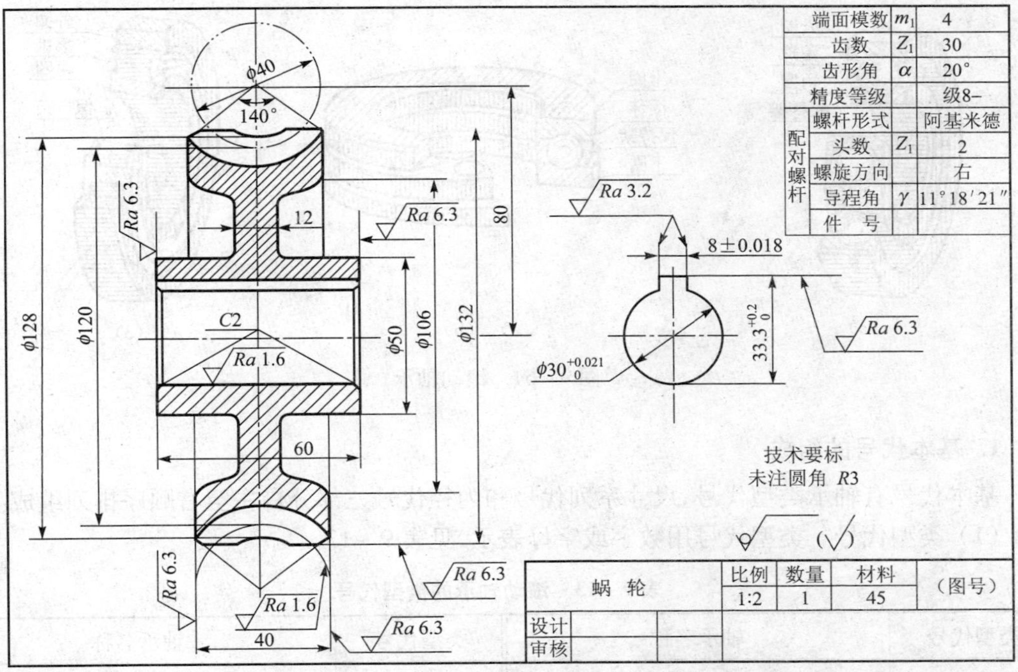

图 9－63　蜗杆的零件图

第四节　滚动轴承

滚动轴承具有结构紧凑、摩擦阻力小、动能损耗少和旋转精度高等优点，在生产中应用极为广泛。滚动轴承是标准部件，由专门的工厂生产，选购时可根据要求确定型号即可，所以在画图时可按比例简化画出。

一、滚动轴承的种类

滚动轴承的种类很多，但它们的结构大致相似，一般由外圈、内圈、滚动体和保持架等零件组成，按其受力方向可分为以下3类：

（1）向心轴承——主要承受径向力，如图9－64(a)所示深沟球轴承；

（2）推力轴承——只承受轴向力，如图9－64(b)所示推力球轴承；

（3）向心推力轴承——能同时承受径向力和轴向力，如图9－64(c)所示圆锥滚子轴承。

二、滚动轴承代号

滚动轴承的种类很多。为了便于选用，国家标准GB/T 272—1993《滚动轴承　代号方法》规定用代号来表示滚动轴承，代号能表示出滚动轴承的结构、尺寸、公差等级和技术性能等特性。

滚动轴承代号是用字母加数字组成。轴承代号由前置代号、基本代号和后置代号构成。前置、后置代号是轴承在结构形状、尺寸公差、技术要求等有改变时，在其基本代号左右添加的补充代号。基本代号表示轴承的基本类型、结构和尺寸，是轴承代号的基础。

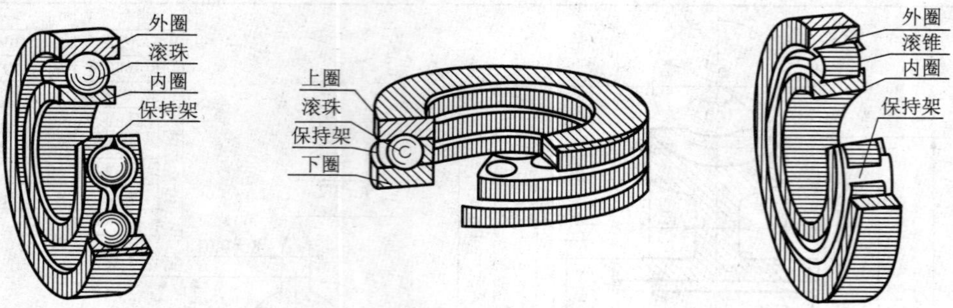

（a）　（b）　（c）

图 9－64　滚动轴承

1. 基本代号的组成

基本代号有轴承类型代号、尺寸系列代号和内径代号三部分自左至右顺序排列组成。

(1) 类型代号。类型代号用数字或字母表示，见表 9－13。

表 9－13　滚动轴承的类型代号

类型代号	轴承名称	类型代号	轴承名称
0	双列角接触球轴承	N	圆柱滚子轴承 双列或多列用字母 NN 表示
1	调心球轴承		
2	调心滚子轴承和推力调心滚子轴承	U	外球面球轴承
3	圆锥滚子轴承	QJ	四点接触球轴承
4	双列深沟球轴承		
5	推力球轴承		
6	深沟球轴承		
7	角接触球轴承		
8	推力圆柱滚子轴承		

类型代号有的可以省略。双列角接触球轴承的代号“0”均不标注；调心球轴承的代号“1”有时也可以省略。区分类型的另一重要标志是标准号，每一类轴承都有一个标准号。例如，双列角接触球轴承的标准号为 GB/T 296—1994；调心球轴承标准号为 GB/T 281—1994。

(2)尺寸系列代号。尺寸系列代号由轴承的宽(高)度系列代号(一位数字)和直径系列代号(一位数字)左右排列组成。它反映了同种轴承在内圈孔径相同时内、外圈的宽度、厚度的不同及滚动体大小不同。尺寸系列代号不同的轴承其外轮廓尺寸不同，承载能力也不同。向心轴承、推力轴承尺寸系列代号见表 9－14。

尺寸系列代号有时可以省略：除圆锥滚子轴承外，其余各类轴承宽度系列代号“0”均可以省略；深沟球轴承和角接触球轴承的 10 尺寸系列代号中的“1”可以省略；双列深沟球轴承的宽度系列代号“2”可以省略。

表 9－14　滚动轴承的尺寸系列代号

直径系列代号	向心轴承								推力轴承			
	宽度系列代号								高度系列代号			
	8	0	1	2	3	4	5	6	7	9	1	2
	尺寸系列代号											
7	—	—	17	—	37	—	—	—	—	—	—	—
8	—	08	18	28	38	48	58	68	—	—	—	—
9	—	09	19	29	39	49	59	69	—	—	—	—
0	—	00	10	20	30	40	50	60	70	90	10	—
1	—	01	11	21	31	41	51	61	71	91	11	—
2	82	02	12	22	32	42	52	62	72	92	12	22
3	83	03	13	23	33	—	—	—	73	93	13	23
4	—	04	—	24	—	—	—	—	74	94	14	24
5	—	—	—	—	—	—	—	—	—	95	—	—

（3）内径代号。内径代号表示滚动轴承内圈孔径。内圈孔径称为“轴承公称内径”，因其与轴产生配合，是一个重要参数。内径代号见表 9－15。

表 9－15　滚动轴承的内径代号

轴承公称内径 d/mm		内径代号	示　例
0.6～10（非整数）		用公称内径毫米数直接表示，在其与尺寸系列代号之间用“/”分开	深沟球轴承 618/2.5 $d=2.5$ mm
1～9（整数）		用公称内径毫米数直接表示，对深沟及角接触球轴承 7,8,9 直径系列内径与尺寸系列代号之间用“/”分开	深沟球轴承 625,618/5 均为 $d=5$ mm
10～17	10	00	深沟球轴承 6200 $d=10$ mm
	12	01	
	15	02	
	17	03	
20～480 （22,28,32 除外）		公称内径除以 5 的商数，商数为个位数时，需在商数左边加“0”，如 08	调心球轴承 23208 $d=40$ mm
≥500 以及 22,28,32		用公称内径毫米数直接表示，在其与尺寸系列代号之间用“/”分开	调心球轴承 230/500 $d=500$ mm 深沟球轴承 62/22 $d=22$ mm

2. 基本代号示例

（1）轴承 6208　6—类型代号，表示深沟球轴承；

2—尺寸系列代号，表示 02 系列（0 省略）；

08—内径代号,表示公称内径 40 mm。

(2) 轴承 320/32　3—类型代号,表示圆锥滚子轴承;
20—尺寸系列代号,表示 20 系列;
32—内径代号,表示公称内径 32 mm。

(3) 轴承 51203　5—类型代号,表示推力球轴承;
12—尺寸系列代号,表示 12 系列;
03—内径代号,表示公称内径 17 mm。

(4) 轴承 N1006　N—类型代号,表示外圈无挡边的圆柱滚子轴承;
10—尺寸系列代号,表示 10 系列;
06—内径代号,表示公称内径 30 mm。

三、滚动轴承的画法

滚动轴承为标准件,不需要画零件图。在装配图中,滚动轴承的画法分为通用画法、特征画法和规定画法 3 种画法。前两种称为简化画法,在装配图中一般只采用这两种简化画法中的一种画法。

对于这 3 种画法,国家标准 GB/T 4459.7—1998《机械制图 滚动轴承表示法》做了如下规定。

1. 基本规定

(1) 通用化法、特征画法及规定画法中的各种符号、矩形线框和轮廓线均用粗实线绘制。

(2) 绘制滚动轴承时,其矩形线框或外框轮廓的大小应与滚动轴承的外形尺寸(由手册中查出)一致,并与所属图样采用统一比例。

(3) 在剖视图中,用通用画法和特征画法绘制滚动轴承时,一律不画剖面符号(剖面线)。采用规定画法绘制时,轴承的滚动体按视图绘制,不画剖面线,其内、外圈要按剖视图绘制,可画成方向和间隔相同的剖面线,如图 9-65(a)所示。若轴承带有其他零件或附件(如偏心套、紧定套、挡圈等)时,其剖面线应与内、外圈的剖面线呈不同方向或不同间隔,如图 9-65(b)所示。

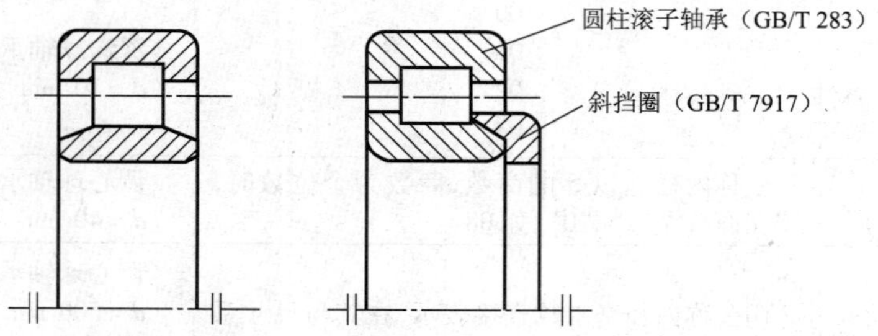

图 9-65　滚动轴承剖面线画法

2. 通用画法

(1) 在剖视图中,当不需要确切地表示滚动轴承的外形轮廓、载荷特性、结构特征时,可用矩形线框及位于线框中央正立的十字形符号表示，十字形符号不应与矩形线框接触，如图 9－66(a)所示。通用画法在轴的两侧以同样方式画出，如图 9－66(b)所示。

(2) 当需要表示滚动轴承的防尘盖和密封圈时，可按图 9－67(a)，(b)所示绘制。当需要表示滚动轴承内圈或外圈有、无挡边时，可按图 9－67(c)，(d)所示方法绘制，在十字符号上附加一短画线表示内圈或外圈无挡边的方向。

(3) 通用画法的尺寸标注如图 9－68 所示，尺寸 d,A,B 和 D 由手册中查处。

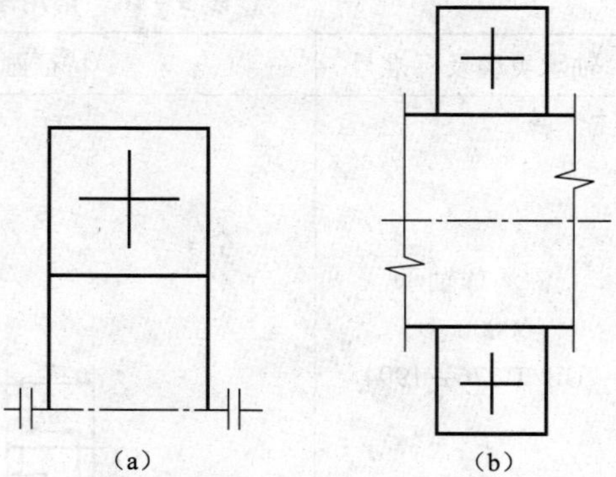

图 9－66　滚动轴承通用画法(一)

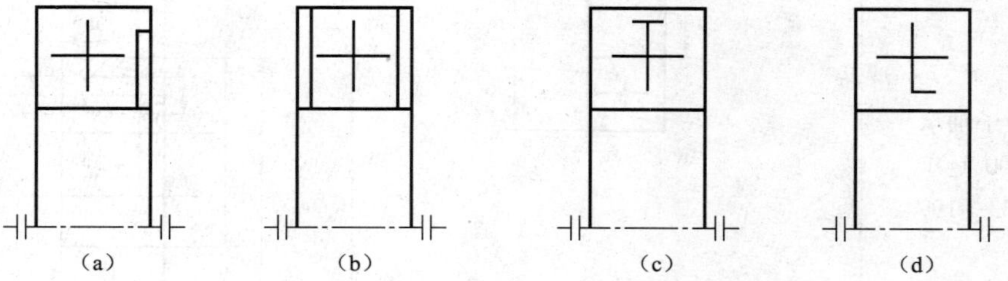

图 9－67　滚动轴承通用画法(二)

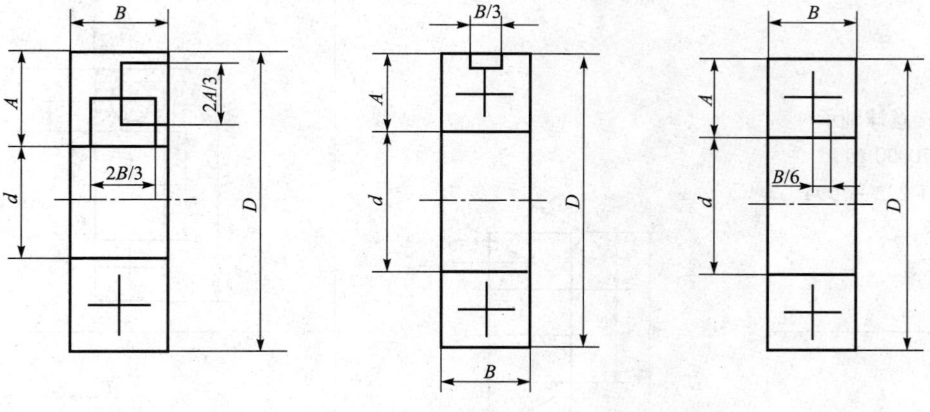

图 9－68　滚动轴承通用画法的尺寸标注

3. 特征画法

(1) 在剖视图中，如需要较形象地表示滚动轴承的结构特征，可采用在矩形线框内画出其结构要素符号的方法表示。常用轴承的特征画法在表 9－16 中给出。

(2) 通用画法中有关防尘盖、密封圈、挡边、剖面轮廓和附件或零件画法的规定也适用于特征画法。

(3) 特征画法也应绘制在轴的两侧。

表 9－16　常用滚动轴承的特征画法和规定画法

轴承类型及标准号	特征画法	规定画法
深沟球轴承 （60000 型） GB/T 276—1994	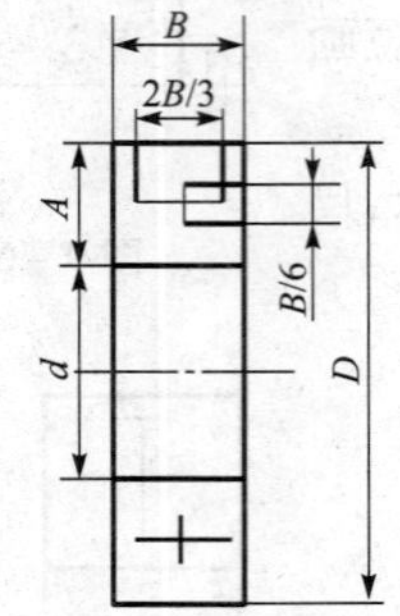	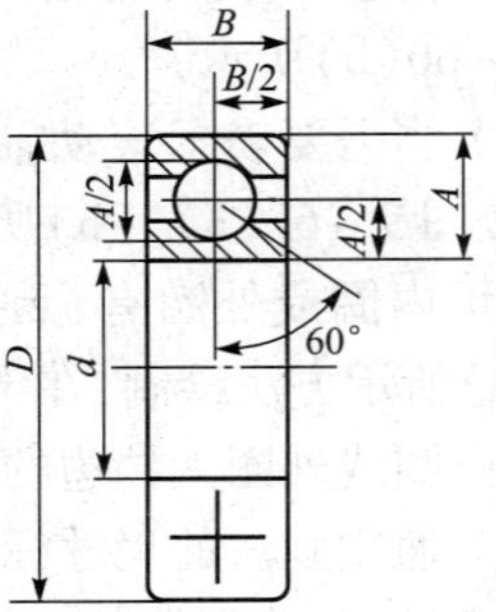
圆柱滚子轴承 （N0000 型） GB/T 283—1994		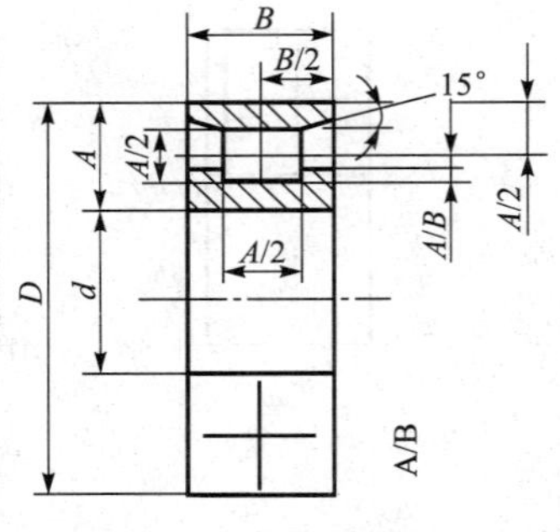
角接触球轴承 （70000 型） GB/T 292—1994	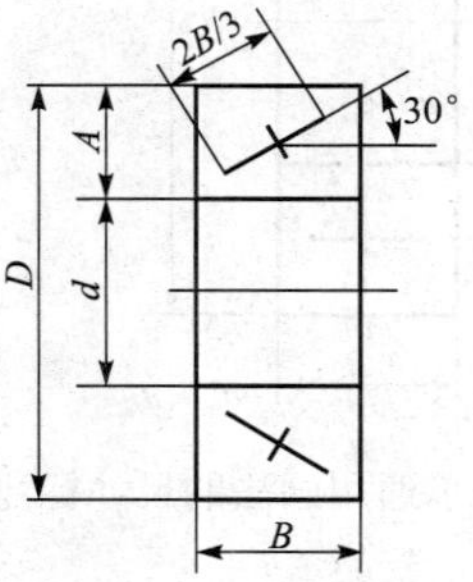	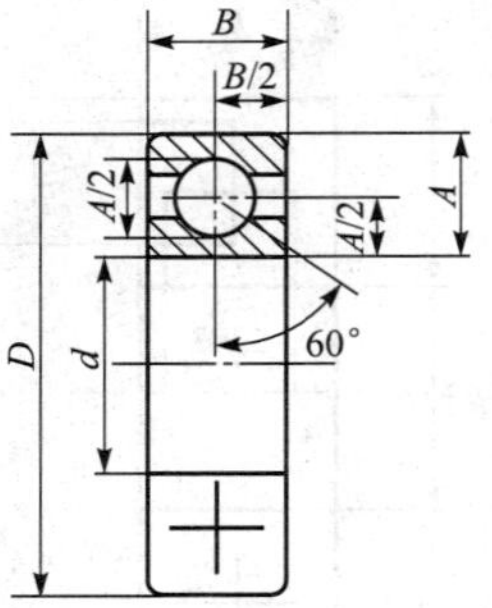
圆锥滚子轴承 （30000 型） GB/T 297—1994		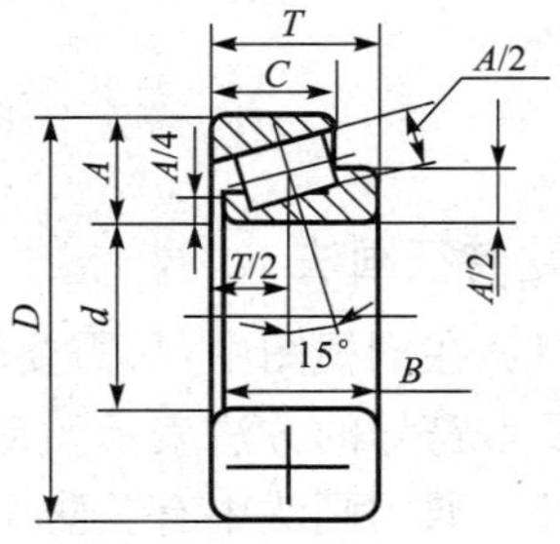

续表

轴承类型及标准号	特征画法	规定画法
推力球轴承 (51000 型) GB/T 301—1995	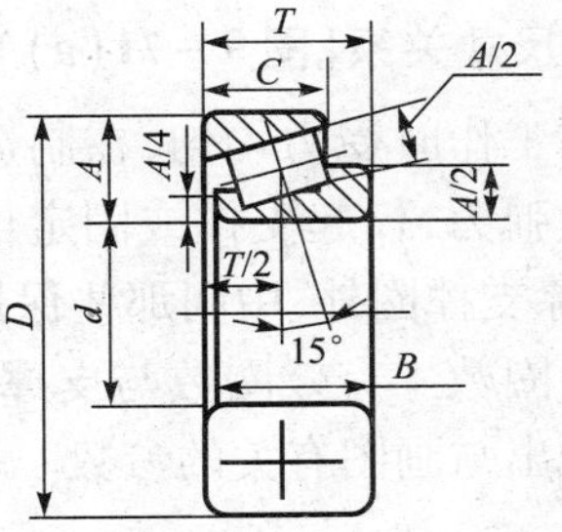	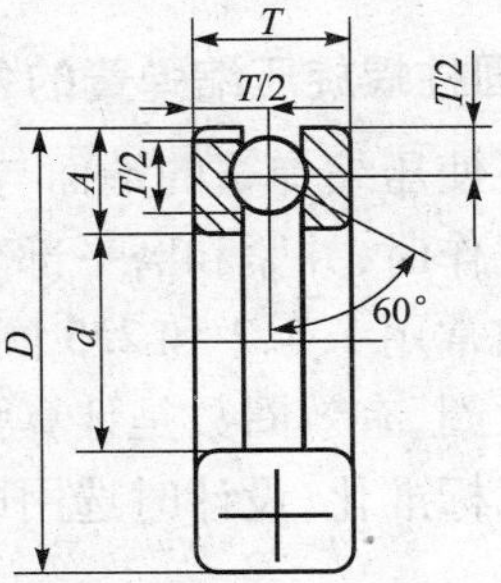

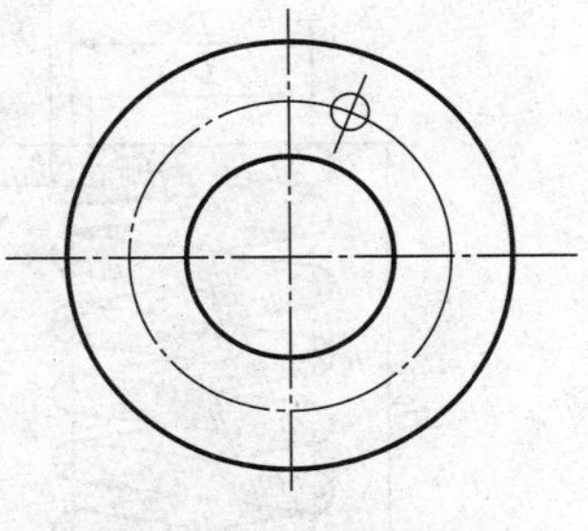

图 9－69　滚动轴承轴线垂直于投影面的特征画法

(4) 任何形式的滚动轴承在垂直于轴线方向的投影,均按图9－69所示绘制。

4. 规定画法

(1) 规定画法既能较真实、形象地表达滚动轴承的结构、形状,又简化了对滚动轴承中各零件尺寸数值的查找,必要时可以采用。

(2) 在装配图中,滚动轴承的保持架及倒角、倒圆等可省略不画。

(3) 规定画法一般绘制在轴的一侧,另一侧按通用画法绘制,见表 9－16。

第五节　弹　　簧

弹簧是一种常用零件,它的作用有减震、复位、夹紧、储能和测力等。

弹簧的类型很多,常见的有螺旋弹簧、涡卷弹簧(图 9－70(d))和板簧(图 9－70(e))等,其中螺旋弹簧应用较广。根据受力情况,螺旋弹簧分为压缩弹簧(图 9－70(a))、拉力弹簧(图 9－70(b))和扭力弹簧(图 9－70(c))。

(a)　(b)　(c)　(d)　(e)

图 9－70　常用弹簧的种类

这里主要介绍圆柱螺旋压缩弹簧的各部分名称和画法。

一、圆柱螺旋压缩弹簧

1. 圆柱螺旋压缩弹簧的各部分名称及尺寸关系(图9-71(a))

为了使压缩弹簧的端面与轴线垂直,在工作时受力均匀,在制造弹簧时将两端几圈并紧、磨平。工作时,并紧和磨平部分基本不产生弹力,仅起支撑或固定作用,称为支撑圈。两端支撑圈总数常用1.5,2和2.5圈3种形式。除支撑圈外,中间那些保持相等节距,产生弹力的圈称为有效圈,有效圈数是计算弹簧刚度时的圈数。有效圈数与支撑圈数之和称为总圈数。弹簧参数已标准化,设计时选用即可。下面给出与画图有关的参数。

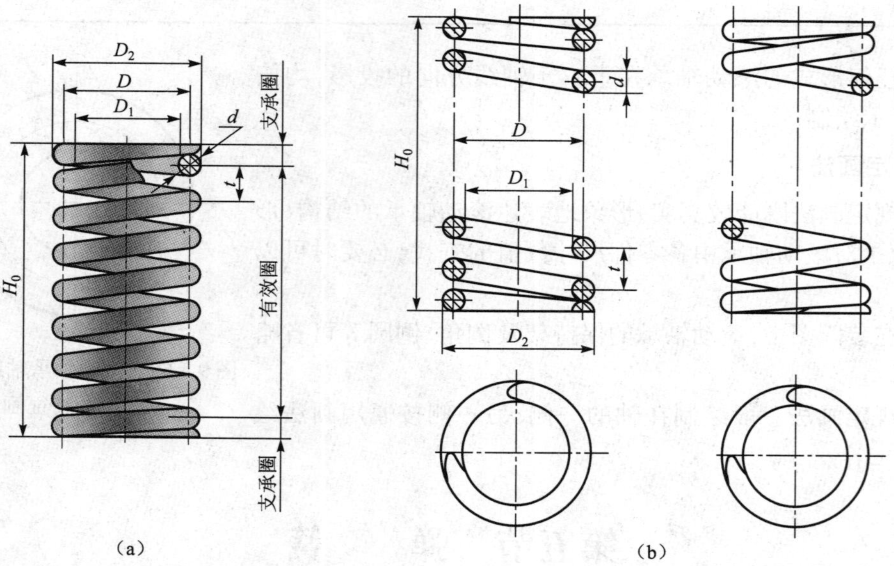

图9-71　圆柱螺旋压缩弹簧的画法

(1) 簧丝直径 d——制造弹簧的钢丝直径,按标准选取。

(2) 弹簧中径 D——弹簧的平均直径,按标准选取。

(3) 弹簧内径 D_1——弹簧的最小直径,$D_1 = D - d$。

(4) 弹簧外径 D_2——弹簧的最大直径,$D_2 = D + d$。

(5) 弹簧节距 t——相邻两有效圈截面中心线的轴向距离,按标准选取。

(6) 有效圈数 n——弹簧上能保持相等节距的圈数,有效圈数是计算弹簧刚度时的圈数。

(7) 支撑圈数 n_2——为使弹簧受力均匀,保证中心线垂直于支撑面,制造时需将两端并紧磨平的圈数。

(8) 总圈数 n_1——弹簧的有效圈数和支撑圈数之和。

$$n_1 = n + n_2$$

(9) 自由高度 H_0——弹簧在不受外力时的高度。

$$H_0 = nt + (n_2 - 0.5)d$$

(10) 弹簧的展开长度 L——制造弹簧时坯料的长度。

$$L = n_1 \sqrt{(\pi D)^2 + t^2} \approx \pi D n_1$$

2. 圆柱螺旋压缩弹簧的规定画法

(1) 在平行于轴线的投影面的视图上,各圈的外轮廓线应画成直线,如图 9-71(b)所示。

(2) 螺旋压缩弹簧在图上均画成右旋。左旋弹簧不论画成右旋或左旋一律要加注"左"字。

(3) 有效圈数在 4 圈以上时,中间各圈可省略不画,同时可适当缩短图形的长度,但标注尺寸时应按实际长度,画法如图 9-71 所示。

(4) 由于弹簧的画法实际上只起一个符号作用,因而螺旋压缩弹簧要求两端并紧和磨平时,不论支承圈数多少,均可按图 9-71 所示的来绘制,即 $n_2 = 2.5$ 的形式来画。支撑圈数在技术条件中另加说明。

(5) 在装配图中,弹簧后面的零件按不可见处理,可见轮廓线只画到弹簧钢丝的剖面轮廓或中心线上,如图 9-72(a)所示。簧丝直径≤2 mm 时,簧丝剖面可全部涂黑,如图 9-72(b)所示;当簧丝直径 <1 mm 时,可采用示意画法,如图 9-72(c)所示。

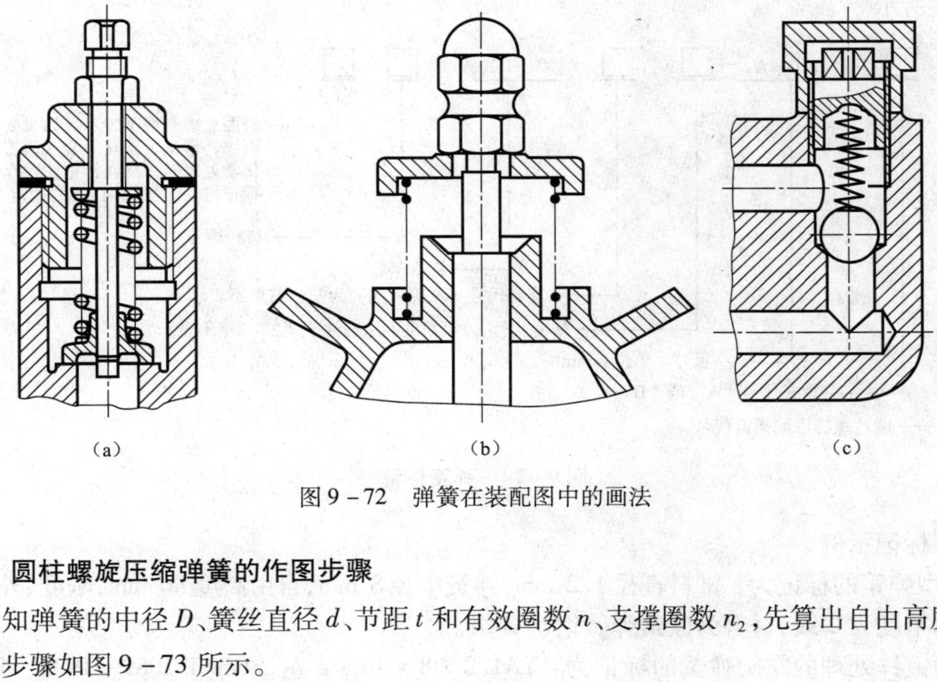

(a)　　(b)　　(c)

图 9-72　弹簧在装配图中的画法

3. 圆柱螺旋压缩弹簧的作图步骤

已知弹簧的中径 D、簧丝直径 d、节距 t 和有效圈数 n、支撑圈数 n_2,先算出自由高度 H_0,具体作图步骤如图 9-73 所示。

(1) 根据 D 和 H_0 画矩形 $ABCD$(图 9-73 (a))。

(2) 画出支撑圈部分直径与簧丝直径相等的圆和半圆(图 9-73(b))。

(3) 画出有效圈数部分直径与簧丝直径相等的圆(图 9-73(c))。先在 CD 上根据节距 t 画出圆 2 和圆 3;然后从 1,2 和 3,4 的中点作水平线与 AB 相交,画出圆 5 和圆 6。

(4) 按右旋方向作相应圆的公切线及剖面线,即完成作图(图 9-73(d))。

在装配图中画处于被压缩状态的螺旋压缩弹簧时,H_0 改为实际被压缩后高度,其余画法不变。

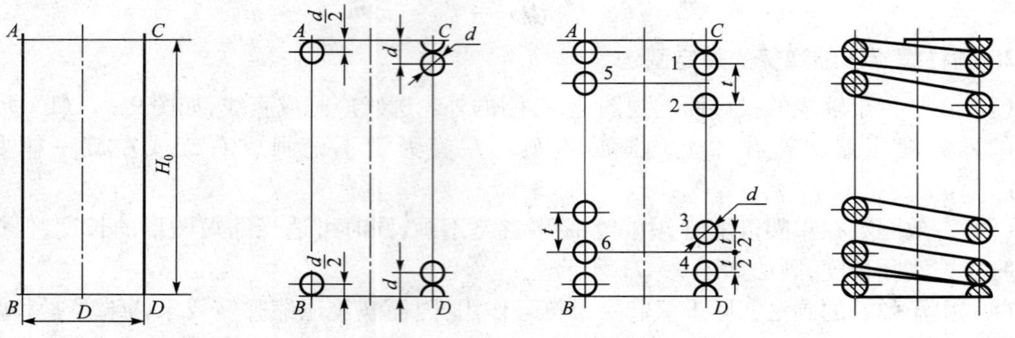

图 9－73　螺旋压缩弹簧的画图步骤

4. 圆柱螺旋压缩弹簧的标记

(1) 弹簧的标记由名称、型式、尺寸、标准编号、材料牌号及表面处理组成，规定如图 9－74 所示。

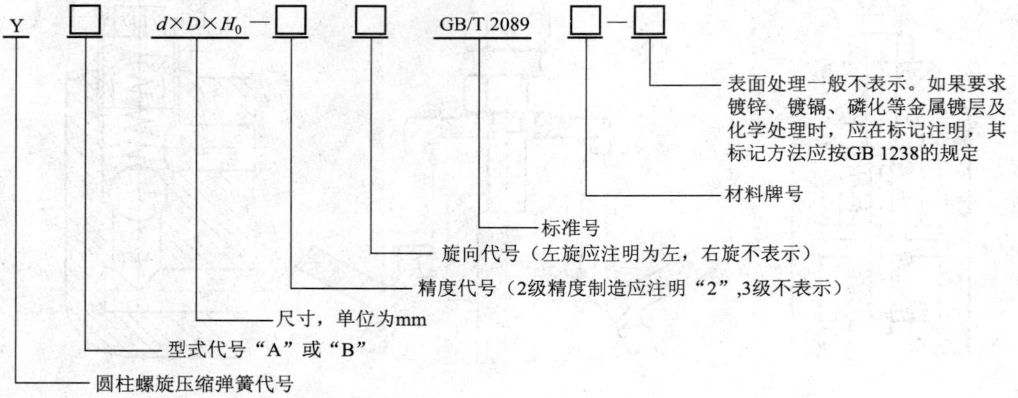

图 9－74　弹簧标记

(2) 标记示例。

YA 型弹簧的标记为：材料直径 1.2 mm，弹簧中径 8 mm，自由高度 40 mm，刚度、外径、自由高度的精度为 2 级，材料为碳素弹簧钢丝 B 级。

表面镀锌处理的左旋弹簧的标记为：YA1.2×8×40－2 左　GB/T 2089—1994　B 级—D—Zn。

YB 型弹簧的标记为：材料直径 30 mm，弹簧中径 150 mm，自由高度 320 mm，材料为 $60Si_2MnA$。

表面涂漆处理的右旋弹簧的标记为：YB30×150×320 GB/T 2089—1994。

5. 圆柱螺旋压缩弹簧的零件图

图 9－75 所示的是圆柱螺旋压缩弹簧的零件图，其中，P_1 为弹簧的预加负荷；P_2 为弹簧的最大负荷；P_3 为弹簧的允许极限负荷。

在绘制零件图时应注意：

（1）弹簧的参数应直接标注在图形上，当直接标注有困难时，可在技术要求中加以说明。

（2）当需要表明弹簧的负荷与高度之间的变化关系时，必须用图解表示。螺旋压缩弹簧的机械性能曲线均画成直线。

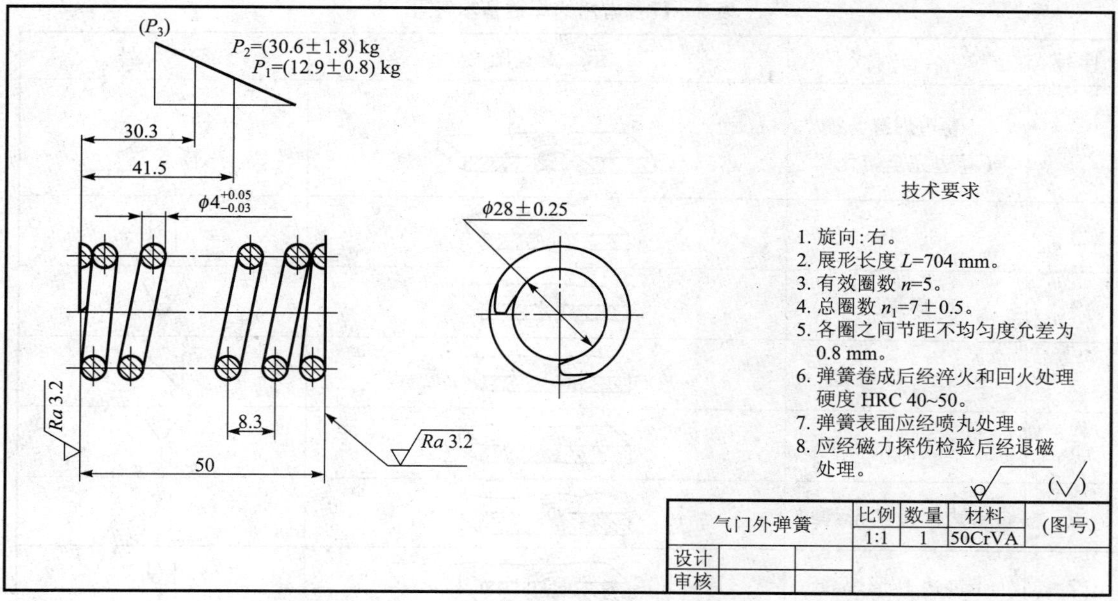

图 9－75　圆柱螺旋压缩弹簧的零件图

第六节　焊　接　件

焊接是在工业上广泛使用的一种连接方式，以此方式形成的零件称为焊接结构件。焊接主要是利用电弧或火焰在连接处进行局部加热到熔化或半熔化状态，同时填充熔化金属或施加压力，将被连接件熔合在一起的加工方法。焊接的工艺简单、连接可靠，而且质量轻，因此在现代工业中应用很广。

焊接结构件是不可拆卸的一个整体。焊接形成的被连接件熔接处称为焊缝，绘制焊接结构件时，为说明它的制造工艺，在图纸上应按规定的格式及符号将焊缝的型式表达清楚，为了使图样简化，一般多用焊缝符号来标注焊缝。必要时也可以用图示法表示或用轴测图表示。

有关焊缝符号的规定在国家标准 GB/T 12212—1990《技术制图　焊缝符号的尺寸、比例及简化表示法》和 GB/T 324—1988《焊缝符号表示法》给出了详细的规定，下面简要介绍常见焊接结构的代号及其标注。

焊缝符号一般由基本符号和指引线组成。必要时还需要加注辅助符号、补充符号和焊缝尺寸符号等。辅助符号是表示焊缝表面形状特征的符号，当不需确切地说明焊缝的表面形状时，可以不用；补充符号是为了补充说明焊缝的某些特征而采用的符号。

一、基本符号(摘自 GB/T 324—1988)

基本符号是表示焊缝横截面形状的符号,常用的焊缝基本符号见表 9－17。

表 9－17　常用的焊缝基本符号

序号	名　　称	示　意　图	符　　号
1	卷边焊缝[①] (卷边完全熔化)		
2	I 形焊缝		
3	V 形焊缝		
4	单边 V 形焊缝		
5	带钝边 V 形焊缝		
6	带钝边单边 V 形焊缝		
7	带钝边 U 形焊缝		
8	带钝边 J 形焊缝		
9	封底焊缝		
10	角焊缝	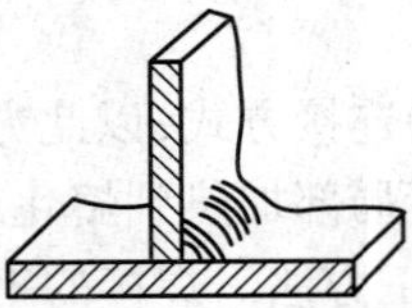	
11	塞焊缝或槽焊缝	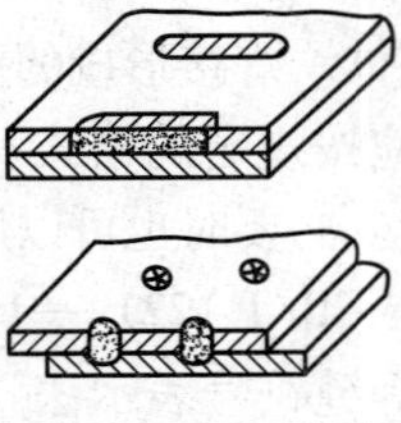	
12	点焊缝	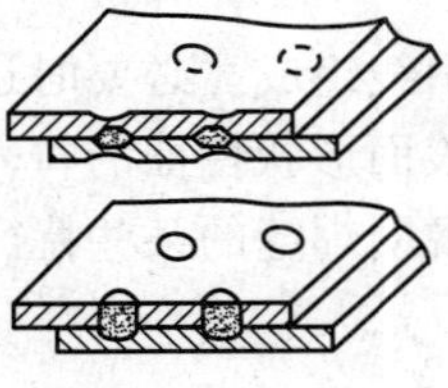	

续表

序号	名　称	示 意 图	符　号
13	缝焊缝	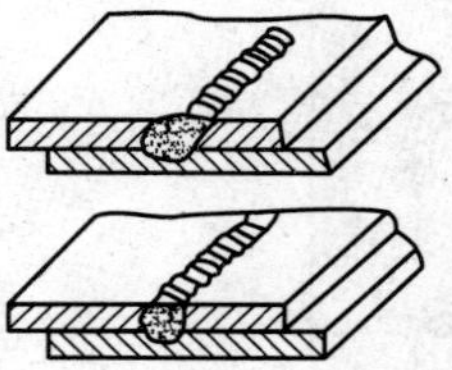	
注：① 不完全融化的卷边焊缝用 I 形焊缝符号来表示，并加注焊缝有效厚度 S。			

二、指引线

1. 组成

指引线一般由箭头线和两条基准线（一条为细实线、一条为虚线）两部分组成，如图 9－76（a）所示。

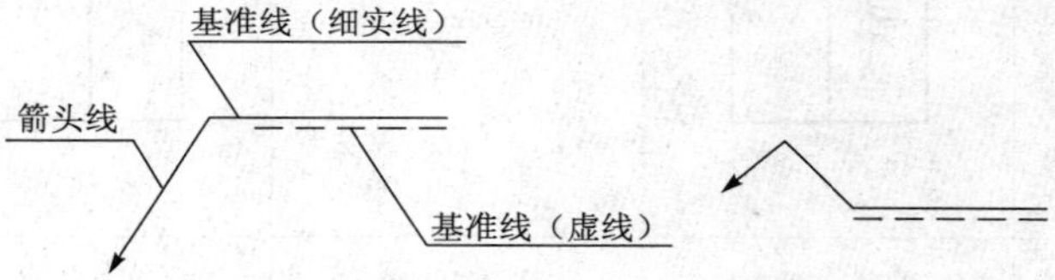

（a）　　　　（b）

图 9－76　指引线

（1）箭头线。用来将整个符号指到图样上的有关焊缝处。必要时，允许箭头线弯折一次，如图 9－76（b）所示。

（2）基准线。基准线的上面和下面用来标注有关的焊缝符号。基准线的虚线既可画在基准线实线的上侧，也可画在下侧。基准线一般应与图样的底边相平行。

2. 焊缝符号相对于基准线的位置

（1）在标注焊缝符号时，如果箭头指向焊缝的施焊面，则焊缝符号标注在基准线的实线一侧，如图 9－77（a）所示。

（2）在标注焊缝符号时，如果箭头指向焊缝的施焊背面，则焊缝符号标注在基准线的虚线一侧，如图 9－77（b）所示。

（3）标注对称焊缝及双面焊缝时，基准线的虚线可省略不画，如图 9－77（c），（d）所示。

三、基本符号的标注示例

表 9－18 给出了常用焊缝图示法、示意图和符号标注示例。

图示法指的是在视图或剖视图、断面图中画出焊缝外形或剖面形状；示意图指的是用轴测图示意表示；符号标注法则不必画出焊缝，仅用符号标注即可，使图样大大简化。

表 9－18　常用焊缝图示法、示意图和符号标注示例

序号	符号	示意图	图示法	标注方法
1		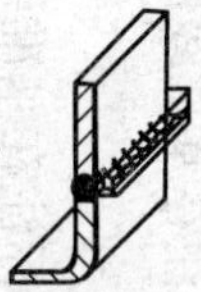	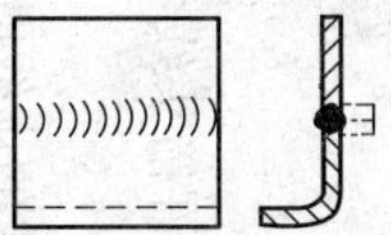	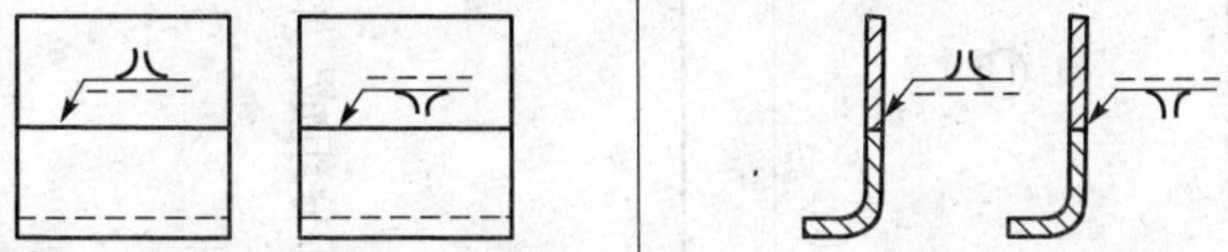
2		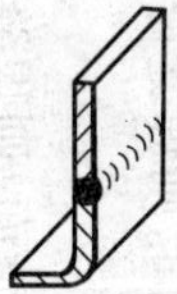	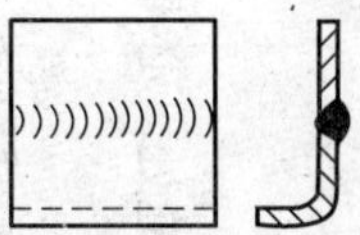	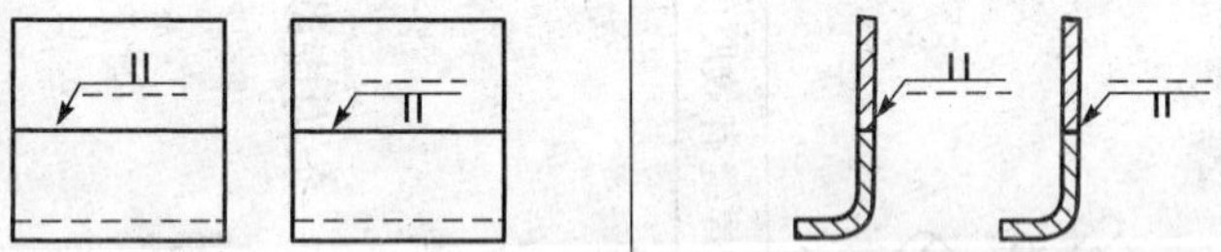
		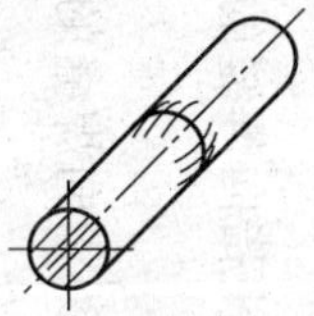	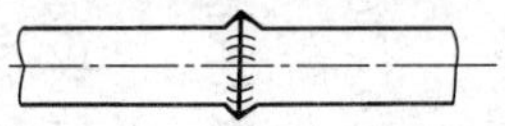	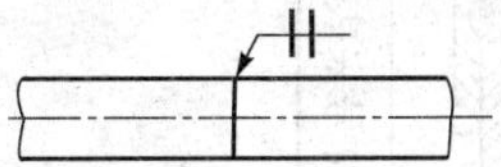
3		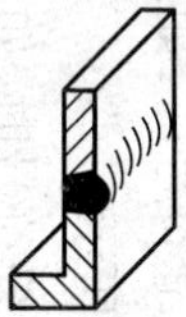	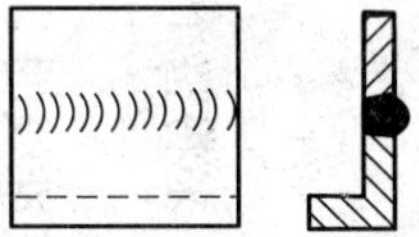	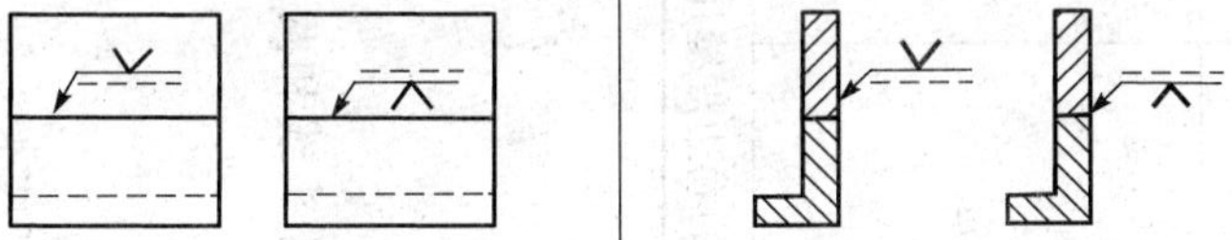
4		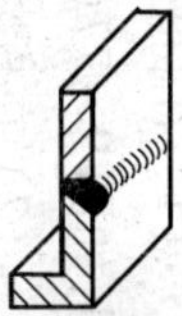	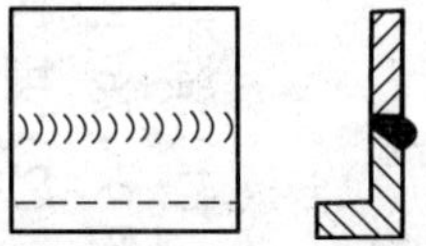	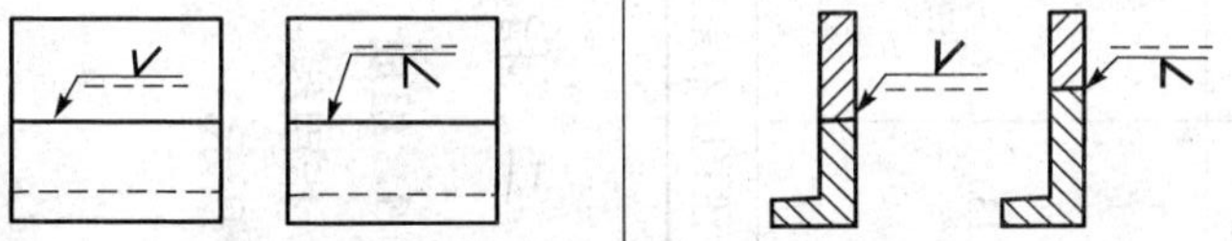

续表

序号	符号	示意图	图示法	标注方法
5		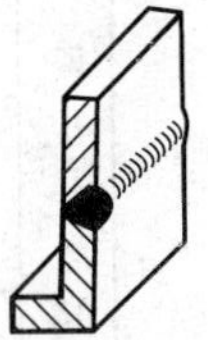	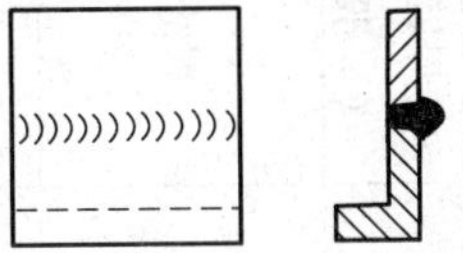	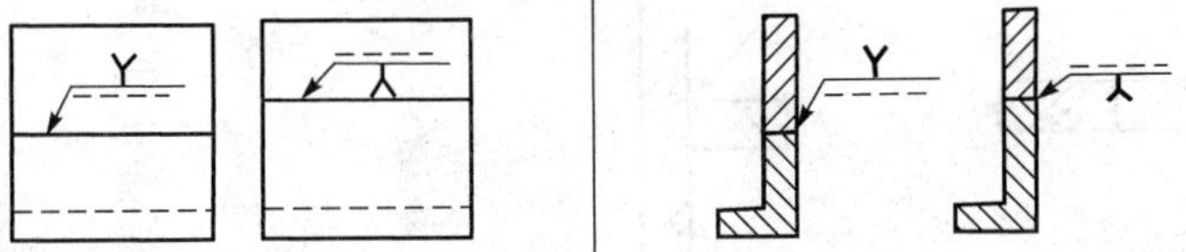
6		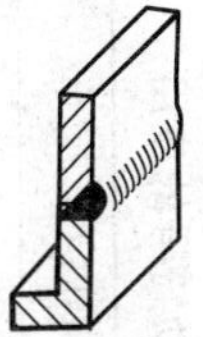	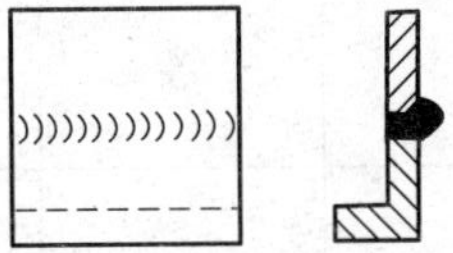	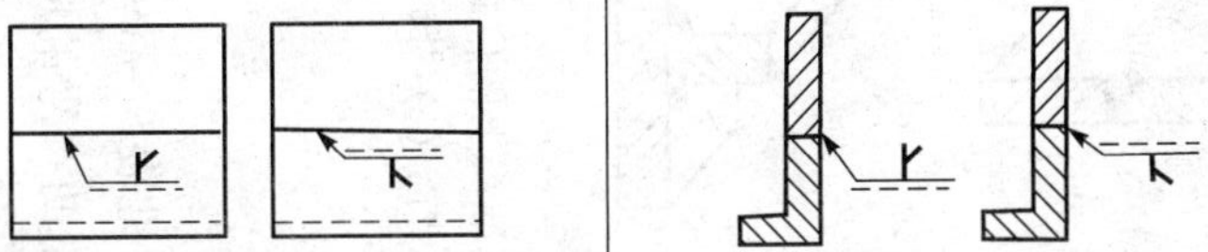
7		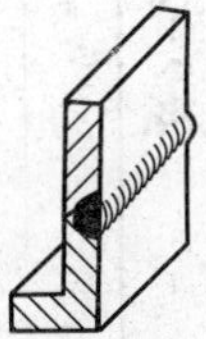	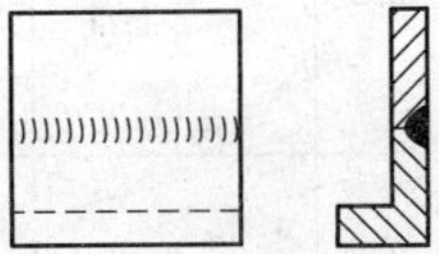	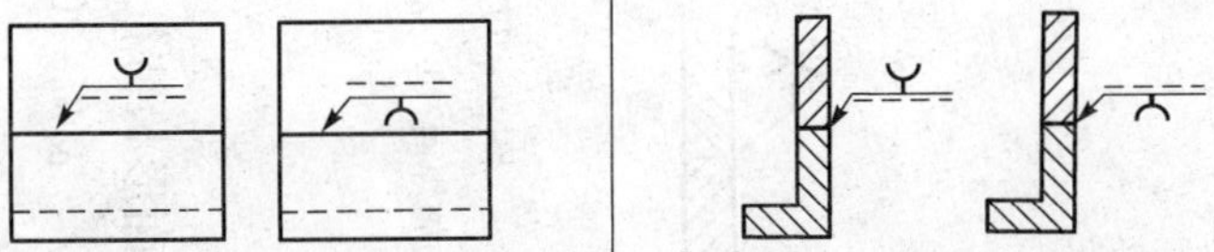
8		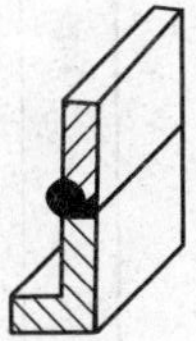	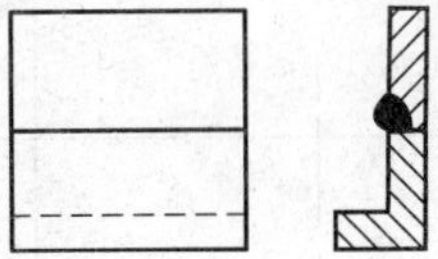	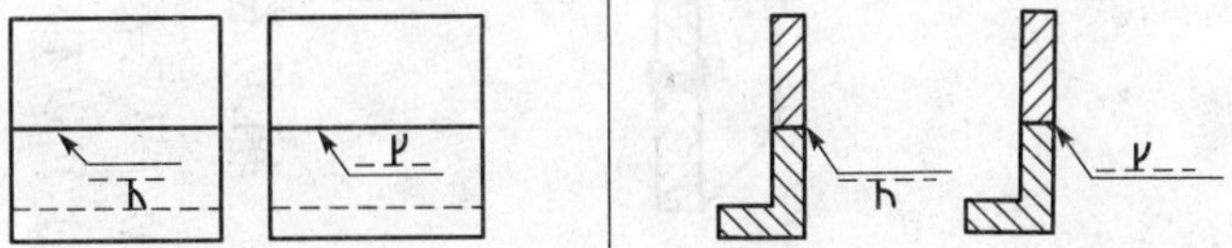

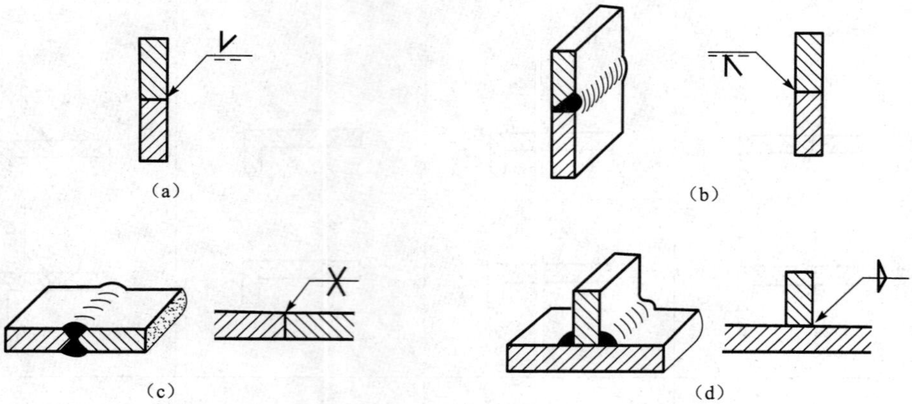

图 9 – 77　符号在基准线上的位置

(a) 箭头指向施焊面；(b) 箭头指向施焊背面；(c) 对称焊缝；(d) 双面焊缝

四、辅助符号

辅助符号是表示焊缝表面形状特征的符号。见表 9 – 19，在不需要确切地说明焊缝的表面形状时，可以不用辅助符号。表 9 – 20 给出了辅助符号的应用示例。

表 9 – 19　辅助符号

序　号	名　称	示　意　图	符　　号	说　　明
1	平面符号		—	焊缝表面齐平（一般通过加工）
2	凹面符号	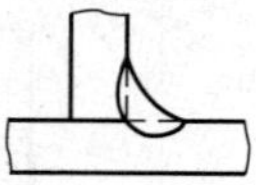	⌣	焊缝表面凹陷
3	凸面符号	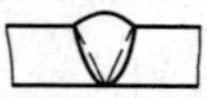	⌢	焊缝表面凸起

表 9 – 20　辅助符号的应用

名　　称	示　意　图	符　　号
平面 V 形对接焊接		
凸面 X 形对接焊接		
凹面角焊缝		
平面封底 V 形焊缝		

五、补充符号

补充符号是为了补充说明焊缝的某些特征而采用的符号，见表 9－21。补充符号的应用示例见表 9－22。

表 9－21　补充符号

序号	名　　称	示　意　图	符　　号	说　　明
1	带垫板符号	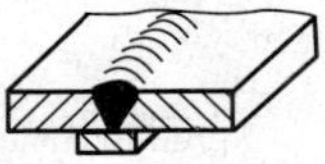		表示焊缝底部有垫板
2	三面焊缝符号	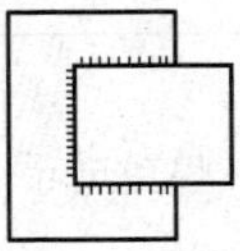		表示三面带有焊缝
3	周围焊缝符号	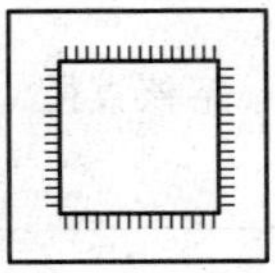	○	表示环绕工件周围焊缝
4	现场符号			表示在现场或工地上进行焊接
5	尾部符号		<	参见 GB/T 518 标注工艺内容

表 9－22　补充符号的应用示例

名　　称	示　意　图	符　　号
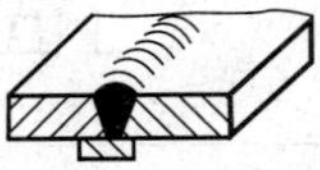	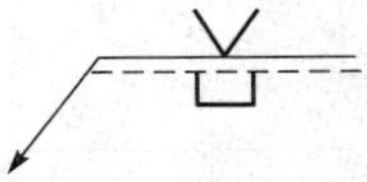	表示 V 形焊缝的背面底部有垫板
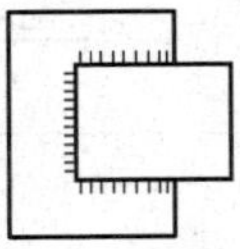		工件三面带有焊缝，焊接方法为手工电弧焊
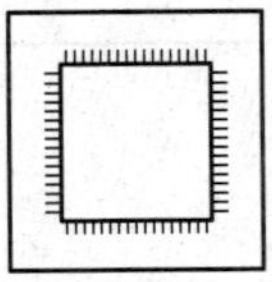	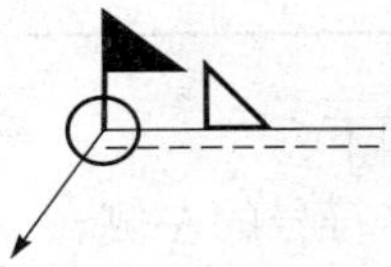	表示在现场沿工件周围施焊

六、焊缝尺寸

焊缝尺寸指的是工件厚度、坡口角度、根部间隙等数值。表 9 – 23 对每个尺寸内容都以一个符号来表示。

表 9 – 23　焊缝尺寸符号

符　号	名　称	示意图	符　号	名　称	示意图
δ	工作厚度	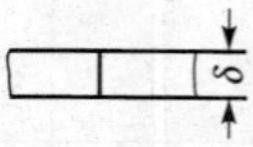	e	焊缝间距	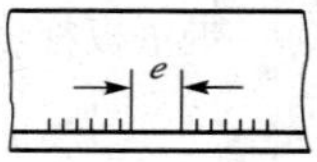
α	坡口角度		K	焊角尺寸	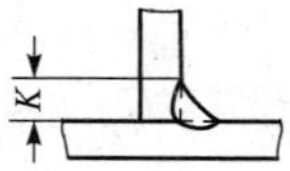
b	根部间隙	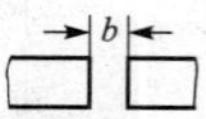	d	熔核直径	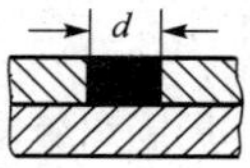
p	钝边	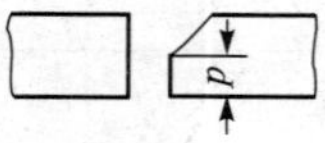	S	焊缝有效厚度	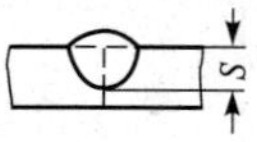
c	焊缝宽度	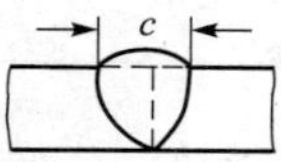	N	相同焊缝数量符号	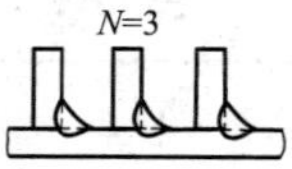
R	根部半径	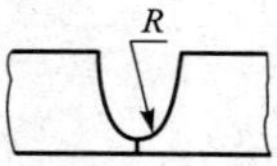	H	坡口深度	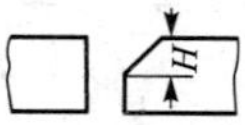
l	焊缝长度	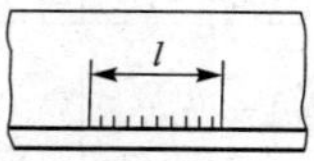	h	余高	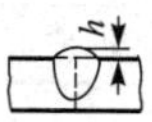
n	焊缝段数	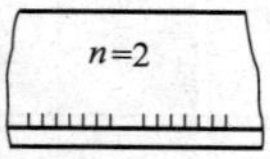	β	坡口面角度	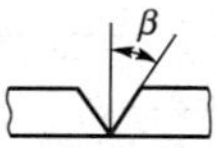

焊缝尺寸符号及数据的标注原则如下：

（1）焊缝横截面上的尺寸标在基本符号的左侧；

（2）焊缝长度方向的尺寸注在基本符号的右侧；

（3）坡口角度、坡口面角度、根部间隙等尺寸标在基本符号的上侧或下侧；

(4) 相同焊缝数量符号标注在尾部；

(5) 当需要标注的尺寸数据较多又不易分辨时,可在数据前面增加相应的尺寸符号。

当箭头线方向变化时,上述原则不变,该标注原则如图 9－78 所示。

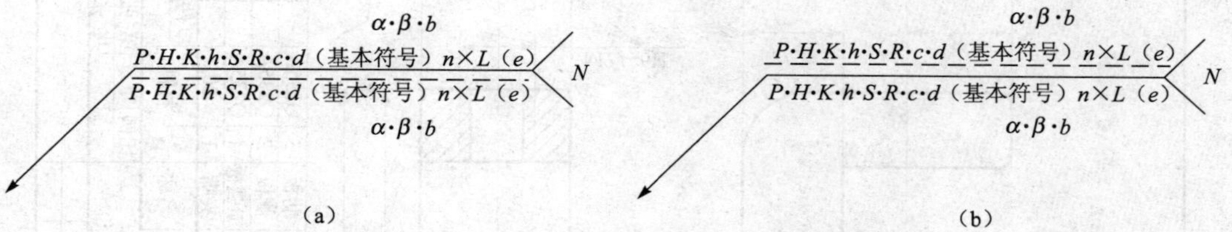

图 9－78　焊缝尺寸符号及数据的标注原则

有关焊缝图示及焊缝符号标注的其余详细内容可查阅国家标准 GB/T 12212—1990 以及 GB/T 324—1988。

七、焊接结构图例

焊接结构图实际上是装配图,对于简单的焊接件,一般不单独画出各组成结构件的零件图,而在结构图上标出各组成构件的全部尺寸并在备注中说明"无图",对于复杂的焊接件,应在明细表中注出各构件的名称、代号、材料和数量。如图 9－79 所示右夹头的焊接图,构件 2、构件 3、构件 4 有全部尺寸,构件 1 的图号是 MD－16－1。

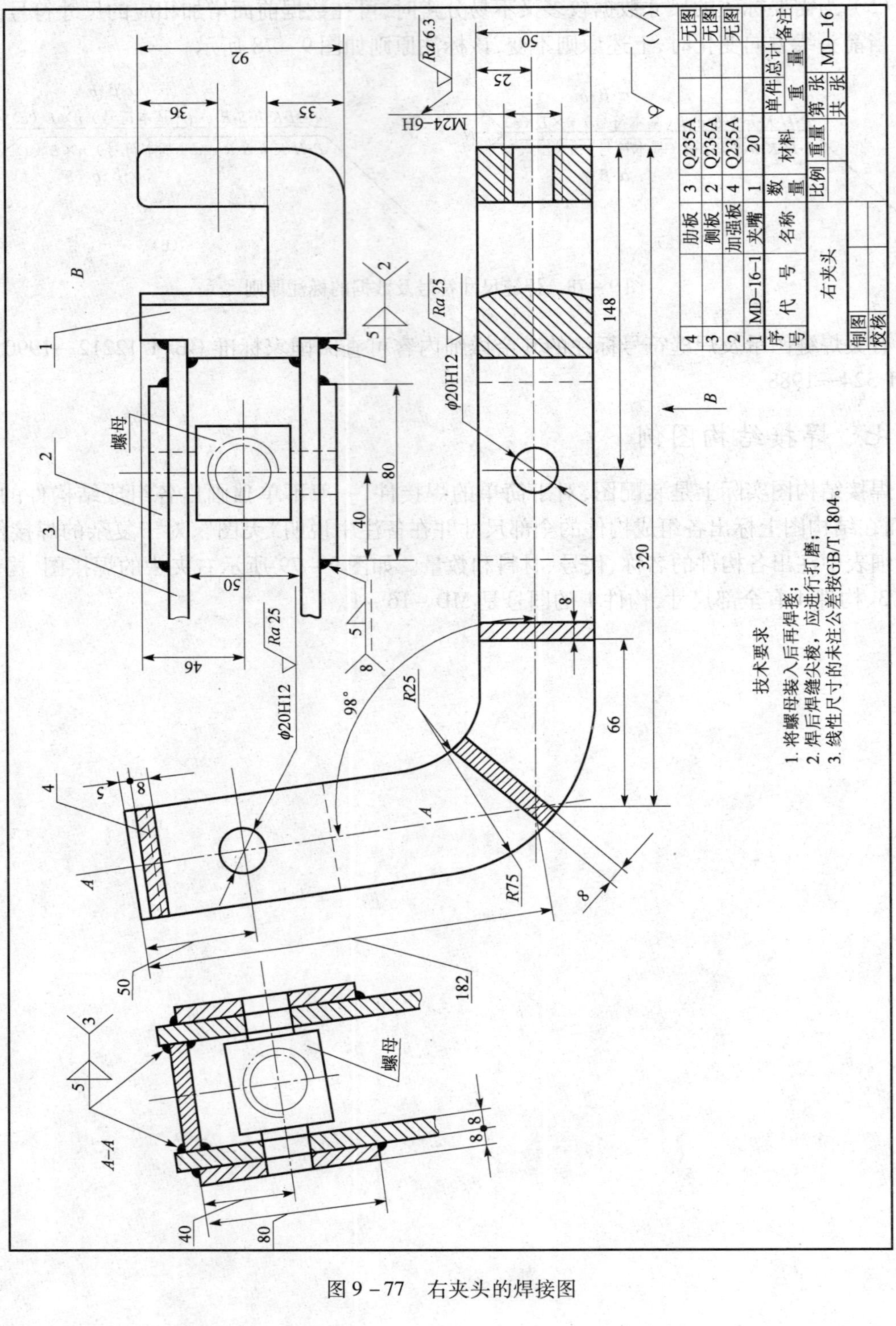

图 9－77　右夹头的焊接图

第十章 零 件 图

零件是组成机器的不可分拆的最小单元。表示零件结构、大小及技术要求的图样称为零件图。本章主要介绍如何绘制和阅读零件图。

第一节 概 述

任何一台机器(部件)都由一组零件组装而成。产品设计一般先根据总体结构设计出机器(部件)的装配图,然后再根据装配图拆画零件的零件图。生产部门根据零件图加工零件,将零件装配成机器。如图 10-1(a)~(e)所示为常见的车、铣、刨、磨、钻等几种加工零件的机床示意图。

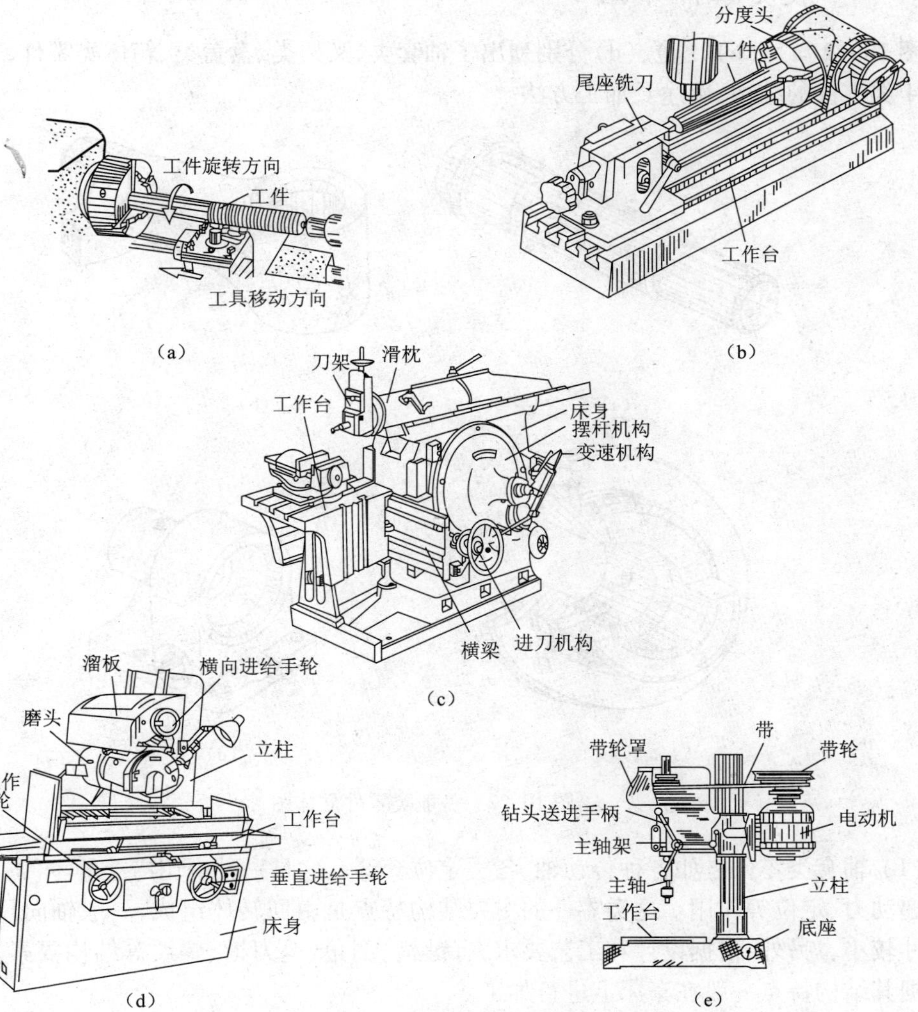

图 10-1 几种切削机床示意图

一、零件的分类

根据零件在机器(部件)上的作用,一般可将零件分为如下 3 类。

(1) 标准件。如螺栓、螺母、螺钉、垫圈、键、销等,主要起连接、紧固、密封等作用。它们的用途非常广泛,其结构形状、尺寸大小均已标准化。标准件通常不必画出其零件图。

(2) 传动零件。如齿轮、蜗轮、蜗杆、弹簧等。主要起传递动力的作用。这类零件的某些结构要素已经标准化,如齿轮的齿形、模数等参数。传动类零件的零件图一般应按规定画法画出。

(3) 一般零件。除上述两类零件以外的零件都可以归纳为一般零件。这类零件的结构形状、尺寸大小及其技术要求,通常根据它在机器中的作用和制造工艺而定。一般零件按照其结构特点可分成轴套类、盘盖类、叉架类和箱体类,绘图时都要画出它们的零件图以供加工制造。

本章主要针对一般零件介绍零件图的内容、各类典型零件的分析、零件图的视图选择、零件图的尺寸标注、零件上常见的工艺结构、读零件图等。

二、一般类零件介绍

图 10 - 2(a)、(b)、(c)、(d)分别列出了轴套类、叉架类、盘盖类、箱体类零件,下面分别介绍这 4 类零件的结构、用途及加工方法。

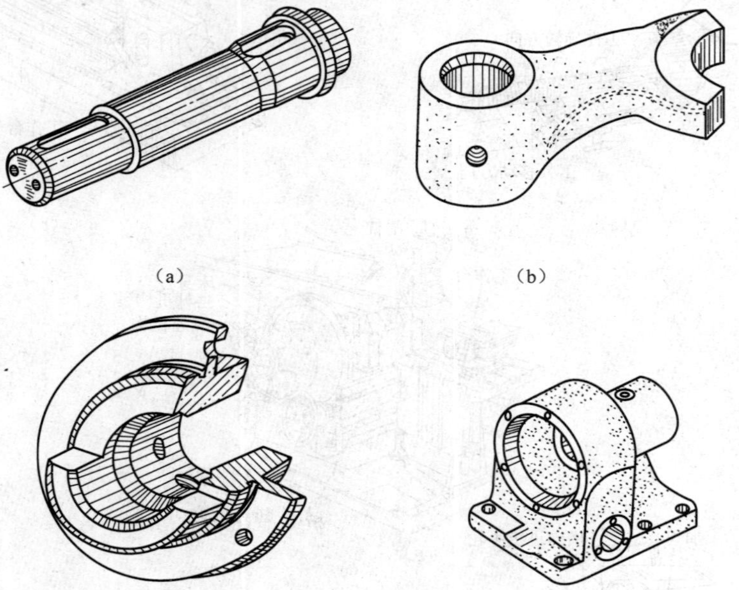

(a) (b) (c) (d)

图 10 - 2　一般类零件立体图

(1) 轴套类零件。如各种传动轴、各类定位套等。这是一种应用广泛的零件,主要起支承和传递动力、定位等作用。这类零件的主要结构特点是由回转体组成,一般轴向尺寸较大,径向尺寸较小。另外,根据设计和工艺要求,有键槽、倒角、退刀槽、螺纹等结构要素。轴套类零件根据其结构特点一般在车床上进行加工。

(2) 盘盖类零件。如手轮、带轮、端盖、法兰盘等。主要具有传递动力、支承、密封等作用。

这类零件的结构特点是主要由回转体组成，另外还有凸台、孔、圆角、倒角、退刀槽、轮辐等结构。其加工方法一般先制成毛坯，然后在机床上进行车、镗、钻等加工。

（3）叉架类零件。如拨叉、连杆、支架等。一般起连接、支承、操纵调节作用。这类零件的结构差异很大，大多零件都有倾斜结构，另外还有肋板、孔、倒角等结构。其加工方法一般先采用铸造的方法获取毛坯，然后在机床上进行车、铣、钻等加工。

（4）箱体类零件。这类零件是组成机器（部件）的主要零件之一，主要用来支承、包容和保护运动零件或其他零件的作用。其内、外结构形状一般都比较复杂，多为有一定壁厚的中空腔体，有底座、轴孔、螺孔、安装孔、加强肋等结构。由于其结构较复杂，毛坯由铸造获得，再经过车、铣、刨、镗、钻等多道工序的加工。

第二节　零件图的作用和内容

任何一台机器或部件都是由多个零件装配而成的。零件图表达了零件的结构形状、尺寸大小和加工、检验等方面的要求。它是工厂制造和检验零件的依据，是设计和生产部门的重要技术资料之一。图 10－3 所示为小功率电动机前端盖的零件图。

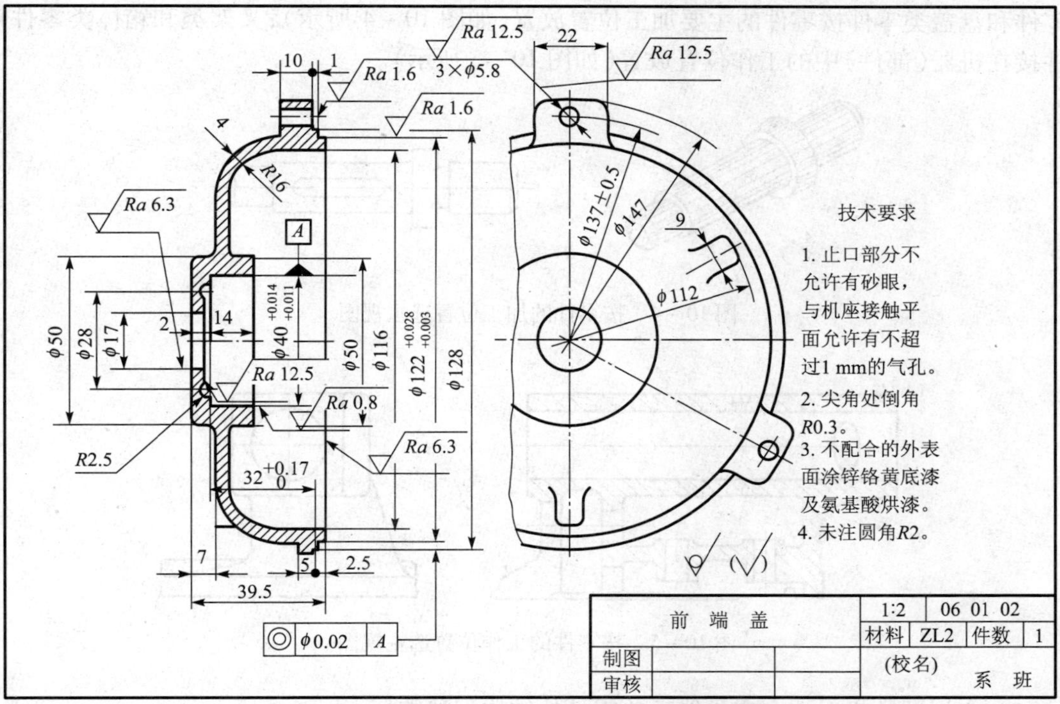

图 10－3　小功率电动机前端盖的零件图

为了满足生产部门制造零件的要求，零件图必须包括以下 4 个方面的内容。

（1）一组视图。根据投影规律和相关标准，清晰表达零件各部分的结构及形状。

（2）尺寸标注。应正确、完整、清晰、合理地标注确定零件各部分的形状大小及相对位置的全部尺寸。

（3）技术要求。注明在制造和检验零件时应达到的各项要求，如尺寸公差、形状和位置公差、表面粗糙度、材料及热处理等要求。

(4) 标题栏。填写零件的名称、材料、数量、比例、图号、制图及审核人员的姓名、完成的时间、设计单位名称等内容。

第三节　零件的表达方法

适当地选用机件常用表达方法中的视图、剖视图、断面图、规定画法等,将零件的结构形状完整、清晰地表达出来,并要考虑到易于读图和画图。要合理地选择零件的表达方法,必须首先从主视图入手。

一、主视图的选择

主视图是表达零件最主要的一个视图,主视图选择是否合理直接影响看图、画图以及其他视图的选择。因此,在选择主视图时应考虑以下两个方面。

(1) 主视图应反映零件的加工位置或工作位置。

选择主视图时,零件的放置位置应尽量符合零件的主要加工位置或工作位置。一般轴套类零件和盘盖类零件按零件的主要加工位置放置(如图 10 - 4 所示);叉架类和箱体类零件按零件接在机器(部件)中的工作位置放置(如图 10 - 5 所示)。

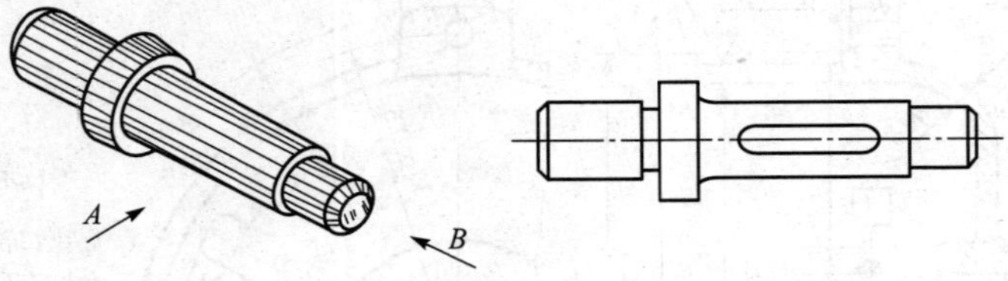

图 10 - 4　按零件的加工位置选主视图

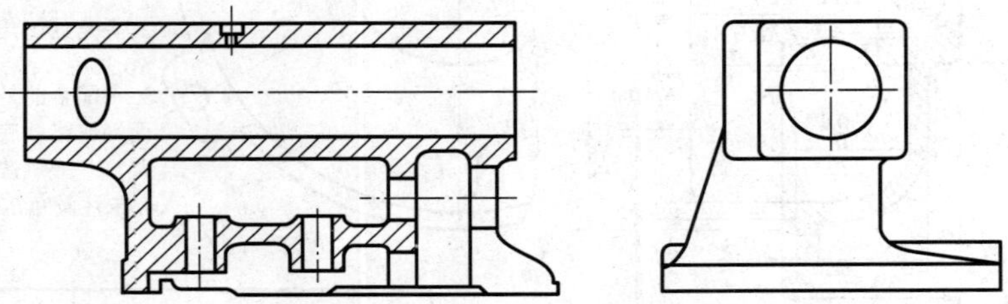

图 10 - 5　按零件的工作位置选主视图

(2) 主视图的投射方向应最能反映零件的结构形状特征。

当零件的放置位置确定后,选择最能反映零件结构形状特征及各组成部分之间的相互位置关系的方向为主视图的投射方向。

二、其他视图的选择

主视图确定后,其他视图的选择应以主视图为基础,按零件的结构特点,首先选用基本视图或在基本视图上取剖视,表达主视图中尚未表达清楚的结构形状,使得每一个视图都有表达的重点。对于局部结构,可以用局部视图或局部剖视图进行表达。必须要注意,视图的选择要简洁,数量不宜过多。

三、零件表达方案的分析比较

零件结构形状的表达方案并不是唯一的,可以有多个表达方案。有多种方案时要进行分析比较,择优而用。图 10－6 所示的为蜗轮蜗杆减速器传动示意图。动力从蜗杆输入,通过蜗轮蜗杆变速传动,由蜗轮轴输出。蜗轮箱体主要用来支承、包容和保护蜗轮蜗杆。

蜗轮箱体结构如图 10－7 所示。为画出其零件图,准确表达出箱体的形状,必须先进行结构分析。该箱体可分为中空四棱柱腔体和带安装孔的底板两部分。箱体的主要作用是支承轴类零件,因此,在其四壁都有轴孔和凸台;为了防尘、密封,需要安装箱盖、端盖等零件;为了润滑,箱体上设计了油孔和安装油塞的螺孔;底板上有安装孔。

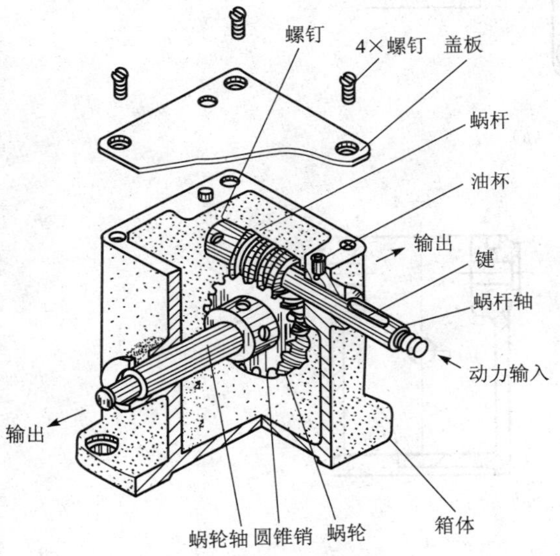

图 10－6　蜗轮蜗杆减速器传动示意图

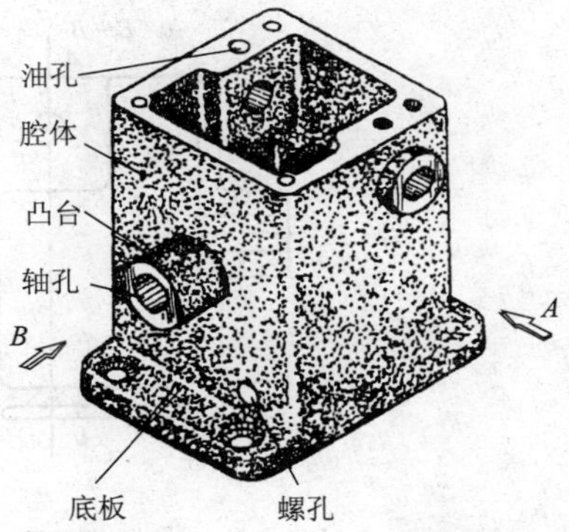

图 10－7　蜗轮箱体结构图

根据零件表达方法选择原则,主视图选择时,零件的放置位置要反映其工作位置,主视图的投射方向为图 10－7 所示的 *A* 方向,有两种表达方案。

方案一(如图 10－8(a)所示):主视图采用全剖,表达了箱体中空部分、箱体的壁厚、安装蜗轮轴的轴孔结构和位置、蜗杆轴孔位置,用局部剖视表达了底座安装孔的结构形状;左视图采用 *A*—*A* 全剖,表达了蜗杆的轴孔和油孔的结构形状,安装油塞的螺孔的位置用局部视图 *D* 表达;俯视图表达了用于箱体与箱盖安装的螺孔、油孔、底座安装孔、销孔的位置,用局部剖视图表达了油塞螺孔的结构形状,箱体底板的底部结构形状在俯视图中用虚线表达。

方案二(如图 10－8(b)所示):主视图和俯视图的表达与方案一相同,左视图采用了 *A*—*A* 局部剖视图,保留了螺孔的外形及位置;用一个局部视图 *C* 表达底板底部的结构形状,取代了方案一中的俯视图上的虚线。

两种方案比较,方案二优于方案一。

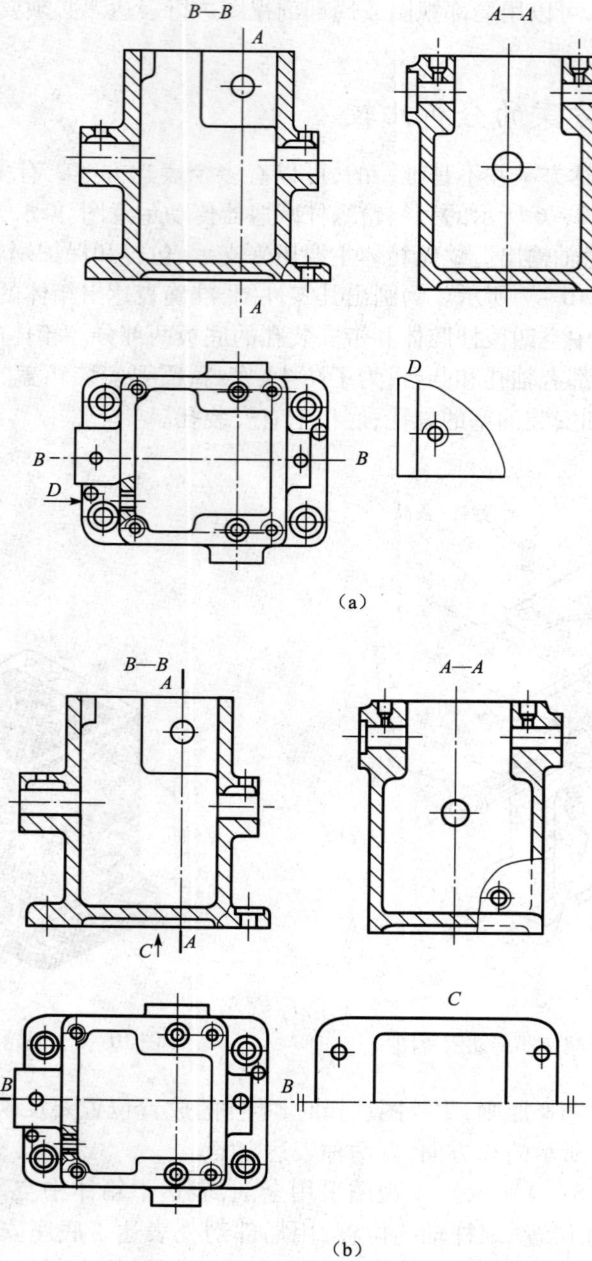

图 10 - 8　蜗轮箱体表达方案分析

当然,此箱体还有其他的表达方案,请读者自行分析,并比较其优缺点。

综上所述,形体比较复杂的零件在选择视图时,必须进行多个方案的选择比较,最后确定最优的视图表达方案,做到完整、清楚、简明地表达零件。

四、几类典型零件的视图选择

1. 轴、套类零件

（1）结构分析。

这类零件的结构一般比较简单，主要结构为回转体，一般根据需要有键槽、倒角、退刀槽、螺纹等结构；轴向尺寸比较大，径向尺寸相对比较小。这类零件一般起支承、传递动力的作用。

（2）实例分析。

如图 10－9 所示的主轴，各部分均为同轴线的圆柱体，有两个键槽，在轴肩的两侧有砂轮越程槽，轴的两端有倒角。

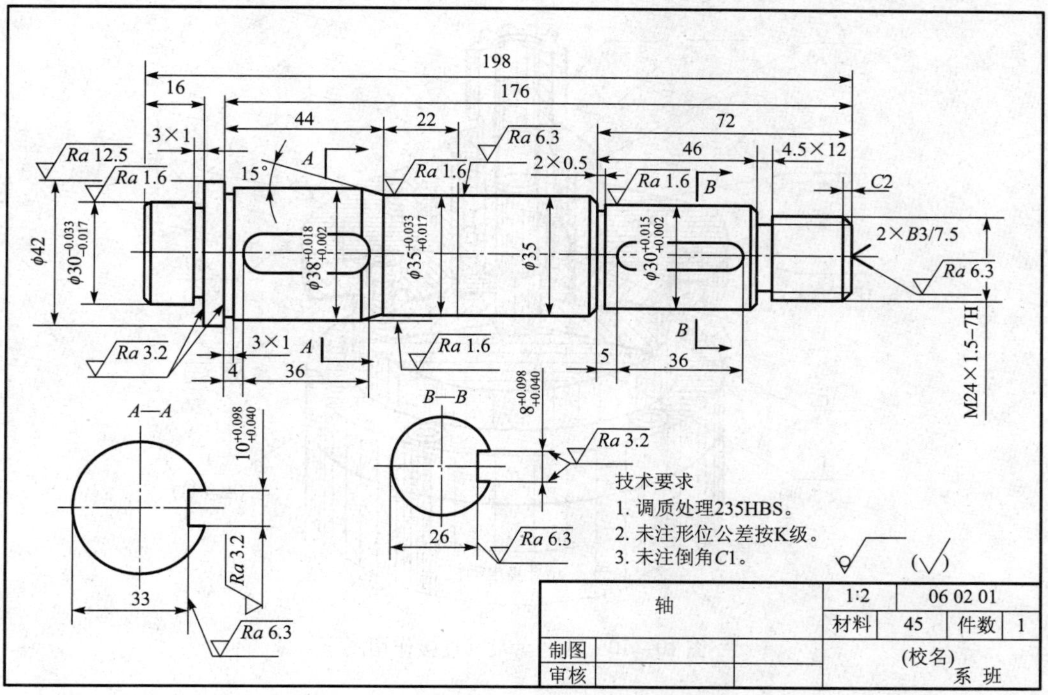

图 10－9　轴零件图

主视图选择：主视图取轴线水平放置，以反映其加工位置，垂直轴线的方向作为主视图的投影方向，并将直径小的一端放置在右端；为表达键槽的形状和位置，键槽转向正前方。

其他视图选择：键槽的深度用移出断面表示，在不引起误会的情况下，移出断面中的剖面线可以省略不画。由图示的主视图和两个移出断面将轴的结构形状已全部表达清楚。

（3）轴套类零件的视图选择。

通过以上分析，根据轴套类零件的结构形状特点，常用的视图选择原则有如下三项。

① 一般只用主视图和一些断面图、局部放大图、局部剖视图等表达其结构形状特征；

② 主视图一般按加工位置放置（即轴线水平放置），垂直轴线的方向作为主视图的投射方向，并将直径小的一端放置在右端；

③ 如果有键槽、孔等结构形状，键槽开口和孔朝前。

2. 盘、盖类零件

（1）结构分析。

这类零件的主体结构也是同轴线回转体或其他平板形，且厚度方向的尺寸比其他两个方向的尺寸小，包括各种端盖和皮带轮、齿轮等盘状传动件。端盖在机器中起密封和支承轴、轴承或轴套的作用，其中有一个端面是与箱体类零件连接的重要接触面，并设有安装孔等。

（2）实例分析。

图 10－10 所示磨床中的法兰盘，其功能为连接电动机和支架（用内六角螺钉将法兰盘与电动机固定，用两个六角头螺钉将法兰盘和电动机一起紧固在支架上）。其基本体为回转体；直径明显大于轴向尺寸。由于安装位置的限制和结构的需要，将回转体的部分切去。

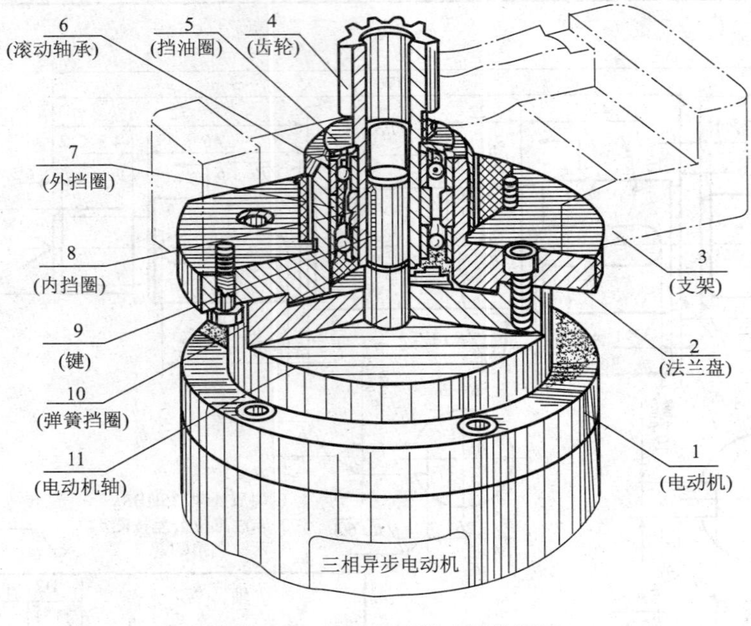

图 10－10　法兰盘及其连接作用图

为了和其他零件连接的需要，常见的局部结构为安装螺纹连接件的螺孔或光孔结构、定位用的销孔、键槽、弹簧挡圈槽及润滑用的加油孔和油沟等。图 10－10 所示的法兰盘上均匀分布着 4 个与电机连接用的阶梯孔、2 个与支架连接用的光孔。其他常见的局部工艺结构有倒角、退刀槽等。该类零件的加工方法一般为经铸、锻形成毛坯后再进行切削加工。切削加工以车、磨为常见的加工方式。

主视图的选择：

如图 10－11 所示的主视图，放置位置为加工位置，轴线水平放置，如此选择使主视图与法兰盘在车床和外、内圆磨床上加工时状态一致，便于加工者看图。同时这种选择也符合表示零件结构、形状信息量最多的原则。以垂直于轴线的方向作为主视图的投射方向，主视图采用 *A—A* 旋转剖表达中间空腔的结构、阶梯孔和光孔、螺孔、法兰盘的厚度等结构。

其他视图的选择：

选用左视图来表达法兰盘上孔的分布情况，同时左视图也表达法兰盘两边各切去部分的结构情况。

对于某些局部较小的结构，在视图中没有表达清楚或标注尺寸和技术要求有困难时，需要采用局部放大图。图 10 - 11 中对法兰 $\phi55$ 圆柱根部的砂轮越程槽利用局部放大图来表达该部分的结构。

（3）盘盖类零件的视图选择。

根据盘盖类零件的结构特点，常用的视图选择原则为：

① 选择主视图时，一般将轴线水平放置以反映其加工位置；以垂直轴线且最能反映其结构形状的方向作为主视图的投射方向，主视图一般采用剖视图表达其内部结构形状。

② 通常采用两个视图，一个为主视图，另一个视图多为左视图（或右视图），表示外部轮廓和其他各组成部分（如孔、轮辐等）的位置分布情况。如果有细小结构，则还需增加局部放大图。

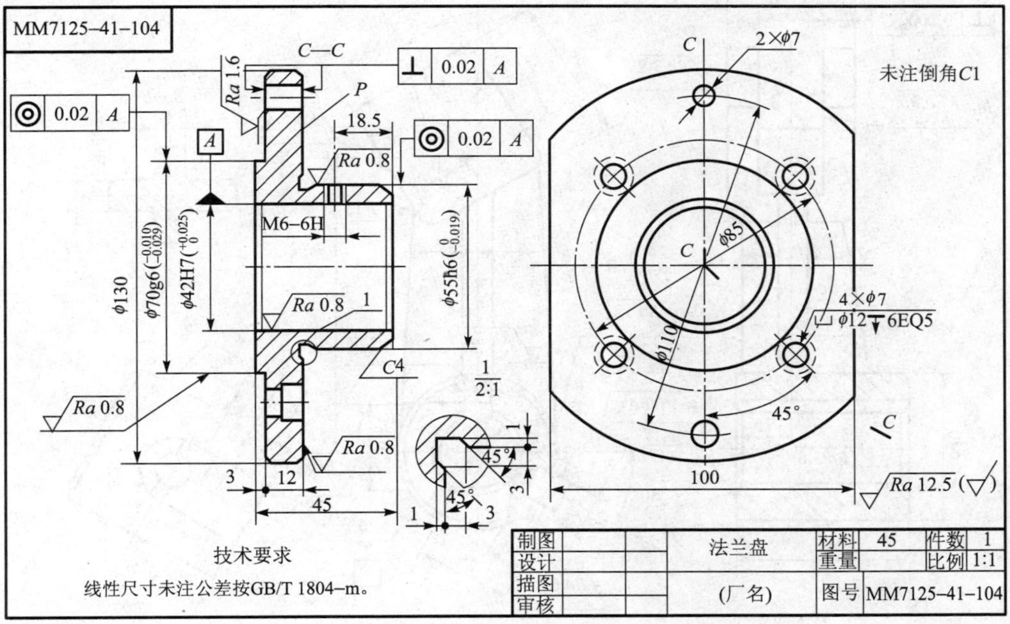

图 10 - 11　法兰盘的零件图

3. 叉、架类零件

（1）结构分析。

这类零件的结构差异很大，形状不规则，许多零件都有倾斜结构，常见的该类零件有连杆、拨叉、支架、摇杆等，一般起连接、支承、操纵调节等作用。

（2）实例分析。

图 10 - 12 所示的拨叉，由叉口、圆柱套筒和凸台及其连接它们的连接板、肋板组成。在机构中，用它来拨动其他零件，通常把带有键槽的圆筒安装在传动轴上，经过肋板的连接支撑作用，使叉口进行工作；当用它来作支撑时，则反过来固定叉口或底板，通过肋板支撑圆筒，再由圆筒支撑轴类零件。

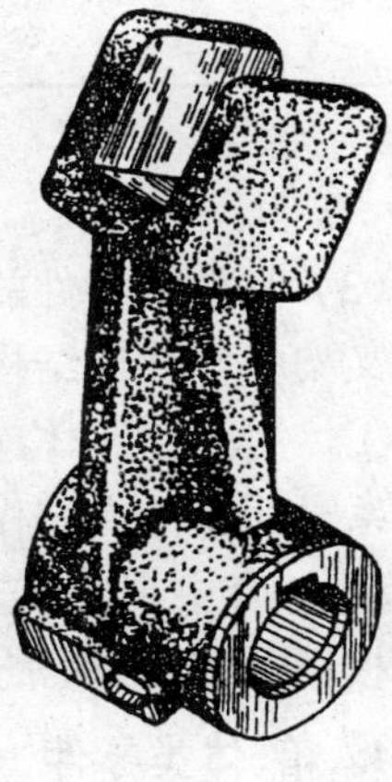

图 10 - 12　拨叉立体图

主视图的选择：

这类零件加工位置不大固定，因此选择主视图时，以工作位置放置，并结合其主要结构特征来选择如图所示的方向为主视图的投射方向。主视图采用局部剖视表达圆筒的结构形状、叉口的结构形状、连接板的结构形状、肋板的厚度等。

其他视图的选择：

俯视图也采用局部剖视表达圆筒上面的凸台及孔、叉口与圆筒之间的相对位置、连接板的厚度等。另用一个向视图表达圆筒上面的凸台形状及孔的位置，用移出断面表达肋板截断面形状，如图 10－13 所示。

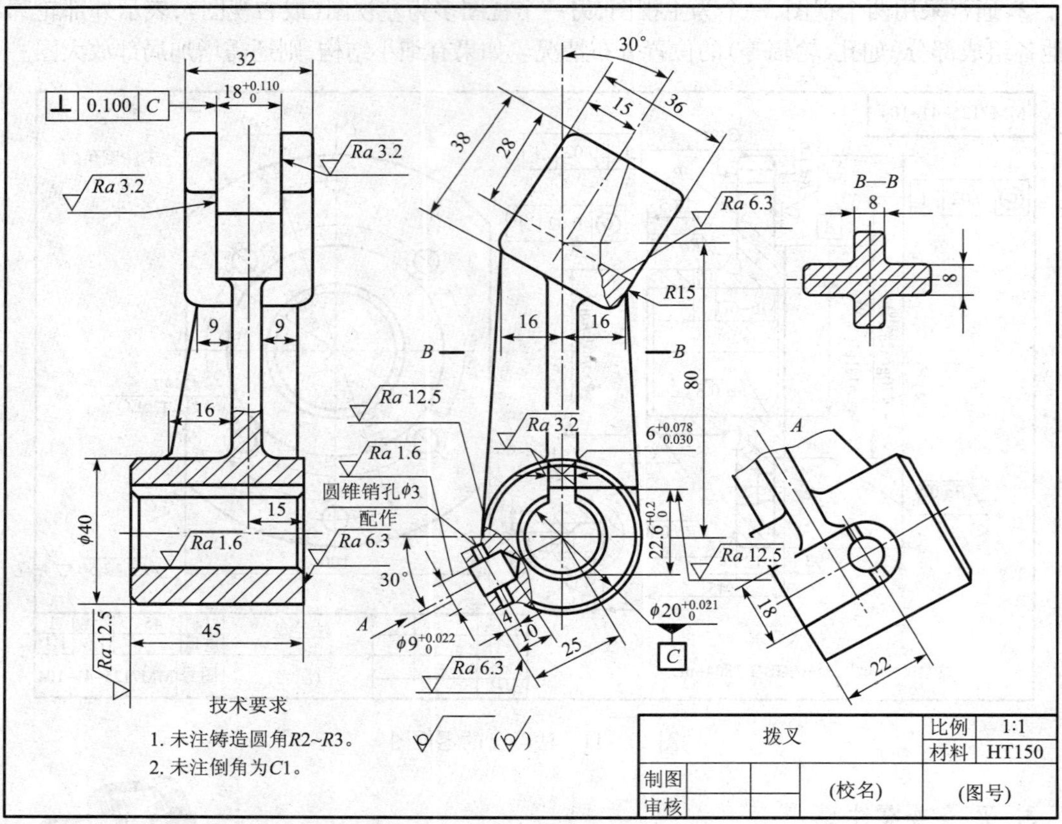

图 10－13　拨叉零件图

（3）叉架类零件的视图选择。

叉架类零件的结构比较复杂且形状不规则，其视图选择原则如下。

① 一般以工作位置放置，选择表达其形状特征、主要结构及其各组成部分之间的相对位置关系最明显的方向作为主视图的投射方向。

② 结合主视图，选择其他视图，倾斜结构常用斜视图或斜剖视图来表示；安装孔、安装板、支承板、肋板等结构常采用局部剖视、移出断面来表示。

4. 箱、体类零件

（1）结构分析。

箱体类零件是组成机器或部件的主要零件之一,其内、外结构形状一般都比较复杂,一般为铸件。它们主要用来支承、包容和保护运动零件或其他零件,因此,这类零件多为有一定壁厚的中空腔体,壁上有支承孔和与其他零件装配的孔或螺孔等结构;为使运动零件得到润滑,箱体内常存放有润滑油,因此,有注油孔、放油孔和观察孔等结构;为了防尘、密封,与其他零件或机座装配,有安装底板、安装孔等结构(如图 10－7 所示)。

(2) 实例分析。

图 10－14 所示的蜗轮箱体视图中,该箱体可分为中空四棱柱腔体和带安装孔的方底板两部分。在其四壁都有轴孔和凸台。箱体上设计了油孔和安装油塞的螺孔;底板上有安装孔。

视图的选择:

选择主视图时,按零件的工作位置放置,通过第三节的零件表达方案的分析,选择垂直主要轴孔中心线的方向作为主视图的投射方向,主视图采用全剖视图来表达内部结构形状、箱体的壁厚、安装蜗轮轴的轴孔结构和位置、蜗杆的轴孔位置;用局部剖视表达了底座安装孔的结构形状。

其他视图的选择:

对于主视图上未表达清楚的零件内部结构和形状,需采用其他基本视图或在基本视图上取剖视来表达;图 10－14 采用了俯视图表达用于箱体与箱盖安装的螺孔、油孔、底座安装孔、销孔的位置;左视图采用了局部剖视图表达螺孔的外形及位置;同时用一个局部视图 *C* 表达底板底部的结构形状。

箱体类零件的视图选择:

① 以工作位置放置,选择反映其形状特征、主要结构及其各组成部分之间的相对位置关系最明显的方向作为主视图的投射方向。

② 根据零件的复杂程度,通常至少选用 3 个视图,并结合断面图、局部视图、剖视图等表达方法。

③ 以上视图的选择在选用视图数量最少的原则下,使得各个视图都有一个表达的重点,将零件的结构形状清晰地表达出来。

第四节 零件的工艺结构

零件设计时,零件的结构形状不仅要满足其在机器或部件中的作用,而且还要便于加工制造,使得零件的结构既能满足设计要求,同时满足工艺要求。零件的加工手段通常有:热加工(即铸造、锻造等)和机械加工,对于不同的加工手段,零件的工艺要求不同。下面分别介绍零件常见的铸造工艺结构和机械加工工艺结构的特点。

一、机械加工工艺结构

零件上的机械加工结构有倒角、倒圆、退刀槽和砂轮越程槽、钻孔结构、凸台和凹坑等结构,见表 10－1。

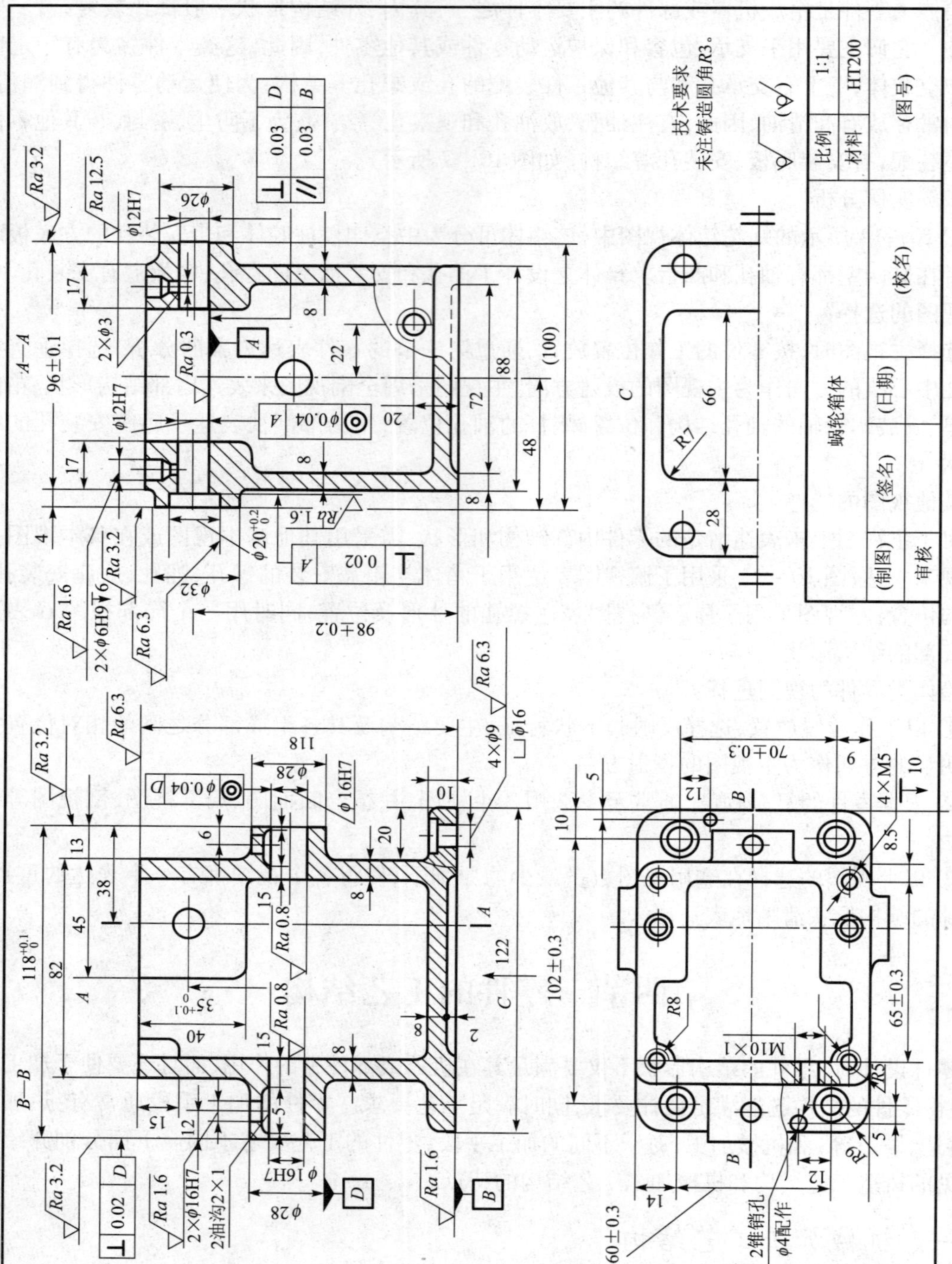

图10-14 蜗轮箱体零件图

表 10－1　零件的机械加工工艺结构

结构	图　　例	说　　明
倒角和倒圆	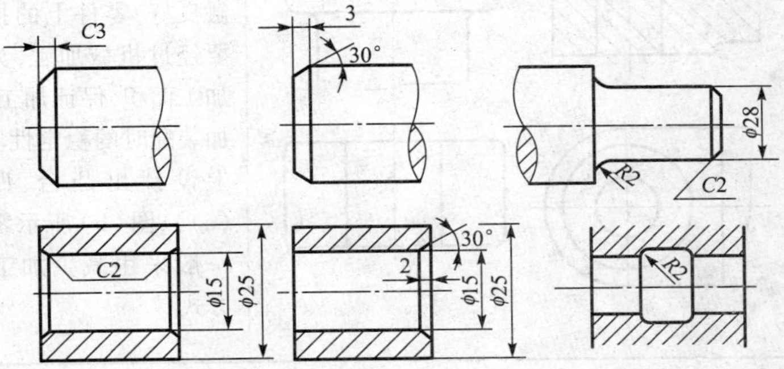 (a)　(b)　(c)	零件经切削加工后会形成毛刺、锐边，为了便于装配和去除毛刺、锐边，在轴端面或孔口加工成倒角。 为了避免应力集中而产生裂纹，在轴肩处或阶梯孔的转角处加工成圆角，称为倒圆。图例显示了45°倒角（a）和非45°倒角（b）、圆角（c）的画法及其尺寸注法
退刀槽和砂轮越程槽	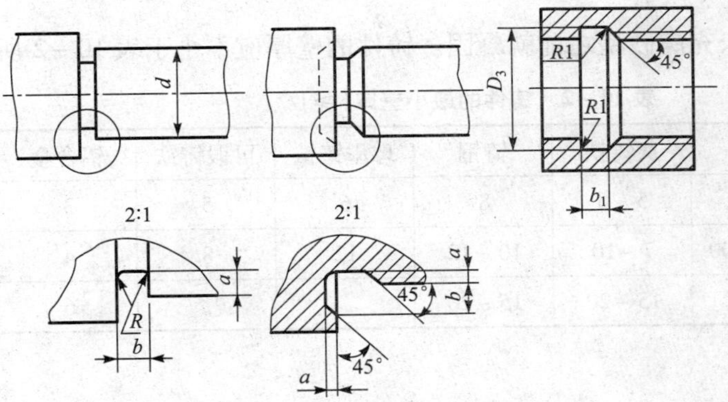	加工时，为了方便刀具退出，或磨削时，为了使砂轮可稍微越过加工面，能够磨到根部或磨削端部，常在待加工面的末端预先车出退刀槽或砂轮越程槽
钻孔结构	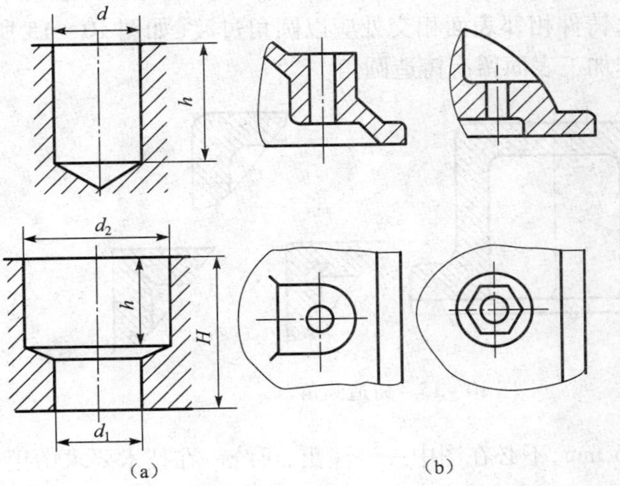 (a)　(b)	因钻头顶角约为120°，加工不通孔时，底部有一个锥顶角约为120°的圆锥面，孔的有效深度为圆柱部分的深度；加工阶梯孔时，先钻小孔，再扩孔，过渡处的锥角也为120°（图(a)）；为避免钻头折断和保证钻孔的准确，钻孔时，钻头轴线应与被钻孔的表面垂直；如果需要在倾斜面钻孔时，宜增设凸台和凹槽（图(b)）

续表

结构	图　例	说　明
凸台和凹坑	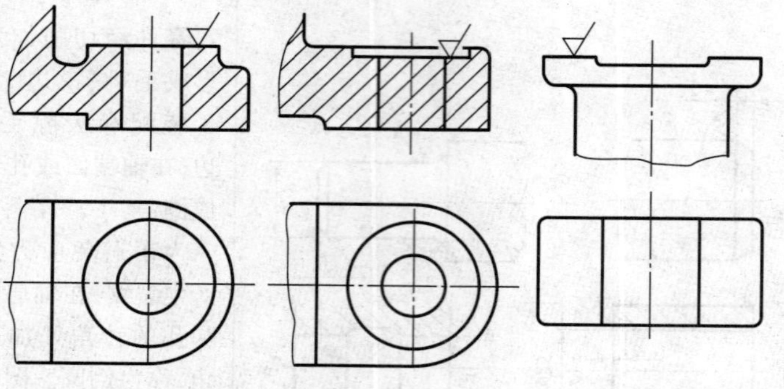 (a)　(b)	为了使零件与零件表面接触良好,零件上的接触表面要经过机械加工,为了减少加工面积,保证加工精度,增加装配时的稳定性。在铸件上设计出凸台、凹坑(图(a));图(b)所示零件底面一般采用减少加工面积的方式

二、铸造工艺结构

1. 最小壁厚

为了防止金属熔液在未充满砂型之前就凝固。铸件的壁厚应不小于表 10－2 所列数值。

表 10－2　铸件的最小壁厚(≥)

mm

铸造方法	铸件尺寸	灰铸铁	铸钢	球墨铸铁	可锻铸铁	铝合金	铜合金
砂型	<200×200	5~6	8	6	5	3	3~5
	200×200~500×500	7~10	10~12	12	8	4	6~8
	>500×500	15~20	15~20			6	

2. 铸造圆角

为避免在铸件表面相交处产生应力集中现象,防止产生裂纹、夹砂、缩孔等铸造缺陷,或防止金属熔液冲毁砂型转角处,铸件相邻表面相交处应以圆角过渡(如图 10－15 所示),称为铸造圆角。因此,铸造零件的非加工表面留有铸造圆角。

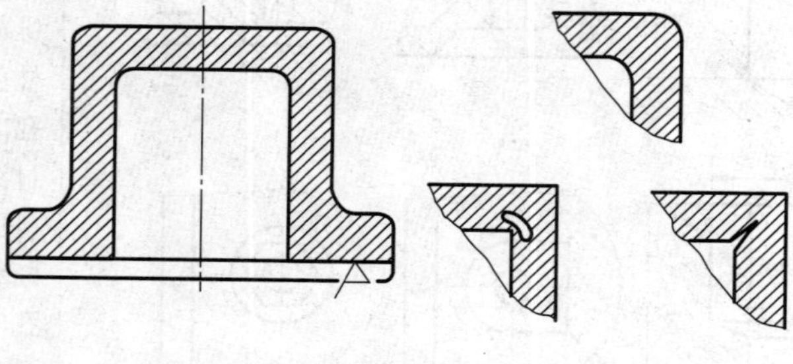

图 10－15　铸造圆角

铸造圆角半径一般小于 6 mm,不必在图中一一注出,可统一在技术要求中用文字注明,例如"未注铸造圆角 $R3 \sim R5$"。

由于有铸造圆角存在，使得铸件表面间的交线(相贯线)变得不明显。为了清晰地表现形状特征，便于看图时分清不同表面的交界处，画零件图时，在表面间的圆角过渡处按没有圆角时的情况作出相贯线，但只画到理论交线的端点为止(图 10－16)，并将其称为过渡线。但过渡线的画法应注意：

(1) 零件的相邻表面相交时，过渡线不应与轮廓线相接触；

(2) 过渡线在切点附近应该断开。

图 10－17 所示的表示平面立体与平面立体、平面立体与曲面立体相交时，过渡线在转角处应断开，并加画过渡圆弧，其弯曲方向与铸造圆角的方向一致。图 10－18 所示的是两曲面立体相切产生的过渡线。

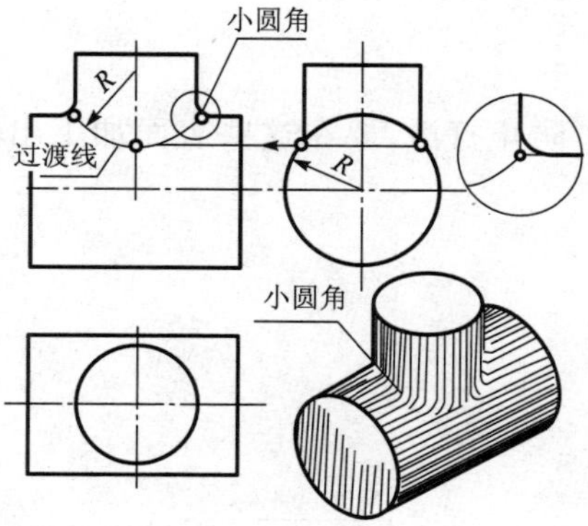

图 10－16　过渡线(两曲面立体相贯)

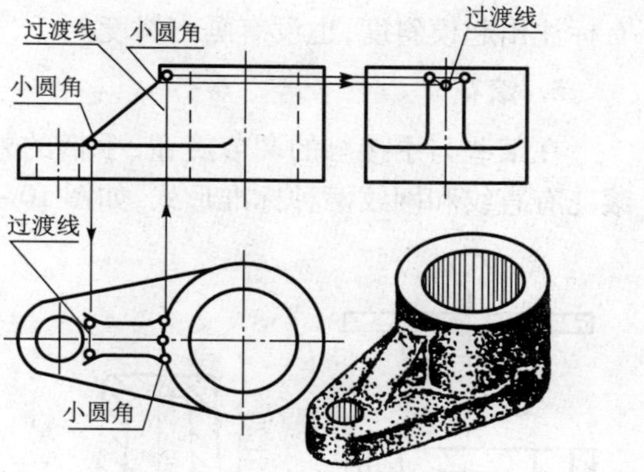

图 10－17　过渡线(平面与平面立体、平面与曲面立体相交)

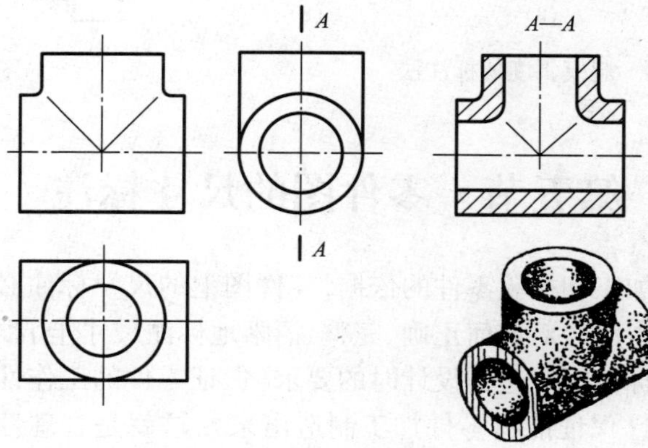

图 10－18　过渡线(两曲面立体相切)

3. 壁厚均匀

为了避免由于铸件的壁厚不均匀，浇注零件时各部分的冷却速度不一致，形成缩孔等铸造缺陷，所以在设计铸件时，铸件的壁厚应尽量均匀或逐渐变化，如图 10－19 所示。

4. 起模斜度

铸造零件时，为了便于将木模顺利地从沙型中取出，在铸件的内、外壁沿起模方向设计一

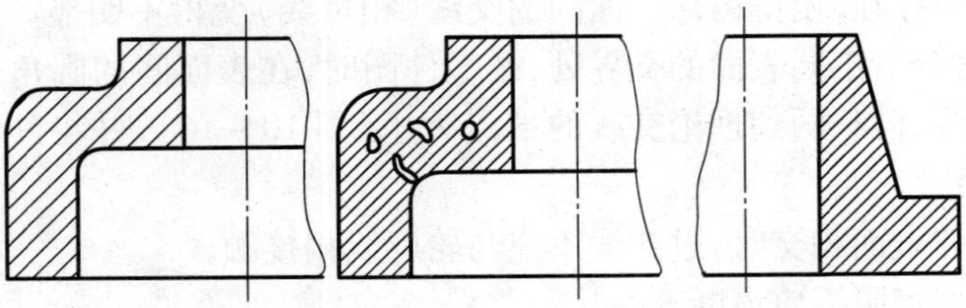

图 10－19　壁厚与缺陷

定的斜度，称为起模斜度。通常取 1∶10～1∶20，比较小，所以零件图中可以不必画出，如图 10－20 所示，图 10－20(a)为起模示意图，图 10－20(b)标注出起模斜度图，10－20(c)既没有标注出起模斜度，也没有画出斜度。

5. 滚花

在某些与手接触的调节旋钮、手柄的外表面，为了防止打滑，要在这些表面加工出滚花。滚花有直纹和网纹两种标准形式，如图 10－21 所示。

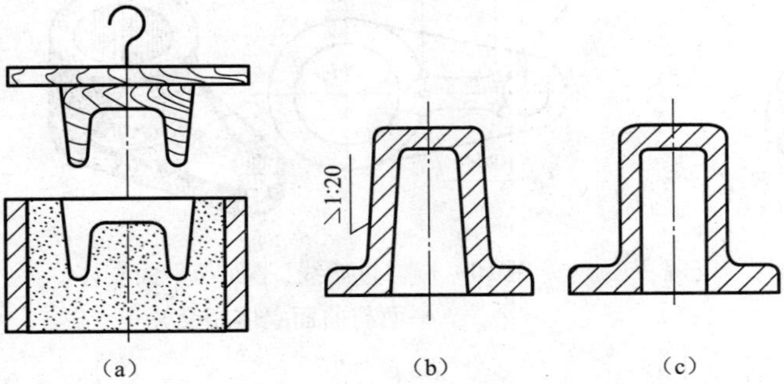

图 10－20　起模斜度的标注法

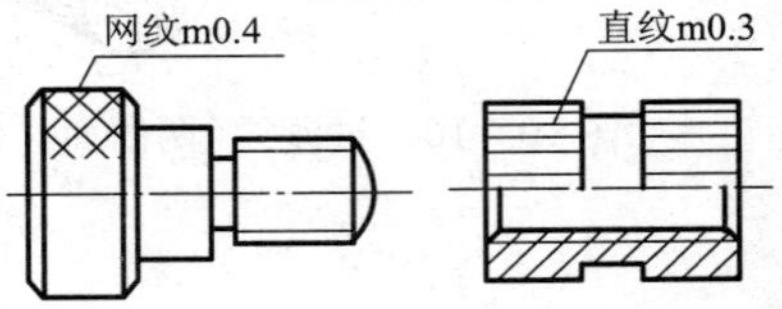

图 10－21　滚花

第五节　零件图的尺寸标注

零件图上的尺寸是加工和检验零件的依据，零件图上的尺寸标注必须正确、完整、清晰和合理。在第六章组合体中已经对如何正确、完整、清晰地标注尺寸作了详细的介绍。这里着重介绍如何使零件的尺寸标注既能达到设计时的要求(保证零件的工作性能)，又要切合实际生产，便于生产加工和测量(保证能将零件加工制造出来)，这就是合理性问题。但是要达到这一要求，需要一定的专业知识和实际生产经验，这里只介绍合理地标注尺寸的基本原则和一般知识。

合理地标注尺寸，即标注尺寸既要满足设计要求，又要满足工艺要求。要达到这一要求，首先要正确地选择尺寸基准。

一、尺寸基准

确定尺寸位置的几何要素称为尺寸基准，是标注尺寸和测量尺寸的起始点。

按几何元素的不同，尺寸基准有线基准(如回转体的轴线)、面基准(零件的底面或对称面。在生产中尺寸基准按其用途不同，分为设计基准和工艺基准两种。

（1）设计基准：设计基准一般用来确定零件在机器中位置的接触面、对称面、回转面的轴线等，如图 10－22（a）所示的轴承架。

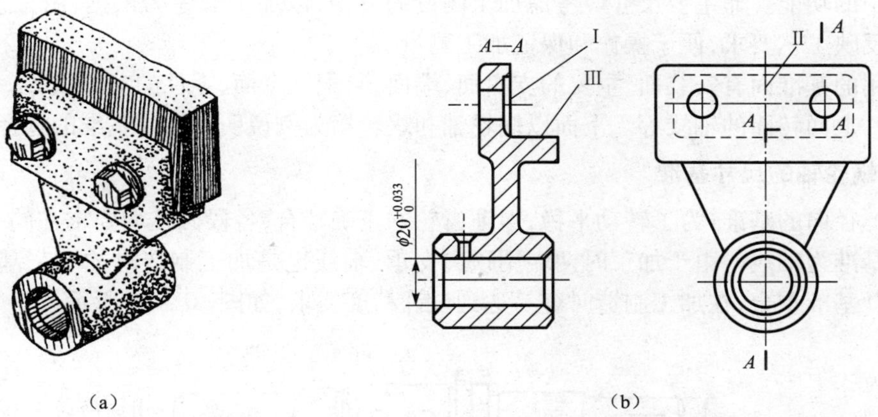

图 10－22　轴承架的安装方法与设计基准

在装配中用接触面Ⅰ，Ⅲ和对称面Ⅱ来定位（如图 10－22（b）所示），以保证 $\phi 20^{+0.033}_{0}$ 的轴孔轴线与对面另一个轴承架上的轴孔的轴线在同一直线上，并使相对的两个轴孔的端面间的距离达到一定的精确度。图例中的 3 个平面为轴承架的设计基准。

（2）工艺基准：零件加工或测量时的定位面，称为工艺基准，如图 10－23 所示。

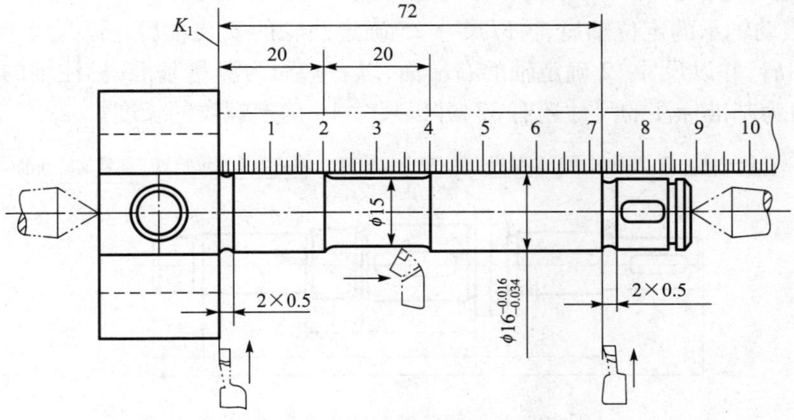

图 10－23　工艺基准

每个零件都有长、宽、高 3 个方向的尺寸，因此，每个方向至少要有一个基准。根据设计、加工制造的需要，还要附加一些基准。通常把确定零件重要尺寸的设计基准作为主要基准，把辅助的工艺基准称为辅助基准。主要基准和辅助基准之间、两个辅助基准之间一定要有尺寸联系。

二、尺寸基准的选择

合理地选择尺寸基准，是标注尺寸首先要考虑的重要问题。标注尺寸时应尽可能使设计基准和工艺基准重合，做到既满足设计要求，又满足工艺要求。但实际上往往不能兼顾设计要求和工艺要求，此时必须对零件的各部分结构的尺寸进行分析，明确哪些尺寸是主要尺寸，哪些是非主要尺寸；主要尺寸应从设计基准出发标注，以直接反映设计要求，能体现所设计零件在部件中的功能。非主要尺寸应考虑加工测量的方便，以加工顺序为依据，由工艺基准引出，以直接反映工艺要求，便于操作和保证加工测量。

常用的基准面有安装面、重要的支撑面、端面、装配结合面、零件的对称面等。常用的基准线有零件上回转面的轴线等。下面以蜗轮轴和蜗轮箱为例说明其尺寸基准的选择。

1. 蜗轮轴的尺寸基准

（1）径向的基准：为了转动平稳，保证齿轮的正确啮合，各段圆柱均要求在同一轴线上，因此设计基准为轴线。由于加工时两端用顶尖支承，轴线也是加工制造时的工艺基准。工艺基准与设计基准重合，在加工制造时容易达到设计精度要求，如图 10－24 所示。

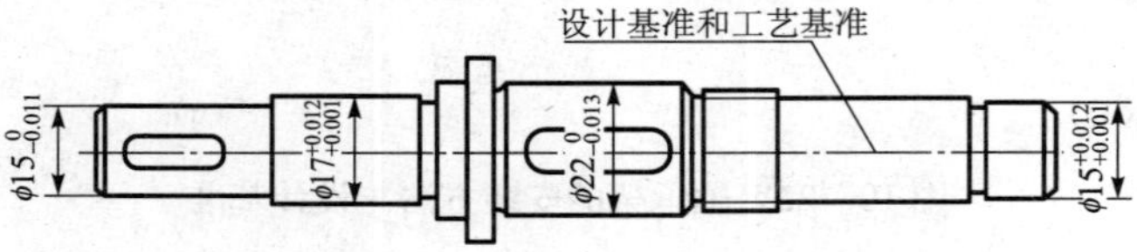

图 10－24 蜗轮轴径向主要尺寸和基准选择

（2）轴向主要基准：蜗轮轴上装有蜗轮、锥齿轮和滚动轴承，为了保证齿轮以及蜗杆、蜗轮的正确啮合，齿轮和蜗轮在轴线上的轴向定位十分重要，蜗轮的轴向位置由蜗轮轴的定位轴肩来确定，故将这一定位轴肩作为轴向尺寸的主要设计基准，如图 10－25 所示。并由此以尺寸 10 确定左端滚动轴承的定位轴肩，再以尺寸 25 确定凸轮的安装轴肩。以尺寸 80 确定右端滚动轴承定位轴肩，并以尺寸 12 确定轴的右端面，以右端面为测量基准，标注轴的总长 154。以蜗轮定位轴肩为基准标注的尺寸还有 33，并以尺寸 16 确定螺纹的长度。

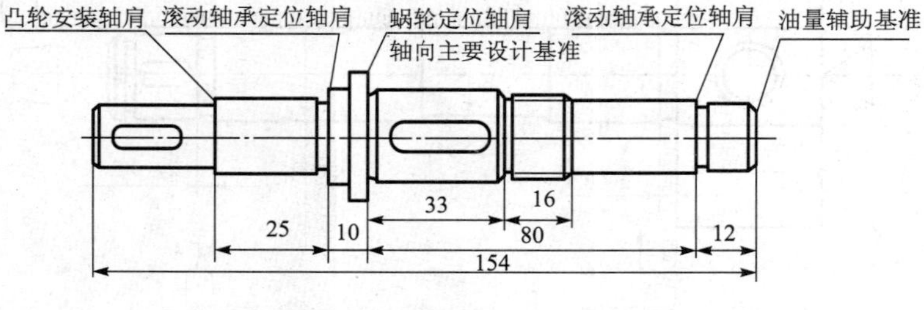

图 10－25 蜗轮轴轴向主要基准选择

2. 箱体的尺寸基准

（1）长度方向的基准和主要尺寸。蜗轮箱体长度方向应以蜗轮轴孔右凸台端面为主要基准，以尺寸 38 确定出蜗杆轴孔的位置。以尺寸 118 确定出蜗轮轴孔左凸台端面的位置。

（2）宽度方向的基准和主要尺寸。蜗轮箱体宽度方向应与蜗杆轴向设计基准一致，即以 *K* 面为宽度方向主要基准。以尺寸 96 确定出蜗杆轴前凸台端面位置，以尺寸 4 确定出蜗杆轴后凸台端面的位置。以前后对称面为宽度方向的辅助基准。

（3）高度方向的基准和主要尺寸。蜗轮箱体高度方向以底面为主要基准，以尺寸 98 确定出蜗杆轴孔轴线的高度方向上的位置，再以蜗杆轴孔的轴线为辅助基准，标注出蜗杆轴孔和蜗轮轴孔的中心距 35.5，如图 10－26 所示。

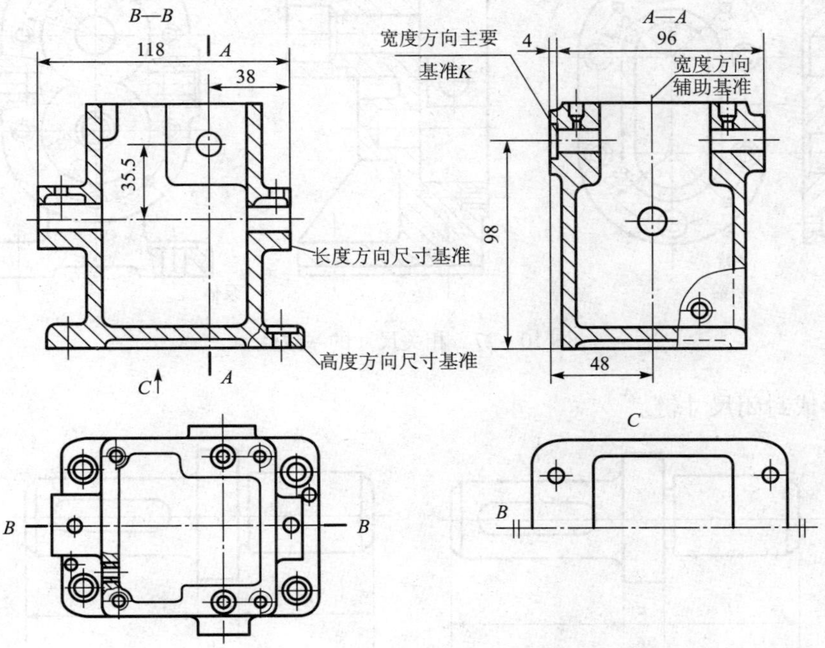

图 10－26　蜗轮箱体基准选择和主要尺寸分析

三、零件图上标注尺寸时应注意的几个问题

1. 主要尺寸必须直接标注

主要尺寸：主要尺寸指影响产品性能、工作精度和配合的尺寸。主要的尺寸必须直接注出（图 10－24、图 10－25 和图 10－26 中标注的尺寸）。主要尺寸为以下 4 种。

（1）直接影响零件传动准确性的尺寸；

（2）机器的性能规格尺寸；

（3）两零件互相配合时的相关尺寸；

（4）决定零件在产品中相对位置的尺寸。

非主要尺寸：除以上 4 种主要尺寸以外的尺寸。如非配合的直径、长度、外轮廓尺寸等。

2. 相关尺寸一致性

相互关联的零件之间的相关尺寸要一致，例如配合尺寸、轴向和径向的定位尺寸。在标注尺寸时要注意相关尺寸的一致性，如图 10－27 所示泵盖上销孔的定位尺寸，必须要与泵体上销孔的定位尺寸完全一致，这样才能保证装配精度。

3. 避免注成封闭尺寸链

要避免零件某一方向上的尺寸首尾相互连接，构成封闭尺寸链，如图 10－28（a）所示。轴的轴向尺寸 b，c，d 标注尺寸时，应选择一个最不重要的尺寸 d 不予标注，如图 10－28（b）所

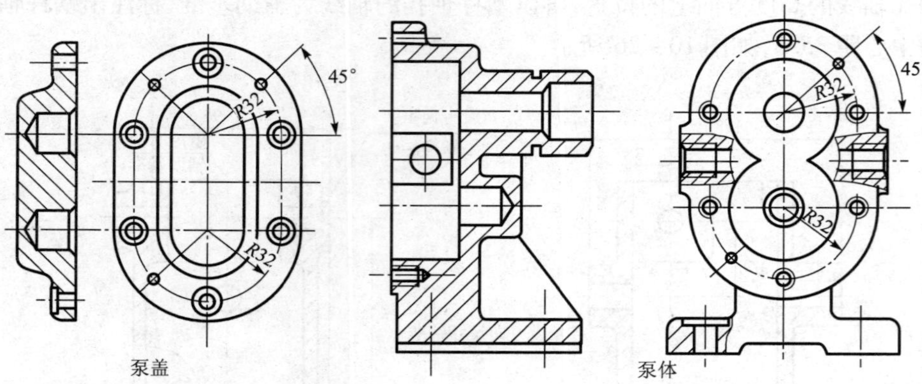

图 10－27　相关尺寸的一致性

示，以避免形成封闭尺寸链。

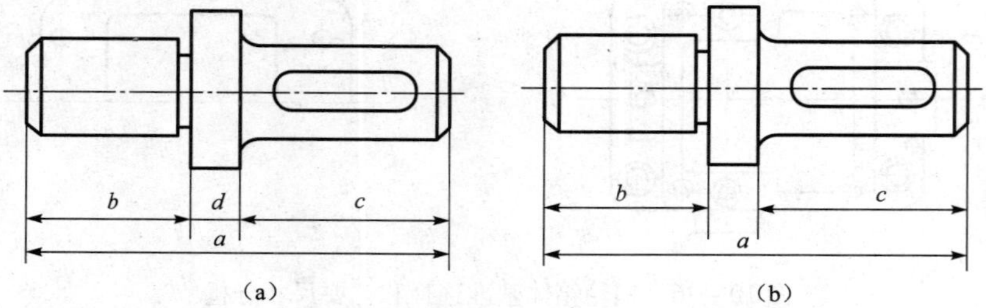

图 10－28　避免形成封闭尺寸链

4. 加工、测量方便

在满足零件设计要求的前提下，标注尺寸要尽量符合零件的加工顺序和方便测量，如图 10－29(a)中尺寸 A 的标注，不符合零件的加工顺序，也不便于测量，应标注为如图 10－29(b)所示的尺寸 B。

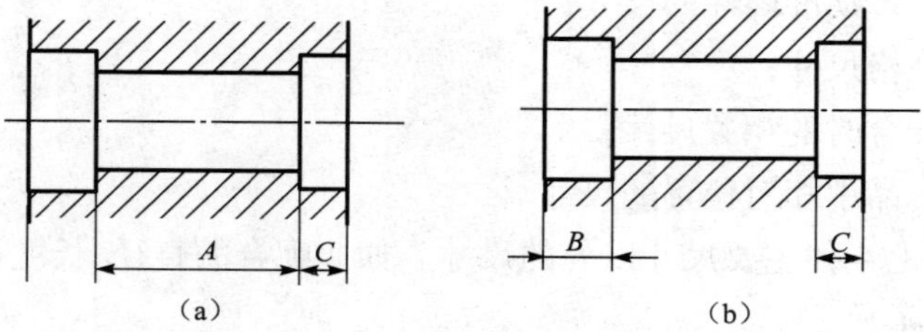

图 10－29　尺寸标注要便于加工和测量

5. 零件上的标准结构按规定标注

零件上的标准结构，如螺纹、退刀槽、键槽、销孔、沉孔等，应查阅有关国家标准，按规定标注尺寸。表 10－3 所示的是零件上常见的各种不同形式和不同用途的光孔、螺孔、盲孔、沉孔等的画法及标注，零件上的倒角、倒圆、退刀槽的尺寸注法参考图 10－30、图 10－31。图 10－30(a)为倒角和退刀槽合理的标注法，图 10－30(b)为不合理的注法。图 10－31(a)

为阶梯孔合理的标注法，图 10－31(b)为不合理的标注法。

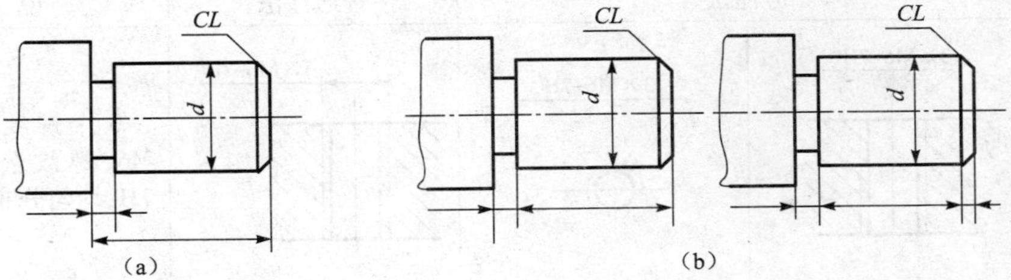

图 10－30 倒角和退刀槽的注法

6. 加工面与非加工面的标注

对于铸造或锻造零件，同一方向上的加工面、非加工面应选择一个基准分别标注有关尺寸，并且两个基准之间只允许有一个联系尺寸。图 10－32 (a)中零件的非加工面间由一组尺寸 M_1，M_2，M_3，M_4 相联系，加工面间由另一组尺寸 L_1，L_2 相联系。加工基准面与非加工基准面之间用一个尺寸 A 相联系。如图 10－32 (b)所示，由于底面与两个非加工面之间有尺寸联系，因此是不合理的。

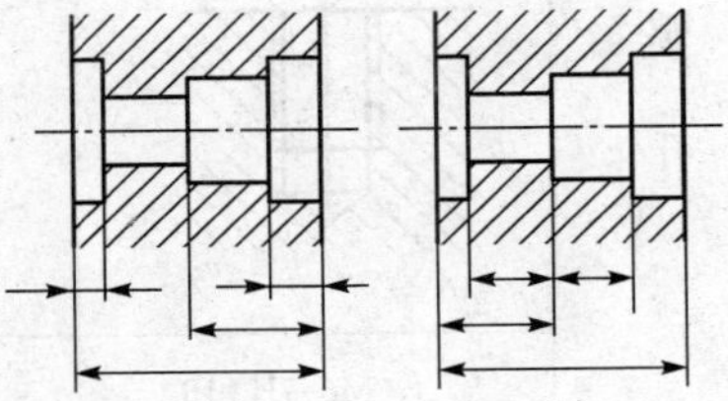

图 10－31 阶梯孔的标注

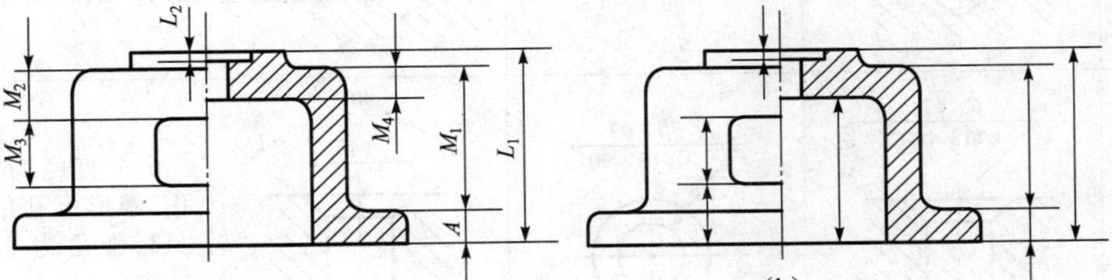

图 10－32 加工面与非加工面的标注

表 10－3 列出了零件上常见结构(光孔、螺孔、沉孔)的尺寸标注方法。

表 10－3 零件上常见结构(光孔、螺孔、沉孔)的尺寸注法

类型	旁注法		普通注法	说 明
光孔	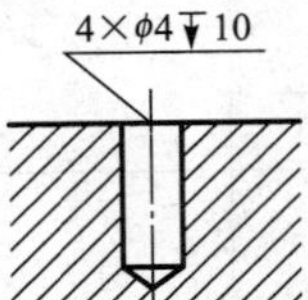	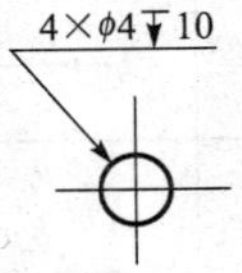	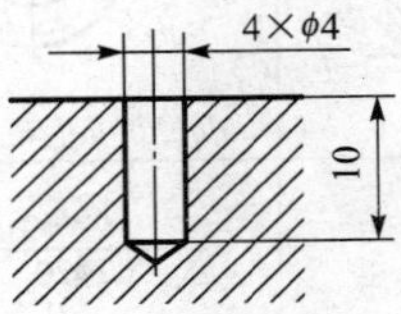	4 个直径为 $\phi 4$，深为 10，均匀分布的孔
	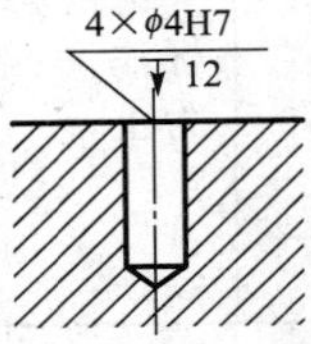	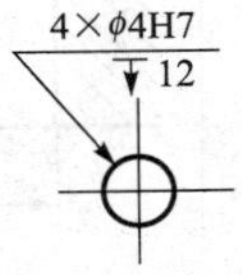	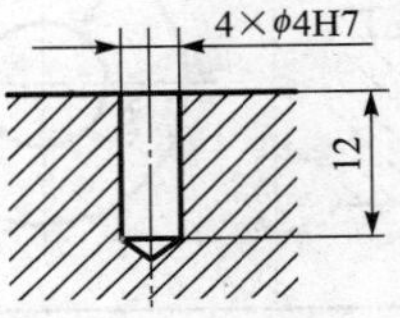	4 个直径为 $\phi 4$ 等级的孔，公差为 H7，孔深为 12，均匀分布

续表

类型	旁注法	普通注法	说明
螺孔	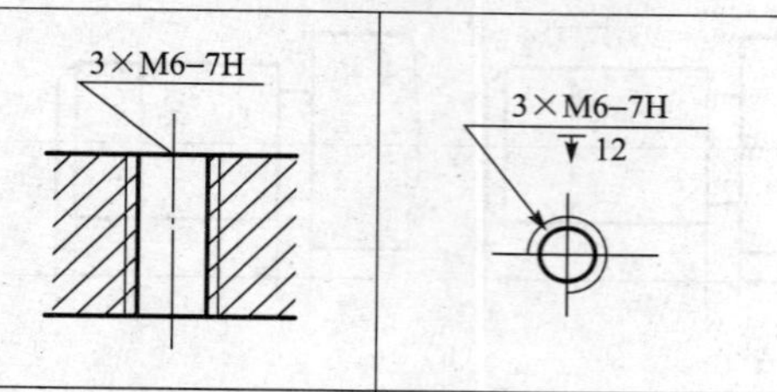	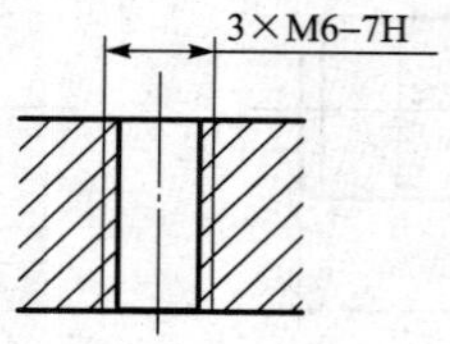	3 个螺纹孔，大径为 M6，螺纹公差等级为 7H，均匀分布
	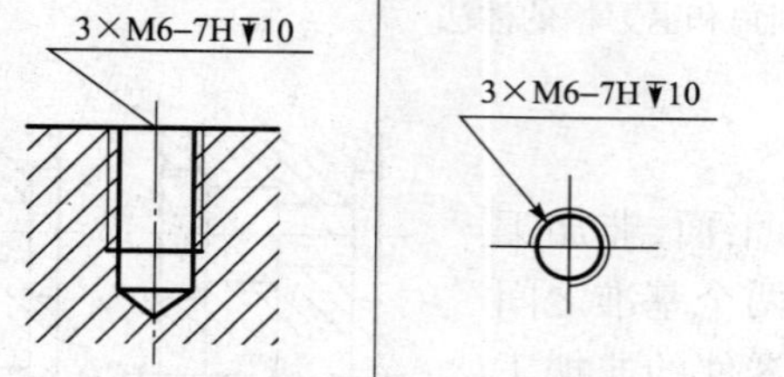	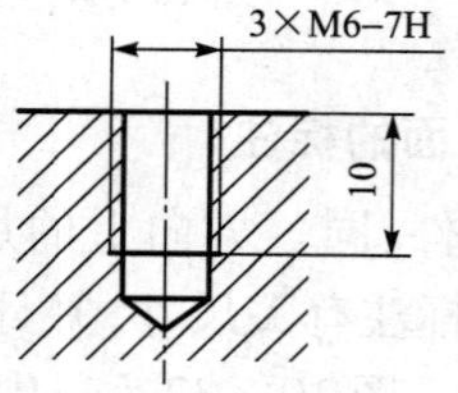	3 个螺纹孔，大径为 M6，螺纹公差等级为 7H，螺孔深为 10，均匀分布
	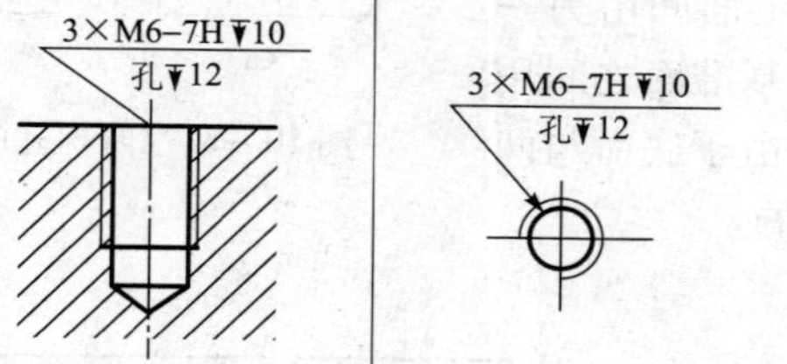	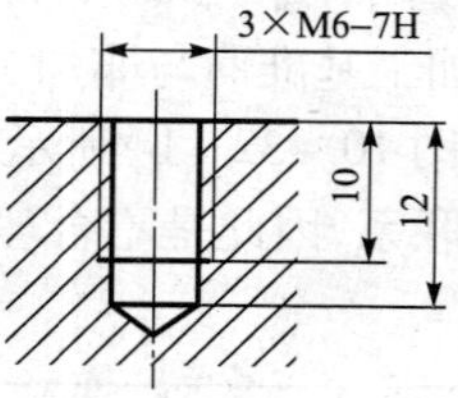	3 个螺纹孔，大径为 M6，螺纹公差等级为 7H，螺孔深为 10，光孔深为 12，均匀分布
沉孔	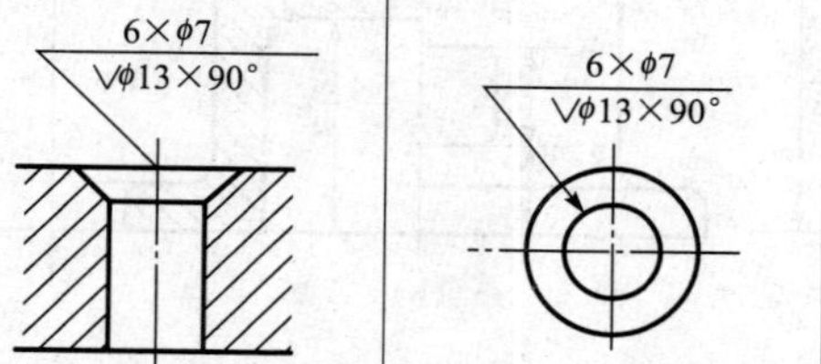	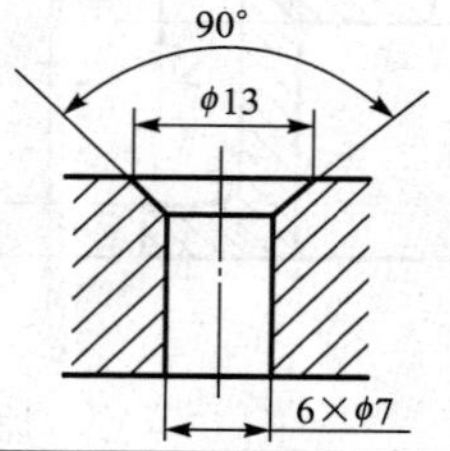	6 个直径为 ϕ7 的通孔，锥形沉孔的直径为 ϕ13，锥角为 90°，均需标注
	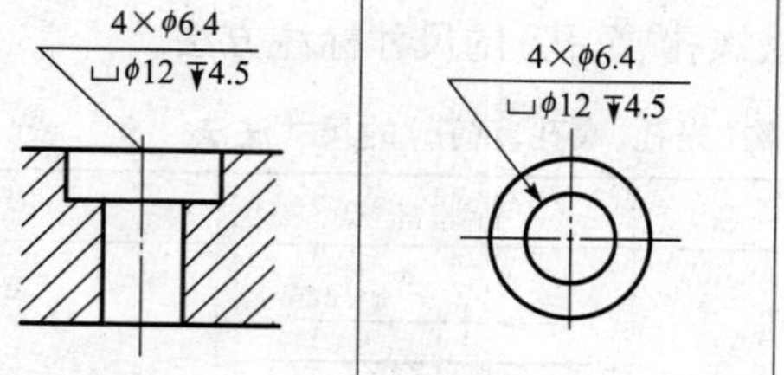	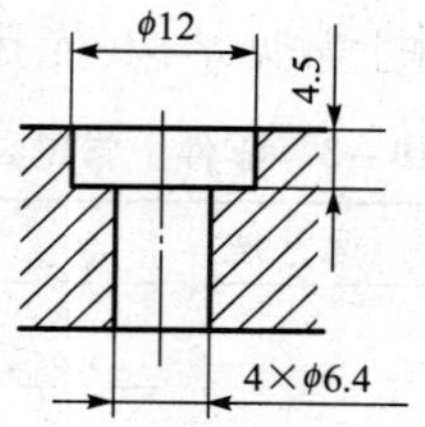	柱形沉孔的直径 ϕ12 及深度 4.5，均需标注
	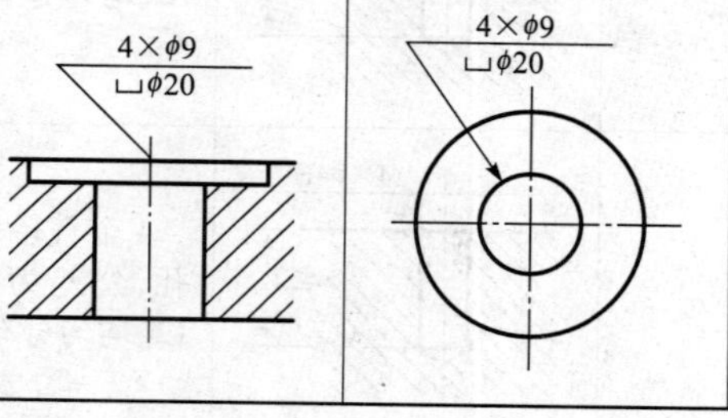	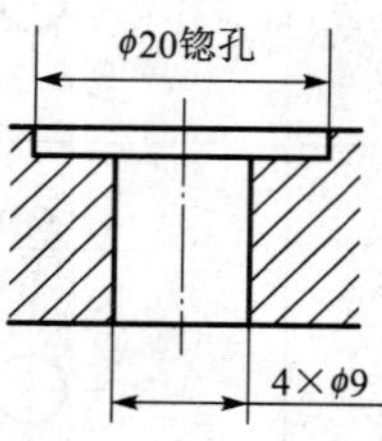	锪孔 ϕ20 的深度不需标注，一般锪平到光面为止

第六节 零件的技术要求

零件的技术要求是零件在设计、加工及使用中应达到的技术性指标，通常以符号、代号、标记及文字说明注写在零件图中。其中主要内容包括表面结构、极限与配合、形状与位置公差、热处理及表面处理等。

一、零件的表面结构

（一）表面结构的基本概念

零件的实际表面是按所定特征加工形成的，看起来很光滑，但借助放大装置便会看到高低不平的状况。如图 10－33 所示，实际表面的轮廓是由粗糙度轮廓（R 轮廓）、波纹度轮廓（W 轮廓）和原始轮廓（P 轮廓）构成的，各种轮廓所具有的特性都与零件的表面功能密切相关。

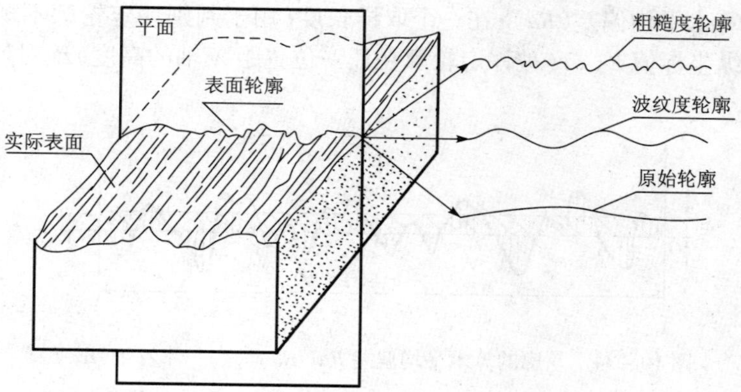

图 10－33 表面轮廓

（1）粗糙度轮廓。粗糙度轮廓是表面轮廓中具有较小间距和峰谷的那部分，它所具有的微观几何特征称为表面粗糙度。表面粗糙度主要是由加工过程中的刀痕、刀具和零件被加工表面之间的摩擦、切削分离时的塑性变形和工艺系统中的高频振动等因素所引起的。

（2）波纹度轮廓。波纹度轮廓是表面轮廓中不平度的间距比粗糙度轮廓大得多的那部分。这种间距较大的、随机的或接近周期形式的成分构成的表面不平度称为表面波纹度。它通常包含工件表面加工时由意外因素（例如由工件或刀具的失控运动）引起的那种不平度。

（3）原始轮廓。原始轮廓是忽略了粗糙度轮廓和波纹度轮廓之后的总的轮廓。它主要是由机床、夹具本身所具有的形状误差所引起的，具有宏观几何形状特征，如工件的平面不平、圆截面不圆等。

零件的表面结构特性是粗糙度、波纹度和原始轮廓特性的统称。它是通过不同的测量与计算方法得出的一系列参数进行表征的，是评定零件表面质量和保证其表面功能的重要技术指标。

（二）表面结构参数

1. 评定表面结构的参数

国家标准规定了评定表面结构的三组参数：

（1）轮廓参数（GB/T 3505—2000）。

R 轮廓（粗糙度轮廓）参数；

W 轮廓（波纹度轮廓）参数；

P 轮廓（原始轮廓）参数。

（2）图形参数（GB/T 18618—2002）。

粗糙度图形参数；

波纹度图形参数。

（3）支撑率曲线参数（GB/T 18778.2—2003 和 GB/T 18778.3—2006 等）。

此处主要介绍常用的评定粗糙度轮廓（R 轮廓）的主要参数：轮廓的算术平均偏差（Ra）和轮廓的最大高度（Rz）。

（1）轮廓的算术平均偏差（Ra）：在一个取样长度（用于判别评定轮廓不规则特征的 X 轴上的长度）lr 内，纵坐标值 $Z(x)$（被评定轮廓在任一位置距 X 轴的高度）绝对值的算术平均值（图 10－34）。

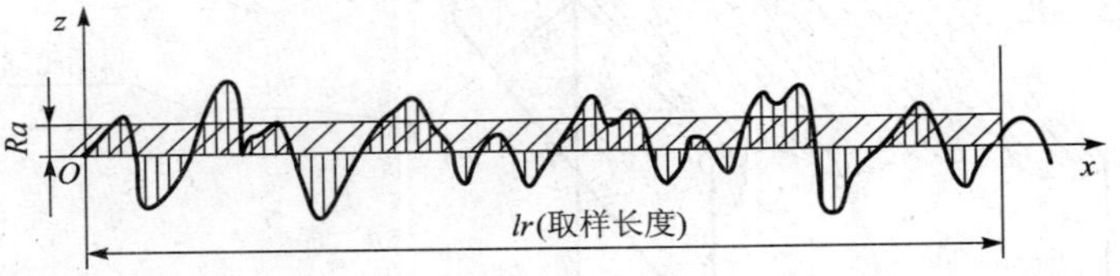

图 10－34　轮廓的算术平均偏差 Ra（ $Ra = \frac{1}{lr}\int_0^{lr} |Z(x)|\mathrm{d}x$ ）

（2）轮廓的最大高度（Zz）：在一个取样长度内，最大轮廓峰高和最大轮廓谷深之和的高度。

2. 表面结构参数值的选用

表面结构参数值要根据零件表面不同功能的要求选用。粗糙度轮廓参数 Ra 几乎是所有表面必须选择的评定参数，参数值越小，零件被加工表面越光滑，但加工成本越高。因此，在满足零件使用要求的前提下，应合理选用参数值。表 10－4 和表 10－5 列出了粗糙度轮廓参数 Ra 值及相应的加工方法等，供选择时参考。

表 10－4　常用切削加工表面的粗糙度轮廓参数 Ra 值和相应的表面特征

Ra/μm	表面特征	加工方法		应用举例
50	明显可见刀痕	粗加工面	粗车 粗刨 粗铣 钻孔等	一般很少应用
25	可见刀痕			钻孔表面、倒角、端面、穿螺栓用的光孔、沉孔、要求较低的非接触面
12.5	微见刀痕			

续表

Ra/μm	表面特征	加工方法		应用举例
6.3	可见加工痕迹	半精加工面	精车 精刨 精铣 精镗 铰孔 刮研 粗磨等	要求较低的静止接触面，如轴肩、螺栓头的支撑面、一般盖板的结合面；要求较高的非接触面，如支架、箱体、离合器、皮带轮、凸轮的非接触面
3.2	微见加工痕迹			要求紧贴的静止结合面以及有较低配合要求的内孔表面，如支架、箱体上的结合面等
1.6	看不见加痕迹			一般转速的轴孔，低速转动的轴颈；一般配合用的内孔，如衬套的压入孔，一般箱体的滚动轴承孔；齿轮的齿廓表面，轴与齿轮、皮带轮的配合表面等
0.8	可见加工痕迹的方向	精加工面	精磨 精铰 抛光 研磨 金刚石车 刀精车 精拉等	一般转速的轴颈；定位销、孔的配合面；要求保证较高定心及配合的表面；一般精度的刻度盘；需镀铬抛光的表面
0.4	微辨加工痕迹的方向			要求保证规定的配合特性的表面，如滑动导轨面，高速工作的滑动轴承；凸轮的工作表面
0.2	不可辨加工痕迹的方向			精密机床的主轴锥孔；活塞销和活塞孔；要求气密的表面和支撑面
0.1	暗光泽面	光加工面	细磨 抛光 研磨	保证精确定位的锥面
0.05	亮光泽面			精密仪器摩擦面；量具工作面；保证高度气密的结合面；量规的测量面；光学仪器的金属镜面
0.025	镜状光泽面			
0.012	雾状镜面			

表 10－5　部分不去除材料加工表面的粗糙度轮廓参数 *Ra* 值

加工方法	表面粗糙度 Ra/μm								
	0.4	0.8	1.6	3.2	6.3	12.5	25	50	100
砂模铸造					—	—	—	—	—
壳型铸造					—	—	—	—	—
金属模铸造			—	—	—	—	—	—	
离心铸造			—	—	—	—	—		
精密铸造		—	—	—	—	—			
蜡模铸造	—	—	—	—	—	—			
压力铸造	—	—	—	—	—				
热压					—	—	—	—	—
模锻			—	—	—	—	—	—	—

(三) 表面结构的图形符号、代号及标注方法

国家标准 GB/T 131—2006《产品几何技术规范(GPS)　技术产品文件中表面结构的表示法》规定了表面结构的符号、代号及图样上的标注方法。

1. 表面结构的图形符号、代号

(1) 表面结构的图形符号。表面结构的图形符号及其含义见表 10－6,各符号的比例、尺寸及画法如图 10－35 所示。

表 10－6　表面结构符号及其含义

符号	含　义
	基本图形符号(简称基本符号) 表示未指定工艺方法的表面,仅用于简化代号的标注,没有补充说明时不能单独使用
	扩充图形符号(简称扩充符号) 在基本图形符号上加一条短横线,表示用去除材料方法获得的表面;仅当其含义是“被加工表面”时才能单独使用
	扩充图形符号 在基本图形符号上加一个圆圈,表示用不去除材料方法获得的表面;也可用于表示保持上道工序形成的表面,不管这种状况是通过去除材料或不去除材料形成的
	完整图形符号(简称完整符号) 在上述 3 个图形符号的长边上加一条横线,用于标注表面结构的补充信息
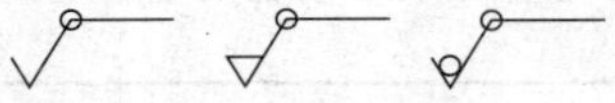	带有补充注释的图形符号 在完整图形符号上加一个圆圈,表示某个视图上构成封闭轮廓的各表面有相同的表面结构要求

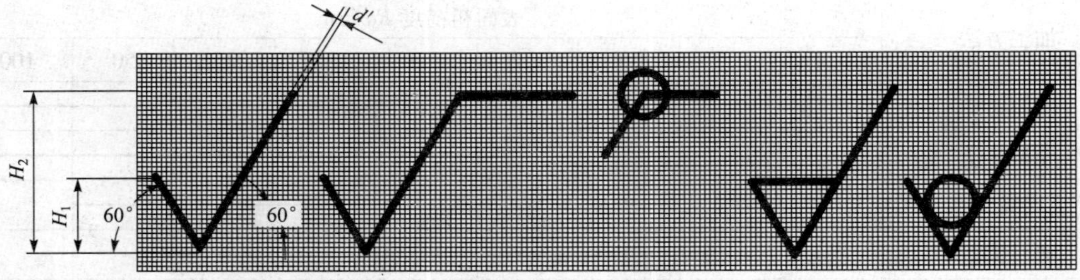

数字和字母高度 h(见 GB/T 14690)	2.5	3.5	5	7	10	14	20
符号线宽 d' 字母线宽 d	0.25	0.35	0.5	0.7	1	1.4	2
高度 H_1	3.5	5	7	10	14	20	28
高度 H_2(最小值)	7.5	10.5	15	21	30	42	60
注:H_2 和图形符号长边的横线的长度取决于标注的内容。							

图 10－35　表面结构图形符号的画法

（2）表面结构代号。表面结构代号由完整图形代号、参数代号（如 *Ra*，*Rz*）和参数值（极限值）组成，必要时应标注补充要求，如传输带、取样长度、加工工艺、表面纹理及方向、加工余量等（需要时请参阅相应的国家标准）

在图样上标注时，若采用默认定义，并对其他方向不要求时，可采用简化注法（图 10－36），将表面结构参数代号及其后的参数值写在图形符号长边的横线下面，为了避免误解，在参数代号和参数值之间应插入空格。

图 10－36 中位置 *a* 应注写的内容及格式：

传输带或取样长度 / 参数代号　参数极限值（单位为 μm）

如：0.008－0.8/*Ra*3.2（传输带的标注）；

—2.5/*Ra*3.2（取样长度的标注）。

若采用默认传输带，则 传输带或取样长度 一项不标注，如：*Ra*3.2

说明：

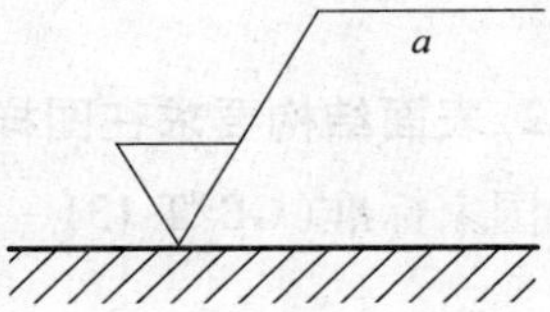

图 10－36　表面结构要求的简化注法

（1）传输带是两个定义的滤波器之间的波长范围（即评定时的波长范围）。滤波器将轮廓分成短波和长波成分。通常波距 <1 mm 属于粗糙度轮廓，波距在 1～10 mm 时属于波纹度轮廓，波距 >10 mm 属于原始轮廓。

（2）对于 R 轮廓，如果评定长度内取样长度个数不等于 5（默认值），则应在相应参数代号后标注其个数，如 *Ra*33.2（要求评定长度为 3 个取样长度）。

（3）参数极限值的判断与标注规则。

参数的单向极限：当只标注参数代号和一个参数值时，默认为参数的上限值。若为参数的单向下限值时，参数代号前应加注 L，如 L*Ra*3.2。

参数的双向极限：在完整符号中表示双向极限时应标注极限代号。上限值在上方，参数代号前应加注 U；下限值在下方，参数代号前应加注 L。如果同一参数具有双向极限要求，在不致引起歧义的情况下，可不加注 U，L。上、下极限值可采用不同的参数代号表达。

当标出参数的上限值与下限值或其中一个极限值时，允许全部实测值中的 16% 的测值超差（16% 规测）。

当要求参数的所有实测值均不超过规定值时，为了说明参数的最大值，应在参数代号后面加注“Max”的标记（最大规则）。

表 10－7 是部分采用默认定义的表面结构（粗糙度）代号及其含义。

表 10－7　默认定义时表面粗糙度代号及其含义

代号示例（旧标准）	代号示例（GB/T 131—2006）	含义/解释
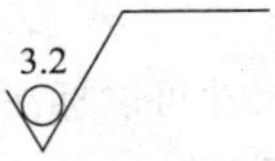	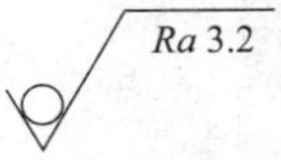	表示不允许去除材料，单向上限值，*Ra* 的上限值为 3.2 μm
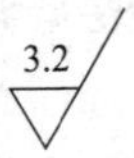	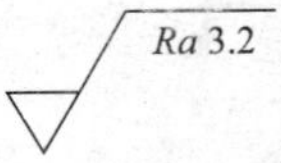	表示去除材料，单向上限值，*Ra* 的上限值为 3.2 μm

续表

代号示例(旧标准)	代号示例(GB/T 131—2006)	含义/解释
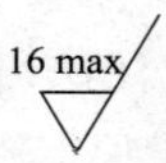	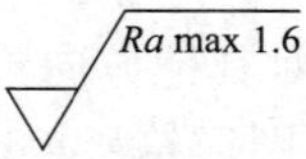	表示去除材料,单向上限值,*Ra* 的最大值为 1.6 μm
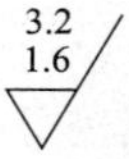	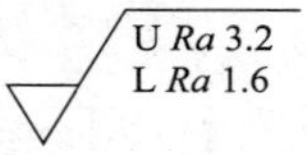	表示去除材料,双向极限值,上限值:*Ra* 为 3.2 μm,下限值:*Ra* 为 1.6 μm
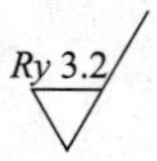	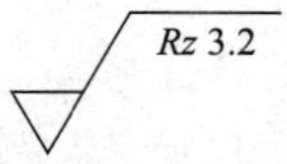	表示去除材料,单向上限值,*Rz* 的上限值为 3.2 μm

2. 表面结构要求在图样中的标注

国家标准(GB/T 131—2006)规定了表面结构要求在图样中注法,见表 10-8。

表 10-8　表面结构要求在图样中的注法

标注方法	说　明
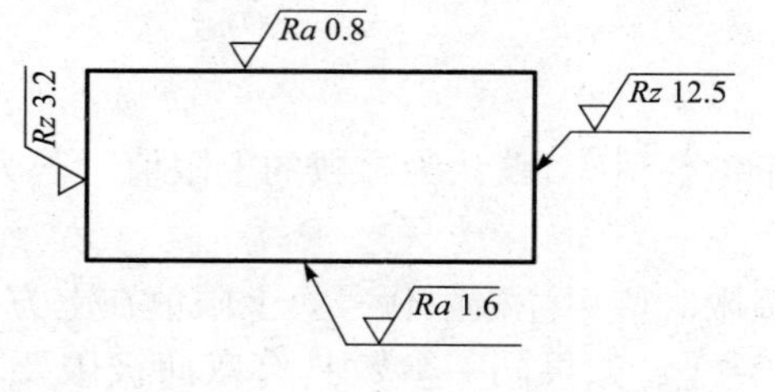	参数代号为大、小写斜体 表面结构要求的注写和读取方向与尺寸的注写和读取方向一致
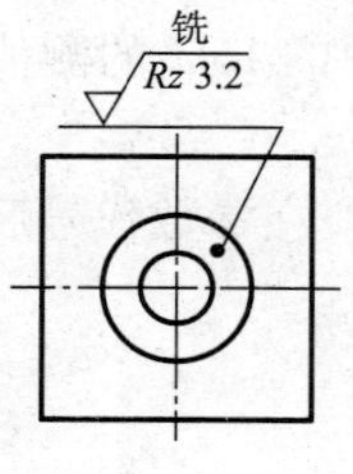 (a) 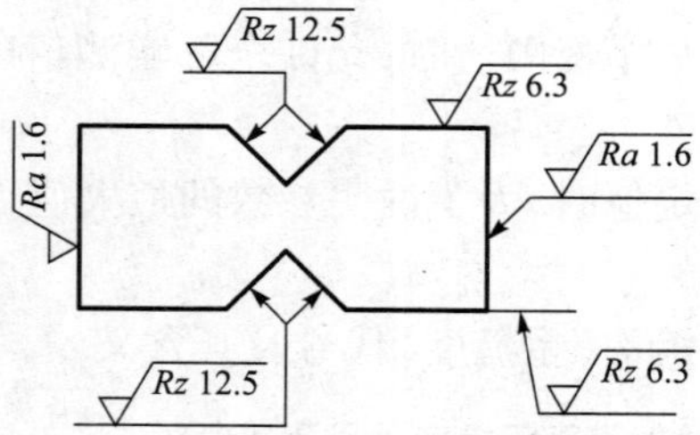 (b)	表面结构要求可标注在轮廓线或其延长线上,其符号应从材料外指向并接触表面(图(b)) 必要时,表面结构符号也可用带箭头或黑点的指引线引出标注(图(a)、(b))
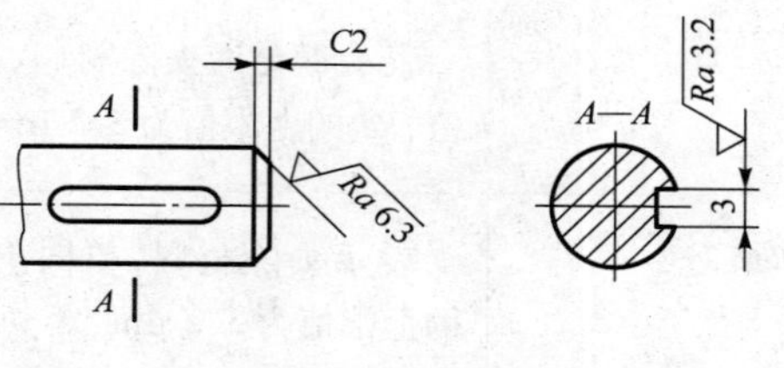	表面结构要求和尺寸可以标注在同一尺寸线上(*A*—*A* 剖视图) 倒角表面结构要求注法见主视图

续表

标注方法	说　明
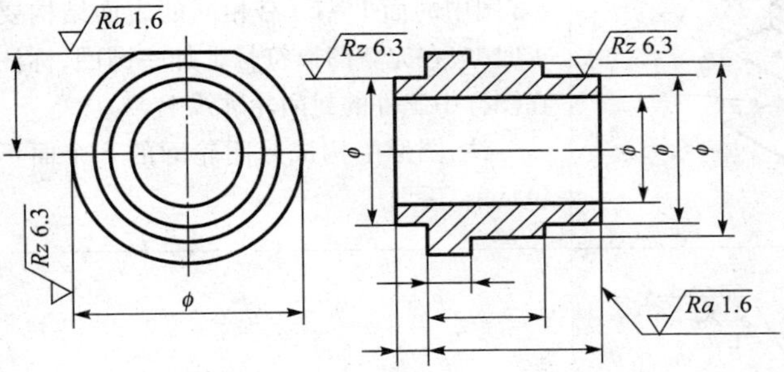	表面结构要求对每一个表面一般只标注一次,并尽可能注在与相应的尺寸及其公差的同一视图上 如果各表面有不同的表面结构要求,则应分别单独标注
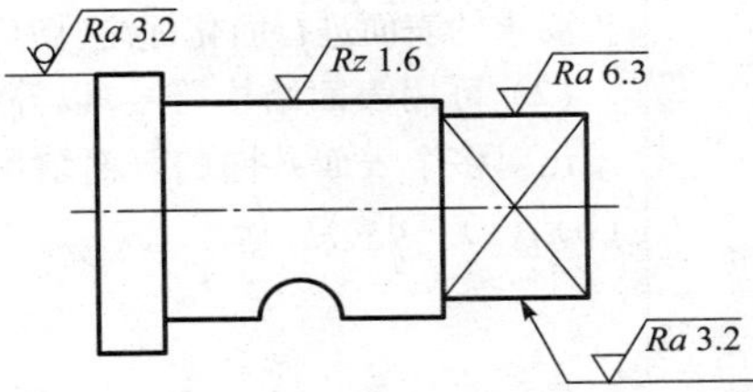	棱柱表面的表面结构要求只标注一次,如果每个棱柱表面有不同的表面结构要求,则应分别单独标注,如 *Ra*6.3,*Ra*3.2
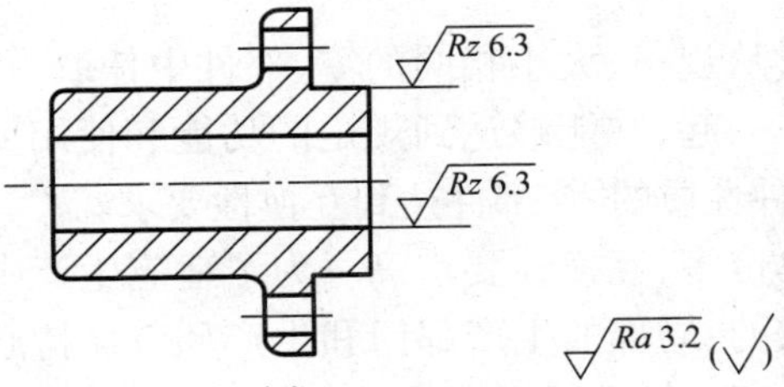(a) 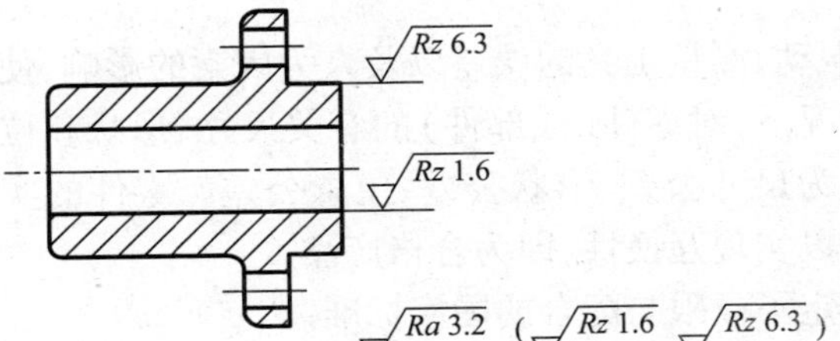(b)	如果工件的多数(包括全部)表面具有相同的表面结构要求,则其要求可统一标注在图样的标题栏附近。此时(除全部表面有相同要求的情况外),表面结构要求的符号后面应有: (1) 在圆括号内给出无任何其他标注的基本符号(图(a)) (2) 在圆括号内给出不同的表面结构要求(图(b)) 不同的表面结构要求应直接标注在图形中(图(a),(b))

续表

标注方法	说　　明
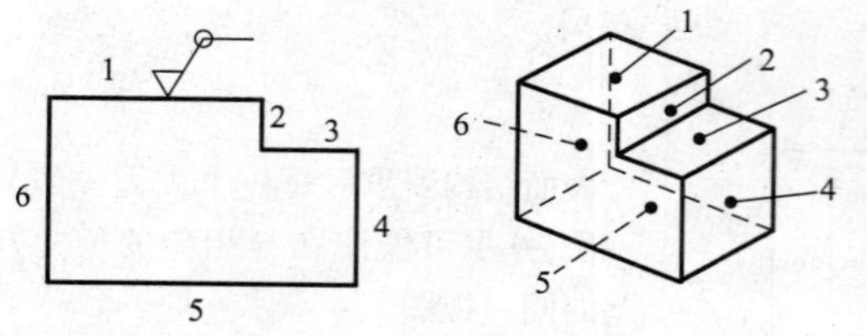	当某个视图上构成封闭轮廓的各表面(如图中的面 1 ~ 6)有相同的表面结构要求时,应在完整图形符号上加一圆圈,标注在图样中工件的封闭轮廓线上 注:图形中构成封闭轮廓的 6 个面不包括前、后面
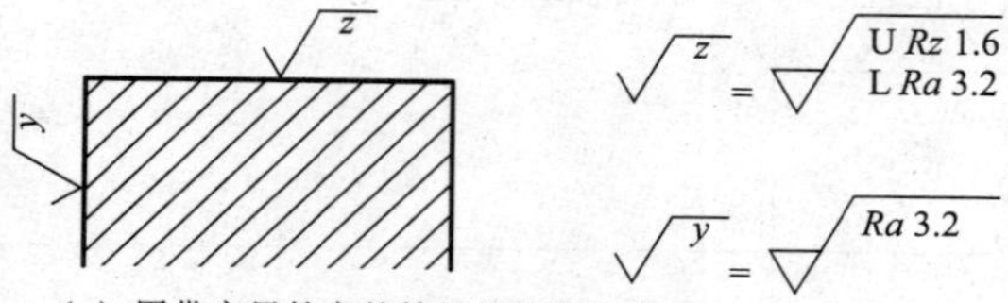 (a) 用带字母的完整符号的简化注法 (b) 未指定工艺方法的简化注法 (c) 要求去除材料的简化注法 (d) 不允许去除材料的简化注法 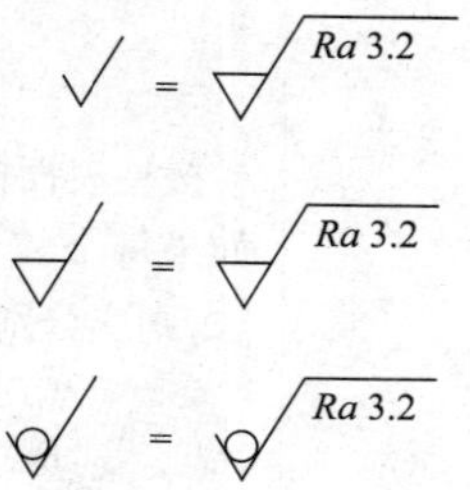 	多个表面具有相同的表面结构要求或图样空间有限时,可采用简化注法: (1) 用带字母的完整符号,以等式的形式在图形或标题栏附近对有相同的表面结构要求的表面进行简化标注(图(a)) (2) 可用表面结构符号,以等式的形式给出对多个表面共同的表面结构要求(图(b),(c),(d))

二、极限与配合及其标注

在生产时,一台机器或部件在装配过程中,从规格、大小相同的零、部件中任取一件,不经过任何挑选或修配,便能与其他零、部件安装在一起,并能够达到规定的功能和使用要求,零、部件之间的这种性质称为互换性,或称具有这种性质的零、部件达到互换性要求。

现代工业的特点是规模大、分工细、协作单位多、互换性要求高。为了适应生产中各部门的协调和环节的衔接,必须有一种手段,使分散的、局部的生产部门和生产环节保持必要的技术统一,成为一个有机的整体,以实现互换性生产。标准与标准化正是联系这种关系的途径和手段,是互换性生产的基础。

在实际生产制造中,由于机床的精度、振动、测量工具的误差以及人为因素的影响,使得零件的尺寸不可能加工得绝对准确,在这种情况下,对零件(或部件)的有关尺寸、形状和位置等按规定给出一个允许的变动范围,并分别称为尺寸公差、形状公差、位置公差。零件的实际尺寸、形状、位置只要在这个变动范围内,就可以实现互换性,即为合格产品。

为了保证互换性和加工零件的需要,制定了极限与配合的国家标准。

1. 极限与配合的基本概念

极限与配合所涉及的主要国家标准列举如下。

GB/T 1800.1—2009《极限与配合　第1部分:公差、偏差和配合的基础》

GB/T 1800.2—2009《极限与配合　第2部分:标准公差等级和孔、轴极限偏差表》

GB/T 1800.3—1998《极限与配合　基础　第3部分:标准公差和基本偏差数值表》

GB/T 1800.4—1999《极限与配合　标准公差等级和孔、轴的极限偏差表》

GB/T 1801—2009《极限与配合　公差带和配合的选择》

(1) 轴:通常指工件的圆柱外表面,也包括非圆柱形外表面。

(2) 基准轴:在基准制配合中选作基准的轴,即上偏差为零的轴。

(3) 孔:通常指工件的圆柱形内表面,也包括非圆柱形内表面。

(4) 基准孔:在基孔制配合中选作基准的孔,即下偏差为零的孔。

2. 相关术语

(1) 基本尺寸:设计时确定的尺寸,如图10-37所示。

(2) 实际尺寸:加工成零件后实际测量获得的尺寸。

(3) 极限尺寸:一个尺寸允许变动的两个极限值。实际尺寸应位于其中,也可达到极限尺寸。最大的尺寸称为最大极限尺寸。最小的尺寸称为最小极限尺寸,如图10-37所示。

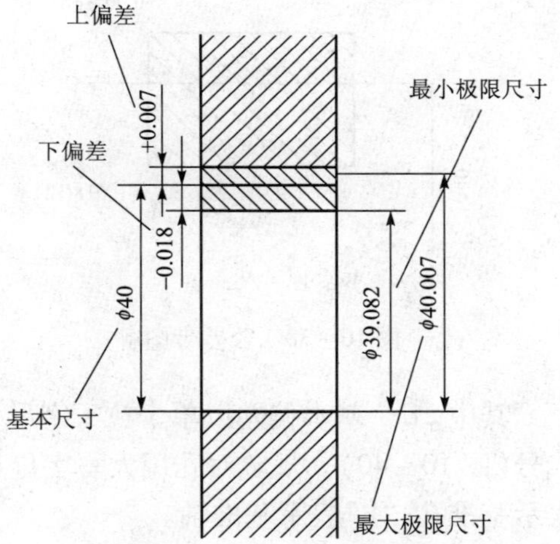

图10-37　基本尺寸、最大极限尺寸和最小极限尺寸

(4) 尺寸偏差:简称为偏差,是指某一尺寸减其基本尺寸所得的代数差。最大极限尺寸减其基本尺寸所得的代数差称为上偏差;最小极限尺寸减其基本尺寸所得的代数差称为下偏差,如图10-37所示。轴的上、下偏差代号用小写字母es,ei表示;孔的上、下偏差代号用大写字母ES,EI表示,如图10-39所示。上、下偏差可以为正数、负数,也可以为零。

(5) 公差:尺寸公差(简称公差),是指最大极限尺寸与最小极限尺寸之差,或上偏差与下偏差之差。它是允许尺寸的变动量,如图10-38所示。公差必须是大于零的数。

(6) 公差带:公差带是由上偏差和下偏差或最大极限尺寸和最小极限尺寸的两条直线所限定的一个区域。它是由公差大小和其相对零线的位置(基本偏差)来确定,如图10-38所示。

(7) 零线:零线是公差带图中,由基本尺寸所决定的一条直线,以其为基准确定偏差和公差。通常,零线沿水平方向绘制,正偏差位于其上,负偏差位于其下,如图10-38所示。

(8) 公差等级:公差等级是指确定尺寸精度的等级。在国家标准中,公差等级分为IT01,IT0,IT1,…,IT18共20个等级,在本标准极限与配合中,同一公差等级(例如IT7)对所有基本尺寸的一组公差被认为具有同等精度。对于同一基本尺寸,IT01数值最小,其精度最高;IT18数值最大,其精度最低。IT01~IT12用于配合尺寸,IT12~IT18用于非配合尺寸。公差等级反映了零件的精密程度。

(9) 标准公差(IT):标准公差是指本标准极限与配合制中,由公差等级和基本尺寸所确定的公差。标准公差数值可根据基本尺寸和公差等级从国家标准 GB/T 1800. 3—1998 中查出(见本书附录中的附表 1-1)。字母 IT 为“国际公差”的符号。

(10) 基本偏差:国家标准规定了轴和孔各有 28 个基本偏差,用拉丁字母表示。大写字母表示孔,小写字母表示轴。在标准极限与配合制中,用以确定公差带相对于零线位置的上偏差或下偏差,一搬指靠近零线的那个偏差。它可以是上偏差或下偏差(图 10-39)。

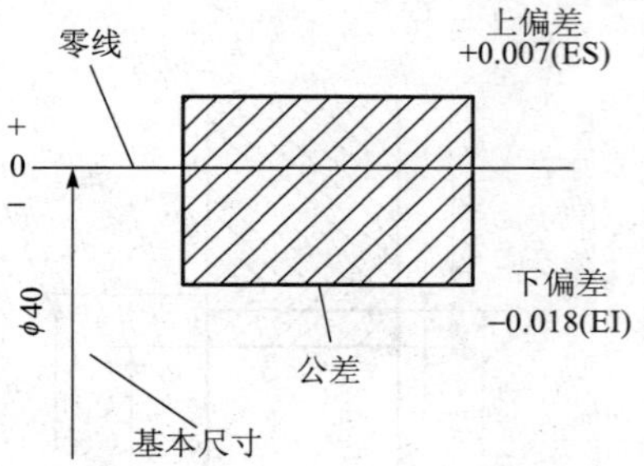

图 10-38 公差带图解

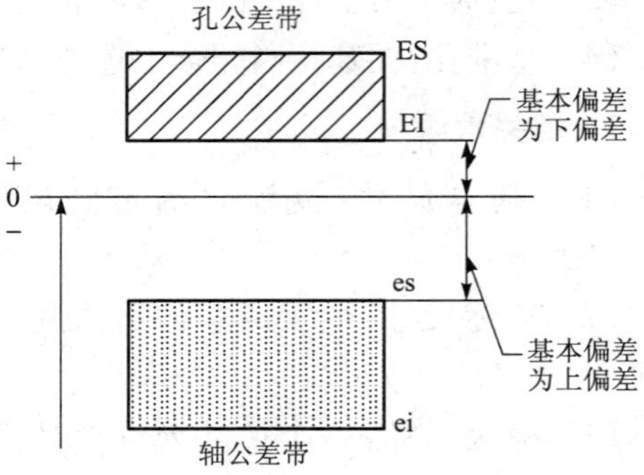

图 10-39 尺寸偏差

其中 21 个基本偏差以单个拉丁字母为代号按顺序排例,7 个基本偏差以两个拉丁字母为代号(图 10-40)。规定对孔用大写字母 A,…,ZC 表示,对轴用小写字母 a,…,zc 表示。“H”表示基准孔,“h”表示基准轴。

若公差带位于零线之上,则下偏差为基本偏差;若公差带位于零线之下,则上偏差为基本偏差。轴的基本偏差 a ~ h 为上偏差,j ~ zc 为下偏差,js 的基本偏差为(+IT/2)或(−IT/2);孔的基本偏差 A ~ H 为下偏差,J ~ ZC 为上偏差,JS 的基本偏差为(+IT/2)或(−IT/2)(图 10-40)。JS 和 js 公差带完全对称地分布于零线两侧。因此 $ES = es = \frac{IT}{2}$;$EI = ei = -\frac{IT}{2}$;H 和 h 的基本偏差为零。

孔和轴公差带的代号由基本偏差代号和公差等级组成,如 H7,g6 等。

3. 配合

配合是指基本尺寸相同,相互装配的孔和轴公差带之间的关系。配合反映了孔和轴之间的松紧程度。在实际生产中,由于孔和轴的实际尺寸不同,装配后可能出现不同的松紧程度,将产生“间隙”或“过盈”。当孔的尺寸减去相配合的轴的尺寸所得的代数差为正时产生间隙,为负时便产生了过盈。配合分为间隙配合、过盈配合、过渡配合 3 种。

(1) 间隙配合:孔轴装配时,孔的尺寸减去相配合的轴的尺寸之差为正时为间隙配合如图 10-41 所示。此时孔的公差带完全在轴的公差带之上,任取一对孔与轴配合,孔轴之间总有间隙(包括最小间隙为零)。最小间隙为在间隙配合中,孔的最小极限尺寸减去轴的最大极限尺寸;最大间隙为孔的最大极限尺寸减去轴的最小极限尺寸。

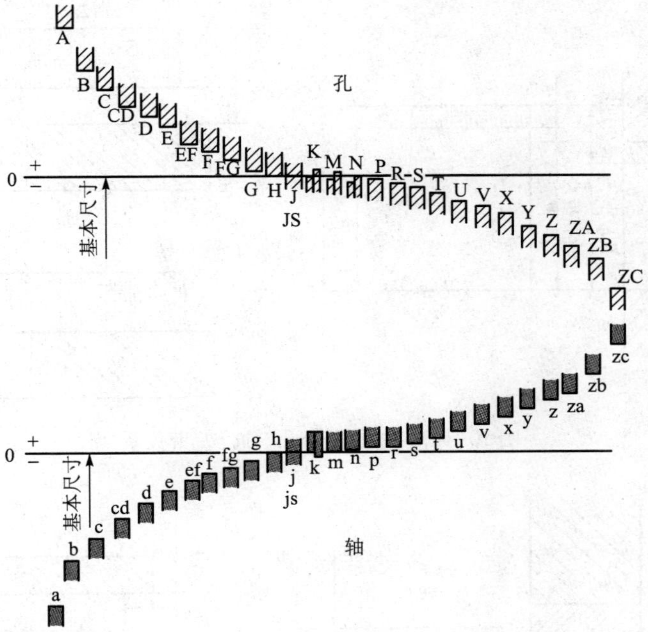

图 10－40 基本偏差系列示意图

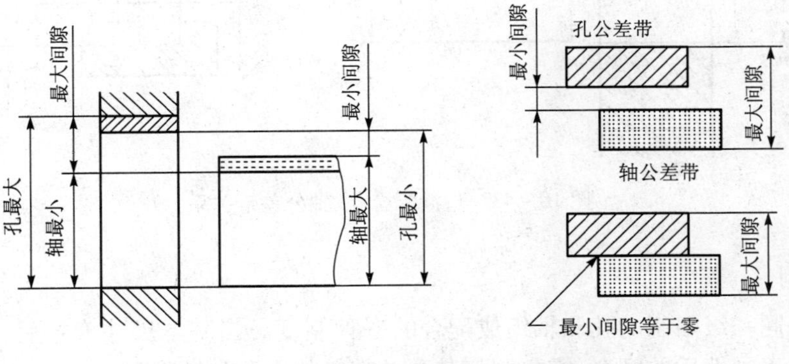

图 10－41 间隙配合孔、轴公差带关系

（2）过盈配合：孔轴装配时，孔的尺寸减去相配合的轴的尺寸之差为负时为过盈配合如图 10－42 所示。此时孔的公差带完全在轴的公差带之下，任取一对孔与轴配合，孔轴之间总有过盈（包括最小过盈为零）。此时，轴不能在孔中转动。最小过盈为在过盈配合中，孔的最大极限尺寸减去轴的最小极限尺寸；最大过盈为孔的最小极限尺寸减去轴的最大极限尺寸。

（3）过渡配合：孔轴装配时，可能具有间隙也可能具有过盈的配合。此时，孔的公差带与轴的公差带相互交叠，如图 10－43 所示。任取其中一对孔与轴相配，孔轴之间可能有间隙，也可能有过盈。

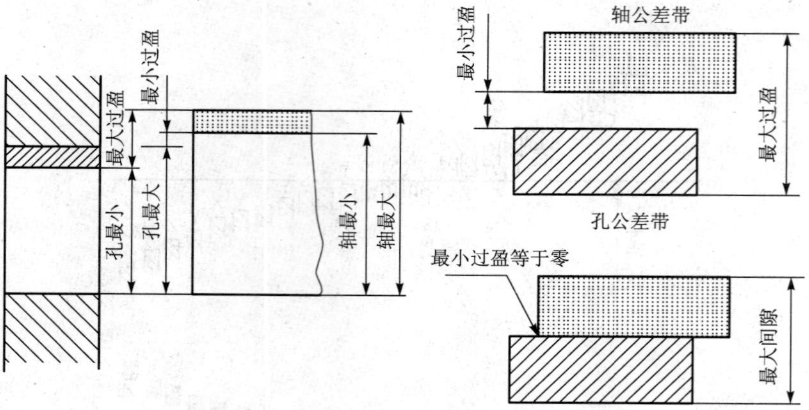

图 10 - 42　过盈配合孔、轴公差带关系

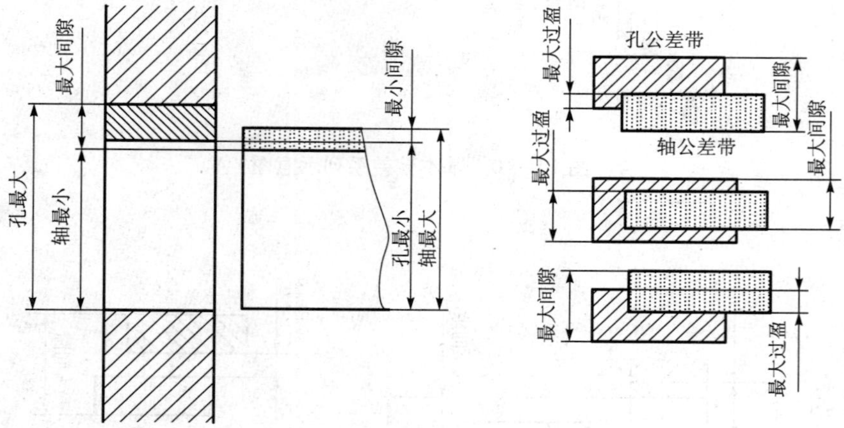

图 10 - 43　过渡配合孔、轴公差带关系

4. 配合制

配合制是同一级限制的孔和轴组成配合的一种制度。当基本尺寸确定后,为了得到孔与轴之间的各种不同性质的配合,需要制订其公差带。如果孔与轴都可以任意变动,则配合情况变化极多,不便于零件的设计和制造。为此,国家标准中规定了两种配合制:基轴制配合和基孔制配合。

(1) 基轴制配合:基本偏差为一定的轴的公差带,与不同基本偏差的孔的公差带形成的各种配合。

基轴制配合中的轴称为基准轴,基准轴的最大极限尺寸与基本尺寸相等,用基本偏差代号“h”表示,即轴的上偏差为零的一种配合制,如图 10 - 44 所示。

(2) 基孔制配合:基本偏差为一定的孔的公差带,与不同基本偏差的轴的公差带形成的各种配合。

基孔制配合中的孔称为基准孔,基准孔的最小极限尺寸与基本尺寸相等,用基本偏差代号“H”表示,即孔的下偏差为零的一种配合制,如图 10 - 45 所示。

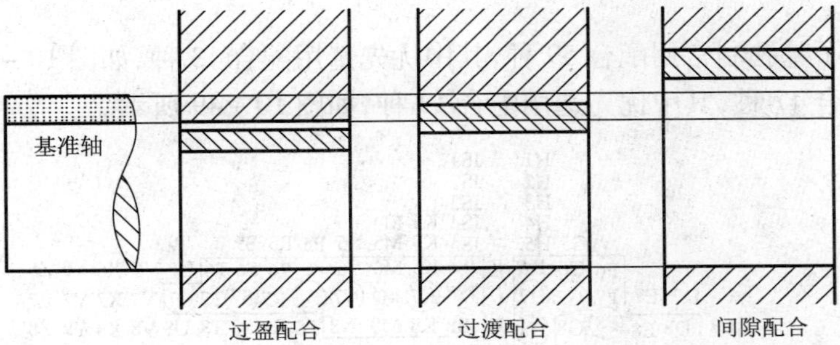

图 10-44 基轴制配合示意图

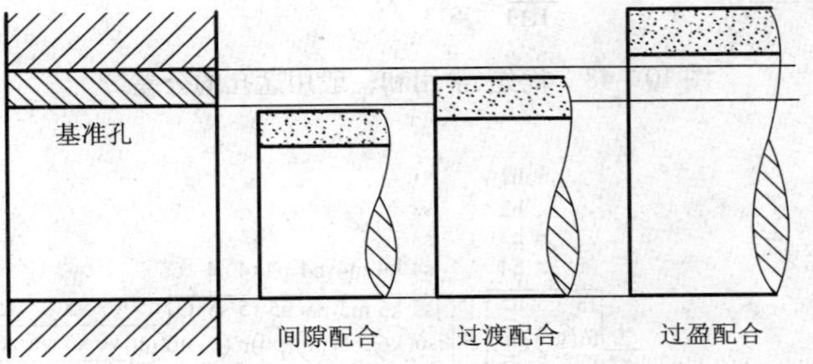

图 10-45 基孔制配合示意图

图 10-46、图 10-47 中，基准轴和基准孔的公差带内所画的水平实线代表孔或轴的基本偏差；虚线代表另一极限，表示孔和轴之间可能的不同组合与它们的公差等级有关。

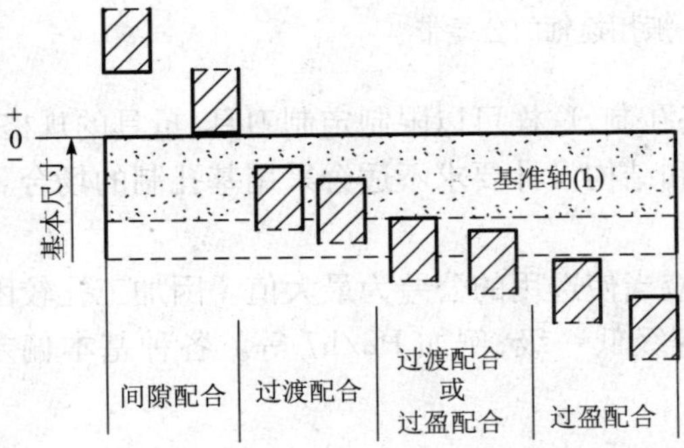

图 10-46 基轴制配合公差带

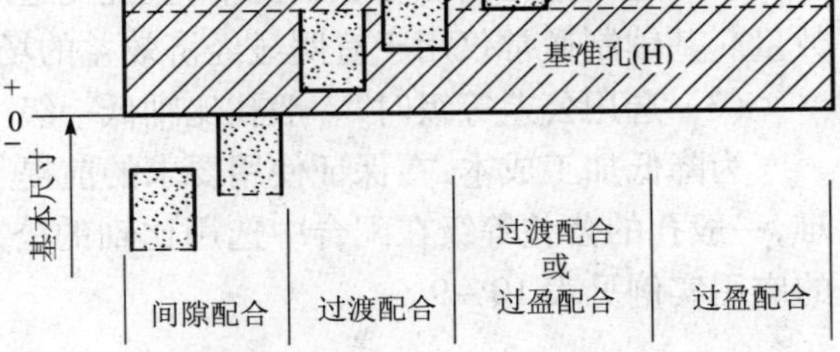

图 10-47 基孔制配合公差带

5. 优先配合与常用配合

一对相互配合的孔与轴具有相同的基本尺寸，但孔和轴可分别确定其公差等级及基本偏差系列，两者组合形成各自的公差带，孔和轴各自的公差带结合后成为各种配合。由于配合形式的数量过多，不便于使用，为此，国家标准规定了优先公差带和优先配合、常用公差带和常用配合及其一般用途的公差带，在选用时应考虑以下几个方面。

（1）选用优先公差带和优先配合。国家标准根据机械工业产品生产使用的需要，考虑到定制刀具、量具规格的统一，规定了一般用途孔公差带 105 种、轴公差带 119 种，以及优先选用的孔和轴公差带。

国标中规定了基孔制常用配合 59 种，其中优先选用配合 13 种，如图 10－48 所示；又规定了基轴制常用配合 47 种，其中优先选用配合 13 种，如图 10－49 所示。

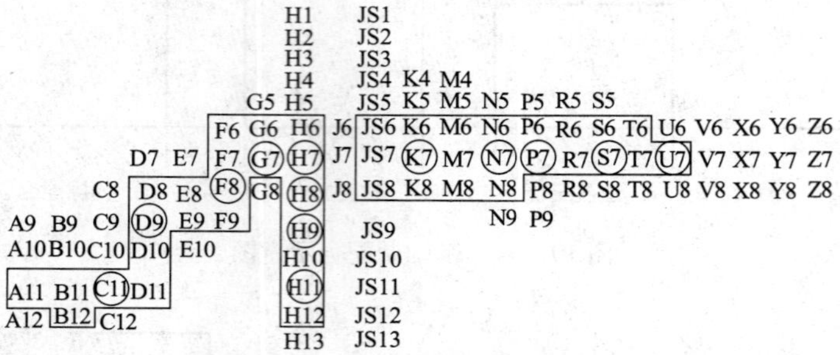

图 10－48　优先、常用和一般用途孔的公差带

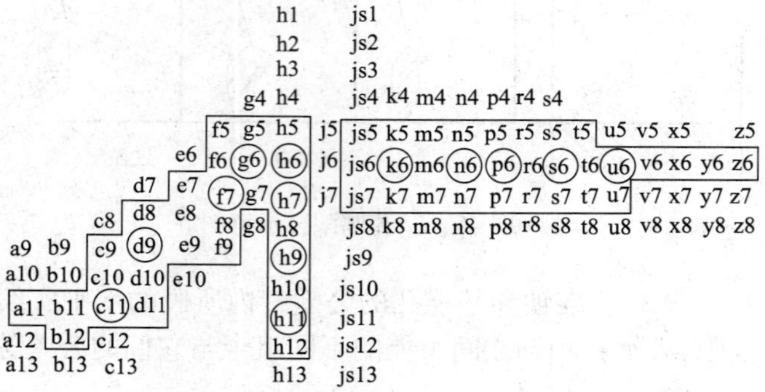

图 10－49　优先、常用和一般用途轴的公差带

（2）选用基孔制。一般情况下，应优先选用基孔制，这样可以限制定制刀具、量具的规格、数量。基轴制通常仅用于有明显经济效益的场合和结构设计要求不适合采用基孔制的场合。

（3）选用公差等级时，一般孔比轴低一级。

为降低加工成本，在保证使用要求的前提下，应当使选用的公差为最大值。因加工孔较困难，一般孔的公差等级在配合中选用比轴的公差等级低一级，例如 H8/h7 等。各种基本偏差的应用实例见表 10－9。

表 10－9　各种基本偏差的应用实例

配合	基本偏差	特点及应用实例
间隙配合	a(A) b(B)	可得到特别大的间隙，应用很少。主要用于工作时温度高、热变形大的零件的配合，如发动机中活塞与缸套的配合为 H9/a9
	c(C)	可得到很大的间隙。一般用于工作条件较差（如农业机械）、工作时受力变形大及装配工艺性不好的零件的配合，也适用于高温工作的间隙配合，如内燃机排气阀杆与导管的配合为 H8/c7
	d(D)	与 IT7～IT11 对应，适用较松的间隙配合（如滑轮、空转的带轮与轴的配合），以及大尺寸滑动轴承与轴颈的配合（如蜗轮机、球磨机等的滑动轴承）。活塞环与活塞槽的配合可用 H9/d9

续表

配合	基本偏差	特点及应用实例
间隙配合	e(E)	与 IT6 ~ IT9 对应，具有明显的间隙，用于大跨距及多支点的转轴与轴承的配合，以及高速、重载的大尺寸轴与轴承的配合，如大型电动机、内燃机的主要轴承处的配合为 H8/e7
	f(F)	多与 IT6 ~ IT8 对应，用于一般转动的配合，受湿度影响不大，采用普通润滑油的轴与滑动轴承的配合，如齿轮箱、小电动机、泵等的转轴与滑动轴承的配合为 H7/f6
	g(G)	多与 IT5 ~ IT7 对应，形成配合的间隙较小，用于轻载精密装置中的转动配合，用于插销的定位配合，滑阀、连杆销等处的配合，钻套孔多用 G
	h(H)	多与 IT4 ~ IT11 对应，广泛用于无相对转动的配合、一般的定位配合。若没有湿度、变形的影响，也可用于精密滑动轴承，如车床尾座孔与滑动套筒的配合为 H6/h5
过渡配合	js(JS)	多用于 IT4 ~ IT7 具有平均间隙的过渡配合，用于略有过盈的定位配合，如联轴节、齿圈与轮毂的配合，滚动轴承外圈与外壳孔的配合，多用 JS7。一般用手槌装配
	k(K)	多用于 IT4 ~ IT7 平均间隙接近零的配合，用于定位配合，如滚动轴承的内、外圈分别与轴颈、外壳孔的配合。用木槌装配
	m(M)	多用于 IT4 ~ IT7 平均过盈较小的配合，用于精密定位的配合，如蜗轮的青铜轮缘与轮毂的配合为 H7/m6
	n(N)	多用于 IT4 ~ IT7 平均过盈较大的配合，很少形成间隙。用于加键传递较大扭矩的配合，如冲床上齿轮与轴的配合。用槌子或压力机装配
过盈配合	p(P)	用于小过盈配合与 H6 或 H7 的孔形成过盈配合，而与 H8 的孔形成过渡配合。碳钢和铸铁间零件形成的配合为标准压入配合，如卷扬机的绳子滚轮与齿圈的配合为 H7/p6 。合金钢间零件的配合需要小过盈时可用 p(或 P)
	r(R)	用于传递大扭矩或受冲击负荷需要加键的配合，如蜗轮与轴的配合为 H7/r6
	s(S)	用于钢和铸铁零件的永久性和半永久性结合，可产生相当大的结合力，如套环压在轴、阀座上用 H7/s6 配合
	t(T)	用于钢和铸铁间零件的永久结合，不用键可传递扭矩，需用热套法或冷轴法装配，如联轴节与轴的配合为 H7/t6
	u(U)	用于大过盈配合，最大过盈需验算。用热套法进行装配。如火车轮毂和轴的配合为 H6/u5
	v(V) x(X) y(Y) z(Z)	用于特大过盈配合，目前使用的经验和资料很少，须经试验后才能应用。一般不推荐使用

6. 极限与配合的标注

(1) 零件图上的公差标注。零件图上的尺寸公差可按图 10 - 50 所示的 3 种形式中的一种进行标注。

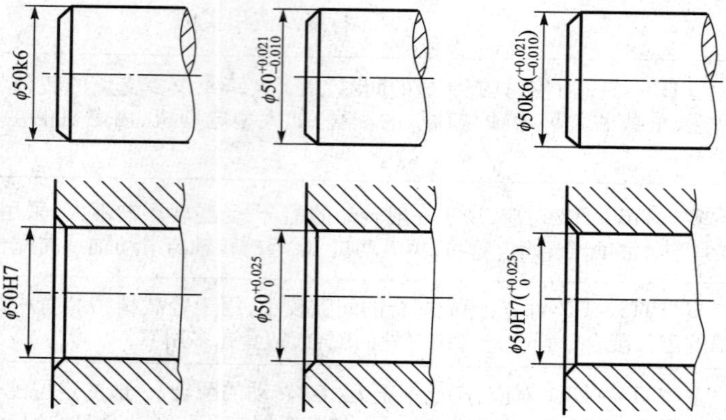

图 10－50　公差的标注方法

（2）装配图上尺寸公差带代号及配合的标注。在装配图上标注配合代号时，配合代号是在基本尺寸后面用分数形式注写的。分子为孔的公差带代号，分母为轴的公差带代号，如图 10－51 所示。

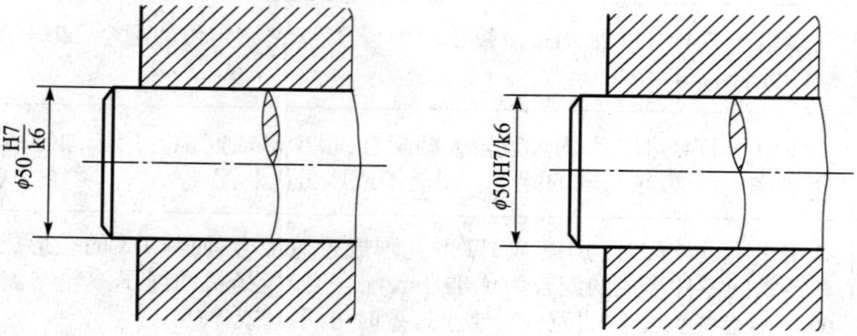

图 10－51　装配图中配合的标注

7. 极限与配合标注时应注意的事项

（1）对有极限与配合要求的尺寸，在基本尺寸后应注写公差带代号或极限偏差值。

（2）孔的基本偏差代号用大写拉丁字母表示；轴的基本偏差代号用小写拉丁字母表示。

（3）零件图上可注公差带代号或极限偏差值，亦或两者都注，例如

孔：$\phi40H7$ 或 $\phi40^{+0.025}_{0}$ 或 $\phi40H7(^{+0.025}_{0})$。

轴：$\phi40g6$ 或 $\phi40^{-0.009}_{-0.025}$ 或 $\phi40g6(^{-0.009}_{-0.025})$。

（4）配合公差，写成分数形式，如 $\phi40\,\frac{H7}{g6}$ 或 $\phi40H7/g6$。

（5）标注偏差时，偏差数值比基本尺寸数字的字体要小一号，偏差数值前必须注出正负号（偏差为零时例外）。上、下偏差的小数点必须对齐，小数点后的位数也必须相同，如 $\phi60^{-0.010}_{-0.029}$。

（6）若上、下偏差数值相同而符号相反，则在基本尺寸后加注“±”号，再填写一个数值，其数字字体大小与基本尺寸数字的大小相同，如 $\phi50\pm0.02$。

三、几何公差

1. 基本概念

几何公差包括形状、方向、位置和跳动公差，是指零件的实际形状和位置对理想形状和位置的变动量。在对一些精度要求较高的零件加工时，不仅需要保证尺寸公差，还要保证其几何公差。

2. 几何公差的代号及标注方法（GB/T 1182—2008）

（1）几何公差特征项目及符号。国家标准所规定的几何公差特征项目及符号见表 10－10。

表 10－10 几何公差特征项目及符号

公差类别	几何特征	符 号	有无基准要求	公差类别	几何特征	符 号	有无基准要求
形状	直线度	—	无	方向公差	平行度	//	有
	平面度	⏥	无		垂直度	⊥	有
	圆度	○	无		倾斜度	∠	有
	圆柱度	⌭	无	位置公差	位置度	⌖	有或无
形状或位置公差	线轮廓度	⌒	有或无		同轴度	◎	有
	面轮廓度	⌓	有或无		对称度	⌯	有
				跳动公差	圆跳动	↗	有
					全跳动	⌰	有

（2）几何公差框格。几何公差要求在矩形方框中给出，由两格或多格组成。框格中每部分的内容按照图 10－52 所示进行标注。图中的尺寸数字高度为 h，几何公差符号线宽为中粗线宽度 d。

第一格：特征项目符号。

第二格：公差值及附加符号。公差值以 mm 为单位，当公差带为圆形或圆柱形时，在公差值前标注“ϕ”符号，当公差带为球形时，在公差值前标注“$S\phi$”。

第三格及其后各格：表示基准要素或基准体的字母及附加符号。

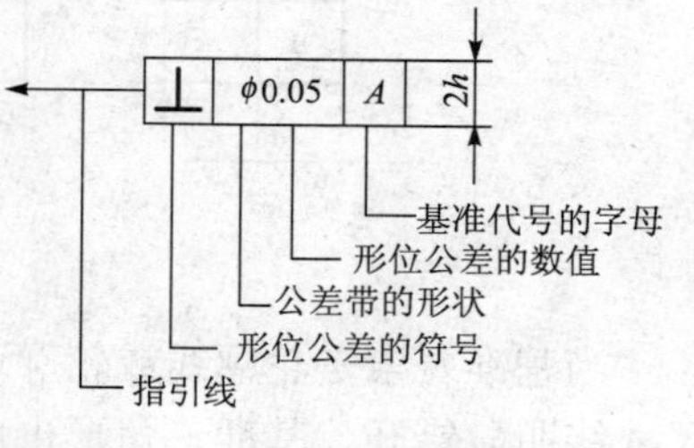

图 10－52 被测要素的标注方法

（3）被测要素的标注。被测要素与公差框格之间用一带箭头的指引线相连。

当被测要素为轮廓线或表面时，箭头应该指向要素的轮廓线或轮廓线的延长线上，但必须与尺寸线明显分开，如图 10－53（a），（b）所示。

当被测要素为轴线、中心面或由带尺寸的要素确定点时，箭头的指引线应与尺寸线的延长线重合。如图 10 - 53(c),(d)所示。

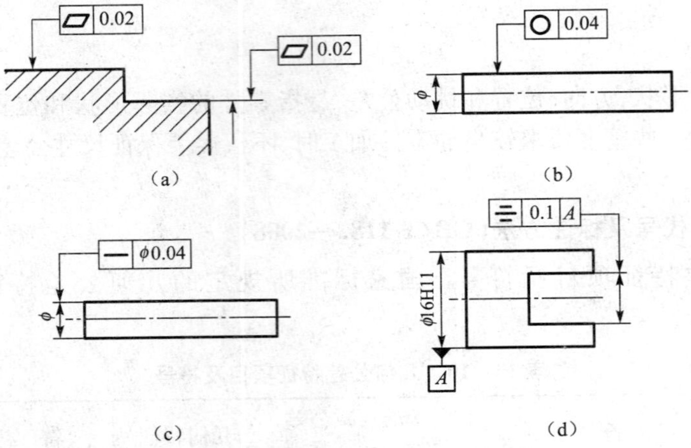

图 10 - 53　被测要素的标注方法

(4)基准的标注。与被测要素相关的基准用一个大写字母表示。字母标注在基准方格内,与一个涂黑的或空白的三角形相连,以表示基准。表示基准的字母还应标注在公差框格内。涂黑的和空白的基准三角形含义相同,如图 10 - 54、图 10 - 55 所示。

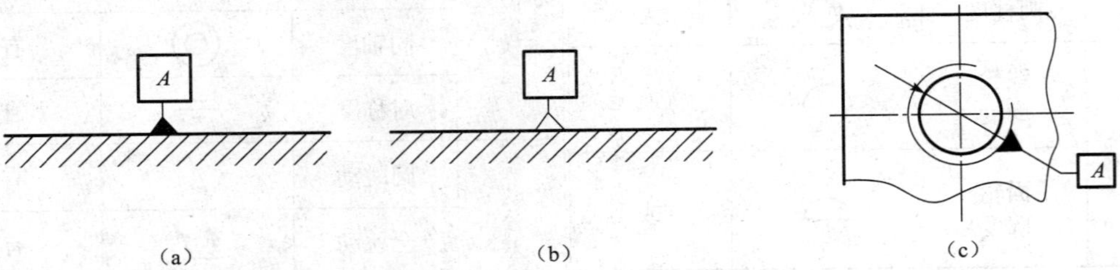

图 10 - 54　基准三角形

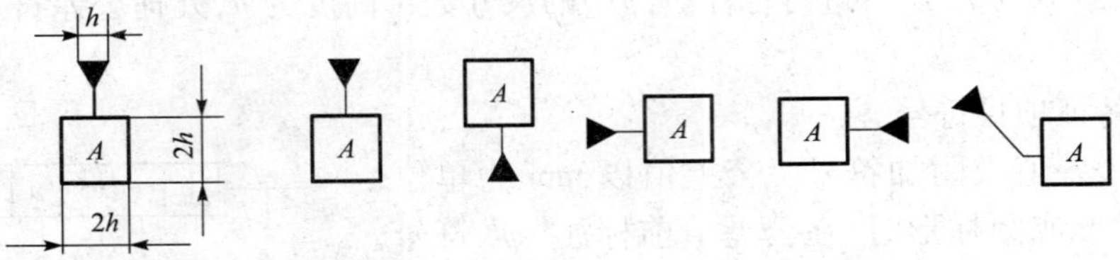

图 10 - 55　基准的绘制

当基准要素是轮廓线或轮廓表面时,基准三角形放置在要素的轮廓线或其延长线上,应与尺寸线明显错开。基准三角形也可放置在该轮廓面引出线的水平线上,如图 10 - 56 所示。

例:根据图 10 - 57 所示的轴套零件,识读图中所标注的几何公差的含义。

解:

① 厚度为 20 的安装板左端面对 $\phi150^{-0.043}_{-0.068}$ 圆柱面轴线的垂直度公差是 0.03 mm。

② 安装板右端面对 $\phi160^{-0.043}_{-0.068}$ 圆柱面轴线的垂直度公差是 0.03 mm。

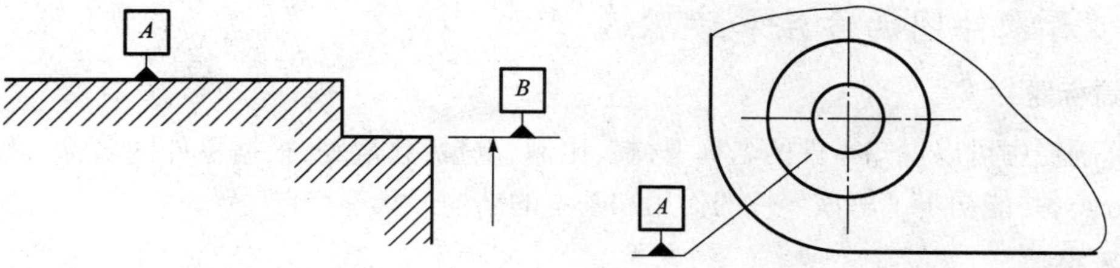

(a)　　　　　　　　(b)

图 10－56　基准的标注方法

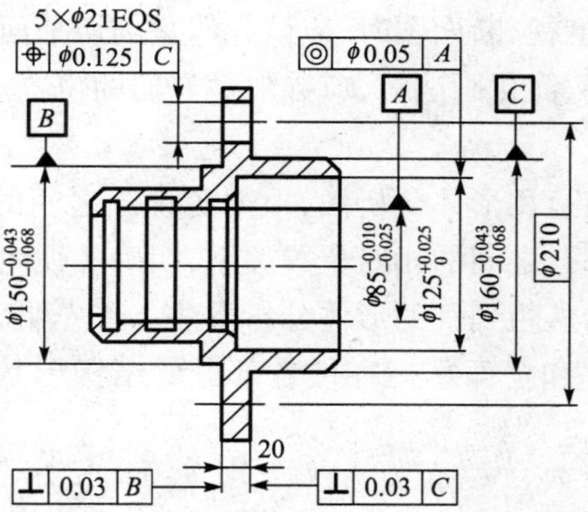

图 10－57　轴套零件的几何公差标注

③ $\phi125^{+0.025}_{0}$圆孔的轴线对 $\phi85^{-0.010}_{-0.025}$圆孔轴线的同轴度公差是 $\phi0.05$ mm。

④ 5 × ϕ21 孔对由与基准 C 同轴，直径尺寸 ϕ210 确定并均匀分布的理想位置的位置度公差是 $\phi0.125$ mm。

第七节　看零件图的方法和步骤

零件图是指导生产的重要的技术资料，因此看零件图是从事工业生产人员必须具备的基本技能。看零件图不仅需看懂零件的结构形状，还必须进行尺寸和技术要求的分析，从而明确零件的全部功能和质量要求，制订出加工零件的可行性方案。下面结合实际生产，说明看零件图的一般方法和步骤。

一、看零件图的要求

（1）从标题栏入手，了解零件的名称、用途、材料等。

（2）根据视图，看懂零件各个组成部分的结构形状、它们之间的相对位置关系以及各部分结构的作用及功能，运用前面所学的看图知识，想象零件的形状。

（3）根据零件图中的各项技术要求，分析零件的质量要求，据此确定零件的加工和检验方法，并结合设计和工艺要求分析零件结构的合理性。

二、看零件图的方法和步骤

1. 看标题栏

从标题栏中可以得知零件的名称、材料、比例、重量、数量等,根据零件的名称可以判断该零件的分类,并能初步了解该零件的作用和基本的结构形状等特点。

2. 看视图

除了看标题栏以外,还应尽可能参阅装配图及相关的零件图,进一步了解零件的功能以及它与其他零件的关系,从而确定零件的结构形状。

(1) 表达方案的分析:首先从主视图入手,根据投射关系确定其他视图的名称及其表达的内容及目的。当视图中采用剖视、断面图时,应该弄清楚剖切平面的位置及表达的目的。如果图中有辅助视图、局部放大图、简化画法等,应弄清楚它们的位置、投射方向以及与其他视图之间的关系及表达的目的。

(2) 分析视图剖析结构:运用形体分析法,根据各视图之间的投射关系,确定组成零件的各基本形体的结构特征、各部分之间的相对位置关系,明确各视图所表达零件的结构特点。分析视图还必须采用由大到小,从粗到细的形体分析方法。首先明确零件的主体结构,然后进行各部分的细致分析,深入了解和全面掌握零件各部分的结构形状,想象出视图所反映的零件形状。

3. 尺寸分析

零件图中的尺寸是制造和检验零件的依据,对零件图中的尺寸分析是非常重要的。根据零件的结构特征及图中的尺寸标注,确定各方向的尺寸基准、尺寸标注的形式。根据设计要求了解主要尺寸、其他尺寸。

4. 了解技术要求

技术要求是保证零件质量的重要内容之一,主要包括零件的表面粗糙度、尺寸公差、形位公差以及其他技术要求。要注意这些技术要求的标注的正确性和合理性。

三、看零件图举例

衬套的零件图如图 10-58 所示。

1. 看标题栏

从标题栏得知零件名称为衬套,具有轴向定位、传动或联系作用;属于轴套类零件;材料为 45 号钢,从而可以确定它的主要加工工序是在车床上完成。

2. 看视图

轴套类零件主视图的放置位置为其加工位置,轴线水平放置采用全剖视图主要表达零件的内部结构形状;从主视图可以看出该零件内腔的主要结构为 $\phi28$ 和 $\phi25$ 组成的阶梯通孔,有 2 mm 的锥孔过渡,外形主体为直径 $\phi40$,长度为 160 的圆柱体,内外的两端均有 $C3$ 的倒角。其他的视图为断面图和局部视图,剖视图的剖切平面分别在主视图 A—A,B—B,C—C 位置,分别表达了不同位置断面上的结构形状;A—A 断面图表示距离右端面 8 mm 位置处与水平方向呈 30°的 2 × ϕ10H8 两孔的位置及大小，*B*—*B* 断面图表示距离左端面长度为 28 mm 的豁口的宽度为 14A11，*C*—*C* 表示距离左端面为 74 mm 位置的 3 × ϕ11H11 的三孔的位置及大小，"*E* 向"和"*F* 向"局部视图表达了这两部分的局部结构形状。"*E* 向"表达了衬套上的键槽的形状，"*F* 向"表达了豁口的形状。

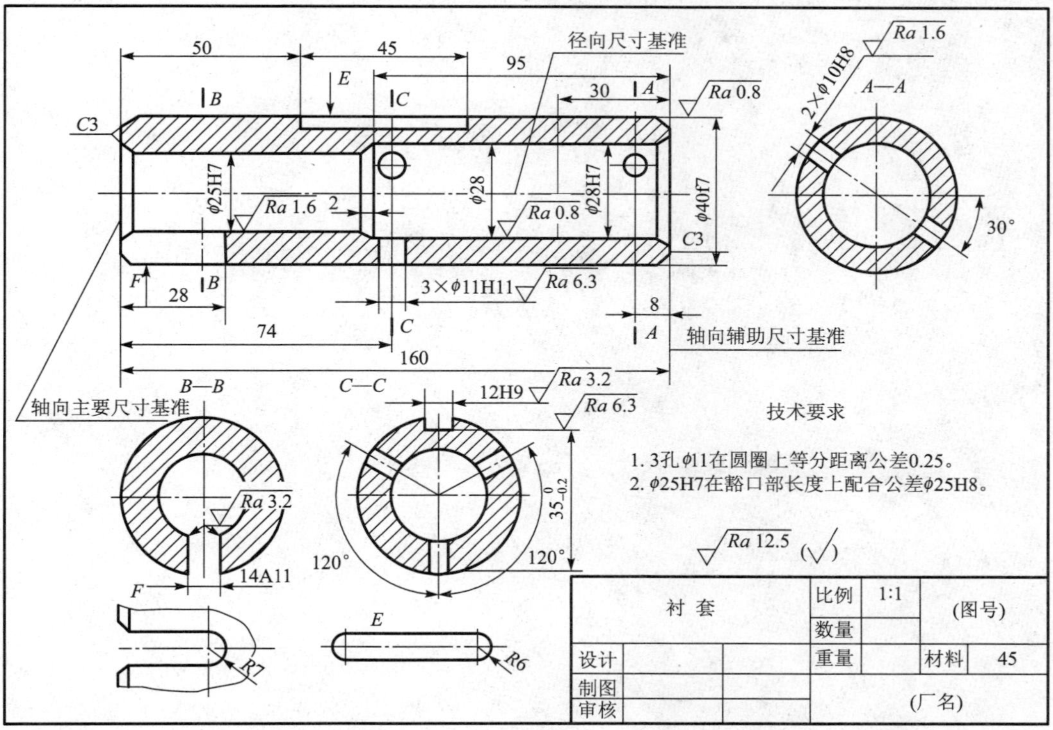

图 10－58　衬套

通过以上分析可知该零件的结构形状为：外形直径 ϕ40，长度 160 的圆柱体；内腔由直径 ϕ25 和 ϕ28 的两个阶梯孔组成，由距离右端 95 处 2 mm 的锥孔过渡；内、外两端面均有 *C*3 的倒角；左端有长度 28、宽度 14 的半圆头 *R*7 的豁口；距离左端面 50 mm 处有长度 45、宽度 12 的半圆形平键槽；距左端面 74 mm 的断面有 3 个均布的 ϕ11 的通孔；距右端面 8 mm 的断面有两个与水平方向呈 30°的直径为 ϕ10 的通孔。

3. 分析尺寸

首先确定尺寸基准，该零件主要由回转体组成，故只有径向尺寸基准和轴向尺寸基准。回转体的公共轴线为径向尺寸基准；以左端面为轴向尺寸主要基准，右端面为辅助基准，两基准之间的尺寸联系为 160。根据零件图中所标注的尺寸，重要尺寸有带公差的尺寸 ϕ25H7，ϕ28H7，ϕ40f7，ϕ10H8，ϕ11H11，14A11，12H9 等均为配合尺寸；50，74，95，30，8，30°，120°等为结构之间的相对位置尺寸；其他为自由尺寸。

4. 分析技术要求

（1）表面粗糙度。该零件全部需要机械加工，有配合要求的表面如 ϕ28H7，ϕ40f7 为 *Ra*0. 8；ϕ25H7，ϕ10H8 为 *Ra*1. 6；14A11，12H9 为 *Ra*3. 2，其余各表面分别为 *Ra*6. 3，*Ra*12. 5。

（2）尺寸公差。有配合要求的尺寸或其他重要尺寸，尺寸精度要求高，则应标注出尺寸公差带代号（如 ϕ25H7，ϕ28H7，ϕ40f7，ϕ10H8）或注出其极限偏差（如 $\phi35\,^{0}_{-0.2}$）

（3）形位公差。在技术要求中用文字注明 3 个 ϕ11H11 的孔的等距离允许偏差为 0.25。

（4）技术要求。第一条为形位公差，第二条为尺寸公差。

第十一章 装 配 图

装配图是表达机器或部件的图样。表达机器中某个部件的装配图，称为部件装配图；表达一台机器完整的装配图，称为总装配图。在进行设计、装配、调整、检验、安装、使用和维修时都需要装配图。它是设计部门提交给生产部门的重要技术文件。

在产品设计中，一般先画出机器或部件的装配图，然后根据装配图画出零件图。装配图要反映出设计者的意图，表达出机器或部件的工作原理、性能要求、零件间的装配关系和零件的主要结构形状，以及在装配、检验、安装时所需要的尺寸数据和技术要求。如图 11－1 所示为一滑动轴承立体图，滑动轴承是用来支撑轴的。图 11－2 是滑动轴承装配图。

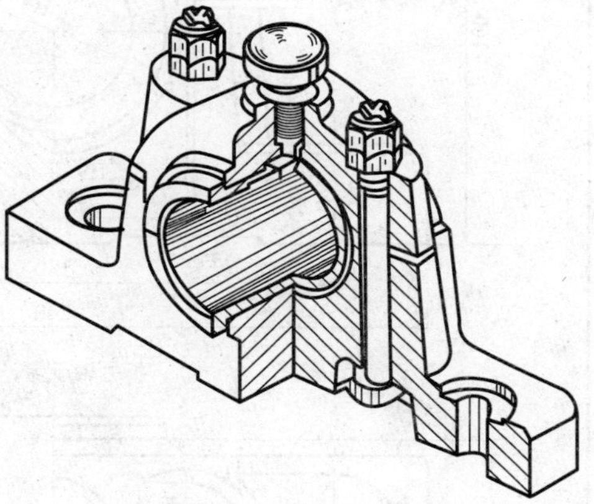

图 11－1　滑动轴承立体图

第一节　装配图的内容

根据装配图的作用，由图 11－2 所示的滑动轴承装配图可以看出，一个完整的装配图应包括以下的内容。

（1）一组视图。用一般表达方法和特殊表达方法，正确、完整、清晰、简便地表达机器或部件的工作原理、零件之间的装配关系和零件的主要结构形状。

（2）必要的尺寸。标明机器或部件的规格（性能）尺寸，说明整体外形以及零件间配合、连接、定位和安装等方面的尺寸。

（3）零件序号、明细栏与标题栏。根据生产组织和管理工作的需要，按一定的格式，将零件或部件进行编号，并填写标题栏和明细栏。明细栏说明机器、部件上各个零件的名称、材料、数量、规格以及备注等。标题栏说明机器或部件的名称、重量、图号、图样、比例等。

（4）技术要求。有关产品在装配、安装、检验、调试以及运转时应达到的技术要求、常用符号或文字注写。

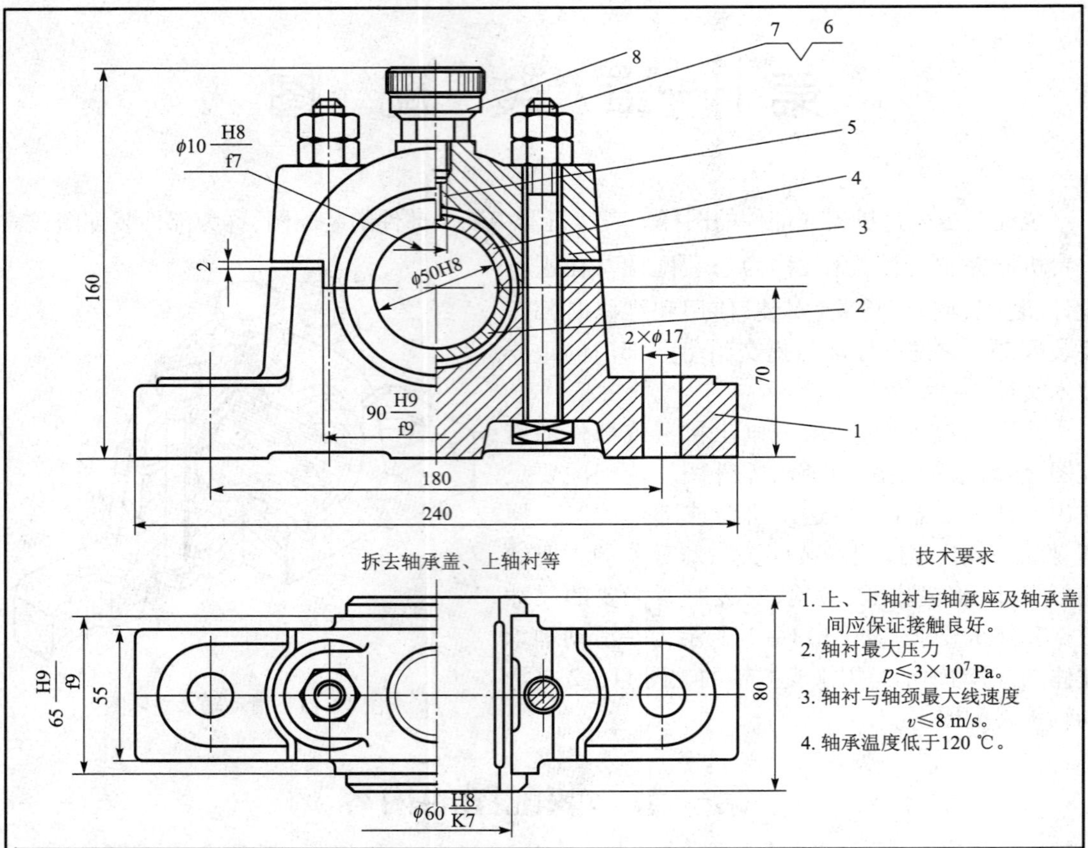

8	油杯JB/T 7940.3—1995	1		B12
7	螺母GB/T 6170—2000	4	Q235-A	M12
6	螺栓GB/T 8—1988	2	Q235-A	M12×130
5	轴衬固定套	1	Q235-4	
4	上轴衬	1	QA19-4	
3	轴承盖	Q	HT150	
2	下轴衬	1	QA19-4	
1	轴承座	1	HT150	
序号	名称	数量	材料	备注

滑动轴承	比例	1:3	(图号)
	数量		
制图	重量		共　张　第　张
描图			
审核			

图 11－2　滑动轴承装配图

第二节　装配图的表达方法

部件和零件的表达，共同点是都要表达出它们的内外结构。因此关于零件的各种表达方法和选用原则，在表达部件时同样适用。但它们也有不同点，装配图需要表达的是部件的总体情况，而零件图仅表达零件的结构形状。针对装配图的特点，为了清晰、简便地表达出部件的结构，国家标准《机械制图》对画装配图提出了一些规定画法和特殊的表达方法。

一、装配图的规定画法

装配图需要表达多个零件，两个零件的相邻表面的投射画法是装配图中用得最多的表达形式。为了方便设计者画图，使读图者能迅速地从装配图中区分出不同零件，制图国家标准对有关装配图在画法上作了一些规定。下面介绍制图国家标准中的基本规定。

（1）两相邻零件的接触面和配合面规定只画一条线。但当两相邻零件的基本尺寸不相同时，即使间隙很小，也必须画出两条线，如图 11－3 所示。

（2）两个金属零件相邻时，其剖面线的倾斜方向应反向，如有第三个零件相邻，则采用疏密间距不同的剖面线，最好与同方向的剖面线错开，如图 11－3 所示。

（3）同一零件在同一张装配图样中的各个视图上，其剖面线方向必须一致，间隔相等，如图 11－26 所示，零件 1 号阀体的主视图、俯视图和左视图上的剖面线方向和间隔相同。零件 4 阀芯在主视图为全剖，在左视图上为半剖，它们的剖面线方向和间隔相同。当零件的厚度≤2 mm 时，可采用涂黑的方式代替断面符号，如图 11－3 所示。

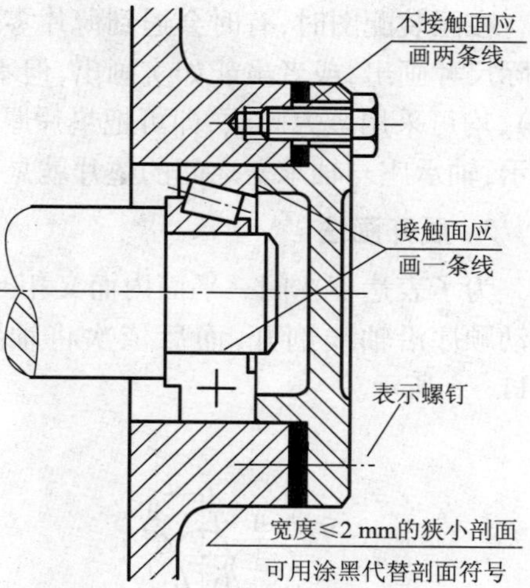

图 11－3　装配图规定画法和简化画法

（4）对于实心杆件、螺纹紧固件，当剖切平面通过其轴线纵向剖切时，均按不剖绘制（如轴、杆、球、键、销、螺钉、螺母、螺栓等），如图 11－3 所示。但是，如果垂直这些零件的轴线横向剖切，则应画出剖面线，如图 11－4 所示。

二、装配图中的特殊表达方法

装配图上表达的不只是一个零件，前面所讲的表达方法不足以表达多个零件，国家标准还规定了以下一些特殊的表达方法。

1. 假想画法

在装配图中，如果要表达运动零件的极限位置与运动范围，可用双点画线假想地画出其外形轮廓，如图 11－5 所示；另外，若要表达与相关零部件的安装连接关系时，也可采用双点画线画出其轮廓；与底表面安装的零件用双点画线假想的画出。

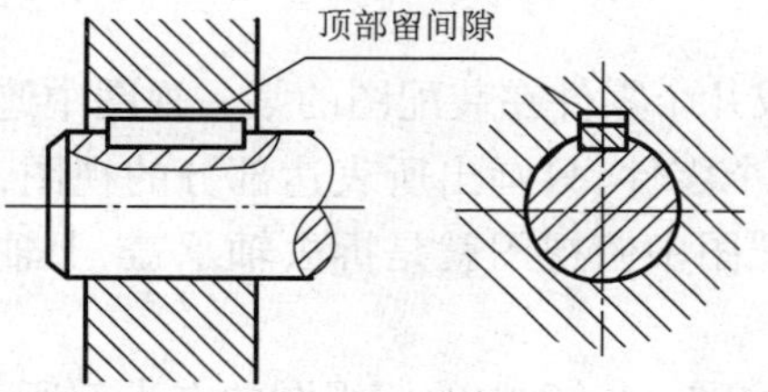

图 11－4　垂直轴线剖切轴时，
轴断面应画剖面线

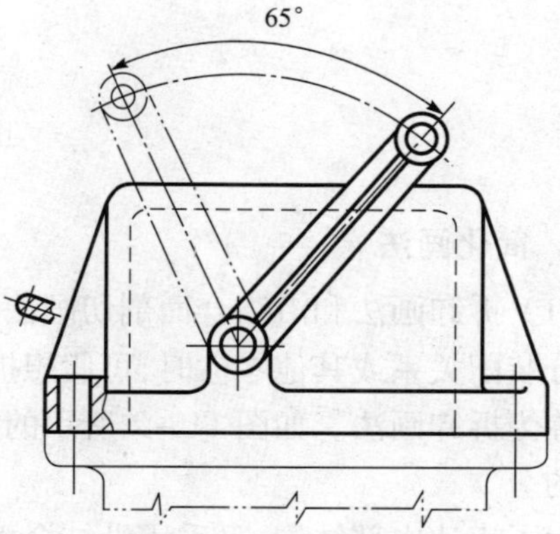

图 11－5　假想画法

2. 夸大画法

在画装配图时，有时会遇到薄片零件、细丝弹簧、微小间隙等。这些零件和间隙无法按其实际尺寸画出，或者虽能如实画出，但不能明显地表达其结构（如圆锥销及锥形孔的锥度很小时），均可采用夸大画法，即可把垫片厚度、弹簧丝直径及锥度都适当地夸大画出。如图 11 - 3 所示，轴承座与轴承盖之间的垫片就是夸大画法。

3. 展开画法

为了表达不在同一平面内而又相互平行的轴上零件，以及轴与轴之间的传动关系，可以按传动顺序沿轴线剖开，而后依次将轴线展开在同一平面上画出，并标注“*X* - *X* 展开”，如图11 - 6 所示。

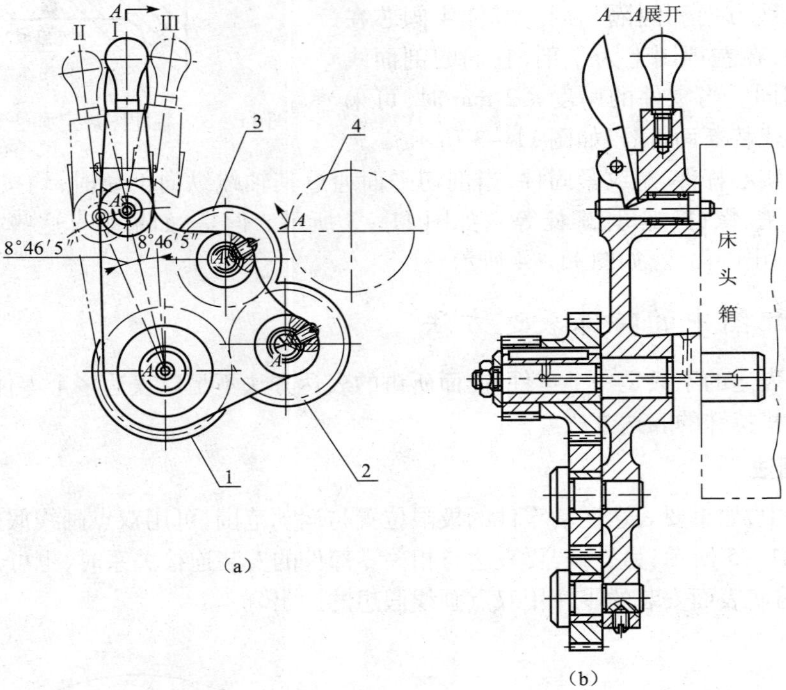

图 11 - 6　挂轮架

4. 简化画法

(1) 拆卸画法和沿结合面剖切画法。当某一个或几个零件在装配图的某一视图中遮住了大部分装配关系或其他零件时，可假想拆去一个或几个零件，只画出所表达部分的视图，这种画法称为拆卸画法。如图 11 - 2 所示的滑动轴承装配图中俯视图就是拆去轴承盖、上轴衬后画出的。

为了表达内部结构，可采用沿结合面剖切画法。如图 11 - 2 中的俯视图的右半部所示，沿盖和体的结合面剖切，拆除上半部分画出余下部分，注意在结合面上不画剖面符号，被剖切到的螺栓则必须画出剖面线。

（2）单独表示某个零件。在装配图中，当某个零件的形状未表达清楚而又对理解装配关系有影响时，可另外单独画出该零件的某一视图，如图 11 －7 所示。

（3）在装配图中，零件的工艺结构，如圆角、倒角、退刀槽等允许不画。

（4）在装配图中，螺母和螺栓头允许采用简化画法。当遇到螺纹连接件等相同的零件组时，在不影响理解的前提下，允许只画出一处，其余可只用点画线表示其中心位置，如图 11 －3 所示。

（5）在剖视图中，表示滚动轴承时，允许画出对称图形的一半，另一半画出其轮廓，并用粗实线画成十字线，如图 11 －3 所示。

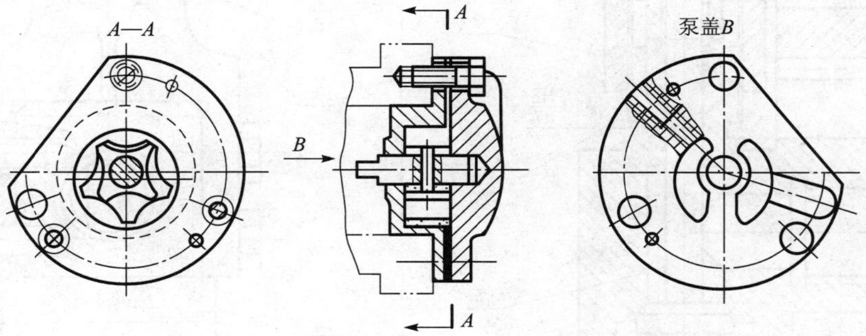

图 11 －7　单独画出零件的视图

三、装配图的视图选择

装配图的视图选择与零件图的有共同之处，但由于表达内容不同，因此也有差异。

1. 主视图的选择

（1）一般将机器或部件按工作位置放置或将其放正，即使装配体的主要轴线、主要安装面呈水平或铅垂位置。

（2）选择最能反映机器或部件的工作原理、传动路线、零件间装配关系及主要零件的主要结构的视图作为主视图。当不能在同一视图上反映以上内容时，则应经过比较，取一个能较多反映上述内容的视图作为主视图。一般取反映零件间主要或较多装配关系的视图作为主视图。

2. 其他视图的选择

主视图选定以后，对其他视图的选择可以考虑以下几点：

（1）还有哪些装配关系、工作原理以及主要零件的主要结构还没有表达清楚，再确定选择一些相关视图以及相应的表达方法。

（2）尽可能地用基本视图以及基本视图上的剖视图（包括拆卸画法、沿零件结合面剖切）来表达有关内容。

（3）要合理布置视图位置，使图样清晰并有利于图幅的充分利用。

下面以图 11 －8 手压阀装配图为例，说明如何选择视图方案。

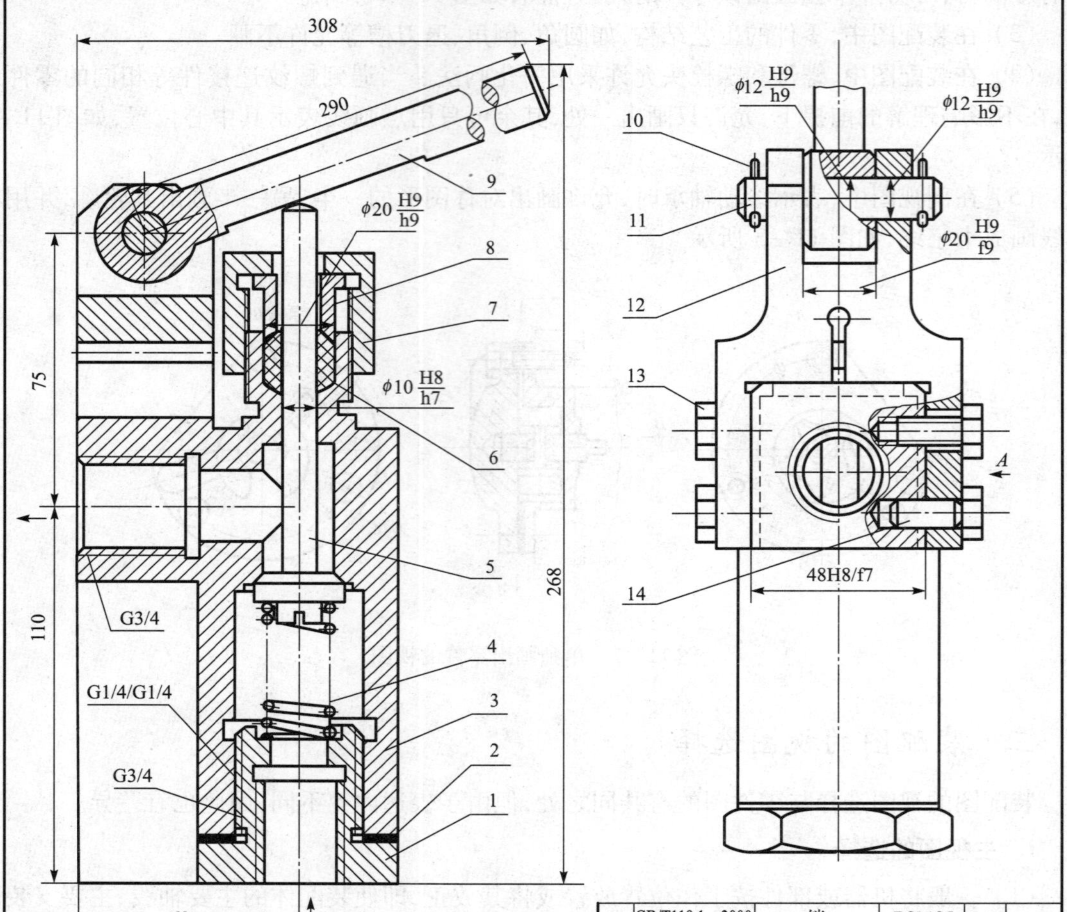

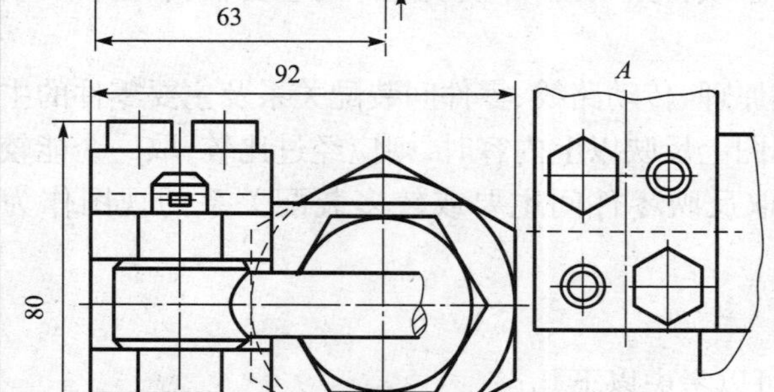

14	GB/T119.1—2000	销	B8×25	4	
13	GB/T5782—2000	螺栓	M8×18	4	
12		托架	HT150	1	
11		小轴	35	1	
10		开口销	5.2×16	2	
9		手柄	Q235-A	1	
8		填料压盖	Q235-A	1	
7		压盖螺母	Q235-A	1	
6		填料	石棉	1	
5		阀杆	65	1	
4		弹簧	65 Mn	1	
3		阀体	ZQSn6-6-3	1	
2		垫片	皮革	1	
1		弹簧座	Q234	1	
序号	代号	名称	材料	数量	附注

手压阀		比例	1:1
		数量	
制图			
审核			

技术要求

1. 阀杆与阀体装配研磨；
2. 装配后进行水压试验，压力为196 N/cm²。

图 11-8 手压阀

手压阀是安装在管道上,用以控制液体流量的装置。手压阀的主视图是按工作位置绘制的,主视图取全剖视以表示阀杆(零件5)轴线的主要装配干线。在这条装配干线上,表示了压盖螺母(零件7)、填料压盖(零件8)、填料(零件6)、阀体(零件3)上的阀座孔与阀杆上的阀瓣、弹簧(零件4)、弹簧座(零件1)等零件的结构形状和它们的装配关系。

选取左视图。左视图取局部剖视来表示阀体与托架(零件12)的形状、连接和定位关系。它们是用4个螺钉和4个销钉定位的。并选用 *A* 向视图表示螺钉、销钉的位置。同时在左视图上也用局部剖视表达了手柄是由小轴(零件11)、开口销(零件10)连接的。

选择俯视图,是为了表达阀体的主体形状。选定这样的表达方案,即可将手压阀的装配关系和主要零件的结构形状表达清楚。

第三节　常见的装配结构

为了保证装配质量,方便装配、拆卸机器或部件,在设计时必须注意装配结构的合理性。本节讨论几种常见的装配结构,并讨论装配结构的合理性。

(1) 两零件在同一方向上不应有两组面同时接触或配合。

两个零件接触时,在同一方向上只能有一对接触面,否则会给零件制造和装配等工作造成困难,如图11-9所示。

对于锥面配合,锥体顶部与锥孔底部之间必须留有空隙,即 $L_1 < L_2$,否则不能保证锥面配合。如图11-10所示,(a)图为正确画法,(b)图为错误画法。

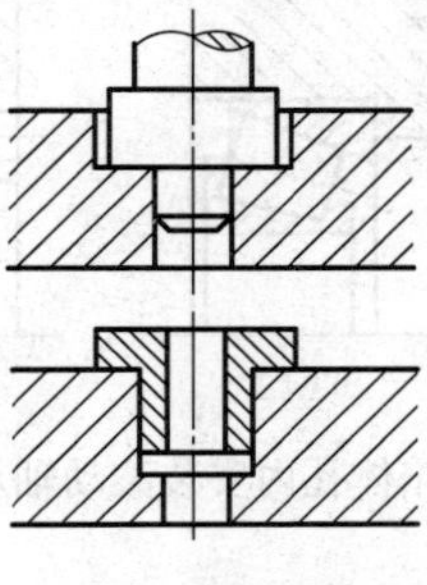

图11-9　接触面的画法

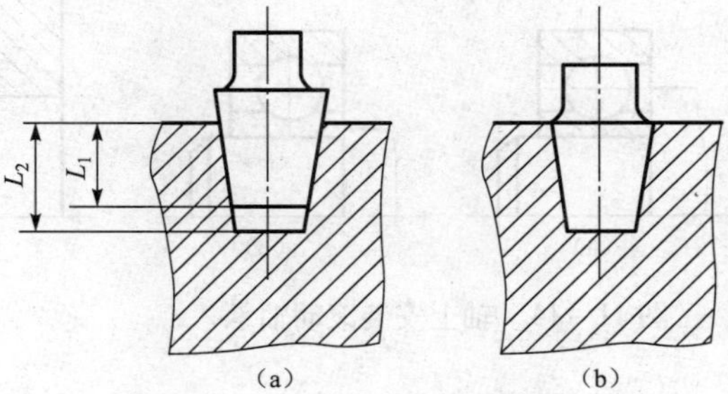

图11-10　锥面配合

对于轴径和孔的配合,如图11-11所示,由于 ϕA 已经形成配合,ϕB 和 ϕC 就不应再形成配合关系了,即必须保持 $\phi B > \phi C$。

(2) 保证轴肩与孔的端面接触,孔口应制出适当的倒角(或圆角),或在轴根处加工出槽,如图11-12所示。

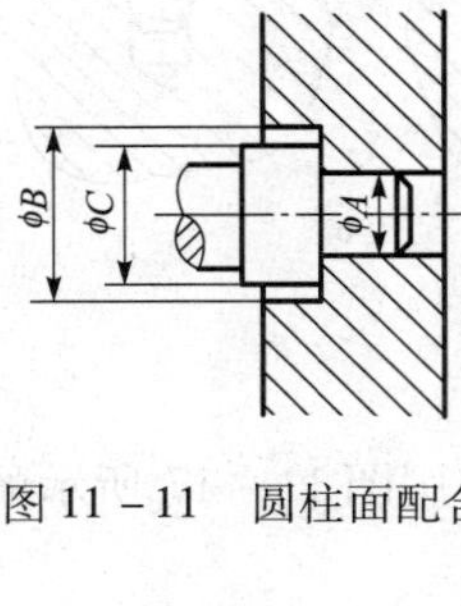

图11-11　圆柱面配合

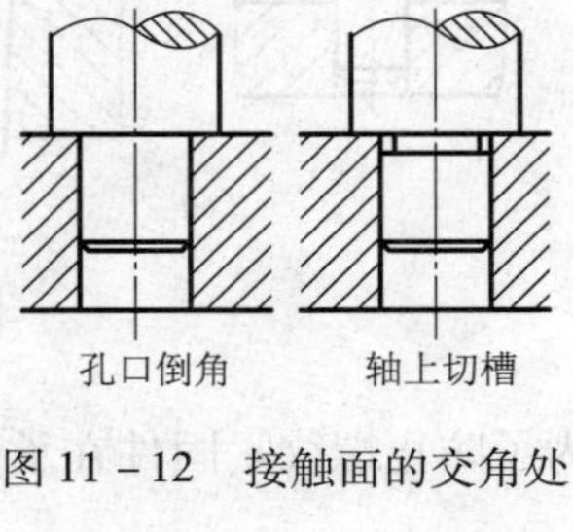

图11-12　接触面的交角处

(3) 为了保证接触良好,接触面需经机械加工。合理地减少加工面积,不但可以降低加工费用,而且可以改善接触情况。

为了保证连接件(螺栓、螺母、垫圈)和被连接件间的良好接触,在被连接件上作出沉孔、凸台等结构,如图 11－13 所示,沉孔的尺寸可根据连接件的尺寸从有关手册中查找。

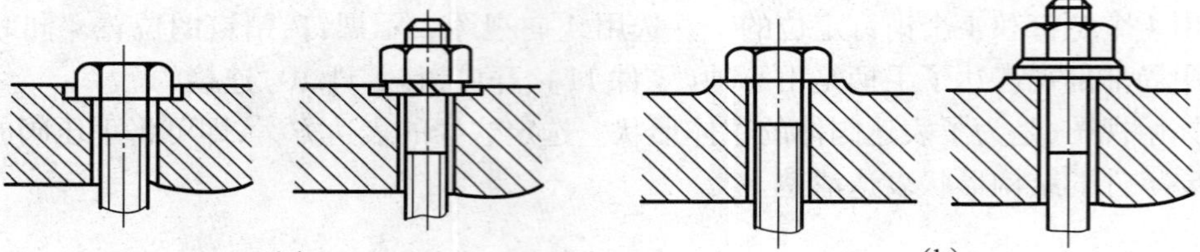

(a)　　(b)

图 11－13　沉孔和凸台

(4) 图 11－14 和图 11－15 分别表示滚动轴承装在轴上和箱体孔内的情况。如果轴肩高度≥轴承内圈厚度(图 11－14 (a)),或箱体中左边孔径≤轴承外圈的内径时(图 11－15 (a)),则轴承无法拆卸,其正确结构应为图 11－14(b)和图 11－15(b)。若箱体中左边的孔径不允许做得太大,则可在箱体左边对称地加工出几个孔,供拆卸时用适当的工具顶出轴承,如图 11－15 (c)所示。

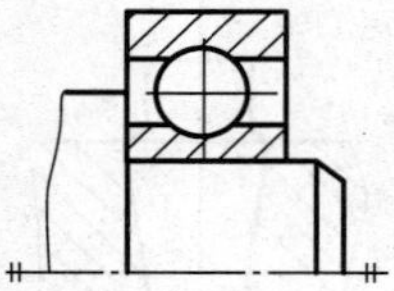

(a)　　(b)

图 11－14　轴上安装滚动轴承

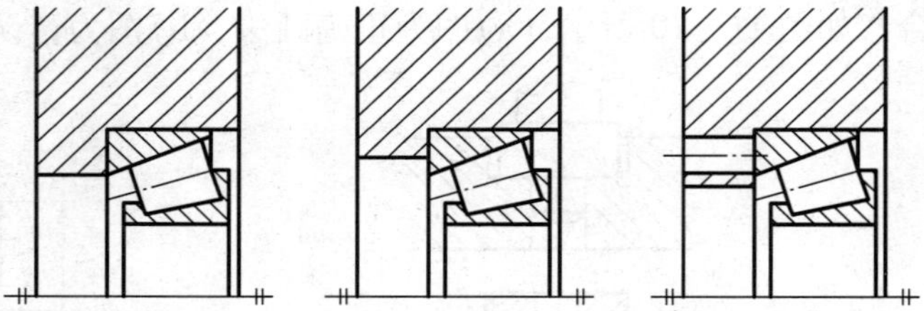

(a)　　(b)　　(c)

图 11－15　箱体孔内安装滚动轴承

为了保证重装后两零件间相对位置的精度,常采用圆柱销或圆锥销定位,所以对销及销孔要求较高。为了加工销孔和拆卸销子方便,在可能的条件下,将销孔做成通孔,如图 11－16 (a)所示,而不做成图 11－16(b)所示的不通孔。

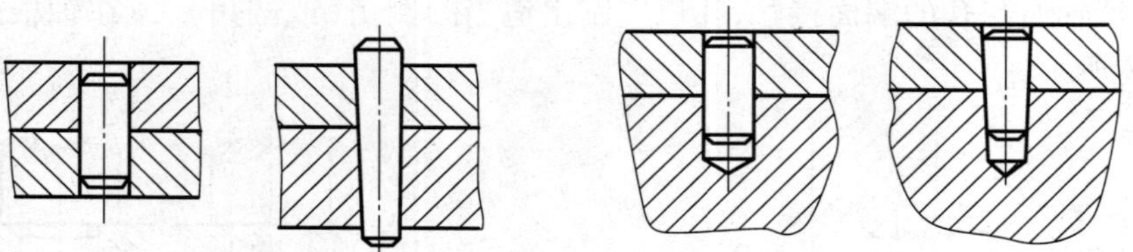

(a)　　(b)

图 11－16　定位销装配结构

(5) 为了防止螺纹紧固件在承受振动或冲击时松动,常采用图 11－17 所示的几种防松装置。图 11－17(a)采用双螺母,(b)采用弹簧垫圈,(c)采用圆螺母和止动垫圈,(d) 采用开口销。

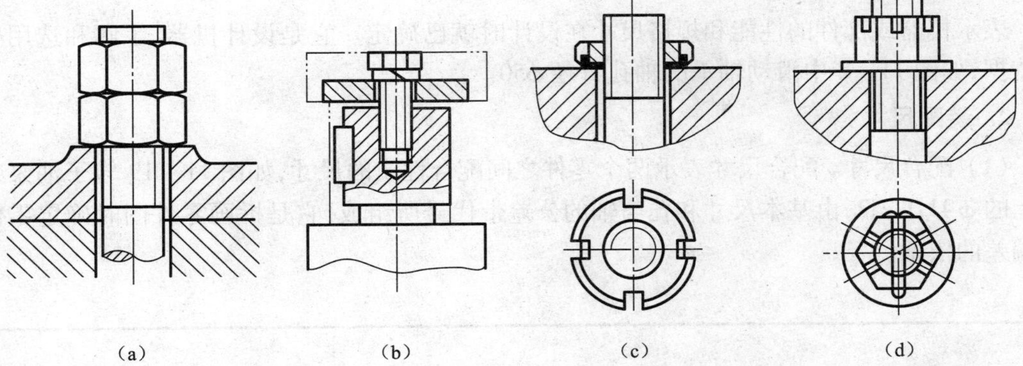

图 11－17　防松装置

(6) 用毡圈密封时,毡圈要紧贴在轴上,而轴承盖的孔径大于轴径,留出间隙,如图11－18 所示。

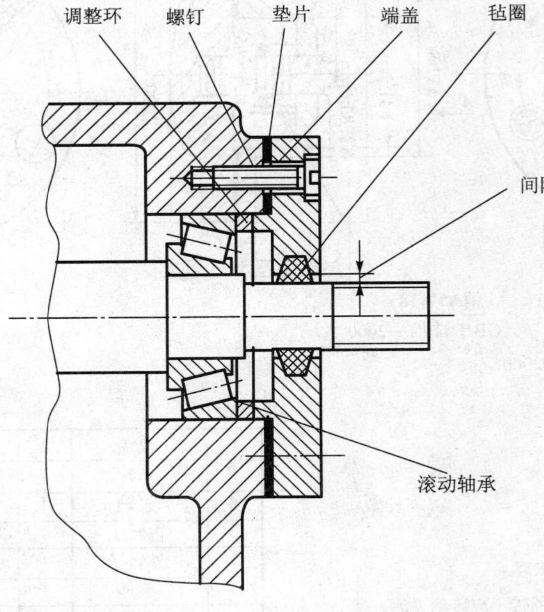

图 11－18　毡圈密封的画法

第四节　装配图上的尺寸标注和技术要求

一、尺寸标注

装配图与零件图的作用不一样,因此对尺寸标注的要求也不一样。零件图是加工制造零件的主要依据，要求零件图上的尺寸必须完整，而装配图主要是设计和装配机器或部件时用的图样，因此不必注出零件的全部尺寸。装配图上一般标注以下几种尺寸。

1. 性能尺寸(规格尺寸)

表示机器或部件的性能和规格尺寸在设计时就已确定。它是设计机器、了解和选用机器的依据，如图 11－2 中滑动轴承的轴孔直径 $\phi 50$。

2. 装配尺寸

(1) 配合尺寸。配合尺寸表示两个零件之间配合性质的尺寸，如图 11－19 转子油泵装配图上的 $\phi 41H7/f7$，由基本尺寸和孔与轴的公差带代号所组成，它是拆画零件图时确定零件尺寸偏差的依据。

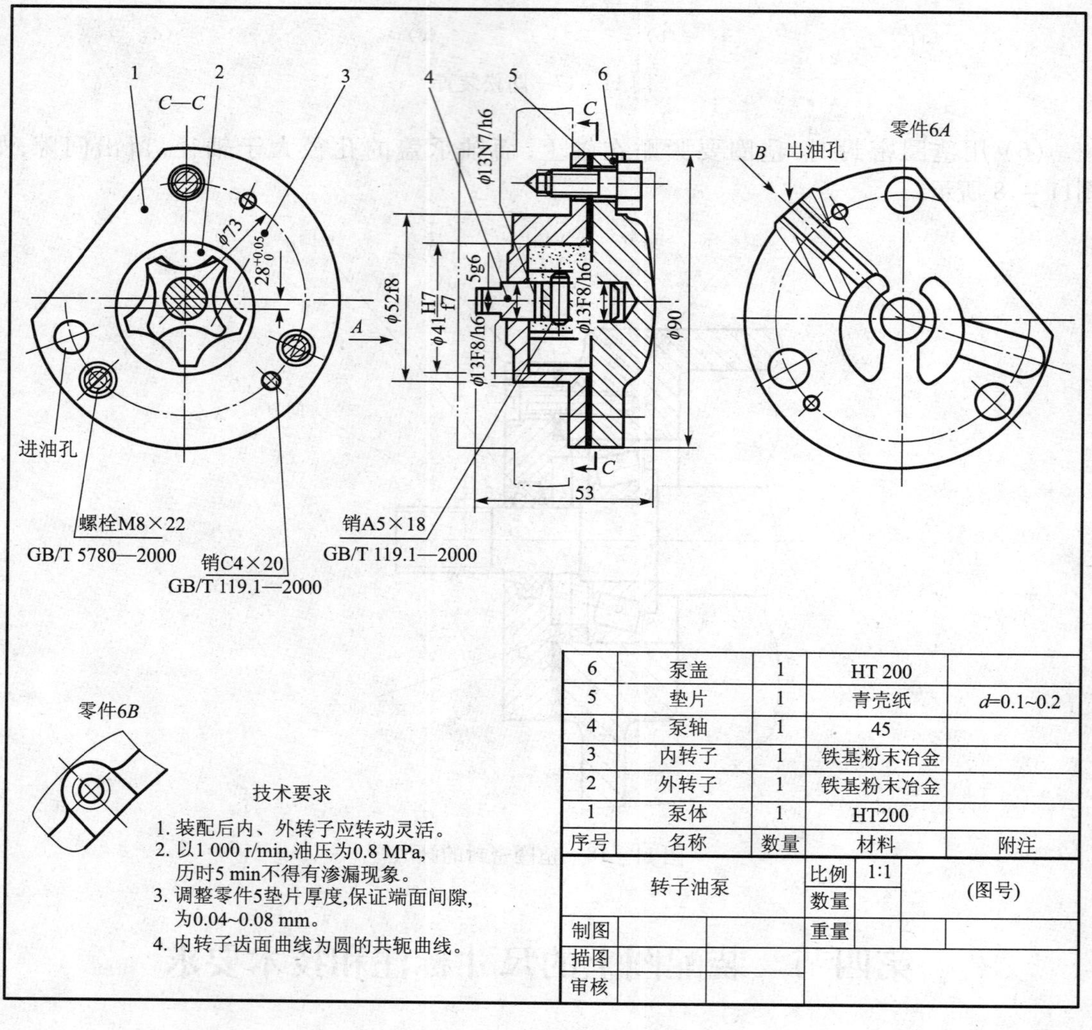

图 11－19　转子液压泵装配图

（2）相对位置尺寸。表示装配机器和拆画零件图时，需要保证的零件间相对位置的尺寸，如图 11－19 中的 ϕ73。又如零件沿轴向装配后所占部位的轴向部位尺寸，是装配、调整所需要的尺寸，也是拆画零件图、校图时所需要的尺寸。

3. 外形尺寸

表示机器或部件外形轮廓的尺寸，即总长、总宽、总高。当机器或部件包装、运输时，以及厂房设计和安装机器时需要考虑外形尺寸，如图 11－19 中的 53（总长）、ϕ90（总高和总宽）是外形尺寸。

4. 安装尺寸

机器或部件安装在地基上或与其他机器或部件相连接时所需要的尺寸，就是安装尺寸，如图 11－2 滑动轴承装配图中的 180（安装孔的位置）、ϕ17（安装孔径尺寸）。

5. 其他重要尺寸

在设计中经过计算确定或选定的尺寸，但又未包括在上述四种尺寸之中。这种尺寸在拆画零件图时不能改变。

二、技术要求的注写

装配图上一般应注写以下几方面的技术要求。

（1）装配过程中的注意事项和装配后应满足的要求等。例如图 11－19 上的“装配后内、外转子应转动灵活”的要求，这条也是拆画零件图时拟定技术要求的依据。

（2）检验、试验的条件和要求以及操作要求等，如图 11－19 上的“以 1 000 r/min，油压为 0.8 MPa，历时 5 min 不得有渗漏现象”即是。

（3）部件的性能、规格参数、包装、运输、使用时的注意事项和涂饰要求等。

总之，图上所需填写的技术要求，随部件的需要而定。必要时，也可参照类似产品确定。

第五节 装配图上零件的序号和明细栏

为了便于看图、装配、图样管理以及做好生产准备工作，必须对每个不同的零件或部件进行编号，这种编号称为零件或部件的序号或代号，同时要编制相应的明细栏。直接编写在装配图中标题栏上方的称为明细栏，在明细栏中零件及部件的序号应自下而上填写。

一、零、部件序号

（1）序号（或代号）应注在图形轮廓线的外边，并填写在指引线的横线上或圆圈内，横线或圆圈用细实线画出。指引线应从所指零件的可见轮廓内引出（若剖开时，尽量由剖面线的空处引出，并在末端画一个小圆点）。序号字体要比尺寸数字大两号。也允许直接写在指引线附近。若在所指部分（很薄的零件或涂黑的剖面）内不宜画圆点时，可在指引线末端画出箭头指向该部分的轮廓，如图 11－20（a），（b），（c）所示。

（2）指引线尽可能分布均匀且不要彼此相交，也不要过长。指引线通过有剖面线的区域时，要尽量不与剖面线平行，必要时可画成折线，但只允许弯折一次，如图 11－20（d）所示。同一连接件组成装配关系清楚的零件组，允许采用公共指引线，如图 11－21 所示，常用于螺栓、螺母和垫圈零件组。

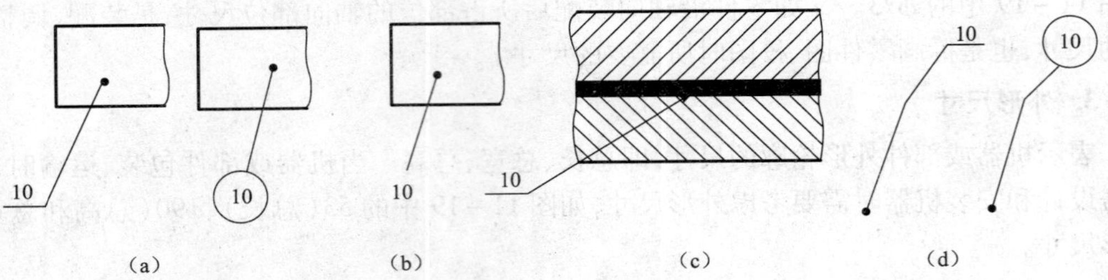

图 11－20　零件序号的标注形式

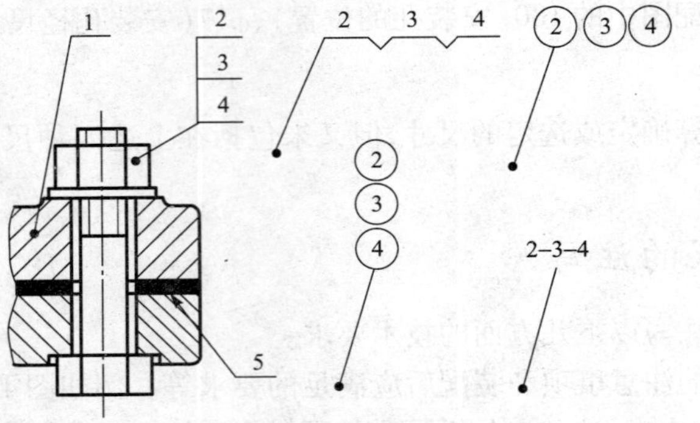

图 11－21　零件组的序号标注形式

(3) 每一种零件在各视图上只编一个序号。对同一标准部件(如油杯、滚动轴承、电机等),在装配图上只编一个序号。

(4) 要沿水平或垂直方向按顺时针或逆时针次序排列整齐,如图 11－2 和图 11－19 所示。

(5) 编注序号时,要注意到:

① 为了使全图能布置得美观整齐,在标注零件序号时,应先按一定位置画好横线或圆,然后再与零件一一对应,画出指引线。

② 常用的序号编排方法有两种,一种是一般件和标准件混合在一起编排,如图 11－2 滑动轴承装配图;另一种是将一般件编号填入明细栏中,而标准件直接在图上标注出规格、数量和国家标准号,如图 11－19 所示,或另列专门表格。

二、明细栏

装配图的明细栏在标题栏上方,左边外框线为粗实线,内格线和顶线为细实线。假如地方不够,也可在标题栏的左方再画一排。图 11－22 所示格式可供学习时使用。明细栏中,零件序号编写顺序是从下往上,以便增加零件时,可以继续向上画格。在实际生产中,明细栏也可不画在装配图内,按 A4 幅面作为装配图的序页单独绘出,编写顺序是从上往下,并可连续加页,但在明细栏下方应配置与装配图完全一致的标题栏。

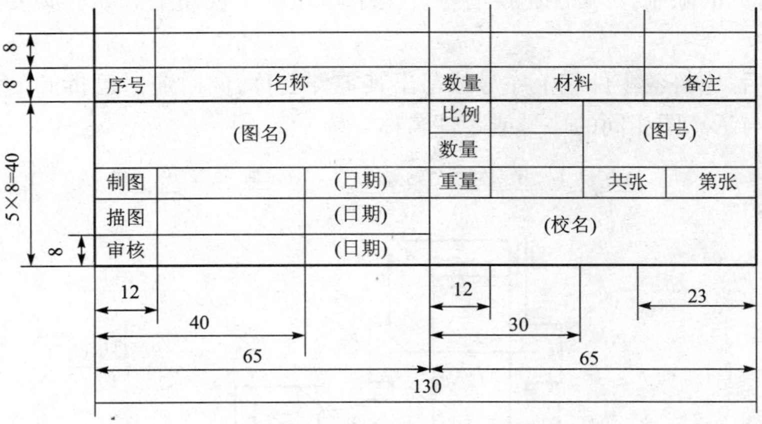

图 11－22　学习时使用的标题栏和明细栏

第六节　部件测绘和装配图画法

一、部件测绘

根据现有机器或部件画出零件草图并进行测量，然后绘制装配图和零件图的过程称为测绘。机器或部件测绘无论对推广先进技术、交流生产经验、改革现有设备等都有重要的作用，因此测绘是工程技术人员必须掌握的基本技能。测绘工作的一般步骤如下。

1. 了解和分析部件

测绘前首先要对部件进行分析研究，了解其用途、性能、工作原理、结构特点以及零件间的装配关系。了解的方法是观察、研究、分析该部件的结构和工作情况，阅读有关的说明书和资料，参考同类产品的图纸，以及直接向有关人员广泛了解使用情况和改进意见等。

2. 拆卸零件

在拆卸过程中可以进一步了解部件中各零件的装配关系、结构和作用。拆卸前应先测量一些重要的装配尺寸，如零件间的相对位置尺寸、极限尺寸、装配间隙等，以便校核图纸和装配部件。拆卸时要研究拆卸顺序，对不可拆的连接和过盈配合的零件尽量不拆。拆卸要用相应的工具，保证顺利拆下，以免损坏零件。拆卸后要将各零件妥善保管，避免碰坏、生锈或丢失，以便测绘后重新装配时仍能保证部件的性能和要求。

3. 画装配示意图

装配示意图是在部件拆卸过程中所画的记录图样。它的主要作用是避免由于零件拆卸后可能产生错乱致使重新装配时发生疑难，在画装配图时也可作为参考。装配示意图所表达的主要内容是每个零件位置、装配关系和部件的工作情况、传动路线等，而不是整个部件的详细结构和各个零件的形状。装配示意图的画法没有严格的规定。一般以简单的线条画出零件的大致轮廓，画机构传动部分示意图时应使用国家标准《机械制图》规定的符号绘制。图 11－23 为齿轮液压泵的装配示意图。画装配示意图时，通常对各零件的表达不受前后层次、可见与不可见的限制，尽可能把所有零件集中画在一个视图上。如有必要，也可补充在其他视图上。

图形画好后，应将各零件编上序号或写出其零件名称，同时应对已拆卸的零件作上标签。在标签上注明与示意图相同的序号或零件名称。

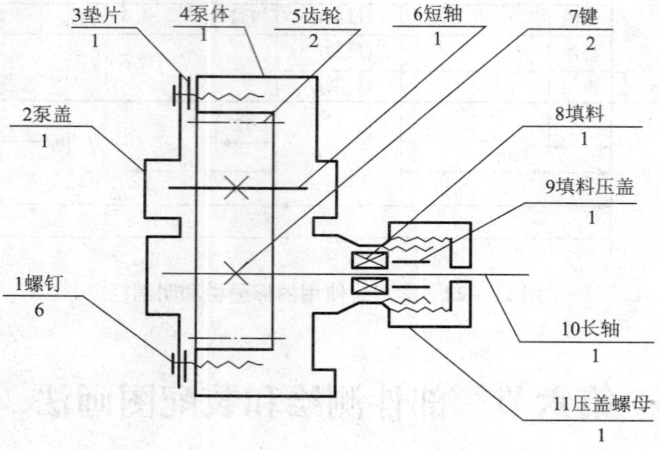

图 11－23　齿轮液压泵的装配示意图

4. 画零件草图

测绘往往受时间及工作场地的限制，因此要先徒手画出各零件的草图，然后根据零件草图和装配示意图画出装配图，再由装配图拆画零件图。零件草图是画装配图和零件图的依据，不能认为草图是“潦草的图”。零件草图内容和要求与零件图的是一致的，它们的主要差别是作图方法不同。绘制草图时应该做到表达完整、线型分明、尺寸齐全、字体工整、图面整洁，并要注明零件的名称、件数、材料并注写必要的技术要求。

画零件草图时应注意以下几点。

(1) 标准件只需确定其规格，注出规定标记，不必画草图。

(2) 零件草图所采用的表达方法应与零件图的一致。

(3) 视图画好后，应根据零件图尺寸标注的基本要求标注尺寸。在草图上先引出全部尺寸线，然后统一测量、逐个填写尺寸数字。

(4) 对于零件的表面粗糙度、公差、配合、热处理等技术要求，可以根据零件的作用，参照类似的图样或资料，用类比法加以确定。对公差配合可标注代号，不必注出具体公差数值。

(5)零件的材料应根据该零件的作用及设计要求参照类似的图样或资料加以选定。必要时可用火花鉴别或取样分析的方法来确定材料的类别。对有些零件还要用硬度计测定零件的表面硬度。

5. 尺寸测量与尺寸数字处理

尺寸测量应根据尺寸精度选用相应的测量工具。精度较低的尺寸可用内、外卡钳或钢板尺测量，精度较高的尺寸应用游标卡尺或千分尺，甚至用更精密的量具进行测量。对于高精度的精密设备尺寸，可采用三坐标测量仪等进行测量。

零件的尺寸有的可以直接量得，有的要经过一定的运算后才能得到，如中心距等。测量时应尽量从基准面出发以减少测量误差。同时测量中要注意避免尺寸换算以减少错误,测量所得的尺寸还必须进行尺寸处理。测量尺寸时要注意以下几点。

(1) 一般尺寸大多数情况下要圆整到整数。重要的直径要取标准值。

(2) 标准结构(如螺纹、键槽等)的尺寸要取相应的标准值。

(3) 对有些尺寸要进行复核,如齿轮传动的轴孔中心距,要与齿轮的中心距核对。

(4) 零件的配合尺寸要与相配零件的相关尺寸协调,即测量后尽可能将这配合尺寸同时标注在有关零件上。

(5) 由于磨损、碰伤等原因而使尺寸变动的零件要进行分析,标注复员后的尺寸。

6. 画装配图和零件图

根据零件草图和装配示意图画出装配图。在画装配图时,要及时改正草图上的错误,零件的尺寸大小一定要画得准确,装配关系不能搞错,这是很重要的一次校对工作,必须认真仔细。

二、装配图的画法

下面以齿轮液压泵为例说明装配图的画法。

图 11－24 为齿轮液压泵,它是机器中用来输送润滑油的一个部件,依靠一对齿轮的高速旋转运动输送油,图 11－24 (a)为齿轮液压泵的轴测图,图 11－24 (b)为其工作原理图。当一对齿轮在泵体内做高速啮合传动时,啮合区内右边空间的压力降低而产生局部真空,油池内的油在大气压的作用下进入液压泵低压区内的吸油孔,随着齿轮的转动,齿槽中的油不断地沿着图中所指的箭头方向被带到左边的出油口将油压出,并输送到机器中需要润滑的地方。主动齿轮轴是通过带轮传递动力的,它依靠在端部被锪平的平面与带轮连接。齿轮与轴采用键连接,因而在轴上加工有键槽。为了防止润滑油漏出,在泵盖与泵体之间加上垫片;在泵体上与主动轴配合的部位采用了填料密封装置,通过压紧螺母调整填料压盖将填料压紧,从而达到防漏的目的。泵体与泵盖是用螺钉连接的,吸油口和出油口均为管螺纹并与输油管连接。

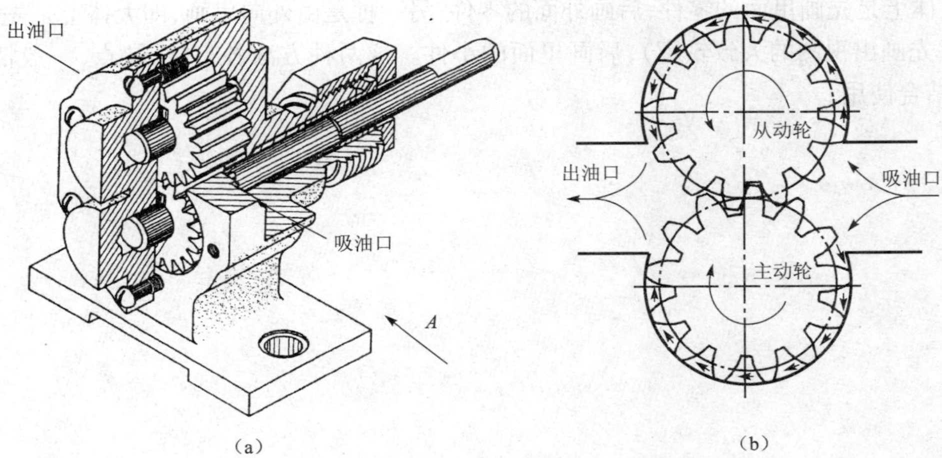

图 11－24 齿轮液压泵及工作原理图

为了保持齿轮液压泵中的油在一定的压力范围下正常工作,泵体中空腔形状是根据齿轮的外形加工的,并与齿轮有间隙配合;为了保证传动平稳,轴的表面与泵体、泵盖有配合关系,都为间隙配合。

选择主视图时,为了有利于设计和指导装配,应使部件的安放位置与工作位置一致;齿轮液压泵的工作位置如图 11 - 24 (a)所示,以箭头 *A* 方向作为主视图的投射方向。一般情况下,机器或部件都存在一些装配干线,为了清楚地表达其装配关系,通常剖切平面通过装配干线的轴线。视图表达方案如图 11 - 25 (d) 所示。主视图采用全剖视图,剖切平面通过齿轮轴的轴线,主要表达部件中零件之间的装配关系;左视图采用了半剖,未剖开部分表达主体零件(泵体、泵盖)的外形轮廓,剖开的部分表达齿轮液压泵的工作原理和一对齿轮的啮合情况。

按照选定的表达方案,根据所画部件的大小,再考虑尺寸、序号、标题栏、明细表和注写技术要求所应占的位置,选择绘图比例,确定图幅,然后按下列步骤画图。

(1) 画图框线和标题栏、明细表的外框。

(2) 布置视图,画出各视图的作图基线,如主要中心线、对称线等。在布置视图时,要注意为标注尺寸和编写序号留出足够的位置,如图 11 - 25(a)所示。

(3) 画视图底稿。一般从主视图入手,先画基本视图,后画非基本视图,如图 11 - 25(b),(c)所示。

(4) 标注尺寸和画剖面线。

(5) 检查底稿后进行编号和加深。

(6) 填写明细表、标题栏和技术要求。

(7) 全面检查图样。

画装配图一般比画零件图要复杂些,因为零件多,又有一定的相对位置关系。为了使底稿画得又快又好,必须注意画图顺序,清楚应该先画哪个零件,后画哪个零件,才便于在图上确定每个零件的具体位置,并且少画一些不必要的(被遮盖的)线条。为此,要围绕装配关系进行考虑,根据零件间的装配关系来确定画图顺序。作图的基本顺序可分为两种:一种是由里向外画,即大体上是先画里面的零件,后画外面的零件;另一种是由外向里画,即大体上是先画外面的大件(先画出视图的大致轮廓),后画里面的小件。这两种方法各有优、缺点,一般情况下,将它们结合使用。

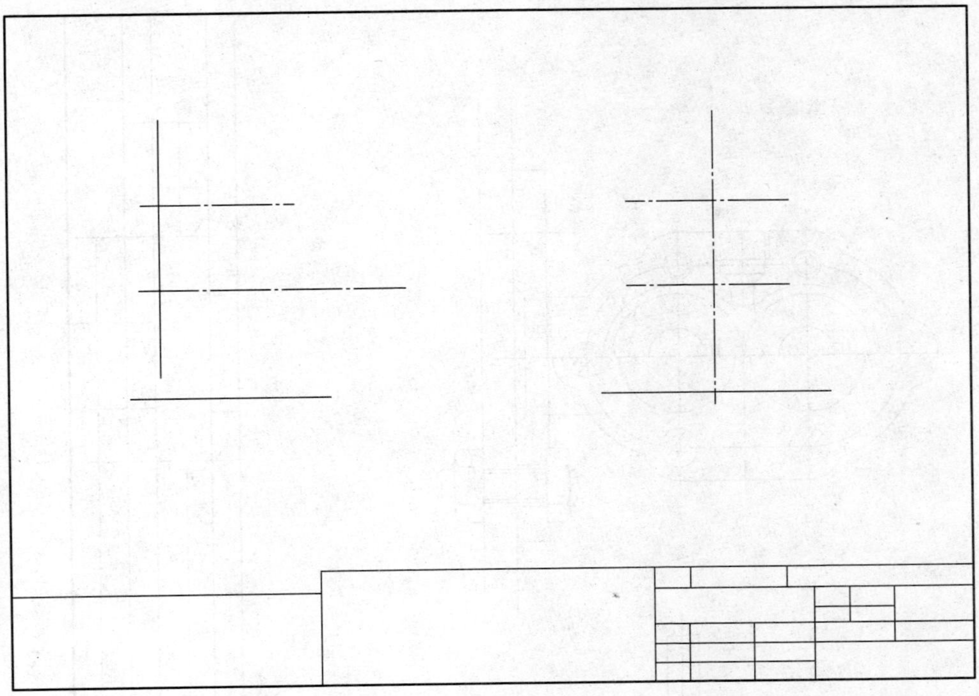

（a）

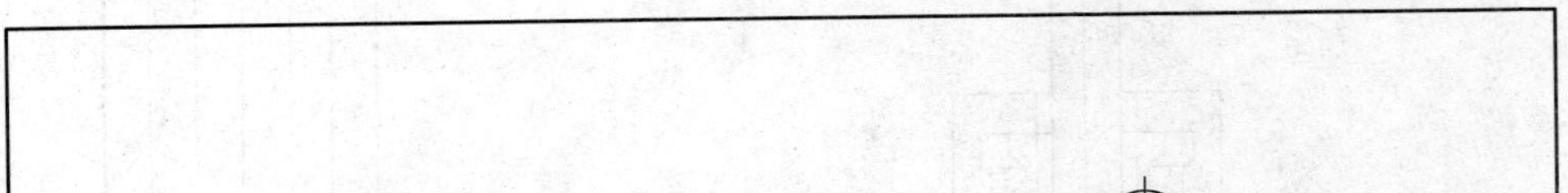

（b）

图 11－25　齿轮液压泵的装配图画图及步骤

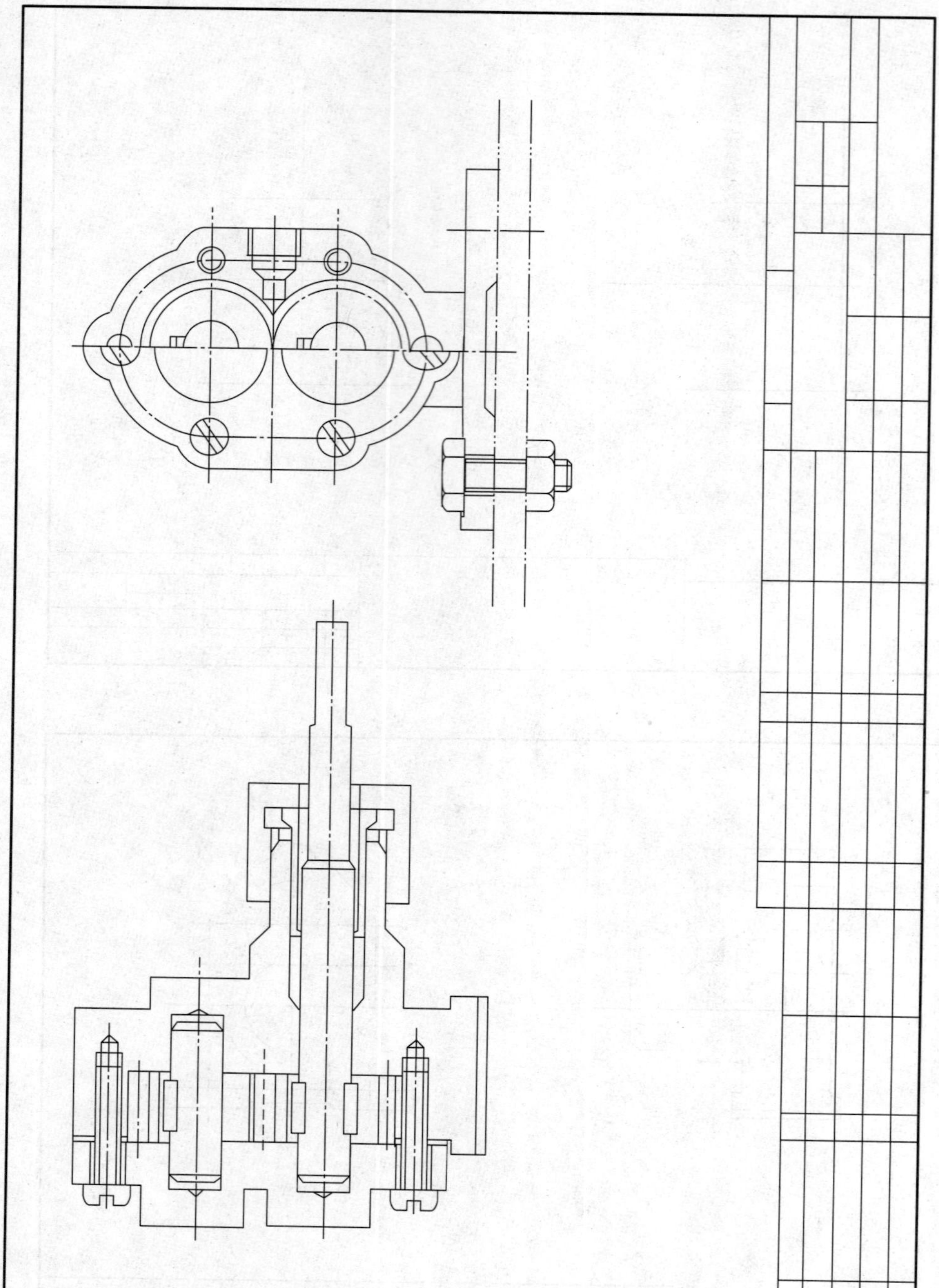

（c）

图11－25　齿轮液压泵的装配图画图及步骤（续1）

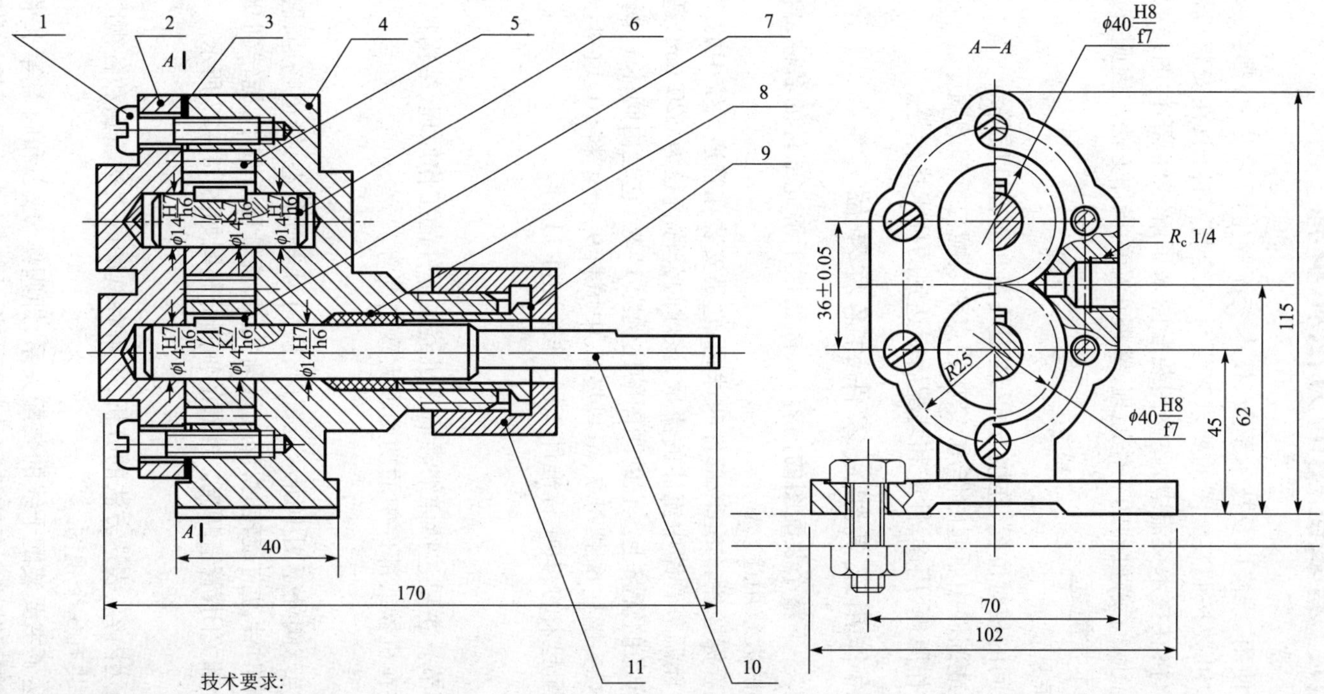

技术要求:

1. 齿轮安装后,用手转动传动齿轮轴时,应能灵活旋转。
2. 两齿轮轮齿的啮合面应占齿长的3/4以上。

					6	短轴	1	35	
11	压紧螺母	1	35	GB/T 6170—2000	5	齿轮	2	45	M=2 Z=18
10	长轴	1	45		4	泵体	1	ZL102	
9	填料压盖	1	20		3	垫片	1	耐油纸	
8	填料	1	3001		2	泵盖	1	ZL102	
7	键5×10	2	45	GB/T 1096—2003	1	螺钉M6×6	6	35	GB/T 5782—2000

序号	名称	件数	材料	备注
	齿轮油泵		比例	1:1
制图				
描图				
审核				

(d)

图 11-25 齿轮液压泵的装配图画图及步骤（续2）

第七节　看装配图的方法和步骤

在设计、制造、装配、检验、使用、维修以及技术革新、技术交流等生产活动中，都会遇到看装配图问题。例如在设计过程中，要按照装配图的要求来设计和绘制零件图；在安装机器时，要按照装配图来装配零件或部件；在技术交流中，要参阅装配图来了解零件、部件的结构和位置；在使用过程中，要参阅装配图来了解机器的工作原理，掌握正确的操作方法。因此，读懂装配图是工程技术人员必备的基本技能之一。

一般来说，看装配图的要求是：

（1）了解各个零件相互之间的相对位置、连接方式、装配关系和配合性质等。

（2）了解各个零件在机器或部件中所起的作用、结构特点和装配与拆卸的顺序。

（3）了解机器或部件的工作原理、用途、性能和装配后应达到的技术指标等。

一、概括了解部件的作用及其组成零件的名称和位置

看装配图时，首先概括了解一下整个装配图的内容，从标题栏了解此部件的名称，再联系生产实践知识可以知道该部件的大致用途。

以看图 11－26 为例，首先看标题栏，知道该部件叫球阀，它是安装在管道系统中的一个部件，用于开启和关闭管路的，并能调节管路中流体的流量，该球阀公称直径为 $\phi20$ mm，适用于通常条件下的水、蒸气或石油产品的管路上。它的画图的比例为 1∶2。它是由阀体 1、阀盖 2、密封圈 3、阀芯 4、调整垫片 5、双头螺柱 6、螺母 7、填料垫 8、中填料 9、上填料 10、填料压紧盖 11、阀杆 12、扳手 13 等零件装配起来的，其中标准件 2 种，非标准件 11 种。

二、深入分析

深入分析是看图的重要环节。主要包括详细弄清楚机器或部件的工作原理、结构特点、零件间的装配关系以及每个零件在机器或部件中的功用和大致情况等。

1. 工作原理

从图 11－26 中可以看出，当球阀处于图中所示位置时，阀门为全开状态，管道畅通，管路内流体的流量最大；当扳手 13 按顺时针方向旋转时，阀门逐渐关闭，流量逐渐减小，旋转到 90°时，球心便将通孔全部挡住，阀门全部关闭，管道断流。球阀的轴测分解图如图 11－27 所示。

2. 分析视图

通过对装配图中各视图表达内容、表达方法的分析，了解各视图的表达重点和各视图的关系，如图 11－26 球阀装配图中共有 3 个视图。

主视图采用全剖视图，表达了主要装配干线的装配关系，即阀体、球心和阀盖等水平装配轴线和扳手、阀杆、球心等铅垂装配轴线上各零件间的装配关系，同时也表达了部件的外形。

左视图为 *A—A* 半剖视图，表达了阀盖与阀体连接时 4 个双头螺柱的分布情况，并补充了阀杆和球心的装配关系。因扳手在主、俯视图上已表达清楚，图中采用了拆卸画法，从而显示出阀杆顶端的一条凹槽；这条凹槽与球心上 $\phi20$ 通孔的方向一致，因而可根据它看出扳手在任意位置时球心通孔的方向。

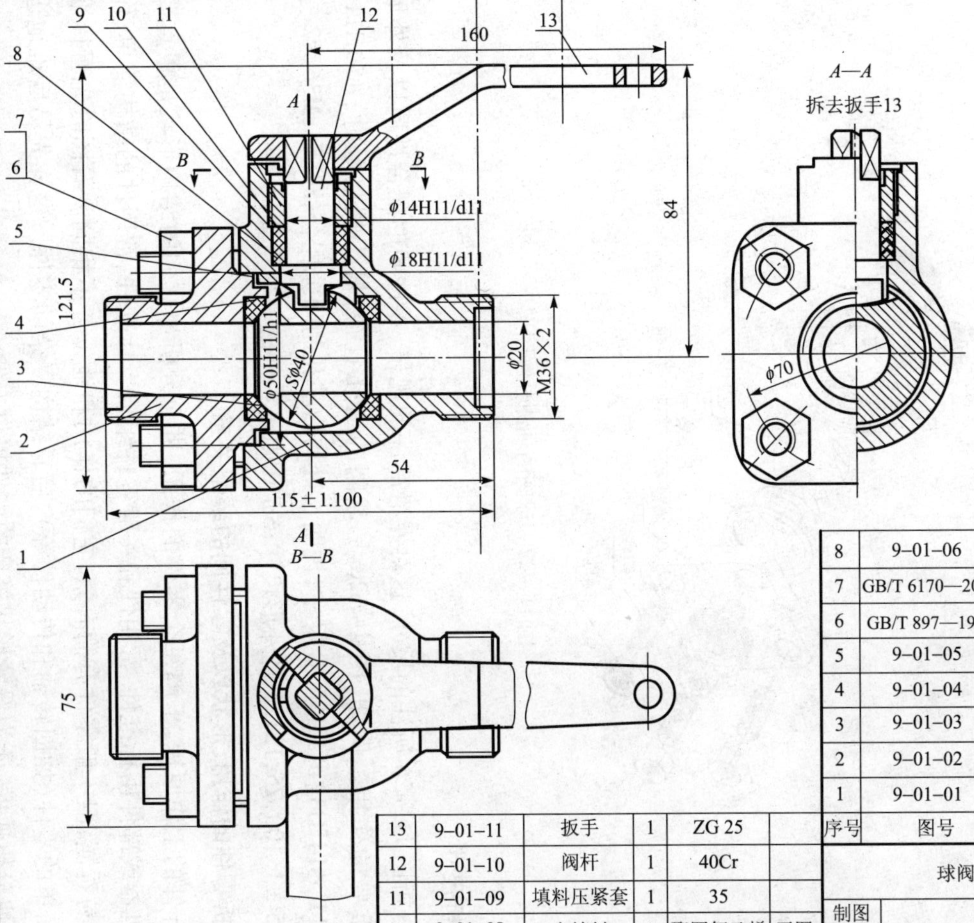

技术要求

1. 对本阀门材料的强度和紧密性要进行水压强度实验。
2. 其他技术要求应符合国标的有关规定。

序号	图号	名称	数量	材料	备注
13	9-01-11	扳手	1	ZG 25	
12	9-01-10	阀杆	1	40Cr	
11	9-01-09	填料压紧套	1	35	
10	9-01-08	上填料	1	聚四氟乙烯	无图
9	9-01-07	中填料	2	聚四氟乙烯	无图
8	9-01-06	填料垫	1	40 Cr	无图
7	GB/T 6170—2000	螺母M12	4	Q235	
6	GB/T 897—1988	螺柱M12×30	4	35	
5	9-01-05	调整垫片	1	聚四氟乙烯	无图
4	9-01-04	阀芯	1	40Cr	
3	9-01-03	密封圈	2	聚四氟乙烯	
2	9-01-02	阀盖	1	ZG45	
1	9-01-01	阀体	1	ZG45	

球阀	比例	1:2	9-01-00
制图			第1张 共8张
描图			
审核			

图 11-26 球阀装配图

俯视图主要表达球阀的外形,并采用局部剖视图来说明扳手与阀杆的连接关系及扳手与阀体上定位凸块的关系。扳手零件的运动有一定的范围,图中画出了它的一个极限位置,另一个极限位置用双点画线画出。

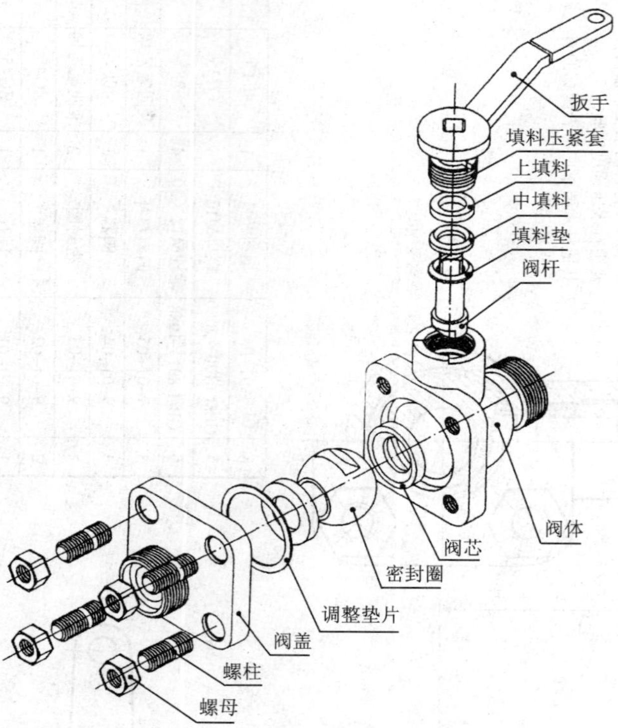

图 11-27　球阀的轴测分解图

3. 分析尺寸

认真分析图 11-26 所注的尺寸,这对弄清部件的规格、零件间的配合性质以及外形大小等均有着重要的作用。例如,图中 ϕ20 是球阀的通孔直径,属于规格尺寸;ϕ50H11/h11,ϕ18H11/d11,ϕ14H11/d11 是配合尺寸,说明三处均为基孔制间隙配合;84,54,M36×2 是其安装尺寸;115±1. 100,75,121. 5 是外形尺寸;$S\phi$40 则是零件的其他重要尺寸。

4. 分析零件的作用、形状以及零件间的装配关系

根据部件的工作原理,了解每个零件的作用,进而分析出它们的结构形状是很重要的一步。一台机器或部件由标准件、常用件和一般零件组成。标准件、常用件的结构简单、作用单一,一般容易看懂,但一般零件有简有繁,它们的作用和地位各不相同。看图时先看标准件和结构形状简单的零件(如回转轴和传动件等),后看结构复杂的零件。这样先易后难地进行看图,即可加快分析速度,还为看懂形状复杂的零件提供方便。

零件的结构形状主要是由零件的作用、与其他零件的关系、铸造、机械加工的工艺要求等因素决定的。分析一些形状比较复杂的非标准零件,其中关键问题是要能够从装配图上将零件的投射轮廓从各视图中分离出来,为了做到这一点,可将下列几个方面联系起来进行。

（1）看零件的序号和明细表。根据零件序号，从装配图中找到该零件的所在位置。如阀体，由明细表中找到序号 1，再从装配图中找到序号 1 所指的零件位置。

（2）利用各视图间的投射关系，根据同一零件的剖面线方向和间隔在各视图中都相同的规定画法，确定零件在各视图中的轮廓范围，并可大致了解到构成该零件的几个简单形体。阀体在三视图中的轮廓范围如图 11－28 所示，阀体由两个圆柱、部分圆球和一个方形柱连接组成。

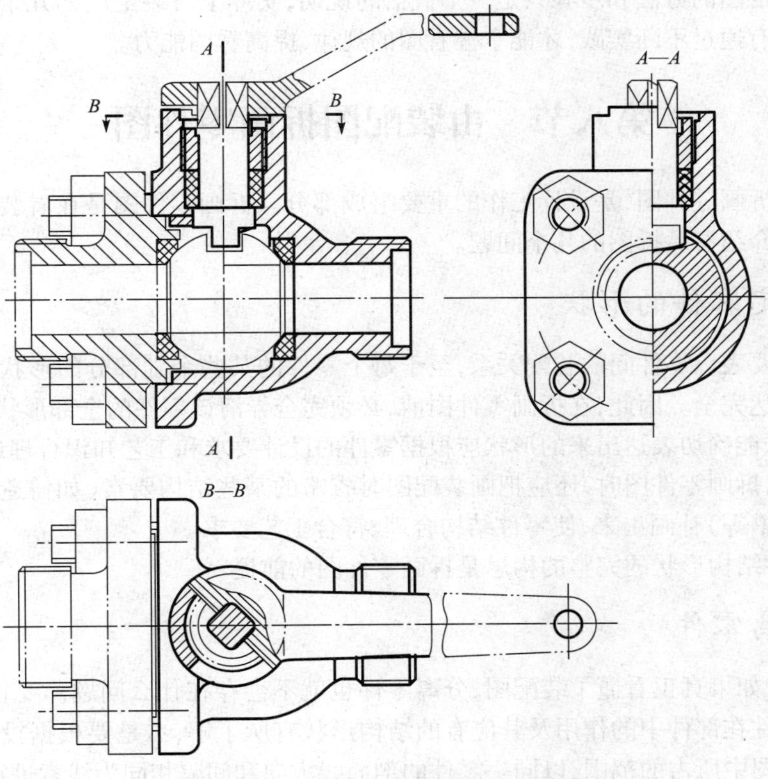

图 11－28　阀体在三视图中的轮廓范围

（3）根据视图中配合零件的形状、尺寸符号，确定零件的相关结构形状。如阀体与阀盖的配合尺寸 ϕ50H11/h11 可确定阀体该部分为圆柱，填料压紧套与阀杆的配合尺寸 ϕ14 H11/d11 可确定填料压紧套中间有一个圆柱孔、阀杆中间部分为圆柱体。

（4）根据视图中截交线和相贯线的投射形状，确定零件某些结构的形状。

（5）利用配对连接结构相同或类似的特点，确定配对连接零件的相关部分形状。如阀体左端为四角带圆角的四方板，其上面有 4 个螺纹孔，螺纹孔定型尺寸为 M12，定位尺寸为 ϕ70。

（6）利用投射分析，根据线、面和体的投射特点，确定装配图中某一零件被其他零件遮挡住部分的结构形状，将所缺的投射补画出来。

要了解零件的装配关系，通常可以从反映装配轴线的那个视图入手。例如，在主视图上，通过阀杆这条装配轴线可以看出：扳手与阀杆是通过四方头相装配的，填料压紧套与阀体是通过 M24×1.5 的螺纹来连接的。填料压紧套与阀杆是通过 ϕ14 H11/d11 相配合的。填料与阀杆是通过圆柱面相接触的。阀杆下部的圆柱上铣出了两个平面，头部呈圆弧形，以便嵌入球心顶端的槽内。另一条装配轴线（螺柱联结）也可做类似分析。

三、综合考虑,归纳总结

在看懂工作原理、装配关系之后,再结合图上所注的尺寸、技术要求等对全图作总结归纳,查找尚未弄懂的地方,零件的拆装顺序和方法怎样,装配、检验要达到怎样的技术指标等。这样经过反复思考,就能达到完全看懂装配图的目的。

上述看装配图的方法和步骤只是一个概括的说明,实际上看装配图的几个步骤往往是交替进行的。只有通过不断实践,才能掌握看图的规律,提高看图能力。

第八节　由装配图拆画零件图

由装配图拆画零件图,是设计工作的重要组成部分。拆画零件图是在看装配图的基础上进行的。下面介绍有关拆图的几个问题。

一、确定零件的形状

装配图主要表示零件间的装配关系,至于每个零件的某些个别部分的形状和详细结构并不一定都已表达完全。因此,在拆画零件图前,必须完全弄清该零件的全部形状和结构。对于在装配图中,未能确切表达出来的形状应根据零件的设计要求和工艺知识合理地确定。

除此之外,拆画零件图时,还应把画装配图时省略的某些结构要素(如铸造圆角、沉孔、螺孔、倒角、退刀槽等)补画出来,使零件结构合理,符合工艺要求。

因此,零件结构形状的完整的构思是拆画零件图的前提。

二、分离零件

一般来说,如果真正看懂了装配图,分离零件也就不会存在什么问题。要正确分离零件,一是要对该零件在部件中的作用及其应有的结构形状有所了解;二是要根据投射关系划分该零件在各个视图中所占的范围,以同一零件的剖面线方向和间隔相同为线索进行判断,弄清楚哪些表面是接触面,哪些地方在分离时应补画线条等。

三、零件的表达方案

装配图主要表达零件的相对位置、装配关系等,不一定完全符合表达零件的要求。因此拆图时,零件的视图表达方案必须结合该零件的类别、形状特征、工作位置或加工位置等来统一考虑,不能简单地照搬装配图中的方案。在多数情况下,壳体、箱座类零件主视图所选的位置可以与装配图一致。这样做可以使得在装配机器时便于对照,如球阀的阀体零件的主视图的选择就是与球阀装配图主视图一致。对于轴套类零件,一般按加工位置选取主视图,如球阀的阀杆等零件就按加工位置选取主视图。

装配图中并不一定能把每个零件的结构形状全部表达清楚。因此,在拆图时,还需根据零件的装配关系和加工工艺上的要求(如铸件壁厚要均匀等)进行再设计。此外,装配图上未画出的工艺结构,如圆角、倒角、退刀槽等,在零件图上都必须详细画出。这些工艺结构参数必须符合国家标准的有关规定。

四、零件的尺寸标注

总的来说,零件图上的尺寸标注要达到第八章第五节中所提出的要求。具体来说,拆画零件图时,其尺寸标注可按下列方法进行。

(1)“抄”:凡装配图中已注出的有关尺寸,应该直接抄用,不要随便改变它的大小及其标注方法。相配合零件的同一尺寸分别标注到各自的零件图上时,其所选的尺寸基准应协调一致。

(2)“查”:凡属于标准结构要素(如倒角、退刀槽、砂轮越程槽、沉孔、螺孔、键槽等)和标准件的尺寸,应根据装配图中所给定的公称直径或标准代号,查阅有关标准手册后按实际情况选定。公差配合的极限偏差值也应自有关手册查出并按规定方式标注。

(3)“算”:例如齿轮轮齿部分的尺寸,应根据齿数、模数和其他要求计算而得。若在部件的同一方向,要求由多个零件组装成一定的装配精度,那么,每个零件上有关尺寸的极限偏差值也应通过计算来核定。

(4)“量”:凡装配图中未给出的,属于零件自由表面(不与其他零件接触的表面)和不影响装配精度的尺寸,一般可按装配图的画图比例,用分规和直尺直接在图中量取,然后加以调整。

五、零件的表面粗糙度和技术要求

零件各表面的粗糙度等级及其他技术要求都应根据零件的作用和装配关系来确定。一般配合面与接触面有密封、耐蚀、美观等要求的表面粗糙度值应较小,自由表面的粗糙度数值一般较大。

技术要求在零件图中占有重要地位,它直接影响零件的加工质量。但是正确制订技术要求,涉及许多专业知识,本书不作进一步介绍。目前采用的办法是查阅有关的机械设计手册或参考同类型产品的图纸来确定。

最后,必须检查该拆画的零件图是否已经画全,同时还要对所拆画的图样进行仔细的校核。校核内容主要为:每张零件图的视图、尺寸、表面粗糙度和其他技术要求是否完整、合理;有装配关系的尺寸是否与装配图相同,零件的名称、材料、数量、图号等是否与明细表一致等。

图 11 - 29 是部件“球阀”的 5 张拆画零件图,供参考。

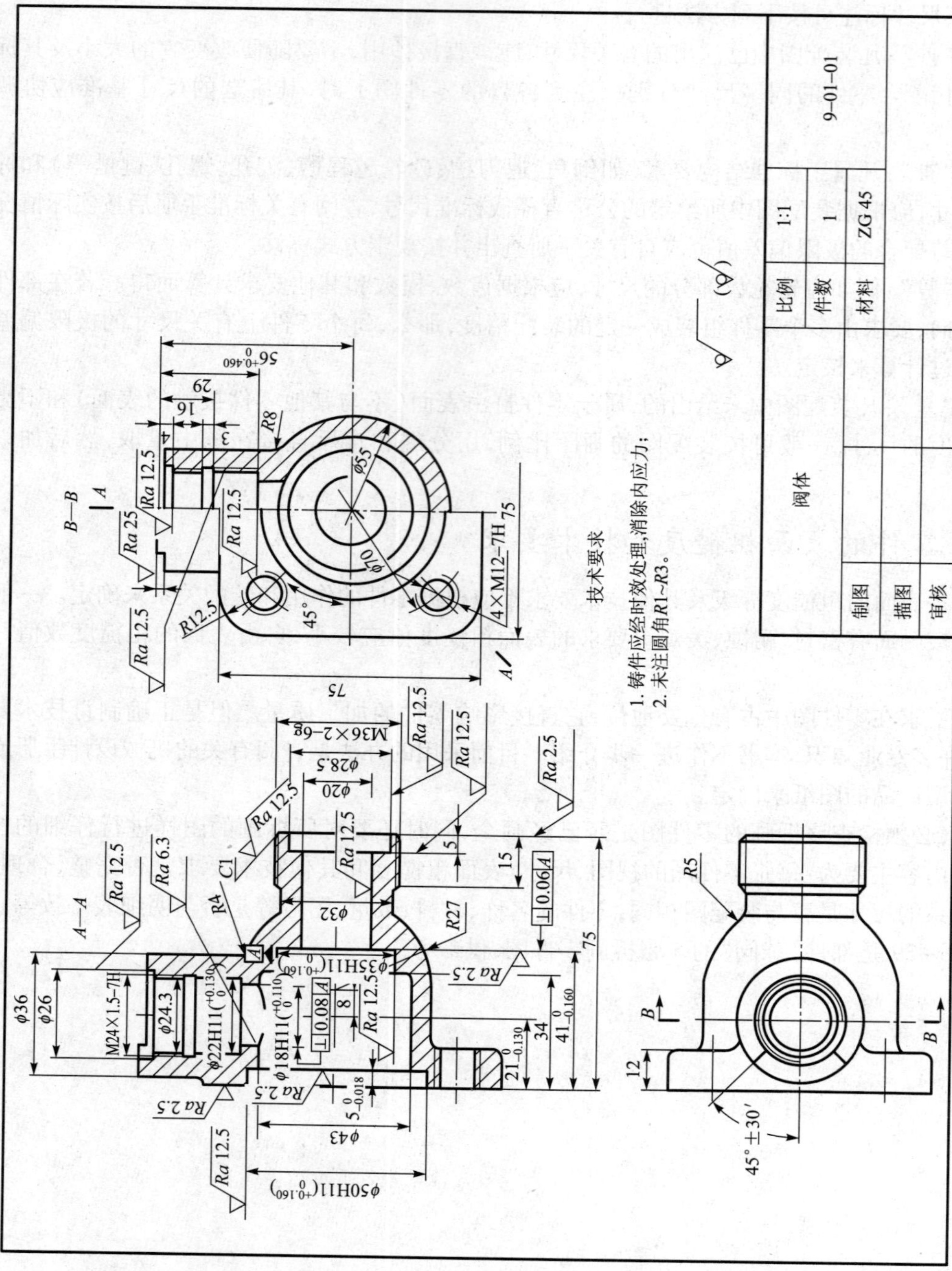

(a)

图 11-29 部件“球阀”的一些零件图

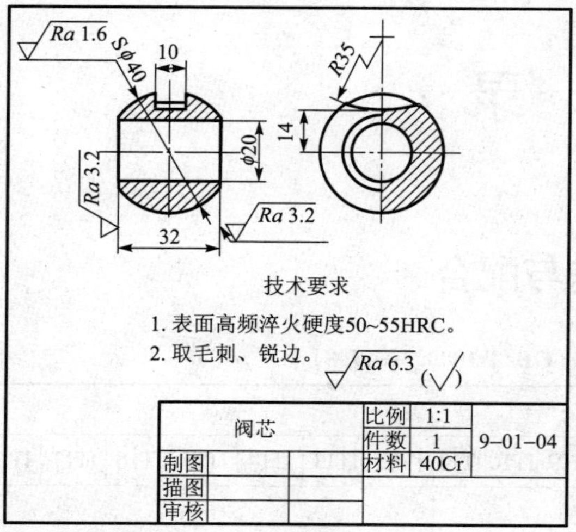

（b）

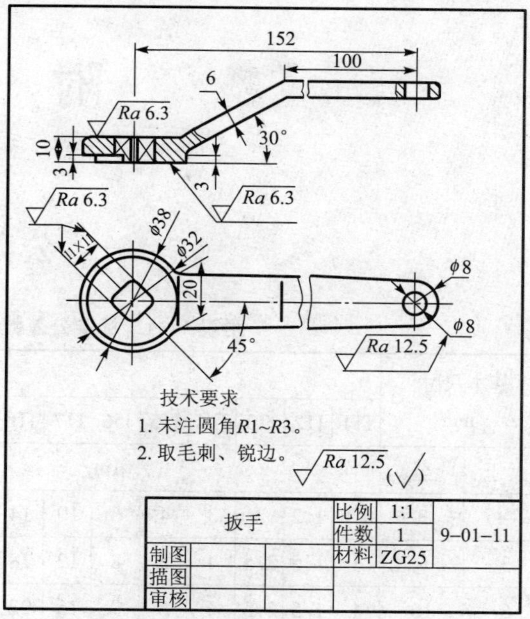

（c）

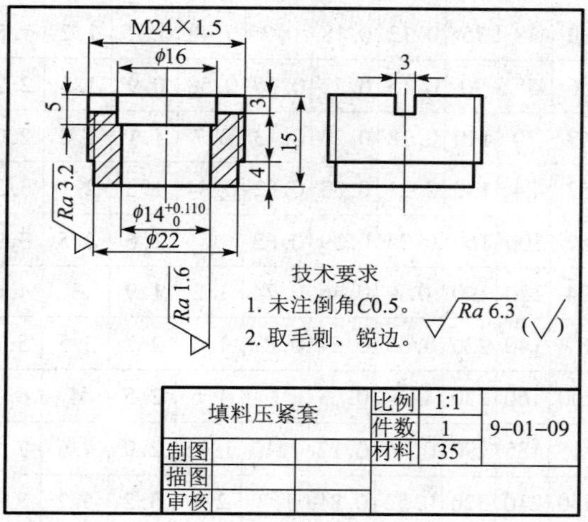

（d）

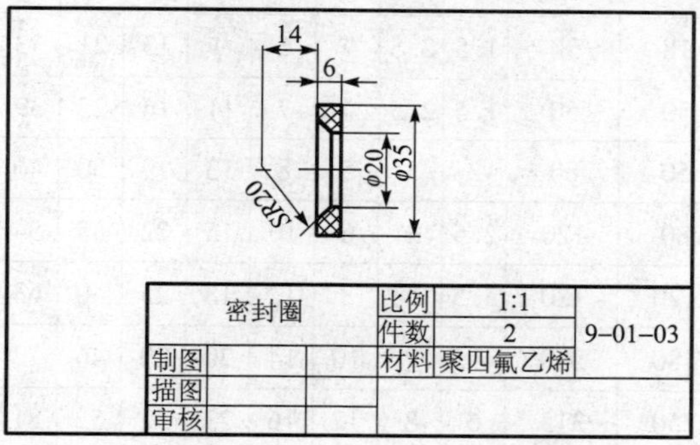

（e）

图 11－29　部件"球阀"的一些零件图(续)

附　　录

一、公差与配合

附表 1－1　标准公差数值(GB/T 1800.3—1998)

基本尺寸/mm		公差等级																	
		IT1	IT2	IT3	IT4	IT5	I56	IT7	IT8	IT9	IT10	IT11	IT12	IT13	IT14	IT15	IT16	IT17	IT18
大于	至	/μm											/mm						
—	3	0.8	1.2	2	3	4	6	10	14	25	40	60	0.1	0.14	0.25	0.4	0.6	1	1.4
3	6	1	1.5	2.5	4	5	8	12	18	30	48	75	0.12	0.18	0.3	0.48	0.75	1.2	1.8
6	10	1	1.5	2.5	4	6	9	15	22	36	58	90	0.15	0.22	0.36	0.58	0.9	1.5	2.2
10	18	1.2	2	3	5	8	11	18	27	43	70	110	0.18	0.27	0.43	0.7	1.1	1.8	2.7
18	30	1.5	2.5	4	6	9	13	21	33	52	84	130	0.21	0.33	0.52	0.84	1.3	2.1	3.3
30	50	1.5	2.5	4	7	11	16	25	39	62	100	160	0.25	0.39	0.62	1	1.6	2.5	3.9
50	80	2	3	5	8	13	19	30	46	74	120	190	0.3	0.46	0.74	1.2	1.9	3	4.6
80	120	2.5	4	6	10	15	22	35	54	87	140	220	0.35	0.54	0.87	1.4	2.2	3.5	5.4
120	180	3.5	5	8	12	18	25	40	63	100	160	250	0.4	0.63	1	1.6	2.5	4	6.3
180	250	4.5	7	10	14	20	29	46	72	115	185	290	0.46	0.72	1.15	1.85	2.9	4.6	7.2
250	315	6	8	12	16	23	32	52	81	130	210	320	0.52	0.81	1.3	2.1	3.2	5.2	8.1
315	400	7	9	13	18	25	36	57	89	140	230	360	0.57	0.89	1.4	2.3	3.6	5.7	8.9
400	500	8	10	15	20	27	40	63	97	155	250	400	0.63	0.97	1.55	2.5	4	6.3	9.7
500	630	9	11	16	22	32	44	70	110	170	280	440	0.7	1.1	1.75	2.8	4.4	7	11
630	800	10	13	18	25	36	50	80	125	200	320	500	0.8	1.25	2	3.2	5	8	12.5
800	1000	11	15	21	28	40	56	90	140	230	360	560	0.9	1.4	2.3	3.6	5.6	9	14
1000	1250	13	18	24	33	47	66	105	165	260	420	660	1.05	1.65	2.6	4.2	6.6	10.5	16.5
1250	1600	15	21	29	39	55	78	125	195	310	500	780	1.25	1.95	3.1	5	7.8	12.5	19.5
1600	2000	18	25	35	46	65	92	150	230	370	600	920	1.5	2.3	3.7	6	9.2	15	23
2000	2500	22	30	41	55	78	110	175	280	440	700	1100	1.75	2.8	4.4	7	11	17.5	28
2500	3150	26	36	50	68	96	135	210	330	540	860	1350	2.1	3.3	5.4	8.6	13.5	21	33

注：1. 基本尺寸大于 500 mm 的 IT1 ~ IT5 的标准公差数值为试行的；

2. 基本尺寸小于或等于 1 mm 时，无 IT14 ~ IT18。

附表 1-2　常用及优先用途轴的极限偏差(GB/T 1800.4—1999)

基本尺寸/mm		常用及优先公差带(带圈者为优先公差带)/μm												
		a	b		c			d				e		
大于	至	11	11	12	9	10	⑪	8	⑨	10	11	7	8	9
—	3	-270 -330	-140 -200	-140 -240	-60 -85	-60 -100	-60 -120	-20 -34	-20 -45	-20 -60	-20 -80	-14 -24	-14 -28	-14 -39
3	6	-270 -345	-140 -215	-140 -260	-70 -100	-70 -118	-70 -145	-30 -48	-30 -60	-30 -78	-30 -115	-20 -32	-20 -38	-20 -50
6	10	-280 -370	-151 -240	-150 -300	-80 -116	-80 -138	-80 -170	-40 -62	-40 -76	-40 -98	-40 -130	-25 -40	-25 -47	-25 -61
10	14	-290 -400	-150 -260	-150 -330	-95 -138	-95 -165	-95 -205	-50 -77	-50 -93	-50 -120	-50 -160	-32 -50	-32 -59	-32 -75
14	18													
18	24	-300 -430	-160 -290	-160 -370	-110 -162	-110 -194	-110 -240	-65 -98	-65 -117	-65 -149	-65 -195	-40 -61	-40 -73	-40 -92
24	30													
30	40	-310 -470	-170 -330	-170 -420	-120 -182	-120 -220	-120 -280	-80 -119	-80 -142	-80 -180	-80 -240	-50 -75	-50 -89	-50 -112
40	50	-320 -480	-180 -340	-180 -430	-130 -192	-130 -230	-130 -290							
50	65	-340 -530	-190 -380	-190 -490	-140 -214	-140 -260	-140 -330	-100 -146	-100 -174	-100 -220	-100 -290	-60 -90	-60 -106	-60 -134
65	80	-360 -550	-200 -390	-200 -500	-150 -224	-150 -270	-150 -340							
80	100	-380 -600	-220 -440	-220 -570	-170 -257	-170 -310	-170 -390	-120 -174	-120 -207	-120 -260	-120 -340	-72 -107	-72 -126	-72 -159
100	120	-410 -630	-240 -460	-240 -590	-180 -267	-180 -320	-180 -400							
120	140	-460 -710	-260 -510	-260 -660	-200 -300	-200 -360	-200 -450	-145 -208	-145 -245	-145 -305	-145 -390	-85 -125	-85 -148	-85 -185
140	160	-520 -770	-280 -530	-280 -680	-210 -310	-210 -370	-210 -460							
160	180	-850 -830	-310 -560	-310 -710	-230 -330	-230 -390	-230 -480							
180	200	-660 -950	-340 630	-340 -800	-240 -355	-240 -425	-240 -530	-170 -242	-170 -285	-170 -355	-170 -460	-100 -146	-100 -172	-100 -215
200	225	-740 -1030	-380 -670	-380 -840	-260 -375	-260 -445	-260 -550							
225	250	-820 -1110	-420 -710	-420 -880	-280 -395	-280 -465	-280 -570							
250	280	-920 -1240	-480 -800	-480 -1000	-300 -430	-300 -510	-300 -620	-190 -271	-190 -320	-190 -400	-190 -510	-110 -162	-110 -191	-110 -240
280	315	-1050 -1370	-540 -860	-540 1060	-330 -460	-330 -540	-330 -650							
315	355	-1200 -1560	-600 -960	-600 -1170	-360 -500	-360 -590	-360 -720	-210 -299	-210 -350	-210 -440	-210 -570	-125 -182	-125 -214	-125 -265
335	400	-1350 -1710	-680 -1040	-680 -1250	-400 -540	-400 -630	-400 -760							
400	450	-1500 -1900	-760 -1160	-760 -1390	-440 -595	-440 -690	-440 -840	-230 -327	-360 -385	-230 -480	-230 -630	-135 -198	-135 -232	-135 -200
450	500	-1650 -2050	-840 -1240	-840 -1470	-480 -635	-480 -730	-480 -880							

续表

基本尺寸/mm		常用及优先公差带（带圈者为优先公差带）/μm															
		f					g			h							
大于	至	5	6	⑦	8	9	5	⑥	7	5	⑥	⑦	8	⑨	10	11	12
—	3	-6 -10	-6 -12	-6 -16	-6 -20	-6 -31	-2 -6	-2 -8	-2 -12	0 -4	0 -6	0 -10	0 -14	0 -25	0 -40	0 -60	0 -100
3	6	-10 -15	-10 -18	-10 -22	-10 -28	-10 -40	-4 -9	-4 -12	-4 -16	0 -5	0 -8	0 -12	0 -18	0 -30	0 -48	0 -75	0 -120
6	10	-13 -19	-13 -22	-13 -28	-13 -35	-13 -49	-5 -11	-5 -14	-5 -20	0 -6	0 -9	0 -15	0 -22	0 -36	0 -58	0 -90	0 -150
10 14	14 18	-16 -24	-16 -27	-16 -34	-16 -43	-16 -59	-6 -14	-6 -17	-6 -24	0 -8	0 -11	0 -18	0 -27	0 -43	0 -70	0 -110	0 -180
18 24	24 30	-20 -29	-20 -33	-20 -41	-20 -53	-20 -72	-7 -16	-7 -20	-7 -28	0 -9	0 -13	0 -21	0 -33	0 -52	0 -84	0 -130	0 -210
30 40	40 50	-25 -36	-25 -41	-25 -50	-25 -64	-25 -87	-9 -20	-9 -25	-9 -34	0 -11	0 -16	0 -25	0 -39	0 -62	0 -100	0 -160	0 -300
50 65	65 80	-30 -43	-30 -49	-30 -60	-30 -76	-30 -104	-10 -23	-10 -29	-10 -40	0 -13	0 -19	0 -30	0 -46	0 -74	0 -120	0 -190	0 -300
80 100	100 120	-36 -51	-36 -58	-36 -71	-36 -90	-36 -123	-12 -27	-12 -34	-12 -47	0 -15	0 -22	0 -35	0 -54	0 -87	0 -140	0 -220	0 -350
120 140 160	140 160 180	-43 -61	-43 -68	-43 -83	-43 -106	-43 -143	-14 -32	-14 -39	-14 -54	0 -18	0 -25	0 -40	0 -63	0 -100	0 -160	0 -250	0 -400
180 200 225	200 225 250	-50 -70	-50 -79	-50 -96	-50 -122	-50 -165	-15 -35	-15 -44	-15 -61	0 -20	0 -29	0 -46	0 -72	0 -115	0 -185	0 -290	0 -460
250 280	280 315	-56 -79	-56 -88	-56 -108	-56 -137	-56 -186	-17 -40	-17 -49	-17 -69	0 -23	0 -32	0 -52	0 -81	0 -130	0 -210	0 -320	0 -520
315 355	355 400	-62 -87	-62 -98	-62 -119	-62 -151	-62 -202	-18 -43	-18 -54	-18 -75	0 -25	0 -36	0 -57	0 -89	0 -140	0 -230	0 -360	0 -570
400 450	450 500	-68 -95	-68 -108	-68 -131	-68 -165	-68 -223	-20 -47	-20 -60	-20 -83	0 -27	0 -40	0 -63	0 -97	0 -155	0 -250	0 -400	0 -630

续表

基本尺寸/mm		常用及优先公差带(带圈者为优先公差带)/μm														
		js			k			m			n			p		
大于	至	5	6	7	5	⑥	7	5	6	7	5	⑥	7	5	⑥	7
—	3	±2	±3	±5	+4 0	+6 0	+10 0	+6 +2	+8 +2	+12 +2	+8 +4	+10 +4	+14 +4	+10 +6	+12 +6	+16 +6
3	6	±2.5	±4	±6	+6 +1	+9 +1	+13 +1	+9 +4	+12 +4	+16 +4	+13 +8	+16 +8	+20 +8	+17 +12	+20 +12	+24 +12
6	10	±3	±4.5	±7	+7 +1	+10 +1	+16 +1	+12 +6	+15 +6	+21 +6	+16 +10	+19 +10	+25 +10	+21 +15	+24 +15	+30 +15
10	14	±4	±5.5	±9	+9 +1	+12 +1	+19 +1	+15 +7	+18 +7	+25 +7	+20 +12	+23 +12	+30 +12	+26 +18	+29 +18	+36 +18
14	18															
18	24	±4.5	±6.5	±10	+11 +2	+15 +2	+23 +2	+17 +8	+21 +8	+29 +8	+24 +15	+28 +15	+36 +15	+31 +22	+35 +22	+43 +22
24	30															
30	40	±5.5	±8	±12	+13 +2	+18 +2	+27 +2	+20 +9	+25 +9	+34 +9	+28 +17	+33 +17	+42 +17	+37 +26	+42 +26	+51 +26
40	50															
50	65	±6.5	±9.5	±15	+15 +2	+21 +2	+32 +2	+24 +11	+30 +11	+41 +11	+33 +20	+39 +20	+50 +20	+45 +32	+51 +32	+62 +32
65	80															
80	100	±7.5	±11	±17	+18 +3	+25 +3	+38 +3	+28 +13	+35 +13	+48 +13	+38 +23	+45 +23	+58 +23	+52 +37	+59 +37	+72 +37
100	120															
120	140	±9	±12.5	±20	+21 +3	+28 +3	+43 +3	+33 +15	+40 +15	+55 +15	+45 +27	+52 +27	+67 +27	+61 +43	+68 +43	+83 +43
140	160															
160	180															
180	200	±10	±14.5	±23	+24 +4	+33 +4	+50 +4	+37 +17	+46 +17	+63 +17	+51 +31	+60 +31	+77 +31	+70 +50	+79 +50	+96 +50
200	225															
225	250															
250	280	±11.5	±16	±26	+27 +4	+36 +4	+56 +4	+43 +20	+52 +20	+72 +20	+57 +34	+66 +34	+86 +34	+79 +56	+88 +56	+108 +56
280	315															
315	355	±12.5	±18	±28	+29 +4	+40 +4	+61 +4	+46 +21	+57 +21	+78 +21	+62 +37	+73 +37	+94 +37	+87 +62	+98 +62	+119 +62
355	400															
400	450	±13.5	±20	±31	+32 +5	+45 +5	+68 +5	+50 +23	+63 +23	+86 +23	+67 +40	+80 +40	+103 +40	+95 +68	+108 +68	+131 +68
450	500															

续表

基本尺寸/mm		常用及优先公差带(带圈者为优先公差带)/μm														
		r			s			t			u		v	x	y	z
大于	至	5	6	7	5	⑥	7	5	6	7	⑥	7	6	6	6	6
—	3	+14 +10	+16 +10	+20 +10	+18 +14	+20 +14	+24 +14	—	—	—	+24 +18	+28 +18	—	+26 +20	—	+32 +26
3	6	+20 +15	+23 +15	+27 +15	+24 +19	+27 +19	+31 +19	—	—	—	+31 +23	+35 +23	—	+36 +28	—	+43 +35
6	10	+25 +19	+28 +19	+34 +19	+29 +23	+32 +23	+38 +23	—	—	—	+37 +28	+43 +28	—	+43 +34	—	+51 +42
10	14	+31 +23	+34 +23	+41 +23	+36 +28	+39 +28	+46 +28	—	—	–	+44 +33	+51 +33	—	+51 +40	—	+61 +50
14	18							—	—	–			+50 +39	+56 +45	—	+71 +60
18	24	+37 +28	+41 +28	+49 +28	+44 +35	+48 +35	+56 +35	—	—	—	+54 +41	+62 +41	+60 +47	+67 +54	+76 +63	+86 +73
24	30							+50 +41	+54 +41	+62 +41	+61 +48	+69 +48	+68 +55	+77 +64	+88 +75	+101 +88
30	40	+45 +34	+50 +34	+59 +34	+54 +43	+59 +43	+68 +43	+59 +48	+64 +48	+73 +48	+76 +60	+85 +60	+84 +68	+96 +80	+110 +94	+128 +112
40	50							+65 +54	+70 +54	+79 +54	+86 +70	+95 +70	+97 +81	+113 +97	+130 +114	+152 +136
50	65	+54 +41	+60 +41	+71 +41	+66 +53	+72 +53	+83 +53	+79 +66	+85 +66	+96 +66	+106 +87	+117 +87	+121 +102	+141 +122	+163 +144	+191 +172
65	80	+56 +43	+62 +43	+73 +43	+72 +59	+78 +59	+89 +59	+88 +75	+94 +75	+105 +75	+121 +102	+132 +102	+139 +120	+165 +146	+193 +174	+229 +210
80	100	+66 +51	+73 +51	+86 +51	+86 +71	+93 +71	+106 +91	+106 +91	+113 +91	+126 +91	+146 +124	+159 +124	+168 +146	+200 +178	+236 +214	+280 +258
100	120	+69 +54	+76 +54	+89 +54	+94 +79	+101 +79	+114 +79	+110 +104	+126 +104	+136 +104	+166 +144	+179 +144	+194 +172	+232 +210	+276 +254	+332 +310
120	140	+81 +63	+88 +63	+103 +63	+110 +92	+117 +92	+132 +92	+140 +122	+147 +122	+162 +122	+195 +170	+210 +170	+227 +202	+273 +248	+325 +300	+390 +365
140	160	+83 +65	+90 +65	+150 +65	+118 +100	+125 +100	+140 +100	+152 +134	+159 +134	+174 +134	+215 +190	+230 +190	+253 +228	+305 +280	+365 +340	+440 +415
160	180	+86 +68	+93 +68	+108 +68	+126 +108	+133 +108	+148 +108	+164 +146	+171 +146	+186 +146	+235 +210	+250 +210	+277 +252	+335 +310	+405 +380	+490 +465
180	200	+97 +77	+106 +77	+123 +77	+142 +122	+151 +122	+168 +122	+185 +166	+195 +166	+212 +166	+265 +236	+282 +236	+313 +284	+379 +350	+454 +425	+549 +520
200	225	+100 +80	+109 +80	+126 +80	+150 +130	+159 +130	+176 +130	+200 +180	+209 +180	+226 +180	+287 +258	+304 +258	+339 +310	+414 +385	+499 +470	+604 +575
225	250	+104 +84	+113 +84	+130 +84	+160 +140	+169 +140	+186 +140	+216 +196	+225 +196	+242 +196	+313 +284	+330 +284	+369 +340	+454 +425	+549 +520	+669 +640
250	280	+117 +94	+126 +94	+146 +94	+181 +158	+290 +158	+210 +158	+241 +218	+250 +218	+270 +218	+347 +315	+367 +315	+417 +385	+507 +475	+612 +680	+742 +710
280	315	+121 +98	+130 +98	+150 +98	+193 +170	+202 +170	+222 +170	+263 +240	+272 +240	+292 +240	+382 +350	+402 +350	+457 +425	+557 +525	+682 +650	+822 +790
315	355	+133 +108	+144 +108	+165 +108	+215 +190	+226 +190	+247 +190	+293 +268	+304 +268	+325 +268	+426 +390	+447 +390	+511 +475	+626 +590	+766 +730	+936 +900
355	400	+139 +114	+150 +114	+171 +114	+233 +208	+244 +208	+265 +208	+319 +294	+330 +294	+351 +294	+471 +435	+492 +435	+566 +530	+696 +660	+856 +820	+1036 +1000
400	450	+153 +126	+166 +126	+189 +126	+259 +232	+272 +232	+295 +232	+357 +330	+370 +330	+393 +330	+530 +490	+553 +490	+635 +595	+780 +740	+960 +920	+1140 +1100
450	500	+159 +132	+172 +132	+195 +132	+279 +252	+292 +252	+315 +252	+387 +360	+400 +360	+423 +360	+580 +540	+603 +540	+700 +660	+860 +820	+1040 +1000	+1290 +1250

附表 1-3　常用及优先用途孔的极限偏差(GB/T 1800.4—1999)

基本尺寸/mm		常用及优先公差带(带圈者为优先公差带)/μm														
		A	B		C	D				E		F				G
大于	至	11	11	12	11	8	⑨	10	11	8	9	6	7	⑧	9	6
—	3	+330 +270	+200 +140	+240 +140	+120 +60	+34 +20	+45 +20	+60 +20	+80 +20	+28 +14	+39 +14	+12 +6	+16 +6	+20 +6	+31 +6	+8 +2
3	6	+345 +270	+215 +140	+260 +140	+145 +70	+48 +30	+60 +30	+78 +30	+105 +30	+38 +20	+50 +20	+18 +10	+22 +10	+28 +10	+40 +10	+12 +4
6	10	+370 +280	+240 +150	+300 +150	+170 +80	+62 +40	+76 +40	+98 +40	+170 +40	+47 +25	+61 +25	+22 +13	+28 +13	+35 +13	+49 +13	+14 +5
10	14	+400 +290	+260 +150	+330 +150	+205 +95	+77 +50	+93 +50	+120 +50	+160 +50	+59 +32	+75 +32	+27 +46	+34 +16	+43 +16	+59 +16	+17 +6
14	18															
18	24	+430 +300	+290 +160	+370 +160	+240 +110	+98 +65	+117 +65	+149 +65	+195 +65	+73 +40	+92 +40	+33 +20	+41 +20	+53 +20	+72 +20	+20 +7
24	30															
30	40	+470 +310	+330 +170	+420 +170	+280 +170	+119 +80	+142 +80	+180 +80	+240 +80	+89 +50	+112 +50	+41 +25	+50 +25	+64 +25	+87 +25	+25 +9
40	50	+480 +320	+340 +180	+430 +180	+290 +180											
50	65	+530 +340	+389 +190	+490 +190	+330 +140	+146 +100	+170 +100	+220 +100	+290 +100	+106 +60	+134 +80	+49 +30	+60 +30	+76 +30	+104 +30	+29 +10
65	80	+550 +360	+330 +200	+500 +200	+340 +150											
80	100	+600 +380	+440 +220	+570 +220	+390 +170	+174 +120	+207 +120	+260 +120	+340 +120	+126 +72	+159 +72	+58 +36	+71 +36	+90 +36	+123 +36	+34 +12
100	120	+630 +410	+460 +240	+590 +240	+400 +180											
120	140	+710 +460	+510 +260	+660 +260	+450 +200	+208 +145	+245 +145	+305 +145	+395 +145	+148 +85	+135 +85	+68 +43	+83 +43	+106 +43	+143 +43	+39 +14
140	160	+770 +520	+530 +280	+680 +280	+460 +210											
160	180	+830 +580	+560 +310	+710 +310	+480 +230											
180	200	+950 +660	+630 +340	+800 +340	+530 +240	+240 +170	+285 +170	+355 +170	+460 +170	+172 +100	+215 +100	+79 +50	+96 +50	+122 +50	+165 +50	+44 +15
200	225	+1030 +740	+670 +380	+840 +380	+550 +260											
225	250	+1110 +820	+710 +420	+880 +420	+570 +280											
250	280	+1240 +320	+800 +480	+1000 +480	+620 +300	+271 +190	+320 +190	+400 +190	+510 +190	+191 +110	+240 +110	+88 +56	+108 +56	+137 +56	+186 +56	+49 +17
280	315	+1370 +1050	+860 +540	+1060 +540	+650 +330											
315	355	+1560 +1200	+960 +600	+1170 +600	+720 +360	+299 +210	+350 +210	+440 +210	+570 +210	+214 +125	+265 +125	+98 +62	+119 +62	+151 +62	+202 +62	+54 +18
355	400	+1710 +1350	+1040 +680	+1250 +680	+760 +400											
400	450	+1900 +1500	+1160 +760	+1390 +760	+840 +440	+327 +230	+385 +230	+480 +230	+630 +230	+232 +135	+290 +135	+108 +68	+131 +68	+165 +68	+223 +68	+60 +20
450	500	+2050 +1650	+1240 +840	+1470 +840	+880 +480											

续表

基本尺寸/mm		常用及优先公差带(带圈者为优先公差带)/μm																
			H							JS			K			M		
大于	至	⑦	6	⑦	⑧	⑨	10	11	12	6	7	8	6	⑦	8	6	7	8
—	3	+12 +2	+6 +0	+10 0	+14 0	+25 0	+40 0	+60 0	+100 0	±3	±5	±7	0 −6	0 −10	0 −11	−2 −8	−2 −12	−2 −16
3	6	+16 −4	+8 0	+12 0	+18 0	+30 0	+48 0	+75 0	+120 0	±4	±6	±9	+2 −6	+3 −9	+5 −13	−1 −9	0 −12	+2 −16
6	10	+20 +5	+9 0	+15 0	+22 0	+36 0	+58 0	+90 0	+150 0	±4.5	±7	±11	+2 −7	+5 −10	+6 −16	−3 −12	0 −15	+1 −21
10	14	+24 +6	+11 0	+18 0	+27 0	+43 0	+70 0	+110 0	+180 0	±5.5	±9	±13	+2 −9	+6 −12	+8 −19	−4 −15	0 −18	+2 −25
14	18																	
18	24	+28 +7	+13 0	+21 0	+33 0	+52 0	+84 0	+130 0	+210 0	±6.5	±10	±16	+2 −11	+6 −15	+10 −22	−4 −17	0 −21	+4 −29
24	30																	
30	40	+34 +9	+16 0	+25 0	+39 0	+62 0	100 0	+160 0	+250 0	±8	±12	±19	+3 −13	+7 −18	+12 −27	−4 −20	0 −25	+5 −34
40	50																	
50	65	+40 +10	+19 0	+30 0	+46 0	+74 0	+120 0	+190 0	+300 0	±9.5	±15	±23	+4 −15	+9 −21	+14 −32	−5 −24	0 +30	+5 −41
65	80																	
80	100	+47 +12	+22 0	+35 0	+54 0	+87 0	+140 0	+220 0	+350 0	±11	±17	±27	+4 −18	+10 −25	+16 −33	−6 −28	0 −35	+6 −43
100	120																	
120	140	+54 +14	+25 0	+40 0	+63 0	+100 0	+160 0	+250 0	+400 0	±12.5	±20	±31	+4 −21	+12 −28	+20 −43	−8 −33	0 −40	+8 −55
140	160																	
160	180																	
180	200	+61 +15	+29 0	+46 0	+72 0	+115 0	+185 0	+290 0	+460 0	±14.5	±23	±36	+5 −24	+13 −33	+22 −50	−8 −37	0 −46	+9 −63
200	225																	
225	250																	
250	280	+69 +17	+32 0	+52 0	+81 0	+130 0	+210 0	+320 0	+520 0	±16	±26	±40	+5 −27	+16 −36	+25 −56	−9 −41	0 −52	+9 −72
280	315																	
315	355	+75 +18	+36 0	+57 0	+89 0	+140 0	+230 0	+360 0	+570 0	±18	±28	±44	+7 −29	+17 −40	+28 −61	−10 −46	0 −57	+11 −78
355	400																	
400	450	+83 +20	+40 0	+63 0	+97 0	+155 0	+250 0	+400 0	+630 0	±20	±31	±48	+8 −32	+18 −45	+29 −68	−10 −50	0 −63	+11 −86
450	500																	

续表

基本尺寸/mm		常用及优先公差带(带圈者为优先公差带)/μm											
		N			P		R		S		T		U
大于	至	6	⑦	8	6	⑦	6	7	6	⑦	6	7	⑦
—	3	-4 -10	-4 -14	-4 -18	-6 -12	-6 -16	-10 -16	-10 -20	-14 -20	-14 -24	—	—	-18 -28
3	6	-5 -13	-4 -16	-2 -20	-9 -17	-8 -20	-12 -20	-11 -23	-16 -24	-15 -27	—	—	-19 -31
6	10	-7 -16	-4 -19	-3 -25	-12 -21	-9 -24	-16 -25	-13 -28	-20 -29	-17 -32	—	—	-22 -37
10	14	-9 -20	-5 -23	-3 -30	-15 -26	-11 -29	-20 -31	-16 -34	-25 -36	-21 -39	—	—	-26 -44
14	18												
18	24	-11 -24	-7 -28	-3 -36	-18 -31	-14 -35	-24 -37	-20 -41	-31 -44	-27 -48	—	—	-33 -54
24	30										-37 -50	-33 -54	-40 -61
30	40	-12 -28	-8 -33	-3 -42	-21 -37	-17 -42	-29 -45	-25 -50	-38 -54	-34 -59	-43 -59	-39 -64	-51 -76
40	50										-49 -65	-45 -70	-61 -76
50	65	-14 -33	-9 -39	-4 -50	-26 -45	-21 -51	-35 -54	-30 -60	-47 -66	-42 -72	-60 -79	-55 -85	-86 -106
65	80						-37 -56	-32 -62	-53 -72	-48 -78	-69 -88	-64 -94	-91 -121
80	100	-16 -38	-10 -45	-4 -58	-30 -52	-24 -59	-44 -66	-38 -73	-64 -86	-58 -93	-84 -106	-78 -113	-111 -146
100	120						-47 -69	-41 -76	-72 -94	-66 -101	-97 -119	-91 -126	-131 -166
120	140	-20 -45	-12 -52	-4 -67	-36 -61	-28 -68	-56 -81	-48 -88	-85 -110	-77 -117	-115 -140	-107 -147	-155 -195
140	60						-58 -83	-50 -90	-93 -118	-85 -125	-137 -152	-110 -159	-175 -215
160	180						-61 -86	-53 -93	-101 -126	-93 -133	-139 -164	-131 -171	-195 -235
180	200	-22 -51	-14 -60	-5 -77	-41 -70	-33 -79	-68 -97	-60 -106	-113 -142	-101 -155	-157 -186	-149 -195	-219 -265
200	225						-71 -100	-63 -109	-121 -150	-113 -159	-171 -200	-163 -209	-241 -287
225	250						-75 -104	-67 -113	-131 -160	-123 -169	-187 -216	-179 -225	-317 -263
250	280	-25 -57	-14 -66	-5 -86	-47 -79	-36 -88	-85 -117	-74 -126	-149 -181	-138 -190	-209 -241	-198 -250	-295 -347
280	315						-89 -121	-78 -130	-161 -193	-150 -202	-231 -263	-220 -272	-330 -382
315	355	-26 -62	-16 -73	-5 -94	-51 -87	-41 -98	-97 -133	-87 -144	-179 -215	-169 -226	-257 -293	-247 -304	-369 -426
355	400						-103 -139	-93 -150	-197 -233	-187 -244	-283 -319	-273 -330	-414 -471
400	450	-27 -67	-17 -80	-6 -103	-55 -95	-45 -108	-113 -153	-103 -166	-219 -259	-209 -272	-317 -357	-307 -370	-467 -530
450	500						-119 -159	-109 -172	-239 -279	-229 -292	-347 -387	-337 -400	-517 -580

二、螺　纹

附表 2-1　普通景螺纹直径、螺距和基本尺寸(GB/T 193—2003,GB/T 196—2003)

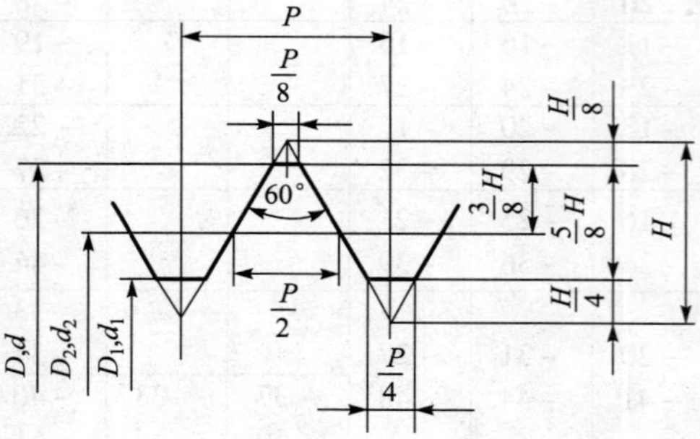

标 记 示 例

粗牙普通螺纹,公称直径 $d=10$,中径公差带代号 5g,顶径公差带代号 6g,标记:

M10 - 5g6g

细牙普通螺纹,公称直径 $d=10$,螺距 $P=1$,中径、顶径公差带代号 7H,标记:

M10 × 1 - 7H

mm

公称直径 D,d		螺距 P		螺纹小径 D_1,d_1
第一系列	第二系列	粗牙	细牙	粗牙
3		0.5	0.35	2.459
	3.5	0.6		2.850
4		0.7	0.5	3.242
	4.5	0.75		3.688
5		0.8		4.134
6		1	0.75	4.917
	7	1	0.75	
8		1.25	1,0.75	6.647
10		1.5	1.25,1,0.75	8.376
12		1.75	1.25,1	10.106
	14	2	1.5,1.25,1	11.835
16		2	1.5,1,	13.835
	18	2.5	2,1.5,1	15.294
20		2.5		17.294
	22	2.5	2,1.5,1	19.294
24		3	2,1.5,1	20.752
	27	3	2,1.5,1	23.752
30		3.5	(3),2,1.5,1	26.211
	33	3.5	(3),2,1.5	29.211
36		4	3,2,1.5	31.670

注:1. 螺纹公称直径应优先选用第一系列,第三系列未列入;
　　2. 括号内的尺寸尽量不用。

附表 2－2　非螺纹密封管螺纹(GB/T 7307—2001)

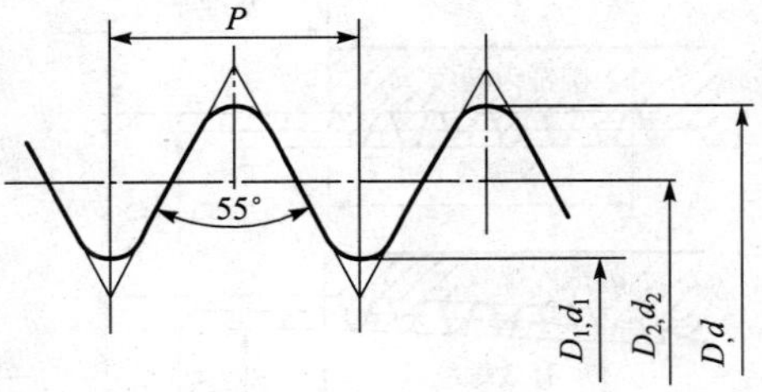

标 记 示 例

G1 $\frac{1}{2}$LH(右旋不标)　G1 $\frac{1}{2}$B

1 $\frac{1}{2}$左旋内螺纹　　1 $\frac{1}{2}$B 级外螺纹

mm

尺寸代号	每 25.4 mm 中的螺纹牙数	螺距 P	螺纹直径	
			大径 D,d	小径 D_1,d_1
$\frac{1}{8}$	28	0.907	9.728	8.566
$\frac{1}{4}$	19	1.337	13.157	11.445
$\frac{3}{8}$	19	1.337	16.662	14.950
$\frac{1}{2}$	14	1.814	20.955	18.631
$\frac{5}{8}$	14	1.814	22.911	20.587
$\frac{3}{4}$	14	1.814	26.411	24.117
$\frac{7}{8}$	14	1.814	30.201	27.887
1	11	2.309	33.249	30.291
$1\frac{1}{8}$	11	2.309	37.897	34.939
$1\frac{1}{4}$	11	2.309	41.910	38.952
$1\frac{1}{2}$	11	2.309	47.803	44.845
$1\frac{1}{4}$	11	2.309	53.746	50.788
2	11	2.309	59.614	56.656
$2\frac{1}{4}$	11	2.309	65.710	62.752
$2\frac{1}{2}$	11	2.309	75.184	72.226
$2\frac{3}{4}$	11	2.309	81.534	78.576
3	11	2.309	87.884	84.926

附表 2－3　用螺纹密封管螺纹（GB/T 7306—2000）

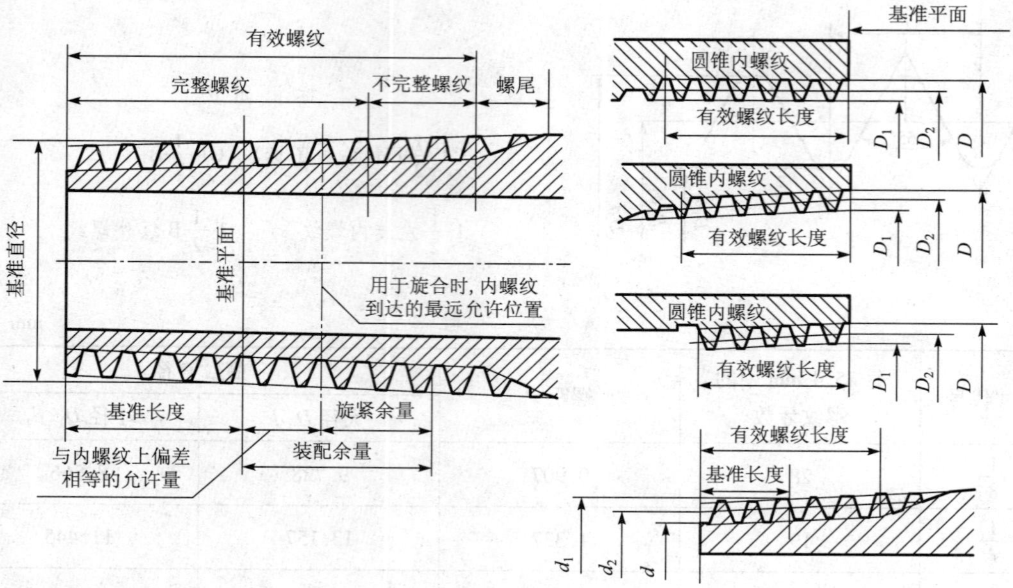

$d_2=D_2=d-0.640\ 327P$

$d_1=D_1=d-0.286\ 54P$

$P=25.4/n$

尺寸代号	每25.4mm中的螺纹牙数 n	螺距 P /mm	基面上直径/mm			基准长度 /mm	有效螺纹长度/mm	装配余量	
			大径（基面直径） $d=D$	中径 $d_2=D_2$	小径 $d_1=D_1$			余量 /mm	圈数
$\frac{1}{16}$	28	0.907	7.723	7.142	6.561	4	6.5	2.5	$2\frac{3}{4}$
$\frac{1}{8}$	28	0.907	9.728	9.147	8.566	4	6.5	2.5	$2\frac{3}{4}$
$\frac{1}{4}$	19	1.337	13.157	12.301	11.445	6	9.7	3.7	$2\frac{3}{4}$
$\frac{3}{8}$	19	1.337	16.662	15.806	14.950	6.4	10.1	3.7	$2\frac{3}{4}$
$\frac{1}{2}$	14	1.814	20.955	19.793	18.631	8.2	13.2	5	$2\frac{3}{4}$
$\frac{3}{4}$	14	1.814	26.441	25.279	24.117	9.5	14.5	5	$2\frac{3}{4}$
1	11	2.309	33.249	31.770	30.291	10.4	16.8	6.4	$2\frac{3}{4}$
$1\frac{1}{4}$	11	2.309	41.910	40.431	38.952	12.7	19.1	6.4	$2\frac{3}{4}$
$1\frac{1}{2}$	11	2.309	47.803	46.324	44.845	12.7	19.1	6.4	$3\frac{1}{4}$
2	11	2.309	59.614	58.135	56.656	15.9	23.4	7.5	4
$2\frac{1}{2}$	11	2.309	75.184	73.705	72.226	17.5	26.7	9.2	4
3	11	2.309	87.884	86.405	84.926	20.6	29.8	9.2	4
$3\frac{1}{2}$ *	11	2.309	100.330	98.851	97.372	22.2	31.4	9.2	4
4	11	2.309	113.030	111.551	110.072	25.4	35.8	10.4	$4\frac{1}{2}$

续表

尺寸代号	每25.4mm中的螺纹牙数 n	螺距 P /mm	基面上直径/mm			基准长度 /mm	有效螺纹长度/mm	装配余量	
			大径(基面直径) $d=D$	中径 $d_2=D_2$	小径 $d_1=D_1$			余量 /mm	圈数
5	11	2.309	138.430	136.951	135.472	28.6	40.1	11.5	5
6	11	2.309	163.830	162.351	160.872	28.6	40.1	11.5	5

注：本表适用于管子、管接头、旋塞、阀门和其他螺纹连接的附件；
有＊的代号限用于蒸汽机车。

三、螺纹紧固件

附表3－1　六角头螺栓—C级(GB/T 5780—2000)、六角头螺栓—A和B级(GB/T 5782—2000)

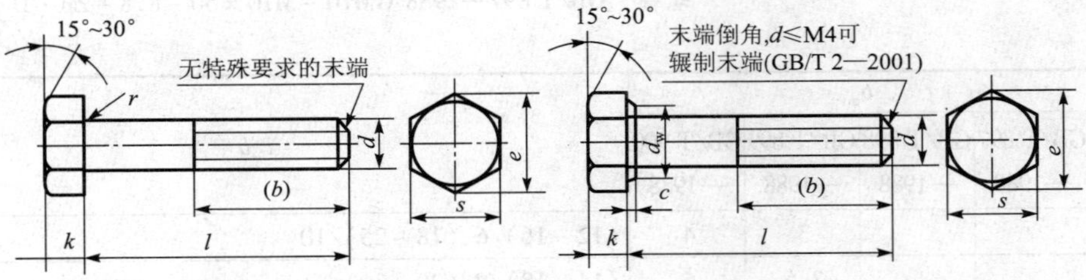

(GB/T 5780—2000)　　(GB/T 5782—2000)

标记示例

螺纹规格 d=M12，公称长度 l=80，性能等级为8.8级，表面氧化，A级的六角头螺栓标记：

螺栓 GB/T 5780 M12×80

mm

螺纹规格 d			M3	M4	M5	M6	M8	M10	M12	M16	M20	M24	M30
b 参考	l≤125		12	14	16	18	22	26	30	38	46	54	66
	125＜l≤200		18	20	22	24	28	32	36	44	52	60	72
	l≤200		31	33	35	37	41	45	49	57	65	73	85
c(max)			0.4	0.4	0.5	0.5	0.6	0.6	0.6	0.8	0.8	0.8	0.8
d_w	产品等级	A	4.57	5.88	6.88	8.88	11.63	14.63	16.63	22.49	28.19	33.61	—
		B,C	4.45	5.74	6.74	8.74	11.47	14.47	16.47	22	27.7	33.25	42.75
e	产品等级	A	6.01	7.66	8.79	11.05	14.38	17.77	20.03	26.75	33.53	39.98	—
		B,C	5.88	7.50	8.63	10.89	14.20	17.59	19.85	26.17	32.95	39.55	50.85
k	公称		2	2.8	3.5	4	5.3	6.4	7.5	10	12.5	15	18.7
r			0.1	0.2	0.2	0.25	0.4	0.4	0.6	0.6	0.8	0.8	1
s	公称		5.5	7	8	10	13	16	18	24	30	36	46
l(商品规格范围)			20~30	25~40	25~50	30~60	40~80	45~100	50~120	65~160	80~200	90~240	110~300
l 系列			12,16,20,25,30,45,40,45,50,55,60,65,70,80,90,100,120,130,140,150,160,180,200,220,240,260,280,300,320,340,360										

注：① A级用于 d≤24和 l≤10d 或≤150的螺栓；B级用于 d＞24和 l＞10d 或＞150的螺栓；
② 螺纹规格 d 范围：GB/T 5780为M5~M64；GB/T 5782为M1.6~M64；
③ 公称长度 l 范围：GB/T 5780为25~500；GB/T 5782为12~500。

附表 3-2 双头螺柱 $b_m = d$（GB/T 897—1988），$b_m = 1.25d$（GB/T 898—1988），$b_m = 1.5d$（GB/T 899—1988），$b_m = 2d$（GB/T 900—1988）

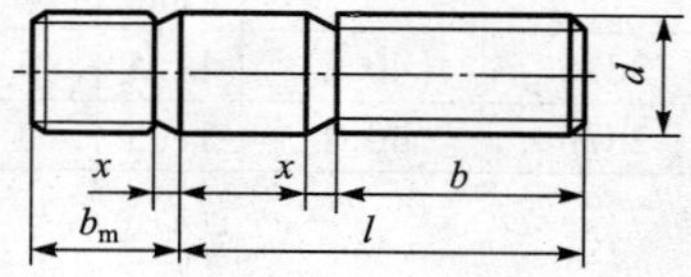

A型

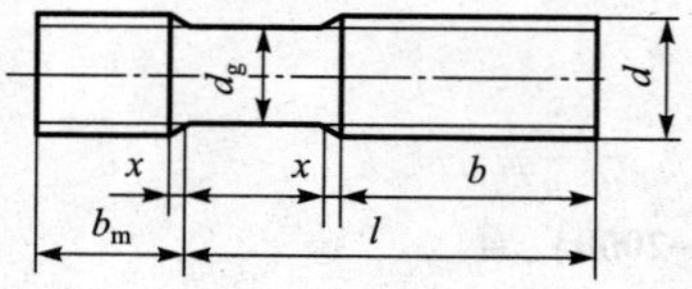

B型

标记示例

1. 两端均为粗牙普通螺纹，$d = 10$ mm，$l = 15$ mm，性能等级为 4.8 级，不经表面处理，B 型、$b_m = d$ 的双头螺柱：

螺柱 GB/T 897—1988 M10×50

2. 旋入机体一端为粗牙普通螺纹，旋螺母一端为螺距 $P = 1$ mm 的细牙普通螺纹，$d = 10$ mm，$l = 15$ mm，性能等级为 4.8 级，不经表面处理，A 型、$b_m = d$ 的双头螺柱：

螺柱 GB/T 897—1988 AM10 - M10×1×50

3. 旋入机体一端为过渡配合螺纹的第一种配合，旋螺母一端为粗普通螺纹，$d = 10$ mm，$l = 15$ mm，性能等级为 8.8 级，镀锌钝化，B 型、$b_m = d$ 的双头螺柱：

螺柱 GB/T 897—1988 GM10 - M10×50 - 8.8 - Zn · D

mm

螺纹规格 d	b_m				l/b
	GB/T 897—1988	GB/T 898—1988	GB/T 899—1988	GB/T 900—1988	
M2			3	4	(12~16)/6，(18~25)/10
M2.5			3.5	5	(14~18)/8，(20~30)/11
M3			4.5	6	(16~20)/6，(22~40)/12
M4	·		6	8	(16~22)/8，(25~40)/14
M5	5	6	8	10	(16~22)/10，(25~50)/16
M6	6	8	10	12	(18~22)/10，(25~30)/14，(32~75)/18
M8	8	10	12	16	(18~22)/12，(25~30)/16，(32~90)/22
M10	10	12	15	20	(25~28)/14，(30~38)/16，(40~120)/30，130/32
M12	12	15	18	24	(25~30)/16，(32~40)/20，(45~120)/30，(130~180)/36
(M14)	14	18	21	28	(30~35)/18，(38~45)/25，(50~120)/34，(130~180)/40
M16	16	20	24	32	(30~38)/20，(40~55)/30，(60~120)/38，(130~200)/44
(M18)	18	22	27	36	(35~40)/22，(45~60)/35，(65~120)/42，(130~200)/48
M20	20	25	30	40	(35~40)/25，(45~65)/38，(70~120)/46，(130~200)/52
M22	22	28	33	44	(40~45)/30，(50~70)/40，(75~120)/50，(130~200)/56
M24	24	30	36	48	(45~50)/30，(55~75)/45，(80~120)/54，(130~200)/60
(M27)	27	35	40	54	(50~60)/35，(65~85)/50，(90~120)/60，(130~200)/66
M30	30	38	45	60	(60~65)/40，(70~90)/50，(95~120)/66，(130~200)/72，(210~250)/85
M36	36	45	54	72	(65~75)/45，(80~110)/60，120/78，(130~200)/84，(210~300)/97
M42	42	52	63	84	(70~80)/50，(85~110)/70，120/90，(130~200)/96，(210~300)/109
M48	48	60	72	96	(80~90)/60，(95~110)/80，120/102，(130~200)/108，(210~300)/121

续表

螺纹规格 d	b_m				l/b
	GB/T 897—1988	GB/T 898—1988	GB/T 899—1988	GB/T 900—1988	
l(系列)	12,(14),16,(18),20,(22),25,(28),30,(32),35,(38),40,45,50,55,60,65,70,75,80,85,90,95,100,110,120,130,140,150,160,170,180,190,200,210,220,230,240,250,260,280,300				

注：① $b_m=d$,一般用于旋入机体为钢的场合；$b_m=(1.25\sim1.5)d$,一般用于旋入机体为铸铁的场合；$b_m=2d$,一般用于旋入机体为铝的场合；

② 不带括号的为优先系列,仅 GB/T 898—1988 有优先系列；

③ b 不包括螺尾；

④ $d_g\approx$螺纹中径；

⑤ $x_{max}=1.5P$(螺距)。

附表 3-3　开槽圆头螺钉(GB/T 65—2000)

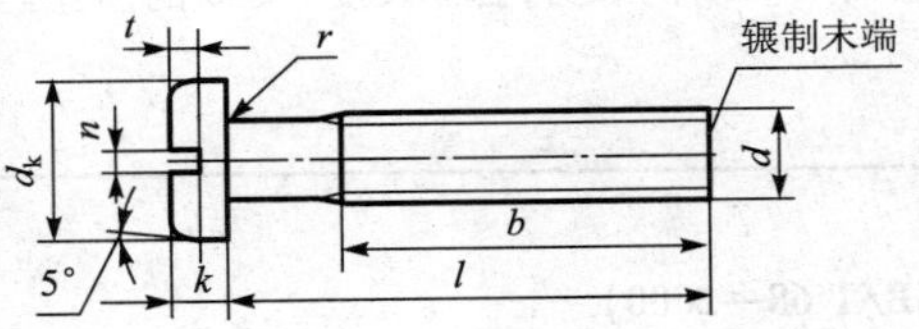

标 记 示 例

螺纹规格 d=M5,公称长度 l=20,性能等级为 4.8 级,不经表面处理的 A 级开槽圆柱头螺钉。

螺钉　GB/T 65 M5×20

mm

螺纹规格 d	M4	M5	M6	M8	M10
螺距 P	0.7	0.8	1	1.25	1.5
b	38	38	38	38	38
d_k	7	8.5	10	13	16
k	2.6	3.3	3.9	5	6
n	1.2	1.2	1.6	2	2.5
r	0.2	0.2	0.25	0.4	0.4
t	1.1	1.3	1.6	2	2.4
公称长度 l	5~40	6~50	8~60	10~80	12~80
l 系列	5,6,8,10,12,(14),16,20,25,30,35,40,45,50,(55),60,(65),70,(75),80				

注：1. 公称长度 $l\leqslant40$ 的螺钉,制出全螺纹；

2. 螺纹规格 d=M1.6~M10;公称长度 l=2~80；

3. 括号内的规格尽可能不采用。

附表 3－4 开槽盘头螺钉(GB/T 67—2000)

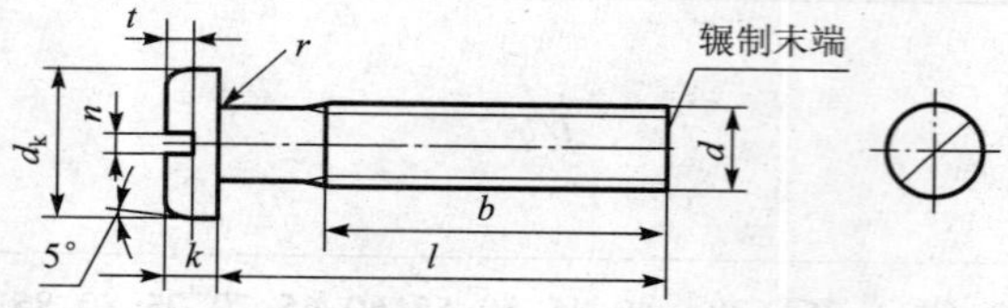

标 记 示 例

螺纹规格 d = M5，公称长度 l = 20，性能等级为 4.8 级，不经表面处理的 A 级开槽盘头螺钉：

螺钉 BG/T 67 M5×20

螺纹规格 d	M1.6	M2	M2.5	M3	M4	M5	M6	M8	M10
螺距 P	0.35	0.4	0.45	0.5	0.7	0.8	1	1.25	1.5
b	25	25	25	25	38	38	38	38	38
d_k	3.2	4	5	5.6	8	9.5	12	16	20
k	1	1.3	1.5	1.8	2.4	3	3.6	4.8	6
n	0.4	0.5	0.6	0.8	1.2	1.2	1.6	2	2.5
r	0.1	0.1	0.1	0.1	0.2	0.2	0.25	0.4	0.4
t	0.35	0.5	0.6	0.7	1	1.2	1.4	1.9	2.4
公称长度 l	2～16	2.5～20	3～25	4～30	5～40	6～50	8～60	10～80	12～80
l 系列	2,2.5,3,4,5,6,8,10,12,(14),16,20,25,30,35,40,45,50,(55),60,(65),70,(75),80								

注：1. M1.6～M3 的螺钉，公称长度 $l \leqslant 30$ 的，制出全螺纹；M4～M10 的螺钉，公称长度 $l \leqslant 40$ 的，制出全螺纹；

2. 括号内的规格尽可能不采用。

附表 3－5 开槽沉头螺钉(GB/T 68—2000)

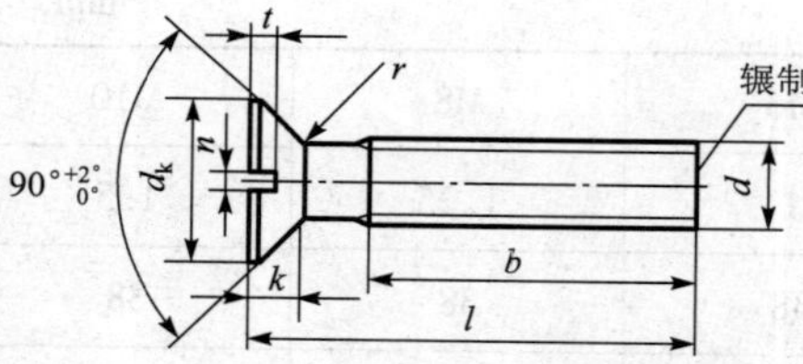

标 记 示 例

螺纹规格 d = M5，公称长度 l = 20，性能等级为 4.8 级，不经表面处理的 A 级开槽沉头螺钉：

螺钉 BG/T 68 M5×20

螺纹规格 d	M1.6	M2	M2.5	M3	M4	M5	M6	M8	M10
P 螺距	0.35	0.4	0.45	0.5	0.7	0.8	1	1.25	1.5
b	25	25	25	25	38	38	38	38	38
d_k	3.6	4.4	5.5	6.3	9.4	10.4	12.6	17.3	20
k	1	1.2	1.5	1.65	2.7	2.7	3.3	4.65	5
n	0.4	0.5	0.6	0.8	1.2	1.2	1.6	2	2.5
r	0.4	0.5	0.6	0.8	1	1.3	1.5	2	2.5
t	0.5	0.6	0.75	0.85	1.3	1.4	1.6	2.3	2.6
公称长度 l	2.5～16	3～20	4～25	5～30	6～40	8～50	8～60	10～80	12～80
l 系列	2.5,3,4,5,6,8,10,12,(14),16,20,25,30,35,40,45,50,(55),60,(65),70,(75),80								

注：1. M1.6～M3 的螺钉，公称长度 $l \leqslant 30$ 的，制出全螺纹；M4～M10 的螺钉，公称长度 $l \leqslant 45$ 的，制出全螺纹；

2. 括号内的规格尽可能不采用。

附表 3-6　内六角圆柱头螺钉(GB/T 70.1—2000)

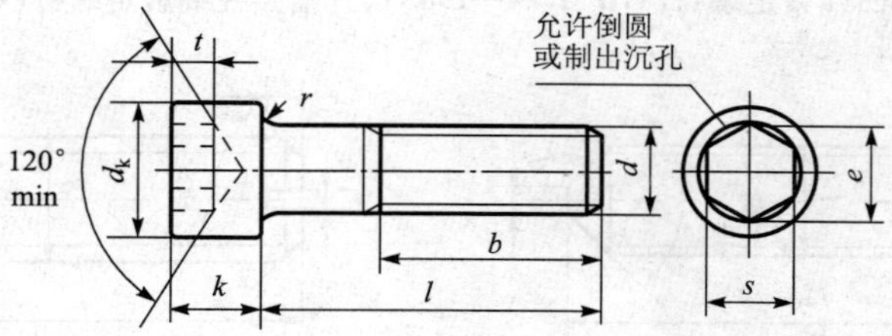

标 记 示 例

螺纹规格 d = M5，公称长度 l = 200 mm，性能等级为 8.8 级，表面氧化的内六角圆柱头螺钉：

螺钉　GB/T 70—2000　M5×20

mm

螺纹规格 d	M1.6	M2	M2.5	M3	M4	M5	M6	M8	M10	M12	(M14)	M16	M20	M24	M30	M36
d_k	3	3.8	4.5	5.5	7	8.5	10	13	16	18	21	24	30	36	45	54
k	1.6	2	2.5	3	4	5	6	8	10	12	14	16	20	24	30	36
t	0.7	1	1.1	1.3	2	2.5	3	4	5	6	7	8	10	12	15.5	19
r	0.1	0.1	0.1	0.1	0.2	0.2	0.25	0.4	0.4	0.6	0.6	0.6	0.8	0.8	1	1
s	1.5	1.5	2	2.5	3	4	5	6	8	10	12	14	17	19	22	27
e	1.73	1.73	2.3	2.87	3.44	4.58	5.72	6.86	9.15	11.43	13.72	16	19.44	21.73	25.15	30.85
b(参考)	15	16	17	18	20	22	24	28	32	36	40	44	52	60	72	84
l	2.5~16	3~20	4~25	5~30	6~40	8~50	10~60	12~80	16~100	20~120	25~140	25~160	30~200	40~200	45~200	55~200
全螺纹时最大长度	16	16	20	20	25	25	30	35	40	45	55	55	65	80	90	110
l系列	2.5,3,4,5,6,8,10,12,16,20,25,30,35,40,45,50,55,60,65,70,80,90,100,110,120,130,140,150,160,180,200															

注：① 尽可能不采用括号内的规格；

② b 不包括螺尾。

附表 3－7　开槽锥端紧定螺钉(GB/T 71—1985)、开槽平端紧定螺钉(GB/T 73—1985)、开槽凹端紧定螺钉(GB/T 74—1985)、开槽圆柱端紧定螺钉(GB/T 75—1985)

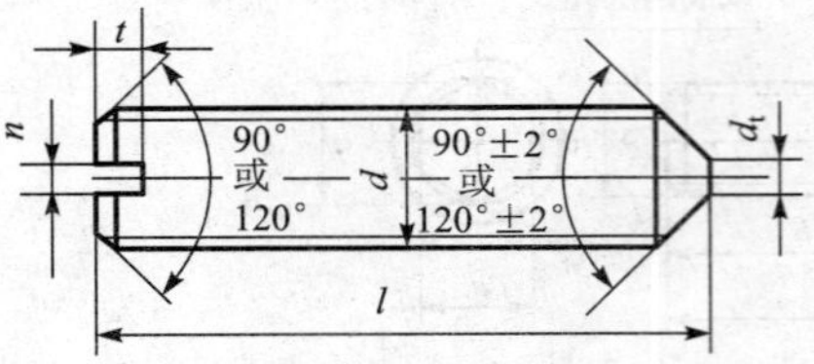

GB/T 71—1985

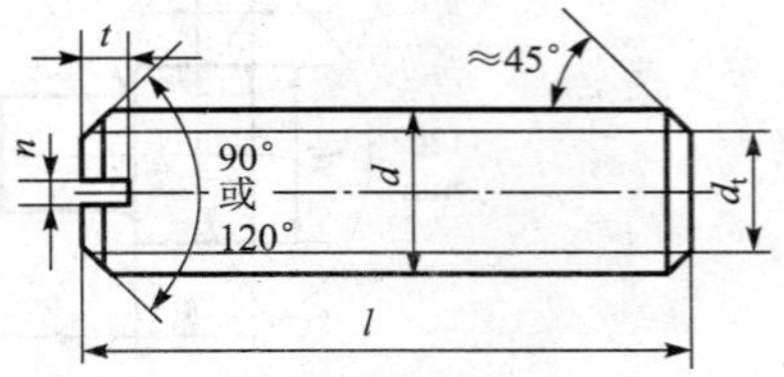

GB/T 73—1985

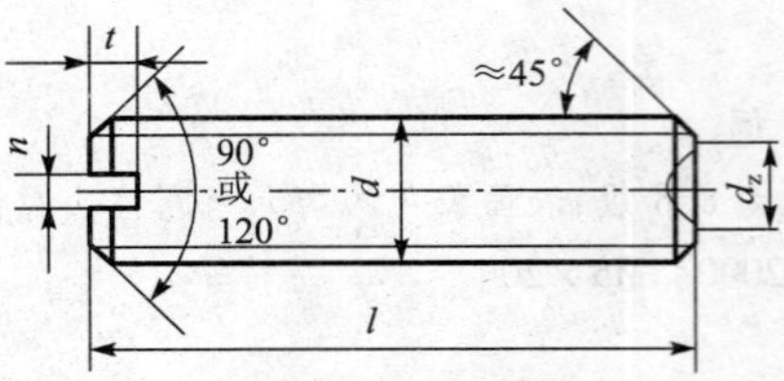

GB/T 74—1985

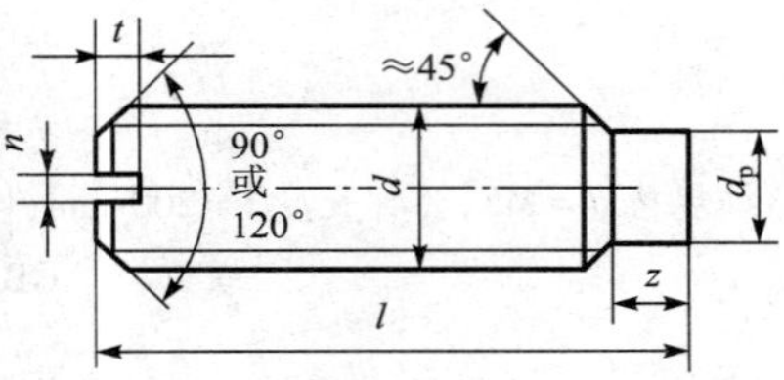

GB/T 75—1985

标 记 示 例

螺纹规格 d = M5，公称长度 l = 12 mm，性能等级为 14H，表面氧化的开槽锥端紧定螺钉：

螺钉　GB/T 71—1985　M5 × 12

mm

螺纹规格 d		M1.2	M1.6	M2	M2.5	M3	M4	M5	M6	M8	M10	M12
n		0.2	0.25	0.25	0.4	0.4	0.6	0.8	1	1.2	1.6	2
t		0.5	0.7	0.8	1	1.1	1.4	1.6	2	2.5	3	3.6
d_z			0.8	1	1.2	1.4	2	2.5	3	5	6	8
d_t		0.1	0.2	0.2	0.3	0.3	0.4	0.5	1.5	2	2.5	3
d_p		0.6	0.8	1	1.5	2	2.5	3.5	4	5.5	7	8.5
z			1.1	1.3	1.5	1.8	2.3	2.8	3.3	4.3	5.3	6.3
公称长度 l	GB/T 71	2 ~ 6	2 ~ 8	3 ~ 10	3 ~ 12	4 ~ 16	6 ~ 20	8 ~ 25	8 ~ 30	10 ~ 40	12 ~ 50	14 ~ 60
	GB/T 73	2 ~ 6	2 ~ 8	2 ~ 10	2.5 ~ 12	3 ~ 1	64 ~ 20	5 ~ 25	6 ~ 30	8 ~ 40	10 ~ 50	12 ~ 60
	GB/T 74		2 ~ 8	2.5 ~ 10	3 ~ 12	3 ~ 16	4 ~ 20	5 ~ 25	6 ~ 30	8 ~ 40	10 ~ 50	12 ~ 60
	GB/T 75		2.5 ~ 8	3 ~ 10	4 ~ 12	5 ~ 16	6 ~ 20	8 ~ 25	8 ~ 30	10 ~ 40	12 ~ 50	14 ~ 60
公称长度 l 小于等于右表内值时，GB/T 71 两端制成 120°，其他为开槽端制成 120°。公称长度 l 大于右表内值时，GB/T 71 两端制成 90°，其他为开槽端制成 90°	GB/T 71	2	2.5	2.5	3	3	4	5	6	8	10	12
	GB/T 73		2	2.5	3	3	4	5	6	6	8	10
	GB/T 74		2	2.5	3	3	4	5	6	8	10	12
	GB/T 75		2.5	3	4	5	6	8	10	14	16	20
l 系列		2,2.5,3,4,5,6,8,10,12,(14),16,20,25,30,35,40,45,50,(55),60										

附表 3-8　Ⅰ型六角螺母—C 级(GB/T 41—2000)、Ⅰ型六角螺母—A 和 B 级(GB/T 6170—2000)、六角薄螺母—A 和 B 级—的倒角(GB/T 6172—2000)

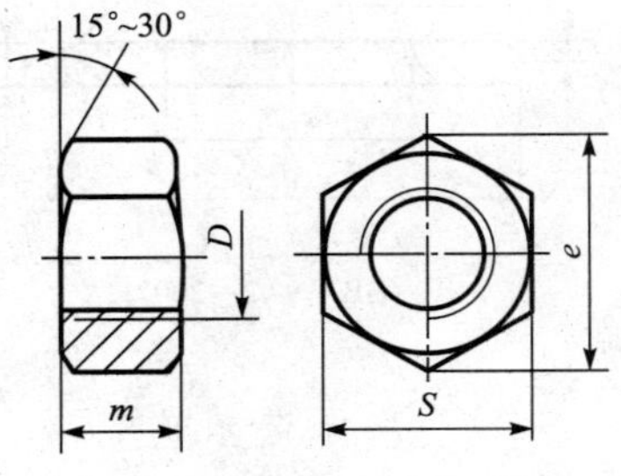

(GB/T 41—2000)

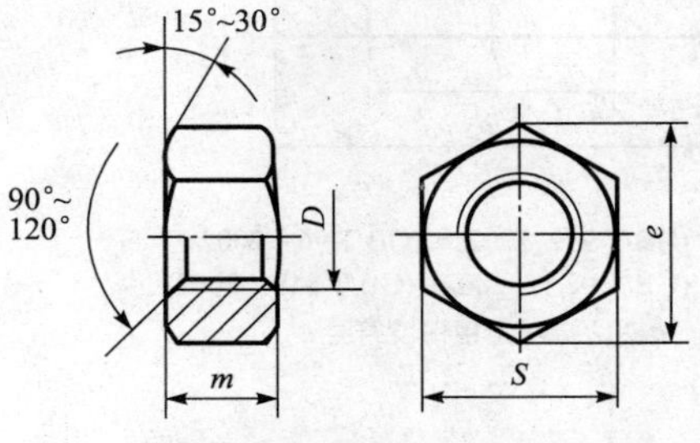

(GB/T 6170—2000),(GB/T 6172—2000)

标 记 示 例

螺纹规格 D = M12,性能等级为 5 级,不经表面处理,C 级的Ⅰ型六角螺母:

螺母　　GB/T 41—2000　M12

标 记 示 例

螺纹规格 D = M12,性能等级为 10 级,不经表面处理,A 级的Ⅰ型六角螺母:

螺母　　GB/T 6170—2000　M12

螺纹规格 D = M12,性能等级为 04 级,不经表面处理,A 级的六角螺母:

螺母　　GB/T 6172—2000　M12

mm

螺纹规格 D		M3	M4	M5	M6	M8	10	M12	(M14)	M16	(M18)	M20	(M22)	M24	(M27)	M30	M36	M42	M48	M56	M64
e		6	7.7	8.8	11	14.4	17.8	20	23.4	26.8	29.6	35	37.3	39.6	45.2	50.9	60.8	72	82.6	93.6	104.9
S		5.5	7	8	10	13	16	18	21	24	27	30	34	36	41	46	55	65	75	85	95
m	GB/T 6170	2.4	3.2	4.7	5.2	6.8	8.4	10.8	12.8	14.8	15.8	18	19.4	21.5	23.8	25.6	31	34	38	45	51
	GB/T 6172	1.8	2.2	2.7	3.2	4	5	6	7	8	9	10	11	12	13.5	15	18	21	24	28	32
	GB/T 41			5.6	6.1	7.9	9.5	12.2	13.9	15.9	16.9	18.7	20.2	22.3	24.7	26.4	31.5	34.9	38.9	45.9	52.4

注:① 表中 e 为圆整近似值;

② 不带括号的为优先系列;

③ A 级用于 $D \leqslant 16$ 的螺母;B 级用于 $D > 16$ 的螺母。

附表 3-9　平垫圈—C 级(GB/T 95—2002)、大垫圈—A 级和 C 级(GB/ T96—2002)、平垫圈—A 级(GB/T 97.1—2002)、平垫圈　倒角型—A 级(GB/T 97.2—2002)、小垫圈—A 级(GB/T 848—2002)

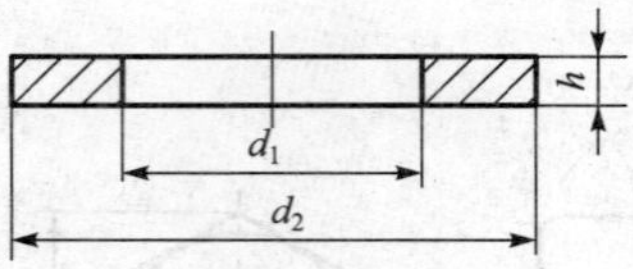

(GB/T 95—2002)*,(GB/T 96—2002)*
(GB/T 97.1—2002),(GB/T 848—2002)
*垫圈两端面无粗糙度符号

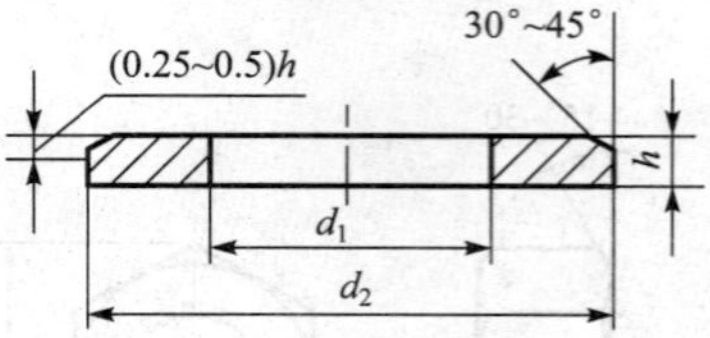

(GB/T 97.2—2002)

标 记 示 例

标准系列、公称尺寸 $d=8$ mm,性能等级为 100 HV 级,不经表面处理的平垫圈:

垫圈　GB/T 95—2002　8 ~ 100 HV

标 记 示 例

标准系列、公称尺寸 $d=8$ mm,性能等级为 140 HV 级,倒角型不经表面处理的平垫圈:

垫圈　GB/T 97.2—2002　8 ~ 140 HV

mm

公称尺寸(螺纹规格) d	标准系列				大系列			小系列		
	GB/T 95—2002、GB/T 97.1—2002、GB/T 97.2—2002				GB/T 96—2002			GB/T 848—2002		
	d_2	h	d_1 (GB/T 95)	d_1 (GB/T 97.1、GB/T 97.2)	d_1	d_2	h	d_1	d_2	h
1.6	4	0.3		1.7	—	—	—	1.7	3.5	0.3
2	5			2.2	—	—	—	2.2	4.5	
2.5	6	0.5		2.7	—	—	—	2.7	5	0.5
3	7			3.2	3.2	9	0.8	3.2	6	
4	9	0.8		4.3	4.3	12	1	4.3	8	
5	10	1	5.5	5.3	5.3	15	1.2	5.3	9	1
6	12	1.6	6.6	6.4	6.4	18	1.6	6.4	11	1.6
8	16		9	8.4	8.4	24	2	8.4	15	
10	20	2	11	10.5	10.5	30	2.5	10.5	18	
12	24	2.5	13.5	13	13	37	3	13	20	2
14	28		15.5	15	15	44		15	24	2.5
16	30	3	17.5	17	17	50		17	28	
20	37		22	21	22	60	4	21	34	3
24	44	4	26	25	26	72	5	25	39	4
30	56		33	31	33	92	6	31	50	
36	66	5	39	37	39	110	8	37	60	5

注:① GB/T 95,TB/T 97.2 中,d 的范围为 5 ~ 36 mm;GB/T 96 中,d 的范围为 3 ~ 36 mm;GB/T 848,GB/T 97.1 中,d 的范围为 1.6 ~ 36 mm;

② 表列 d_1,d_2,h 均为公称值;

③ C 级垫圈粗糙度要求为 √;

④ GB/T 848 主要用于带圆柱头的螺钉,其他用于标准的六角螺栓、螺钉和螺母;

⑤ 精装配系列用 A 级垫圈,中等装配系列用 C 级垫圈。

附表 3-10 标准型弹簧垫圈(GB/T 93—1987)、轻型弹簧垫圈(GB/T 859—1987)

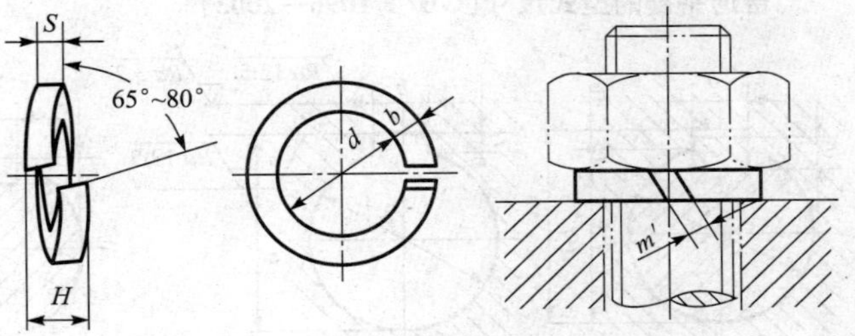

标 记 示 例

规格 16 mm,材料为 65Mn,表面氧化的标准型弹簧垫圈:

垫圈 GB/T 93—1987 16

mm

规格(螺纹大径)	d	GB/T 93—1987		GB/T 859—1987		
		$S=b$	$0<m'\leqslant$	S	b	$0<m'\leqslant$
2	2.1	0.5	0.25	0.5	0.8	
2.5	2.6	0.65	0.33	0.6	0.8	
3	3.1	0.8	0.4	0.8	1	0.3
4	4.1	1.1	0.55	0.8	1.2	0.4
5	5.1	1.3	0.65	1	1.2	0.55
6	6.2	1.6	0.8	1.2	1.6	0.65
8	8.2	2.1	1.05	1.6	2	0.8
10	10.2	2.6	1.3	2	2.5	1
12	12.3	3.1	1.55	2.5	3.5	1.25
(14)	14.3	3.6	1.8	3	4	1.5
16	16.3	4.1	2.05	3.2	4.5	1.6
(18)	18.3	4.5	2.25	3.5	5	1.8
20	20.5	5	2.5	4	5.5	2
(22)	22.5	5.5	2.75	4.5	6	2.25
24	24.5	6	3	4.8	6.5	2.5
(27)	27.5	6.8	3.4	5.5	7	2.75
30	30.5	7.5	3.75	6	8	3
36	36.6	9	4.5	—	—	—
42	42.6	10.5	5.25	—	—	—
48	49	12	6	—	—	—

附表 3-11　平键　键和键槽的剖面尺寸(GB/T 1095—2003)、普通平键的型式尺寸(GB/T 1096—2003)

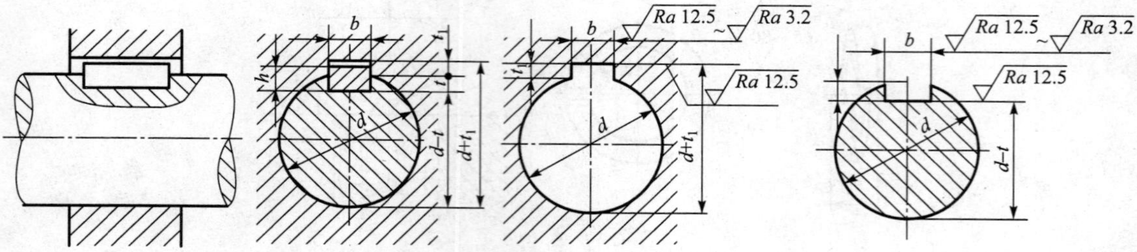

(注:在工作图中,轴槽深用 t 或$(d-t)$标注,轮毂槽深用$(d+t_1)$标注)

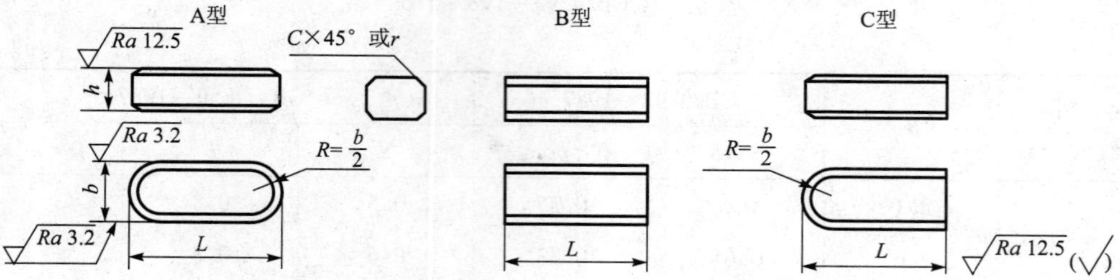

标 记 示 例

圆头普通平键(A 型)$b=16$ mm,$h=10$ mm,$L=100$ mm　键　16×100　GB/T 1096—2003

平头普通平键(B 型)$b=16$ mm,$h=10$ mm,$L=100$ mm　键　B16×100　GB/T 1096—2003

单圆头普通平键(C 型)$b=16$ mm,$h=10$ mm,$L=100$ mm　键　C16×100　GB/T 1096－2003

mm

轴	键		键槽											
公称直径 d	公称尺寸 $b\times h$	长度 L	宽度 b						深度				半径 r	
			公称长度 b	极限偏差					轴 t		毂 t_1			
				较松键连接		一般键连接		较紧键连接						
				轴 H9	毂 D10	轴 N9	毂 Js9	轴和毂 P9	公称尺寸	极限偏差	公称尺寸	极限偏差	最小	最大
自 6~8	2×2	6~20	2	+0.025 0	+0.060 +0.020	−0.004 −0.029	±0.0125	−0.006 −0.031	1.2	+0.1 0	1	+0.1 0	0.08	0.16
>8~10	3×3	6~36	3						1.8		1.4			
>10~12	4×4	8~45	4	+0.030 0	+0.078 +0.030	0 −0.030	±0.015	−0.012 −0.042	2.5		1.8			
>12~17	5×5	10~56	5						3.0		2.3			
>17~22	6×6	14~70	6						3.5		2.8			

续表

轴	键		键槽											
			宽度 b						深度				半径 r	
				极限偏差					轴 t		毂 t_1			
公称直径 d	公称尺寸 $b \times h$	长度 L	公称长度 b	较松键连接		一般键连接		较紧键连接						
				轴 H9	毂 D10	轴 N9	毂 Js9	轴和毂 P9	公称尺寸	极限偏差	公称尺寸	极限偏差	最小	最大
>22～30	8×7	18～90	8	+0.036 0	+0.098 +0.040	0 -0.036	±0.018	-0.018 -0.061	4.0	+0.2 0	3.3	+0.2 0	0.16	0.25
>30～38	10×8	22～110	10						5.0		3.3			
>38～44	12×8	28～140	12	+0.043 0	+0.120 +0.050	0 -0.043	±0.0215	-0.018 -0.061	5.0		3.3		0.25	0.40
>44～50	14×9	36～160	14						5.5		3.8			
>50～58	16×10	45～180	16						6.0		4.3			
>58～65	18×11	50～200	18						7.0		4.4			
>65～75	20×12	56～220	20	+0.052 0	+0.149 +0.065	0 -0.052	±0.026	-0.022 -0.074	7.5	+0.2 0	4.9	+0.2 0	0.25	0.40
>75～85	22×14	63～250	22						9.0		5.4		0.40	0.60
>85～95	25×14	70～280	25						9.0		5.4			
>95～110	28×16	80～320	28						10.0		6.4			
>110～130	32×18	80～360	32	+0.062 0	+0.180 +0.080	0 -0.062	±0.031	-0.026 -0.088	11.0		7.4			
>130～150	36×20	100～400	36						12.0	+0.3 0	8.4	+0.3 0	0.70	1.0
>150～170	40×22	100～400	40						13.0		9.4			
>170～200	45×25	110～450	45						15.0		10.4			

注：①（$d-t$）和（$d+t_1$）两组组合尺寸的极限偏差按相应的 t 和 t_1 的极限偏差选取，但（$d-t$）极限偏差应取负号（－）；

② L 系列：6，8，10，12，14，16，18，20，22，25，28，32，36，40，45，50，56，63，70，80，90，100，110，125，140，160，180，200，220，250，280，320，330，400，450。

附表 3-12　半圆键　键和键槽的剖面尺寸(GB/T 1098—2003)、半圆键的型式尺寸(GB/T 1099—2003)

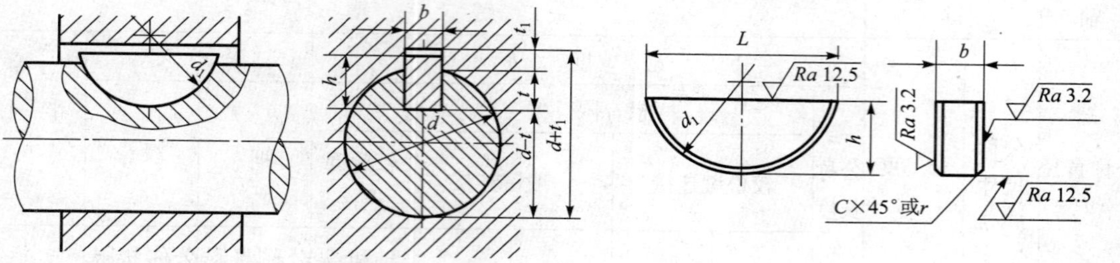

注：在工作图中，轴槽深用 t 或 $(d-t)$ 标注，轮毂槽深用 $(d+t_1)$ 标注。

标记示例：半圆键 $b=6$ mm，$h=10$ mm，$d_1=25$ mm

键 6×25 GB/T 1099—2003

mm

轴径 d		键		键槽									
				宽度 b				深度				半径 r	
					极限偏差			轴 t		毂 t_1			
					一般键连接		较紧键连接						
键传递扭矩	键定位用	公称尺寸 $b\times h\times d_1$	长度 $L\approx$	公称长度	轴 N9	毂 Js9	轴和毂 P9	公称尺寸	极限偏差	公称尺寸	极限偏差	最小	最大
自 3~4	自 3~4	1.0×1.4×4	3.9	1.0	-0.004 -0.029	±0.012	-0.006 -0.031	1.0	+0.1 0	0.6	+0.1 0	0.08	0.16
>4~5	>4~6	1.5×2.6×7	6.8	1.5				2.0		0.8			
>5~6	>6~8	2.0×2.6×7	6.8	2.0				1.8		1.0			
>6~7	>8~10	2.0×3.7×10	9.7	2.0				2.9		1.0			
>7~8	>10~12	2.5×3.7×10	9.7	2.5				2.7		1.2			
>8~10	>12~15	3.0×5.0×13	12.7	3.0				3.8		1.4			
>10~12	>15~18	3.0×6.5×15	15.7	3.0				5.3	+0.2 0	1.4			
>12~14	>18~20	4.0×6.5×16	15.7	4.0	0 -0.030	±0.015	-0.012 -0.042	5.0		1.8		0.16	0.25
>14~16	>20~22	4.0×7.5×19	18.6	4.0				6.0		1.8			
>16~18	>22~25	5.0×6.5×16	15.7	5.0				4.5		2.3			
>18~20	>25~28	5.0×7.5×19	18.6	5.0				5.5		2.3			
>20~22	>28~32	5.0×9.0×22	21.6	5.0				7.0		2.3			
>22~25	>32~36	6.0×9.0×22	21.6	6.0				6.5	+0.3 0	2.8			
>25~28	>36~40	6.0×10.0×25	24.5	6.0				7.5		2.8	+0.2 0	0.25	0.40
>28~32	40	8.0×11.0×28	27.4	8.0	0 -0.036	±0.018	-0.015 -0.051	8.0		3.3			
>32~28	—	10.0×13.0×32	31.4	10.0				10.0		3.3			

注：$(d-t)$ 和 $(d+t_1)$ 两个组合尺寸的极限偏差按相应的 t 和 t_1 的极限偏差选取，但 $(d-t)$ 极限偏差值应取负号(-)。

附表 3－13　圆柱销(GB/T 119—2000)

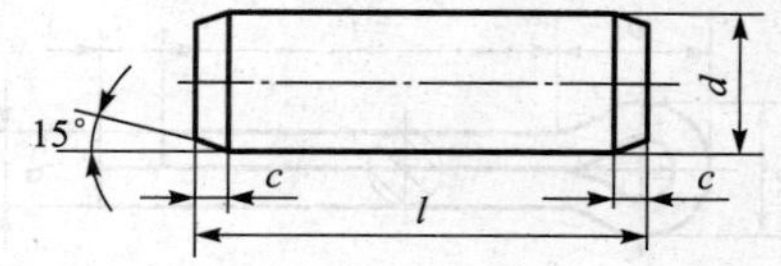

标 记 示 例

公称直径 $d=8$ mm、长度 $l=30$ mm，材料为 35，热处理硬度 28～38HRC，表面氧化处理的 A 型圆柱销：

销　GB/T 119—2000　A8×30

mm

d(公称)	2.5	3	4	5	6	8	10	12	16	20	25	30
c≈	0.4	0.5	0.63	0.08	1.2	1.6	2.0	2.5	3.0	3.5	4.0	5.0
l	6～24	8～30	8～40	10～50	12～60	14～80	18～95	22～140	16～180	35～200	50～200	60～200
l 系列	6,8,10,12,14,16,18,20,22,24,26,28,30,32,35,40,45,50,55,60,65,70,75,80,85,90,95,100,120,140,160,180,200											

附表 3－14　圆锥销(GB/T 117—2000)

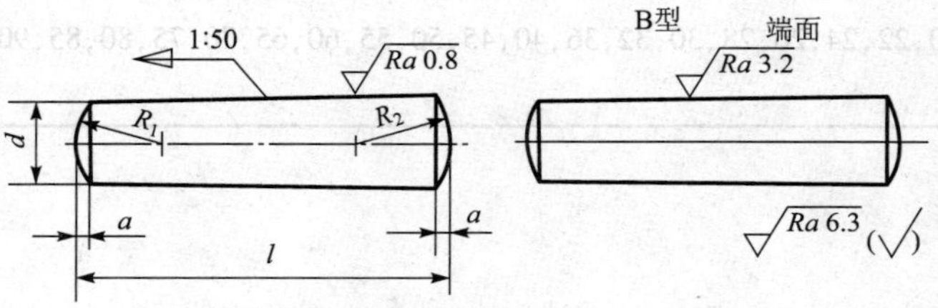

标 记 示 例：

公称直径 $d=10$ mm、公称长度 $l=60$ mm，材料为 35 钢，热处理硬度 28～38HRC，表面氧化处理的 A 型圆锥销：

销　GB/T 117　10×60

$$d_{公差}: h10, R_1 \approx d, R_2 \approx \frac{a}{2} + d + \frac{0.021^2}{8a}$$

mm

d(公称)	2.5	3	4	5	6	8	10	12	16	20	25	30
a≈	0.3	0.4	0.5	0.63	0.80	1.0	1.2	1.6	2	2.5	3.0	4.0
l	10～35	12～45	14～55	18～60	22～90	22～120	26～160	32～180	10～200	45～200	50～200	55～200
l 系列	10,12,14,16,18,20,22,24,26,28,30,32,35,40,45,50,55,60,65,70,75,80,85,90,95,100,120,140,160,180,200											

附表 3－15　开口销(GB/T 91—2000)

标 记 示 例

公称直径 $d=5$ mm、长度 $l=50$ mm，材料为低碳钢，不经表面处理的开口销：

销　GB/T 91　5×50

mm

d(公称)	0.6	0.8	1	1.2	1.6	2	2.5	3.2	4	5	6.3	8	10	12
c	1	1.4	1.8	2	2.8	3.6	4.6	5.8	7.4	9.2	11.8	15	19	24.8
b≈	2	2.4	3	3	3.2	4	5	6.4	8	10	12.6	16	20	26
a	1.6	1.6	2.5	2.5	2.5	2.5	2.5	3.2	4	4	4	4	6.3	6.3
l	4~12	5~16	6~20	8~26	8~32	10~40	12~50	14~65	18~80	22~100	30~120	40~160	45~200	70~200
l系列	4,5,6,8,10,12,14,16,18,20,22,24,26,28,30,32,36,40,45,50,55,60,65,70,75,80,85,90,95,100,120,140,160,180,200													

附表 3－16　紧固件通孔及沉孔尺寸(GB/T 5277—1985、GB/T 152.2—1988)

mm

螺栓或螺钉直径 d			3	3.5	4	5	6	8	10	12	14	16	20	24	30	36	42	48
通孔直径 d_h(GB/T 5277—1985)	精装配		3.2	3.7	4.3	5.3	6.4	8.4	10.5	13	15	17	21	25	31	37	43	50
	中等装配		3.4	3.9	4.5	5.5	6.6	9	11	13.5	15.5	17.5	22	26	33	39	45	52
	粗装配		3.6	4.2	4.8	5.8	7	10	12	14.5	16.5	18.5	24	28	35	42	48	56
六角头螺栓和六角螺母用沉孔(GB/T 152.4—1988)	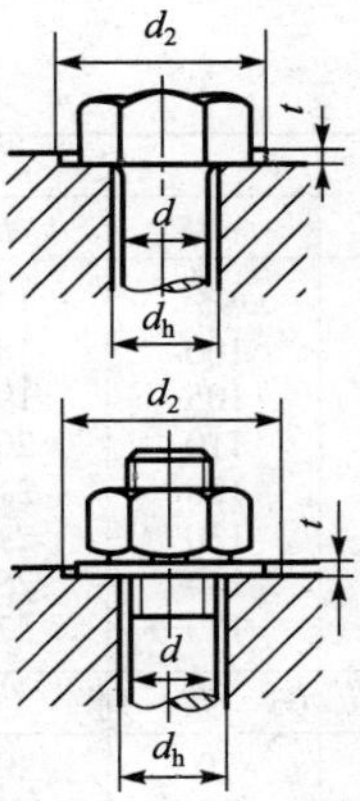	d_2	9	—	10	11	13	18	22	26	30	33	40	48	61	71	82	98
		t	只要能制出与通孔轴线垂直的圆平面即可															
沉头用沉孔(GB/T 152.2—1988)	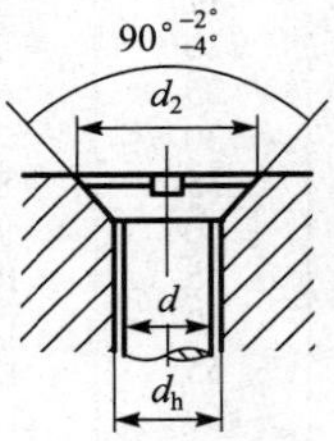	d_2	6.4	8.4	9.6	10.6	12.8	17.6	20.3	24.4	28.4	32.4	40.4	—	—	—	—	—
开槽圆柱头用的圆柱头沉孔(GB/T 152.3—1988)	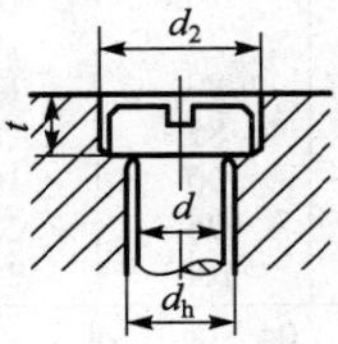	d_2	—	—	8	10	11	15	18	20	24	26	33	—	—	—	—	—
		t	—	—	3.2	4	4.7	6	7	8	9	10.5	12.5	—	—	—	—	—
内六角圆柱头用的圆柱头沉孔(GB/T 152.3—1988)	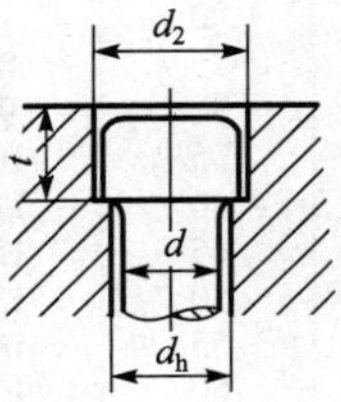	d_2	6	—	8	10	11	15	18	20	24	26	33	40	48	57	—	—
		t	3.4	—	4.6	5.7	6.8	9	11	13	15	17.5	21.5	25.5	32	38	—	—

四、常用滚动轴承

附表 4-1　深沟球轴承(GB/T 276—1994)

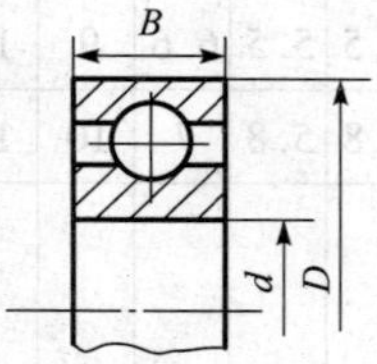

60000型

轴承型号	尺寸 /mm			轴承型号	尺寸 /mm		
	d	D	B		d	D	B
10 系列				6219	95	170	32
6000	10	26	8	6220	100	180	34
6001	12	28	8	6221	105	190	36
6002	15	32	9	6222	110	200	38
6003	17	35	10	6224	120	215	40
6004	20	42	12	6226	130	230	40
6005	25	47	12	6228	140	250	42
6006	30	55	13	6230	150	270	45
6007	35	62	14	03 系列			
6008	40	68	15				
6009	45	75	16	6300	10	35	11
6010	50	80	16	6301	12	37	12
6011	55	90	18	6302	15	42	13
6012	60	95	18	6303	17	47	14
6013	65	100	18	6304	20	52	15
6014	70	110	20	6305	25	62	17
6015	75	115	20	6306	30	72	19
6016	80	125	22	6307	35	80	21
6017	85	130	22	6308	40	90	23
6018	90	140	24	6309	45	100	25
6019	95	145	24	6310	50	110	27
6020	100	150	24	6311	55	120	29
6021	105	160	26	6312	60	130	31
6022	110	170	28	6313	65	140	33
6024	120	180	28	6314	70	150	35
6026	130	200	33	6315	75	160	37
6028	140	210	33	6316	80	170	39
6030	150	225	35	6317	85	180	41
02 系列				6318	90	190	43
				6319	95	200	45
6200	10	30	9	6320	100	215	47
6201	12	32	10	04 系列			
6202	15	35	11				
6203	17	40	12	6403	17	62	17
6204	20	47	14	6404	20	72	19
6205	25	52	15	6405	25	80	21
6206	30	62	16	6406	30	90	23
6207	35	72	17	6407	35	100	25
6208	40	80	18	6408	40	110	27
6209	45	85	19	6409	45	120	29
6210	50	90	20	6410	50	130	31
6211	55	100	21	6411	55	140	33
6212	60	110	22	6412	60	150	35
6213	65	120	23	6413	65	160	37
6214	70	125	24	6414	70	180	42
6215	75	130	25	6415	75	190	45
6216	80	140	26	6416	80	200	48
6217	85	150	28	6417	85	210	52
6218	90	160	30	6418	90	225	54

附表 4－2　圆锥滚子轴承(GB/T 297—1994)

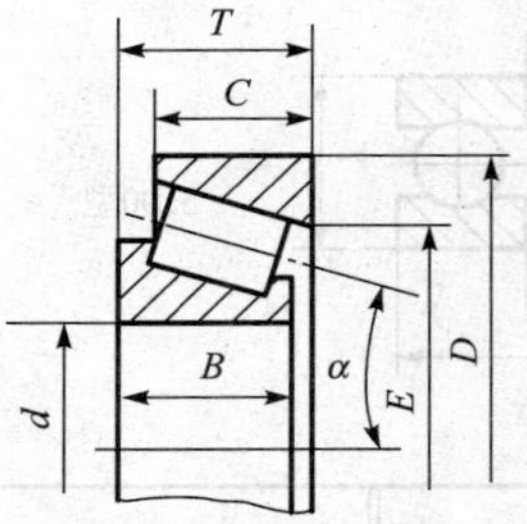

30000型

轴承型号	尺寸 /mm						
	d	*D*	*B*	*C*	*T*	*E*	*α*
20 系列							
32005	25	47	15	11. 5	15	37. 393	16°
32006	30	55	17	13	17	44. 438	16°
32007	35	62	18	14	18	50. 510	16°50′
32008	40	68	19	14. 5	19	56. 897	14°10′
32009	45	75	20	15. 5	20	63. 248	14°40′
32010	50	80	20	15. 5	20	67. 84	15°45′
32011	55	90	23	17. 5	23	76. 505	15°10′
32012	60	95	23	17. 5	23	80. 634	16°
32013	65	100	23	17. 5	23	85. 567	17°
32014	70	110	25	19	25	93. 633	16°10′
32015	75	115	25	19	25	98. 358	17°
02 系列							
30203	17	40	12	11	13. 25	31. 408	12°57′10″
30204	20	47	14	12	15. 25	37. 304	12°57′10″
30205	25	52	15	13	16. 25	41. 135	14°02′10″
30206	30	62	16	14	17. 25	49. 990	14°02′10″
30207	35	72	17	15	18. 25	58. 844	14°02′10″
30208	40	80	18	16	19. 75	65. 730	14°02′10″
30209	45	85	19	16	20. 75	70. 44	15°06′34″
30210	50	90	20	17	21. 75	75. 078	15°38′32″
30211	55	100	21	18	22. 75	84. 197	15°06′34″
30212	60	110	22	19	23. 75	91. 876	15°06′34″
30213	65	120	23	20	24. 75	101. 934	15°06′34″
30214	70	125	24	21	26. 75	105. 748	15°38′32″

轴承型号	尺寸 /mm						
	d	*D*	*B*	*C*	*T*	*E*	*α*
30215	75	130	25	22	27. 25	110. 408	16°10′20″
30216	80	140	26	22	28. 25	119. 169	15°38′32″
30217	85	150	28	24	30. 50	12. 6685	15°38′32″
30218	90	160	30	26	32. 50	134. 901	15°38′32″
30219	95	170	32	27	34. 50	143. 385	15°38′32″
30220	100	180	34	29	37	151. 310	15°38′32″
03 系列							
30302	15	42	13	11	14. 25	33. 272	10°45′29″
30303	17	47	14	12	25. 25	37. 420	10°45′29″
30304	20	52	15	13	16. 25	41. 318	11°18′36″
30305	25	62	17	15	18. 25	50. 637	11°18′36″
30306	30	72	19	16	20. 75	58. 287	11°51′35″
30307	35	80	21	18	22. 75	65. 769	11°51′35″
30308	40	90	23	20	25. 25	72. 703	12°57′10″
30309	45	100	25	22	27. 25	81. 780	12°57′10″
30310	50	110	27	23	29. 25	90. 633	12°57′10″
30311	55	120	29	25	31. 50	99. 146	12°57′10″
30312	60	130	31	26	33. 50	107. 769	12°57′10″
30313	65	140	33	28	36	116. 846	12°57′10″
30314	70	150	35	30	38	125. 244	12°57′10″
30315	75	160	37	31	40	134. 097	12°57′10″
30316	80	170	39	33	42. 50	143. 174	12°57′10″
30317	85	180	41	34	44. 50	150. 433	12°57′10″
30318	90	190	43	36	46. 50	159. 061	12°57′10″
30319	95	200	45	38	49. 50	165. 861	12°57′10″
30320	100	215	47	39	51. 50	178. 578	12°57′10″

附表 4－3　单向推力球轴承(GB/T 301—1995)

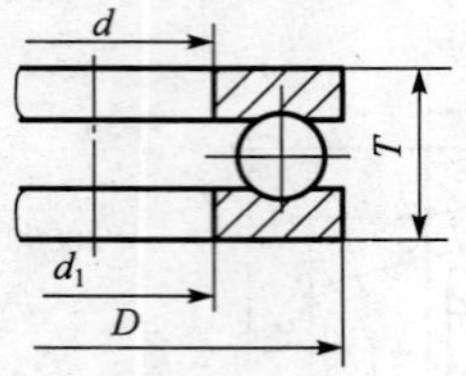

5100型

轴承型号	尺寸/mm			轴承型号	尺寸/mm		
	d	D	T		d	D	T
11 系列				51217	85	125	31
51100	10	24	9	51218	90	135	35
51101	12	26	9	51220	100	150	38
51102	15	28	9	51222	110	160	38
51103	17	30	9	51224	120	170	39
51104	20	35	10	51226	130	190	45
51105	25	42	11	51228	140	200	46
51106	30	47	11	51230	150	215	50
51107	35	52	12	13 系列			
51108	40	60	13				
51109	45	65	14	51305	25	52	18
51110	50	70	14	51306	30	60	21
51111	55	78	16	51307	35	68	24
51112	60	85	17	51308	40	78	26
51113	65	90	18	51309	45	85	28
51114	70	95	18	51310	50	95	31
51115	75	100	19	51311	55	105	35
51116	80	105	19	51312	60	110	35
51117	85	110	19	51313	65	115	36
51118	90	120	22	51314	70	125	40
51120	100	135	25	51315	75	135	44
51122	110	145	25	51316	80	140	44
51124	120	155	25	51317	85	150	49
51126	130	170	30	51318	90	155	50
51128	140	180	31	51320	100	170	55
51130	150	190	31	51322	110	190	63
12 系列				51324	120	210	70
				51326	130	225	75
51200	10	26	11	51328	140	240	80
51201	12	28	11	51330	150	250	80
51202	15	32	12				
51203	17	35	12	14 系列			
51204	20	40	14				
51205	25	47	15	51405	25	60	24
51206	30	52	16	51406	30	70	28
51207	35	62	18	51407	35	80	32
51208	40	68	19	51408	40	90	36
51209	45	73	20	51409	45	100	39
51210	50	78	22	51410	50	110	43
51211	55	90	25	51411	55	120	48
51212	60	95	26	51412	60	130	51
51213	65	100	27	51413	65	140	56
51214	70	105	27	51414	70	150	60
51215	75	110	27	51415	75	160	65
51216	80	115	28	51416	80	170	68

五、常用材料及热处理名词解释

附表 5－1　常用铸铁牌号

名称	牌　号	牌号表示方法说明	硬度/HB	特性及用途举例
灰铸铁	HT100	"HT"是灰铸铁的代号，它后面的数字表示抗拉强度（MPa）。（"HT"是"灰、铁"两字汉语拼音的第一个字母）	143～229	属低强度铸铁。用于盖、手把、手轮等不重要零件
	HT150		143～241	属中等强度铸铁。用于一般铸件，如机床座、端盖、皮带轮、工作台等
	HT200 HT250		163～255	属高强度铸铁。用于较重要铸件，如汽缸、齿轮、凸轮、机座、床身、飞轮、皮带轮、齿轮箱、阀壳、联轴器、轴承座等
	HT300 HT350 HT400		170～255 170～269 197～269	属高强度、高耐磨铸铁。用于重要铸件，如齿轮、凸轮、床身、液压泵和滑阀的壳体、车床卡盘等
球墨铸铁	QT450－10 QT500－7 QT600－3	"QT"是球墨铸铁的代号，它后面的数字分别表示强度（MPa）和伸长率（%）的大小。（"QT"是"球、铁"两字汉语拼音的第一个字母）	170～207 187～255 197～269	具有较高的强度和塑性。广泛用于机械制造业中受磨损和受冲击的零件，如曲轴、凸轮轴、齿轮、汽缸套、活塞环、摩擦片、中低压阀门、千斤顶底座、轴承座等
可锻铸铁	KTH300－06 KTH330－08 KTZ450－05	"KTH""KTZ"分别是黑心和珠光体可锻铸铁的代号，它们后面的数字分别表示强度（MPa）和伸长率（%）的大小，（"KT"是"可、铁"两字汉语拼音的第一个字母）	120～163 120～163 152～219	用于承受冲击、振动等零件，如汽车零件、机床附件（如扳手等）、各种管接头、低压阀门、农机具等。珠光体可锻铸铁在某些场合可代替低碳钢、中碳钢及低合金钢，如用于制造齿轮、曲轴、连杆等

附表 5－2　常用钢材牌号

名　称	牌　号	牌号表示方法说明	特性及用途举例
碳素结构钢	Q215－AF	牌号由屈服点字母（Q）、屈服点（强度）值（MPa）、质量等级符号（A，B，C，D）和脱氧方法（F—沸腾钢，b—半镇静钢，Z—镇静钢，TZ—特殊镇静钢）等四部分按顺序组成。在牌号组成表示方法中"Z"与"TZ"符号可以省略	塑性大，抗拉强度低，易焊接。用于炉撑、铆钉、垫圈、开口销等
	Q235－A		有较高的强度和硬度，伸长率也相当大，可以焊接，用途很广，是一般机械上的主要材料，用于低速轻载齿轮、键、拉杆、钩子、螺栓、套圈等
	Q255－A		伸长率低，抗拉强度高，耐磨性好，焊接性不够好。用于制造不重要的轴、键、弹簧等

续表

名　称		牌　　号	牌号表示方法说明	特性及用途举例
优质碳素结构钢	普通含锰钢	15	牌号数字表示钢中平均碳的质量分数。如“45”表示平均碳的质量分数为0.45%	塑性、韧性、焊接性能和冷冲性能均极好，但强度低。用于螺钉、螺母、法兰盘、渗碳零件等
		20		用于不经受很大应力而要求很大韧性的各种零件，如杠杆、轴套、拉杆等。还可用于表面硬度高而心部强度要求不大的渗碳与氰化零件
		35		不经热处理可用于中等载荷的零件，如拉杆、轴、套筒、钩子等；经调质处理后适用于强度及韧性要求较高的零件，如传动轴等
		45		用于强度要求较高的零件。通常在调质或正火后使用，用于制造齿轮、机床主轴、花键轴、联轴器等。由于它的淬透性差，因此截面大的零件很少采用
		60		这是一种强度和弹性相当高的钢。用于制造连杆、轧辊、弹簧、轴等
		75		用于板弹簧、螺旋弹簧以及受磨损的零件
	较高含锰钢	15Mn		它的性能与15钢相似，但淬透性及强度和塑性比15钢都高些。用于制造中心部分的力学性能要求较高且必须渗碳的零件。焊接性好
		45Mn		用于受磨损的零件，如转轴、心轴、齿轮、叉等。焊接性差。还可制造受较大载荷的离合器盘、花键轴、凸轮轴、曲轴等
		65Mn		钢的强度高，淬透性较大，脱碳倾向小，但有过热敏感性，易生淬火裂纹，并有回火脆性。适用于较大尺寸的各种扁、圆弹簧，以及其他经受摩擦的农机具零件

续表

名称		牌号	牌号表示方法说明	特性及用途举例
合金钢	锰钢	15Mn2	1. 合金钢牌号用化学元素符号表示 2. 碳质量分数写在牌号之前，但高合金钢如高速工具钢、不锈钢等的碳质量分数不标出 3. 合金工具钢碳质量分数≥1%时不标出；碳质量分数＜1%时，以千分之几来标出 4. 化学元素的质量分数＜1.5%时不标出；质量分数＞1.5%时才标出；如 Cr17，17 是铬的质量分数约为 17%	用于钢板、钢管。一般只经正火
		20Mn2		对于截面较小的零件，相当于 20Cr，可作渗碳小齿轮、小轴、活塞销、柴油机套筒、气门推杆、钢套等
		30Mn2		用于调质钢，如冷镦的螺栓及断面较大的调质零件
		45Mn2		用于截面较小的零件，相当于 40Cr，直径在 50 mm 以下时，可代替 40Cr 作重要螺栓及零件
	硅锰钢	27SiMn		用于调质钢
		35SiMn		除要求低温（-20 ℃）冲击韧性很高时，可全面代替 40Cr 作调质零件，亦可部分代替 40CrNi，此钢耐磨、耐疲劳性均佳，适用于作轴、齿轮及在 430 ℃以下的重要紧固件
	铬钢	15Cr		用于船舶主机上的螺栓、活塞销、凸轮、凸轮轴、汽轮机套环、机车上用的小零件，以及用于心部韧性高的渗碳零件
		20Cr		用于柴油机活塞销、凸轮、轴、小拖拉机传动齿轮，以及较重要的渗碳件
	铬锰钛钢	18CrMnTi		工艺性能特优，用于汽车、拖拉机等上的重要齿轮和一般强度、韧性均高的减速器齿轮，供渗碳处理
		35CrMnTi		用于尺寸较大的调质钢件
	铬钼铝钢			用于渗氮零件，如主轴、高压阀杆、阀门、橡胶及塑料挤压机等
	铬轴承钢	GCr6	铬轴承钢，牌号前有汉语拼音字母“G”，并且不标出碳质量分数。铬的质量分数以千分之几表示	一般用来制造滚动轴承中的直径小于 10 mm 的滚球或滚子
		GCr15		一般用来制造滚动轴承中尺寸较大的滚球、滚子、内圈和外圈

续表

名称	牌号	牌号表示方法说明	特性及用途举例
铸钢	ZG200－400	铸钢件，前面一律加汉语拼音字母“ZG”	用于各种形状的零件，如机座、变速器壳等
	ZG270－500		用于各种形状的零件，如飞轮、机架、水压机工作缸、横梁，焊接性尚可
	ZG310－570		用于各种形状的零件，如联轴器汽缸齿轮，及重载荷的机架等

附表 5－3　常用有色金属牌号

名称		牌号	说明	用途举例
青铜	压力加工用青铜	QSn4－3	Q 表示青铜，后面加第一个主添加元素符号，及除基元素铜以外的成分数字组来表示	扁弹簧、圆弹簧、管配件和化工器械
		QSn6.5－0.1		耐磨零件、弹簧及其他零件
	铸造锡青铜	ZQSn5－5－5	Z 表示铸造，Q 表示青铜，后面加第一个主添加元素符号，及除基元素铜以外的成分数字组来表示	用于承受摩擦的零件，如轴套、轴承真料和承受 1 MPa 气压以下的蒸汽和水的配件
		ZQSn10－1		用于承受剧烈摩擦的零件，如丝杆、轻型轧钢机轴承、蜗轮等
		ZQSn8－12		用于制造轴承的轴瓦及轴套，以及在特别重载荷条件下工作的零件
	铸造无锡青铜	ZQA19－4		强度高，减磨性、耐蚀性、受压、铸造性均良好，用于蒸汽和海水条件下工作的零件，及受摩擦和腐蚀的零件，如蜗轮衬套、轧钢机压下螺母等
		ZQA 110－5－1.5		制造耐磨、硬度高、强度好的零件，如蜗轮、螺母、轴套及防锈零件
		ZQMn5－21		用在中等工作条件下轴承的轴套和轴瓦等
黄铜	压力加工用黄铜	H59	H 表示黄铜，后面数字表示基元素铜的平均质量分数（%），黄铜是铜锌合金	热压及热轧零件
		H62		散热器、垫圈、弹簧、各种网、螺钉及其他零件
	铸造黄铜	ZHMn58－2－2	Z 表示铸造，后面符号表示主添加元素，后一组数字表示除锌以外的其他元素质量分数	用于制造轴瓦、轴套及其他耐磨零件
		ZHA 166－6－3－2		用于制造丝杆螺母、受重载荷的螺旋杆及在重载荷下工作的大型蜗轮轮缘等

续表

<table>
<tr><th colspan="2">名　称</th><th>牌　号</th><th>说　明</th><th>用　途　举　例</th></tr>
<tr><td rowspan="6">铝</td><td rowspan="2">硬铝合金</td><td>LY1</td><td rowspan="2">LY 表示硬铝,后面是顺序号</td><td>时效状态下塑性良好,切削加工性在时效状态下良好;在退火状态下降低。耐蚀性中等。它是铆接铝合金结构用的主要铆钉材料</td></tr>
<tr><td>LY8</td><td>退火和新淬火状态下塑性中等。焊接性好。切削加工性在时效状态下良好;退火状态下降低。耐蚀性中等。用于各种中等强度的零件和构件、冲压的连接部件、空气螺旋桨叶及铆钉等</td></tr>
<tr><td>锻铝合金</td><td>LD2</td><td>LD 表示锻铝,后面是顺序号</td><td>热态和退火状态下塑性高;时效状态下中等。焊接性良好。切削加工性能在软态下不良;在时效状态下良好。耐蚀性高。用于要求在冷状态和热状态时具有高可塑性,且承受中等载荷的零件和构件</td></tr>
<tr><td rowspan="3">铸造铝合金</td><td>ZL301</td><td rowspan="3">Z 表示铸造,L 表示铝,后面是顺序号</td><td>用于受重大冲击载荷、高耐蚀的零件</td></tr>
<tr><td>ZL102</td><td>用于汽缸活塞以及在高温工作下的复杂形状零件</td></tr>
<tr><td>ZL401</td><td>适用于压力铸造用的高强度铝合金</td></tr>
<tr><td rowspan="4">轴承合金</td><td rowspan="2">锡基轴承合金</td><td>ZChSnSb9－7</td><td rowspan="4">Z 表示铸造,Ch 表示轴承合金,后面是主元素,再后面是第一添加元素。一组数字表示除第一个基元素外的添加元素质量分数</td><td>韧性强,适用于内燃机、汽车等轴承及轴衬</td></tr>
<tr><td>ZChSnSb13－5－12</td><td>适用于一般中速、中压的各种机器轴承及轴衬</td></tr>
<tr><td rowspan="2">铅基轴承合金</td><td>ZChPbSb16－16－2</td><td>用于浇注汽轮机、机车、压缩机的轴承</td></tr>
<tr><td>ZChPbSb15－5</td><td>用于浇注汽油发动机、压缩机、球磨机等的轴承</td></tr>
</table>

附表 5－4　热处理名词解释

名　称	说　明	目　的	适　用　范　围
退火	加热到临界温度以上,保温一定时间,然后缓慢冷却(例如在炉中冷却)	1. 消除在前一工序(锻造、冷拉等)中所产生的内应力 2. 降低硬度,改善加工性能 3. 增加塑性和韧性 4. 使材料的成分或组织均匀,为以后的热处理做准备	完全退火适用于碳质量分数 0.8% 以下的铸锻焊件;为消除内应力的退火主要用于铸件和焊件

续表

名 称	说 明	目 的	适 用 范 围
正火	加热到临界温度以上，保温一定时间，再在空气中冷却	1. 细化晶粒 2. 与退火后相比，强度略有增高，并能改善低碳钢的切削加工性能	用于低、中碳钢。对低碳钢常用以低温退火
淬火	加热到临界温度以上，保温一定时间，再在冷却剂（水、油或盐水）中急速冷却	1. 提高硬度及强度 2. 提高耐磨性	用于中、高碳钢。淬火后钢件必须回火
回火	经淬火后再加热到临界温度以下的某一温度，在该温度停留一定时间，然后在水、油或空气中冷却	1. 消除淬火时产生的内应力 2. 增加韧性，降低硬度	高碳钢制的工具、量具、刃具用低温（150～250 ℃）回火 弹簧用中温（270～450 ℃）回火
调质	在450～650 ℃进行高温回火称为“调质”	可以完全消除内应力，并获得较高的综合力学性能	用于重要的轴、齿轮，以及丝杆等零件
表面淬火	用火焰或高频电流将零件表面迅速加热至临界温度以上，急速冷却	使零件表面获得高硬度，而心部保持一定的韧性，使零件既耐磨，又能承受冲击	用于重要的齿轮以及曲轴、活塞销等
渗碳淬火	在渗碳剂中加热到900～950 ℃，停留一定时间，将碳渗入钢表面，深度为0.5～2 mm，再淬火后回火	增加零件表面硬度和耐磨性，提高材料的疲劳强度	适用于碳质量分数为0.08%～0.25%的低碳钢及低碳合金钢
氮化	使工作表面渗入氮元素	增加表面硬度、耐磨性、疲劳强度和耐蚀性	适用于含铝、铬、钼、锰等的合金钢，例如，要求耐磨的主轴、量规、样板等
碳氮共渗	使工作表面同时饱和碳和氮元素	增加表面硬度、耐磨性、疲劳强度和耐蚀性	适用于碳素钢及合金结构钢，也适用于高速钢的切削工具
时效处理	1. 天然时效：在空气中长期存放半年到一年以上 2. 人工时效：加热到500～600 ℃，在这个温度保持10～20 h或更长时间	使铸件消除其内应力而稳定其形状和尺寸	用于机床床身等大型铸件

续表

名　称	说　　明	目　的	适　用　范　围
冰冷处理	这是将淬火钢继续冷却至室温以下的处理方法	进一步提高硬度、耐磨性，并使其尺寸趋于稳定	用于滚动轴承的钢球、量规等
发蓝处理 发黑处理	氧化处理。用加热办法使工件表面形成一层保护性薄膜	防腐蚀、美观	用于一般常见的紧固件
布氏硬度HB	材料抵抗硬的物体压入零件表面的能力称“硬度”。根据测定方法的不同,可分为布氏硬度、洛氏硬度、维氏硬度等	硬度测定是为了检验材料的力学性能——硬度	用于经退火、正火、调质的零件及铸件的硬度检查
洛氏硬度HRC			用于经淬火、回火及表面化学热处理的零件的硬度检查
维氏硬度HV			特别适用于薄层硬化零件的硬度检查

参 考 文 献

[1] 中华人民共和国质量监督检验检疫总局. 机械制图[S]. 北京:中国标准出版社,2004.
[2] 中华人民共和国质量监督检验检疫总局. 技术制图[S]. 北京:中国标准出版社,1999.
[3] 中华人民共和国质量监督检验检疫总局. 产品几何技术规范(GPS)技术产品文件中表面结构的表示法[S]. 北京:中国标准出版社,2007.
[4] 杨惠英,王玉坤. 机械制图[M]. 北京:清华大学出版社,2009.
[5] 郭克希,王建国. 机械制图[M]. 北京:机械工业出版社,2006.
[6] 王建华,毕万国. 机械制图与计算机绘图[M]. 北京:国防工业出版社,2009.
[7] 杨铭. 机械制图[M]. 北京:机械工业出版社,2008.